JN253313

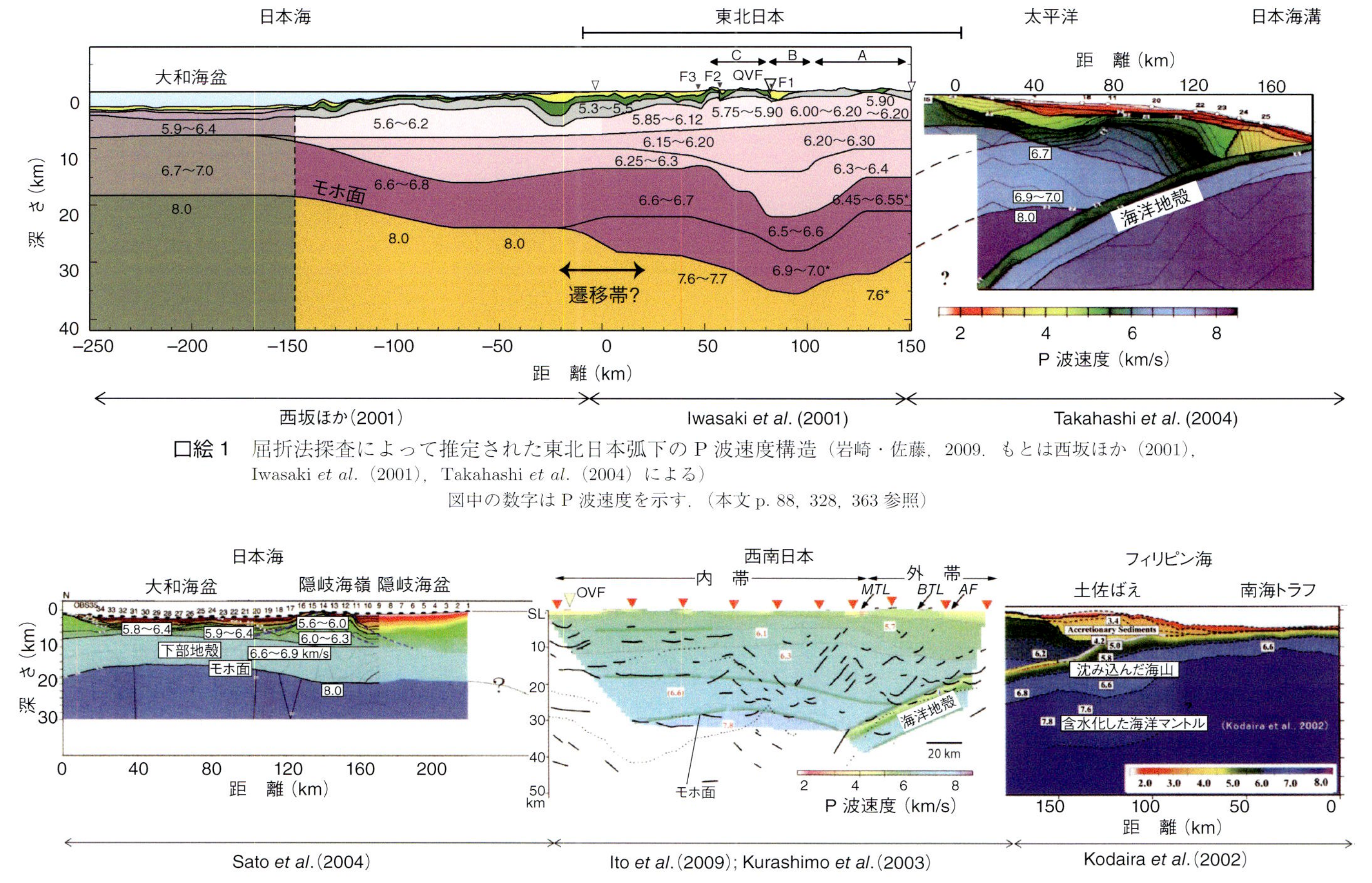


**口絵 1**　屈折法探査によって推定された東北日本弧下の P 波速度構造（岩崎・佐藤，2009. もとは西坂ほか（2001），Iwasaki *et al.*（2001），Takahashi *et al.*（2004）による）
図中の数字は P 波速度を示す．（本文 p. 88，328，363 参照）

**口絵 2**　南海トラフから四国室戸半島を通り，西南日本弧を横断して日本海に抜ける，海陸統合測線に沿う屈折法/広角反射法地震探査断面（岩崎・佐藤，2009; もとは Kodaira *et al.*（2002），Kurashimo *et al.*（2003, 2004），Sato *et al.*（2004），Ito *et al.*（2009）による）
（本文 p. 328，363 参照）

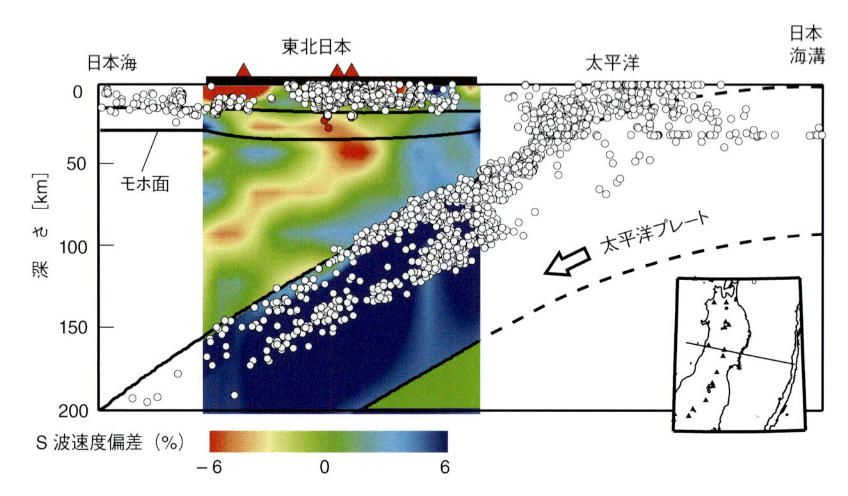


**口絵 3**　東北日本中央部の S 波速度の島弧横断鉛直断面（Nakajima *et al.*, 2001）

挿入地図の実線で示した測線に沿う鉛直断面．S 波速度偏差をカラースケールで示す．白丸：震源，赤三角：火山．

（本文 p. 92, 368 参照）

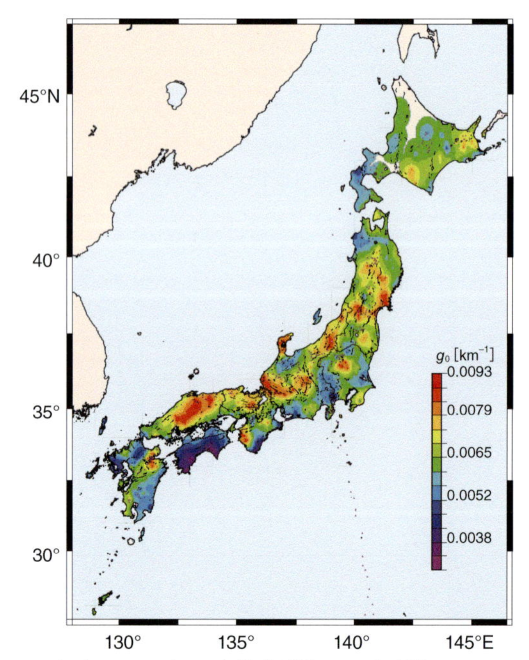


**口絵 4**　S 波（8〜16 Hz）の全散乱係数 $g_0$ の地域性（Carcolé and Sato, 2010）

（本文 p. 265 参照）

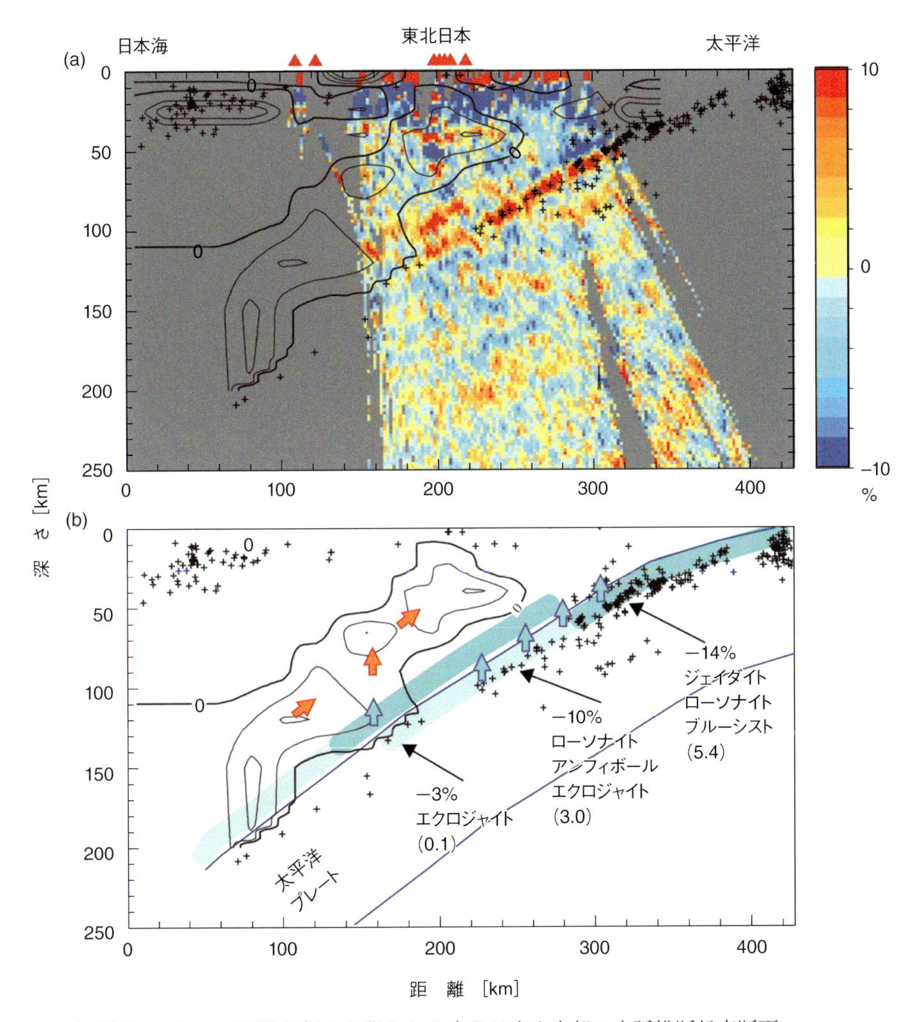


**口絵 5**　レシーバ関数解析から得られた東北日本中央部の島弧横断鉛直断面

(Kawakatsu and Watada, 2007)

(a) 東北日本中央部を通る測線に沿う鉛直断面に投影したレシーバ関数の振幅の分布．振幅をカラースケールで示す．赤および青は，それぞれ深さ方向の速度低下および上昇を表す．(b) 水の輸送経路の模式図．薄青および赤の矢印は，それぞれ非マグマ性およびマグマ性の輸送経路を示す．矢印で示した深さにおける海洋地殻の安定な岩相と含水率（括弧内の数字（%））を示す．−を付けた数字は，海洋マントルに比べどの程度S波速度が遅いかを%で示す．Nakajima *et al.* (2001) がトモグラフィで求めたマントルウェッジ内のS波速度分布をコンターで示す．

(本文 p. 95, 368 参照)

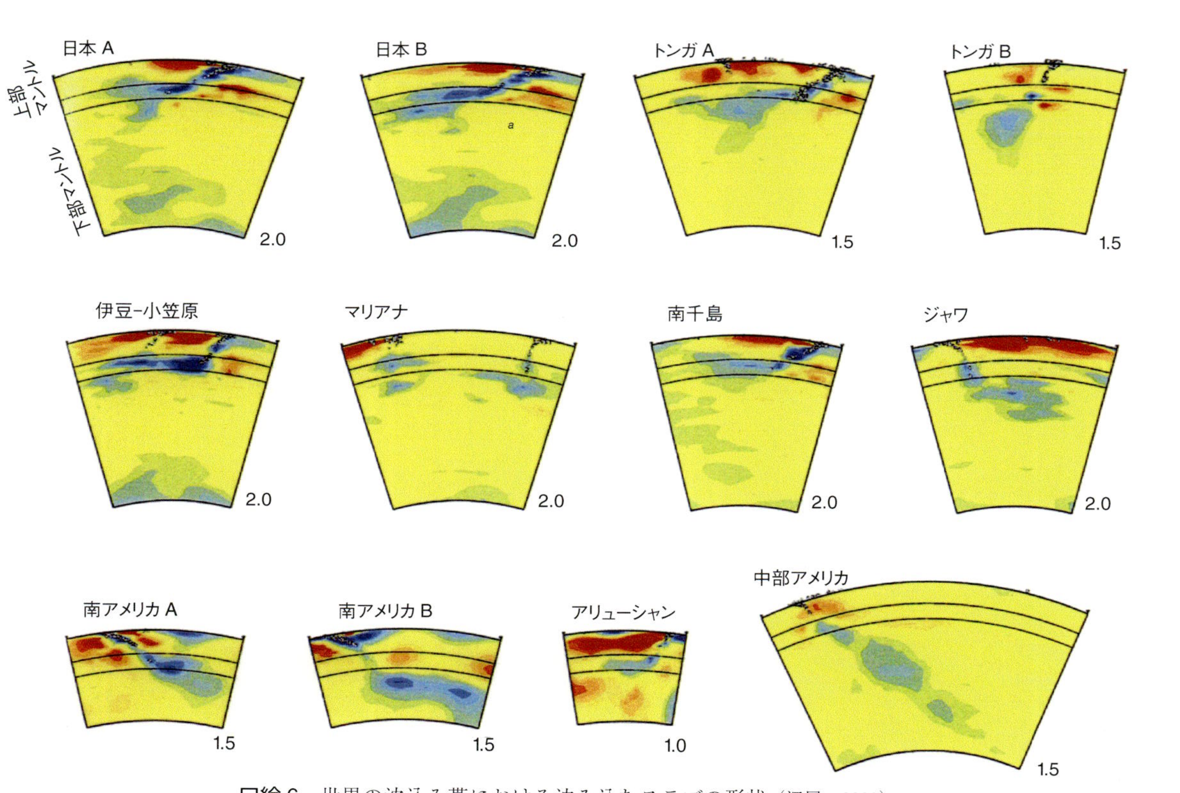


**口絵 6** 世界の沈込み帯における沈み込むスラブの形状（深尾，2002）

各地域における海溝軸に直交する測線に沿う鉛直断面に，地震波トモグラフィで推定されたP波速度偏差の分布をカラースケール（赤：低速度，青：高速度）で示す．地震の震源を黒点で示す．

（本文 p. 287，334 参照）

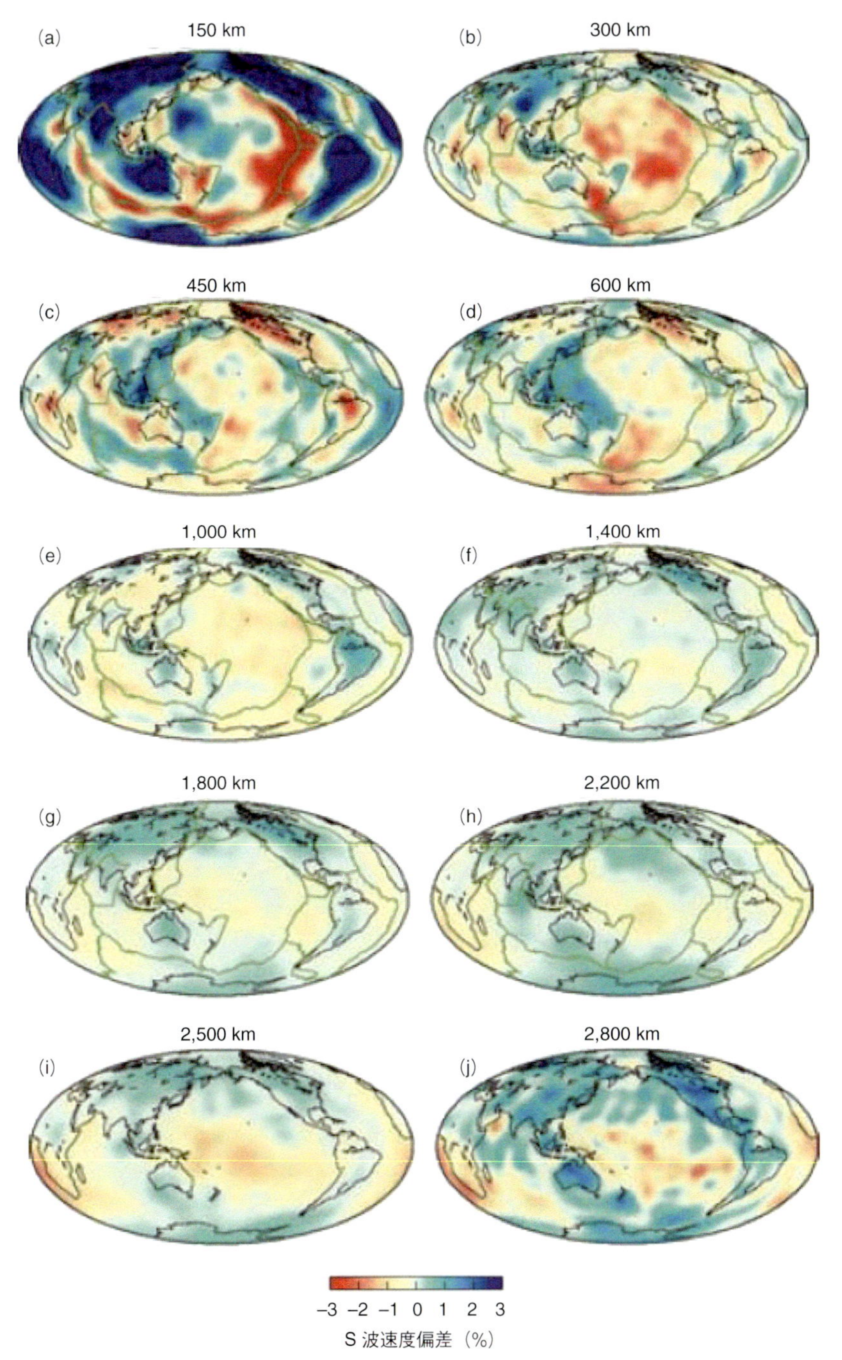


**口絵 7**　マントルの S 波速度分布（Panning and Romanowicz, 2006）

10 の深さにおける S 波速度偏差をカラースケールで示す．

（本文 p. 334，341 参照）

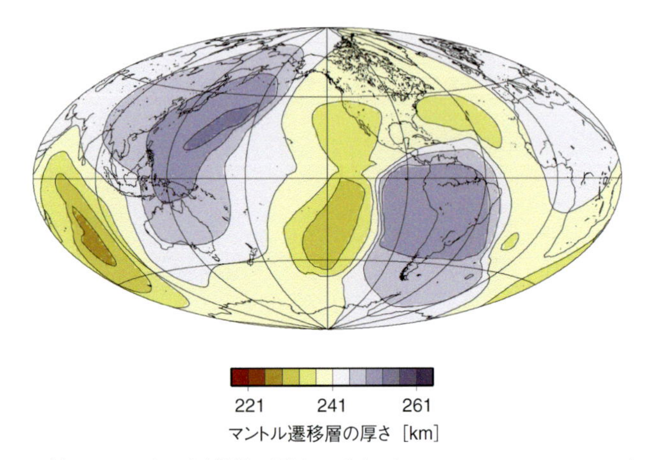


**口絵 8**　マントル遷移層の厚さの分布（Lawrence and Shearer, 2006b）

推定されたマントル遷移層の厚さをカラースケールで示す．（本文 p. 337 参照）

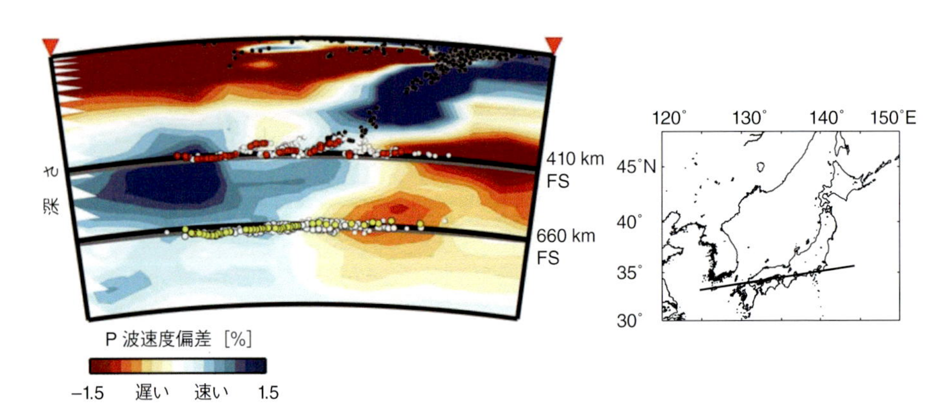


**口絵 9**　西日本下の 410 km 不連続面と 660 km 不連続面の深さ分布（Tono *et al.*, 2005）

挿入図の測線に沿う鉛直断面に，推定された 410 km 不連続面の深さを白丸/赤丸で，660 km 不連続面の深さを白丸/黄丸で示す．2 本の太黒線は深さ 410 km と 660 km を示す．FS と記した 2 本の太灰色線は Flanagan and Shearer（1998）がグローバルのデータから推定した 410 km 不連続面と 660 km 不連続面の深さ分布．地震波トモグラフィで推定された Fukao *et al.*（2001）による P 波速度偏差の分布をカラースケールで示す．（本文 p. 338 参照）

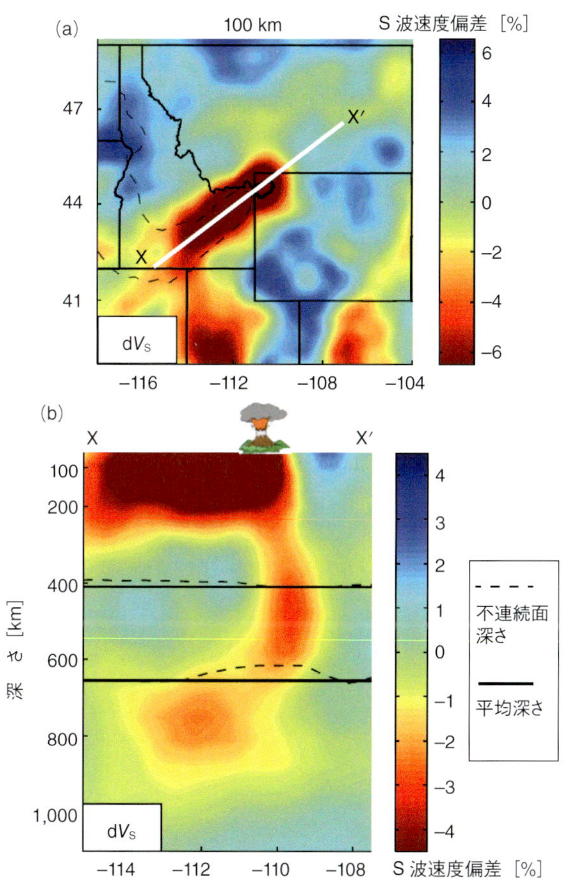


**口絵 10**　北米イエローストーンカルデラ下の 410 km 不連続面と 660 km 不連続面の深さ分布（Schmandt *et al.*, 2012）

（a）深さ 100 km における S 波速度偏差の分布．イエローストーンカルデラを太実線で囲んで示す．（b）図（a）の測線 XX′ を通る S 波速度偏差の鉛直断面．410 km 不連続面と 660 km 不連続面の深さの凹凸を破線で，平均の深さを実線で示す．破線は深さ方向に 3 倍に強調して示してある．S 波速度偏差はカラースケールで示す．

（本文 p. 338 参照）

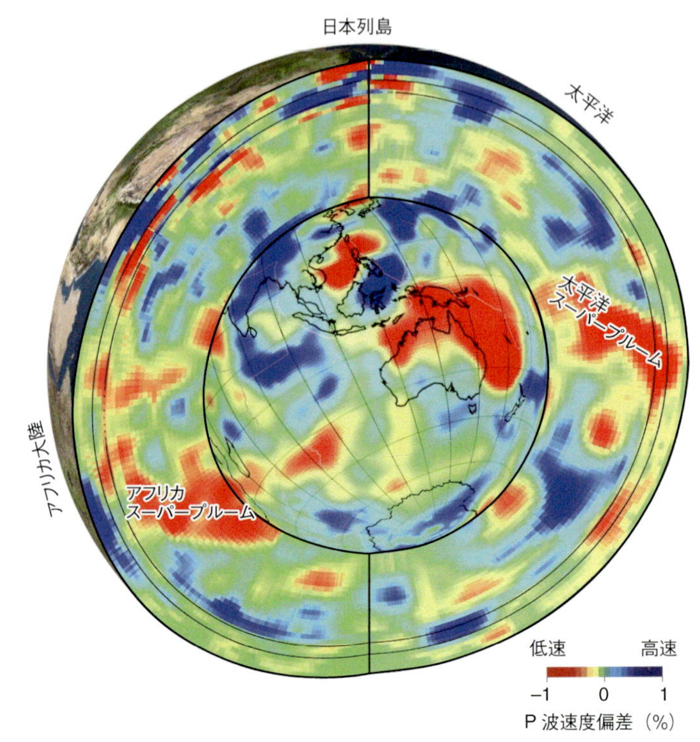


**口絵 11**　地震波トモグラフィでとらえたプルームの姿（Zhao, 2004）

日本-ハワイ-アフリカ中部を通る大円に沿って切った鉛直断面に，マントルの P 波速度偏差の分布を右下のカラースケールで示す．さらに，マントルの底の P 波速度偏差の分布を核の表面に同じくカラースケールで示す．（本文 p. 289, 318, 335 参照）

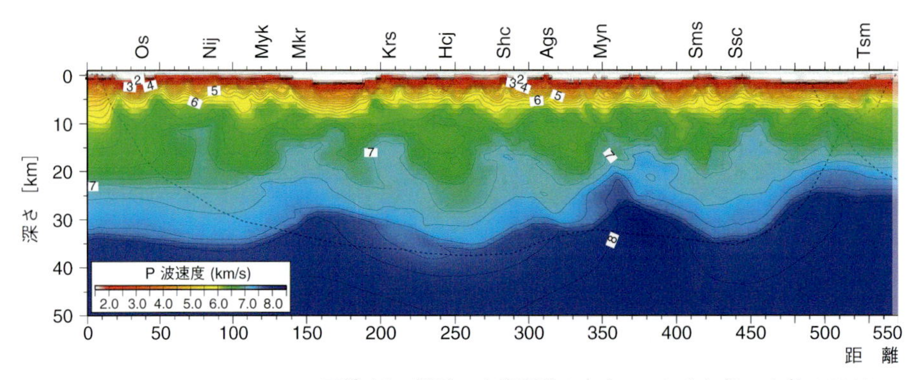


**口絵 12**　伊豆・小笠原弧の火山フロントに沿った約 1,000 km

P 波速度を左下のカラースケールで示す．Os − 大島; Nij − 新島; Myk − 三宅島; Mkr − 御蔵島; Krs − 南スミス; Ssc − 南スミスカルデラ; Tsm − 鳥島; Sfg − 孀婦岩火山; G − 月曜海山; Ka − 火曜海山; S −

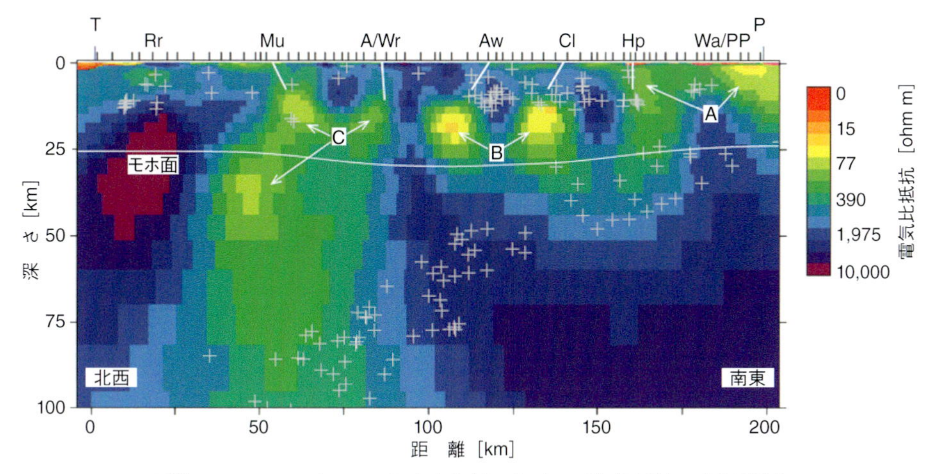


**口絵 13**　ニュージーランド南島北部における電気比抵抗の島弧横断鉛直断面 (Wannamaker *et al.*, 2009)

電気比抵抗を右側のカラースケールで示す．上部に英文字を付した白線は主要な断層．+印は震源．A～C と記した顕著な低比抵抗域が，断層あるいはその直下に認められる．図の右から左に傾斜して分布する震源は太平洋プレート内部で発生するスラブ内地震．(本文 p. 405 参照)

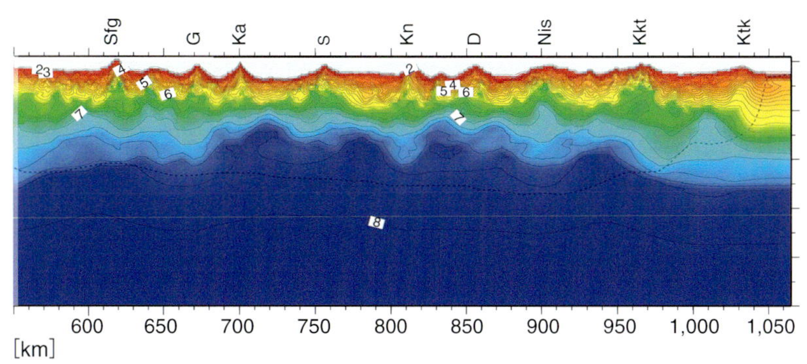


の長さの測線に沿う P 波速度の鉛直断面 (Kodaira *et al.*, 2007)

黒瀬海穴カルデラ; Hcj－八丈島; Shc－南八丈カルデラ; Ags－青ヶ島; Myn－明神礁; Sms－水曜海山; Kn－金曜海山; D－土曜海山; Nis－西ノ島; Kkt－海形海山; Ktk－海徳海山.

(本文 p. 366 参照)

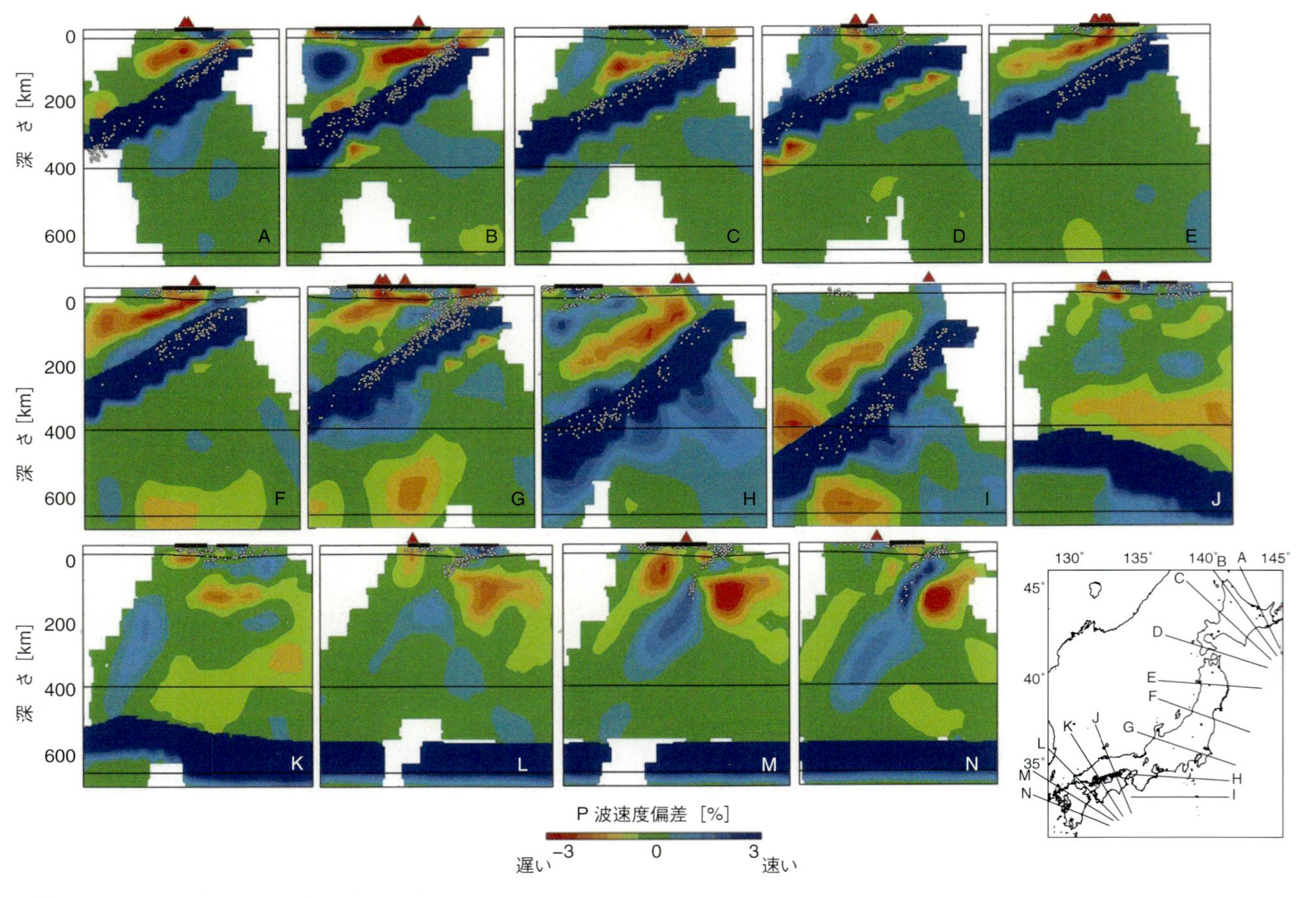


**口絵 14**　遠地地震・近地地震を同時に用いたトモグラフィによる，日本列島下の P 波速度の島弧横断鉛直断面（梁田ほか，2010）
挿入地図の実線で示した測線に沿う鉛直断面に P 波速度偏差をカラースケールで示す．赤三角は火山，白点は地震の震源．浅い方から順にモホ面，410 km 不連続面，660 km 不連続面を実線で示す．

（本文 p. 370 参照）

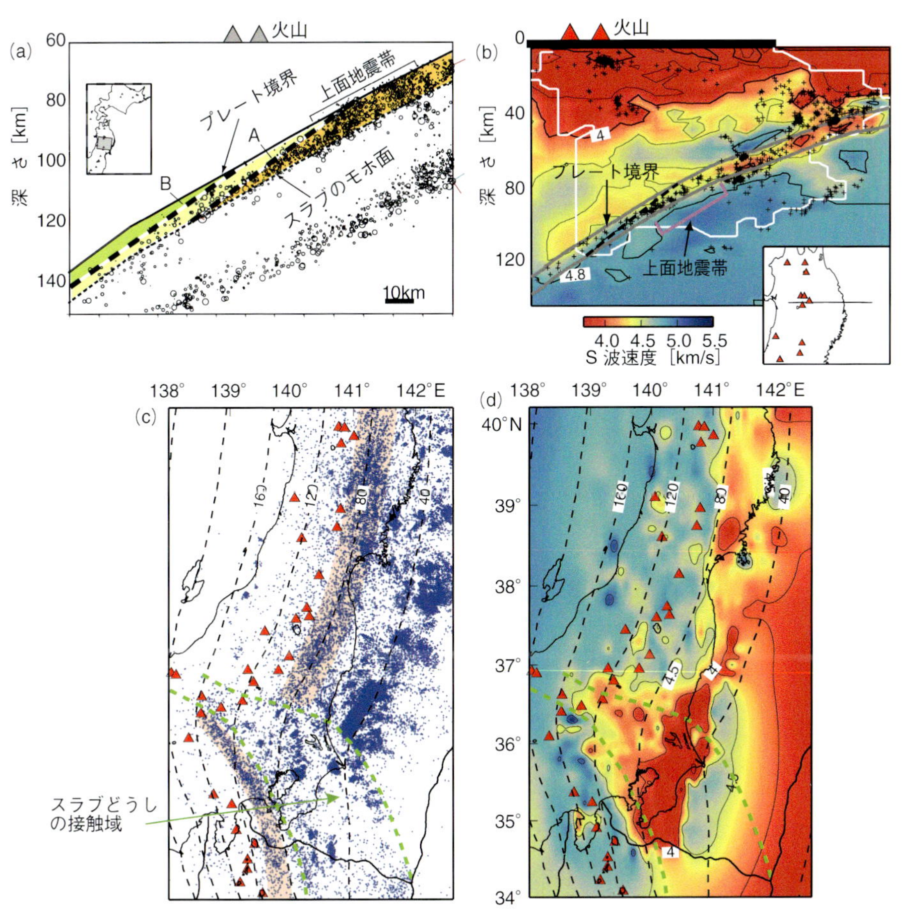


**口絵 15** 太平洋スラブ地殻内の地震と S 波速度分布

(a) 太平洋スラブ地殻内の相境界とスラブ内地震（Kita *et al.*, 2006）．東北日本中央部の島弧横断鉛直断面に示す．(b) スラブ地殻内の S 波速度分布（Tsuji *et al.*, 2008）．東北日本中央部の島弧横断鉛直断面に S 波速度をカラースケールで示す．(c) スラブ地殻内の地震の震央分布．(d) スラブ地殻内の S 波速度分布．プレート境界から 5 km 下方のスラブ地殻内の曲面に沿う S 波速度をカラースケールで示す（Nakajima *et al.*, 2009b）．関東下のフィリピン海スラブとの接触域を 2 本の緑破線で囲んで示す．（本文 p. 397 参照）

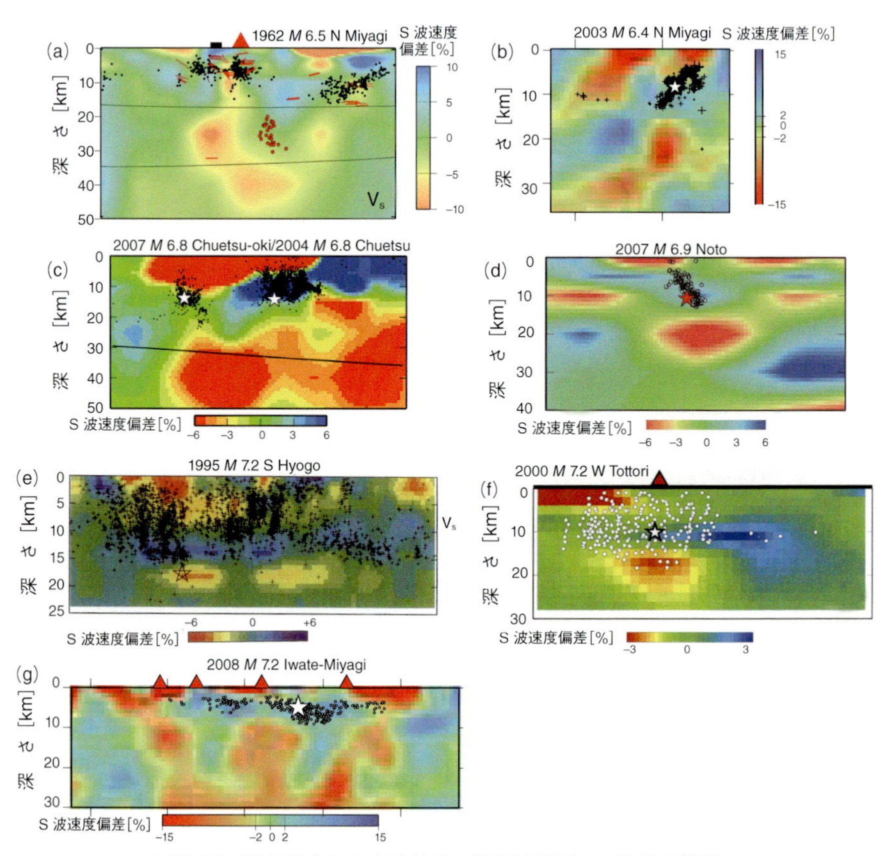


**口絵 16**　近年発生した内陸地震の震源域周辺の S 波速度構造

それぞれ，(a)～(d) 震源断層に直交する鉛直断面，(e)～(g) 震源断層に沿う鉛直断面に，S 波速度偏差をカラースケールで示す．☆印は本震の震源を，●，○，＋は余震を示す．(a) 1962 年宮城県北部地震 *M* 6.5 (Nakajima and Hasegawa, 2003)，(b) 2003 年宮城県北部地震 *M* 6.4 (Okada *et al.*, 2007)，(c) 2004 年新潟県中越地震 *M* 6.8 および 2007 年新潟県中越沖地震 *M* 6.8 (Nakajima and Hasegawa, 2008)，(d) 2007 年能登半島沖地震 *M* 6.9，(e) 1995 年兵庫県南部地震 *M* 7.2 (Zhao *et al.*, 1996)，(f) 2000 年鳥取県西部地震 *M* 7.2 (Zhao *et al.*, 2004)，(g) 2008 年岩手・宮城内陸地震 *M* 7.2 (Okada *et al.*, 2012).

(本文 p. 405 参照)

現代地球科学入門シリーズ
大谷栄治・長谷川昭・花輪公雄［編集］

Introduction to
Modern Earth Science Series

6

# 地震学

長谷川昭・佐藤春夫・西村太志［著］

共立出版

現代地球科学入門シリーズ

Introduction to Modern Earth Science Series

現代地球科学入門シリーズ

# 刊行にあたって

読者の皆様

このたび『現代地球科学入門シリーズ』を出版することになりました．近年，地球惑星科学は大きく発展し，研究内容も大きく変貌しつつあります．先端の研究を進めるためには，マルチディシプリナリ，クロスディシプリナリな多分野融合的な研究の推進がいっそう求められています．このような研究を行うためには，それぞれのディシプリンについての基本知識，基本情報の習得が不可欠です．ディシプリンの理解なしにはマルチディシプリナリな，そしてクロスディシプリナリな研究は不可能です．それぞれの分野の基礎を習得し，それらへの深い理解をもつことが基本です．

世の中には，多くの科学の書籍が出版されています．しかしながら，多くの書籍には最先端の成果が紹介されていますが，科学の進歩に伴って急速に時代遅れになり，専門書としての寿命が短い消耗品のような書籍が増えています．このシリーズでは，寿命の長い教科書を目指して，現代の最先端の成果を紹介しつつ，時代を超えて基本となる基礎的な内容を厳選して丁寧に説明しています．

このシリーズは，学部 2～4 年生から大学院修士課程を対象とする教科書，そして，専門分野を学び始めた学生が，大学院の入学試験などのために自習する際の参考書にもなるよう工夫されています．それぞれの学問分野の基礎，基本をできるだけ詳しく説明すること，それぞれの分野で厳選された基礎的な内容について触れ，日進月歩のこの分野においても長持ちする教科書となることを目指しています．すぐには古くならない基礎・基本を説明している，消耗品ではない座右の書籍を目指しています．

さらに，地球惑星科学を学び始める学生・大学院生ばかりでなく，地球環境科学，天文学・宇宙科学，材料科学など，周辺分野を学ぶ学生・大学院生も対象とし，それぞれの分野の自習用の参考書として活用できる書籍を目指しました．また，大学教員が，学部や大学院において講義を行う際に活用できる書籍になることも期待致しております．地球惑星科学の分野の名著として，長く座右の書となることを願っております．

編集委員一同

# まえがき

地震学は，地震とそれに関連する現象の研究であり，関係する分野は非常に広い．本書は，そのように広い地震学のすべての分野を対象としたものではなく，狭い意味での地震学，主として地震計で観測された記録に基づく研究分野を対象とし，その入門書となることを目指して書かれたものである．

本書は，序章（1 章），第 1 部 地震学概論（2～10 章），第 2 部 地震波動（11～21 章），第 3 部 地震テクトニクス（21～26 章）および付録から構成される．それぞれ，第 1 部は東北大学理学部の学部 3 年生の「地震学」，第 2 部は学部 4 年生の「震源物理学」，第 3 部は大学院理学研究科博士前期課程の「地殻物理学特論」の講義資料をもとに加筆したものである．第 1 章と第 3 部は主として長谷川が，第 1 部は主として西村が，第 2 部は佐藤が分担執筆した．

最初に序論として，地震とは何か？　地震学とはどういう研究分野であるか？について第 1 章で簡単に説明する．

第 1 部は，地震学を初めて学ぶ学部生や大学院生を対象としており，地震学の全体を理解できるように，できるだけ幅広い事項について網羅的に説明を加えている．ここでは，より専門的な内容となる第 2 部や第 3 部を学ぶうえでの基礎を学習する．ベクトル，テンソルやフーリエ変換などの数学的な基礎，ひずみと応力など弾性体力学の基礎，および波動に関する授業などを履修していることが望ましい．ただし，本文中の説明や巻末に付録を用意することにより，それらにとくに習熟していなくても基本的事項の理解ができるように配慮してある．また，実際に観測された地震波形やデータを示すことを心がけ，数式に基づく解釈や現象理解を助けるよう解説することに努めた．第 2 章から始まる第 1 部では，最初に地震学の礎となる観測を理解できるように，地震計の原理と観測システムについて説明する．続いて，実体波（P 波と S 波），および，表面波（レイリー波とラブ波）の波動伝播特性について，ひずみ–応力関係と波動方程式をもとに解説する．次に，波線理論の基礎を説明するとともに，地球内部構造の特徴と現在よく使われている地震学的構造探査手法について紹介する．地球内部構造や地震発生の理解には，地震がいつどこで起きているのかを知ることが不可欠であるので，震源決定についてはやや詳しく説明した．地震の発生機構の理解には，断層運動と地震波輻射について弾性体力学に基づく数理的表現が必要である．しかしその導出は複雑であるので第2部で詳述することとし，第1部ではその結果をもとにして地震波輻射の特徴や発震機構の表現方法を概説する．また，起震応力や断層面上の摩擦運動と地震発生について，岩石実験などに基づく結果や考え方を紹介する．第1部の最後には，震度やマグニチュードの決定方法と地震の規模にみられる特徴を説明する．また，地震発生の時間的分布にみられる特徴を紹介する．第1部は　紙面の都合などもあり，地球科学のなかで占める地震学の幅広い分野についてすべては解説できていないので，付録Dにまとめた参考図書も適宜参考にしながら学習することを勧める．

第2部の目的は，読者が地震波動の生成と伝播に関する数理の基礎に習熟することにある．それぞれの章では，できるだけ解析的な解を導出することができるように配慮した．波動伝播の核となるグリーン関数の導出を通じて，デルタ関数の概念，フーリエ変換を用いた解析，そしてコーシーの積分定理を用いた複素積分に慣れるであろう．次に，断層面上での変位の食違いによって励起される地震波を表現定理に基づいて導出し，点震源断層モデルおよび動的なせん断型変位食違い矩形断層モデル（ハスケルモデル）を学ぶ．一方，断層の形成は弾性媒質に加えられた応力の解放との視点から，せん断応力下でのクラック（断層）形成を考察し，クラック面上での変位食違いと解放される応力（応力降下量）の関係を学ぶ．これら数理的準備のうえで観測から求められた矩形断層モデルを特徴づける断層パラメータを調べると，これらのパラメータの間に相似則が存在し，地震の大きさにかかわらず応力降下量が一定であることが導かれる．動的断層モデルの数理や地震モーメントの概念と断層パラメータの相似則の理解は，震源過程を考えるうえで最も重要である．第2部の後半では，地震波動伝播を考えるうえで重要と考えられるいくつかの課題を選んだ．自由表面（地表）の影響に着目し，表面に鉛直荷重が加えられた場合の静的弾性変形，および地中の水平線震源によって励起されるラブ波の伝播を考察する．次に，固体地球の自由振動に関して，流体球モデルに基づく固有モードの導出法を学ぶ．短周期の地震波に関しては，不均質な媒質中での波動エネルギーの散乱過程を取り扱う方法が有効であり，等方散乱の過程に基づく数理的導出法を学ぶ．最後の章では，雑微動から波動伝播特性を抽出するノイズ相互相関関数法の原理を学ぶことにする．

第3部では，地震テクトニクス，地球内部構造と固体地球ダイナミクスを概説する．地震が発生する原因はプレート運動にある．地震は，プレートの相対運動により地球内部に生じた応力を解放するために発生する．まず第22章で，プレートの運動によりどこでどのような地震が発生するのか，プレートテクトニクスの概要とそれにより生じる地震活動について記述する．プレート運動は，地球の冷却過程で固体地球内部に生じる対流運動の地球表面への現れである．地球内部構造の情報は，この対流運動，ひいては固体地球ダイナミクス・進化を理解するうえで鍵となる．第23章では，地震学的手法を用いて推定される地球内部の構造とそれに基づいて解釈される固体地球ダイナミクスについてその概要を記述する．われわれの住む日本列島は4つのプレートが収束する沈込み帯に位置し，地震や火山の活動がきわめて活発である．地球上の地震のおよそ1割が日本列島およびその周辺で発生し，また活火山のおよそ1割が日本列島に分布する．第24章では，日本列島下に沈み込むプレートの運動とそれにより生じる地震活動，それにより形成される地殻・上部マントルの不均質構造の特徴を記述する．第25章では，日本列島のような沈込み帯で発生するおもな地震，プレート境界地震，スラブ内地震，内陸地震について，それらの活動の様子と発生機構を記述する．最後に第26章で，地震予知・地震発生予測について，研究の現状を概説する．

本書の原稿執筆段階から編集作業，さらには出版に至るまで，共立出版の信澤孝一氏，三輪直美氏にたいへんお世話になった．また，東京大学地震研究所 岩崎貴哉氏，前田拓人氏，高木涼太氏，気象庁気象研究所 勝間田明男氏，海洋研究開発機構 小平秀一氏，飯沼卓史氏，文部科学省研究開発局地震防災研究課 加藤孝志氏，石井 透氏，東北大学理学研究科 岡田知巳氏，中島淳一氏，内田直希氏，江本賢太郎氏には原図を提供していただいた．東北大学理学研究科 趙 大鵬氏，矢部康男氏，佐藤忠弘氏には原稿の一部を読んでいただき，多くの助言をいただいた．岩手県立大船渡高校 山本芳裕氏，防災科学技術研究所 吉田圭佑氏，東北大学理学研究科 奥山しのぶ氏には，原図の作成でご助力いただいた．図の作成には，防災科学技術研究所の高感度地震観測網（Hi-net）や広帯域

まえがき

地震観測網（F-net），強震観測網（K-NET, KiK-net）の地震波形データ，米国 Incorporated Research Institute for Seismology（IRIS）の提供する USArray や Global Seismographic Network（GSN）の地震波形データ，気象庁の一元化震源および震度データ，ハーバード大学およびコロンビア大学が提供する発震機構（CMT 解），International Seismological Center（ISC）の震源データを利用させていただいた．ここに記して，以上の方々および諸機関のご厚意に深く感謝いたします．

2015 年 7 月

長谷川 昭・佐藤春夫・西村太志

# 目　　次

# 第3部　地震テクトニクス

# コラム目次

# 第1章 地震と地震学

## 1.1 地震と地震動

地球内部のある面を境にして，その両側の岩石が急激にずれ動き（食違い），そこから**地震波**（seismic wave）を放射する現象を**地震**（earthquake）という．地震波は，地球が弾性体であるために，その内部あるいは表面に沿って伝わる弾性波である．このときの破壊面を**断層面**（fault plane）とよぶ．断層面に沿って急激にすべることにより，地球内部の岩石の変形によって蓄えられたひずみエネルギーを解放するのである．ただし，地震という言葉は，このような断層すべりに限定せず，もう少し広い意味でも使われる．たとえば，火山周辺で発生する地震は**火山性地震**（volcanic earthquake）とよばれるが，それらのなかには，断層すべりで起こるもののほかに，マグマなどの火山性流体の運動によるものもある．また，地下核実験を行ったり，地下構造を調べるために地中で火薬を爆発させたりすると，地震波（弾性波）が発生する．断層すべりではないが，人工的に地震波を発生させるので**人工地震**（artificial earthquake）とよばれる．

人工地震に対して，自然に発生する通常の地震のことを**自然地震**（natural earthquake）とよぶ．深井戸に圧力をかけて水を注入したり，大きなダムに貯水したりすると，地震が発生することがある．このように，人為的な原因によってひき起こされる自然地震もある．人工地震と違って，人間がその発生を制御できないもので，**誘発地震**（induced earthquake）とよばれる．ただし，誘発地震のなかには，人為的な原因ではなく，自然に発生する大地震などによって誘発され，ひき起こされる地震もある．

地震が発生すると地震波が放射され，地表に揺れがもたらされる．一般的には，この地表の揺れのことも地震という．しかし，地震学では，これを**地震動**（ground motion）とよび，地球内部の断層すべりとしての地震とは，きちんと区別して用いる．また，建物などに被害を及ぼすような強い地震動のことを，**強震動**（strong ground motion）という．

## 1.2　震源と震源断層

すでに述べたように，地震は，断層面に沿ってその両側が急激にずれ動き，地震波を発生させる現象である．地震波の発生源である，この断層面を**震源断層**（earthquake source fault）という．浅い大きな地震の場合，断層面が地表に達し，断層が地表に現れることがある．**地表地震断層**（surface earthquake fault）（あるいは単に，**地震断層**（earthquake fault））とよぶ．1891 年濃尾地震の際には，根尾谷断層に沿って長さ約 80 km にわたり断層崖（地表地震断層）が現れた．図 1.1 に示すように，岐阜県根尾谷村（現在は本巣市）の水鳥（みどり）では上下変位 6 m，水平変位 4 m に達した．

**図 1.1**　1891 年濃尾地震（$M$ 8.0）直後の水鳥断層崖の全景写真（Koto, 1893）
この地震に伴って，根尾谷断層に沿い数十 km にわたって地表地震断層が現れた．震源は岐阜県根尾谷村（現 本巣市）水鳥（みどり）付近で，写真に示すように直後に地震断層崖が出現した．

断層面上で，破壊（食違い）が最初に発生した点を**震源**（hypocenter），震源の真上の地表の点を**震央**（epicenter）という．震源の位置は，震央の緯度・経度および**震源の深さ**（focal depth）で表示される．破壊の開始点である震源は，震源断層の中心ではなく，むしろ端に近い場所に位置する場合も少なくない．また，大きな地震では，震源断層はそれに見合う拡がりをもつので，その発生場所を震源位置だけで示すのには，そもそも無理がある．たとえば，甚大な災害をもたらした2011年東北地方太平洋沖地震の場合，震源位置は宮城県はるか沖合の1地点（気象庁によれば，北緯38.10°，東経142.86°，深さ24 km）であるが，そこを破壊開始点として，岩手県沖–宮城県沖–福島県沖–茨城県沖のプレート境界に沿って非常に広い範囲で断層すべりが生じた．最終的にずれ動いた震源断層の拡がりは，長さ約500 km，幅約200 kmにも及ぶ．

地震は，震源の深さに応じて，**浅発地震**（shallow earthquake），**やや深発地震**（intermediate-depth earthquake），**深発地震**（deep earthquake）に分けられる．その境界は必ずしもはっきりと決まっているわけではないが，Gutenberg and Richter（1949, 1954）に従えば，それぞれ70 kmと300 km，ISC（International Seismological Center）に従えば60 kmと300 kmである．

## 1.3　地震の大きさと地震動の強さ

断層すべりとしての地震の大小の程度を表す指標を**マグニチュード**（magnitude）という．一方，ある地点の地震動の強弱の程度を表す指標を**震度**（seismic intensity）という．地震の規模，すなわちマグニチュードは地震ごとに1つしかないが，地震動の程度，すなわち震度は場所によって異なる．マグニチュードを測る尺度にも，震度を測る尺度，すなわち**震度階**（seismic intensity）にも，さまざまな種類がある．

マグニチュードは，Richter（1935）が最初に定義した．彼は，倍率2,800倍のウッド–アンダーソン（Wood-Anderson）型地震計で記録された地震波形の最大振幅 $A$（単位：μm）を，震央からの距離100 kmの位置の値に換算し，その常用対数をマグニチュードとした．ただし，この定義のままでは，ほとんどの地震のマグニチュードは求められないので，これを拡張した種々の方法が提唱されてきた．現在，国際的に広く用いられているおもなマグニチュードとして，

**モーメントマグニチュード**（moment magnitude）$M_{\mathrm{W}}$，**表面波マグニチュード**（surface wave magnitude）$M_{\mathrm{S}}$，**実体波マグニチュード**（body wave magnitude）$m_{\mathrm{b}}$ がある．また，日本付近で発生する地震については，気象庁によって**気象庁マグニチュード** $M_{\mathrm{j}}$ が決められている．

断層運動である地震の規模を表す物理量として，安芸によって導入された**地震モーメント**（seismic moment）がある（Aki, 1966）．地震モーメント $M_0$ は

$$M_0 = \mu DS \tag{1.1}$$

と表される．ここで $\mu$ は剛性率，$S$ は断層面積，$D$ は平均すべり量である．これは，断層運動と等価な 2 対の偶力のそれぞれのモーメントに対応する．金森は，モーメントマグニチュード $M_{\mathrm{W}}$ を，地震モーメント $M_0$ を用いて，次のように定義した（Kanamori, 1977）．

$$M_{\mathrm{W}} = \frac{\log M_0 - 9.1}{1.5} \tag{1.2}$$

上式の係数は，モーメントマグニチュード $M_{\mathrm{W}}$ が表面波マグニチュード $M_{\mathrm{S}}$ と整合性をもつように決められている．実体波マグニチュードは $M$ 6 程度で，表面波マグニチュードは $M$ 7.5 程度で飽和してしまい，マグニチュードがそれより大きくなると，地震の規模をきちんと評価することができない．それに対して，モーメントマグニチュードは，大きな値になっても飽和することはない．実際，2011 年東北地方太平洋沖地震では，表面波マグニチュードに近い $M_{\mathrm{j}}$ で暫定値 8.4 が気象庁から発表されたが，後になって発表された $M_{\mathrm{W}}$ では 9.0 であった．

日本では，マグニチュード $M$ が 7 以上の地震を大地震，$7 > M \geqq 5$ を中地震，$5 > M \geqq 3$ を小地震，$3 > M \geqq 1$ を微小地震，$1 > M$ を極微小地震とよぶ．ただし，これは国際的に共通に使われている分類ではない．

地震動の強さを測る尺度である震度階には，マグニチュードとは違って，国際的に共通に用いられているものはない．日本では，長らく 0 から 7 までの 8 階級の**気象庁震度階**が用いられてきた．1996 年 10 月からは，震度 5 と 6 が，それぞれ強，弱の 2 つに分けられるようになったので，全部で 10 階級である．震度は，気象台職員の体感や被害状況から決められていたが，現在では，地表に設置されている震度計によって，計測震度として自動的に決定されるように

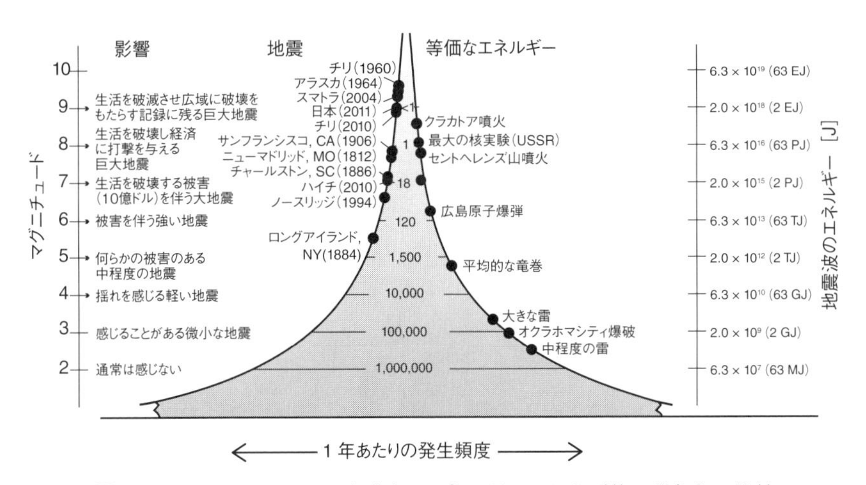


**図 1.2**　マグニチュード，地震波のエネルギー，および他の現象との比較
1年あたりの地震の発生頻度をマグニチュードごとに示す（Incorporated Research Institutions for Seismology による）.

なった．これにより，無人の観測点でも震度が決められるようになり，日本列島に高密度に設置されている震度計によって，震度分布が地震発生後すぐにわかるようになった．

わが国以外の多くの国では，12 階級の震度階が用いられている．たとえば，米国では**改正メルカリ震度階**（Modified Mercalli Intensity Scale）が用いられている．

大地震によって放出されるエネルギーはきわめて大きい．図 1.2 に，マグニチュードおよび地震波として放出されるエネルギーと，火山噴火など他の現象との比較を示す．ただし，ここで，地震波として放出されるエネルギー $E_\mathrm{s}$（J，ジュール）は，マグニチュード $M$ を用いて表した式

$$\log E_\mathrm{s} = 1.5M + 4.8 \tag{1.3}$$

（Gutenberg and Richter, 1956）を用いて計算している．たとえば，1995 年兵庫県南部地震（$M$ 7.3）や 2011 年東北地方太平洋沖地震（$M$ 9.0）は，放出された地震波エネルギーがそれぞれ $5.6\times10^{15}$J（5.6 PJ，P（ペタ）$= 10^{15}$），$2.0\times10^{18}$J（2.0 EJ，E（エクサ）$= 10^{18}$）となる．これらは，広島に投下された原子爆弾のそれぞれ約 100 個分，および約 36,000 個分に相当する．地震計で記録された

過去最大の地震である 1960 年チリ地震（$M$ 9.5）は，$1.1 \times 10^{19}$J（11 EJ）である．これは，広島に落とされた原子爆弾約 200,000 個分に相当し，TNT 火薬に換算するとおよそ 2,700 Mt（メガトン）にも達する．これは，地球上でこれまでに行われた核爆発のエネルギーの総和よりも大きい．ちなみに，過去最大の核爆発のエネルギーは $2.1 \times 10^{17}$J（210 PJ）である．図 1.2 には，比較のために 1883 年のクラカトアの噴火や 1980 年のセントヘレンズ山の噴火のエネルギーなども示されているが，1960 年チリ地震（$M$ 9.5）や 1964 年アラスカ地震（$M$ 9.1），2011 年東北地方太平洋沖地震（$M$ 9.0）など，巨大地震のエネルギーがいかに大きいかがみてとれる．

ひとたび大地震が発生すると大きな被害が生じるが，幸いなことにマグニチュードの大きい地震ほど，その発生頻度は低い．マグニチュードが 1 大きくなると，発生頻度はおよそ 10 分の 1 になることが知られている．実際，1976 年から 2013 年までの 38 年間に世界で発生した地震のデータから 1 年あたりの発生頻度を計算すると，$M$ 6 クラスの地震は 118 回/年，7 クラスの地震は 12.6 回/年，8 以上の地震になると 0.8 回/年である．つまり，マグニチュード 8 以上の地震は 1 年に 1 回弱しか起こらないが，7 クラスの地震はひと月に一度は世界のどこかで，6 クラスの地震になると 3 日に 1 度は世界のどこかで起こっていることになる．ただし，式（1.3）からわかるように，マグニチュードが 1 大きくなると，地震波のエネルギーは約 32 倍になるので，地震波のエネルギーでみると小さい地震の寄与は小さい．地震波として放出されたエネルギーの総和をとると，そのうちのほとんどが最大の地震によるものと同じになってしまう．

## 1.4　地震の原因

内陸で起こる大きな地震では，それに伴って地表に岩盤の食違い，すなわち地表地震断層が現れることがある．1891 年濃尾地震（$M$ 8.0）で出現した地震断層（図 1.1 参照）の調査から，小藤は，地震とは断層のずれであると指摘した（Koto, 1893）．1906 年サンフランシスコ地震（$M$ 7.8）では，サンアンドレアス断層に沿って 300 km の長さにわたり，最大 6.4 m にも及ぶ水平ずれが現れた．Reid（1910）は，測量による地震前後の地殻変動データの解析に基づいて，**弾性反発説**（elastic rebound theory）を提唱した．図 1.3 に示すように，断層

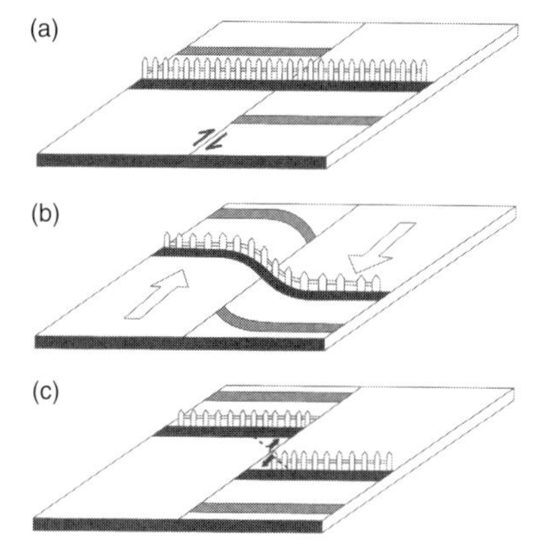


図 1.3　Reid（1910）による地震の弾性反発説（図は Stein and Wysession（2003）による）
(a) 断層を挟んでその両側の地殻は，黒矢印のように相対運動をしている．(b) 白矢印のように地殻にずれの力が加えられるが，断層は固着しているため弾性的に変形する．
(c) 変形がある限度を超えると，固着が剥がれ断層面に沿って急激にすべって断層面の両側の地殻がもとに戻り変形が解消する．

を挟んでその両側にずれの力がはたらき，弾性的に変形してひずみが蓄積する．やがてひずみが限界を超えると断層に沿って急激にすべり，地震波を放射するという考え方である．この説は，その後の研究からその妥当性が示され，現在の震源モデルの基となった．

上記のように，地震は急激な断層運動（断層すべり）だとすると，断層を動かす原動力はどこにあるかが次の問題となる．1960 年代に登場した**プレートテクトニクス**（plate tectonics）が，この問題に明解な解答を与えることになった．すなわち，地球表面は，十数枚のプレートとよばれる厚さおよそ 100 km 程度の岩板で被われている．プレートはほとんど変形することなしに，プレートどうしが互いに近づき（沈込み帯），あるいは互いに遠ざかり（中央海嶺），あるいはまた互いに近づきも離れずもせず水平にすれ違う（トランスフォーム断層）．このようなプレートどうしの相対運動に伴いプレート間が固着したりして，プレート境界付近でプレートが局所的に弾性変形し，プレート境界およびその周辺に応力が蓄積する．このようにして蓄積した応力を解放するために，やがて急激に固着が剥がれたりして，断層すべりすなわち地震が発生する．実際，世界で発生する地震のほとんどが，プレート境界とその付近のプレート内に集中している．なお，地球科学に革新をもたらしたプレートテクトニクスの成立には，地震波の解析から得られた地球内部の不均質構造，地震の震源や発震機構の分布など，地震学の成果が大きな役割を果たした．

プレートの相対運動が断層を動かす原動力だとすると，プレート運動を起こす原因は何だろうか．第 23 章でみるように，地球内部で大規模に生じている対流運動の証拠と思われる顕著な不均質構造が，地震波の解析から得られるようになってきた．固体地球の内部では，地球内部に保有する熱を地球表面を介して宇宙空間に放出するために，対流運動が生じているのである．この対流運動の一翼を担って，地球表層部分に形成される水平方向の運動が，プレートの相対運動と考えられる．どうやら，地震の究極の原因は，地球内部の熱対流運動にあるということになる．地球が形成されたときにもっていた熱の残りと，その後の地球内部に含まれる放射性物質の崩壊による熱が，地球内部に対流運動を生じさせ，それが地震の原因となっているのである．

## 1.5　地震の観測

地震の研究は，地震によって地面がどのように揺れるかを計測することから始まる．それを最初に行ったのは，当時東京大学で教えていたお雇い外国人の Milne や Ewing らであり，1880 年代の初めに彼らの開発した地震計で初めて地震の記録が得られた．

地面の揺れ，すなわち地震動を記録する器械を**地震計**（seismograph）といい，地震計によって得られた記録を**地震記象**（seismogram）という．地動はベクトルなので 3 方向について計測する必要があり，通常は，上下動 1 成分と南北・東西の水平動 2 成分に分けて計測する．すなわち，上下動地震計 1 台と水平動地震計 2 台を 1 組として使う．最近では，3 成分の地震計が 1 つの筐体に収められたコンパクトなものもある．

地震動を計測するには，不動点に対する地面の相対的な動きが測れればよい．普通の地震計は振り子を用いる．振り子に取り付けられたおもりを不動点の代わりとし，振り子と地面の相対運動を記録する．昔は，振り子の運動をてこ（梃子）によって機械的に拡大しすす（煤）書き用紙などに記録する**機械式地震計**（mechanical seismograph）や，光によって拡大し印画紙に記録する**光学式地震計**（optical seismograph）が使われたが，現在では，振り子の運動を電気信号に変え電気的に記録する**電磁式地震計**（electromagnetic seismograph）が使われている．最近では，大振幅の地震動でも振り切れないよう振り子を制御する**帰還型（フィードバック型）地震計**や半導体技術を用いた加速度地震計も開発され，頻繁に使われるようになってきた.

地震動は，その周期と振幅がきわめて広い範囲にわたる．大地震は周期が数十分にも及ぶ地球自由振動を励起するし，一方で，微小地震では卓越する周期が 0.1 s 以下にもなる．大地震の震源近くでは非常に大きな振幅となり，加速度で 1 G（1,000 gal），速度で 1 m/s を超えることもあり，きわめて低倍率の地震計でないと振り切れてしまう．それに対して，振幅が小さい微小地震を観測する場合，雑音レベルの低い場所を選び，かつ数十万倍以上という高倍率の地震計が用いられる．このようにきわめて広い周期（周波数）と振幅の範囲を，1 種類の地震計ですべてカバーするのは容易ではない．そのため，長周期地震計，短周期地震計，高倍率地震計，低倍率地震計など，複数の種類の地震計で，広い周期と振幅の範囲を分担することが行われてきた．最近では，たとえば，図 1.4 に示すような非常に広い周期と振幅の範囲をカバーする，デジタル記録方式

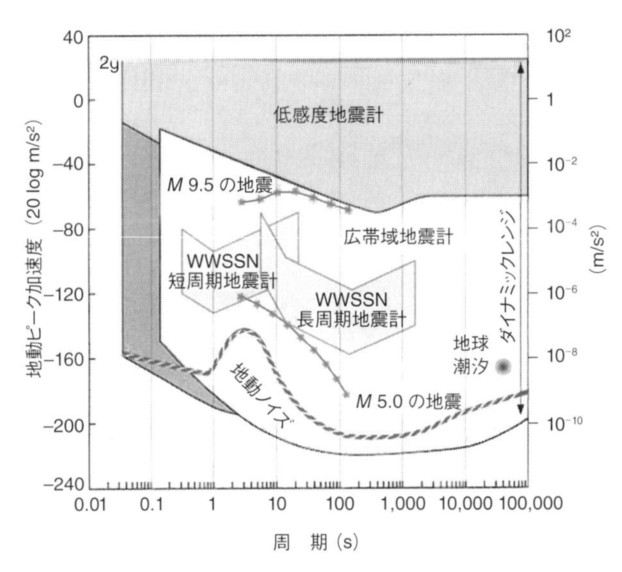


**図 1.4** 地震計の周波数範囲とダイナミックレンジ（Dziewonski and Romanowicz, 2007）

GSN（Global Seismographic Network）の広帯域地震計と低感度地震計がカバーする周期と振幅の範囲を示す．WWSSN の長周期地震計と短周期地震計のカバーする範囲も示してある．灰色の丸は地球潮汐，2 本の星で結んだ線はそれぞれ $M$ 9.5，$M$ 5.0 の地震の加速度スペクトル．地動ノイズを太い破線で示す．

の帰還型広帯域地震計が開発され，多くの地震観測点で用いられるようになってきた．

地震の研究には，多くの地点に地震計を設置して**地震観測網**（seismic network）を構成し，各地点の地震波形データを統合して解析する必要がある．日本では，中央気象台（現在の気象庁）が 100 年以上前からこのような業務を始め，日本列島周辺で発生する地震について，その震源決定を行ってきた．現在では，気象庁に加えて防災科学技術研究所や大学などによって観測網が構築され，維持されている．とくに，1995 年兵庫県南部地震（$M$ 7.3）を契機に基盤的地震観測網が整備され，高感度の地震計が日本列島全域に高密度に展開されている（図 2.6 参照）．記録方式もデジタル化され，得られた波形データは，インターネットを通じ広く公開されている．これらの観測点によるデータを基に，陸域については $M$ 2 以上の地震がもれなく決められるようになった．

地震観測データの全世界的な収集と解析は，お雇い外国人であった Milne によって，彼が 1895 年に英国に帰国してから始められた．それにより，世界の地震の分布や地球内部構造の研究が進展した．この体制は後に，ISS（International Seismological Summary，1918～63 年），ISC（International Seismological Center，1964 年～）に引き継がれ，現在まで継続している．1960 年代に米国によって設置された 125 観測点からなる**世界標準地震計観測網**（World-Wide Standardized Seismograph Network; WWSSN）は，各観測点に標準化された長周期地震計と短周期地震計が設置され，その波形記録がマイクロフィルムのかたちで公開されたことにより，地震学の発展に大きく貢献した．1980 年代後半からは，デジタル化された広帯域地震計観測網の設置，運用が米国などいくつかの国によって始められた．各観測網で得られた波形データは共通のデータ形式となっていて，インターネットを通じて配布されている．現在では，観測点数が全世界で合わせて 1,000 点を超えている．この広帯域地震計観測網は，地震学の発展にきわめて大きな役割を果たし，広帯域地震学とよばれる新しい研究分野が築かれるもととなった．

## 1.6　地震による災害

大きな地震が発生すると，強い地震動（強震動）をもたらすが，それに加えて，震源が浅い場合**地殻変動**（crustal deformation）が生じる．これら強震動と地殻変動は，どちらも断層のずれ運動により生じるものであり，地震災害をひき起こす原因となる．

浅い大地震では，地表に地震断層が出現することがある．地震断層に沿い何十 km にもわたって地盤の食違いが現れたり，断層運動に伴って広域に地盤の隆起や沈降が生じたりする．これが海底で起こると，海水面の上昇と沈降をもたらす．海水面は元の平衡の位置に戻ろうとして**津波**（tsunami）が励起され，それがときには地震動より大きな災害をもたらす．2011 年東北地方太平洋沖地震（$M$ 9.0）で励起された大きな津波による甚大な災害は，記憶に新しい．この地震では，震源断層が海底面まで達したこともあり，実際に計器で測定された限りにおいても，水平変動が最大で 31 m，上下変動が最大で 5 m というきわめて大きな海底地殻変動が生じ，それが大きな津波を励起した．その結果，東日本の太平洋沿岸で 2 万人近い犠牲者を出すという甚大な災害をもたらした．

強い地震動は，表土に**地割れ**（ground fissure）を生じさせ，埋立地や旧河道など地下水を多く含んだ砂質の地盤では**液状化**（liquefaction）を発生させることがある．傾斜地では，山崩れ，**地すべり**（landslide）や**土石流**（debris flow）が生じる．また，地殻変動による海岸や湖岸の沈降，地震動による川やダムの堤防の決壊，あるいは地震による山崩れで形成されたせき止め湖の決壊などで，水害をもたらすこともある．2011 年東北地方太平洋沖地震でも，内陸部の福島県須賀川でダムの堤防が決壊し 8 名の犠牲者を出した．

地震動による建造物の倒壊，器物の転倒や落下，それに伴う火災は，人命に関わる大きな被害をもたらすもととなる．とくに，地震時には同時に多数の地点で出火するので，大火災となりやすい．1923 年関東地震（$M$ 7.9）の際には，本所区本所横網町（現在の墨田区横網）の被服廠跡に避難していた多数の人々が火災旋風に巻き込まれ犠牲となった．

日本を含め，世界の地震国では，これまでにいく度となく大地震に見舞われ，大きな被害を繰り返し受けてきた．現代社会では，地震の影響は単に強震動や地殻変動，山崩れや地すべり，土石流，地盤の液状化，津波による建造物の破壊，火災による焼失のみにとどまらない．電気，電話，水道，ガスなどの供給停止は生活に深刻な支障をきたし，また鉄道，道路，橋，トンネル，空港，港湾などの破壊は物資の流通に致命的な障害となる．とくに，高度に発達し人口の集中した大都市は，地震に対してきわめて脆弱となっている．繰り返し大地震に見舞われてきたわが国のような地震国では，壊滅的な地震によって国全体が混乱と困窮に陥ることが懸念される．そうならないように，事前に大地震の発生を適切に想定し，きちんと対策を立てておくことがきわめて重要である．

なお，本書では，地震災害および防災・減災の研究については扱わない．これらについては，その専門の書籍を参照されたい．

## 1.7　地震の研究と地震学

**地震学**（seismology）は，地震とそれに関連する現象を研究する学問である．もともと地震学は，地震とは何か？　なぜ起こるのか？　その謎を解こうとする挑戦から始まっている．地震の正体を知りたいという欲求が，地震学を発展させる原動力となってきた．

地震学の研究の範囲は，地震学が発展するにつれて，次第に拡がってきた．それらを大別すれば，主として 3 つの分野に分けられよう．そのひとつは，地震そのもの，地震の本性の理解を目指すものである．地震はなぜ，どのように発生するのかなど，地震発生に関わる問題を対象とし，いわば地震学における基本的な問題の解明を目指す．2 つ目は，地球内部構造の探求であり，地震波伝播の理解を通して地球内部構造の解明を目指す．地球内部で生じている現象や惑星としての地球の進化を理解するには，地球内部構造を知ることがその基本となる．3 つ目は，地震学の知識を社会に役立てる応用分野で，社会が現実に直面している問題や課題の解明，解決を目指す研究である．強震動や地盤構造など地震災害の軽減を目的とした研究，石油や天然ガスなどの天然資源の探査などが，この分野に含まれよう．ただし，これら 3 つの分野の境界は，はっきりと線を引けるようなものではないし，また複数の分野にまたがる研究もある．

地震計で観測された記録に基づく研究は，間違いなく地震学の主要な部分を占める．しかし，地震現象を理解するうえで重要な情報源は，地震波記録の解析から得られたものに限られるわけではない．たとえば，大地震の発生サイクルの研究には，長期間にわたる地震発生履歴の情報が不可欠であるが，地震の繰返し間隔の長さを考慮すれば，地震計記録だけでは情報として圧倒的に足りないことは明らかである．地質学や歴史学の知識が欠かせない．地震前に地殻がどのようにひずみを蓄積し，地震でそれをどのように解放するかを理解するには，測地学的な情報が欠かせない．このように，地震現象を理解するには，物理学，数学などの基礎的学問分野に加えて，測地学，地球電磁気学，地質学，岩石・鉱物学，地形学，地球化学，土木・建築学などの工学，あるいは歴史学など，非常に多くの分野の知識が必要である．他の多くの地球科学の分野と同様に，地震の研究は学際的な科学である．

本書は，このように広い知識を必要とする地震学のすべての分野を対象とするものではない．上記の地震学の3つの分野のうちの3番目，すなわち，地震学の応用分野は扱わない．1番目と2番目の分野のうち，主として地震計記録に基づく研究分野を対象とする．

# 第1部

# 地震学概論

# 第2章 地震計と地震観測

地震現象を理解するには，地震により生じる地面の揺れ（地震動）を正確に測定することが不可欠である．地震動は，大地震の発生時には，加速度で 1 G（1,000 gal），速度で 1 m/s を超えることがある．一方，風雨，海洋波浪や人工的なノイズ源などにより生じる雑微動の振幅（$10^{-7}$ m/s）をわずかに超える程度の，無感の微小な地震動も頻繁に観測される．また，地震動の周期は，0.01 s 以下の短周期から数百 s，1,000 s 程度まで幅広い．このように振幅で $10^7$ 倍，周期で $10^5$ 倍も変化し，ダイナミックレンジが広いため，地震動すべてを 1 つの地震計で記録することは現在の技術では難しい．また，目的によっては特定の地震動のみを記録することで十分である．そこで，記録できる地震動の周期，強さ，種類などにより，地震計はいくつかの種類に分かれている．記録できる周期帯に着目すると，短周期地震計（おおむね 1 s 以下）や長周期地震計（数十 s 程度），広帯域地震計（数十 Hz から数百 s 程度）などに分類される．また，地震動の強さに応じて，小さな地震動を記録する高感度地震計，有感となる大振幅の強震動を記録するための強震計に分けられる．そのほか，記録される地震動の種類に応じて，速度型地震計，加速度計，変位計などとよばれる．

地震計で検知された地震動は電気信号に変換され，増幅器やフィルターを通したのち，記録紙や計算機の電子媒体に記録される．地震動の信号を時間関数 $s(t)$ で表し，地震計や増幅器，フィルターからなる計測器の応答関数を $h(t)$ とすると（$t < 0$ では $h(t) = 0$），記録される信号 $o(t)$ は

$$o(t) = \int_{-\infty}^{t} h(t-t')s(t')\,\mathrm{d}t' \tag{2.1}$$

のたたみ込み積分のかたちで表される．これは，$o(t)$，$h(t)$，$s(t)$ のフーリエ（Fourier）変換を $\hat{o}(\omega)$，$\hat{h}(\omega)$，$\hat{s}(\omega)$（$\omega$ は角周波数）とすると，周波数領域では $\hat{o}(\omega) = \hat{s}(\omega)\hat{h}(\omega)$ と書ける（付録 B.3 節参照）．したがって，地震動の変位や速度，加速度を知るためには，地震計を含む計測器の応答関数を補正する必要がある．

本章では，地震計の基礎的な動作原理を学ぶ．また，地震計を記録，収録するためのシステムを概観するとともに，現在の地震観測網を簡単に紹介する．

## 2.1　地震計

### 2.1.1　振り子の運動と地震計

地面の揺れを正確に測るには，常に動かない点，つまり不動点をつくる必要がある．しかし，空中に浮いた不動点を常につくることはできないので，振り子を利用する．長さ $l$ のひもの先におもりをつけた振り子や，ばね定数 $k$ のばねの先につるされた質量 $m$ のおもりによるばね振り子の振動を考えてみよう（図 2.1）．これらの振り子の支点を瞬時に少し動かすと，振り子はある一定の周期で振動を始める．このときの振動の周期（周波数）を，固有周期（固有周波数）とよぶ．振り子の固有周期は $2\pi\sqrt{l/g}$，ばね振り子の場合は $2\pi\sqrt{m/k}$ である．$g$ は重力加速度である．

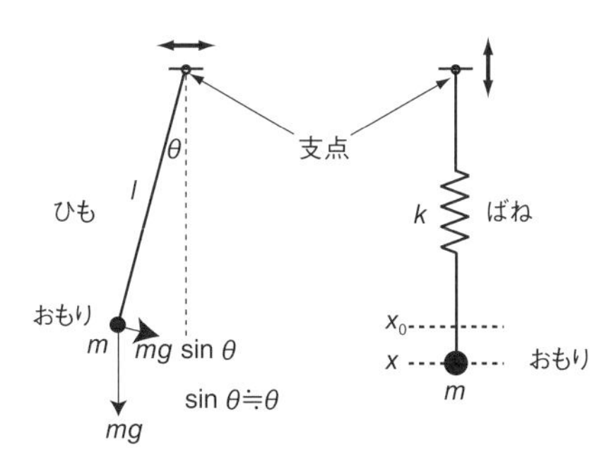


図 2.1　振り子の振動

振り子の支点を揺らし，強制振動させてみよう．支点を固有周期よりも十分長い周期でゆっくりと振動させると，おもりは支点とほぼ並行に運動する．支点を固有周期に近い周期で振動させると，支点の動きと振り子が共鳴するため，おもりの振動は次第に大きくなり，振幅が増大する．一方，支点を固有周期よりも十分短い周期で振動させると，おもりは動かず，はじめにあった位置にとどまる．つまり，このおもりは不動点となり，おもりと支点の位置の差を測ることにより地震動変位を求めることができる．

### 2.1.2　機械式地震計

ばね振り子を例にして，おもりの振動を運動方程式を使って考えよう．図 2.1 に示すような単純な振り子では，支点にステップ的な，あるいは，パルス的な変位を与えても，振り子は固有周期で揺れてしまう．このままではおもりの動きから支点の動きを再現することは難しいので，制振器をつけた振り子を利用する（図 2.2）．質量 $m$ のおもりがばね定数 $k$ のばねに支点からつり下げられている．支点（地面）の位置は $X$ で表し，$x_0$ は重力とばねの力が釣り合うおもりの位置で $x_0 = mg/k$ である．釣合いの位置 $x_0$ からのおもりの相対的な位置を $x$ とする．制振器により，速度に比例した抵抗力 $2m\gamma\dot{x}$ をおもりに与えると，運動方程式は，

$$m\frac{\mathrm{d}^2}{\mathrm{d}t^2}[x(t) + X(t)] + 2\gamma m\frac{\mathrm{d}x(t)}{\mathrm{d}t} + kx(t) = 0 \tag{2.2}$$

と書ける．左辺第 2 項にある $\gamma$ は抵抗力の大きさを表す定数である．固有角周波数 $\omega_0$（$=2\pi f_0=\sqrt{k/m}$，$f_0$ は固有周波数）を用いてこの式を整理すると

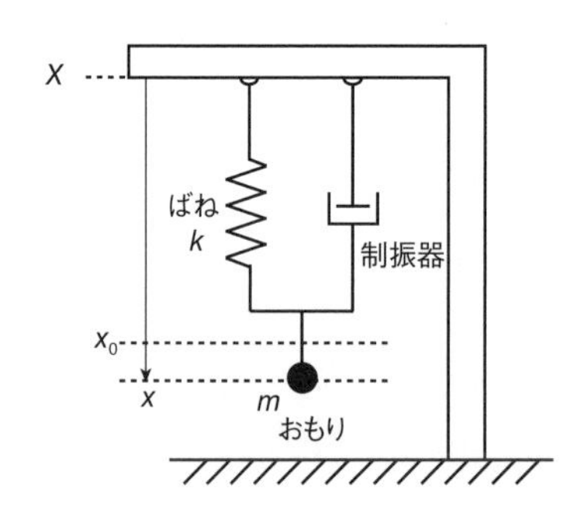


図 2.2　制振器のついたばね振り子

$$\ddot{x} + 2\gamma\dot{x} + \omega_0^2 x = -\ddot{X} \tag{2.3}$$

となる．

いま，固有周期よりも短い周期で支点を揺らしたとしよう．このとき左辺は第1項の加速度項が卓越するので，$\ddot{x}(t) \simeq -\ddot{X}(t)$．つまり $x(t) \simeq -X(t)$ となり，振り子の変位は地震動の変位の逆符号に比例する．これに対し，ゆっくりとした揺れのときは左辺第3項が卓越するので，$\omega_0^2\, x(t) \simeq -\ddot{X}(t)$ と近似できる．つまり，振り子の変位は地震動の加速度に比例する．

ひもの長い振り子や柔らかい（ばね定数の小さい）ばねと重いおもりの振り子を用いると，固有周期は長くなるので，幅広い周波数帯で感度の高い地震計となる．ただし，振り子の大きさやばねの強度に限界があるため，おもりのつり方にいろいろな工夫がなされている．たとえば，水平動地震計の場合，振り子と水平面の角度 $i$ を小さくすることで固有周期 $2\pi\sqrt{l/(g\sin i)}$ を大きくすることができる．また，逆さ振り子を利用して周期を延ばす工夫もある．

地震観測が始まった初期のころの機械式地震計は，回転する円筒形状のドラムに“すす”をつけた紙を巻き，それを振り子の先につけた細い針により引っ掻くことで地震波形を記録した（すす書き記録とよばれる）．大森式水平動地震計はこのようなすす書き記録方式の代表的な機械式地震計である．ただし，このような地震計は，細い針と記録紙との摩擦を相対的に小さくするために振り子の重量を大きくしなければならず，ウィーヘルト（Wiechert）型地震計などの重量は数百 kg もあった．

**(1) 定常解**

入力する周期と振り子の運動を式 (2.3) の定常解と過渡応答から求め，地震計の特性をより定量的に考えよう．支点に定常的な振動 $X(t) = \hat{X}(\omega)\mathrm{e}^{-\mathrm{i}\omega t}$ を与えたとき，振り子が $x(t) = \hat{x}(\omega)\mathrm{e}^{-\mathrm{i}\omega t}$ で振動したとする．式 (2.3) に代入すると

$$\hat{x}(\omega) = \frac{-\omega^2 \hat{X}(\omega)}{\omega^2 + 2\mathrm{i}\gamma\omega - \omega_0^2} \tag{2.4}$$

となるので，応答関数は，

$$\hat{V}(\omega) \equiv \frac{\hat{x}(\omega)}{\hat{X}(\omega)} = |U(\omega)|\,\mathrm{e}^{\mathrm{i}\alpha(\omega)} \tag{2.5}$$

と書ける．応答関数の振幅と位相は

$$|U(\omega)| = \frac{\omega^2}{\sqrt{(\omega^2 - {\omega_0}^2)^2 + 4\gamma^2\omega^2}} \tag{2.6a}$$

$$\alpha(\omega) = -\tan^{-1}\left(\frac{2\gamma\omega}{\omega^2 - {\omega_0}^2}\right) + \pi \tag{2.6b}$$

となる．この式をもとに，入力する周期（周波数）の違いによる応答関数の振幅と位相の変化をみてみよう．振り子の固有周期よりも短い（高い周波数の）振動が入力した場合（$\omega \gg \omega_0$），応答関数の振幅は 1 で位相が $\pi$ となることから，振り子の変位は入力した変位と振幅は同じで逆位相となる．一方，周期が長く（周波数が小さく）なると，振幅は周期の 2 乗に逆比例し（周波数の 2 乗に比例

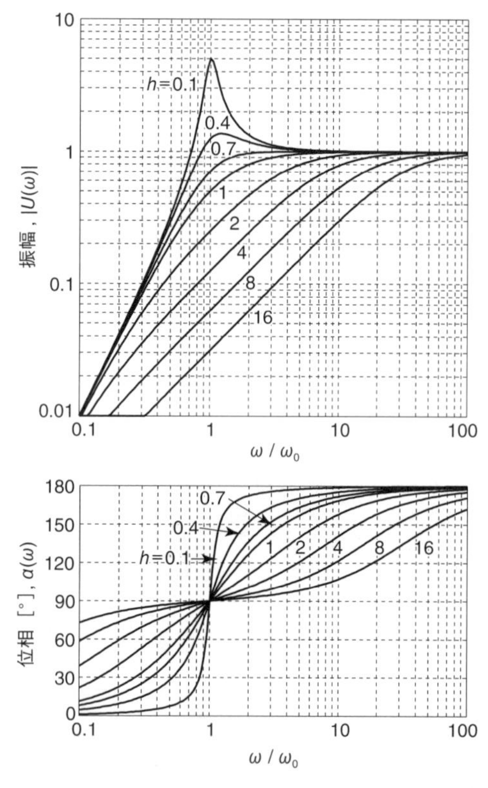


図 2.3　機械式地震計の応答関数

振幅と位相の角周波数依存性を示す．固有角周波数で規格化，位相遅れを正とする．

し)，位相はゼロになる．これは振り子の変位は入力した加速度に比例していることを示す．

図 2.3 に応答関数の振幅と位相を示す．横軸は規格化した周波数（$\omega/\omega_0$）である．抵抗力の大きさを表すダンピング定数 $h(\equiv \gamma/\omega_0)$ の値が小さいと振り子の共鳴振動の効果が強くなり，固有周期付近の応答振幅が大きくなる．一方，$h$ が大きいと過制振となり地震計の感度が小さくなる．通常は $h=1/\sqrt{2}\simeq 0.7$ 程度にして，短周期側と長周期側が滑らかにつながるバターワース（Butterworth）型フィルターの特性にする．位相をみると，固有周期前後で $0\sim180°$ に大きく変化することがわかる．固有周期帯に近い波の位相を利用した解析には注意が必要である．

**(2) 過渡応答**

式 (2.3) の右辺を入力 $f(t)$（$=-X(t)$）としたときの過渡応答 $x(t)$ は，入力をデルタ関数とした

$$\ddot{G}+2\gamma\dot{G}+{\omega_0}^2 G=\delta(t) \tag{2.7}$$

の解（グリーン（Green）関数，$G$）を用いて，たたみ込み積分

$$x(t)=\int_{-\infty}^{\infty} G(t-t')f(t')\,\mathrm{d}t' \tag{2.8}$$

で与えられる（付録 B.3 節参照）．これを確かめるには，式 (2.3) に代入して $t$ に関する微分を実行し，式 (2.7) を用いればよい．デルタ関数 $\delta(t-t')$ と $f(t')$ の積分となり，$t'$ に関する積分を実行すると $f(t)$ が得られる．

減衰が小さい場合（$\gamma<\omega_0$），微分方程式 (2.7) をフーリエ変換の方法で解くことにする．ただし，$t<0$ では $G=0$ とする（遅延解）．フーリエ積分表示

$$G(t)=\frac{1}{2\pi}\int_{-\infty}^{\infty}\hat{G}(\omega)\,\mathrm{e}^{-\mathrm{i}\omega t}\,\mathrm{d}\omega \tag{2.9}$$

を考え，デルタ関数が $\delta(t)=\frac{1}{2\pi}\int_{-\infty}^{\infty}\mathrm{e}^{-\mathrm{i}\omega t}\mathrm{d}\omega$ であること（付録 B，式 (B.8b) 参照）を式 (2.7) に用いて，積分核を比較すると $(-\omega^2-2\mathrm{i}\gamma\omega+{\omega_0}^2)\hat{G}(\omega)=1$ が得られる．これを部分分数分解すると，

$$\hat{G}(\omega)=\frac{1}{2\sqrt{{\omega_0}^2-\gamma^2}}\left[\frac{1}{\omega+\mathrm{i}\gamma+\sqrt{{\omega_0}^2-\gamma^2}}-\frac{1}{\omega+\mathrm{i}\gamma-\sqrt{{\omega_0}^2-\gamma^2}}\right] \tag{2.10}$$

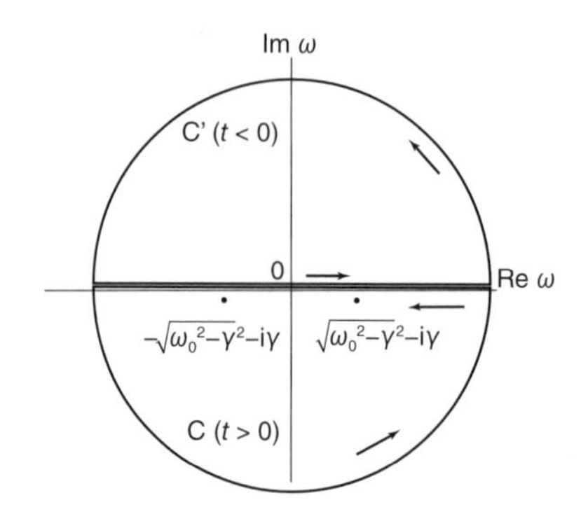


**図 2.4**　複素 $\omega$ 平面における極と積分路

が得られる．$\hat{G}(\omega)$ の一位の極 $\omega = \pm\sqrt{\omega_0{}^2 - \gamma^2} - \mathrm{i}\gamma$ は，常に $\omega$ の複素面上で下半面に存在する（図 2.4）．

$t < 0$ の場合には，$\omega$ を虚軸に沿って正の無限大へもっていくと $\mathrm{e}^{-\mathrm{i}\omega t}$ はゼロになるので，実軸を通り上半面をまわるように積分路 C′ を閉じる．この経路は極を含まないから

$$\begin{aligned}\frac{1}{2\pi}\oint_{\mathrm{C}'} \hat{G}(\omega)\,\mathrm{e}^{-\mathrm{i}\omega t}\mathrm{d}\omega &= \frac{1}{2\pi}\int_{-\infty}^{\infty} \hat{G}(\omega)\,\mathrm{e}^{-\mathrm{i}\omega t}\mathrm{d}\omega + \frac{1}{2\pi}\int_{\cap} \hat{G}(\omega)\,\mathrm{e}^{-\mathrm{i}\omega t}\mathrm{d}\omega \\ &= G(t) + \frac{1}{2\pi}\int_{\cap} \hat{G}(\omega)\,\mathrm{e}^{-\mathrm{i}\omega t}\mathrm{d}\omega = 0 \end{aligned} \tag{2.11}$$

積分路 C′ の半径を十分に大きく取れば $\hat{G}(\omega) \to 0$ となるので，第 2 項の積分はジョルダン（Jordan）の補題（付録 B.2 節参照）によりゼロとなる．すなわち，実軸上の積分 $G(t) = 0$ を得る．

$t > 0$ の場合には，実軸を通り下半面で積分路 C を閉じ，ジョルダンの補題により下半円の積分路からの寄与をゼロとして

$$\begin{aligned}\frac{1}{2\pi}\oint_{\mathrm{C}} \hat{G}(\omega)\,\mathrm{e}^{-\mathrm{i}\omega t}\mathrm{d}\omega &= -\frac{1}{2\pi}\int_{-\infty}^{\infty} \hat{G}(\omega)\,\mathrm{e}^{-\mathrm{i}\omega t}\mathrm{d}\omega + \frac{1}{2\pi}\int_{\cup} \hat{G}(\omega)\,\mathrm{e}^{-\mathrm{i}\omega t}\mathrm{d}\omega \\ &= -G(t) \end{aligned} \tag{2.12}$$

と書ける．左辺の積分は，コーシー（Cauchy）の積分定理を用いて

$$\begin{aligned}&\frac{1}{2\pi}\oint_{\mathrm{C}} \hat{G}(\omega)\,\mathrm{e}^{-\mathrm{i}\omega t}\mathrm{d}\omega \\ &\quad = \frac{1}{2\pi}\frac{1}{2\sqrt{\omega_0{}^2 - \gamma^2}}2\pi\mathrm{i}\left[\mathrm{e}^{-\mathrm{i}\left(-\mathrm{i}\gamma - \sqrt{\omega_0{}^2-\gamma^2}\right)t} - \mathrm{e}^{-\mathrm{i}\left(-\mathrm{i}\gamma + \sqrt{\omega_0{}^2-\gamma^2}\right)t}\right]\end{aligned}$$

$$= \frac{-1}{\sqrt{{\omega_0}^2 - \gamma^2}} \mathrm{e}^{-\gamma t} \sin \sqrt{{\omega_0}^2 - \gamma^2} t \tag{2.13}$$

と書ける．よって

$$G(t) = H(t) \frac{1}{\sqrt{{\omega_0}^2 - \gamma^2}} \mathrm{e}^{-\gamma t} \sin \sqrt{{\omega_0}^2 - \gamma^2}\, t \tag{2.14}$$

が得られる．ここで，$H(t)$ は階段関数である．これはデルタ関数の入力が時刻ゼロで与えられた場合の応答で，減衰振動を表す．時間変化を図示してみればわかりやすい．

式 (2.8) を用いて，過渡応答 $x$ を $G$ と入力 $f$ のたたみ込みとして明示的に書けば，

$$\begin{aligned} x\,(t) &= \int_{-\infty}^{\infty} H\bigl(t - t'\bigr) \frac{1}{\sqrt{{\omega_0}^2 - \gamma^2}} \mathrm{e}^{-\gamma\,(t-t')} \sin \sqrt{{\omega_0}^2 - \gamma^2}\,\bigl(t - t'\bigr) f\bigl(t'\bigr)\,\mathrm{d}t' \\ &= \frac{1}{\sqrt{{\omega_0}^2 - \gamma^2}} \mathrm{e}^{-\gamma t} \int_{-\infty}^{t} f\bigl(t'\bigr)\,\mathrm{e}^{\gamma t'} \sin \sqrt{{\omega_0}^2 - \gamma^2}\,\bigl(t - t'\bigr)\,\mathrm{d}t' \end{aligned} \tag{2.15}$$

が得られる．

### 2.1.3 電磁式地震計

電磁式地震計は，コイルを巻いた振り子（可動コイル）を磁石でつくった磁場の中で振動させるなどして，機械式地震計の振り子の動きを電気信号に変えて出力信号とする地震計である．

初期のころに使われた電磁式地震計のひとつである光学式地震計は，可動コイルに検流計を直結した地震計である．検流計につけた鏡に光を当てて振り子の振幅を増幅するため，摩擦の影響はなくなり取扱いが容易になった．光学式地震計の代表であるプレス–ユーイング（Press-Ewing）型長周期地震計やベニオフ（Benioff）式短周期地震計などは，世界各地で使われた．ただし，鏡から反射した光を感光紙で記録するので，ダイナミックレンジを大きくするために光を絞りすぎると感光紙に描けなくなるという欠点があった．

その後，エレクトロニクス技術の向上に伴い，可動コイルからの電気信号は，増幅器やフィルターを通して記録されるようになった．検流計を可動コイルに直結したものと違い，振り子の運動に影響を及ぼさない増幅器を使うことにより，地震計の特性の設計や変更が容易となった．電気信号は，ペン書き記録さ

れるほか，磁気テープなどに記録されるようになった．近年は，アナログの電気信号を A/D 変換し，ディジタルデータとして電子媒体に記録されるのが一般的である．短周期地震計はこのタイプの地震計の代表であり，広帯域地震計や強震計などは，電磁式地震計の出力信号を利用した帰還型地震計である．

### 2.1.4　帰還型地震計

機械式地震計の特性は振り子の固有周期と抵抗力だけで決まるため，数十 s 以上の長周期の固有周期を実現することは難しい．また，振り子が大振幅で揺れる場合，振り子の運動方程式（式 (2.3)）の近似が悪くなる．そこで，地震計の出力信号を用いて振り子の振動を制御することにより，地震計の応答関数を変える帰還（フィードバック）型地震計が開発され，現在広く使われている．

図 2.5 に概念図を示す．振り子の変位や速度をコンデンサー容量計や可動コイルなどで検知し，それらの振幅をもとに振り子の振れを止めたり小さくする．振り子の変位量に比例した力を振り子に帰還する場合を考えよう．式 (2.3) を参考にして振り子の運動方程式を考えれば，

$$\ddot{x} + 2\gamma\dot{x} + ({\omega_0}^2 + \sigma^2)x = -\ddot{X} \tag{2.16}$$

となる．ここで $\sigma^2 x$ が変位量に比例した帰還量に相当する項であり，振り子の固有周期は $2\pi/\sqrt{{\omega_0}^2 + \sigma^2}$ と考えることができる．$\sigma^2 \gg {\omega_0}^2$ とすれば，振り子の固有周期は実効的に制御回路のみの特性で決まる．また，制御のない場合に比べて固有周期は短周期になるため，広い周期帯で振り子の変位は地震動の加

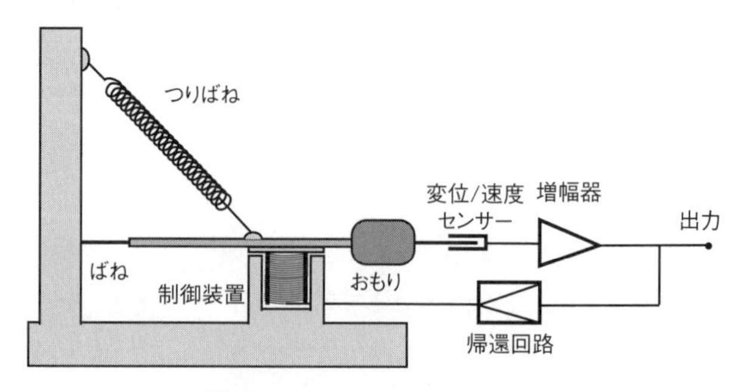


図 2.5　帰還型地震計の概念図

速度に比例するようになる．同様に，速度に比例した力 $\eta\dot{x}$ を加えた場合，

$$\ddot{x} + (2\gamma + \eta)\dot{x} + {\omega_0}^2 x = -\ddot{X} \tag{2.17}$$

となる．この場合，ダンピングの強い速度特性の地震計となる（機械式地震計で考えると $h$ が大きい地震計に相当する）．

帰還型地震計では，帰還する振り子の変位や速度にフィルターをかけることなどから，その周波数応答は複雑となる．このような周波数応答は，ラプラス（Laplace）変換で表現されることが多く，帰還型地震計の応答関数 $V(s)$（ここで，$s = \mathrm{i}\omega = 2\pi\mathrm{i}f$）は，地震計ごとに提供されるゼロ（$z_i$，zero）と極 ($p_i$，pole) をもとに

$$V(s) = B\frac{\prod(s - p_i)}{\prod(s - z_i)} \tag{2.18}$$

の式から算出される．ここで $B$ は増幅率である．帰還型地震計は，幅広い周期範囲での振幅応答がフラットになるものの，位相特性の変化は大きい．波形解析をする際には特性をよく理解し，必要に応じて補正をすることが求められる．

### 2.1.5 その他の地震計

ひずみを直接測るセンサーとして伸縮計がある．長さ数十〜数百 m の石英または水晶管の一端を岩盤に固定し，もう一端の変位の変化量をコンデンサー容量計や磁気センサーを用いて $10^{-9}$ m 程度の精度で検出する．この変化量を棒の長さで割り，ひずみの変化量を求める．孔井内に設置する円筒状の容器に液体をいれたセンサーもある．容器を岩体に密着させることにより，周辺岩体の応力変化に応じた容器の変形を液面の高さ変化として検知し，ひずみ量を測定する．これらのひずみ計は，振り子を利用した地震計では測定の難しい DC レベルまで応答がある．

GNSS（Global Navigation Satellite System(s)）も地震計として利用できる．GNSS は，“全地球航法衛星システム”または“汎地球航法衛星システム”で，一般に広く知られている米国の衛星航法システム GPS (Global Positioning System)，ロシアの GLONASS，ヨーロッパの GALILEO などを含む総称である．このシステムは，複数の人工衛星から輻射される刻時情報と位置情報をもとに，震源決定と類似の方法で，衛星信号を受信するアンテナの位置を測定する．地震断

層による地表変位の測定や，プレート運動や火山体変形などのゆっくりとした地殻変動現象を調べることに使われるのが一般的であるが，巨大地震などにより励起される大振幅の地震波も記録できる．振り子を利用した通常の地震計ではDC 成分や大振幅の震動を測定することが難しいが，GNSS を利用すると地震波から最終変位まで連続的に測定できるという長所がある．

震度計は，加速度計の出力記録にフィルターをかけて算出する（第 9 章を参照のこと）計器である．そのほか，MEMS（Micro Electro Mechanical System）型加速度計が物理探査用の地震計として利用されている．振り子を使った地震計とは異なり，静電容量，圧電型，ピエゾ抵抗型などの方式があり，加速度や圧力，角速度などを計測する．小型で取扱いが容易であること，DC～数百 Hz 程度で特性がほぼ平坦で位相ずれがないことなどの長所がある反面，感度がやや小さいといった短所がある．

## 2.2　地震記録システム

記録システムはその時代とともに発展してきた．前述したように，地震観測の始まった初期のころはドラムに巻きつけた紙に直接地震動を記録する単純なものであった．その後，可動型コイルにより地震動を電気信号として取り出せるようになり，光学式の地震計が利用された．また，電気信号は増幅器やフィルターを通したのち，磁気テープなどに記録された．近年では，アナログの電気信号を A/D 変換し，ディジタル信号として計算機上に取り込めるようになった．12 bit や 16 bit の逐次変換型の A/D 変換により分解能が上がり，地震波形を飽和せずに記録できることが多くなった．最近では，入力信号を ΔΣ（デルタシグマ）変調した出力信号をディジタル処理したのち，データの間引き（デシメーション）操作を行うことにより，高分解能（24 bit）を得る A/D 変換を用いた収録器が主流となっている．データを保存する媒体（ハードディスクや光磁気ディスクなど）の容量が十分でなかったころには，地震の発生時のみデータを記録するトリガー方式のシステムが使われていたが，1990 年代半ばころからの媒体の大容量化により連続でデータを保存することが一般的になっている．

地震記録システムには刻時機能が非常に重要である．古くは，データ収録する観測所の時計を，ラジオ信号や日本標準時を放送する無線電波（JJY）を利用して随時補正していた．あるいは，遠隔地にある観測点のデータを無線や有線電話網を利用して観測センターに伝送し，一括して記録することにより，その観測網にある地震観測データの刻時の差をなくした．1990 年代になると，標準時計として GNSS 衛星の刻時信号や長波時計が世界各地で利用できるようになり，インターネットの発達とあいまって観測システムも様変わりする．GNSS の刻時精度は数十 μs という高精度であるほか，上空が見通せるところに小さなアンテナを設置するだけで簡便に刻時信号が利用できるという長所がある．各観測点に GNSS 時計を設置し，A/D 変換されたデータに“タイムスタンプ”をつけることにより，データをパケット化することができるようになった．このパケット化したデータは，インターネットを利用して伝送され，観測センターでタイムスタンプをもとに地震波データとして時間順に並び替えられる．パケットには観測点や地震計の種類，成分などを識別するためのチャンネル番号がつけられているので，多数の観測点のデータを管理することができる．現在，多量のデータを伝送し，集約した観測網が国内や世界各地で稼働している．なお，パケットを復元するには数秒程度の時間がかかることもあるので，地震波解析に即時性が求められる場合には専用回線を用いた観測点のデータも必要である．また，GNSS の高精度の刻時信号による同時サンプリングを活用し，観測点間隔の短い反射法や屈折法探査も行われている．

複数の観測点のデータをまとめて収録するネットワーク型の観測網はデータを一括処理できるため，震源や発震機構の即時決定がなされるだけでなく，緊急地震速報などの情報発信をすることが可能である．その反面，データ伝送などの準備のために観測点設営に時間がかかったり，システムの消費電力が多く設置場所に制約がある．そこで，余震の臨時観測や構造探査などでは，地震計を設置した場所でデータを簡単に収録するオフラインの観測点が設置される．近年データロガーの小型化，低消費電力化が進み，また，大容量の電子媒体ができたため，数カ月から 1 年を超えて連続観測ができる．

## 2.3　地震観測および地震観測網

自然地震の活動や発生機構，地球内部構造を調べる際には，高感度の短周期地震計や長周期地震計，広帯域地震計をノイズの小さく静かなところに設置する必要がある．そのため，人里から遠い山間などの硬い岩盤が露出する地域に地震観測点が設けられる．また，できるかぎりノイズを低減するために，数十〜数百 m の横坑の奥や，深さ数百 m の孔井に地震計を設置する．海洋性プレートが沈み込む日本のような島弧地域では，海域にも多数の地震が発生するため，海底に地震計を設置し，海底ケーブルを利用してデータを伝送している．また，オフラインの観測点が臨時に設置されることも少なくない．短周期地震計や広帯域地震計，高容量のデータロガーを入れた耐圧容器を船上から自由落下させ，深さ数千 m の海底で長期間の記録を得ることができる．

地震計は市街地に設置されることもある．たとえば，強震計は，大地震の発生機構を調べるために利用されるだけでなく，居住地域の地震動特性を把握したり，建物や道路の被害を知るためにも設置される．震度計は人間生活に関係した地域の震度を測定するために多数設置されている．

解析対象とする地震波の波長よりも短い距離間隔で多数の地震計を設置する地震計アレイ観測も行われる．観測される地震波形の相関を利用することにより，地震波特性の把握や微細な構造検出が行われる．反射法地震探査は，人工震源と地震計アレイを用いる構造探査の手法のひとつである．

人間の活動や風雨などの自然現象などによって常に生じる地震動は，雑微動あるいは常時微動とよばれ，自然地震の観測にとってはノイズとなる．一般的に，中生代以降の硬岩の観測点では雑微動の振幅は小さい．堆積層や沖積層などの観測点では，浅部表層が低速度になり地震波のエネルギーが周囲に散逸されにくくなるため雑微動の振幅が大きくなる．雑微動の速度振幅は，周期 1 s 以下および 10 s 以上は，周期によらずフラットである．周期 1〜10 s の微動はおもに海洋変動による“脈動”が卓越し，他の周期帯よりも 10 倍ほど振幅が大きくなる．広帯域地震計が開発される前に，短周期地震計や長周期地震計が長年使われていたおもな理由のひとつである．

### 2.3.1　日本の観測網

日本では，主として，気象庁，（独）防災科学技術研究所（以下，防災科研），国立大学法人が，高感度地震観測，広帯域地震観測，強震観測を実施してきた．気象庁は，1875 年の地震観測の開始以来 100 年以上にわたり，日本各地の気象台や測候所に地震計を設置し，震度や地震の震源に関する情報を発表している．

これらの観測資料は，1950 年以前は「気象要覧」，1951 年以降は「地震月報」にまとめられている．国立大学と国立防災科学技術センター（防災科研の前身）は，1965 年に始まる第 1 次地震予知研究計画をもとに，おもに微小地震を対象とした地震観測点を全国に展開した．当初 10 程度であった観測点も，第 7 次計画（平成 6～10 年度）までには，大学は全国に約 170 点，防災科研は関東東海地域を中心に 350 点からなる観測網を整備し，孔井あるいは横穴に高感度の短周期地震計を設置した．各地の地震波信号は，有線電話網や無線を利用して各機関の集中局に伝送され，震源決定や地震活動の評価のほか，研究に利用された．

1995 年の阪神・淡路大震災を契機に，地震観測の体制や観測網が大きく変わった．このころに普及が始まったインターネット環境を利用することにより，ディジタルの地震波データを一元的に処理するシステムの構築が進んだ．防災科研は，全国の 800 点以上の地点に，深さ約 100 m の孔井式短周期地震計を設置し，Hi-net 高感度地震観測網を展開した．大学の高感度短周期地震観測点や気象庁の観測点も合わせて，わが国の基盤的地震観測網を構成する．気象庁は，これらの地震波データと約 230 の気象庁の観測点のデータを一元的に収集している．このデータにより決められた震源は“気象庁一元化震源”とよばれている．また，地震の発生直後に震源や地震の規模（マグニチュード）を推定し，各地での主要動の到達時刻や震度の予想値を迅速に知らせる緊急地震速報にも使われている．

広帯域地震計も各機関により全国に設置されている．大学は，地球内部構造探査や地震・火山現象の解明のため，観測重点地域に広帯域地震計を集中的に配置している．防災科研は，2001 年度から広帯域地震計と（速度型）強震計からなる F-net 広帯域地震観測網を構築している．日本の陸域にある約 80 観測点からの地震波形データは地震の発生メカニズム解明などに広く利用されている．高感度地震計と F-net による広帯域地震計の観測点の配置を図 2.6 にまとめる．

強震計は，防災科研の K-NET（Kyoshin Net：全国強震観測網）として 1,000 カ所以上設置されている．また，KiK-net（Kiban-Kyoshin Net：基盤強震観測網）は，孔井と地表の双方に強震計が設置された鉛直アレイの観測施設で，全国約 700 カ所の観測点からなる．気象庁は，これとは別に 600 点以上の強震計を全国に設置している．国土交通省，消防庁や地方自治体は，大地震発生時の初動対応の迅速化や被害状況把握のために強震計や震度計を 3,000 点以上設置

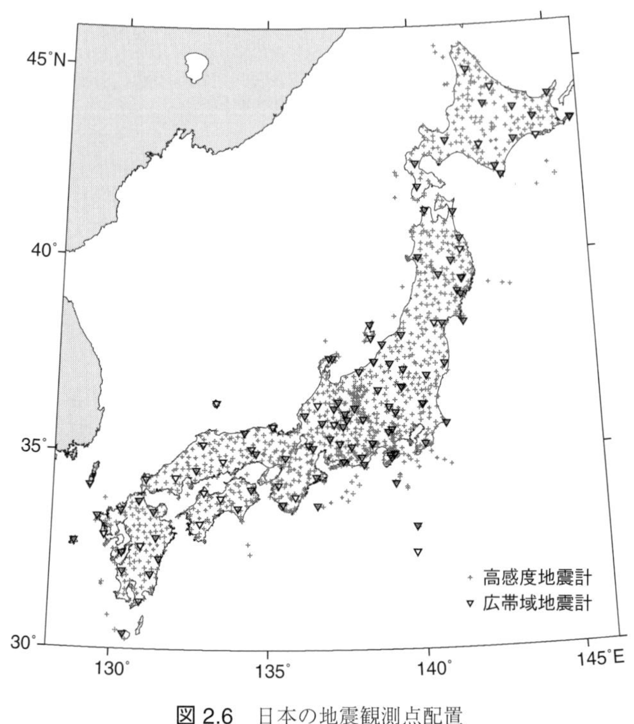


図 2.6　日本の地震観測点配置

している．これら全国約 4,200 地点の震度計の記録は，気象庁により震度情報として活用されている．

東海沖や南海道沖，東北沖などの海域にも，気象庁などにより，地震観測点が設置されている．陸から海底ケーブルを使って地震計へ電源を供給し，地震波信号が送られる．2011 年東北地方太平洋沖地震の発生を受け，海域での観測体制の重要性が改めて認識され，広帯域地震計や津波検出のための圧力センサーを備えた稠密観測点の設置が進んでいる．活動的な火山周辺には，山麓や火口近くに，地震計が多数稠密に設置され，火山性の地震や微動の観測が行われている．

そのほか，国土地理院は，全国を覆うように計約 1,300 の GNSS 観測点を設置し，地殻変動測量を実施している．大学や気象庁，防災科研，産業技術総合研究所などにより，傾斜計や伸縮計，体積ひずみ計を設置した地殻変動観測点が全国で 200 点ほど整備されている.

なお，Hi-net，F-net，K-NET や GNSS 観測網などは，地震防災対策特別措置法（1995 年）の趣旨に基づき，国の地震調査研究推進本部の基盤的調査観測計画（1997 年）の一環として，整備された．また，一元化震源もそのなかで気象庁が分担し，験測処理ののち発表するものである．

### 2.3.2　世界の観測網

世界各地には，各国の地震観測網や国際的な枠組みで展開された地震観測網がある．それぞれの観測網では，各観測点から送られてくる地震波形データや地震波の到達時刻をもとに，震源決定，発震機構解析，地震活動の監視などが行われ，地域に情報発信されている．また，地震波形データを収集し，研究活動にも利用される．

**ISC**（International Seismological Centre）は，ユネスコの支援の下に 1964 年に設立された機関で，全世界の 130 の地震観測網やデータセンターと協力し，世界の地震活動の調査，地震データの蓄積や公開を行っている．1964 年以降，毎年，地震の震源などが観測資料として刊行されている．1918～63 年については，その前身の **ISS**（International Seismological Summary）が利用できる．**米国地質調査所**（U.S. Geological Survey; USGS) は，世界各地の観測所のデータをもとに地震の震源決定，発震機構推定を行っている．

近年，インターネット環境の向上により，震源や発震機構の情報だけでなく，各観測網で記録された広帯域地震計記録が広く公開されるようになった．たとえば，米国の Incorporated Research Institutions for Seismology（IRIS）は，100 以上の米国大学の共同地震研究機関として，世界各地の地震データの取得，管理や配信を行っている．IRIS と米国地質調査所が全世界の協力の下に展開している 150 以上の観測点（図 2.7）からなる Global Seismographic Network（GSN）の広帯域地震計のデータは，準リアルタイムで提供されている．また，世界各国の観測網や臨時観測による波形データも収集されている．ヨーロッパでは，非営利財団 ORFEUS（Observatories and Research Facilities for European Seismology) により，ヨーロッパ・地中海地域に展開される広帯域地震観測網（VEBSN，Virtual European Broadband Seismograph Network）などの地震波データがデータセンター EIDA（European Integrated Data Archives）から提

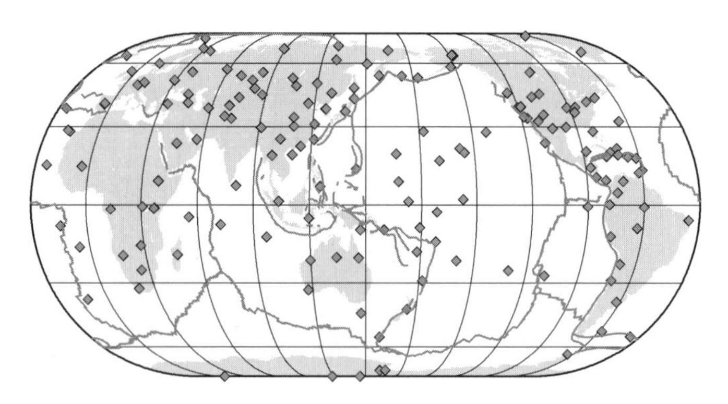

図 2.7　Global Seismographic Network の観測点分布

供されている．アジア地域にも広帯域地震観測網が展開されている．台湾では中央気象局 (Central Weather Bureau) の地震測報中心 (Seismological Center) の広帯域地震観測網，インドネシアやフィリピンにおいても日本の防災科研などの協力を経て広帯域地震計が設置され，データの利用が進められている．

# 第3章　実体波の伝播

固体地球は，地震波が振動する周期（約 0.01〜10,000 s）では弾性体として振る舞う．また，固体地球内部は，地表，モホロビチッチ（Mohorovičić）不連続面（モホ面），コア-マントル境界，あるいは，地盤浅部の低速度層と基盤との境界など，自由表面や弾性定数が不連続に変化する境界面が多数存在する．このような不均質な地球内部を伝播する地震波は，**実体波**（body wave）と**表面波**（surface wave）に分けることができる．実体波は，さらにP波とS波に分類される．本章では，実体波について述べる．観測波形をもとにそれらの基本的特徴を示したのち，弾性体力学をもとに数理的に説明する．さらに，自由表面や境界面のある媒質での実体波の反射屈折について学ぶ．

## 3.1　実体波の特徴

図3.1に，浅部（深さ 12 km）で発生したマグニチュード 4.7（$M$ 4.7）の地震の波形記録を，震央距離（震源から観測点までの水平距離）順に並べた．各観測点に最初に到達する波は，**P波**（primary wave）である．その伝播速度はおよそ 6 km/s である．P波のあとに現れるやや大きな振幅の波は，**S波**（secondary wave）とよばれる．その伝播速度は約 3.7 km/s で，P波速度の6割程度である．P波とS波の間，また，S波の到達後にも断続的に地震波が到達しているが，これは不均質な地殻構造で反射，屈折，あるいは散乱してきた波から構成され，**コーダ波**（coda wave）とよばれる．

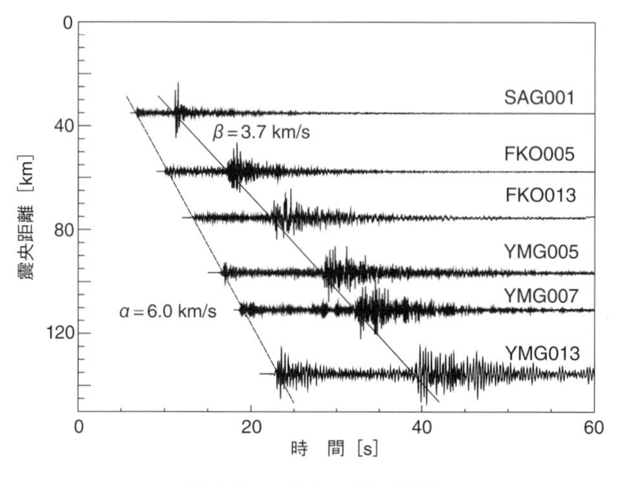


**図 3.1**　P 波と S 波の伝播

2005 年 3 月 21 日九州地方北西沖 $M$ 4.7 の K-NET 観測点の記録.

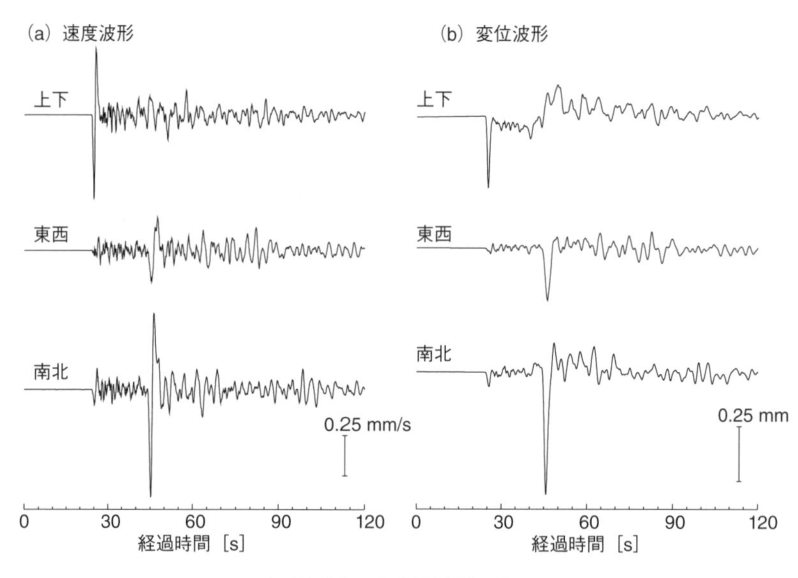


**図 3.2**　3 成分波形の例

震源のほぼ真上に位置する Hi-net の北海道西興部（にしおこっぺ）観測点で記録した速度波形記録（a）と，速度波形を積分した変位波形記録（b）. 2011 年 10 月 21 日 17 時 2 分，北緯 43.89°，東経 142.48°，深さ 187 km，$M$ 6.1 の地震.

図 3.2 に，深部（深さ 187 km）で発生した地震を，そのほぼ直上に位置する観測点で記録した速度波形と，それを時間で 1 回積分した変位波形を示す．P 波は，上下方向に大きな振幅が認められるのに対し水平動の振幅はきわめて小さいことから，震源と観測点を結ぶ方向に振動している．一方，S 波は，東西と南北方向に大きな振幅をもち，上下方向にはほとんど振動していない．つまり，S 波は，地震波が伝播する方向（P 波の振動方向）に直交した面内で振動している．

P 波と S 波には伝播速度や振動方向に以上のような特徴がある．次節以降，これらを説明する．

## 3.2 弾性体力学の基礎と波動方程式

無限均質弾性体中の微小体積にはたらく，**慣性力**（inertial force），**面力**（surface traction），**体積力**（body force）の釣合いから，直交直線座標系（$x$, $y$, $z$）における各方向の運動方程式は，

$$\rho\frac{\partial^2 u_x}{\partial t^2} = f_x + \frac{\partial \tau_{xx}}{\partial x} + \frac{\partial \tau_{xy}}{\partial y} + \frac{\partial \tau_{xz}}{\partial z} \tag{3.1a}$$

$$\rho\frac{\partial^2 u_y}{\partial t^2} = f_y + \frac{\partial \tau_{yx}}{\partial x} + \frac{\partial \tau_{yy}}{\partial y} + \frac{\partial \tau_{yz}}{\partial z} \tag{3.1b}$$

$$\rho\frac{\partial^2 u_z}{\partial t^2} = f_z + \frac{\partial \tau_{zx}}{\partial x} + \frac{\partial \tau_{zy}}{\partial y} + \frac{\partial \tau_{zz}}{\partial z} \tag{3.1c}$$

と表される．ここで，$\rho$ は媒質の密度，$u_x$，$u_y$，$u_z$ は変位，$f_x$，$f_y$，$f_z$ は体積力，添え字 $x$，$y$，$z$ は方向を示す．また，応力テンソル $\tau_{ij}$ の添え字 $i$ は応力のはたらく方向，$j$ ははたらく面を示す（付録 A.2 節参照）．

弾性体の微小ひずみを考えると，応力とひずみは線形関係で表される（フック（Fooke）の法則）．弾性体が等方の場合，媒質の**ラメ定数**（Lamé's constant）を $\lambda$，$\mu$ とすると

$$\tau_{xx} = \lambda\theta + 2\mu\epsilon_{xx},\ \tau_{yy} = \lambda\theta + 2\mu\epsilon_{yy},\ \tau_{zz} = \lambda\theta + 2\mu\epsilon_{zz} \tag{3.2a}$$

$$\tau_{xy} = 2\mu\epsilon_{xy},\ \tau_{yz} = 2\mu\epsilon_{yz},\ \tau_{zx} = 2\mu\epsilon_{zx} \tag{3.2b}$$

と表される．ここで，$\tau_{ij} = \tau_{ji}$ で

$$\epsilon_{xx} = \frac{\partial u_x}{\partial x},\ \epsilon_{yy} = \frac{\partial u_y}{\partial y},\ \epsilon_{zz} = \frac{\partial u_z}{\partial z} \tag{3.3a}$$

$$\epsilon_{xy} = \epsilon_{yx} = \frac{1}{2}\left(\frac{\partial u_x}{\partial y} + \frac{\partial u_y}{\partial x}\right) \tag{3.3b}$$

$$\epsilon_{yz} = \epsilon_{zy} = \frac{1}{2}\left(\frac{\partial u_y}{\partial z} + \frac{\partial u_z}{\partial y}\right) \tag{3.3c}$$

$$\epsilon_{zx} = \epsilon_{xz} = \frac{1}{2}\left(\frac{\partial u_z}{\partial x} + \frac{\partial u_x}{\partial z}\right) \tag{3.3d}$$

である．また，

$$\theta = \mathrm{div}\ \boldsymbol{u} = \epsilon_{xx} + \epsilon_{yy} + \epsilon_{zz} \tag{3.4}$$

である．

以上の応力とひずみの関係式を運動方程式（式 (3.1a)〜(3.1c)）に代入して整理すると，

$$\rho\frac{\partial^2 u_x}{\partial t^2} = (\lambda + \mu)\frac{\partial \theta}{\partial x} + \mu\nabla^2 u_x + f_x \tag{3.5a}$$

$$\rho\frac{\partial^2 u_y}{\partial t^2} = (\lambda + \mu)\frac{\partial \theta}{\partial y} + \mu\nabla^2 u_y + f_y \tag{3.5b}$$

$$\rho\frac{\partial^2 u_z}{\partial t^2} = (\lambda + \mu)\frac{\partial \theta}{\partial z} + \mu\nabla^2 u_z + f_z \tag{3.5c}$$

となる（付録 A，式 (A.18) 参照）．$\boldsymbol{u}=(u_x, u_y, u_z)$，$\boldsymbol{f}=(f_x, f_y, f_z)$ として変位と体積力をそれぞれベクトルで表現し，式 (3.5a)〜(3.5c) をまとめると，運動方程式は

$$\rho\frac{\partial \boldsymbol{u}}{\partial t} = (\lambda + 2\mu)\ \mathrm{grad\ div}\ \boldsymbol{u} - \mu\ \mathrm{rot\ rot}\ \boldsymbol{u} + \boldsymbol{f} \tag{3.6}$$

と書ける．

任意のベクトルはスカラーポテンシャルの勾配とベクトルポテンシャルの回転の和で表すことができるので，変位 $\boldsymbol{u}$ を次のように表す．

$$\boldsymbol{u} = \boldsymbol{u}_1 + \boldsymbol{u}_2 = \mathrm{grad}\ \phi + \mathrm{rot}\ \boldsymbol{\psi} \tag{3.7}$$

ここで，$\mathrm{div}\ \boldsymbol{\psi}=0$ である．

体積力がゼロ（$\boldsymbol{f}=0$）の場合を考えよう．変位を $\boldsymbol{u}_1=\mathrm{grad}\ \phi$ として，式 (3.6) の両辺の div をとると，$\mathrm{div\ grad}\ \phi=\nabla^2\phi$，$\mathrm{rot\ grad}\ \phi=0$ を用いて，

$$\rho\frac{\partial^2\phi}{\partial t^2}=(\lambda+2\mu)\nabla^2\phi \tag{3.8}$$

を得る．これは波動方程式で，波の伝播速度は，

$$\alpha=\sqrt{\frac{\lambda+2\mu}{\rho}} \tag{3.9}$$

で表すことができる．一方，変位が $\boldsymbol{u}_2=\mathrm{rot}\ \boldsymbol{\psi}$ と表される場合，式 (3.6) の両辺の rot をとれば，$\mathrm{rot\ grad}\ \boldsymbol{\psi}=0$，$\mathrm{rot\ rot\ rot}\ \boldsymbol{\psi}=\mathrm{grad\ div\ rot}\ \boldsymbol{\psi}-\nabla^2\boldsymbol{\psi}$ より，波動方程式

$$\rho\frac{\partial^2\boldsymbol{\psi}}{\partial t^2}=\mu\nabla^2\boldsymbol{\psi} \tag{3.10}$$

を得，波の伝播速度は，

$$\beta=\sqrt{\frac{\mu}{\rho}} \tag{3.11}$$

である．$\alpha$ と $\beta$ は，それぞれ P 波と S 波の伝播速度である．地球を構成する岩石のラメ定数 $\lambda$ と $\mu$ はほぼ等しいので，P 波と S 波の速度の比 $\alpha/\beta$ は $\sqrt{3}$ となる．図 3.1 に示した地震波形から求められる速度比もこの値とほぼ等しいことがわかるだろう．

次に，平面 P 波の振動方向を調べよう．いま，P 波の伝播方向を $x$ 軸方向とすると，式 (3.8) の一般解は，$\phi=f_1(x-\alpha t)+f_2(x+\alpha t)$ と書ける（次節参照）．$f_1$ は $x$ 軸の正の方向に，$f_2$ は $x$ 軸の負の方向に進行する波を表している．いま，$\phi$ は $x$ 方向にのみ変化するので，

$$\boldsymbol{u}_1=\mathrm{grad}\ \phi=\left(\frac{\partial\phi}{\partial x},0,0\right) \tag{3.12}$$

となる．$\boldsymbol{u}_1$ の**発散**（divergence）はゼロとならないことから，体積変化があり進行方向（$x$ 方向）にのみ振動する“縦波”を意味する．

同様に，平面 S 波についても $x$ 方向の伝播を考えると，波動方程式 (3.10) の一般解は $\boldsymbol{\psi}=\boldsymbol{g}_1(x-\beta t)+\boldsymbol{g}_2(x+\beta t)$ と書ける．各成分を $(\psi_x,\psi_y,\psi_z)$ で表すと，

$$\boldsymbol{u}_2=\mathrm{rot}\ \boldsymbol{\psi}=\left(\frac{\partial\psi_z}{\partial y}-\frac{\partial\psi_y}{\partial z},\frac{\partial\psi_x}{\partial z}-\frac{\partial\psi_z}{\partial x},\frac{\partial\psi_y}{\partial x}-\frac{\partial\psi_x}{\partial y}\right) \tag{3.13}$$

である．$\psi_x$，$\psi_y$，$\psi_z$ は $x$，$t$ の関数なので $\boldsymbol{u}_2$ の $x$ 成分はゼロとなり，S 波は，

波の進行方向に直交する $y$–$z$ 面で振動する“横波”であることがわかる．また，div rot $\boldsymbol{\psi}=0$ より，体積変化はない．

## 3.3 波動方程式の解法

この節では，波動方程式 (3.8) と (3.10) を，ダランベール（d'Alembert）の方法と変数分離法を用いて求めてみよう．

### 3.3.1 ダランベールの方法

1次元無限一様媒質における波動方程式，

$$\frac{1}{c^2}\frac{\partial^2 u}{\partial t^2}=\frac{\partial^2 u}{\partial x^2} \tag{3.14}$$

をダランベールの方法により解こう．まず，$\xi=x-ct$，$\eta=x+ct$ と変数変換を行う．すると

$$\frac{\partial u}{\partial x}=\frac{\partial u}{\partial \xi}\frac{\partial \xi}{\partial x}+\frac{\partial u}{\partial \eta}\frac{\partial \eta}{\partial x}=\frac{\partial u}{\partial \xi}+\frac{\partial u}{\partial \eta}$$

$$\frac{\partial u}{\partial t}=\frac{\partial u}{\partial \xi}\frac{\partial \xi}{\partial t}+\frac{\partial u}{\partial \eta}\frac{\partial \eta}{\partial t}=-c\frac{\partial u}{\partial \xi}+c\frac{\partial u}{\partial \eta}$$

となる．さらにもう一度微分すれば

$$\frac{\partial^2 u}{\partial x^2}=\frac{\partial^2 u}{\partial \xi^2}+2\frac{\partial^2 u}{\partial \xi\partial \eta}+\frac{\partial^2 u}{\partial \eta^2}$$

$$\frac{\partial^2 u}{\partial t^2}=c^2\frac{\partial^2 u}{\partial \xi^2}-2c^2\frac{\partial^2 u}{\partial \xi\partial \eta}+c^2\frac{\partial^2 u}{\partial \eta^2}$$

を得る．波動方程式 (3.14) に代入すれば，

$$\frac{1}{c^2}\frac{\partial^2 u}{\partial t^2}-\frac{\partial^2 u}{\partial x^2}=-4\frac{\partial^2 u}{\partial \xi\,\partial \eta}=0$$

となる．この式を $\xi$ に関して積分すれば，$\xi$ によらない任意関数 $h(\eta)$ を用いて

$$\frac{\partial u}{\partial \eta}=h(\eta)$$

と書くことができる．さらに，$\eta$ で積分すれば，$\eta$ によらない任意関数 $f_1(\xi)$ を用いて

$$u=\int\frac{\partial u}{\partial \eta}\,\mathrm{d}\eta=\int h(\eta)\,\mathrm{d}\eta+f_1(\xi)$$

と表される．ここで

$$f_2(\eta) \equiv \int h(\eta)\ \mathrm{d}\eta$$

とおけば，波動方程式の一般解

$$u(x,t) = f_1(\xi) + f_2(\eta) = f_1(x-ct) + f_2(x+ct) \tag{3.15}$$

を得る．これは，波形 $f_1(x)$ が $x$ の正方向へ，波形 $f_2(x)$ が $x$ の負の方向へ，その形を崩さずに伝播速度 $c$ で伝播することを表す．

$t=0$ における初期条件が，

$$\begin{aligned} u(x,0) &= f_1(x) + f_2(x) = u_0(x) \\ \dot{u}(x,0) &= -cf_1'(x) + cf_2'(x) = v_0(x) \end{aligned} \tag{3.16}$$

と与えられる場合，第 2 式の積分から

$$-f_1(x) + f_2(x) = \frac{1}{c}\int_{x_0}^{x} v_0(s)\ \mathrm{d}s$$

を得る．これにより

$$\begin{aligned} f_1(x) &= \frac{1}{2}\left[u_0(x) - \frac{1}{c}\int_{x_0}^{x} v_0(s)\ \mathrm{d}s\right] \\ f_2(x) &= \frac{1}{2}\left[u_0(x) + \frac{1}{c}\int_{x_0}^{x} v_0(s)\ \mathrm{d}s\right] \end{aligned}$$

が得られる．解は，初期値を用いて，

$$\begin{aligned} u(x,t) &= f_1(x-ct) + f_2(x+ct) \\ &= \frac{1}{2}[u_0(x-ct) + u_0(x+ct)] + \frac{1}{2c}\int_{x-ct}^{x+ct} v_0(s)\ \mathrm{d}s \end{aligned} \tag{3.17}$$

と書ける．

### 3.3.2　変数分離法

1 次元無限一様媒質の波動方程式 (3.14) を変数分離法で解こう．この解が，それぞれの変数のみの関数の積，

$$u(x,t) = X(x)T(t) \tag{3.18}$$

で表される場合，これを式 (3.14) に代入し，$X(x)T(t)$ で除すると，

$$\frac{1}{c^2}\frac{1}{T(t)}\frac{\mathrm{d}^2T}{\mathrm{d}t^2}=\frac{1}{X(x)}\frac{\mathrm{d}^2X}{\mathrm{d}x^2} \tag{3.19}$$

と書ける．左辺は $t$ だけの関数，右辺は $x$ の関数なので，等式が成り立つのは両辺が定数のときだけである．

この定数が正の場合，これを $\kappa^2$ とおけば，

$$X(x)=a\,\mathrm{e}^{\kappa x}+b\,\mathrm{e}^{-\kappa x}$$

となる．しかし，$x\to\pm\infty$ で有限の解をもつには，$a=b=0$，すなわち $X(x)=0$ となって意味のある解とはならない．式 (3.19) の定数をゼロとすれば，

$$X(x)=a\,x+b$$

となるが，やはり，$x\to\pm\infty$ で有限の解をもつには $a=b=0$，すなわち $X(x)=0$ となって意味のある解とはならない．

式 (3.19) の定数が負の場合，これを $-{k_x}^2$ とおくと，それぞれが単振動の解となり，

$$T(t)=a_t\,\mathrm{e}^{\mathrm{i}\omega t}+b_t\,\mathrm{e}^{-\mathrm{i}\omega t}$$
$$X(x)=a_x\,\mathrm{e}^{\mathrm{i}k_x x}+b_x\,\mathrm{e}^{-\mathrm{i}k_x x}$$

を得る．ここで角振動数 $\omega$ は波数 $k_x$ と，下記の分散関係

$$\omega^2=c^2{k_x}^2 \tag{3.20}$$

を満たすものとする．解は，平面波 $\mathrm{e}^{\mathrm{i}(k_x x-\omega t)}$ を重み $a(k_x)$ の重ね合わせ（フーリエ積分表示）として，

$$u(x,t)=\int_{-\infty}^{\infty}a(k_x)\,\mathrm{e}^{\mathrm{i}(k_x x-\omega(k_x)t)}\,\mathrm{d}k_x \tag{3.21}$$

と書ける．重み $a(k_x)$ は初期条件によって決定される．

3 次元無限媒質の場合，速度を $c$ として，波動方程式は，

$$\frac{1}{c^2}\frac{\partial^2u}{\partial t^2}=\frac{\partial^2u}{\partial x^2}+\frac{\partial^2u}{\partial y^2}+\frac{\partial^2u}{\partial z^2} \tag{3.22}$$

と与えられる．この場合，$x$，$y$，$z$ 方向の波数を $k_x$，$k_y$，$k_z$ とすると，分散関係

$$\frac{\omega^2}{c^2} = {k_x}^2 + {k_y}^2 + {k_z}^2 \tag{3.23}$$

が得られる．波動方程式 (3.22) の解は，平面波 $\mathrm{e}^{\mathrm{i}(k_x x + k_y y + k_z z - \omega(k_x, k_y, k_z)t)}$ の重ね合わせ，

$$u(x, y, z, t) = \iiint_{-\infty}^{\infty} \mathrm{d}k_x \ \mathrm{d}k_y \ \mathrm{d}k_z a(k_x, k_y, k_z, \omega) \, \mathrm{e}^{\mathrm{i}(k_x x + k_y y + k_z z - \omega(k_x, k_y, k_z)t)} \tag{3.24}$$

で表すことができる．

## 3.4　実体波の反射と屈折

地球内部には，深さ方向に顕著な構造の不連続面が存在する．本節では，不連続面で生じる実体波の反射や屈折を説明する．

密度や弾性定数などの物理量は鉛直方向のみに変化するとし，その方向を $z$ 軸方向（下向きを正）とする．また，以下では，地震波の伝播する水平方向を $x$ 方向とし，体積力がないとする．このとき，$y$ 方向に弾性定数は変化しないので，式 (3.5b) は，

$$\rho \frac{\partial^2 u_y}{\partial t^2} = \mu \nabla^2 u_y \tag{3.25}$$

と書くことができる．これは，変位 $u_y$ に関する波動方程式であり，その伝播速度は S 波速度をもつことがわかる．また，式 (3.5a) と (3.5c) に関しては，$y$ 方向に関する微分値がゼロになることから，結局，

$$\boldsymbol{u} = \mathrm{grad}\ \phi + \mathrm{rot}\ \boldsymbol{\psi} = \left( \frac{\partial \phi}{\partial x} - \frac{\partial \psi}{\partial z}, u_y, \frac{\partial \phi}{\partial z} + \frac{\partial \psi}{\partial x} \right) \tag{3.26}$$

となる．ここで，$\psi \equiv \psi_y$ とした．このように，地震波の伝播方向の変位 $u_x$ と上下方向の変位 $u_z$ は，P 波のポテンシャル $\phi$ と S 波のポテンシャル $\psi$ で表されるのに対し，$y$ 方向は S 波のみである．$y$ 方向に振動する S 波を SH 波，$x$–$z$ 面内で振動する S 波を SV 波とよぶ．

不連続面での P 波や S 波の反射，屈折を考える際には，不連続面における応力と変位が連続であるという境界条件のもとに，波動方程式を解くことにより解が得られる．P 波や SV 波の振幅は $x$–$z$ 面に現れるため，P 波と SV 波は互

いに影響を及ぼす．一方，SH 波は $y$ 方向のみに振動するため，P 波や SV 波と無関係で独立に考えることができる．

以下では，SH 波の自由表面と境界面での反射と屈折，P 波と SV 波の自由表面への入射，P 波や SV 波の一境界面での反射屈折を考える．多層構造の媒質での反射や屈折は，これを応用することにより計算できる．巻末付録 D の参考図書を参照されたい（たとえば，安芸・リチャーズ（2004），斎藤（2009）など）．

### 3.4.1　自由表面における SH 波の反射

図 3.3a のように，角振動数 $\omega$ の SH 波（波数 $l_0=\omega/\beta$）が $x$ 軸の正方向，$z$ 軸の負方向へと伝播し，自由表面である地表面（$z=0$）で反射する場合を考えよう．変位 $u_y$ は波動方程式 (3.25) を満たすので，入射波の変位 $u_y^{\mathrm{inc}}$ は

$$u_y^{\mathrm{inc}} = B\,\mathrm{e}^{\mathrm{i}(l_x x - l_z z - \omega t)} \tag{3.27}$$

とおける．ここで，$B$ は入射波の振幅を表す．$l_x$ と $l_z$ は，それぞれ $x$ 方向と $z$ 方向の波数であり，波動方程式に代入すると

$$l_0 = \sqrt{{l_x}^2 + {l_z}^2} \tag{3.28}$$

を得る．入射角を $\theta$ とすると，$l_x = \frac{\omega}{\beta}\sin\theta$，$l_z = \frac{\omega}{\beta}\cos\theta$ である．

反射波も同様に，振幅を $B'$，$x$ 方向と $z$ 方向の波数をそれぞれ $l_x{}'$ と $l_z{}'$ として

$$u_y^{\mathrm{ref}} = B'\,\mathrm{e}^{\mathrm{i}(l_x{}' x + l_z{}' z - \omega t)} \tag{3.29}$$

とおく．ここで，反射角を $\theta'$ とすると $l_x{}' = \frac{\omega}{\beta}\sin\theta'$，また，$l_z{}' = \sqrt{l_0^2 - l_x'^2}$ で

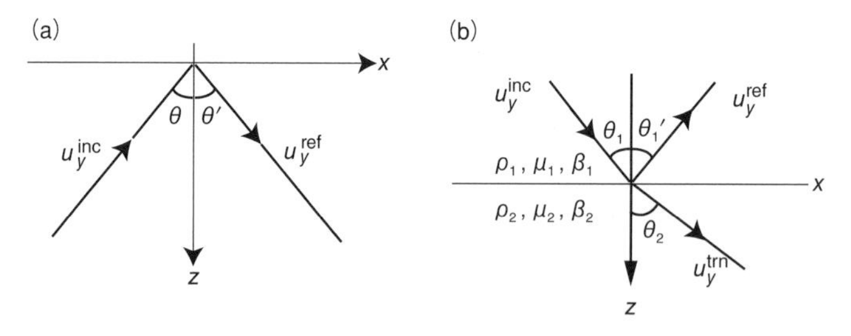


図 3.3　SH 波の自由表面への入射（a）と SH 波の境界面への入射（b）

ある．

自由表面では，応力がゼロとなる．$z=0$ 面にはたらく応力は $\tau_{zz}$，$\tau_{xz}$，$\tau_{yz}$ であるが，前者 2 つの応力は $y$ 方向にのみ振動する SH 波によっては生じない．したがって，$z=0$ で

$$\tau_{yz}=\mu\left(\frac{\partial u_y^{\mathrm{inc}}}{\partial z}+\frac{\partial u_y^{\mathrm{ref}}}{\partial z}\right)=0 \tag{3.30}$$

が境界条件となる．式 (3.27) と (3.29) を代入すると，

$$-Bl_z\,\mathrm{e}^{\mathrm{i}l_x x}+B'l_z{}'\,\mathrm{e}^{\mathrm{i}l_x{}'x}=0 \tag{3.31}$$

である．任意の $x$ で成立する必要があるので $l_x=l_x{}'$ であり，反射角 $\theta'$ は入射角 $\theta$ に等しい（$\theta'=\theta$）．したがって，$l_z=l_z{}'$，$B'=B$ を得る．

地表面では，

$$u_y=u_y^{\mathrm{inc}}+u_y^{\mathrm{ref}}=2B\,\mathrm{e}^{\mathrm{i}(l_x x-\omega t)} \tag{3.32}$$

となり，地表面の変位は入射波の振幅の 2 倍になる．

SH 波に対しては，液体である外核とマントルの境界も自由表面となる．図 3.4 に，ウラジオストク付近で発生した深発地震を日本の F-net 観測網で記録し

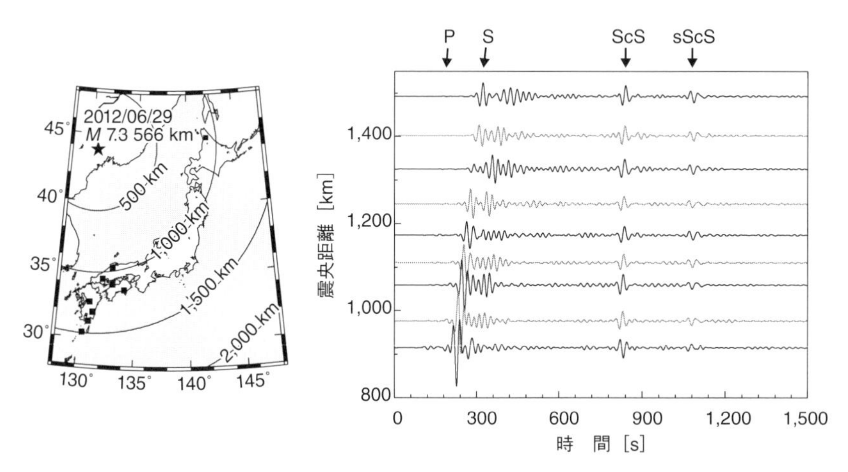


**図 3.4**　F-net で観測された ScS 波と sScS 波

周期 20〜50 s の SH 方向の成分（トランスバース成分）．

た地震波形の SH 方向の成分を示す．S 波の到来ののち，核–マントル境界で反射した S 波（ScS 波）と，地表面で 1 回反射してから核–マントル境界で反射した S 波（sScS 波）が記録されている．

### 3.4.2　境界面がある場合の SH 波の反射と屈折

図 3.3b に示すように，媒質 I（密度 $\rho_1$，剛性率 $\mu_1$，S 波速度 $\beta_1=\sqrt{\mu_1/\rho_1}$）と媒質 II（$\rho_2$，$\mu_2$，$\beta_2=\sqrt{\mu_2/\rho_2}$）が境界面 $z=0$ で接している．媒質 I（$z<0$）から境界面へ，入射角 $\theta_1$ で SH 波（角周波数 $\omega$，波数 $l_0=\beta_1/\omega$）が入射するときを考える．反射波の反射角を $\theta_1{}'$，透過波の屈折角を $\theta_2$ とおく．前項では入射波と反射波を波数で表現したが，本項では入射波 $u_y^{\mathrm{inc}}$，反射波 $u_y^{\mathrm{ref}}$，透過波 $u_y^{\mathrm{trn}}$ を入射角や反射角を用いて表すと，

$$u_y^{\mathrm{inc}}=B\exp\left[\mathrm{i}\omega\left(\frac{x\sin\theta_1+z\cos\theta_1}{\beta_1}-t\right)\right] \tag{3.33a}$$

$$u_y^{\mathrm{ref}}=B'\exp\left[\mathrm{i}\omega\left(\frac{x\sin\theta_1{}'-z\cos\theta_1{}'}{\beta_1}-t\right)\right] \tag{3.33b}$$

$$u_y^{\mathrm{trn}}=B''\exp\left[\mathrm{i}\omega\left(\frac{x\sin\theta_2+z\cos\theta_2}{\beta_2}-t\right)\right] \tag{3.33c}$$

となる．境界条件は，$z=0$ で変位と応力が連続である．

$$u_y^{\mathrm{inc}}+u_y^{\mathrm{ref}}=u_y^{\mathrm{trn}} \tag{3.34}$$

$$\mu_1\frac{\partial}{\partial z}(u_y^{\mathrm{inc}}+u_y^{\mathrm{ref}})=\mu_2\frac{\partial}{\partial z}u_y^{\mathrm{trn}} \tag{3.35}$$

変位の連続条件である式 (3.34) に，式 (3.33a)〜(3.33c) を代入し，

$$B\,\mathrm{e}^{\mathrm{i}\omega\frac{\sin\theta_1}{\beta_1}x}+B'\,\mathrm{e}^{\mathrm{i}\omega\frac{\sin\theta_1{}'}{\beta_1}x}=B''\,\mathrm{e}^{\mathrm{i}\omega\frac{\sin\theta_2}{\beta_2}x} \tag{3.36}$$

を得る．任意の $x$ で成立するには，

$$p\equiv\frac{\sin\theta_1}{\beta_1}=\frac{\sin\theta_1{}'}{\beta_1}=\frac{\sin\theta_2}{\beta_2} \tag{3.37}$$

でなければならない（**スネル則**（Snell's law））．速度の逆数を**スローネス**（slowness）とよぶが，構造が $x$ 方向に**並進不変性**（translation invariance）をもつことから，入射角（反射角）の正弦と速度の比，すなわちスローネスの水平成分 $p$ が不変量であることが導かれる．$p$ は**波線パラメータ**（ray parameter）ともよばれる．これから $\theta_1=\theta_1{}'$，また，

$$B + B' = B'' \tag{3.38}$$

が導かれる．応力の連続を示す式 (3.35) についても式 (3.33a)〜(3.33c) を代入し，式 (3.37) を用いて整理すると，

$$\frac{\mu_1 \cos\theta_1}{\beta_1} B - \frac{\mu_1 \cos\theta_1}{\beta_1} B' = \frac{\mu_2 \cos\theta_2}{\beta_2} B'' \tag{3.39}$$

を得る．式 (3.38) と (3.39) から，反射係数 $R$ と透過係数 $T$ は

$$R = \frac{B'}{B} = \frac{\rho_1\beta_1 \cos\theta_1 - \rho_2\beta_2 \cos\theta_2}{\rho_1\beta_1 \ \cos\theta_1 + \rho_2\beta_2 \ \cos\theta_2} \tag{3.40}$$

$$T = \frac{B''}{B} = \frac{2\rho_1\beta_1 \cos\theta_1}{\rho_1\beta_1 \cos\theta_1 + \rho_2\beta_2 \cos\theta_2} \tag{3.41}$$

と求められる．式 (3.38) から $T = R+1$ である．また，反射・透過係数は $\rho\beta$ に依存することがわかる．この密度と地震波速度の積は**音響インピーダンス**（acoustic impedance）とよばれる．

**・全反射**

式 (3.33c) をスローネス $p$ と $\eta_2 \equiv \sqrt{\beta_2^{-2} - p^2}$ を使って表記すると

$$u_y^{\mathrm{trn}} = B'' \exp\left[\mathrm{i}\omega(px + \eta_2 z - t)\right] \tag{3.42}$$

となる．入射角 $\theta_1$ を次第に大きくしていくと，$\theta_2$ も大きくなるが，$\beta_1 < \beta_2$ の場合，ある角度 $\theta_\mathrm{c} = \sin^{-1}(\beta_1/\beta_2)$ で $\theta_2 = 90°$ となる．この角度 $\theta_\mathrm{c}$ を臨界角とよぶ．SH 波が臨界角より大きい角度で境界面に入射する場合を考えてみよう．このとき $p > {\beta_2}^{-1}$ となり $\eta_2$ は虚数になる．$z \to \infty$ で透過波が発散しないように符号を選び，$\eta_2 = \mathrm{i}\check{\eta}_2 = \mathrm{i}\sqrt{p^2 - {\beta_2}^{-2}}$ と表記すると，$u_y^{\mathrm{trn}}$ は境界面 $z = 0$ から離れるにつれて振幅が減衰する波動となることがわかる．これを**非斉次波**（inhomogeneous wave）とよぶ．

反射係数は，

$$R = \frac{B'}{B} = \frac{\mu_1\eta_1 - \mathrm{i}\mu_2\check{\eta}_2}{\mu_1\eta_1 + \mathrm{i}\mu_2\check{\eta}_2} = \mathrm{e}^{\mathrm{i}\delta} \tag{3.43}$$

$$\delta \equiv -2\tan^{-1}\left(\frac{\mu_2\check{\eta}_2}{\mu_1\eta_1}\right) \tag{3.44}$$

で表される．ここで，$\eta_1 \equiv \sqrt{{\beta_1}^{-2} - p^2}$ である．式 (3.43) から反射波の振幅 $|R|$ は 1 であることがわかる．また，位相 $\delta$ は入射角が臨界角から大きくなるにつ

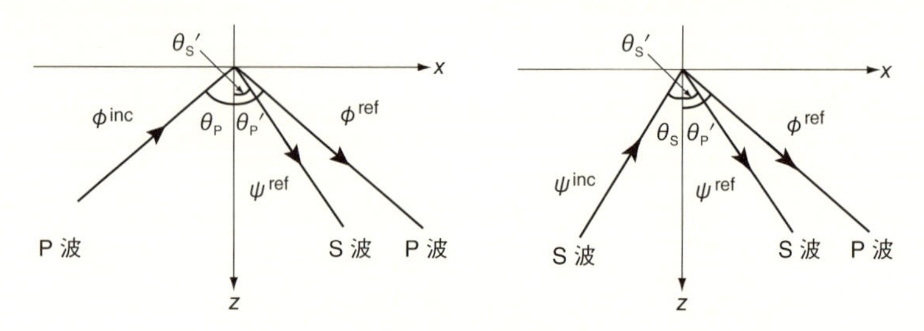


図 3.5　P 波と SV 波の自由表面への入射

れて増加し，それに応じて波形が変化する．たとえば，位相 $\delta$ が $90^\circ$ 変化すると正弦波として入射した波は余弦波となる．$\theta_1 = 90^\circ$ のときには $\delta = 180^\circ$ となるので，反射波は入射波の波形を反転させたものとなる．

### 3.4.3　自由表面へ P 波が入射する場合

P 波が自由表面 $z = 0$ へ入射すると，反射 P 波および反射 SV 波が生じる（図 3.5）．半無限弾性媒質の P 波速度を $\alpha$，S 波速度を $\beta$（速度比 $\gamma = \alpha/\beta$）とする．波線が $x$–$z$ 面内にあるとすると，$u_y = 0$ である．対称性から，反射波の波線は同一平面内にある．以下では，P–SV 波の反射をポテンシャルを用いて考察する．

角振動数 $\omega$ の P 波（波数 $k_0 = \omega/\alpha$）が $x$–$z$ 平面内を進み，自由表面で反射する場合を考える．P 波および S 波のポテンシャルはそれぞれ波動方程式 (3.8), (3.10) を満たすので，入射 P 波のポテンシャル振幅を $A_{\mathrm{P}}$, 反射 P 波の振幅を $A_{\mathrm{P}}'$，反射 S 波の振幅を $B_{\mathrm{S}}'$ として，

$$\phi = A_{\mathrm{P}}\, \mathrm{e}^{\mathrm{i}(k_x x - k_z z - \omega t)} + A_{\mathrm{P}}'\, \mathrm{e}^{\mathrm{i}(k_x' x + k_z' z - \omega t)} \tag{3.45a}$$

$$\psi = B_{\mathrm{S}}'\, \mathrm{e}^{\mathrm{i}(l_x' x + l_z' z - \omega t)} \tag{3.45b}$$

と与える．ここで, $k_z = \sqrt{{k_0}^2 - {k_x}^2}$ および $k_z' = \sqrt{{k_0}^2 - {k_x}'^2}$, $l_z' = \sqrt{{l_0}^2 - {l_x}'^2}$ である．$x$ および $z$ 方向の変位は，式 (3.26) から，

$$\begin{aligned} u_x(x, z, \omega) &= \frac{\partial \phi}{\partial x} - \frac{\partial \psi}{\partial z} \\ &= \mathrm{i}k_x A_{\mathrm{P}}\, \mathrm{e}^{\mathrm{i}k_x x - \mathrm{i}k_z z} + \mathrm{i}k_x' A_{\mathrm{P}}'\, \mathrm{e}^{\mathrm{i}k_x' x + \mathrm{i}k_z' z} - \mathrm{i}l_z' B_{\mathrm{S}}'\, \mathrm{e}^{\mathrm{i}l_x' x + \mathrm{i}l_z' z} \end{aligned} \tag{3.46a}$$

$$u_z(x,z,\omega) = \frac{\partial\phi}{\partial z} + \frac{\partial\psi}{\partial x}$$
$$= -\mathrm{i}k_z A_\mathrm{P}\,\mathrm{e}^{\mathrm{i}k_x x - \mathrm{i}k_z z} + \mathrm{i}k_z{}' A_\mathrm{P}{}'\,\mathrm{e}^{\mathrm{i}k_x{}' x + \mathrm{i}k_z{}' z} + \mathrm{i}l_x B_S{}'\,\mathrm{e}^{\mathrm{i}l_x{}' x + \mathrm{i}l_z{}' z} \tag{3.46b}$$

で与えられる．なお，$\mathrm{e}^{-\mathrm{i}\omega t}$ の項は共通なので省略した．

自由表面 $z=0$ では応力がゼロであり，P 波および SV 波の振動方向から，$\tau_{xz}=0$ および $\tau_{zz}=0$ が境界条件となる．まず，$\tau_{xz}=\mu(\partial u_x/\partial z + \partial u_z/\partial x)=0$ から

$$k_z k_x A_\mathrm{P}\,\mathrm{e}^{\mathrm{i}k_x x} - k_z{}' k_x{}' A_\mathrm{P}{}'\,\mathrm{e}^{\mathrm{i}k_x{}' x} + l_z{}'^2 B_\mathrm{S}{}'\,\mathrm{e}^{\mathrm{i}l_x{}' x}$$
$$+ k_x k_z A_\mathrm{P}\,\mathrm{e}^{\mathrm{i}k_x x} - k_x{}' k_z{}' A_\mathrm{P}{}'\,\mathrm{e}^{\mathrm{i}k_x{}' x} - l_x{}'^2 B_\mathrm{S}{}'\,\mathrm{e}^{\mathrm{i}l_x{}' x} = 0 \tag{3.47}$$

を得る．この条件が $x$ の値にかかわらず成立するには，$k_x{}'=l_x{}'=k_x$ でなければならない．これより，$k_z{}'=k_z$ を得る．P 波の入射角を $\theta_\mathrm{P}$，P 波と S 波の反射角を $\theta_\mathrm{P}{}'$ と $\theta_\mathrm{S}{}'$ とすると，

$$\theta_\mathrm{P}{}' = \theta_\mathrm{P} \quad \text{および} \quad \frac{\sin\theta_\mathrm{S}{}'}{\beta} = \frac{\sin\theta_\mathrm{P}}{\alpha} = p \tag{3.48}$$

を得る．上記関係を用いると，

$$2k_z k_x \left(A_\mathrm{P} - A_\mathrm{P}{}'\right) + \left(l_z{}'^2 - l_x{}'^2\right) B_\mathrm{S}{}' = 0 \tag{3.49}$$

と書ける．

もうひとつの自由表面の境界条件 $\tau_{zz} = \lambda\,(\partial u_x/\partial x + \partial u_z/\partial z) + 2\mu\,\partial u_z/\partial z = 0$ は，

$$\left[-k_z{}^2\alpha^2 - \left(\alpha^2 - 2\beta^2\right)k_x{}^2\right]\left(A_\mathrm{P} + A_\mathrm{P}{}'\right) - 2\beta^2 l_z{}' l_x{}' B_\mathrm{S}{}' = 0 \tag{3.50}$$

と書ける．ここで，関係式 $\lambda + 2\mu = \rho\alpha^2$ および $\mu = \rho\beta^2$ を用いた．式 (3.49) と (3.50) を，スローネス $p$ と入射角，反射角を用いて表すと，

$$-2p\frac{\cos\theta_\mathrm{P}}{\alpha}\left(A_\mathrm{P} - A_\mathrm{P}{}'\right) + \left(2p^2 - \frac{1}{\beta^2}\right) B_\mathrm{S}{}' = 0 \tag{3.51a}$$

$$\left(2p^2 - \frac{1}{\beta^2}\right)\left(A_\mathrm{P} + A_\mathrm{P}{}'\right) - 2p\frac{\cos\theta_\mathrm{S}}{\beta} B_\mathrm{S}{}' = 0 \tag{3.51b}$$

を得る．これが，反射波振幅を与える連立方程式である．この解は，

$$\frac{A_{\mathrm{P}}'}{A_{\mathrm{P}}} = \frac{-\left(2p^2 - \frac{1}{\beta^2}\right)^2 + 4p^2 \frac{\cos\theta_{\mathrm{P}}}{\alpha}\frac{\cos\theta_{\mathrm{S}}}{\beta}}{\left(2p^2 - \frac{1}{\beta^2}\right)^2 + 4p^2 \frac{\cos\theta_{\mathrm{P}}}{\alpha}\frac{\cos\theta_{\mathrm{S}}}{\beta}} \tag{3.52a}$$

$$\frac{B_{\mathrm{S}}'}{A_{\mathrm{P}}} = \frac{4p\frac{\cos\theta_{\mathrm{P}}}{\alpha}\left(2p^2 - \frac{1}{\beta^2}\right)}{\left(2p^2 - \frac{1}{\beta^2}\right)^2 + 4p^2 \frac{\cos\theta_{\mathrm{P}}}{\alpha}\frac{\cos\theta_{\mathrm{S}}}{\beta}} \tag{3.52b}$$

である．ここで，反射 P 波は $z$ 軸の正方向を，反射 S 波は $x$ 軸の正方向をそれぞれ正と定義すると，変位振幅の入出力比である反射係数は

$$\frac{u_{\mathrm{P}}'}{u_{\mathrm{P}}} = \frac{\mathrm{i}k_0 A_{\mathrm{P}}'}{\mathrm{i}k_0 A_{\mathrm{P}}} = \frac{A_{\mathrm{P}}'}{A_{\mathrm{P}}} \tag{3.53a}$$

$$\frac{u_{\mathrm{S}}'}{u_{\mathrm{P}}} = \frac{-\mathrm{i}l_0 B_{\mathrm{S}}'}{\mathrm{i}k_0 A_{\mathrm{P}}} = -\frac{\alpha B_{\mathrm{S}}'}{\beta A_{\mathrm{P}}} \tag{3.53b}$$

で与えられる．

図 3.6a は，反射係数を入射角に対してプロットしたものである．ポアソン（Poisson）比は 1/4 とする（P 波と S 波の速度比 $\sqrt{3}$）．図 3.6b は，入射 P 波の変位振幅を 1 として，自由表面上の水平動と上下動成分の振幅を P 波の入射角に対してプロットしたものである．上下動成分（$z$ 成分）の振幅は，$\theta_{\mathrm{P}} = 0°$ では入射波の 2 倍であるが，入射角が増えるにつれて減少し，水平動成分（$x$ 成分）の振幅が増加する．$\theta_{\mathrm{P}} = 90°$ では両成分ともにゼロとなる．図には，真の入射角に対して見かけの入射角 $\tan^{-1}(u_x/u_z)$ もあわせてプロットした．入射

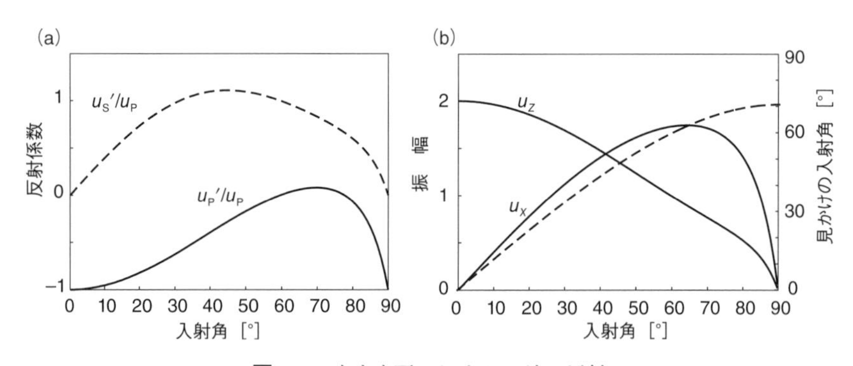


**図 3.6**　自由表面における P 波の反射

(a) 反射 P 波と S 波の変位振幅の反射係数，(b) 上下動（$z$ 成分）と水平動（$x$ 成分）の変位の絶対値（実線）と地表で観測された変位ベクトルから測定される見かけの入射角（破線）．ポアソン比 1/4（P 波と S 波の速度比 $\sqrt{3}$）．

角が大きくなるにつれて，見かけ入射角が真の入射角よりも小さくなることがわかる．

### 3.4.4　自由表面へ SV 波が入射する場合

SV 波が自由表面へ入射する場合も，P 波の入射とほぼ同じように考えればよい．ただし，SH 波の全反射で示したように，臨界角を超える入射に注意する必要がある．

ポテンシャルの入射 S 波振幅を $B_\mathrm{S}$，反射 S 波振幅を $B_\mathrm{S}'$，ポテンシャルの反射 P 波振幅を $A_\mathrm{P}'$ とし，

$$\phi = A_\mathrm{P}'\ \mathrm{e}^{\mathrm{i}k_x' x + \mathrm{i}k_z' z} \tag{3.54a}$$

$$\psi = B_\mathrm{S}\ \mathrm{e}^{\mathrm{i}l_x x - \mathrm{i}l_z z} + B_\mathrm{S}'\ \mathrm{e}^{\mathrm{i}l_x' x + \mathrm{i}l_z' z} \tag{3.54b}$$

と与える．ここでは $\mathrm{e}^{-\mathrm{i}\omega t}$ の項は省略した．入射 S 波と反射 S 波の波数はともに $l_0 = \omega/\beta = \gamma k_0$ であり（ここで，$\gamma = \alpha/\beta$），反射 P 波の波数は $k_0 = \omega/\alpha$ である．2 成分の変位は，式 (3.26) に上式を代入することで求められる．

自由表面 $z=0$ での境界条件 $\tau_{xz}=0$ を用いると，P 波の場合と同様にして，$k_x' = l_x' = l_x$，$l_z' = l_z$ が得られる．S 波の入射角を $\theta_\mathrm{S}$，P 波と S 波の反射角を $\theta_\mathrm{P}'$ と $\theta_\mathrm{S}'$ とすれば，

$$\frac{\sin\theta_\mathrm{P}'}{\alpha} = \frac{\sin\theta_\mathrm{S}'}{\beta} = \frac{\sin\theta_\mathrm{S}}{\beta} = p \tag{3.55}$$

である．これから S 波の入射角と反射角は等しいことがわかる（$\theta_\mathrm{S}' = \theta_\mathrm{S}$）．また，反射角 $\theta_\mathrm{P}' = 90°$ となる S 波の入射角を $\theta_\mathrm{Sc}$ で表すと，$\sin\theta_\mathrm{Sc} = \beta/\alpha = 1/\gamma$ である．たとえば，$\gamma = \sqrt{3}$ の場合には，$\theta_\mathrm{Sc} \approx 35.26°$ である．$\theta_\mathrm{Sc}$ は臨界角とよばれる．

境界条件 $\tau_{xz}=0$ から，

$$-2k_z' k_x' A_\mathrm{P}' + \left(l_z{}^2 - l_x{}^2\right)\left(B_\mathrm{S} + B_\mathrm{S}'\right) = 0 \tag{3.56}$$

が求まる．また，$\tau_{zz}=0$ の境界条件から，

$$\left[-\alpha^2 k_z'^2 - \left(\alpha^2 - 2\beta^2\right) k_x'^2\right] A_\mathrm{P}' + 2\beta^2 l_z l_x \left(B_\mathrm{S} - B_\mathrm{S}'\right) = 0 \tag{3.57}$$

が得られる．これらをスローネス $p$ と入射角，反射角を用いてまとめ，

$$-2p\frac{\cos\theta_{\mathrm{P}}'}{\alpha}A_{\mathrm{P}}' - \left(2p^2 - \frac{1}{\beta^2}\right)(B_{\mathrm{S}} + B_{\mathrm{S}}') = 0 \tag{3.58a}$$

$$\left(2p^2 - \frac{1}{\beta^2}\right)A_{\mathrm{P}}' + 2p\frac{\cos\theta_{\mathrm{S}}}{\beta}(B_{\mathrm{S}} - B_{\mathrm{S}}') = 0 \tag{3.58b}$$

さらに整理すると,

$$\frac{A_{\mathrm{P}}'}{B_{\mathrm{S}}} = \frac{-4p\frac{\cos\theta_{\mathrm{S}}}{\beta}\left(2p^2 - \frac{1}{\beta^2}\right)}{\left(2p^2 - \frac{1}{\beta^2}\right)^2 + 4p^2\frac{\cos\theta_{\mathrm{P}}'}{\alpha}\frac{\cos\theta_{\mathrm{S}}}{\beta}} \tag{3.59a}$$

$$\frac{B_{\mathrm{S}}'}{B_{\mathrm{S}}} = \frac{-\left(2p^2 - \frac{1}{\beta^2}\right)^2 + 4p^2\frac{\cos\theta_{\mathrm{P}}'}{\alpha}\frac{\cos\theta_{\mathrm{S}}}{\beta}}{\left(2p^2 - \frac{1}{\beta^2}\right)^2 + 4p^2\frac{\cos\theta_{\mathrm{P}}'}{\alpha}\frac{\cos\theta_{\mathrm{S}}}{\beta}} \tag{3.59b}$$

となる.

S 波が臨界角以下（$\sin\theta_{\mathrm{S}} < \beta/\alpha$）の角度で入射するときには，反射 P 波の波数の $z$ 成分は実数（$k_z = k_0\cos\theta_{\mathrm{P}}'$）となる．一方，それ以上（$\sin\theta_{\mathrm{S}} > \beta/\alpha$，すなわち，$p > 1/\alpha$）では，虚数（$k_z = \mathrm{i}k_0\sqrt{\gamma^2\sin^2\theta_{\mathrm{S}} - 1}$）となる．すなわち，これは地表面から深くなるに従って振幅が減衰する波動を表す（非斉次波）．この場合でも，反射 S 波は，その波数の $z$ 成分は実数となり，実体波である.

入射 S 波の場合についても，P 波入射のときと同様に位相を定義すると，変位の入出力比である反射係数は,

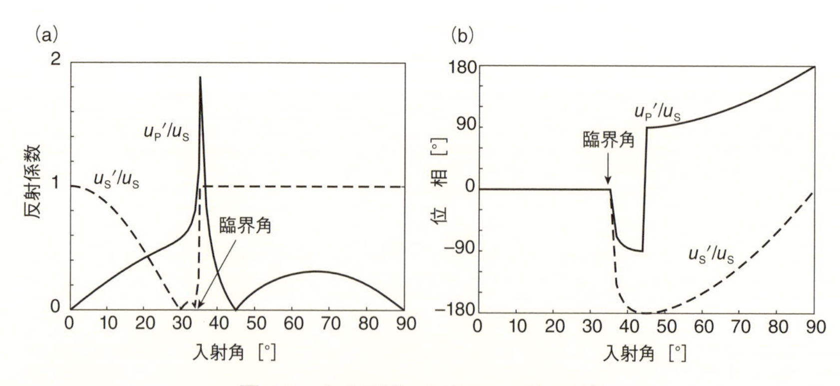


**図 3.7**　自由表面における SV 波の反射

（a）地表での変位（絶対値）.（b）反射 P 波と S 波の位相．ポアソン比 1/4（P 波と S 波の速度比 $\sqrt{3}$）.

$$\frac{u_{\mathrm{P}}'}{u_{\mathrm{S}}} = \frac{\mathrm{i}k_0 A_{\mathrm{P}}'}{\mathrm{i}l_0 B_{\mathrm{S}}} = \frac{\beta A_{\mathrm{P}}'}{\alpha B_{\mathrm{S}}} \tag{3.60a}$$

$$\frac{u_{\mathrm{S}}'}{u_{\mathrm{S}}} = -\frac{\mathrm{i}l_0 B_{\mathrm{S}}'}{\mathrm{i}l_0 B_{\mathrm{S}}} = -\frac{B_{\mathrm{S}}'}{B_{\mathrm{S}}} \tag{3.60b}$$

となる．S 波の入射角が臨界角以上の場合は，上式で，$\cos\theta_{\mathrm{P}}$ を $\mathrm{i}\sqrt{\gamma^2\sin^2\theta_{\mathrm{S}}-1}$ と置き換えればよい．このとき，$u_{\mathrm{S}}'/u_{\mathrm{S}}$ の分母と分子の第 2 項は純虚数となり，反射係数の大きさは 1（全反射）となることがわかる．

図 3.7a は，入射 S 波の変位振幅を 1 としたとき，反射波の変位振幅を入射角に関してプロットしたものである．S 波入射の場合，入射角が臨界角を超えると全反射となる（$|u_{\mathrm{S}}'/u_{\mathrm{S}}^{\mathrm{inc}}|=1$）．入射角が臨界角のときに反射 P 波の反射角は $90°$ となり，それを超えると反射 P 波の振幅が見かけのうえでは有限になっているが，この場合には非斉次波であって平面波としてエネルギーを運ぶことはできない．図 3.7b に示すように，臨界角を超えると位相が変化するため，反射波の波形形状は変化する．

### 3.4.5　境界面での P–SV 波の反射と屈折

図 3.8 に示すように，媒質 I（密度 $\rho_1$，ラメ定数 $\lambda_1$，$\mu_1$，P 波速度 $\alpha_1$，S 波速度 $\beta_1$）と媒質 II（密度 $\rho_2$，ラメ定数 $\lambda_2$，$\mu_2$，P 波速度 $\alpha_2$，S 波速度 $\beta_2$）が境界面 $z=0$ で接している．媒質 I（$z<0$）から平面 P 波あるいは平面 SV 波が境界面に入射すると，媒質 I に反射波，媒質 II に透過波が生成する．

いま，P 波の入射波と反射波，透過波のポテンシャルを，それぞれ

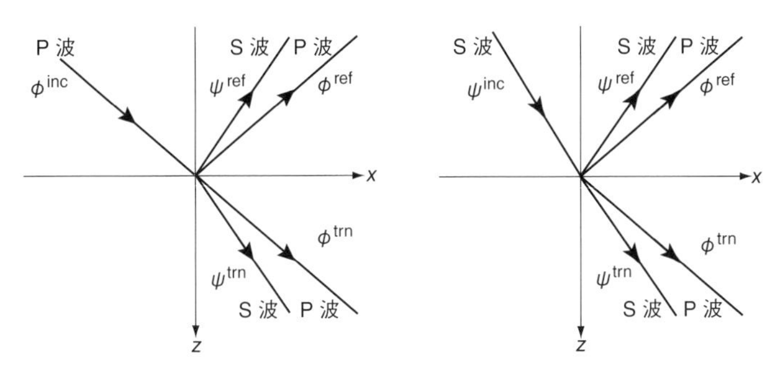

図 3.8　P 波と SV 波の境界面への入射と反射および屈折

$$\phi^{\mathrm{inc}} = A_{\mathrm{P}}\,\mathrm{e}^{\mathrm{i}k_x x + \mathrm{i}k_z z},\quad \phi^{\mathrm{ref}} = A_{\mathrm{P}}'\,\mathrm{e}^{\mathrm{i}k_x' x - \mathrm{i}k_z' z},\quad \phi^{\mathrm{trn}} = A_{\mathrm{P}}''\,\mathrm{e}^{\mathrm{i}k_x'' x + \mathrm{i}k_z'' z} \tag{3.61}$$

とおく．SV 波も同様に，

$$\psi^{\mathrm{inc}} = B_{\mathrm{S}}\,\mathrm{e}^{\mathrm{i}l_x x + \mathrm{i}l_z z},\quad \psi^{\mathrm{ref}} = B_{\mathrm{S}}'\,\mathrm{e}^{\mathrm{i}l_x' x - \mathrm{i}l_z' z},\quad \psi^{\mathrm{trn}} = B_{\mathrm{S}}''\,\mathrm{e}^{\mathrm{i}l_x'' x + \mathrm{i}l_z'' z} \tag{3.62}$$

とおく．$\mathrm{e}^{-\mathrm{i}\omega t}$ の項は省略した．境界面での反射波および屈折波は，P 波の入射のときは $A_{\mathrm{P}}=1$，$B_{\mathrm{S}}=0$ として，SV 波の入射のときは $A_{\mathrm{P}}=0$，$B_{\mathrm{S}}=1$ として考える．

変位の境界条件は，$z=0$ 面での媒質 I 側（$z<0$）と媒質 II 側（$z>0$）の変位が連続である．式 (3.61) と (3.62) を式 (3.26) に代入し，$u_x(z=0_-)=u_x(z=0_+)$，$u_z(z=0_-)=u_z(z=0_+)$ の条件を適用する．P 波入射の場合，前節の自由表面の場合と同様に，$x$ の値にかかわらず変位が連続であるので，$k_x=k_x'=k_x''=l_x'=l_x''$ となる．一方，SV 波入射の場合は $l_x=k_x'=k_x''=l_x'=l_x''$ となる．P 波と SV 波の入射波の波数 $k_x$ と $l_x$ は別々に与えてもよいが，すべての波の水平方向のスローネスは等しい（つまり，$k_x=l_x\equiv\omega p$）として，式展開を合わせて行う．また，応力の境界条件は，$\tau_{xz}(z=0_-)=\tau_{xz}(z=0_+)$，$\tau_{zz}(z=0_-)=\tau_{zz}(z=0_+)$ である．

まず，$z=0_-$ 側の応力と変位を表すと

$$\begin{pmatrix} u_x/\mathrm{i}\omega \\ u_z/\mathrm{i}\omega \\ \tau_{zz}/\omega^2 \\ \tau_{zx}/\omega^2 \end{pmatrix} = \begin{pmatrix} p & 0 & 0 & -\eta_1 \\ 0 & \xi_1 & p & 0 \\ \rho_1(\gamma_1-1) & 0 & 0 & -\rho\gamma_1\eta_1/p \\ 0 & -\rho\gamma_1\eta_1/p & \rho_1(\gamma_1-1) & 0 \end{pmatrix} \begin{pmatrix} A_{\mathrm{P}}+A_{\mathrm{P}}' \\ A_{\mathrm{P}}-A_{\mathrm{P}}' \\ B_{\mathrm{S}}+B_{\mathrm{S}}' \\ B_{\mathrm{S}}-B_{\mathrm{S}}' \end{pmatrix} \tag{3.63}$$

となる．ここで，$\gamma_l\equiv 2{\beta_l}^2p^2$，${\xi_l}^2\equiv\omega^2{k_z}^2=\omega^2({\alpha_l}^{-2}-p^2)$，${\eta_l}^2\equiv\omega^2{l_z}^2=\omega^2({\beta_l}^{-2}-p^2)$ とおいた（$l=1,2$）．

係数 $u_x/\mathrm{i}\omega$ と $\tau_{zx}/\omega^2$，$u_z/\mathrm{i}\omega$ と $\tau_{zz}/\omega^2$ の組合せで上式を整理すると，

$$\begin{pmatrix} 2A_{\mathrm{P}} \\ 2A_{\mathrm{P}}' \\ 2B_{\mathrm{S}} \\ 2B_{\mathrm{S}}' \end{pmatrix} = \begin{pmatrix} \gamma_1/p & (1-\gamma_1)/\xi_1 & -1/\rho_1 & -p/(\rho_1\xi_1) \\ \gamma_1/p & -(1-\gamma_1)/\xi_1 & -1/\rho_1 & p/(\rho_1\xi_1) \\ -(1-\gamma_1)/\eta_1 & \gamma_1/p & -p/(\rho_1\eta_1) & -1/\rho_1 \\ (1-\gamma_1)/\eta_1 & \gamma_1/p & p/(\rho_1\eta_1) & 1/\rho_1 \end{pmatrix} \begin{pmatrix} u_x/\mathrm{i}\omega \\ u_z/\mathrm{i}\omega \\ \tau_{zz}/\omega^2 \\ \tau_{zx}/\omega^2 \end{pmatrix} \tag{3.64}$$

である．ここで右辺の 4×4 の行列を $\boldsymbol{A}$ とする．続いて，$z=0_+$ 側についても，変位と応力についてまとめると

$$\begin{pmatrix} u_x/\mathrm{i}\omega \\ u_z/\mathrm{i}\omega \\ \tau_{zz}/\omega^2 \\ \tau_{zx}/\omega^2 \end{pmatrix} = \begin{pmatrix} p & -\eta_2 \\ \xi_2 & p \\ \rho_2(\gamma_2-1) & -\rho_2\gamma_2\eta_2/p \\ -\rho_2\gamma_2\xi_2/p & \rho_2(1-\gamma_2) \end{pmatrix} \begin{pmatrix} A_{\mathrm{P}}'' \\ B_{\mathrm{S}}'' \end{pmatrix} \tag{3.65}$$

となる．右辺の 4×2 の行列を $\boldsymbol{B}$ とすると，$z=0$ で変位と応力が連続であるから

$$\begin{pmatrix} 2A_{\mathrm{P}} \\ 2A_{\mathrm{P}}' \\ 2B_{\mathrm{S}} \\ 2B_{\mathrm{S}}' \end{pmatrix} = \boldsymbol{AB} \begin{pmatrix} A_{\mathrm{P}}'' \\ B_{\mathrm{S}}'' \end{pmatrix} \tag{3.66}$$

が得られる．

右辺の $\boldsymbol{AB}$ は 4×2 の行列で，その要素を $c_{ij}$（$i, j$ はそれぞれ行と列を示す）で表すと

$$2A_{\mathrm{P}} = c_{11}A_{\mathrm{P}}'' + c_{12}B_{\mathrm{S}}'' \tag{3.67a}$$

$$2B_{\mathrm{S}} = c_{31}A_{\mathrm{P}}'' + c_{32}B_{\mathrm{S}}'' \tag{3.67b}$$

となる．これから

$$A_{\mathrm{P}}'' = \frac{2}{D}(c_{32}A_{\mathrm{P}} - c_{12}B_{\mathrm{S}}) \tag{3.68a}$$

$$B_{\mathrm{S}}'' = \frac{2}{D}(-c_{31}A_{\mathrm{P}} + c_{11}B_{\mathrm{S}}) \tag{3.68b}$$

を得る．ここで，$D=c_{11}c_{32}-c_{12}c_{31}$ である．これを式 (3.66) に代入すれば，

$$A_{\mathrm{P}}' = \frac{1}{D}\big((c_{21}c_{32} - c_{22}c_{31})A_{\mathrm{P}} + (c_{11}c_{22} - c_{12}c_{21})B_{\mathrm{S}}\big) \tag{3.69a}$$

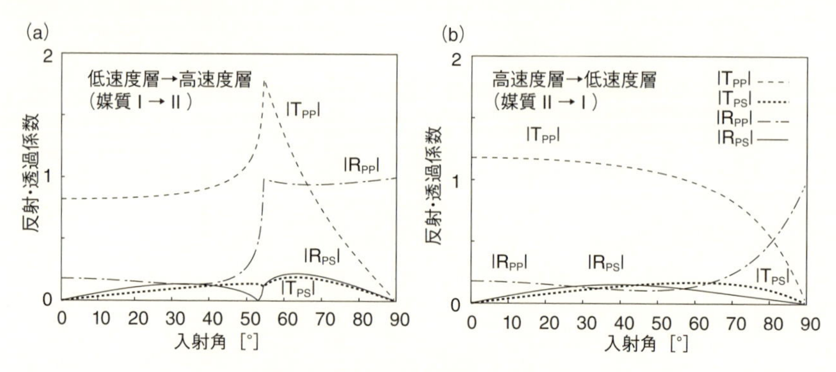


**図 3.9**　P 波の境界面への入射

媒質 I は $\alpha_1 = 6.5$ km/s，$\beta_1 = 3.8$ km/s，$\rho_1 = 2,900\,\mathrm{kg/m^3}$，媒質 II は $\alpha_2 = 8.0$ km/s，$\beta_2 = 4.5$ km/s，$\rho_2 = 3,380\,\mathrm{kg/m^3}$ である．

$$B_S{}' = \frac{1}{D}\big((c_{32}c_{41} - c_{31}c_{42})A_P + (c_{11}c_{42} - c_{12}c_{41})B_S\big) \tag{3.69b}$$

が得られる．

P 波入射のとき，$A_P = 1$，$B_S = 0$ とすれば，P 波と S 波の反射係数 $R_{PP}$ と $R_{PS}$，透過係数 $T_{PP}$ と $T_{PS}$ は，変位とポテンシャルとの関係を考慮して，

$$R_{PP} = A_P{}', \quad R_{PS} = \frac{\alpha_1}{\beta_1}B_S{}' \tag{3.70a}$$

$$T_{PP} = \frac{\alpha_1}{\alpha_2}A_P{}'', \quad T_{PS} = -\frac{\alpha_1}{\beta_2}B_S{}'' \tag{3.70b}$$

となる．SV 波入射のとき，$A_P = 0$，$B_S = 1$ として計算し，

$$R_{SP} = -A_P{}', \quad R_{SS} = -\frac{\alpha_1}{\beta_1}B_S{}' \tag{3.71a}$$

$$T_{SP} = -\frac{\alpha_1}{\alpha_2}A_P{}'', \quad T_{SS} = \frac{\alpha_1}{\beta_2}B_S{}'' \tag{3.71b}$$

を得る．

図 3.9 に P 波入射の場合の反射透過係数の計算結果を示す．媒質 I と II の変数の値はそれぞれ地殻と最上部マントルを想定した．地震波が高速度側（媒質 II）から低速度側（媒質 I）に入射する場合は，入射角に対して反射透過係数はなめらかに変化する．一方，その逆の場合，全反射が起こるため複雑な形状となる．

# 第4章 表面波の伝播

代表的な表面波であるレイリー波は1887年に，ラブ波は1911年に，それぞれ Rayleigh 卿，Love 卿により数理的に存在が指摘された．しかし，観測波形にそれらが確認されたのは1960年以降であったといわれる．本章では，まず観測波形をもとに表面波の特徴を示したのち，自由表面や不連続面によって生じる，これらの表面波の特性を説明する．

## 4.1 表面波の特徴

図4.1の上段は，小笠原諸島付近の深さ11 km で発生した $M$ 6.4の地震の速度波形（上下動成分）である．P波，S波のあとに約20分にわたり続く振幅の大きな波が表面波である．図の下段に，同地域の深さ418 km で発生した同規模（$M$ 6.2）の地震の記録を示す．P波とS波は認められるものの，S波のあとに上段のような表面波は見られない．このように，深い地震の表面波は振幅が小さいのに対し，浅い地震の表面波はP波やS波に比べて振幅が大きい．上段の表面波に着目すると，長周期の波は短周期の波よりも早く到達していることがわかる．これは“波の分散現象”である．図4.2には，波の分散現象がよくわかるように，近接した地震計の記録を並べて示した．震源からの距離が大きくなるにつれて表面波の波群が時間的に拡がっている様子が見られる．以上のように表面波には，(1) S波の到着後に現れる，(2) 浅い地震で顕著に記録される，(3) 分散性を示す，といった特徴がある．

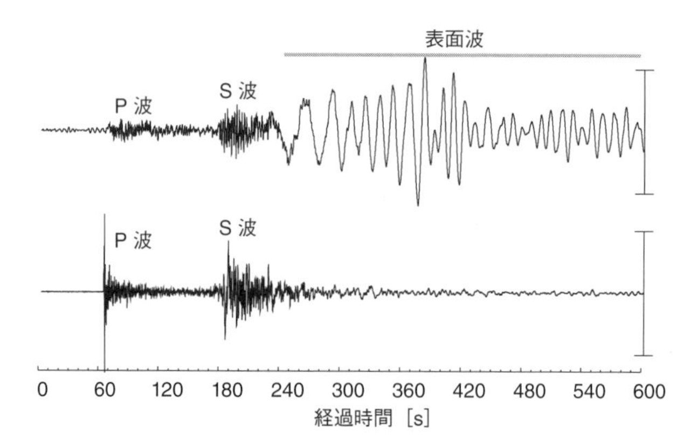


図 4.1　F-net 山形観測点（IYG）広帯域地震計の上下動速度記録
上段は，顕著な表面波を伴う浅い地震波形の例（2006 年 10 月 26 日，北緯 29.3°，東経 140.3°，深さ 11 km，$M$ 6.4），下段は表面波を伴わない深発地震の例（2002 年 8 月 2 日，北緯 29.2°，東経 139.1°，深さ 418 km，$M$ 6.2）

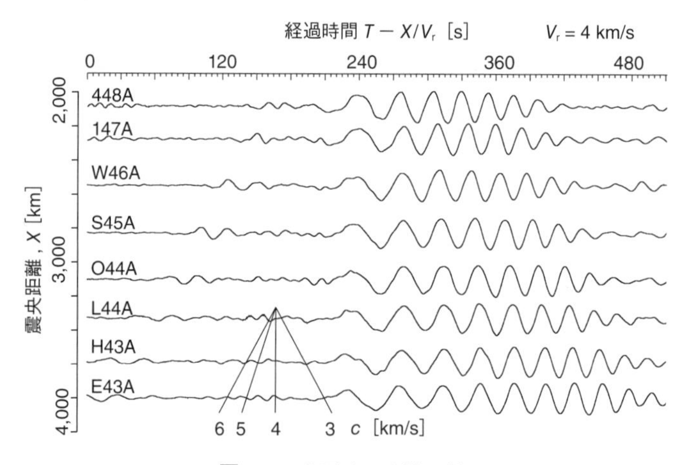


図 4.2　表面波の分散の様子
USArray 観測点の上下動速度波形記録．中央アメリカで起きた浅部の地震（2012 年 8 月 27 日北緯 12.1°，西経 88.63°，深さ 28 km，$M$ 7.4）．縦軸は速度 4.0 km/s で伝播する時間だけ減じて表示してある．この例では，周期約 20〜40 s の波が，速度 3〜4 km/s で伝播していることがわかる．約 6 km/s で伝播しているのは S 波．

次節からは，上下方向と，震源と観測点を結ぶ方向である**動径方向**（**ラディアル**（radial））成分に現れる**レイリー波**（Rayleigh wave），および動径方向に直交する方向（**トランスバース**（transverse））成分に現れる**ラブ波**（Love wave）について説明する．

## 4.2 レイリー波

レイリー波は第3章で示したP波とSV波の干渉により生じる．直交直線座標系の $x$–$z$ 面内で振動する地震波を考え，変位と式 (3.26) で関係づけられるポテンシャル $\phi$ と $\psi$ で考えよう．式 (3.8) および式 (3.10) は

$$\frac{\partial^2\phi}{\partial t^2} = \alpha^2\left(\frac{\partial^2\phi}{\partial x^2} + \frac{\partial^2\phi}{\partial z^2}\right) \tag{4.1a}$$

$$\frac{\partial^2\psi}{\partial t^2} = \beta^2\left(\frac{\partial^2\psi}{\partial x^2} + \frac{\partial^2\psi}{\partial z^2}\right) \tag{4.1b}$$

と書き表される．鉛直下向きに $z$ 軸の正方向をとり，自由表面を $z=0$ とする．いま，$\phi$，$\psi$ が同じ伝播速度 $c_{\mathrm{R}}=\omega/k$（角周波数 $\omega$，波数 $k$）で $x$ 方向に伝播するとして，

$$\phi = F(z)\exp\left[\mathrm{i}(kx-\omega t)\right] \tag{4.2}$$

$$\psi = G(z)\exp\left[\mathrm{i}(kx-\omega t)\right] \tag{4.3}$$

とおく．これらを式（4.1a）と（4.1b）にそれぞれ代入すれば，

$$F''(z) - {\xi_\alpha}^2F(z) = 0 \tag{4.4a}$$

$$G''(z) - {\xi_\beta}^2G(z) = 0 \tag{4.4b}$$

を得る．上式の一般解は，

$$F(z) = F_0\ \exp\left(\pm i\xi_\alpha z\right) \tag{4.5a}$$

$$G(z) = G_0\ \exp\left(\pm i\xi_\beta z\right) \tag{4.5b}$$

と表される．ここで，$\xi_\alpha=\sqrt{{k_0}^2-k^2}$，$\xi_\beta=\sqrt{{l_0}^2-k^2}$（$k_0=\omega/\alpha$，$l_0=\omega/\beta$）である．

地下深部で振幅がゼロの境界条件を課すと，

$$\phi = F_0 \exp\left[\mathrm{i}(kx - \omega t) - \breve{\xi}_\alpha z\right] \tag{4.6a}$$

$$\psi = G_0 \exp[\mathrm{i}(kx - \omega t) - \breve{\xi}_\beta z] \tag{4.6b}$$

となる．ここで，$\breve{\xi}_\alpha = \sqrt{k^2 - k_0{}^2}$，$\breve{\xi}_\beta = \sqrt{k^2 - l_0{}^2}$，$\breve{\xi}_\alpha > 0$，$\breve{\xi}_\beta > 0$ である．自由表面 $z = 0$ では $\tau_{zz} = 0$，$\tau_{xz} = 0$ なので，式 (3.2b)，(3.3d) と（3.26）を用いれば，

$$\begin{cases} 2\mathrm{i}\breve{\xi}_\alpha k F_0 + \left(2k^2 - l_0{}^2\right) G_0 = 0 \\ \left(2k^2 - l_0{}^2\right) F_0 - 2\mathrm{i}\breve{\xi}_\beta k G_0 = 0 \end{cases} \tag{4.7}$$

が得られる．$F_0 = G_0 = 0$ 以外の解をもつには，次の式を満たす必要がある．

$$\left(2k^2 - l_0{}^2\right)^2 - 4\breve{\xi}_\alpha \breve{\xi}_\beta k^2 = 0 \tag{4.8}$$

これをレイリー波の特性方程式とよぶ．左辺第 2 項を右辺に移項したのち両辺を 2 乗し，整理すると

$$\zeta^6 - 8\zeta^4 + 8\zeta^2 \left(3 - \frac{2}{\gamma^2}\right) - 16\left(1 - \frac{1}{\gamma^2}\right) = 0 \tag{4.9}$$

と書ける．ここで，レイリー波の位相速度 $c_\mathrm{R} = \omega/k$ の S 波速度に対する比を $\zeta = l_0/k$ とした．また，$\gamma = \alpha/\beta$ である．ポアソン弾性媒質（$\gamma = \sqrt{3}$）の場合，式（4.9）は，

$$\left(\zeta^2 - 4\right)\left(\zeta^2 - \left(2 + \frac{2}{\sqrt{3}}\right)\right)\left(\zeta^2 - \left(2 - \frac{2}{\sqrt{3}}\right)\right) = 0 \tag{4.10}$$

と書ける．$\breve{\xi}_\beta > 0$ であるためには $\zeta < 1$ であることが必要であるので，レイリー波の位相速度 $c_\mathrm{R}$ は

$$c_\mathrm{R} = \frac{\omega}{k} = \frac{l_0}{k}\beta = \zeta\beta = \sqrt{\frac{2}{3}\left(3 - \sqrt{3}\right)}\beta \approx 0.9194\beta \tag{4.11}$$

となる．つまり，レイリー波は S 波に少し遅れて到着する．

特性方程式を満たす $k$ と式（4.7）から $F_0$ と $G_0$ の比が求められるので，$F_0 = \left(2k^2 - l_0{}^2\right) H_0$，$G_0 = -2\mathrm{i}\breve{\xi}_\alpha k H_0$ とおけば，式 (4.6b) と (3.26) から，上下動および動径方向の変位は

$$\begin{cases} u_x = \mathrm{i}k\left[\left(2k^2 - l_0{}^2\right) \mathrm{e}^{-\breve{\xi}_\alpha z} - 2\breve{\xi}_\alpha\breve{\xi}_\beta\, \mathrm{e}^{-\breve{\xi}_\beta z}\right] H_0\, \mathrm{e}^{\mathrm{i}(kx - \omega t)} \\ u_z = -\xi_\alpha\left[\left(2k^2 - l_0{}^2\right) \mathrm{e}^{-\breve{\xi}_\alpha z} - 2k^2\, \mathrm{e}^{-\breve{\xi}_\beta z}\right] H_0\, \mathrm{e}^{\mathrm{i}(kx - \omega t)} \end{cases} \tag{4.12}$$

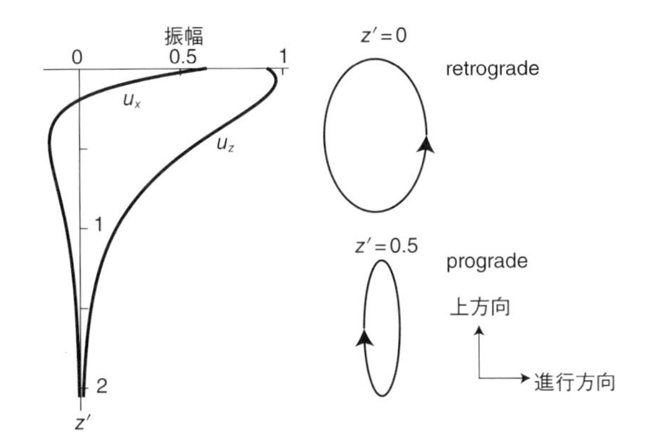


**図 4.3** レイリー波の振幅の深さ分布（右）と地表面（$z'=0$）と深さ $z'=0.5$ の振動軌跡

となる．実部をとると

$$\begin{cases} u_r = -k\left[\left(2k^2 - l_0{}^2\right) \mathrm{e}^{-\breve{\xi}_\alpha z} - 2\breve{\xi}_\alpha \breve{\xi}_\beta \, \mathrm{e}^{-\breve{\xi}_\beta z}\right] H_0 \sin\left(kx - \omega t\right) \\ u_z = -\xi_\alpha \left[\left(2k^2 - l_0{}^2\right) \mathrm{e}^{-\breve{\xi}_\alpha z} - 2k^2 \, \mathrm{e}^{-\breve{\xi}_\beta z}\right] H_0 \cos\left(kx - \omega t\right) \end{cases} \tag{4.13}$$

となる．図 4.3 に，$\lambda=\mu$ のときの $u_x$ と $u_z$ の深さ方向の変化を示す．深さは波長（$\lambda=2\pi/k$）で規格化してある（$z'=z/\lambda$）．レイリー波は，上下動成分は約 1 波長，動径成分は約 1/4 波長の深さで振幅が小さくなり，自由表面付近にエネルギーが集中することがわかる．図の右上側に地表面（$z'=0$）における変位の軌跡を示す．進行方向に対して，床上をボールが転がる様子とは逆回転の動き（retrograde motion）となる．一方，深い場所では（およそ 1/4 波長から下），動径成分の極性が変わるので，地表面の回転方向と反対方向の動き（prograde motion）となる（図右下）．

## 4.3 ラブ波

図 4.4 に示すように，浅部に S 波の低速度層がある場合を考えよう．上層の密度，剛性率，S 波速度をそれぞれ，$\rho_1, \mu_1, \beta_1$，下層を $\rho_2, \mu_2, \beta_2$ とし（$\beta_2 > \beta_1$），自由表面を $z=0$，上下層の境界を $z=H$ とする．SH 成分のみを考え，2 つの層を互いに同位相で $x$ 方向に伝播する地震波を考える．角周波数を $\omega$，波数を

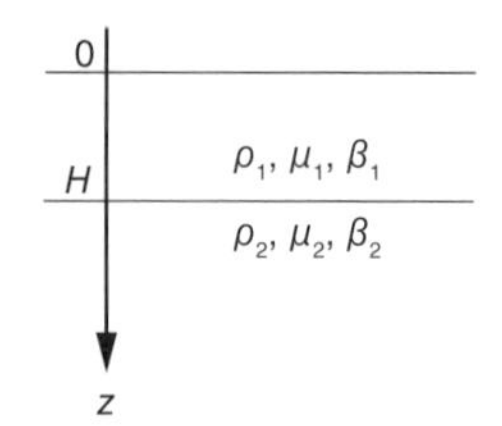


図 4.4　浅部に低速度層がある構造

$l$ とし，上層，下層の変位をそれぞれ $u_{y1}$，$u_{y2}$ と表すと

$$u_{y1} = V_1(z) \exp\left[\mathrm{i}(lx - \omega t)\right] \tag{4.14a}$$

$$u_{y2} = V_2(z) \exp\left[\mathrm{i}(lx - \omega t)\right] \tag{4.14b}$$

とおける．式 (3.25) から，

$$V_1{}''(z) = \left(l^2 - {l_1}^2\right) V_1(z) \tag{4.15a}$$

$$V_2{}''(z) = \left(l^2 - {l_2}^2\right) V_1(z) \tag{4.15b}$$

が得られる．ここで，$l_1 = \omega/\beta_1$，$l_2 = \omega/\beta_2$ である．地下深部で振幅がゼロとなる境界条件を加え，上層および下層の変位を

$$u_{y1} = C_1 \exp\left[\mathrm{i}(lx + \eta_1 z - \omega t)\right] + C_2 \exp\left[\mathrm{i}(lx - \eta_1 z - \omega t)\right] \tag{4.16a}$$

$$u_{y2} = D \exp\left[\mathrm{i}(lx - \omega t) - \breve{\eta}_2 z\right] \tag{4.16b}$$

とおく．ここで，$\eta_1 = \sqrt{{l_1}^2 - l^2}$，$\breve{\eta}_2 = \sqrt{l^2 - {l_2}^2}$，$\breve{\eta}_2 > 0$ である．自由表面 $z = 0$ で応力 $\tau_{yz} = 0$ より，$C \equiv C_1 = C_2$ である．また，境界面 $z = H$ で変位と応力 $\tau_{yz}$ が連続であるので，

$$D = 2C \cos(\eta_1 H) \exp(\breve{\eta}_2 H) \tag{4.17}$$

と

$$\tan(\eta_1 H) = \frac{\mu_2}{\mu_1} \frac{\breve{\eta}_2}{\breve{\eta}_1} \tag{4.18}$$

を得る．式（4.18）はラブ波の特性方程式である．$\eta_2 > 0$ より，この式から $\eta_1$ は正の実数である．したがって，ラブ波の位相速度を $c_{\mathrm{L}}$ と書けば，$l_2 < l < l_1$ から，

$$\beta_1 < c_{\mathrm{L}} < \beta_2 \tag{4.19}$$

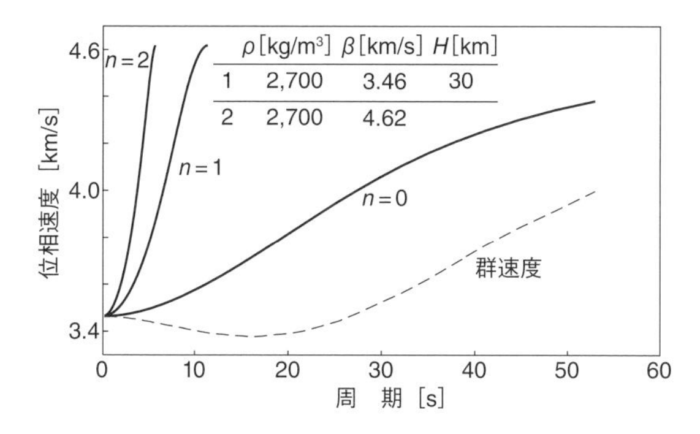


**図 4.5** ラブ波の位相速度（実線）と基本モードの群速度（破線）
図中央上部の表は計算に用いた構造.

となり，ラブ波の位相速度は上層のS波速度より速く下層のS波速度より遅い，という分散関係式が得られる.

ラブ波の特性方程式を波数 $l$ で書き直すと，tan は $\pi$ の周期関数なので，

$$\sqrt{{l_1}^2 - l^2}H = \tan^{-1}\left(\frac{\mu_2}{\mu_1}\frac{\sqrt{l^2 - {l_2}^2}}{\sqrt{{l_1}^2 - l^2}}\right) + n\pi \quad (n = 0, 1, 2, \cdots) \tag{4.20}$$

と書ける．$n=0$ の解を**基本モード**（fundamental mode），$n>0$ の解は $n$ 次の**高次モード**（higher mode）とよぶ．ある適当な周期（周波数）を設定すると $l_1, l_2$ はS波速度から決まるので，式 (4.20) から解 $l$ を求めることにより，その周期での位相速度が求められる．図 4.5 に周期と位相速度の関係の一例を示す．図 4.6 に，ラブ波の振幅の深さ分布（固有関数）を示す．次数 $n$ の回数だけ固有関数は極性を変え，深さとともに振幅が小さくなることがわかる．位相速度は，固有関数の深さ分布と関係する．短周期側では固有関数が浅部に大きな振幅をもつので上層のS波速度 $\beta_1$ に漸近するのに対し，長周期側では固有関数が深部にまで伸びているので下層のS波速度 $\beta_1$ が支配的となる．また，表面波の振幅（励起効率）は，固有関数の振幅に比例して大きくなるため，図 4.1 にあるように，浅い震源のほうが深い震源よりもより効率的に表面波が励起される（第 18 章参照）.

本節では二層構造を仮定したが，3 層あるいはそれ以上の多層の場合についても，境界面上での変位・応力連続条件を課すことにより，周期ごとに位相速度を求められる．方程式が複雑になるので，一般的には，**伝達関数**（propagator

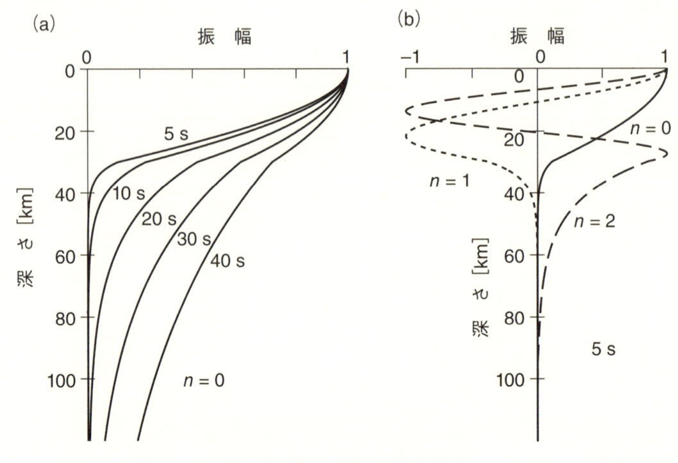


図 4.6　ラブ波の固有関数

(a) 周期ごとの基本モードの固有関数，(b) 周期 5 s のモードごとの固有関数．

matrix）を用いて数値的に計算される（安芸・リチャーズ（2004），斎藤（2009）を参照のこと）．

## 4.4　表面波の分散

地球の内部は深さ方向に地震波速度が変化していることから，表面波の位相速度は周期によって異なり，“分散性”波動となる．4.2 節で，レイリー波の位相速度は周期によらず S 波速度の約 0.92 倍であることを示したが，これは半無限均質媒質を仮定したからである．レイリー波も，2 層以上の多層構造の場合にはラブ波と同様に分散性を示す（各境界面での変位と応力の連続性，深部での振幅減少，自由表面の応力ゼロ条件を満たす特性方程式から，数値的に，周期ごとの位相速度を求めることができる）．本節では，表面波にみられる分散性波動の特徴を述べる．

### 4.4.1　位相速度と群速度

いま，周波数と波数がわずかに異なる 2 つの波 $u_+$ と $u_-$ を考えよう．

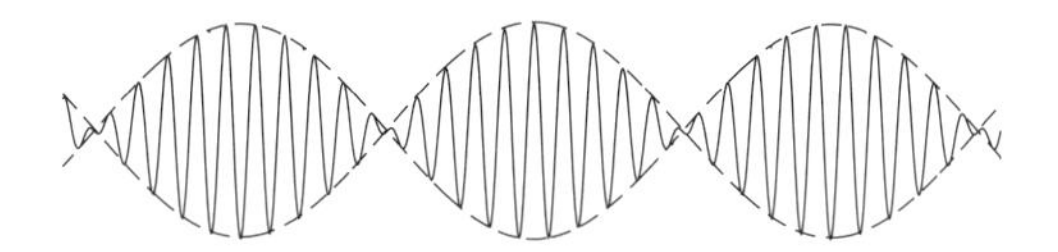

図 4.7 余弦波の和

$$u_+ = A\cos[(k+\delta k)x - (\omega+\delta\omega)t] \tag{4.21a}$$

$$u_- = A\cos[(k-\delta k)x - (\omega-\delta\omega)t] \tag{4.21b}$$

ここで，$\delta k$ および $\delta\omega$ は，波数 $k$ と各周波数 $\omega$ に比べて微小な量である．この 2 つの波が重なり合うと，

$$u = u_+ + u_- = 2A\cos(kx-\omega t)\cos(\delta kx - \delta\omega t) \tag{4.22}$$

となる．この波は図 4.7 の実線で示す振動を描き，短い波長で振動する波と，より長い波長で振動する波が重なり合っているようにみえる．右辺の 2 つの余弦関数の引数から，前者は速度 $c=\omega/k$ で伝播する波長 $2\pi/k$ の波であり，後者は速度 $U=\delta\omega/\delta k$ で伝播する波長 $2\pi/\delta k$ の波（図 4.7 の破線）である．$U$ は群速度で，位相速度 $c=\omega/k$ や波数 $k$，各周波数 $\omega$ と

$$U = \frac{\mathrm{d}\omega}{\mathrm{d}k} = c + k\frac{\mathrm{d}c}{\mathrm{d}k} \tag{4.23}$$

$$\frac{1}{U} = \frac{\mathrm{d}}{\mathrm{d}\omega}\left(\frac{\omega}{c}\right) = \frac{1}{c} + \omega\frac{\mathrm{d}}{\mathrm{d}\omega}\left(\frac{1}{c}\right) \tag{4.24}$$

の関係がある．

図 4.5 に基本モードの群速度（図中の破線）を示した．周期が長くなるにつれていったん速度が低下し，周期 20 s 付近で最小の速度となり，その後大きくなる特徴が見られる．

### 4.4.2 分散性波動の伝播

波の振幅を $A(\omega)$，位相速度を $c(\omega)$ とし，異なる周波数の波が重なり合って $x$ 方向に伝播することを考える．いま，$x=0$ の振動源により地震波が励起されたとする．距離 $x$ での変位は，

$$u(x;t) = \frac{1}{2\pi}\int A(\omega)\exp[\mathrm{i}\phi(\omega)]\,\mathrm{d}\omega, \quad \phi(\omega) \equiv \omega\left(\frac{x}{c(\omega)} - t\right) \tag{4.25}$$

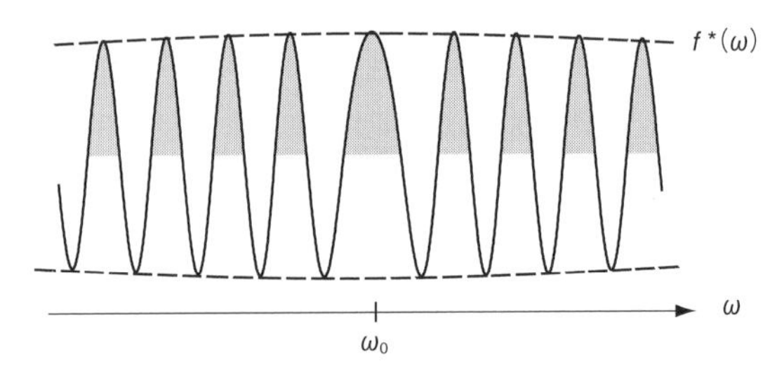


図 4.8　$f(\omega)\exp[\mathrm{i}\phi(\omega)]$ の概念図

と書けるであろう．

式 (4.25) をケルビン (Kelvin) 停留値法で解こう．振動源がインパルス的（衝撃的）とすると $A(\omega)$ は緩やかに変化する関数と考えることができる．ある程度離れた観測点の変位を考えると $t, x$ が大きくなるので，$\exp[\mathrm{i}\phi(\omega)] = \exp[\mathrm{i}\omega(x/c(\omega) - t)]$ は，$\omega$ に関して急速に振動するかたちの関数となり，周波数領域で積分すると隣り合う振動部分で互いに打ち消し合う．ただし，指数部 $\phi(\omega)$ が $\omega$ に対して変化しないところでは，振動がいったん緩やかになり（図 4.8），互いに打ち消し合わない．この $\phi'(\omega_0) = 0$ となる角周波数 $\omega_0$ を停留点とよび，式 (4.25) を $\omega_0$ から微小量 $\pm\epsilon$ だけ離れた領域のみで評価する．すると，式 (4.25) は，

$$u(x;t) = \int_{-\infty}^{\infty} f(\omega)\exp[\mathrm{i}\phi(\omega)]\,\mathrm{d}\omega \tag{4.26a}$$

$$= \int_{-\infty}^{\infty} f(\omega)\exp\left[\mathrm{i}\Big(\phi(\omega_0) + (\omega-\omega_0)\phi'(\omega_0) + \frac{1}{2}(\omega-\omega_0)^2\phi''(\omega_0) + \cdots\Big)\right]\mathrm{d}\omega$$

$$\simeq f(\omega_0)\,\mathrm{e}^{\mathrm{i}\phi(\omega_0)}\int_{-\infty}^{\infty}\exp\left[\frac{\mathrm{i}}{2}\breve{\omega}^2\phi''(\omega_0)\right]\mathrm{d}\breve{\omega} \tag{4.26b}$$

$$= f(\omega_0)\,\mathrm{e}^{\mathrm{i}\phi(\omega_0)}\sqrt{\frac{\pi}{|\phi''(\omega_0)|}}(1\pm\mathrm{i}) \tag{4.26c}$$

と近似できる．ここで，$\breve{\omega} \simeq \omega - \omega_0$ であり，式 (4.26b) から式 (4.26c) への展開では，**フレネルの積分**（Fresnel integrals）

$$\int_0^{\infty}\cos\left(\frac{1}{2}a^2x\right)\mathrm{d}x = \int_0^{\infty}\sin\left(\frac{1}{2}a^2x\right)\mathrm{d}x = \frac{1}{2}\sqrt{\frac{\pi}{a}} \tag{4.27}$$

を使った．したがって，距離 $x$ の変位は，

$$u(x;t) \simeq f(\omega_0)\exp[\mathrm{i}\phi(\omega_0)]\sqrt{\frac{\pi}{|\phi''(\omega_0)|}}(1\pm\mathrm{i}) \tag{4.28a}$$

$$= f(\omega_0)\sqrt{\frac{2\pi}{|\phi''(\omega_0)|}}\exp\left[\mathrm{i}\phi(\omega_0) \pm \mathrm{i}\frac{\pi}{4}\right] \tag{4.28b}$$

と表される．

ケルビンの停留値法は，$\phi(\omega)$ が緩やかに変化するところ，つまり

$$\phi'(\omega_0) = \frac{\mathrm{d}}{\mathrm{d}\omega}\left[\omega\left(\frac{x}{c} - t\right)\right]\Big|_{\omega=\omega_0} = x\frac{\mathrm{d}k}{\mathrm{d}\omega}\Big|_{\omega=\omega_0} - t = \frac{x}{U(\omega_0)} - t = 0 \tag{4.29}$$

における波を評価すればよいことを示している．これは，$x$ 地点では $t = x/U$ の時間に角周波数 $\omega_0$ の波が現れることを意味する．また，式 (4.28b) の分母にある $\phi''(\omega_0)$ は

$$\phi''(\omega_0) = x\,\frac{\mathrm{d}}{\mathrm{d}\omega}\left(\frac{1}{U}\right) \tag{4.30}$$

であるから，$\mathrm{d}U/\mathrm{d}\omega$ が小さいところで振幅が大きくなることがわかる．

これらを含めて，式 (4.28b) から分散性波動には次の特徴があることがわかる．(1) 地震波は群速度 $U$ で伝わる，(2) 個々の波に着目すれば，その伝播は位相速度 $c$ による，(3) 1 次元の波動も分散により距離とともに振幅は減少する，(4) 群速度の変化の小さい周期で振幅が大きくなる．図 4.2 に示した表面波はこのような特性を示している．

### 4.4.3　長周期表面波

図 4.9 に，東北地方太平洋沖地震（2011 年 3 月 11 日，$M_{\mathrm{W}}$ 9.0）の Global Seismographic Network（GSN）の観測点で記録された 15 時間分の波形を示す．200〜330 s のフィルターがかけられている．上下動成分に繰り返し現れている波群 $\mathrm{R}_1, \mathrm{R}_2, \mathrm{R}_3, \mathrm{R}_4, \cdots$ は地球を周回するレイリー波である．下添え字 1 は震源から観測点に最短で到着するレイリー波，2 は反対方向に伝播してから観測点に到着するレイリー波，3 と 4 は，それぞれ 1 と 2 の経路できたレイリー波がさらに地球を 1 周してきたレイリー波を示す．トランスバース成分にも類似の繰返し波群が観測される．これらは $\mathrm{G}_1, \mathrm{G}_2, \mathrm{G}_3, \mathrm{G}_4, \cdots$ と記されるラブ波である．R 波と G 波は，表面波であるが，図 4.2 の表面波のように伝播とともに波群が拡がっていく様子はあまり認められず，まとまった波群として何周も地球を周回する．

図 4.10 に，周期 500 s までのレイリー波とラブ波の位相速度と群速度を示す．

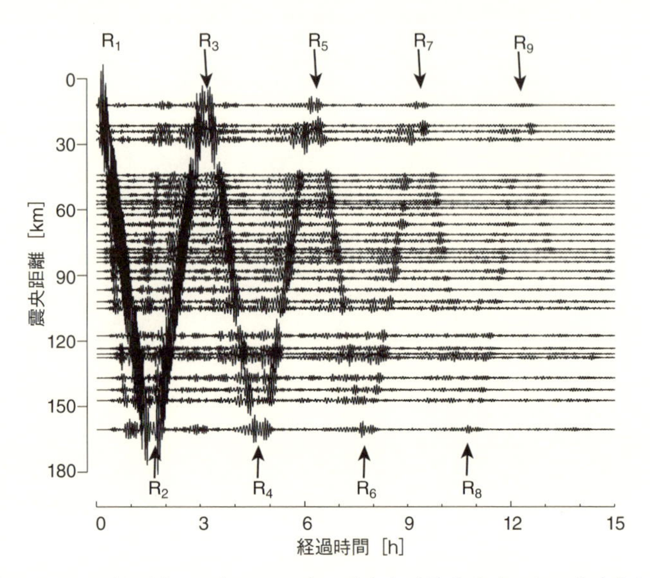


**図 4.9**　GSN 観測点で記録された東北地方太平洋沖地震の上下動速度記録
横軸は 2011 年 3 月 11 日 14 時 45 分からの経過時間．200〜330 s のバンドパスフィルターをかけてある．

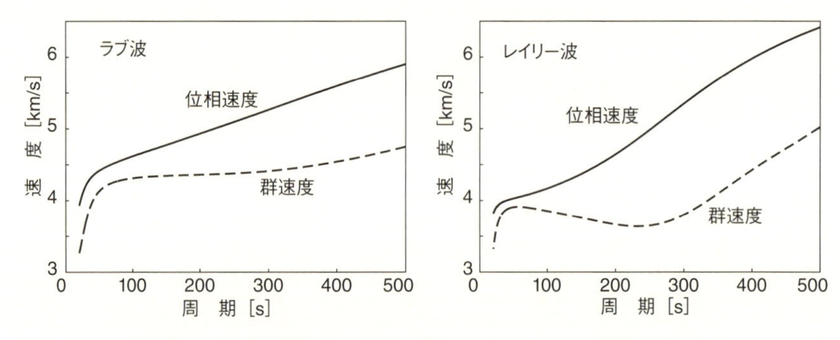


**図 4.10**　長周期帯のラブ波とレイリー波の位相速度と群速度
標準地球構造モデル PREM に基づく．

レイリー波は，240 s 付近で群速度が極小となるため，この周期帯での振幅が大きくなる．また，レイリー波，ラブ波ともに，周期約 50〜300 s の長周期帯では，位相速度は周期とともに大きくなっているのに対し，群速度はあまり大きく変化していない．ここで，位相速度 $c$ が波長 $\lambda$ に比例するとき（$c=c_0+c_1\lambda$）

を考えてみよう．このとき群速度は，

$$U = \frac{\mathrm{d}\omega}{\mathrm{d}k} = \frac{\mathrm{d}}{\mathrm{d}k}(kc) = \frac{\mathrm{d}}{\mathrm{d}k}[k(c_0 + c_1\lambda)] = \frac{\mathrm{d}}{\mathrm{d}k}(kc_0 + 2\pi c_1) = c_0 \tag{4.31}$$

と一定となり，波群が拡がらないことがわかる．ただし，位相速度は周期によって異なるので，波の形状は変化する．

# 地震波線と地球内部構造

ドイツのポツダムとウィルヘルムスハーフェンで水平振り子を用いて地球潮汐を測定していたパシュビッツ（von Rebeur-Paschwitz）は，1889 年 4 月に東京で発生した地震を偶然捉えた．これを契機に，20 世紀初頭には，地球は，地殻，マントル，そして，流体からなる核から構成されることが明らかとなった．1900 年にはオールドハム（Richard Oldham）により，直達 P 波と S 波が遠方で届かないことから，核の存在が指摘され，1909 年にはモホロビチッチ（Andrija Mohorovičić）により地殻とマントルを分ける地震波速度境界が見つけられた．1914 年にはグーテンベルグ（Beno Gutenberg）により核とマントルの境界の深さが 2,900 km であると推定され，1936 年には，レーマン（Inge Lehmann）による内核の発見が続いた．本章では，このような地球内部構造の推定にも重要な役割を果たした波線理論を説明する．

## 5.1 アイコナール方程式と地震波線

不均質な媒質中の地震波伝播について考えよう．伝播速度 $c$ が位置 $\boldsymbol{x}$ に依存するとして，$c(\boldsymbol{x})$ と表す．スカラー波の波動方程式

$$\nabla^2\phi - \frac{1}{c^2}\frac{\partial^2\phi}{\partial t^2} = 0 \tag{5.1}$$

の解として

$$\phi(\boldsymbol{x}, t) = A(\boldsymbol{x})\exp[\mathrm{i}\omega(T(\boldsymbol{x}) - t)] \tag{5.2}$$

を与える．$T(\boldsymbol{x})$ は，$\boldsymbol{x}$ における位相項である．式 (5.2) を式 (5.1) に代入して整理すると

$$\nabla^2 A - \omega^2 A|\nabla T|^2 + \mathrm{i}(2\omega\nabla A \cdot \nabla T + \omega A\nabla^2 T) = -\frac{A\omega^2}{c^2} \tag{5.3}$$

を得る．両辺の実部と虚部は等しいので

$$\nabla^2 A - \omega^2 A|\nabla T|^2 = -\frac{A\omega^2}{c^2} \tag{5.4a}$$

$$2\nabla A \cdot \nabla T + A\nabla^2 T = 0 \tag{5.4b}$$

である．高周波数に着目し $\omega \to \infty$ とすると，式 (5.4a) は

$$|\nabla T|^2 = \frac{1}{c^2} \tag{5.5}$$

となる．これが**アイコナール方程式**（eikonal equation）で，$T(\boldsymbol{x})$ はその場所でのスローネス（速度の逆数）に等しい振幅の勾配をもつことがわかる．$T(\boldsymbol{x})$ が等しい場所は波面であり，$\nabla T(\boldsymbol{x})$ は，位置 $\boldsymbol{x}$ で波面の曲面に立てた法線ベクトルに比例している．この法線ベクトルの単位ベクトルを $\hat{\boldsymbol{n}}$ とすると，$\hat{\boldsymbol{n}}=c(\boldsymbol{x})\nabla T$ である．

いま時刻 $t=T(\boldsymbol{x})$ の波面 $S(t)$ を考える（図 5.1）．時刻 $t+\mathrm{d}t=T(\boldsymbol{x}+\Delta\boldsymbol{x})$ の波面を $S(t+\mathrm{d}t)$ と表せば，$\mathrm{d}t=\nabla T \cdot \Delta\boldsymbol{x}$ である．これは時間 $\mathrm{d}t$ 後の波面の移動距離 $\Delta\boldsymbol{x}$ との関係を表している．波面の方向 $\Delta\boldsymbol{x}$ の伝播速度を $\boldsymbol{v}$ とすると，$\boldsymbol{v}=\Delta\boldsymbol{x}/\mathrm{d}t$ である．$\nabla T \cdot \boldsymbol{v}=|\nabla T||\boldsymbol{v}|\cos\gamma=1$（$\gamma$ は $\hat{\boldsymbol{n}}$ と波面の伝播方向とのなす角）であるので，$\boldsymbol{v}$ と $\nabla T$ が平行なとき $|\boldsymbol{v}|=c$ である．つまり，波面に垂直な方向に波面は伝播速度 $c$ で伝播する．

位置 $\boldsymbol{x}$ から $\hat{\boldsymbol{n}}$ の方向に長さ $\mathrm{d}s$ を取ると，これは位置 $\boldsymbol{x}$ を通る波線の要素と

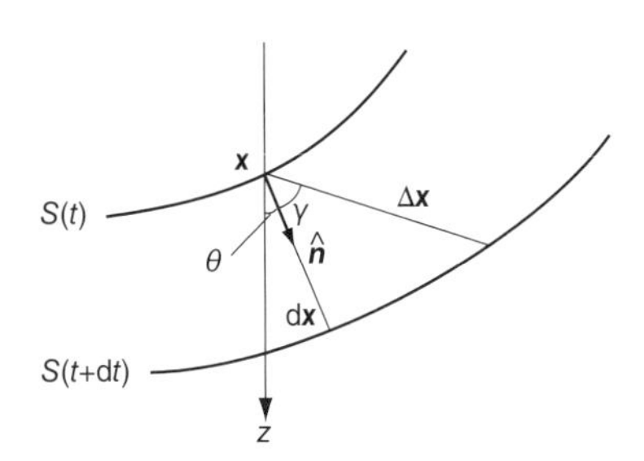


図 5.1　波面の伝播方向

なる．$\mathrm{d}\boldsymbol{x}=\hat{\boldsymbol{n}}\,\mathrm{d}s$ から

$$\frac{1}{c}\frac{\mathrm{d}\boldsymbol{x}}{\mathrm{d}s}=\frac{1}{c}\hat{\boldsymbol{n}}=\nabla T \tag{5.6}$$

が成り立つ．波線の幾何学的特性がわかるように，両辺を $s$ で微分して $T$ を消去する．

$$\begin{aligned}\frac{\mathrm{d}}{\mathrm{d}s}\left(\frac{1}{c}\frac{\mathrm{d}\boldsymbol{x}}{\mathrm{d}s}\right)&=\frac{\mathrm{d}}{\mathrm{d}s}\nabla T\\&=\left(\frac{\mathrm{d}\boldsymbol{x}}{\mathrm{d}s}\cdot\nabla\right)\nabla T=(c\nabla T\cdot\nabla)\nabla T\\&=\frac{1}{2}c\nabla(\nabla T\cdot\nabla T)=\frac{1}{2}c\nabla\left(\frac{1}{c^2}\right)\end{aligned}$$

したがって，

$$\frac{\mathrm{d}}{\mathrm{d}s}\left(\frac{1}{c}\frac{\mathrm{d}\boldsymbol{x}}{\mathrm{d}s}\right)=\nabla\left(\frac{1}{c}\right) \tag{5.7}$$

となり，長さ $s$ を変数とした波線の方程式が得られる．

均質な媒質を波が伝播するとき，つまり，伝播速度 $c$ が一定のときは，$\mathrm{d}^2\boldsymbol{x}/\mathrm{d}s^2=\boldsymbol{0}$ から $\boldsymbol{x}=\boldsymbol{a}s+\boldsymbol{b}$（$\boldsymbol{a}$，$\boldsymbol{b}$ は定数ベクトル）である．つまり，波線は直線となる．

地球内部は深さ方向に速度が大きく変化するので，伝播速度 $c$ が直交直線座標系で深さ $z$ にのみに依存することを考えよう．いま，$z$ 方向の単位ベクトルを $\hat{\boldsymbol{z}}$ として，ベクトル

$$\boldsymbol{p}\equiv\hat{\boldsymbol{z}}\times\frac{1}{c}\frac{\mathrm{d}\boldsymbol{x}}{\mathrm{d}s} \tag{5.8}$$

を定義しよう．ここで $\times$ は外積を表す．$s$ で微分すると，$c$ は $z$ のみの関数なので $\nabla(1/c)$ は $\hat{\boldsymbol{z}}$ に平行となり，

$$\frac{\mathrm{d}\boldsymbol{p}}{\mathrm{d}s}=\hat{\boldsymbol{z}}\times\frac{\mathrm{d}}{\mathrm{d}s}\left(\frac{1}{c}\frac{\mathrm{d}\boldsymbol{x}}{\mathrm{d}s}\right)=\hat{\boldsymbol{z}}\times\nabla\left(\frac{1}{c}\right)=0 \tag{5.9}$$

が成り立つ．よって，ベクトル $\boldsymbol{p}$ は波線に沿って一定である．また，$\hat{\boldsymbol{n}}=\mathrm{d}\boldsymbol{x}/\mathrm{d}s$ から，$\boldsymbol{p}=\hat{\boldsymbol{z}}\times(\hat{\boldsymbol{n}}/c)$ と書けるので，深さ $z$ における波線と $z$ 軸のなす角を $\theta(z)$ とすれば

$$p=|\boldsymbol{p}|=\frac{\sin\theta(z)}{c(z)} \tag{5.10}$$

となる．$p$ は**波線パラメータ**（ray parameter）で，上式はスネル則（第 3 章）

である．

地球を球とみなし，地震波速度 $c$ が地球中心からの距離 $r$ にのみ依存している場合も同様である．地球中心からの位置ベクトル $\hat{\boldsymbol{r}}$ を用いて，ベクトル

$$\boldsymbol{p} \equiv \hat{\boldsymbol{r}} \times \frac{1}{c}\frac{\mathrm{d}\boldsymbol{r}}{\mathrm{d}s} \tag{5.11}$$

を定義し，前述の場合と同様にして波線に沿った微分を考えると，球殻のときのスネル則

$$p = |\boldsymbol{p}| = \frac{r \sin\theta(r)}{c(r)} \tag{5.12}$$

が得られる．ここで $\theta(r)$ はベクトル $\boldsymbol{r}$ と波線のなす角である．また，このときの $p$ の次元は角速度の逆数であり，速度の逆数である直交直線座標系の場合と異なる．

## 5.2　地震波線と走時

前節で示したように，速度構造の空間的な変化に比べて地震波の波長が十分短い場合，地震波は波面に垂直方向に伝播すると考えてよい．伝播する波面に垂直な方向をつなげたものが**地震波線**（seismic ray）となる．震源から輻射された地震波が観測点まで到達する時間は，**走時**（travel time）とよぶ．また，走時と距離の関係を表した図を“走時曲線（あるいは走時図）”という．

地球内部の構造は，地殻，マントル，外核，内核からなり，深さ方向に地震波速度や密度が大きく変化している．以下では，深さとともに地震波速度が変化する場合について，地下の構造と，地震波線，走時曲線の関係を述べる．

### 5.2.1　水平成層構造の場合

表層と下層の地震波速度がそれぞれ $v_1$，$v_2$ からなる水平成層構造を考えよう．表層の厚さを $H$ とする．

境界面に入射する地震波の入射角 $\theta_1$ と屈折角 $\theta_2$ はスネル則により決まり，

$$\frac{\sin\theta_1}{v_1} = \frac{\sin\theta_2}{v_2} = p \tag{5.13}$$

とかける．ここで，$p$ は水平方向のスローネスである波線パラメータであり，ひと

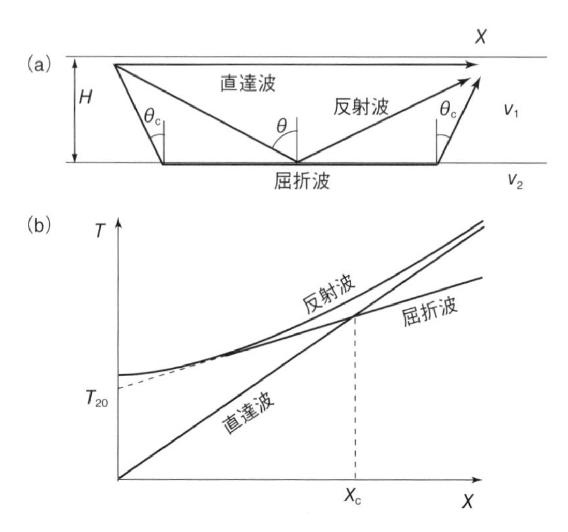


**図 5.2**　水平二層構造を伝播する地震波
（a）地震波線，（b）走時曲線．

つの波線上では一定である．下層の地震波速度が表層より大きい場合（$v_2 > v_1$），屈折角 $\theta_2$ は入射角 $\theta_1$ よりも大きくなる．屈折角が 90° になるときを**臨界反射**（critical reflection）という．このとき境界面を水平方向に伝播する波は，**ヘッドウェーブ**（head wave）とよばれ，入射角と同じ角度（臨界角 $\theta_c = \sin^{-1}(v_1/v_2)$）で，常時，表層へエネルギーを散逸する．入射角が臨界角より大きい場合（$\theta_1 > \theta_c$），第 3 章で示したように全反射が起こり，下層深部へ地震波のエネルギーは伝わらない．

図 5.2a に示すように，表層を伝播する地震波（直達波），境界面で反射する地震波（反射波），下層の上部を通ってくる地震波（屈折波）を考える．震源から観測点までの距離を $X$ とすると，地震波線の長さから，直達波，反射波，屈折波それぞれの走時は，

$$T_1 = \frac{X}{v_1} = Xp \tag{5.14a}$$

$$T_r = \frac{2H}{v_1 \cos\theta} \tag{5.14b}$$

$$T_2 = \frac{X - 2H\tan\theta_c}{v_2} + \frac{2H}{v_1 \cos\theta_c} \tag{5.14c}$$

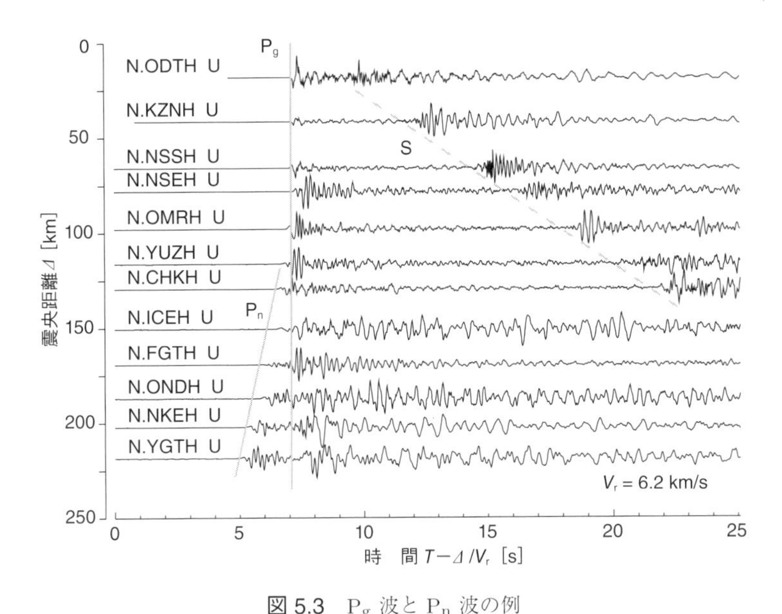


**図 5.3**　$\mathrm{P_g}$ 波と $\mathrm{P_n}$ 波の例

2011 年 6 月 4 日に秋田県北部で発生した $M$ 4.1 の地震の Hi-net の記録.

と書ける．走時曲線を図 5.2b に示す．直達波と屈折波の走時が等しくなる交差距離 $X_c$ までは表層を伝播する直達波が先に到達し，それより遠方ではヘッドウェーブが先に到達する．これらの走時曲線の勾配（$\mathrm{d}T/\mathrm{d}X$）は，それぞれ表層と下層の速度に相当する．式 (5.14a)，(5.14c) からわかるように

$$p = \frac{\mathrm{d}T}{\mathrm{d}X} \tag{5.15}$$

の関係がある．

図 5.3 に，浅い地震の地震波形を示す．地殻中（第 1 層）を伝わってきた P 波（$\mathrm{P_g}$ と表現する）に加え，震央距離 100 km を超える観測点では，モホ面で屈折しマントル（下層）の最上部を伝わってきた P 波（$\mathrm{P_n}$）が見られる．3 層，あるいは，より多層からなる構造の場合でも，各境界面での反射屈折をスネル則をもとに考えることで地震波線の経路や走時曲線を求めることができる．

図 5.4 に，速度が深さとともに変化するいくつかの速度構造について，地震波線の経路，走時曲線と走時曲線の傾き（$p = \mathrm{d}T/\mathrm{d}X$）の距離に対する変化を示す．深さとともに速度が大きくなる場合（図 5.4a），入射角に比べて屈折角が大

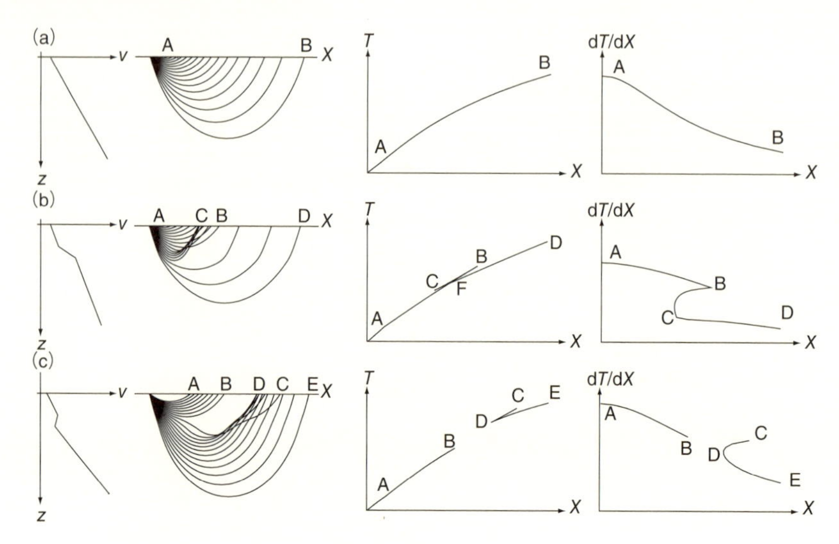


**図 5.4**　深さ方向に速度が変化する構造を伝播する地震波線
地震波速度分布（左），地震波線経路（中央），走時曲線と震央距離に対する $p=\mathrm{d}T/\mathrm{d}X$ の関係（右）．

きくなるため，地震波線は上方に曲げられる．したがって，地下深部に向かった波線は地表に戻ってくる．走時曲線は上に凸の形となり，波線パラメータ $p$ は距離とともに次第に小さくなる．

ある深さで速度勾配が大きくなる場合（図 5.4b）は，射出角を水平方向から鉛直下向きに徐々に変化させる（$p$ を小さくする）と，波線は上方に曲げられる（図中，A→B）．引き続き $p$ を小さくすると，波線は速度勾配の大きな深さにまで達し，上方に急激に曲げられる．そのため，波の到達する地点は次第に震源に近づく（B→C）．さらに，$p$ を小さくすると，ふたたび震央距離は増加する（C→D）．各震央距離での初動走時は F 点で折れ曲がる．A→F→D に現れる波は直達波であり，B→C は急激な速度勾配のある深さから反射してくる波である．

低速度層がある場合，走時曲線はさらに複雑となる（図 5.4c）．$p$ を次第に小さくし，波線が速度勾配が負になる深さに達する（B 点）と，屈折角は入射角より小さくなり，波線はより深い方向に曲げられる．そして，正の速度勾配をもつ領域で上方に曲げられ，地表に戻ってくる（C 点）．さらに $p$ を小さくすると，波線の到達する地点は震源方向に向かうが，B 点より遠い地点（D 点）からは，波線はふたたび正の速度勾配をもつ領域を通るため，より遠方に届く（D→E）．したがって，B から D 点の間に，地震波が到達しない影の部分（シャドーゾーン）が生じる．

### 5.2.2 球殻層構造の場合

地球内部が，地震波速度が半径方向に異なる複数の球殻の層から構成されていると考えよう．図 5.5 に示すように，地球中心からの距離 $r_1$ と $r_2$ に区切られた 3 つの層を伝播する地震波を考える．いま，速度 $v_1$ をもつ下の層から $v_2$ へ入射する地震波線を考えると，スネル則から，

$$\frac{\sin\theta_1}{v_1} = \frac{\sin\theta_2{}'}{v_2} \tag{5.16}$$

である．ここで，$\theta_1$，$\theta_2{}'$ は，それぞれ半径 $r_1$ に位置する境界面への入射角と屈折角である．$r_1$ と $r_2$ に区切られた第 2 層を伝播する距離を $\mathrm{d}s$ とし，AB および CD の弧の長さを考えると，

$$\mathrm{d}s\sin\theta_2 = r_1\ \mathrm{d}\Delta \tag{5.17a}$$

$$\mathrm{d}s\sin\theta_2' = r_2\ \mathrm{d}\Delta \tag{5.17b}$$

が得られる．これらを式 (5.16) を使い整理すると $r_1\sin\theta_1/v_1 = r_2\sin\theta_2/v_2$ となる．これは任意の層で成り立つので，ひとつの地震波線上では波線パラメータ

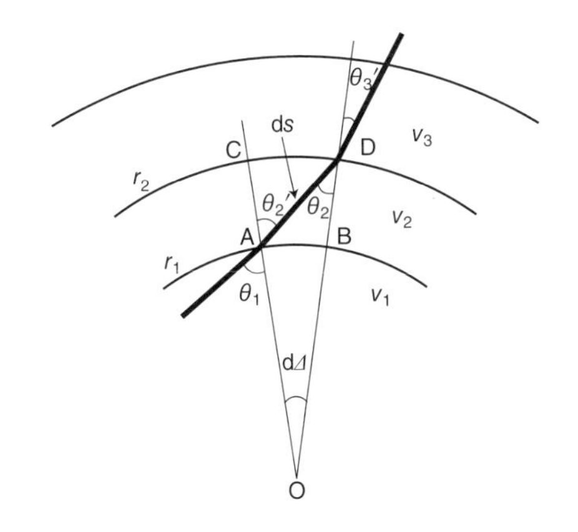


図 5.5　球殻層構造と地震波線

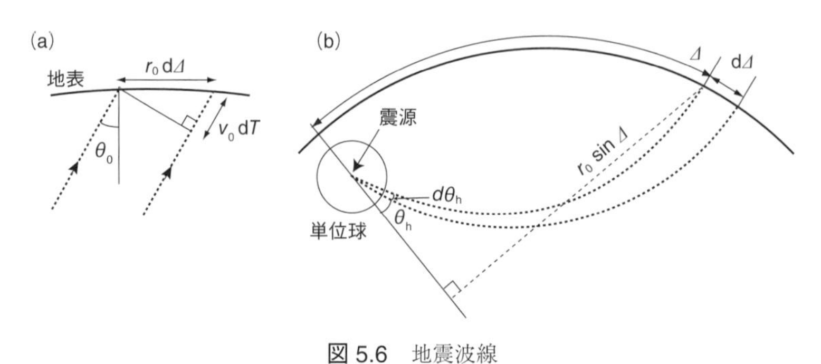


図 5.6　地震波線
(a) 地表付近,(b) 震源から観測点.

$$p = \frac{r \sin \theta}{v} \tag{5.18}$$

は一定である.ここで,地震波線と半径方向のなす角を $\theta$,地震波速度を $v$ とした.なお,$p$ は水平成層構造のときの定義(式 (5.13))と異なることに注意が必要である.

地表面に地震波が入射するときを考えよう(図 5.6a).地球の半径を $r_0$,地表付近の地震波速度を $v_0$,地表への入射角を $\theta_0$,$\mathrm{d}\Delta$ 離れた地点との地震波の到達時間の差を $\mathrm{d}T$ とすると,$r_0\,\mathrm{d}\Delta \sin\theta_0 = v_0\,\mathrm{d}T$ である.つまり

$$\frac{\mathrm{d}T}{\mathrm{d}\Delta} = \frac{r_0 \sin \theta_0}{v_0} = p \tag{5.19}$$

で,走時の勾配($\mathrm{d}T/\mathrm{d}\Delta$)の逆数は波線パラメータに等しい.また,地表における地震波の到達時間差から求められる見かけ速度は $\bar{v} = r_0\ \mathrm{d}\Delta/\mathrm{d}T = r_0/p$ である.地震波線の最深点($r = r_\mathrm{m}$)では $p = r_\mathrm{m}/v_\mathrm{m}$($v_\mathrm{m}$ は $r_\mathrm{m}$ における地震波速度)となることから,速度構造が既知であれば,見かけ速度から地震波線の最深点を推定することができる.

速度構造を深さ方向の関数 $v(r)$ として表すと,震源から地表にまで到達する震源時間を計算することができる.地震波線上の微小な距離 $\mathrm{d}s$ は,図 5.5 に示すように,$(\mathrm{d}s)^2 = (\mathrm{d}r)^2 + (r\,\mathrm{d}\Delta)^2$ である.波線パラメータの式 (5.18) と $\sin\theta = r\,\mathrm{d}\Delta/\mathrm{d}s$ を利用し,$\eta = r/v$ とすると,

$$\mathrm{d}\Delta = \frac{p\ \mathrm{d}r}{r\sqrt{\eta^2 - p^2}} \tag{5.20}$$

$$dt = \frac{ds}{v} = \frac{\eta^2\, dr}{r\sqrt{\eta^2 - p^2}} \tag{5.21}$$

が得られる．いま，地表に震源と観測点がある場合を考えると，震央距離 $\Delta$ と走時 $T$ は

$$\Delta = 2\int_{r_m}^{r_0} \frac{p\, dr}{r\sqrt{\eta^2 - p^2}} \tag{5.22}$$

$$T = 2\int_{r_m}^{r_0} \frac{\eta^2\, dr}{r\sqrt{\eta^2 - p^2}} \tag{5.23}$$

となる．したがって，速度構造 $v(r)$ が与えられれば，走時と震央距離は波線パラメータ $p$ ごとに計算できる．

地球内部をいくつかの層構造に分ければ，上式の積分区間を細かく分けることにより，走時と震央距離が計算できる．たとえば，半径 $r_1$ から $r_2$ まで，速度構造が $v(r)=ar^b$（$a, b$ は定数）で表されるとき，式 (5.22)，(5.23) は積分できて，

$$\Delta = \int_{r_1}^{r_2} \frac{p\, dr}{r\sqrt{\eta^2 - p^2}} = \frac{1}{1-b}\left(\cos^{-1}\frac{p}{\eta_2} - \cos^{-1}\frac{p}{\eta_1}\right) \tag{5.24a}$$

$$T = \int_{r_1}^{r_2} \frac{\eta^2\, dr}{r\sqrt{\eta^2 - p^2}} = \frac{1}{1-b}\left(\sqrt{{\eta_2}^2 - p^2} - \sqrt{{\eta_1}^2 - p^2}\right) \tag{5.24b}$$

となる．ここで，$\eta_1 = r_1/v(r_1)$，$\eta_b = r_2/v(r_2)$ である．

## 5.3　実体波の振幅

地震波は，地球内部を伝播するうちに減衰する．本節では，**幾何減衰**（geometrical spreading attenuation）と**内部減衰**（intrinsic attenuation）について述べる．直達波の振幅は，短波長の不均質構造中で地震波が散乱されることによっても減衰する．地震波の散乱現象については第 20 章で述べる．

地震波のエネルギーは，運動エネルギーとポテンシャルエネルギーの和で表される．地球内部は連続体なので単位体積中のエネルギーを考える．地震波のエネルギー密度 $E_s$ は，運動エネルギー密度 $K_s$ とポテンシャルエネルギー密度 $W_s$ の和

$$E_s = K_s + W_s \tag{5.25a}$$

$$K_{\rm s} = \frac{1}{2}\sum_i \rho \dot{u}_i{}^2 \tag{5.25b}$$

$$W_{\rm s} = \frac{1}{2}\sum_{i,j} \tau_{ij}\epsilon_{ij} \tag{5.25c}$$

で表される．ここで，$\rho$ は媒質の密度，$u_i, \tau_{ij}, \epsilon_{ij}$ はそれぞれ変位，応力，ひずみであり，表記は第 3 章と同じである．いま，$x$ 方向に伝播する P 波あるいは S 波を考え，その変位を $u(t) = A\sin(kx - \omega t)$ として，一波長に関して平均のエネルギー密度をとると，

$$\bar{K_{\rm s}} = \bar{W_{\rm s}} = \frac{1}{4}\rho\omega^2 A^2 \tag{5.26}$$

が得られる．地震波は，媒質中を伝播し，エネルギーを輸送する．単位面積の断面を単位時間に通過する，地震波エネルギー流速密度 $J$ は，媒質の速度を $v$ で表すと，

$$J = \frac{1}{2}\rho v\omega^2 A^2 \tag{5.27}$$

となる．

### 5.3.1　幾何減衰

震源から輻射された地震波は，時間とともに波面が拡がる．ある方向に伝播する地震波が，時間 $t_1$ と $t_2$ に断面 1（断面積 $S_1$）と断面 2（$S_2$）を通過することを考えよう．断面 1 と 2 における媒質の密度，地震波の速度と振幅をそれぞれ $\rho_1, v_1, A_1$ および $\rho_2, v_2, A_2$ とする．単位時間あたりに断面 1 と 2 を通過するエネルギーは等しい（式 (5.27) から $\rho_1 v_1 \omega^2 {A_1}^2 S_1 = \rho_2 v_2 \omega^2 {A_2}^2 S_2$）ので，$A_2/A_1 = \sqrt{\rho_1 v_1 S_1/\rho_2 v_2 S_2}$ となる．たとえば，無限均質弾性体中の一点から輻射された地震波の場合，震源から単位距離の断面積は $S_1 = 4\pi$，距離 $r$ では $S_2 = 4\pi r^2$ なので，振幅は距離 $r$ に反比例することがわかる．

地球内部が球殻の層構造をなす場合を考えよう（図 5.6b）．$E_{\rm h}$ のエネルギーが震源から等方的に輻射されるとする．震源の周りの単位球の面上で，射出角 $\theta_{\rm h}$ と $\theta_{\rm h}+{\rm d}\theta_{\rm h}$ の範囲の面積は $2\pi\sin\theta_{\rm h}\,{\rm d}\theta_{\rm h}$ である．したがって，この面上を通過する波のエネルギーは $E_{{\rm d}\theta} = \sin\theta_{\rm h}\,{\rm d}\theta_{\rm h} E_{\rm h}/2$ となる．この波が震央距離 $\varDelta$ から $\varDelta+{\rm d}\varDelta$ まで到達すれば，その面積は $2\pi r_0 \sin\varDelta r_0 |{\rm d}\varDelta| \cos\theta_0$ となる．ここで，

$\cos\theta_0$ は，地表面は波線と垂直ではないので，距離 $\mathit{\Delta}$ の地点で波面に平行になる面を考えるために掛かる．震央距離 $\mathit{\Delta}$ におけるこの面上を通過する波のエネルギーを $\tilde{E}(\mathit{\Delta})$ とすると，非弾性的な減衰がなければ，エネルギー保存から

$$\begin{aligned}\tilde{E}(\mathit{\Delta}) &= \frac{\sin\theta_{\mathrm{h}}}{4\pi {r_0}^2 \sin\mathit{\Delta}\cos\theta_0}\left|\frac{\mathrm{d}\theta_{\mathrm{h}}}{\mathrm{d}\mathit{\Delta}}\right| E_{\mathrm{h}} \\ &= \frac{{v_{\mathrm{h}}}^2 p}{4\pi {r_0}^2 {r_{\mathrm{h}}}^2 \sin\mathit{\Delta}\cos\theta_{\mathrm{h}}\cos\theta_0}\left|\frac{\mathrm{d}p}{\mathrm{d}\mathit{\Delta}}\right| E_{\mathrm{h}}\end{aligned} \tag{5.28}$$

となる．ここで，$v_{\mathrm{h}}$ は震源における地震波速度である．地震波の振幅で考える場合には，震源と観測点における媒質の密度と地震波速度を考慮して表現すればよい．

震央距離 $\mathit{\Delta}$ における地震波エネルギーは，距離による減衰のほかに波線パラメータの距離による微分値（$\mathrm{d}p/\mathrm{d}\mathit{\Delta}=\mathrm{d}^2T/\mathrm{d}\mathit{\Delta}^2$）に依存する．$\mathrm{d}p/\mathrm{d}\mathit{\Delta}$ が大きいところは，多数の波線が集中し，振幅が大きくなる（図 5.4 参照）．$\mathrm{d}p/\mathrm{d}\mathit{\Delta}=\infty$ となる場所は波線理論では caustics とよばれる．式 (5.28) は caustics でエネルギーが発散することを示しているが，実際の波は有限の波長をもっており，$\mathrm{d}\mathit{\Delta}/\mathrm{d}p=0$ の地点周辺の振幅が平均化されるため，振幅は有限となる．

## 5.3.2 内部減衰

地震波が媒質中を伝わる際に，媒質が振動のエネルギーを吸収し熱に変えることにより地震波を減衰させることを内部減衰とよぶ．

地震波が 1 周期振動する際に，振動エネルギー $E$ が $\Delta E$ だけ減じるとき，非弾性パラメータ $Q$ は

$$\frac{2\pi}{Q} = \frac{\Delta E}{E} \tag{5.29}$$

で定義される．$Q$ はクオリティー・ファクターともよばれる．$Q$ が小さいと波の減衰は大きく，$Q$ が大きいと減衰は小さい．地球内部では $Q$ は 1 よりも十分大きい値であるので，地震波の振幅 $A$ を

$$A = A_0 \exp\left(-\frac{\omega x}{2cQ}\right) \tag{5.30}$$

として表すことができる．ここで，$c$ は波の速度，$x$ は伝播距離，$\omega$ は角周波数である．これは振幅の 2 乗がエネルギーに比例をすることから導かれる．

距離 $x$，時間 $t$ における地震波の振幅は，内部減衰を考えると

$$A(x,t) = A_0 \exp\left(-\frac{\omega x}{2cQ}\right) \exp\left[\mathrm{i}\omega\left(\frac{x}{c} - t\right)\right] \tag{5.31}$$

と書ける．

実体波の減衰は，しばしば波の伝播時間を非弾性パラメータ $Q$ で割った $t^*$（ティー・スターと読む）を使って評価される．地球内部の地震波減衰構造は空間的に変化するので，

$$t^* = \int \frac{\mathrm{d}t}{Q} = \sum_i \frac{\delta t_i}{Q_i} \tag{5.32}$$

と表現される．$t^*$ を用いて実体波の減衰を調べる場合，解析対象の周期帯で $Q$ は一定となり，周波数依存性がないことを仮定することになる．また，高周波成分を使う場合には，散乱減衰による効果も含まれることに注意が必要である（第 20 章参照）．

## 5.4　地球内部構造と走時曲線

地球内部の 1 次元地震波速度構造は，観測された P 波および S 波の到達時間と震央距離との関係から求められる走時曲線から推定することができる．次章で示すヘルグロッツ–ウィーヘルト（Herglotz–Wiechert）のインバージョン手法は，地震波速度が深さとともに増加するという条件の下で，求められる走時曲線から一意に速度構造を推定するという逆問題である．また，屈折法や反射法も，直達波だけでなく後続波の到達時間を利用して地下の速度構造を推定する手法である．しかし，走時データだけでは一意に構造を決定することはできない．これは高速度層と低速度層が互層になっている場合を考えてみるとわかるだろう．層の間隔が短い場合，地表の観測点で得られる到達時間は，互層の平均的な速度を推定することはできたとしても，それぞれの層を分離することはできない．また，観測される地震波線には制限があるため，明瞭な速度境界があるのか，大きい速度勾配となっているかなどについても区別することができない．このような場合には，走時データだけでなく，地震波の周波数依存性に着目して構造を決定する．たとえば，地震波の波長に比べて十分短い距離のうちに速度が変化する明瞭な速度境界がある場合には，短周期の地震記録には反射波が認められる．一方，速度が緩やかに変化する境界からの反射波は認め

られない．このような波形情報に加えて，地球の自由振動（第 19 章）の結果も利用することにより，地球内部の速度構造が推定されている．

### 5.4.1　いろいろな位相

半径約 6,370 km ある地球の内部は，厚さ数十 km の地殻，上部マントル（地表から深さ約 670 km まで），下部マントル（深さ約 670〜2,900 km），外核（深さ約 2,900〜5,100 km），内核に大きく分けられる．これらの地球内部の境界や地表面では地震波の反射や屈折が起きるため，観測される地震波記録にはいろいろな位相が現れる．

図 5.7 に，地球内部を伝播する代表的な位相を波線経路とともに示す．これらの位相の名前は，P 波および S 波が伝播する領域（マントル，外核，内核）に応じてつけられる．なお，地殻の厚さは，地球半径に比べて十分薄いので考えない．また，反射する境界面は小文字で記号が与えられる．

$P$　マントルを伝播する P 波
$K$　外核を伝播する P 波
$I$　内核を伝播する P 波
$S$　マントルを伝播する S 波
$J$　内核を伝播する P 波
$p$　震源から上方に向かう P 波

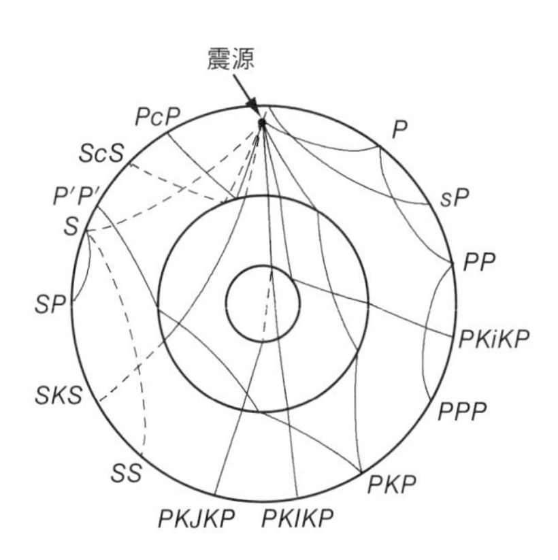


図 5.7　地球内部を伝播する地震波線と位相

$s$　震源から上方に向かう S 波

$c$　核–マントル境界（CMB: core mantle boundary）での反射

$i$　外核と内核の境界での反射

複数の領域を伝播する場合，領域を伝播する順に記号を並べる（たとえば，$PKP$ は，マントルから外核，そしてマントルを伝播する P 波．$PKP$ は $P'$ と記すこともある）．境界面で反射が起きる場合は，波の種類を示す記号の間に境界面を表す小文字の記号を挟む（$ScS$ は核・マントル境界で反射する S 波）．ただし，地表での反射や変換には，小文字の記号は入れない（$SP$ は，S 波としてマントルを伝播し，地表面で P 波に変換されてマントルを経由して観測点に到達する P 波）．また，震源から P 波や S 波が上方（射出角が 90° 以上）に輻射されて地表面で反射あるいは変換される場合は，大文字の $P$ や $S$ の代わりに，小文字の $p$，$s$ を使う（$sP$ は，震源から上方に射出された S 波が地表面で P 波に変換され，マントルを通って観測点に到達する P 波）．また，マントルと外核の境界に外核側から入射し，ふたたび外核内へ反射する波には，境界面を表す小文字の記号は用いない（$PKKP$ は，マントルから外核を伝播する波が CMB で反射され，ふたたび外核を経由したのちマントルを伝播する P 波）．

### 5.4.2　走時曲線と標準構造

現在，標準的な地震波速度構造として，PREM（Dziewonski and Anderson, 1981）や IASP91（Kennet and Engdahl, 1991）などが使われている．PREM は実体波や表面波だけでなく自由振動のデータも利用したもの，IASP91 は P 波と S 波の実体波の到達時間を主に用いて求められたものである．図 5.8 に IASP91 と PREM の標準速度構造モデルを示す．上部マントルの速度構造に多少の違いが認められるものの，両者は全体的によく一致している．図 5.9 に IASP91 の走時曲線を示す．

地殻の P 波速度はおおよそ 5.8〜6.5 km/s，S 波速度は 3.3〜3.8 km/s である．マントル内では，P 波速度はモホ面下の約 8.0 km/s から CMB 境界直上の 13.7 km/s まで，S 波速度は 4.5 km/s から 7.3 km/s まで，深さとともに増加する．深さ約 410 km と 670 km には，地震波速度がそれぞれ約 4% と 6% 増加する不連続面がある．この 2 つの不連続面に挟まれる領域はマントル遷移層とよ

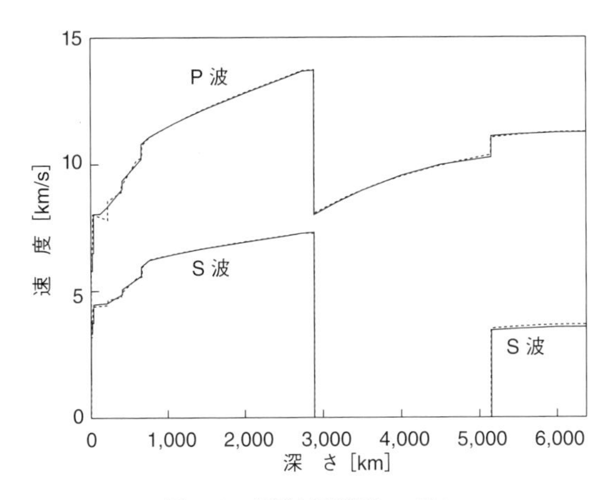


**図 5.8** 標準速度構造モデル

IASP91（実線）と PREM（点線）.

ばれ，マントル内でも地震波速度勾配が大きい．深さ 670 km 以深も地震波速度は緩やかに増加するものの，マントル最下部（CMB 境界上）の数百 km 上方から P 波および S 波ともに速度勾配がやや小さくなる．この領域は，D″ 層（D″ はディー・ダブルプライムと読む）とよばれる．P 波速度の S 波速度に対する比は，地殻内は 1.73，マントル内は約 1.8〜1.9 であり，深さとともに大きくなる傾向がある．

マントルは，かんらん石（オリビン，olivine）や輝石（パイロキシン，pyroxene）を主成分としたかんらん岩（ペリドタイト，peridotite）からなり，構成岩石の化学的成分は変わらないと考えられている．しかしながら，深さとともに温度と圧力が増加するため，岩石の結晶構造が安定である状態に変わる相転移などが起きる．上述したマントル内の地震波速度に見られる不連続面や勾配の変化は，かんらん岩の変化を捉えていると考えられている．深さ 410 km は，かんらん石の高圧実験から明らかにされた $\alpha$ 相（$\alpha$–オリビン）から $\beta$ 相（$\beta$–スピネル）への転移が起きているとされる．標準速度構造には表現されていないが，深さ約 520 km に検知されている不連続面は，$\beta$ 相から $\gamma$ 相（$\gamma$–スピネル）への相変化に相当する．深さ約 670 km では，$\gamma$–スピネルから 2 つの生成物への相分解が起き，ペロブスカイト相へ変化する．D″ 層では，ペロブスカイト相よ

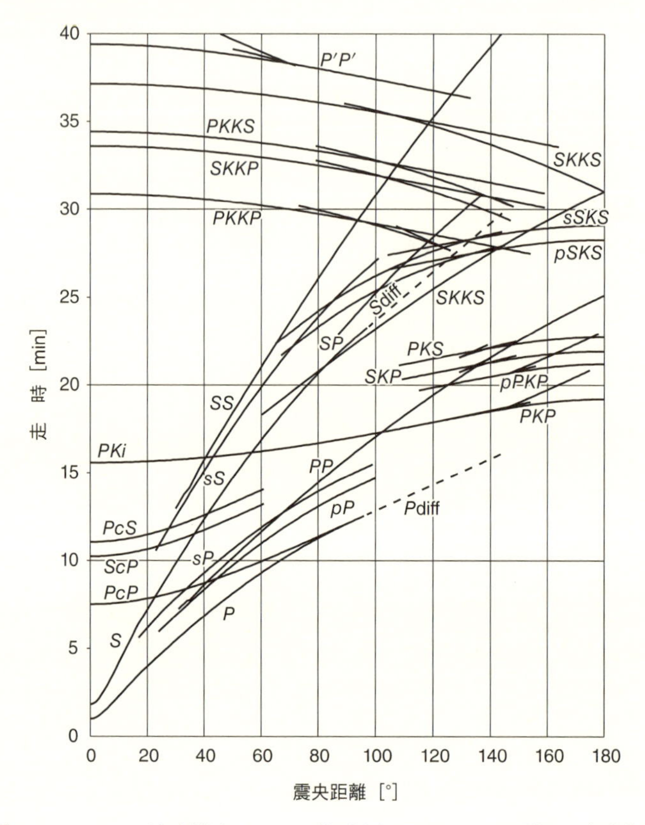


**図 5.9**　IASP91 速度構造モデルに基づく深さ 500 km の震源の走時曲線

りもさらに密度の大きなポストペロブスカイト相へと変化していると考えられている．

なお，マントル遷移層を含む上部マントルおよび地殻の標準速度構造はあくまでも“平均的な”描像であることに注意が必要である．たとえば，マントルとの境界にあたるモホ面の深さは，大陸では 20〜50 km，海洋底では 15 km 程度であるが，IASP91 は 35 km となっている．これは IASP91 はおもに陸域の観測点の走時データにより決定されているからである．海洋プレート下の最上部マントルには，アセノスフェアとよばれる S 波の低速度層があることが知られている．D″ 層も，鉄を主成分とし高温の外核との境界面に近く，地域的な変化が大きい．

マントル最下部で最大となる地震波速度は，その直下の外核最上部で急減し，P 波速度は約 8 km/s にまで小さくなる．それ以降，P 波速度は深さとともに増加し，内核内で約 11 km/s になる．一方，外核内を伝播する S 波は観測されない．このことから外核は剛性率 $\mu=0$ の流体である．一方，内核の S 波速度は約 3.5 km/s と推定されている．ただし，この速度は，地震波の観測から直接的に測定されたものではなく，地球の自由振動の解析による．

核–マントル境界（CMB）は，地球内部における最も顕著な速度不連続面である．この境界に入射した P 波は，速度の急減少のため，屈折角が入射角より小さくなる．そのため，波線理論に基づくと，震央距離 100〜140° 付近に，震源から輻射された P 波が観測されない“シャドーゾーン”が現れる．ただし，長波長の P 波は CMB 境界で回折現象を起こし，震央距離 140° くらいまで記録される．一方，S 波速度は外核内でゼロとなるので，CMB に入射する SH 波に対しては，地表面と同じく応力ゼロの自由境界面となる．

地球内部の非弾性パラメータ $Q$ は場所によって大きく異なるが，PREM や AK135（Kennet *et al.*, 1995; Montagner and Kennet, 1996）に，全球的な標準値が報告されている．これらの地球標準構造モデルの非弾性パラメータは，地震波から直接推定されたものではなく，地球の自由振動の結果をもとに求められている．PREM に基づくと，S 波の非弾性減衰パラメータ（せん断減衰パラメータ）は深さ 80 km までは 600，アセノスフェアにほぼ相当する 80〜220 km 深では 80 にまで低下する．220〜670 km の上部マントルでは 143，下部マントル（670km から CMB まで）は 312，内核は 85 である（外核は S 波が存在しない）．

# 第6章 地球内部構造の推定

観測された地震波と発震時から測定される走時のデータや地震波形を用いて，地下内部や地球深部の地震波速度構造を推定することができる．本章では，いくつか代表的な推定方法について説明する．

## 6.1 ヘルグロッツ–ウィーヘルトの方法

波線パラメータ $p$ を与えることにより，走時および震央距離を計算できることを 5.1 節で示したが，観測から直接明らかになるのは，走時と震央距離の関係を示す走時曲線である．本節では，走時曲線から推定される $p=\mathrm{d}\Delta/\mathrm{d}T$ と震央距離 $\Delta$ の関係から，地下の速度分布 $v(r)$ を求める古典的な方法，ヘルグロッツ–ウィーヘルト（Herglotz-Wiechert）の方法を説明する．

式 (5.22) において，$\eta=r/v(r)$ を $r$ の関数とした表現から $r$ を $\eta$ の関数として考えると，

$$\Delta = \int_p^{\eta_0} \frac{p}{r\sqrt{\eta^2 - p^2}} \frac{\mathrm{d}r}{\mathrm{d}\eta}\,\mathrm{d}\eta \tag{6.1}$$

と表すことができる．いま，両辺に，$\sqrt{p^2-{\eta_\mathrm{m}}^2}$ で除して $\eta_\mathrm{m}$ から $\eta_0$ まで $p$ について積分する．左辺は，

$$\begin{aligned}\int_{\eta_\mathrm{m}}^{\eta_0} \frac{\Delta}{\sqrt{p^2-{\eta_\mathrm{m}}^2}}\,\mathrm{d}p &= \left[\Delta \cosh^{-1}\left(\frac{p}{\eta_\mathrm{m}}\right)\right]_{\eta_\mathrm{m}}^{\eta_0} - \int_{\eta_\mathrm{m}}^{\eta_0} \frac{\mathrm{d}\Delta}{\mathrm{d}p} \cosh^{-1}\left(\frac{p}{\eta_\mathrm{m}}\right)\mathrm{d}p \\ &= \int_0^{\Delta_\mathrm{m}} \cosh^{-1}\left(\frac{p}{\eta_\mathrm{m}}\right)\mathrm{d}\Delta \end{aligned} \tag{6.2}$$

となる．一方，右辺は

$$\int_{\eta_\mathrm{m}}^{\eta_0} \frac{\mathrm{d}p}{\sqrt{p^2-\eta_\mathrm{m}{}^2}} \int_{p}^{\eta_0} \frac{2p}{r\sqrt{\eta^2-p^2}} \frac{\mathrm{d}r}{\mathrm{d}\eta}\,\mathrm{d}\eta$$

$$= \int_{\eta_\mathrm{m}}^{\eta_0} \frac{\mathrm{d}r}{\mathrm{d}\eta}\,\mathrm{d}\eta \int_{\eta_\mathrm{m}}^{p} \frac{2p\,\mathrm{d}p}{r\sqrt{p^2-\eta_\mathrm{m}{}^2}\sqrt{\eta^2-p^2}}$$

$$= \pi \int_{\eta_\mathrm{m}}^{\eta_0} \frac{1}{r}\frac{\mathrm{d}r}{\mathrm{d}\eta}\,\mathrm{d}\eta \tag{6.3}$$

したがって，

$$\int_{0}^{\Delta_\mathrm{m}} \cosh^{-1}\left(\frac{p}{\eta_\mathrm{m}}\right)\mathrm{d}\Delta = \pi\ \ln\left(\frac{r_0}{r_\mathrm{m}}\right) \tag{6.4}$$

となる．$p=p(\Delta)$ が $0 \leq \Delta \leq \Delta_\mathrm{m}$ の範囲でわかっているとしよう．式 (6.4) において，$\eta_\mathrm{m}=p(\Delta_\mathrm{m})=(\mathrm{d}\Delta/\mathrm{d}T)_{\Delta=\Delta_\mathrm{m}}$ なので，左辺を数値的に計算することができる．したがって $r_\mathrm{m}$ は，式 (6.4) から決まり，$\eta_\mathrm{m}=r_\mathrm{m}/v_\mathrm{m}$ から速度 $v_\mathrm{m}$ を求めることができる．

なお，この方法は，走時 $T$ と波線パラメータ $p$ が連続的につながる必要があるため，低速度層がある場合には用いることはできない．

## 6.2 屈折法

深さ数十 km 程度深さまでの速度構造は，人工地震などを利用した**屈折法**（refraction method）を利用して調べることができる．

水平二層構造を例にして説明する．式 (5.14a) と (5.14c) を用いることで，第 1 層と第 2 層の地震波速度を走時曲線の勾配（$\mathrm{d}T/\mathrm{d}X$）から推定することができる．式 (5.14c) は，$\sin\theta_\mathrm{c}/v_1=1/v_2$ を利用すると，

$$T_2 = \frac{X}{v_2} + T_{20} \tag{6.5}$$

と書き換えられる．ここで，

$$T_{20} = 2H\sqrt{\frac{1}{v_1{}^2}-\frac{1}{v_2{}^2}} \tag{6.6}$$

で，原点走時とよぶ．また，走時曲線で $T_1$ と $T_2$ の 2 本の直線が交わる交差距離 $X_\mathrm{c}$ は

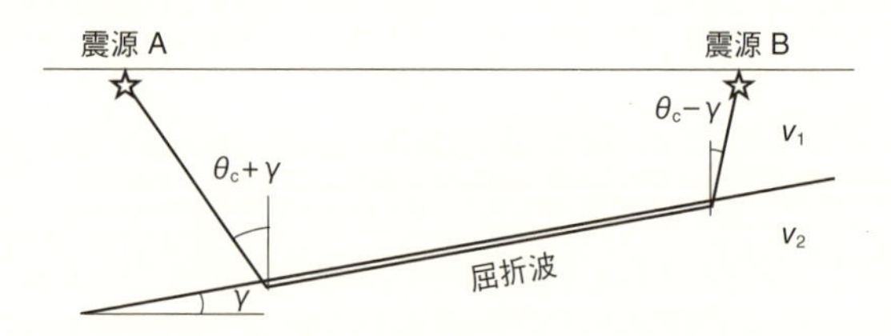


図 6.1　傾斜のある境界面と屈折波の波線

$$X_{\mathrm{c}} = \frac{v_1 v_2}{v_2 - v_1} T_{20} = 2H\sqrt{\frac{v_1 + v_2}{v_2 - v_1}} \tag{6.7}$$

である．以上から，震源が地表にあり水平二層構造を仮定できる場合には，走時曲線の勾配（$\mathrm{d}T/\mathrm{d}X$）から求められる表層と下層の地震波速度 $v_1$，$v_2$ と，式 (6.6) や式 (6.7) から表層の厚さ $H$ が推定できる．

境界面が傾いている二層構造を考えよう．図 6.1 のように境界面が水平面から角度 $\gamma$ だけ傾き，震源 A より震源 B の下のほうが浅くなっているとする．このとき，鉛直方向からみた境界面からの屈折波の射出角を考えると，震源 A および B からの屈折波の見かけ速度 $v_{\mathrm{a}}$，$v_{\mathrm{b}}$ は，

$$\frac{1}{v_{\mathrm{a}}} = \frac{\sin(\theta_{\mathrm{c}} + \gamma)}{v_1} \tag{6.8a}$$

$$\frac{1}{v_{\mathrm{b}}} = \frac{\sin(\theta_{\mathrm{c}} - \gamma)}{v_1} \tag{6.8b}$$

ここで，$\sin\theta_{\mathrm{c}} = v_1/v_2$ である．第 1 層の速度 $v_1$ と $v_{\mathrm{a}}, v_{\mathrm{b}}$ を測定することにより，$\theta_{\mathrm{c}}$，$\gamma$，$v_2$ を求めることができる．

人工地震による速度構造推定を行う際には，境界層が水平であるかないかは自明ではない．したがって，観測点を両側から挟むように震源を設置して，2 つの測線（順測線と逆側線）の走時曲線を得る必要がある．また，2 層以上の構造でも，上述の考え方を用いることにより，走時曲線の勾配から各層の速度を求め，原点走時や交差距離などから層厚を推定することができる．

口絵 1 は，日本海溝から日本海を横断する測線に沿って行われた屈折法・広角反射法地震探査による東北日本弧中央部の断面である．東（図では右）から沈み込む太平洋プレートや，東北日本弧の中央部でモホ面が深くなっている様子（最深部で約 35 km）がわかる．

# 6.3 反射法

**反射法**（reflection method）は，屈折波に比べて地下の速度境界面の存在に敏感な，反射波に着目した構造探査手法である．地下構造の平均的な地震波速度を知っておく必要があるものの，屈折波が届かない深部の境界面や，断層のように局所的に現れる境界面を見つけることに有効である．図 5.2 にあるように，二層構造の場合，反射波の到達時間は，第 1 層の地震波速度と反射波の経路で決まる（式 (5.14b)）．したがって，第 1 層の地震波速度がわかれば，境界面の深さを決定することができる．多層構造であっても，同じ考え方で境界面を求めることができる．

反射波は直達波に続く波群（コーダ波）の中に現れるため，必ずしも明瞭に見えるとはかぎらない．そのため，各観測点で記録された地震波を震央距離順に並べ，隣り合う観測点の波形記録の相関性をもとに判断して，反射波の発現時間を読み取る．また，反射地震探査では，多数の震源と観測点をほぼ等間隔に設置して人工震源からの地震波を記録し，重合法などを用いて微弱な反射波を検出する．陸上ではバイブロサイスという起震車による人工震源を利用する

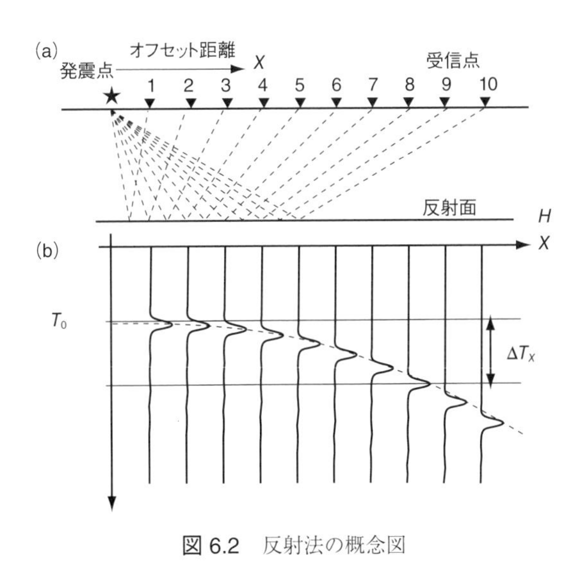


図 6.2　反射法の概念図

ことが多い．海域では，圧縮空気を利用して音波を発生させるエアガン震源とハイドロフォンをつけたストリーマケーブルを船で曳航しながら，海底下の構造からの反射波を記録する．

図 6.2 を用いて，反射法の重合法の一例（CDP, common depth point stacking method）を説明しよう．深さ $H$ に反射面があり，地震波速度を $v$ とする．震

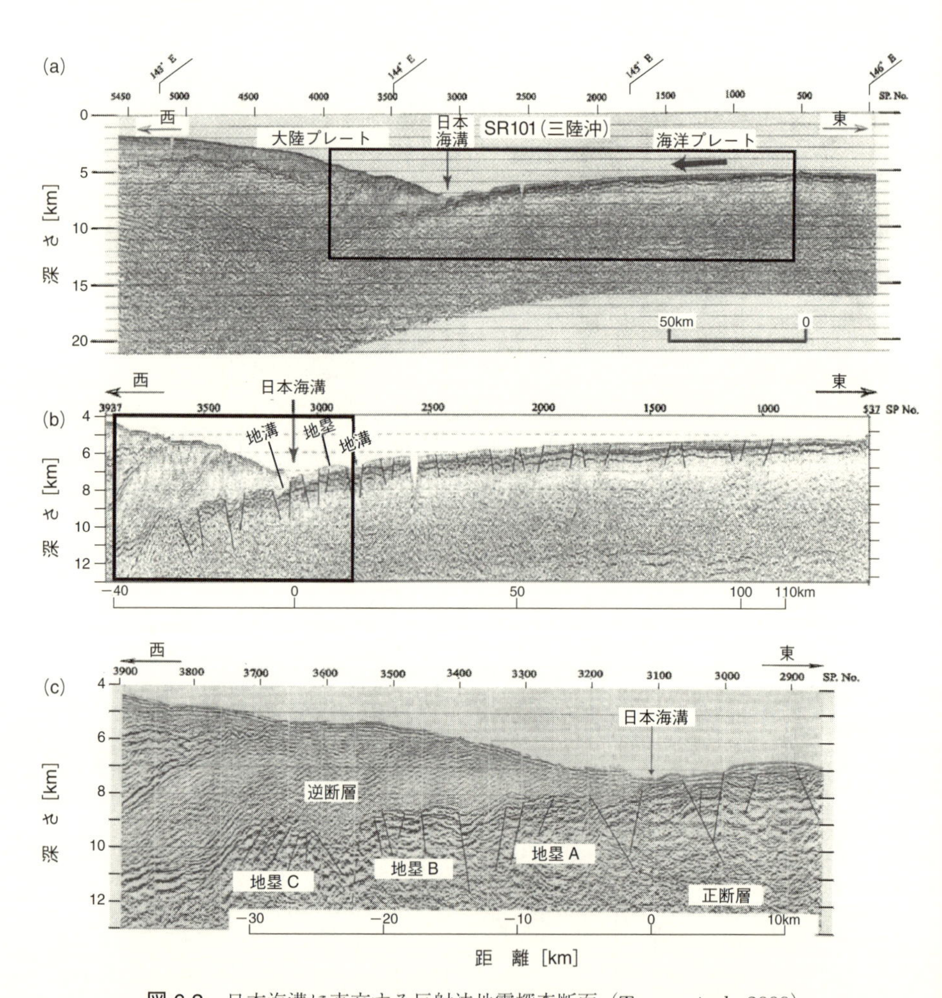


**図 6.3**　日本海溝に直交する反射法地震探査断面（Tsuru *et al.*, 2000）

（a）約 270 km の測線に沿う反射地震断面，（b）図 a 中の四角で囲った領域の拡大図，（c）図 b 中の四角で囲った領域の拡大図．反射断面から推定された正断層を実線で示す．

源から輻射された地震波は，反射面で反射し，各受信点に到達する．震源直上に現れる反射波の走時を $T_0 = 2H/v$ とすると，震源から受信点までの距離 $X$（オフセット距離）にある受信点の反射波の走時 $T_X$ は，$T_X = \sqrt{{T_0}^2 + (X/v)^2}$ となる．反射法探査では，$\Delta T_X = T_X - T_0$ の時間を各受信点で差し引く（normal moveout）ことにより，各受信点の反射波を時間 $T_0$ に揃える．これらの波形を重合することにより，位相の一致している反射波を強調する．測線下の任意の深さにこのような重合点を仮想的に与えて以上の操作を繰り返すことにより，反射断面図を作成することができる．

図 6.3 は，岩手県沖で実施された反射法地震探査断面である（Tsuru *et al.*, 2000）．日本海溝に直交する測線に沿う断面から，沈み込む太平洋プレート上面やプレート内に生じた断層面を見ることができる．

## 6.4 地震波トモグラフィー

観測される地震波到達時間から地球内部の 3 次元速度構造を求める方法を**地震波トモグラフィー法**（seismic tomography method）とよぶ．

いま，図 6.4 にあるように，$i$ 番目のブロックの標準速度構造モデルの地震波速度（P 波や S 波速度）を $v_i$ とし，それからの偏差を $\delta v_i$ とする．また，$j$ 番の地震を $k$ 番の観測点で記録した走時と標準とする速度構造モデルによる走時の差を $\delta t_j^k$ とする．この地震波線が $i$ 番目のブロックを通る地震波線の長さを

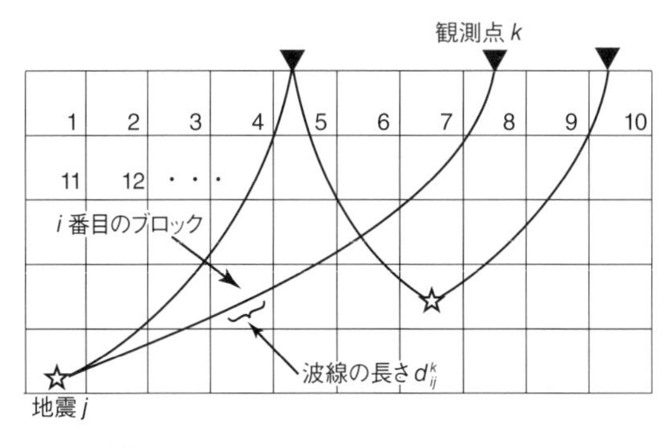


図 6.4　地震波トモグラフィーの概念図

$d_{ij}^k$ とすると，

$$\delta t_j^k = -\sum_i \frac{\delta v_i}{{v_i}^2} d_{ij}^k \tag{6.9}$$

と表すことができる．ここで総和を全ブロックについて行う．地震波線の長さ $d_{ij}^k$ は，震源と観測点の位置，速度構造モデルを与えれば計算することができる．式 (6.9) は，地震波速度偏差 $\delta v_i/v_i$ に対して線形の方程式となっているので，それぞれのブロックを複数の地震波線が通過するように震源および地震観測点が分布していれば，観測される $\delta t_j^k$ から最小二乗法により各ブロックの地震波速度偏差 $\delta v_i/v_i$ を求めることができる．

震源や観測点が解析する領域内に広く分布し，地震波線が分割したブロックを多数交差する場合には，解は安定して求めることができる．それに対し，震源や観測点の位置が偏っている場合には，ブロックによっては，少ない地震波線しか通らなかったり，波線の向きが同一方向に偏ることがある．そのような場合には，隣りのブロックの偏差でも観測走時差を説明できることがあり，解が安定的に求まらない．最小二乗法解析では，解の信頼性や一意性の確認には分解能行列などがしばしば用いられる．しかし，多数のブロックの速度偏差を求める地震波トモグラフィーの場合は，空間分布の分解能を検討するために，チェッカーボードテストとよばれる信頼性検定がしばしば用いられる．この方法では，まず，設定したブロックに数％程度の大きさの正負の速度偏差を交互に与えた速度モデル（チェッカーボード）をつくる．この速度モデルに対して，解析するデータと同じ震源と観測点の組合せで理論走時を計算する．これをデータとして解析する．地震波線が対象領域を十分通過している領域は与えたチェッカーボードと同じものが再現される．このようにして，解の信頼性を判断する．

地震波トモグラフィー法では，図 6.4 のように空間をブロックに分割するのではなく，適当な間隔でグリッドを設定し，そのグリッドごとの速度を求めることも多い．グリッド間の速度値は補間し，地震波線を 3 次元的に曲げて解く．また，モホ面などの既知の境界面での屈折波や反射波を利用する方法もある．より精度を高めるため，3 次元構造と震源の両方を未知数として推定することもよく行われる．

口絵 3 は，地震波トモグラフィー法により推定された東北日本中央部の S 波速度構造である．標準速度構造からの速度偏差をカラースケールで示してある．

沈み込む太平洋プレートは高速度帯として表されている．また，東北地方の脊梁付近に分布する火山下のモホ面付近から沈み込むプレートに沿って存在する低速度帯は，マントル内を上昇するマグマを表していると考えられている（第25章参照）．

なお，地震波を減衰させる領域推定も，観測波形の振幅値をデータとし，モデルパラメータを $t^*$ とすることで，上記の走時を使った地震波速度のトモグラフィー法と同様な手法で行われる．

## 6.5 レシーバ関数法

地殻やマントル内部の不連続境界を調べる方法として，自然地震を利用した**レシーバ関数法**（receiver function method）がある．図6.5に示すように，P波が観測点に斜め下から入射する場合を考えよう．ある深さ $H$ に水平な境界面がある場合，P波の入射によりSV変換波が生じ，観測点に到達する．透過し

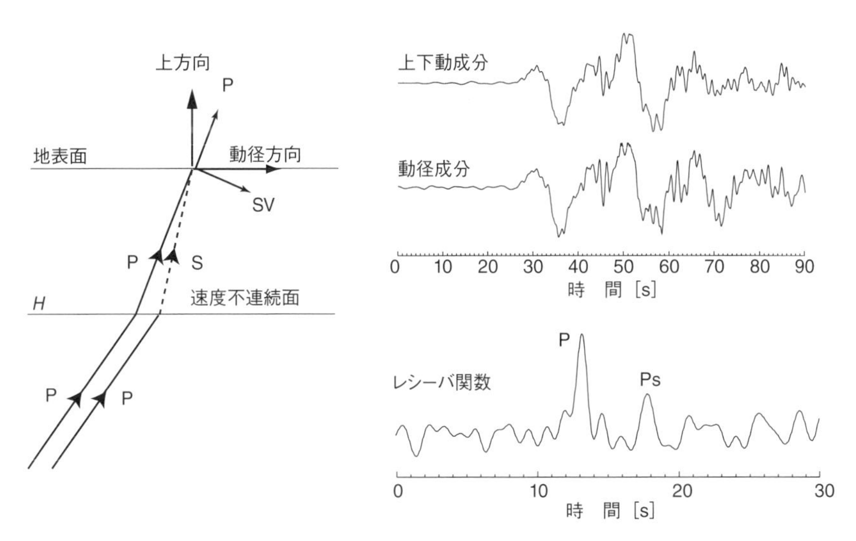


図6.5 レシーバ関数法

（a）概念図，（b）観測波形とレシーバ関数の例（米国ニューメキシコ州のANMO観測点（GSN観測点）の地震（2013年8月30日16時25分UT（世界標準時），北緯51.4°，西経175.1°，深さ27 km，$M_{\rm W}$ 7.0）．

た P 波や SV 波は地表面で反射し下方に伝播するが，ふたたび境界面で反射して観測点に到達する．境界面が水平で P 波の入射角が小さいと，P 波の多重反射が小さくなり，P 波から変換された S 波の振幅が相対的に大きくなる．そこで，不連続境界面で生じる変換波や反射波の到達時間や振幅を調べることにより，不連続面の深さや，境界面の上下にある媒質の音響インピーダンスを推定することができる．

しかしながら，自然地震の多くは地殻内やプレート境界の浅部で発生するため，$sP$ 相や $pP$ 相など震源付近の構造による変換波が P 波の到来直後から追随することが多い．また，入射角の小さい遠方の地震波を利用することが多く，解析する地震は複雑な断層破壊をする，規模の大きなものとなる．そのため，観測される P 波に引き続き多数の位相が出現し，P 波の後続波の中に地下の不連続面からの変換波や反射波を見つけることは難しい．そこで，地震波形の動径成分を上下動成分でデコンボリューションすることにより，各成分に共通に含まれる震源から射出される地震波の時間関数 $S(t)$ や地震計と記録系の特性 $I(t)$ などの効果を取り除き，観測点近傍の構造の応答を取り出す．この時系列をレシーバ関数とよぶ．

上下動成分の地震波形 $U_z(t)$ と動径成分（震源と観測点を結ぶ方向）$U_r(t)$ で考えてみよう．両成分の波形は，$S(t)$ と $I(t)$ に加え，震源近傍の構造による応答関数 $D(t)$ と，観測点下の構造の上下成分のインパルス応答 $E_z(t)$ および動径成分 $E_r(t)$ を用いて，たたみ込み積分のかたちで表すことができる．両成分を周波数領域で表せば，次のように各関数の積で表すことができる．

$$\hat{U}_z(\omega) = \hat{S}(\omega)\hat{D}(\omega)\hat{I}(\omega)\hat{E}_z(\omega) \tag{6.10a}$$

$$\hat{U}_r(\omega) = \hat{S}(\omega)\hat{D}(\omega)\hat{I}(\omega)\hat{E}_r(\omega) \tag{6.10b}$$

動径成分を上下動成分で割ると

$$\hat{R}(\omega) = \frac{\hat{U}_r(\omega)}{\hat{U}_z(\omega)} = \frac{\hat{E}_r(\omega)}{\hat{E}_z(\omega)} \tag{6.11}$$

となり，地震波の時間関数や記録系の特性は消去され，構造のインパルス応答の比のみで表すことができる．これを逆フーリエ変換し，レシーバ関数

$$R(t) = \frac{1}{2\pi}\int_{-\infty}^{\infty} \hat{R}(\omega)\,\mathrm{e}^{-\mathrm{i}\omega t}\ \mathrm{d}\omega \tag{6.12}$$

を得る．観測点下の速度構造が既知であれば，レシーバ関数の時系列を深さに変換できるので，変換波の発生源となる不連続面の深さや地震波速度の推定が可能となる．

図 6.5b に波形を解析した例を示す．上下動，動径成分の観測波形には，震源関数および震源近傍の構造からの後続波に紛れて，P 波の到達後に顕著な変換波は認められない．しかし，式 (6.11)，(6.12) の操作をすることにより，レシーバ関数にはモホ面からの PS 変換波（Ps 波と書く）がきれいに現れる．

変換波の振幅の極性が正のときは，境界面より上方の媒質は下方の媒質よりも音響インピーダンスが小さい（地震波速度が遅い）ことを示している．多数の観測点が線状に並んでいる場合には，各観測点に到来する地震波の波線上にレシーバ関数の振幅分布を投影することにより，不連続境界面の形状や深さ，速度変化の極性を知ることができる．口絵 5 に，レシーバ関数から推定される地球内部の境界面推定の例を示した．東日本中部の断面に投影したレシーバ関数から，沈み込むプレート上面付近の境界面が推定される（第 25 章参照）．

## 6.6　表面波分散曲線に基づく推定

第 4 章で示したように，表面波の位相速度や群速度は地下の速度構造に依存する．そこで，自然地震や常時微動を利用し，レイリー波については上下動成分から，ラブ波については水平 2 成分からトランスバース成分を合成して，位相速度や群速度を測定する．それらを説明する水平成層構造をインバージョン法などにより求める．

震源と発震時がわかっている場合は，表面波の到達時間から震源と観測点間の平均的な群速度を測定することができる．到達時間は，ある周期を中心としたバンドパスフィルターを観測波形にかけ，その最大振幅となる時間を読み取る（図 6.6）．いろいろな周期について群速度を測定し，分散曲線に適合する構造を求める．震源と観測点が多く，表面波の伝播経路が多数交差していれば，地震波トモグラフィー法により 2 次元的な群速度の空間分布を測定することができる．図 6.7 は，周期 35 s のレイリー波の群速度の空間分布である（Larson and Ekström, 2001）．50,000 以上の群速度の測定値から，標準構造からの偏差が求められている．この周期帯のレイリー波は，厚い地殻（深さ 30～40 km）を

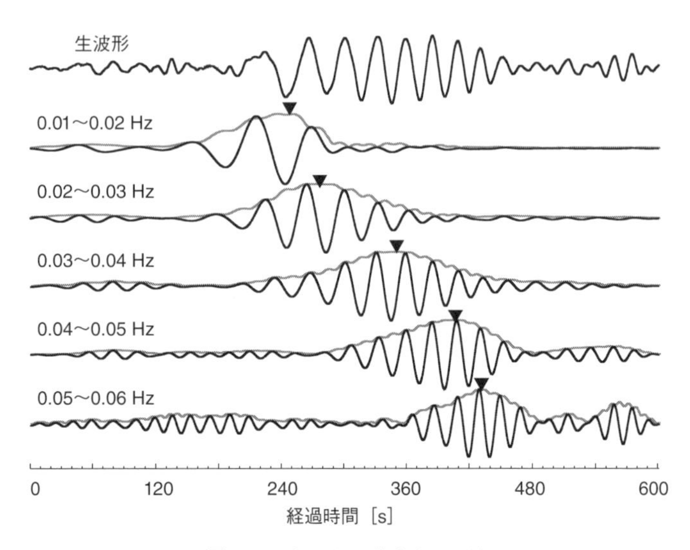


図 6.6　表面波の群速度の測定

波形外形（エンベロープ）がピークとなる時間（逆三角形）と震央距離から測定する．2012 年 8 月 27 日 4 時 37 分 $M_W$ 7.3 の USArray N45A 点の地震波記録．

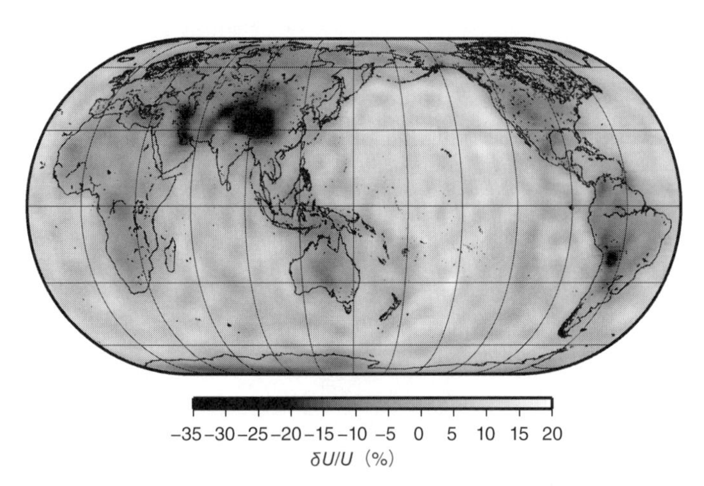


図 6.7　周期 35 s のレイリー波群速度の偏差の空間分布

（Larson and Ekström, 2001）

もつ大陸性の構造と，薄い地殻（深さ 15 km 程度）をもつ海洋性の構造で，大きく異なる群速度を示すことがわかる．

地震計が 3 点以上近接して配置されているときには，波形記録を並べると地震波形の山や谷を互いに対応づけることができる（たとえば，図 4.2）．ある周期を中心としたバンドパスフィルターをかけ，同じ山（谷）の到達時刻差を測定することにより，波の到来方向と位相速度が求められる．いろいろな周期で同様のことを繰り返すことにより，位相速度の分散曲線を求めることができる．この分散曲線は，近接して設置されている地震計を囲む地域の平均的な速度構造を反映している．

表面波が卓越していると考えられている周期約 1 s 以上の長周期微動を，多数の地震計からなるアレイで観測することによっても，位相速度の測定が行われている．周波数–波数法（F–K 法）は，周波数別に波数パワースペクトルを表し，ピークとなる波数からアレイを通過する微動の到来方向や見かけ速度を求める．また，円形状のアレイを用いた空間自己相関法（SPAC 法）では，アレイ中心の微動波形と半径 $r$ の円上にある地震計の波形の相互相関関数（空間自己相関関数）の方位平均が $r$ と周波数，位相速度で表されるベッセル（Bessel）関数で表されることを利用し，位相速度を測定する．

## 6.7　地震波速度の異方性

これまで地球内部を等方的な媒質として扱ってきたが，マントルや地殻など，地球内部には地震波の伝播方向や振動方向に応じて速度がわずかに異なる異方性を示す構造がある．等方均質媒質は 2 つの弾性定数（たとえば，$\lambda$，$\mu$）で表されるが，一般的には弾性定数は 21 個の独立な成分が必要となり（付録 A.3 節参照），波の伝播方向や振動方向によって伝播速度が変化する．また，地震波の伝播方向は波面の垂直方向に必ずしも一致しない．

このような異方性は，たとえば，異なる弾性定数をもつ薄い層が重なり合っているような不均質構造の場合に生じる．それぞれの層は等方的でも，全体としては異方性媒質として振る舞う．あるいは，均質な媒質であっても，媒質を構成する鉱物結晶の配向により異方性が生じる．

いま，$x_1$ 軸，$x_2$ 軸方向の弾性定数は変化しない一方，$x_3$ 軸方向には変化する

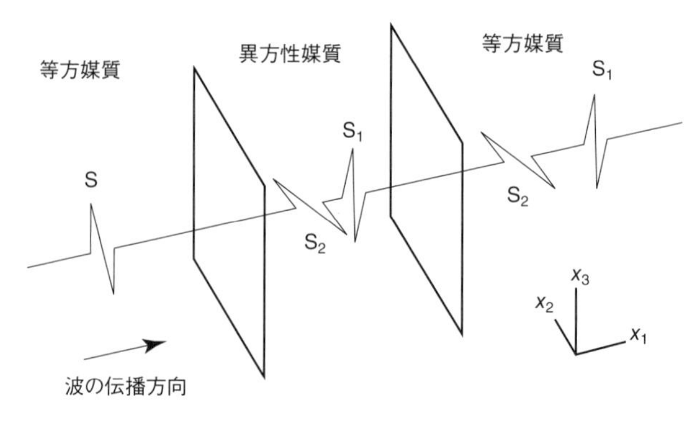


図 6.8　S 波スプリッティングの概念図

媒質を考える．このような媒質は 5 つの弾性定数で表される（たとえば，中島・三浦，2014）．$x_1$ 軸方向に進む P 波を考えると，その伝播速度は $x_2$ 軸方向と同じである一方，$x_3$ 軸方向の P 波とは異なる．また，$x_1$ 方向に伝播する S 波は，$x_2$ 方向に振動する場合と $x_3$ 方向に振動する場合では，伝播速度が異なる．対称軸となる $x_3$ 軸が鉛直方向に向いている場合を，**鉛直異方性**（radial anisotropy あるいは transverse isotropy）とよぶ．標準速度構造モデルの PREM には，マントル上部 220 km に約 2〜4% の鉛直異方性が導入されている（Dziewonski and Anderson, 1981）．地震波速度が水平面上で方位依存する場合を**方位異方性**（azimuthal anisotropy）という．図 6.8 に示すように，S 波が異方性媒質に入射した場合を考えてみよう．このとき，$x_2$ 軸方向と $x_3$ 軸方向で伝播速度が異なるため，S 波が伝播中に 2 つの振動方向の波に分離する．これを S 波**スプリッティング**（splitting）とよぶ．下方から入射する S 波を水平 2 成分の地震計で記録すれば，先に到達する S 波の振動方向から異方性の方向（速い伝播速度をもつ方向）を，また，2 つの波の到達時刻差から速度差や経路長の情報を得ることができる．また，地震波の到達時刻の方位依存性からも異方性を調べられる．たとえば，海洋を伝わる長周期表面波の群速度は，プレート運動の方向に速くなることが知られている．また，走時を使ったトモグラフィーからも，入射角や方位依存した速度変化量の推定が行われている．

# 第7章 地震の空間分布

地震は，地球内部の岩石の一部の破壊に始まり，その伝播により断層面を形成する．断層は，マグニチュードが7以上になるとその長さや幅も数十kmを超えるようになる．このような大地震は，断層の拡がりを含めてその位置を表す必要がある．しかし，ほとんどの地震は断層のスケールが数km程度のマグニチュード5以下の小さなものであるので，断層がすべり始めた位置，つまり，破壊の開始点の位置を求めることで十分である．この破壊開始点が**震源**（hypocenter）であり，地震現象を理解するために最も重要な情報のひとつである．本章では，震源決定の方法を理解し，震源の空間分布の特徴を知る．

## 7.1 震源決定法

震源決定とは，一般に，震源を地表面に投影した**震央**（epicenter）と深さとともに，破壊が開始した時刻である**発震時**（origin time）を求めることをいう．走時は地球内部の地震波速度構造が既知であれば計算できるので，P波およびS波が各観測点に到達する時刻（着信時）による震源決定は，一般的に使われる簡便で高精度な方法である．本節では，まず，絶対時刻の確保が難しかったころによく利用されたP波の着信からS波の着信までの時間（S–P時間，あるいは，初期微動継続時間とよぶ）をもとに震源決定する作図法を説明し，続いて，現在最も一般的に行われているP波およびS波の着信時データを利用した最小二乗法による震源決定法を学ぶ．

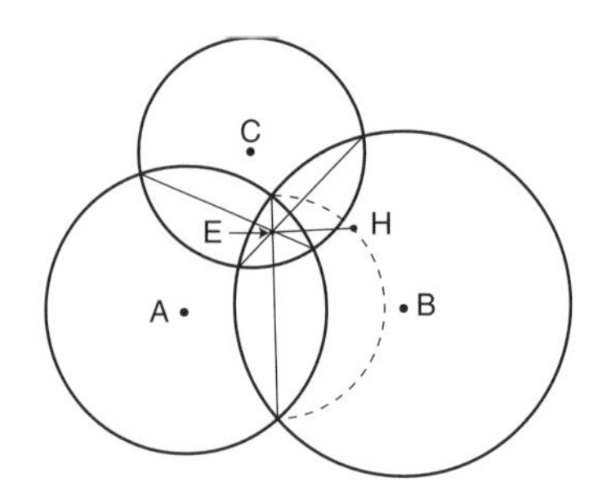


図 7.1　S–P 時間を利用した作図による震源決定

### 7.1.1　3 点の S–P 時間による決定法

地球内部の P 波および S 波速度をそれぞれ $\alpha$，$\beta$ とする．ある観測点の S–P 時間 $t_{\mathrm{S-P}}$ は，震源からの距離 $r$ を用いて，

$$r = Kt_{\mathrm{S-P}} = \frac{\alpha}{\gamma - 1}\, t_{\mathrm{S-P}} \tag{7.1}$$

と表すことができる．ここで，$\gamma = \alpha/\beta$ で，比例定数 $K$ は**大森係数**（Ohmori factor）とよばれる．この比例定数は場所によって異なるが，地殻内で起きる地震であれば，$\alpha = 6$ km/s，$\gamma = \alpha/\beta = 1.73$ から，$K \simeq 8.2$ km/s となる．

3 観測点の S–P 時間と $K$ から作図により震源位置が推定できる（図 7.1）．各観測点（A, B, C）を中心として，式 (7.1) による半径 $r$ の円を描く．3 つの共通弦は一点で交わり，ここが震央（E）となる．続いて，ひとつの弦を直径とする半円を描く（図中の破線）．震源の深さは，震央を通りその弦に立てた垂線が半円と交わる点と震央との距離（$\overline{\mathrm{EH}}$）になる．

S–P 時間と P 波到達時間には

$$t_{\mathrm{S-P}} = (\gamma - 1)(t_{\mathrm{P}} - t_{\mathrm{o}}) \tag{7.2}$$

の関係があり，複数の観測点の S–P 時間を縦軸に P 波の着信時を横軸にプロットしたグラフを**和達ダイアグラム**（Wadati diagram）とよぶ．このグラフの傾きから P 波および S 波の速度比（$\alpha/\beta$），横軸との交点から発震時（$t_{\mathrm{o}}$）を求めることができる．

### 7.1.2 P 波と S 波の着信時を用いた震源決定法

震源決定を半無限均質媒質の場合で具体的に説明しよう．まず P 波を考え，その速度を $\alpha$ とする．直交直線座標系をもとに，震源の位置と発震時を $(x, y, z)$ と $t_{\mathrm{o}}$ で表し，$k$ 番の観測点位置を $(x_k, y_k, z_k)$ とすると，$k$ 番の観測点の P 波着信時 $t_k^{\mathrm{P,cal}}$ は，

$$t_k^{\mathrm{P,cal}} = \frac{1}{\alpha}\sqrt{(x_k - x)^2 + (y_k - y)^2 + (z_k - z)^2} + t_{\mathrm{o}} \tag{7.3}$$

と計算される．この方程式は，未知数である震源要素 $(x, y, z, t_{\mathrm{o}})$ について非線形である．そこで，仮の震源要素 $(x^0, y^0, z^0, t_{\mathrm{o}}^0)$ から $\delta x, \delta y, \delta z, \delta t_{\mathrm{o}}$ だけ離れたところに真の震源要素があると考える．上式をテイラー（Taylor）展開し，観測される P 波着信時 $t_k^{\mathrm{P,obs}}$ との関係を示す観測方程式を表すと，

$$\begin{aligned} t_k^{\mathrm{P,obs}} &\cong t_k^{\mathrm{P,cal}}(x_k, y_k, z_k, x^0, y^0, z^0, t_{\mathrm{o}}^0) \\ &\quad + \frac{\partial t_k^{\mathrm{P,cal}}}{\partial x}\delta x + \frac{\partial t_k^{\mathrm{P,cal}}}{\partial y}\delta y + \frac{\partial t_k^{\mathrm{P,cal}}}{\partial z}\delta z + \frac{\partial t_k^{\mathrm{P,cal}}}{\partial t_{\mathrm{o}}}\delta t_{\mathrm{o}} \end{aligned} \tag{7.4}$$

となる．右辺第 1 項を左辺に移項すると，着信時差は，

$$\delta t_k^{\mathrm{P}} = t_k^{\mathrm{P,obs}} - t_k^{\mathrm{P,cal}} \cong \frac{\partial t_k^{\mathrm{P,cal}}}{\partial x}\delta x + \frac{\partial t_k^{\mathrm{P,cal}}}{\partial y}\delta y + \frac{\partial t_k^{\mathrm{P,cal}}}{\partial z}\delta z + \delta t_{\mathrm{o}} \tag{7.5}$$

となる．各震源要素による微分項は，仮の震源要素の位置で評価する．同様の観測方程式は S 波についても得られるので，$n$ 個の観測点があるとして両者をまとめて行列で示す．

$$\begin{pmatrix} \delta t_1^{\mathrm{P}} \\ \delta t_2^{\mathrm{P}} \\ \vdots \\ \delta t_n^{\mathrm{P}} \\ \delta t_1^{\mathrm{S}} \\ \delta t_2^{\mathrm{S}} \\ \vdots \\ \delta t_n^{\mathrm{S}} \end{pmatrix} = \begin{pmatrix} \frac{\partial t_1^{\mathrm{P,cal}}}{\partial x} & \frac{\partial t_1^{\mathrm{P,cal}}}{\partial y} & \frac{\partial t_1^{\mathrm{P,cal}}}{\partial z} & 1 \\ \frac{\partial t_2^{\mathrm{P,cal}}}{\partial x} & \frac{\partial t_2^{\mathrm{P,cal}}}{\partial y} & \frac{\partial t_2^{\mathrm{P,cal}}}{\partial z} & 1 \\ \vdots & \vdots & \vdots & \vdots \\ \frac{\partial t_n^{\mathrm{P,cal}}}{\partial x} & \frac{\partial t_n^{\mathrm{S,cal}}}{\partial y} & \frac{\partial t_n^{\mathrm{P,cal}}}{\partial z} & 1 \\ \frac{\partial t_1^{\mathrm{S,cal}}}{\partial x} & \frac{\partial t_1^{\mathrm{S,cal}}}{\partial y} & \frac{\partial t_1^{\mathrm{S,cal}}}{\partial z} & 1 \\ \frac{\partial t_2^{\mathrm{S,cal}}}{\partial x} & \frac{\partial t_2^{\mathrm{S,cal}}}{\partial y} & \frac{\partial t_2^{\mathrm{S,cal}}}{\partial z} & 1 \\ \vdots & \vdots & \vdots & \vdots \\ \frac{\partial t_n^{\mathrm{S,cal}}}{\partial x} & \frac{\partial t_n^{\mathrm{S,cal}}}{\partial y} & \frac{\partial t_n^{\mathrm{S,cal}}}{\partial z} & 1 \end{pmatrix} \begin{pmatrix} \delta x \\ \delta y \\ \delta z \\ \delta t_{\mathrm{o}} \end{pmatrix} \tag{7.6}$$

これは，付録 C に示した式（C.12）と同じかたちで，観測データである着信時差ベクトルが，各観測点における走時の震源要素による微分項からなる伝達行列と，求めるべき震源要素の偏差ベクトルの積で表されている．したがって，式（C.16）を用いることで，$\delta x, \delta y, \delta z, \delta t_{\mathrm{o}}$ を最小二乗法により求めることができる．この最小二乗解は仮の震源要素からの偏差を示すので，仮の震源要素を（$x^0 = x^0 + \delta x, y^0 = y^0 + \delta y, z^0 = z^0 + \delta z, t_{\mathrm{o}}^0 = t_{\mathrm{o}}^0 + \delta t_{\mathrm{o}}$）のように更新して，ふたたび観測方程式を解く．観測値との残差が十分小さくなるまで反復改良することにより，震源要素の最適値を得る．

沈み込むプレート内部やプレート境界で発生する地震などの震源決定では，地震波速度の深さ方向の変化を考慮した走時の計算式を用いる（第 5 章）．$k$ 番目の観測点の計算着信時は，震央距離 $\Delta_k$ と震源の深さ $z$，発震時 $t_{\mathrm{o}}$ の関数 $T_k^{\mathrm{cal}}(\Delta_k, z,\ t_{\mathrm{o}})$ として書ける．これを，式 (7.4) と同じように，震源の初期値とその偏差で表せばよい．

$$
\begin{aligned}
T_k^{\mathrm{cal}}(\Delta_k, z, t_{\mathrm{o}}) &\cong T_k^{\mathrm{cal}}(\Delta_k^0, z^0, t_{\mathrm{o}}^0) \\
&+ \frac{\partial T_k^{\mathrm{cal}}}{\partial \Delta_k}\frac{\partial \Delta_k}{\partial \lambda}\delta\lambda + \frac{\partial T_k^{\mathrm{cal}}}{\partial \Delta_k}\frac{\partial \Delta_k}{\partial \phi}\delta\phi + \frac{\partial T_k^{\mathrm{cal}}}{\partial \Delta_k}\frac{\partial \Delta_k}{\partial z}\delta z + \frac{\partial T_k^{\mathrm{cal}}}{\partial z}\delta z + \delta t_{\mathrm{o}}
\end{aligned}
\tag{7.7}
$$

ここで，$\lambda$，$\phi$，$z$ は，震源の経度と緯度，深さである．震源から観測点をみたときの北から時計回りに測った角度を $\theta_k$ とすると，

$$
\frac{\partial \Delta_k}{\partial \lambda} = -\sin\theta_k \cos\phi \tag{7.8a}
$$

$$
\frac{\partial \Delta_k}{\partial \phi} = -\cos\theta_k \tag{7.8b}
$$

である．$\partial T_k^{\mathrm{cal}}/\partial \Delta_k$ と $\partial T_k^{\mathrm{cal}}/\partial z$ は走時表を利用したり，深さ方向の速度を簡単な関数（たとえば，5.2 節の $v(r) = ar^b$）で近似することにより求められる．この式を P 波や S 波の着信時に対して，式 (7.6) のようにまとめ，最小二乗法を適用すればよい．

### 7.1.3　震源決定の誤差と精度向上の工夫

震源の誤差を考えよう．式（C.10）に表されるとおり，推定値の誤差は，測定値の誤差と伝達行列 $\boldsymbol{G}$ により決まり，測定値そのものには依存しない．つまり，推定値の誤差を小さくするには，測定誤差を小さくするとともに，式 (7.6)

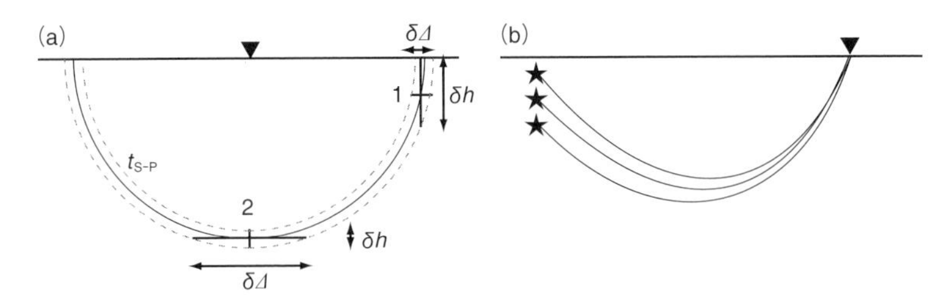


図 7.2 震源決定の誤差

の右辺にある伝達行列が適切な値になるように観測点を配置することが必要である．

震源決定の誤差を図 7.2a を使って説明しよう．いま，ある観測点で測定した S–P 時間 $t_{S-P}$ の測定誤差を $\pm\delta t_{S-P}$ とする．S–P 時間がわかれば観測点から震源までの距離がわかるので，震源は $t_{S-P}$ 時間から計算される距離にある（図中の実線）．ただし，誤差 $\delta t_{S-P}$ に相当する距離の誤差がある（図中の 2 つの点線）．この図をみると，震源が観測点のほぼ真下の位置 2 にあるときは，鉛直方向に比べて水平方向の位置の誤差は大きくなることがわかる．一方，震源が観測点から遠く離れた位置 1 にあるときには，水平方向に比べて鉛直方向の位置の誤差は大きくなる．言い換えれば，震源が観測点から遠方の浅いところに位置するときには，震源を上下に移動しても走時は変わらない．これは，式 (7.7) にある，鉛直方向の微分値（$\partial T/\partial z$）が小さいことに相当する．このことは，震源決定の精度を高めるためには震源を囲み，かつ，震源直上に観測点を配置することが必要であることを示している．

図 7.2b に，観測点から見て震源が水平方向に遠く離れているときの地震波線を描いた．浅い震源と深い震源を比べると，浅い地震のほうが波線が長くなり走時は大きくなる．しかし，別の未知数である発震時を小さくすれば，深い震源のときの着信時と同じにすることができる．つまり，震源の深さと発震時には**トレードオフ**（trade off，やりとり）があり，両者を同時に精度よく決めることができない．トレードオフを小さくするには，たとえば，波線の長さ（走時）に関係する S–P 時間を最小二乗法のデータとして加えることが必要である．

海洋下で発生する地震の深さ方向の震源決定精度は，一般的に高くない．これは，観測点のほとんどが陸上に設置されているためである．そこで，海洋底に地震計を臨時に設置し，震源直上のデータを取得することが行われている．また，depth phase とよばれる波の到達時間を使う方法もある．たとえば，震源に比較的近い地表面でS波からP波に変換した波であるsP変換波は，S波が地表面まで到達する走時が震源の深さにより大きく変わるので，深さの決定精度を高めることができる．

地球内部構造は深さ方向に大きく変化するため，鉛直方向に地震波速度を変化させた1次元構造を用いて震源決定をするのが一般的である．しかしながら，地球内部は，スラブの沈込みやマントルダイアピル，火山下のマグマ溜まりなどにより，水平方向にも地震波速度が数%ほど変化する．また，浅部地盤

## コラム1　DD法

Double Difference（DD）法は，Waldhauser and Ellsworth（2000）により提案された震源決定方法である．通常の震源決定では，観測された実体波の着信時と理論着信時を最小にするのに対し，DD法は，地震と観測点のデータを連結しながら，近接して発生する地震の到達時間の差を最小とする解を求め，相対的な震源位置の決定精度を高くする巧妙なアルゴリズムを用いた方法である．いま，$i$ 番と $j$ 番の地震に対して，$k$ 観測点において観測された2つの地震の実体波の着信時の差 $(t_k^i - t_k^j)^{\mathrm{obs}}$ と理論着信時 $(t_k^i - t_k^j)^{\mathrm{cal}}$ を考え，その差 $\delta r_k^{ij}$ を最小にする解を求める．$i$ 番の地震の仮の震源位置からの偏差（$\Delta x^i, \Delta y^i, \Delta z^i$）と発震時の偏差（$\Delta t_{\mathrm{o}}^i$）を用いれば，

$$
\begin{aligned}
\delta r_k^{ij} &= (t_k^i - t_k^j)^{\mathrm{obs}} - (t_k^i - t_k^j)^{\mathrm{cal}} \\
&= \frac{\partial t_k^i}{\partial x}\Delta x^i + \frac{\partial t_k^i}{\partial y}\Delta y^i + \frac{\partial t_k^i}{\partial z}\Delta z^i + \Delta t_{\mathrm{o}}^i \\
&\quad - \frac{\partial t_k^j}{\partial x}\Delta x^j - \frac{\partial t_k^j}{\partial y}\Delta y^j - \frac{\partial t_k^j}{\partial z}\Delta z^j - \Delta t_{\mathrm{o}}^j
\end{aligned}
\tag{7.9}
$$

と書ける．このように着信時の差をとると，震源から観測点までの距離が長く2つの地震の震源が近接している場合，それらの地震波線はほぼ同一の経路をたどる．そのため，着信時の差をとることにより，速度構造の違いが取り除かれ，相対的な震源位置の精度を向上させることができる．最小二乗法を適用する際には，近接した地震ペアのデータの重みを大きくし，遠いペアは重みを小さくする．これにより近接して発生する地震の相対位置は観測される微小な到達時間差の精度で求められる．同時に，遠く離れて発生する地震は，読み取った着信時の精度で決定される．

構造も観測点により異なる．このような不均質性の影響を考慮した，震源決定の精度を高める工夫がなされている．たとえば，マスターイベント法は，発生領域が近接している地震どうしの相対的な震源位置を簡便に求める方法である．マスターとなる地震（本震など）と他の地震（余震など）の着信時の差をとることにより，地震波伝播経路や観測点直下の不均質性の効果を打ち消し，マスターイベントからの相対的な位置を求める．**連結震源決定法**（joint hypocenter determination method）は，同様の考えのもとに，近接した地震群に対して，観測点直下の不均質構造による時間遅れと，相対的な震源位置を同時に推定する方法である．近年では，これらをさらに改良し，近接した地震群内だけでなく，対象とする震源全体を連結しながら震源決定する**ダブル・ディファレンス法**（double difference method, DD 法）がよく利用されている（コラム 1）．また，地震波トモグラフィー法による 3 次元速度構造推定と震源決定を交互に行うことによっても，高精度の震源が求められている．

### 7.1.4 そのほかの震源決定法

プレート境界や火山付近で発生する低周波地震や微動では，P 波や S 波の立ち上がりが不明瞭なため，それらの着信時を利用した震源決定をすることができない地震が観測される．このような地震の震源を決定するための方法もある．

初動に続く比較的振幅の大きな波の位相の到達時刻をもとにした震源決定法がある．波形の相関を利用するため，観測点は波長に比べて近接していることが必要である．たとえば，数 Hz 程度の波が卓越する低周波地震では，数十 m から 100 m 間隔で地震計を 3 点以上設置し，相関のよい地震波の到達時間差から，波の到来方向と見かけ速度（スローネス）を推定する．多数の地震計を面的に設置できる場合には，周波数–波数スペクトル解析手法（F–K 法）や SPAC 法を用いることもできる．複数の地震計アレイがあれば，震央を推定することができる．

火山地域では，周期が数 s から 10 s 程度の波が卓越する長周期地震，あるいは，それより長い周期を励起する超長周期地震とよばれる地震がしばしば記録される．これらの地震波の波長が観測点間隔より十分長いときは，観測点間の波形相関を利用して震源決定をすることができる．震源からの波の輻射特性（8.3 節）を考慮する必要があるときには，観測点が震源を囲むように十分配置されていれば，仮の震源を発生領域付近に多数配置し，波形インバージョン（8.6 節）を行う仮の震源の中で，インバージョンの残差が最小となる位置を震源とする．なお，求められる震源は，初動到達時刻から求められる破壊開始点の位置ではなく，主要動を励起した震動源の位置であることに注意が必要である．

波形の概形（エンベロープ）の相関を利用する震源決定する方法もある（エンベロープ相関法（Obara, 2002））．エンベロープ波形の相関係数が最大となるところを 2 観測点間の到達時刻差とし，観測点を構成する多数の観測点ペアの到達時刻差を用いて震源決定する．理論走時の計算には，エンベロープの相関係数に強く影響する主要動の波（たとえば S 波）の速度を用いる．

エンベロープにも波形相関がないような場合，振幅を利用した震源決定が行われる．実体波の場合は震源距離の逆数に，表面波は震央距離の平方根の逆数に比例して振幅が減衰する．この特性を利用して，震源位置を推定する．地震波の振幅は，震源の位置だけでなく，地震波の伝播経路や観測点直下の地盤構造に大きく影響を受ける．そのため，コーダ波や常時微動などを利用して地盤の増幅特性の補正が行われるが，一般的には，着信時を利用した方法に比べると決定精度が劣る．

## 7.2　地震の空間分布の特徴

ISC で決められた 1996 年から 2005 年までの 10 年間の震源を図 7.3 に示す．多くの地震はプレート境界付近で発生している．これらの地域は次の 3 つに大別される．

ひとつは沈込み帯付近の地震である．たとえば，環太平洋沿いに震源がリング状に分布するのは，海洋プレートである太平洋プレートがユーラシアプレートや北米プレート，南米プレートなどの陸のプレート下に沈み込んでいるためである．300 km 以深の深発地震のほとんどはこのプレート沈込み地域で発生している．このような深部へつながる震源分布は，その発見者の名前を取り，**和達–ベニオフ帯**（Wadati-Benioff zone）とよばれる．世界各地の代表的な沈込み地域の震源分布を鉛直断面図で示す（図 7.4）．和達–ベニオフ帯の沈み込む角度は，東北日本のように低角（約 30°）のものから，マリアナ弧のようにほぼ鉛直となるものまである．これは沈込み帯でのプレート境界の相互作用に多様性

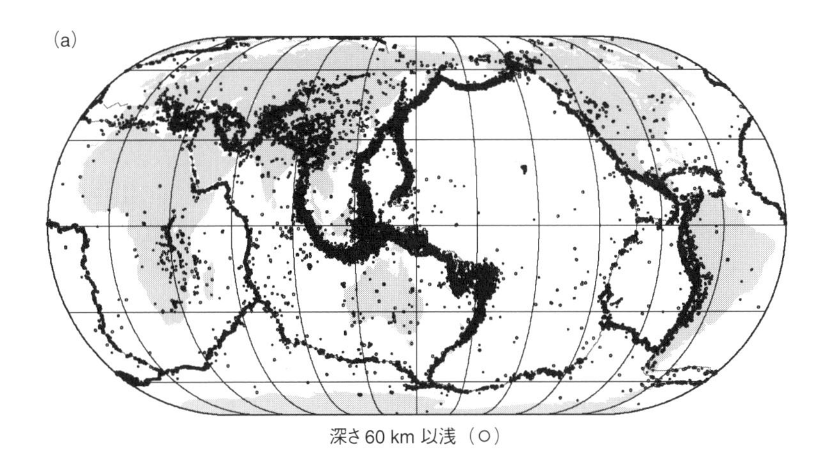


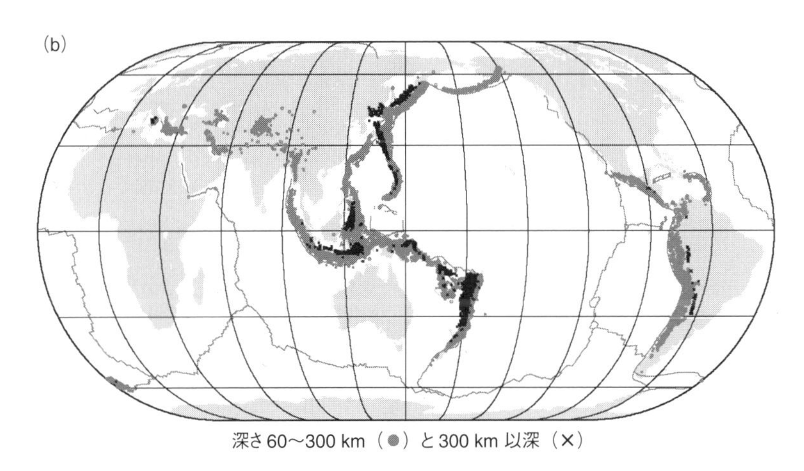


図 7.3　世界の震源分布

(a) 浅い地震，(b) 深い地震．灰色あるいは黒色が帯状にみえるところは，地震が近接して発生している．1996〜2005 年の ISC のデータによる．

があることを示している．2 つ目は海嶺付近の地震である．大西洋中央海嶺のように，海嶺付近では深さ 40 km までの浅部に震源が集中して発生する．3 つ目は，2 つのプレートが横方向にずれるトランスフォーム断層沿いの地震である．北アメリカの西部のサンアンドレアス断層はその代表的なもので，浅い地震が発生する．

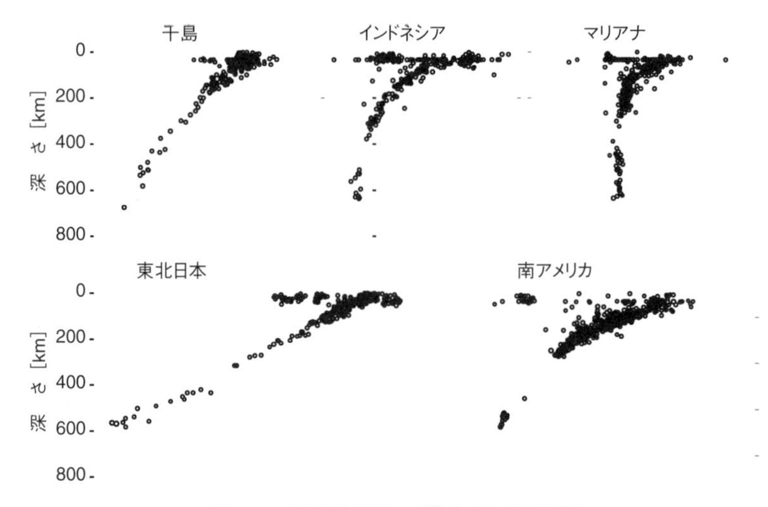


図 7.4　沈込み地域の震源の鉛直断面図
ISC のデータを利用した.

これら 3 種のプレート境界以外にも，地震活動の高い地域がある．インドプレートはユーラシアプレートの下に南側から沈み込んでいるため，地震はその北側のチベット地域で多く発生している．震源は浅く，プレート沈込みによるこの地域での応力増加によって発生していると考えられている．世界で発生するほとんどの地震はプレート境界に近いこのような変動帯で発生するものの，オーストラリア中央部にいくつか震源が求められているように，比較的安定していると考えられる大陸の内部にも地震が発生することがある．

地震は，“プレート境界地震”と“プレート内地震”に分類されることもある．呼び名のとおり，2 つのプレート境界面で発生する地震が“プレート境界地震”，プレートの内部で発生するものが“プレート内地震”である．前者の例として，東日本のように太平洋プレートと北米プレートの境界で発生する地震や，トランスフォーム断層である米国カリフォルニア州のサンアンドレアス断層沿いの地震などがある．後者は，島弧の地殻内部で発生する地震（しばしば内陸地震とよばれる）や沈み込むプレート内部で発生する地震がある．また，海溝よりも海側のプレート内部で発生するアウターライズの地震もこれに含まれる．そのほか，火山周辺でマグマ活動に関係して発生する地震を火山性地震（火山地

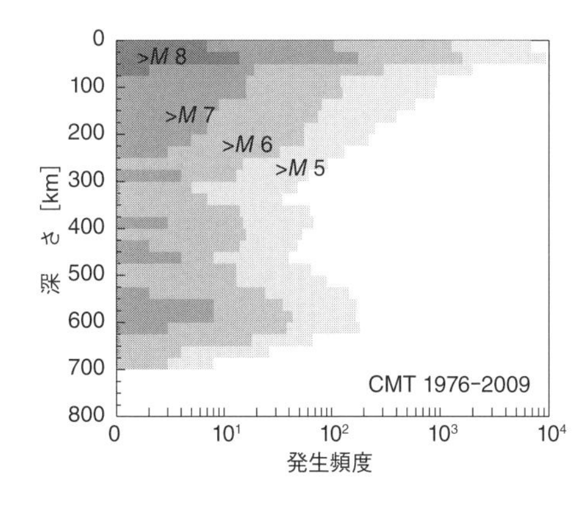


**図 7.5** 地震の深さごとの発生頻度
1976〜2009 年の CMT 解による．

震）とよぶ．

図 7.5 に，全世界で求められた震源の深さの頻度分布を示す．地震は，地表付近から深さ約 680 km までの地殻および上部マントルのみで発生し，下部マントルや核の内部では発生しない．地震発生数を対数で示していることに注意すると，浅部に非常に多くの地震が発生し，深さ 100 km より浅い地震数は全体の 8 割程度を占める．地震数は深さとともに急激に減少し，300 km 付近で最小となる．深さ 500 km 付近からふたたび地震数は微増し，深さ 680 km 付近以深では地震が発生しない．このことから，地震を発生するのに十分な脆性をもつ構造はこの深さまでであることがわかる．なお，地震の発生する深さに応じて，浅発地震（おおむね 60 km 以浅），やや深発地震（60〜300 km），深発地震（300 km 以深）とよぶ．

図 7.6 に，日本付近の震源分布を示す．ユーラシアプレートおよび北米プレートに位置する日本には，東側および南側から，太平洋プレートとフィリピン海プレートが沈み込んでいる．太平洋プレートの沈込みに伴い，千島海溝と日本海溝から東日本への陸域にかけて多数の地震が発生する．その南の伊豆・小笠原海溝の地震発生数も多い．東日本地域では太平洋プレートの沈込みの角度が小さいため，震央は日本海を越えてロシアにも分布する．一方，伊豆・小笠原海溝では，太平洋プレートは鉛直に近い角度で沈み込み，震源も鉛直方向に伸びて分布する．いずれも深さ 670 km 付近まで地震が発生している．フィリピン海プレートは，関東南部から西日本にかけては北方に沈み込んでいるが，南

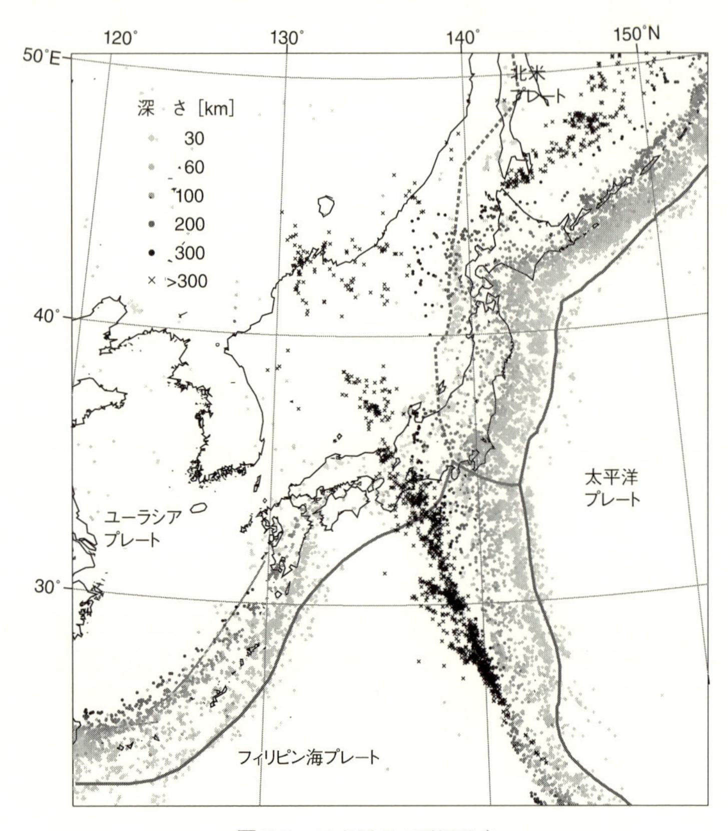


**図 7.6**　日本周辺の震源分布

1964〜2008 年に発生した $M$ 4 以上の地震．EDH カタログを利用（Engdahl and van der Hilst, 1998）．灰色太線と破線はプレート境界を示す．

海トラフから陸域にかけての地震はあまり認められない．この地域では，過去に巨大地震が繰り返し発生しており，地震が発生しない領域というわけではない．測地データの解析結果は，フィリピン海プレートとユーラシアプレートの境界面が固着していることを示しており，現在応力が蓄積されていると考えられている（第 25 章参照）．九州から南西諸島にかけては，北西方向に沈み込むフィリピン海プレートに伴い，震源は深さ 150 km 程度まで分布する．

図 7.7 は，内陸部の浅い地震（$M>2$）の分布である．プレート境界の近くに位置する日本列島は，地殻を構成する岩石がプレート運動による応力を受けて

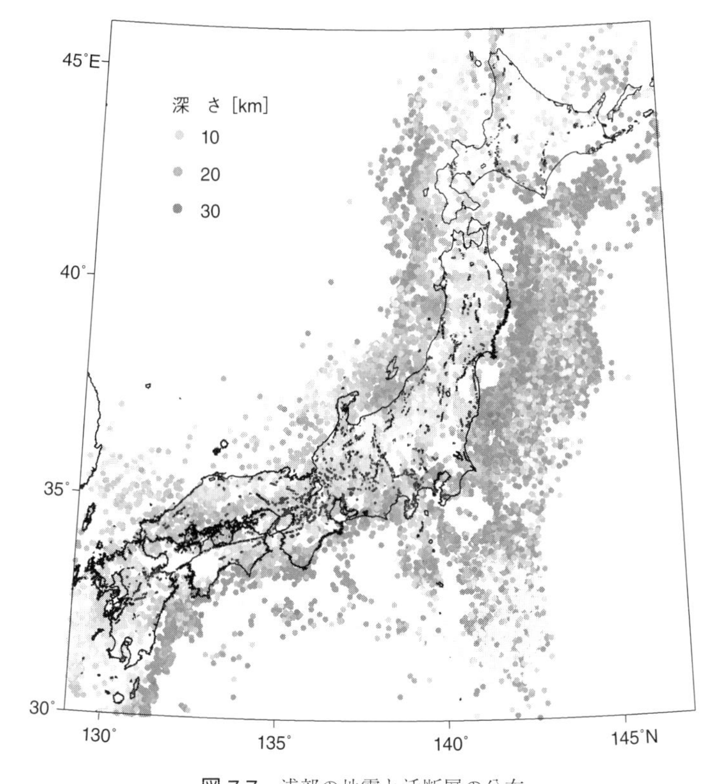


図 7.7　浅部の地震と活断層の分布

2002〜11 年に発生した $M$ 2 以上の地震（気象庁一元化震源）．太い実線で示す活断層は，中田・今泉（2002）による．

変形するため，地殻内部の弱い領域が破壊する．過去に起きた地震断層や日本列島の形成時の大地殻変動の際に生じた亀裂や断層があるため，日本列島を覆い尽くすように非常に多くの震源が分布している．とくに過去数十万年以降に地震を繰り返し発生させ，今後も引き続き活動して地震を起こす可能性の高い断層は**活断層**（active fault）とよばれる．活断層は，地形や過去の地震断層の調査，浅部の反射法探査などによりその分布や形状が調べられているが，比較的規模が大きい地震（$M$>6）をひき起こし，地表面付近まで断層が達しているものに限られる．そのため，活断層の分布と微小地震の分布は必ずしも一致していない．

# 第8章 地震の発生機構

地震は，地球内部に応力が蓄積し，岩石内の弱い領域が破壊されてある面（断層）が食い違う（すべる）ことによって生じる．断層面付近では，岩石が粉砕され，熱的に変成される．このように地震発生に伴う地下内部での急激な運動は非線形な現象であり，地震発生に伴い不連続面を生じる．しかしながら，震源から少し離れたところでは大きな変形を受けず，そこからは無限小ひずみ理論を適用することが可能であるので，地震の破壊現象は弾性体力学をもとに記述することができる．

大地震の発生時に地表面に現れる断層は，ほぼ直線上に分布しているものの，ところどころで曲がったり途切れたりしている．また，断層の長さは数 km を超えることも珍しくない．しかし，解析対象とする地震波の波長が震源の大きさに比べて十分長い場合，地震波はある一点（**点震源**（point source））から輻射したと考えることができる．

本章では，おもに点震源のモデルをもとに，地震発生の基本的な考え方とその特徴を説明する．断層運動を表す力系と地震の発生機構の関係，震源から輻射される遠方場での波の特徴などを学ぶとともに，断層の力学の基礎を知る．発生機構の理解や断層からの地震波励起は数理的表現が必要であるが，これは第 11〜14 章で行う．

# 8.1　震源断層

**断層**（fault）は，岩石の破壊によって生じるもので，面に平行に変位があるものをさす．地震によって地表に現れた断層を**地震断層**（earthquake fault）とよぶ．地震断層が地表に現れなくても地震をひき起こした断層が地下にあると考えられるので，これを**震源断層**（earthquake source fault）とよぶ．ただし，地震学では地下での断層運動を扱うことが多いので，震源断層，あるいはこれを単に断層とよぶことが多い．

断層は大局的には地下の2次元的な長方形の面と考えることができる．この断層面を表すパラメータを図8.1にまとめる．まず，断層の向きを示す3つのパラメータとして，断層面の地表面からの傾きを示す**傾斜角**（dip; $\delta$，0～90°），上端の方向を示す**走向**（strike; $\phi$，0～360°，北から時計回りに測る），断層の下盤側に対して上盤側がすべる方向を示す**すべり角**（slip angle，rake; $\lambda$，−90～90°）がある．加えて，断層の大きさを示すために，断層の長さ（$L$），幅（$W$），すべり量（$D$，変位量）の3つのパラメータが必要である．

断層は，すべり角 $\lambda$ がほぼ90° あるいは −90° のとき**縦ずれ断層**（dip-slip fault），ほぼ0° のとき**横ずれ断層**（strike-slip fault）とよぶ．断層の上盤側が下盤側に対して下がる場合（$\lambda=-90°$）は**正断層**（normal fault），逆に上がる場合（$\lambda=90°$）は**逆断層**（reverse fault）となる．横ずれ断層は，手前の岩盤に対して向こう側の断層が左（右）にずれる場合を，左（右）横ずれ断層と分類する．実際の地震断層や震源断層のなかには，縦ずれと横ずれの両成分がある

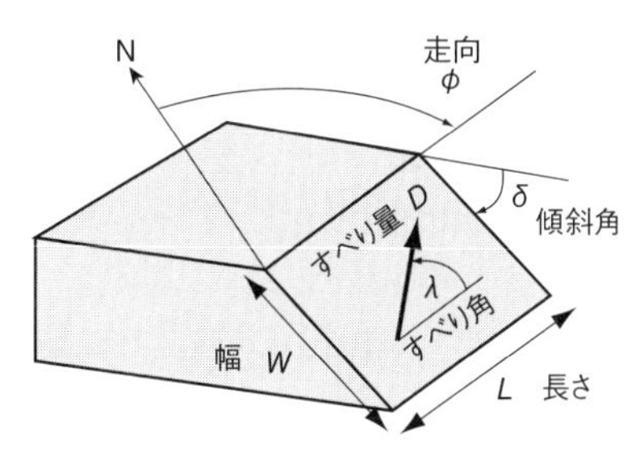


図8.1　断層運動の定義

太矢印は下盤に対する上盤のすべり方向．

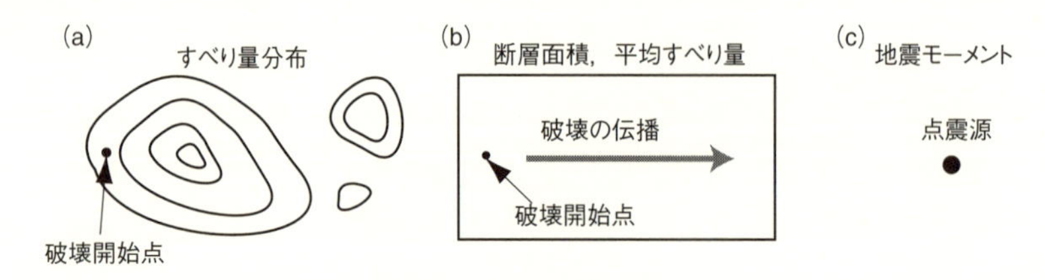


図 8.2　断層運動の表現
(a) 2 次元的，(b) 1 次元的．(c) 0 次元的．

ものもある．また，大地震の断層では，場所によって断層のタイプが変化することもある．

地震は，応力が蓄積された地下の岩石のある一点から急激に破壊が始まることにより起きる．この破壊の開始点を震源とよぶ．その後，破壊が伝播することによって，断層が順次すべる．実際の断層では，破壊は，震源からさまざまな方向に伝播し，すべり量も場所によって異なる（図 8.2a）．ただし，複雑な動きも，長い波長の地震波からみると，ある面積をもった断層面の大局的な動きとして，震源からの**破壊の進行方向**（rupture direction），**破壊の伝播速度**（rupture speed），平均すべり量，すべり量の時間変化により表すことができる（図 8.2b）．さらに，断層の大きさに比べて十分長い波長の地震波でみると，震源断層は点として扱うことができる（図 8.2c）．

本章は，震源を点震源として扱えるものとして，地震の発生機構を考える．

## 8.2　断層運動の表現

断層運動では地球内部に食違い（すべり）が生じるが，このときに励起される地震波は，すべり量と等価な力系によって表現できる（詳しくは第 11 章）．この力系は，断層運動に限らず，**シングルフォース**（**単力源**（single force））とモーメントで表される．

地球内部では運動量と角運動量が保存されることから，地下内部の震源は，合力がゼロとなるモーメントを考えるのが妥当である．たとえば，$j$ 方向に微小な距離 $\delta h$ 離れて大きさ $F$ のシングルフォースが $i$ 方向と $-i$ 方向にはたらくとき，そのモーメントは $M_{ij} = F\delta h$ と表すことができる．3 次元直交直線座標

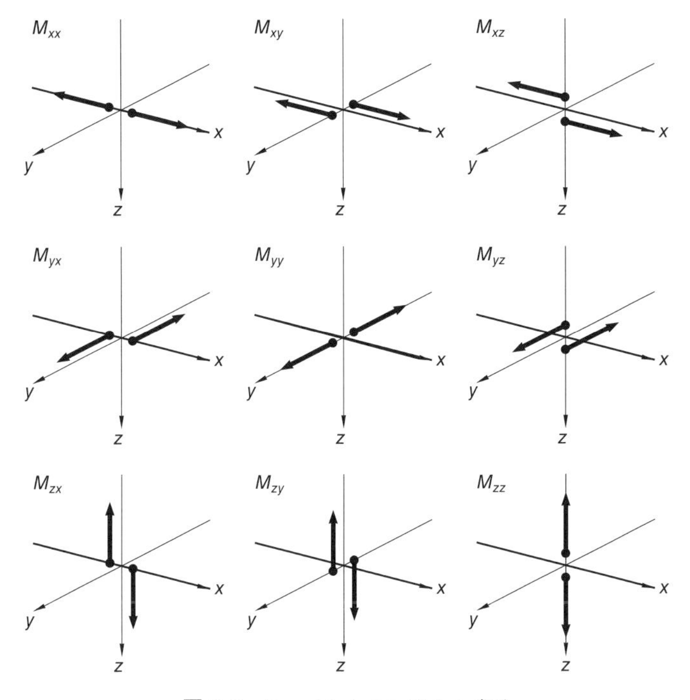


図 8.3 モーメントテンソル 9 成分

系 $(x, y, z)$ で考えると, モーメント $\boldsymbol{M}$ は,

$$\boldsymbol{M} = \begin{pmatrix} M_{xx} & M_{xy} & M_{xz} \\ M_{yx} & M_{yy} & M_{yz} \\ M_{zx} & M_{zy} & M_{zz} \end{pmatrix} \tag{8.1}$$

のように 9 成分のモーメントテンソル成分 $M_{ij}$ で書くことができる. ただし, トルクの釣合いから, $M_{ij} = M_{ji}$ である. 図 8.3 にそれぞれのモーメントテンソルを概念的に図示した.

断層運動は, 断層面を境に 2 つの岩体が相互に食い違う運動である. 図 8.4 のように $x$–$y$ 面上に断層面があり $x$ 方向にすべるときの地震を考えてみよう. このとき, $z$ の正側と負側で異なる向きに変位することから, 原点から $z$ 方向に少しだけ離れたところで, それぞれ $x$ 軸の反対向きに力がはたらくことにより, 断層運動が起きることが想像できるだろう ($M_{xz}$, 図 8.4b の ①). ただし,

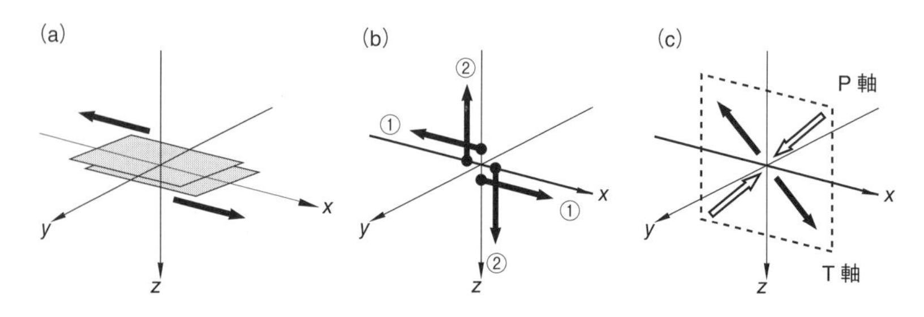


図 8.4　断層運動とダブルカップル

(a) 変位，(b) ダブルカップル，(c) P 軸と T 軸.

このモーメントだけでは断層が回転してしまう．そこで，それを打ち消すように，$x$ 方向に少しずれて $z$ 方向にはたらく偶力が必要となる（$M_{zx}$，図 8.4b の②）．このように断層による地震源は 2 つの偶力によって表され，ダブルカップル型の震源とよばれる．このダブルカップルをモーメントテンソルで表現すると，

$$\boldsymbol{M} = \begin{pmatrix} 0 & 0 & M_0 \\ 0 & 0 & 0 \\ M_0 & 0 & 0 \end{pmatrix} \tag{8.2}$$

となる．ここで，$M_0\,(\equiv M_{xz} = M_{zx})$ は地震モーメントで，地震による仕事量を表すパラメータである．断層の面積を $S$，すべり量を $D$，周りの岩体の剛性率を $\mu$ とすると，その大きさは $M_0 = \mu DS$ と表すことができる（第 13 章参照）．式 (8.2) の対称テンソルの主値は $(M_0, 0, -M_0)$ であり，ダブルカップル型の震源の主値は常に大きさの等しい正負の 2 つの値とゼロになる．ダブルカップル型震源には体積変化はなく，モーメントテンソルの対角成分の和はゼロとなる．主値の向きは，図 8.4c に示すように，$x$ 軸，$z$ 軸から 45° 回転した方向となる．外向きの力によるモーメントを T 軸，内向きを P 軸とよぶ．このように地震のモーメントは，図 8.4b のように表すことができるし，座標軸を変換することにより P 軸，T 軸方向の 2 つのモーメントとして表す（図 8.4c）こともできる．なお，P 軸と T 軸に直交する方向（図 8.4c では $y$ 軸方向）は，ヌル軸とよばれる．

## 8.3　地震波輻射の方位依存性

無限均質媒質中にある震源から励起される地震波は，弾性体力学の基礎方程式をもとに数理的に導出することができる．これは第13章で詳しく説明することとし，ここではその結果をもとにして，遠地項の地震波の特性を述べる．

原点にある震源から十分遠方の観測点（$\boldsymbol{x} = (x_1, x_2, x_3)$，$r = |\boldsymbol{x}|$）における，$k$ 方向にはたらく単位シングルフォースによるP波とS波の変位は

$$u_i^{\mathrm{FP}}(\boldsymbol{x}, t) = \frac{1}{4\pi\rho\alpha^2 r}\gamma_i\gamma_k\delta\left(t - \frac{r}{\alpha}\right) \tag{8.3a}$$

$$u_i^{\mathrm{FS}}(\boldsymbol{x}, t) = \frac{\delta_{ik} - \gamma_i\gamma_k}{4\pi\rho\beta^2 r}\delta\left(t - \frac{r}{\beta}\right) \tag{8.3b}$$

で表される（式(11.36)参照）．ここで，$u_i$ は $i$ 方向の変位，$\gamma_i$ は $x_i$ の方向余弦（$= x_i/r$）である．図8.5に，シングルフォースによるP波，S波の遠方場での変位振幅を示す．P波はシングルフォースのはたらく方向に振幅が大きくなり，直交する方向には励起されない．一方，S波はシングルフォースに直交する方向で振幅が大きくなることがわかる．

モーメントにより生じる変位場は，微小な距離 $\delta h$ だけ離した2つのシングルフォースのグリーン関数から計算することができる（数理的な導出は，第11章を参照のこと）．したがって，地球内部の震源をモーメントテンソルの各成分の組合せで表現し，それら各成分のグリーン関数の和をとることで地震波を求め

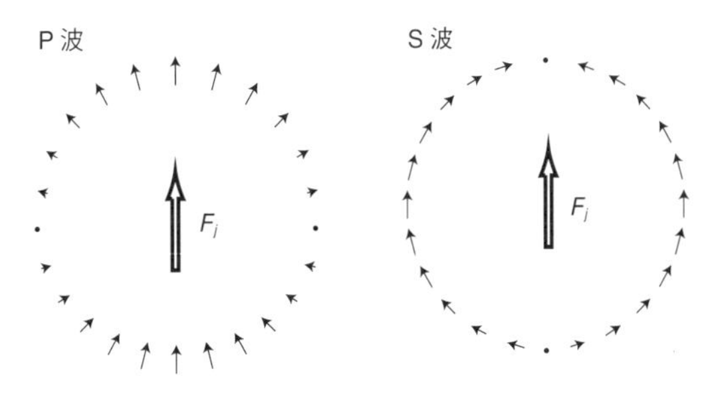


図8.5　シングルフォースによるP波とS波の輻射方位依存性
シングルフォースのはたらく方向を含む平面内に振動方向と振幅を矢印の向きと大きさで示す．

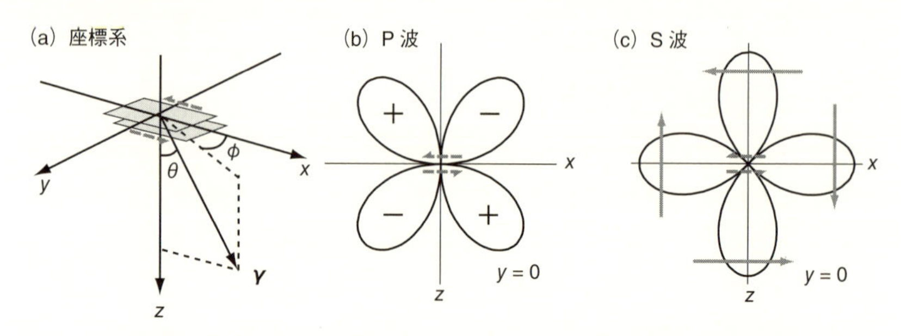


**図 8.6**　ダブルカップル型の震源による地震波の輻射方位依存性
(a) 断層と観測点の位置関係，(b)，(c) P 波と S 波の $y=0$ 面での輻射方位依存性．S 波に示す灰色の大矢印は S 波の振動方向．

ることができる．ここでは，ダブルカップル型の震源である断層運動により生じる遠方場の変位の特性を説明する．図 8.6a に示すように原点に震源をおき，$x$–$y$ 面上の断層で $x$ 方向にすべりが生じたとする．観測点は原点から $\boldsymbol{r}$ ベクトルの位置にあるとし，$\boldsymbol{r}$ を $x$–$y$ 平面に投影した方向と $x$ 軸のなす角を $\phi$，$z$ 軸のなす角を $\theta$ とする．このとき，変位は，

$$\boldsymbol{u}^{\mathrm{F}}(\boldsymbol{x},t)=\frac{\boldsymbol{R}^{\mathrm{FP}}(\boldsymbol{\gamma},\boldsymbol{\nu},\boldsymbol{s})}{4\pi\rho\alpha^3 r}\dot{M}\left(t-\frac{r}{\alpha}\right)+\frac{\boldsymbol{R}^{\mathrm{FS}}(\boldsymbol{\gamma},\boldsymbol{\nu},\boldsymbol{s})}{4\pi\rho\beta^3 r}\dot{M}\left(t-\frac{r}{\beta}\right) \tag{8.4}$$

となる（式 (13.21) 参照）．ここで，断層の法線ベクトルを $\boldsymbol{\nu}$，単位すべりベクトルを $\boldsymbol{s}$ ($\boldsymbol{s}=(1,0,0)$)，$\boldsymbol{\gamma}$ を震源から観測点への波の放射方向の単位ベクトルとした．また，

$$\boldsymbol{R}^{\mathrm{FP}}=\sin 2\theta\cos\phi\,\boldsymbol{\gamma},\ \boldsymbol{R}^{\mathrm{FS}}=\cos 2\theta\cos\phi\,\boldsymbol{\theta}-\cos\theta\sin\phi\,\boldsymbol{\phi} \tag{8.5}$$

で，それぞれ P 波および S 波振幅の**輻射方位依存性**（radiation pattern）を示す．$\boldsymbol{\theta}$ と $\boldsymbol{\phi}$ は動径方向に直交する面内の 2 つの単位ベクトルである．

$y=0$ 面上で振幅をみると，地震波振幅の方位依存性は四つ葉のクローバー状となる（図 8.6b, c）．P 波は，P 軸方向にある観測点では震源方向へ“引き (−)”，T 軸方向に“押し (+)”の変位を示す．S 波は，断層面に垂直な方向で断層運動と同一方向に大振幅の S 波が励起されるのに加え，断層のすべり方向にも振幅が大きくなる．これらの特徴は，断層面に垂直な軸からの角度 $\theta$ の項による．3 次元的な輻射方位依存性のイメージは図 13.3 を参照するとよい．

## 8.4　発震機構の表現方法

P 波の遠方場の振幅や極性は，断層面の向きやすべり方向，あるいは，P 軸と T 軸の方位分布を表している．この特性を利用した発震機構の表示方法が広く使われている．

いま，震源の周りに単位長さの半径をもつ“震源球（その形からビーチボールともいわれる）”を想定しよう（図 8.7a）．球面を通過する P 波の極性が“押し”であれば黒色（あるいは別の有色），“引き”であれば白色を球面上につける．震源球面上の全方位で“押し”“引き”に応じて色をつけると，白色と黒色の境界は，球面と球の中心を通る 2 つの直交する平面と交わるところに現れる．2 つの平面のひとつが“断層面”に相当し，それに直交するもう一面は“補助面”とよばれる．この 2 つの面は，ダブルカップル型震源の対称性のため区別することはできない．断層面を特定するには，地震波の振幅や周期の**方位依存**

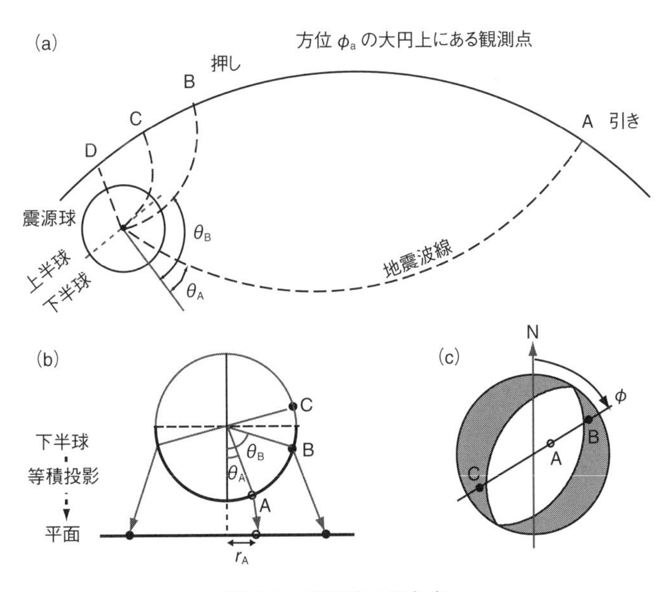


図 8.7　震源球の描き方

(a) 地震波線と観測点，(b) 等積投影，(c) 震源球．震源球の黒色の領域は押し，白は引きを示す．

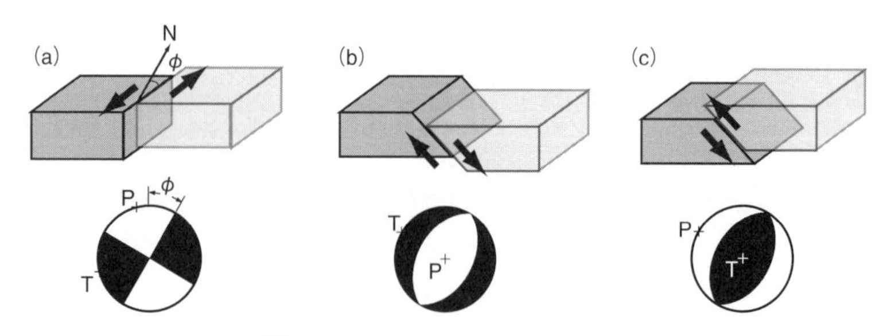


**図 8.8**　地震断層のタイプと震源球
(a) 横ずれ断層，(b) 正断層，(c) 逆断層．

性（directivity）や，余震の空間分布などの別の情報が必要となる．

さて，この震源球を 2 次元的に表現してみよう（図 8.7b, c）．震源から鉛直線を下ろし，その鉛直線と直交する平面上に単位円をおく．この単位円上に，震源球の“押し”“引き”分布を等積投影する．北から測った方位角 $\phi$，射出角 $\theta_{\rm A}$ に位置する観測点 A のデータは，平面上の円において，上方から時計回りの角度 $\phi$，距離 $r_{\rm A} = \sqrt{2}\sin(\theta_{\rm A}/2)$ の位置に投影する．ダブルカップル型地震の場合，“押し”“引き”の分布は震源位置に対して対称であるので，上半球の“押し”“引き”分布は，震源位置について対称となっている．そこで，上半球に位置する観測点のデータ（図では C）は，震源位置を対称に下半球に投影する．

図 8.8 に断層の模式図と 2 次元表示の震源球の例を示した．横ずれ断層の場合は，P 軸，T 軸はともに震源球の周辺部に位置し，水平方向に P 軸と T 軸がはたらく．また，断層面と補助面の交差点に位置するヌル軸は震源球の中心となる．それに対して，縦ずれ断層である正断層や逆断層は，P 軸あるいは T 軸のどちらかは球の中心付近にくる．また，もう一方の軸とヌル軸は円の周辺部に位置する．横ずれ断層と縦ずれ断層の中間となるような断層では，これらの軸は円の中ほどに位置する．なお，“押し”“引き”の境に現れる曲線を“節線”とよぶ．

## 8.5　発震機構の推定

発震機構の推定には，P 波の極性による方法あるいはモーメントテンソルインバージョンなど波形や波形振幅を利用した方法が用いられる．

P 波の極性は地球内部の不均質構造に影響されず伝播経路上で変化しないため，小さな地震から大きな地震の発震機構の推定に幅広く利用されている．前節に示したように，観測される“押し”“引き”の分布と，走向，傾斜角，すべり方向から計算される断層面と補助面を比較することによって，P 波初動極性に基づく発震機構が得られる．P 波極性のデータが震源球上に十分得られない場合には，解が一意に決まらない．

理論的な地震波形と観測波形を比較することで発震機構を求めることも行われている．式 (8.4) にシングルフォースによる無限均質媒質中の P 波や S 波の遠地項を示したが，多層構造などの複雑な構造でも，震源と観測点の位置と構造が既知であれば，シングルフォースやモーメントテンソルごとに理論的に変位波形を計算することができる．いま，$\boldsymbol{\xi}$ にある点震源による，$\boldsymbol{x}$ にある観測点の $i$ 成分の変位波形 $u_i$ は

$$u_i(\boldsymbol{x},t) = \sum_{j,k} \int G_{ij,k}(\boldsymbol{x}, t-\tau; \boldsymbol{\xi}, \tau) M_{jk}(\boldsymbol{\xi}, \tau)\, \mathrm{d}\tau \tag{8.6}$$

で表すことができる（第 14 章参照）．ここで，$G_{ij,k}$ は位置 $\boldsymbol{\xi}$ にはたらく地震モーメント $M_{jk}$ のグリーン関数である．

いま，$\boldsymbol{\xi}$ にある点震源にはたらくモーメントの各成分の時間関数はすべて共通で $T(t)$ とし，$M_{jk}(t) = a_{jk}T(t)$ と表される場合を考えよう．ここで，$a_{jk}$ は $jk$ 成分のモーメントテンソルの振幅である．このとき，

$$u_i(\boldsymbol{x},t) = \sum_{j,k} \left[ \int G_{ij,k}(\boldsymbol{x}, t-\tau; \boldsymbol{\xi}, \tau) T(\tau)\, \mathrm{d}\tau \right] a_{jk} \tag{8.7}$$

と書ける．式 (8.7) は変位 $u$ が振幅 $a_{jk}$ の線形結合で表されているので，最小二乗法を使って，モーメントテンソル 6 成分の振幅を求めることができる．時間関数を仮定しないでも，式 (8.6) の両辺のフーリエ変換をとると，観測変位スペクトルは，モーメントテンソルの各成分のスペクトルと線形結合のかたちで書くことができる．これから，周波数領域でモーメントテンソルを求められることがわかる．

求められたモーメントテンソルは，座標軸を適当に選ぶことによって，主対角要素 $\lambda_1$，$\lambda_2$，$\lambda_3$（$\lambda_1 \geq \lambda_2 \geq \lambda_3$）と他の非対角要素がすべてゼロとなる対角行列で表すことができる．体積変化のない震源であれば，対角要素の和はゼロ

$(\lambda_1+\lambda_2+\lambda_3=0)$ である．また，断層運動であれば，$\lambda_1=-\lambda_3$，$\lambda_2=0$ となり，座標軸の回転方向から，断層面（と補助面）の向きがわかる．ただ，実際の地震波を解析すると，対角要素の和や $\lambda_2$ が必ずしもゼロにならないことがある．これは，構造の不均質性がグリーン関数に取り込まれていなかったり，空間的に断層タイプが変化するためである．通常の地震は断層運動により生じていると想定できるので，体積成分をもたないという制約（$\sum_{ij} a_{ij}=0$）を与えて解くことも多い．ただし，火山性地震のように地殻内で流体が関与して発生するような特殊な地震では，体積変化を伴うモーメントテンソル解が得られることも少なくない．

地震波形を利用した発震機構の解析は，構造の影響を正確に評価できるグリーン関数を用いる必要があるので，比較的規模の大きな地震から励起される長周期の地震波や震源近傍で記録される波形に対して解析される．また，地震波形は断層面上からつぎつぎと輻射される地震波の総和であるので，モーメントテンソル解だけでなく，震源領域の中でのモーメント解放の**重心**（**セントロイド** (centroid)）と規模（モーメント）を同時に求めることになる．このような解析方法をセントロイド・モーメントテンソル・インバージョンとよび，求められた解を CMT 解という．なお，P 波や S 波の着信時から決められる破壊開始点とセントロイドは必ずしも一致せず，P 波初動極性を利用して決められる破壊開始点の発震機構は波形を利用した発震機構と異なることがある．

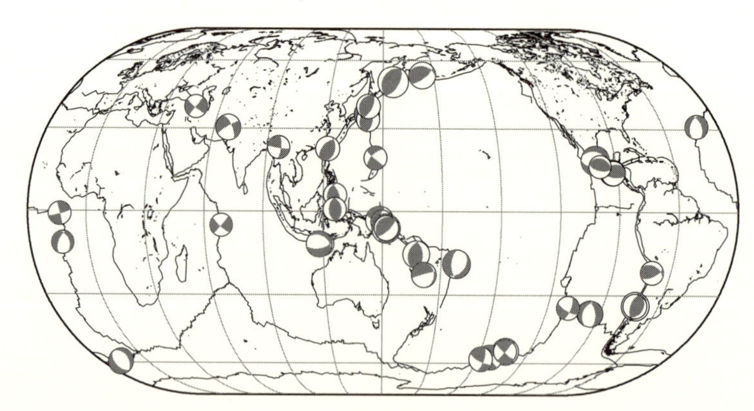

**図 8.9**　2012 年 11 月 15 日から 21 日に発生した地震 CMT 解の例．

発震機構は，国内では，気象庁や防災科研がP波初動極性による発震機構やCMT解を速報している．また，海外では，ISCや米国地質調査所，米国のCMTプロジェクトによる解（1982～2006年はハーバード大学，現在はコロンビア大学）のカタログが広く利用されている．図8.9に，コロンビア大学によるCMT解の一例を示す．日本などの沈込み帯付近では逆断層，海嶺では横ずれ断層や正断層の地震が卓越して発生していることがわかる．

## 8.6 断層すべり量分布の推定

規模の大きな地震は，近地の強震記録や広帯域地震計の記録，遠地P波やS波などの観測波形から，断層面上のすべり量分布を推定することができる．まず，断層面を複数の小断層に分割し，各小断層の中央に点震源を配置する．各グリッドには，CMT解の発震機構や周辺の応力場，地質学的特性などを考慮して，断層の走向や傾斜角，すべり方向を与える．震源から破壊がある一定速度（おおむねS波速度の0.7～0.8倍程度）で断層面上を進行すると仮定し，破壊開始時間がグリッドに到達した際にモーメントが解放されるとする．観測される波形は，各グリッドのモーメント量と，グリーン関数（各グリッドを震源とした際の各観測点の地震波形）を足し合わせることで表現できるので，最小二乗法を適用し各グリッドのモーメント量を求め，小断層の面積，剛性率から，すべり量の空間分布を推定することができる．近地の強震動記録や広帯域地震波形記録，遠地実体波を用いて断層面上のすべり量を推定するので，このような解析法はしばしば波形インバージョンとよばれる．また，GNSSなどにより観測される断層周辺の測地データも合わせてインバージョン解析することもよく行われる．

## 8.7 断層の力学

### 8.7.1 モールの応力円とクーロン破壊基準

図8.10aのように岩石に2つの応力$\sigma_1$，$\sigma_2$（$\sigma_1>\sigma_2$）がかかっている場合を考える．ここでは地球内部の岩石の破壊現象を考えやすいように，これらの応

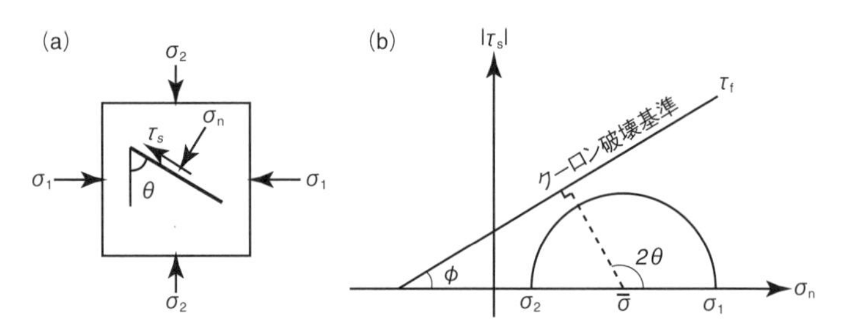


図 8.10　岩石破壊と応力

(a) 法線応力とせん断応力，(b) モールの応力円とクーロン破壊基準．

力は圧縮を正にとる．角度 $\theta$ の面にはたらく法線応力 $\sigma_{\mathrm{n}}$ とせん断応力 $\tau_{\mathrm{s}}$ を考えると，

$$\sigma_{\mathrm{n}} = \frac{\sigma_1 + \sigma_2}{2} + \frac{\sigma_1 - \sigma_2}{2}\cos 2\theta \tag{8.8a}$$

$$\tau_{\mathrm{s}} = \frac{\sigma_1 - \sigma_2}{2}\sin 2\theta \tag{8.8b}$$

となる．横軸に法線応力，縦軸にせん断応力で表現すると，2 式は応力の平均値 $\bar{\sigma} = (\sigma_1 + \sigma_2)/2$ を中心とした半径 $(\sigma_1 - \sigma_2)/2$ の円として模式化できる（図 8.10b）．これが**モールの応力円**（Mohr's stress circle）である．式と図からわかるように，$\theta = 0$ のとき，法線応力は最大，せん断応力はゼロとなる．また，$\theta = 45°$ でせん断応力が最大となり，法線応力は与えた応力の平均 $\bar{\sigma}$ となる．

岩石の破壊は，破断面となる面にはたらくせん断応力の大きさ $|\tau_{\mathrm{s}}|$ がその面にはたらく法線応力 $\sigma_{\mathrm{n}}$ にある係数 $\mu_{\mathrm{i}}$ をかけた値に達したときに起きると考えられる．これを**クーロンの破壊基準**（Coulomb failure criterion）とよび，

$$\tau_{\mathrm{f}} = c + \mu_{\mathrm{i}}\sigma_{\mathrm{n}} \tag{8.9}$$

の式で表す．$\mu_{\mathrm{i}}$ は内部摩擦係数，$c$ は岩石の凝着力を示す．この式は図 8.10b に示す直線で表される．せん断応力 $|\tau_{\mathrm{s}}|$ がこの直線よりも下側にある場合は破壊が起きず，上側に移動すると破壊が起きる．つまり，岩石に加える応力の差応力が大きくなり，直線と接するときに破壊が起きると考えることができる．内部摩擦係数は $\mu_{\mathrm{i}} = \tan\phi$ で表され，$\theta = \pm(45° + (\phi/2))$ の関係がある．岩石破壊実験によれば，$\mu_{\mathrm{i}} = 0.6\sim0.8$（$\theta = 60\sim64°$ に相当）である．

なお，破断面に間隙水が入るとせん断破壊が起こりやすくなる．これは，破

### コラム2 応力場と断層のタイプ

地球内部にはたらく主応力のひとつはほぼ鉛直にはたらき，残り 2 つはほぼ水平方向にはたらく．ほぼ鉛直方向にはたらく主応力が，3 つの主応力のなかで最大，中間，最小の圧縮応力のいずれになるかによって，断層型が決まる．鉛直方向の主応力が最大圧縮力のとき，他の主応力は相対的に引張力としてはたらき，正断層が生じる．中間のときは，水平方向にはたらく 2 つの主応力が最大と最小になるので，横ずれ断層となる．最小のときは，逆断層となる．

地震の発震機構を調べると，狭い領域においても，それぞれの地震の断層面の走向や傾斜角，すべり方向は必ずしも一定ではない．つまり，領域に及ぼされる応力場は均一であっても，地震の発震機構は空間的に変化する．これは，個々の地震の断層面は，広域の応力場に従ってすべるだけでなく，過去に発生した地震の断層面や構造不均質性に起因する既存の弱面を利用してすべることを示唆している．

このような地震発生場を想定して応力場を推定する“応力テンソルインバージョン法”がある（たとえば，Gephart and Forthys（1984））．この方法は，断層面はいろいろな方向を向いているものの，すべり方向は領域にかかる応力場により決まっていると考える．たとえば，発震機構から求められる個々の地震のすべり方向は，広域応力場から予測されるその断層面上にはたらく最大せん断応力の方向になるとし，最小二乗法を用いて広域応力場を推定する．この際，個々の地震の断層面と補助面は発震機構から一般的には区別ができないので，すべり方向の差が小さい面を採用し，推定する．

断面に間隙水圧 $p$ がかかり，破断面にはたらく法線応力が低下するためである．間隙水圧を考慮した破壊基準の式は

$$\tau_{\mathrm{f}} = c + \mu_{\mathrm{i}}(\sigma_{\mathrm{n}} - p) \tag{8.10}$$

で表される．$\sigma_{\mathrm{n}}-p$ をしばしば**有効法線応力**（effective normal stress）とよぶ．

**・クーロンの破壊関数変化（ΔCFF）**

断層面にかかるせん断応力と法線応力（引張を正）に内部摩擦係数を掛けた値の総和を**クーロンの破壊関数**（CFF，Coulomb failure function），あるいは，**クーロン破壊応力**（Coulomb failure stress）とよぶ．地震の発生は，この CFF 値が増加すれば促進され，減少すれば抑制されると考えることができる．大地震の断層運動による周辺応力場は計算できる（14.5 節）ので，解析対象領域の地震の断層面の向きを仮定すれば，その大地震の発生により新たに生じる CFF，

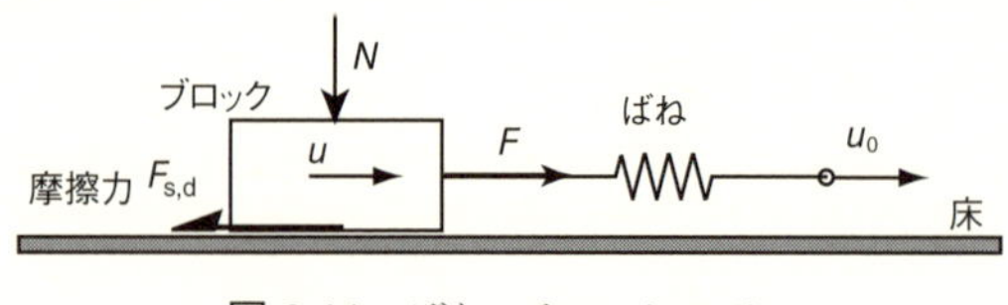


図 8.11　ばね–ブロックモデル

つまり，地震前後の CFF の差 ΔCFF を計算できる．これは周辺領域の断層がよりすべりやすくなったのかどうかを表す指標となるので，しばしば大地震による周辺地震活動の評価に利用される（第 10 章参照）．

### 8.7.2　断層の摩擦すべり

地震は，断層面にはたらくせん断応力がある臨界値（強度）を超えたときに断層面がすべりだすことにより発生すると考えられている．これを図 8.11 に示すようなばねとブロックのモデルで単純化して考えてみよう．ブロックと床の静止摩擦係数を $\mu_s$，動摩擦係数を $\mu_d$ とする．ここで，$\mu_d < \mu_s$ である．ブロックの片側から伸びるばねが，ある速度で引っ張られるとしよう．ブロックと床面には静摩擦がはたらきブロックは静止している．ばねが伸びるにつれてブロックにはたらく力 $F$ が大きくなっていき，この力が静止摩擦力 $F_s$ を超えると，ブロックは床面をすべり出す．ブロックと床面にはたらく動摩擦力 $F_d$ は最大静止摩擦力より小さいため，ブロックは床の上を高速ですべる．すべりとともにばねが縮むので，ばねによる力と動摩擦力が釣り合うときブロックは停止する．これにより，ばねに蓄えられた力は $F_s - F_d$ だけ減少する．このように静止状態から突然運動を開始するすべり現象を，**固着すべり**（stick-slip）とよぶ．ただし，固着すべりがいつも起きるわけではない．たとえば，棒（非常に固いばねに相当）でブロックを引っ張れば，ブロックは止まることなくすべることは想像できるだろう．このように常にすべる現象を**安定すべり**（stable sliding）とよぶ．

すべりを安定，あるいは不安定にする要因を考えてみよう．図 8.12 の太線は，断層面にはたらく摩擦力と断層すべり量の関係を示している．摩擦力は，断層面のすべり量が臨界すべり量 $D_c$ までは線形に減少し，$D_c$ を超えると一定となることを表している．これは“すべり弱化モデル”とよばれ，すべり様式の違い

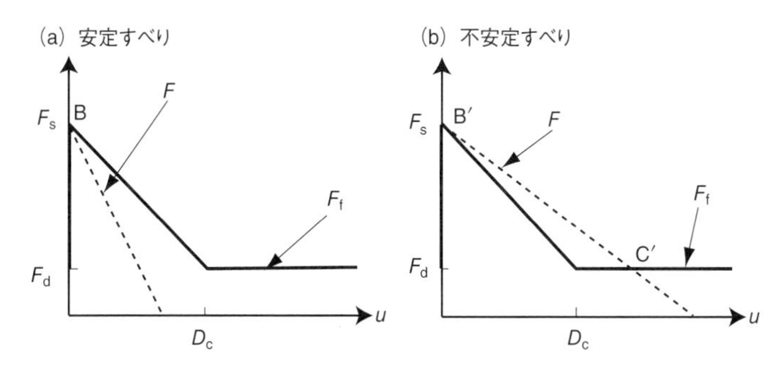


図 8.12 すべり弱化モデル

太線はすべり弱化モデルにおける摩擦力 $F_{\mathrm{f}}$ とすべり変位 $u$ の関係，点線はばねによる力と変位の関係を示す．(a) ばね定数が大きく安定すべりが起きる場合，(b) ばね定数が小さく不安定すべりが起きる場合．

を説明することに使われる．図 8.11 にあるように，ブロックの変位を $u$，バネを引っ張る位置の変位を $u_0$ とする．いま，ばねを図の右方向に一定速度で引っ張り，$u_0$ を増加させていくと，ばねによりブロックに力 $F$ がはたらく．ばね定数を $k$ とすると，$F=k(u_0-u)$ で表される．$k$ が大きい場合を考えよう．$u_0$ を大きくして $F$ が最大摩擦力に達した状態を図 8.12a の点線で示す．点線で表されるばねによる力 $F$ の傾きが，すべり弱化モデルによる摩擦力と変位の関係を示す線よりも大きいとする．このとき，ばねをさらに少し引っ張ってもばねによる力と摩擦力は釣り合う．そのため，すべりは安定する．一方，$k$ が小さい場合（図 8.12b），$u_0$ を大きくし最大摩擦力に達する（B′ 点）ところから $u_0$ をわずかに大きくすると，次の釣合いの位置は B′ 点から離れた C′ 点となる．つまり，$u$ は急激に大きくなる必要があり，ブロックはばねの力と摩擦力の差により加速され，不安定すべり（固着すべり）が起きる．図からわかるとおり，不安定すべりが起きるのは $k<(F_{\mathrm{s}}-F_{\mathrm{d}})/D_{\mathrm{c}}$ のときである．この考察から，断層が固着すべりを起こすかどうかは，摩擦特性をきめる断層面の岩石物性だけでなく，荷重を加える系の特性（ばね定数）も影響していることが示唆される．

地震は同じ場所で繰り返し発生していることから，いったんすべった断層面も次第に強度が回復していくと考えられる．このような強度回復の過程は“すべり弱化モデル”には取り入れられていない．近年の岩石実験によると，すべり速度を急激に増加させると，摩擦はすべり速度の比の自然対数に比例して瞬間的に増加し，その後，指数関数的に減少しながらある一定値に落ち着く．このようなすべり速度と摩擦の挙動を説明する**すべり速度・状態依存摩擦構成則**（rate and state dependent frictional law）が提案されている．摩擦係数 $\mu$ は，すべり速度 $V$ を用いて，

$$\mu = \mu^* + a \ln\left(\frac{V}{V^*}\right) + b \ln\left(\frac{\theta}{\theta^*}\right) \tag{8.11}$$

と表現される．ここで，上付きの $*$ は，各パラメータの任意の基準の値を示す．$a$，$b$ は定数で，$\theta$ は状態変数とよばれる．この状態変数は，たとえば，

$$\frac{\mathrm{d}\theta}{\mathrm{d}t} = 1 - \frac{V\theta}{d_\mathrm{c}} \tag{8.12}$$

と表される．ここで，$d_\mathrm{c}$ は新たな状態に移行するための特徴的なすべり変位量である．この式の右辺第 1 項は $\theta$ を時間とともに増加させる効果を示し，断層面の強度回復を表す．一方，第 2 項は，速度が大きいほど $\theta$ を減じ，強度回復を遅らせるすべり弱化の効果を表している．

図 8.13 に，式 (8.11) と式 (8.12) をもとに，すべり速度の変化による摩擦係数の変化の例を示した．図の Q 点ですべり速度をステップ的に増加させると，式 (8.11) の右辺第 2 項は瞬時に増加する．一方，状態変数で決まる第 3 項は，すべり速度の変化にすぐに追随しないが，すべり変位が増加すると次第に一定値に落ち着く．

第 2 項と第 3 項の全摩擦に対する寄与は，定数 $a$，$b$ の大小により決まり，すべ

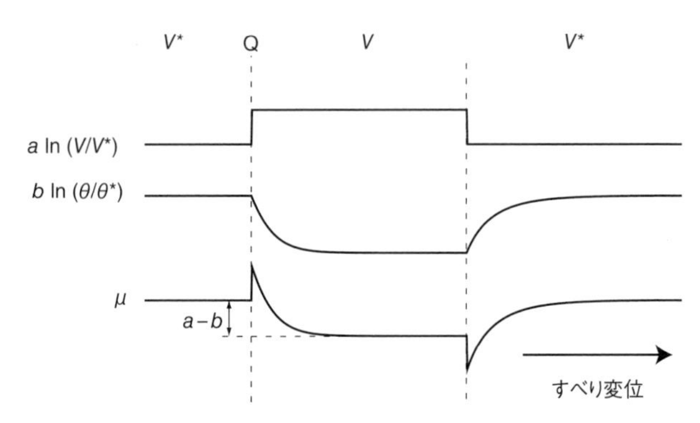


**図 8.13**　すべり速度と摩擦の変化

最下段の図は $a-b<0$ の場合．

り様式に影響を与える．いま，定常状態を考えてみよう．式 (8.12) と式 (8.11) から

$$\mu^{\mathrm{st}} = \mu^{*} + (a-b)\ln\left(\frac{V}{V^{*}}\right) \tag{8.13}$$

となる．$a-b>0$ の場合，すべり速度が大きくなると摩擦係数 $\mu^{\mathrm{st}}$ も大きくなる（**速度強化**（velocity strengthening））．したがって，すべりは安定となる．一方，$a-b<0$ の場合（図 8.13 最下段），摩擦 $\mu^{\mathrm{st}}$ が速度の減少関数となる（**速度弱化**（velocity weakening））ため，不安定すべり（固着すべり）の起きる状態となる．ここで，図 8.13 の Q 点からの摩擦力 $\mu$ の振舞いと図 8.12 を比較し，

$$k_{\mathrm{c}} = \sigma_{\mathrm{n}}\frac{b-a}{d_{\mathrm{c}}} \tag{8.14}$$

としよう．$\sigma_{\mathrm{n}}$ は断層面にはたらく法線応力である．このとき，$a-b<0$ で，かつ，ばね定数 $k<k_{\mathrm{c}}$ であれば，不安定すべりとなる一方，ばね定数 $k>k_{\mathrm{c}}$ であれば安定すべりとなる（条件付き安定すべり）ことがわかる．以上のように，摩擦特性だけでなくばね定数の大小によってもすべりの挙動は変化するため，ばね–ブロックモデルという簡単な系でも，多様な固着すべりと安定すべりの発生パターンが生じる．

近年，このような摩擦構成則に基づいて，断層運動やプレート運動についての理解が進められている（第 3 部参照）．摩擦構成則に関する岩石実験や理論的な考察については，巻末（付録 D）の参考図書などを参照されたい（Dieterich, 1979; 中谷・永田, 2009; Ruina, 1983; ショルツ, 2010）．

# 第9章 地震動と地震の規模

地震による地面そのものの揺れの大きさは**震度**（seismic intensity）が尺度として使われる．また，地震そのものの大きさは**マグニチュード**（magnitude）で評価されることが多い．本章では，これらのパラメータの決定方法と，震度の空間分布や地震の規模の特徴を知る．

## 9.1 地震動の強さと震度

### 9.1.1 震度階

地震動の強さを定量的に評価するには，地面の揺れる速度や加速度を用いて表すことが妥当であろう．しかしながら，地震計が開発されたのはたかだか100年ほど前であり，それ以前の歴史時代に起きた大地震の地震波記録はない．また，人々が住む地域に広く高密度に地震計を設置することは，最近まで経済的にも技術的にも容易ではなかった．そのため，揺れの体感や，建物や自然界への影響などをもとに，地震動の強さを簡便に示す指標として“震度”が設定された．

日本で最初に震度が決められたのは1884年である．微震，弱震，強震，烈震の4階級に始まり，1949年からは8階級（震度0〜7）の気象庁震度階級が使われた．これらの震度階級は，人の体感や行動，屋内の状況（たとえば，室内の電灯や花瓶の揺れ方，戸や窓のガタガタという音），建造物の状況（びひ割れや倒壊の割合など）をもとに決められていた．

1996 年 4 月以降になると，地震動の加速度振幅とその継続時間をもとに震度が決められている．“計測震度”とよばれるこの震度は，それまで使われてきた震度とほぼ同じ数値になるように工夫されて算出されるものであるが，“震度 0”“震度 1”“震度 2”“震度 3”“震度 4”“震度 5 弱”“震度 5 強”“震度 6 弱”“震度 6 強”“震度 7”の 10 階級となった．計測震度の算法はやや複雑であるものの（コラム 3），加速度記録が得られれば計算機で自動的に求めることができる．現在は，気象庁や地方公共団体，（独）防災科学技術研究所（防科技研）が全国各地に設置した震度計や強震計のデータをもとに，気象庁が震度を決定し，テレビやインターネット網を利用して速報される．より稠密な震度分布を調べる際などには，構造物の被害状況や住民へのアンケートをもとにして震度を決定し，地震計が設置されていない場所を補間することも行われている．表 9.1 に，気象庁震度階級関連解説表に基づき，震度と人の体感・行動，室内・屋外の状況を簡単にまとめた．あわせて，河角（1943）による関係式（$\log_{10} a = I/2 - 0.6$，ここで $I$ は震度，$a$ は震度 $I$ と $I-1$ の境の加速度）に基づく加速度を示した．

米国やヨーロッパでは**改正メルカリ震度階**（Modified Mercalli Intensity Scale）が広く使われている．この震度階は 12 階級で表され，日本とは異なる．これは生活様式や建造物の強度などに違いがあるためで，異なる震度階を比較するためには条件を詳しく設定することが必要となる．震度は，その地域の住民の感

### コラム 3　計測震度の算出方法

1. ディジタル加速度記録 3 成分（水平動 2 成分，上下動 1 成分）のそれぞれのフーリエ変換を求める．
2. 地震波の周期による影響を補正するフィルターをかける．
3. 逆フーリエ変換を行い，時刻歴の波形に戻す．
4. 得られたフィルター処理済みの 3 成分の波形をベクトル的に合成する．
5. ベクトル波形の絶対値がある値 $a$ 以上となる時間の合計を計算したとき，これがちょうど 0.3 秒となるような $a$ を求める．
6. 求めた $a$ を $I = 2 \log a + 0.94$ に代入し，計算された $I$ の小数第 3 位を四捨五入し，小数第 2 位を切り捨てたものを計測震度とする．

（気象庁ホームページより）

表 9.1　震度と現象，被害，加速度

| 震度階級 | 人の体感，行動 | 室内の状況 | 屋外の状況 | 加速度 (gal) |
|---|---|---|---|---|
| 0 | 人は揺れを感じないが，地震計に記録される． | – | – | 0.3 |
| 1 | 屋内で静かにしている人のなかには，揺れを感じる人がわずかにいる． | – | – | 0.8 |
| 2 | 屋内で静かにしているほとんどの人は，揺れを感じる． | 電灯などのつり下げ物が，わずかに揺れる． | – | 2.5 |
| 3 | 歩いている人のなかには，揺れを感じる人もいる． | 棚にある食器類が音を立てることがある． | 電線が少し揺れる． | 7.9 |
| 4 | ほとんどの人が驚く．歩いている人のほとんどが，揺れを感じる． | 電灯などのつり下げ物は大きく揺れる．座りの悪い置物が倒れることがある． | 電線が大きく揺れる．自動車を運転していて，揺れに気づく人がいる． | 25 |
| 5 弱 | 大半の人が，恐怖を覚え，物につかまりたいと感じる． | 電灯などのつり下げ物は激しく揺れる．棚から食器や本が落ちたり，不安定な置物や家具は倒れることがある． | まれに窓ガラスが割れて落ちることがある．電柱が揺れるのがわかる．道路に被害が生じることがある． | 80 |
| 5 強 | 大半の人が，物につかまらないと歩くことが難しいなど，行動に支障を感じる． | 棚にある食器や書棚の本で，落ちるものが多くなる．固定していない家具が倒れることがある． | 窓ガラスが割れて落ちることがある．弱いブロック塀が崩れることがある．自動車の運転が困難となる． | 141 |
| 6 弱 | 立っていることが困難になる． | 固定していない家具の大半が移動し，倒れるものもある．ドアが開かなくなることがある． | 壁のタイルや窓ガラスが破損，落下することがある． | 251 |
| 6 強 | 立っていることができず，はわないと動くことができない．揺れにほんろうされ，飛ばされることもある． | 固定していない家具のほとんどが移動し，倒れるものが多くなる． | 壁のタイルや窓ガラスが破損する建物が多くなる．補強されていないブロック塀のほとんどが崩れる． | 447 |
| 7 | 6 強と同じ． | 固定していない家具のほとんどが移動したり倒れたりし，飛ぶこともある． | 壁のタイルや窓ガラスが破損する建物がさらに多くなる．補強済みブロック塀も破損するものがある． | 794 |

覚や社会活動と密接に関係し，各国で長年使われているものであるので，震度を国際的に統一することは容易ではない．

### 9.1.2　震度分布

図 9.1 に，2000 年鳥取県西部地震，2004 年新潟県中越地震と 2008 年岩手・宮城内陸地震の震度分布を示す．地震動の強さは震源からの距離に反比例して小さくなるので，ひとつの地震について各地の震度情報から求めた**等震度線**（isoseismal）は，おおむね震央から離れるに従い震度が小さくなっていることがわかる．

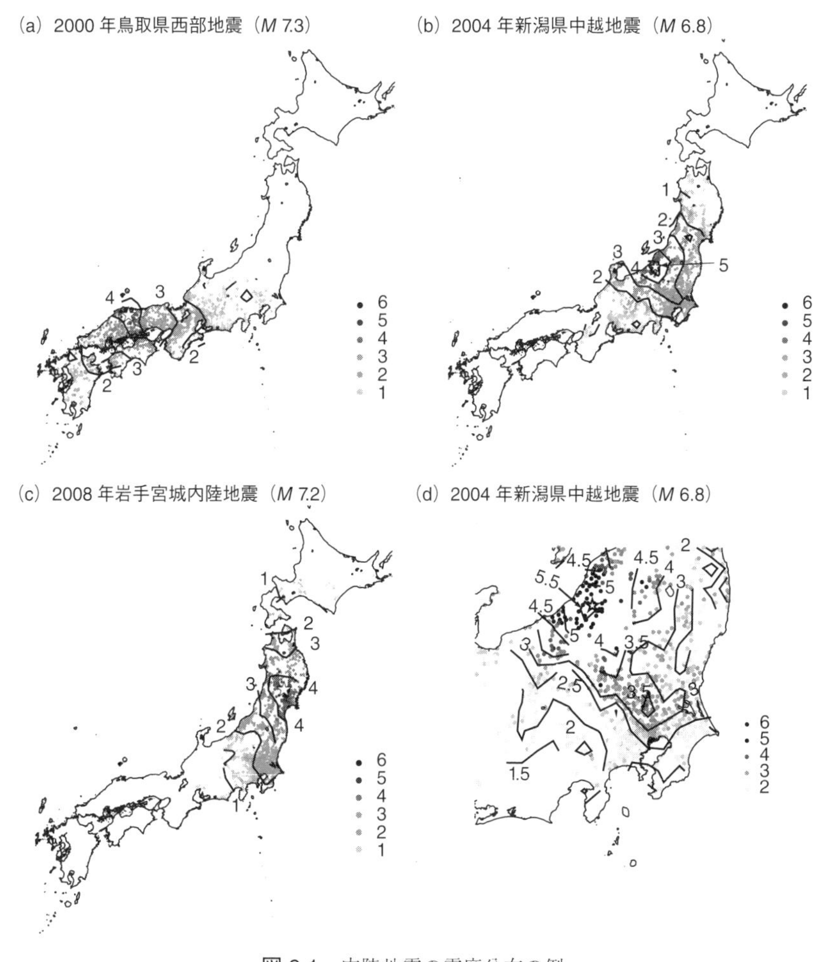


図 9.1　内陸地震の震度分布の例

図 9.1d に，新潟県中越地震の関東平野付近の震度分布を拡大した．細かく見ると，近接した地域でも震度が大きく違うことがわかる．震源から南東方向に位置する関東地方に震度の大きな地域が帯状に分布しているが，これは震源のある新潟県から関東平野にかけての地形や地殻構造の影響によるものと考えられる．一般的に，河川や盆地などの堆積層からなる軟弱地盤の地域では，表層の音響インピーダンスが下層より小さく地震波エネルギーが保存されやすいので，周辺に比べて大きな震度を記録する．

広域に見て，震央を中心とした同心円上から大きくずれる震度分布を，“異常震域”とよぶ．日本では，太平洋プレート内深部で地震が発生すると，東日本の太平洋側の震度が大きくなることがよく知られている．図 9.2 に，紀伊半島沖と京都府沖の深さ約 380 km の地震による震度分布を示す．近畿や北陸に震央があるにもかかわらず，両者とも東日本の太平洋側のみで震度 1 以上を記録している．この要因として，東北日本弧の火山列下の最上部マントルが沈み込む太平洋プレート付近に比べて高減衰域となっていることや（Utsu, 1966），短周期の地震波がプレート内部の短波長不均質構造内を多重散乱しながら効率的に伝播すること（Furumura and Kennett, 2005）などが提案されている．

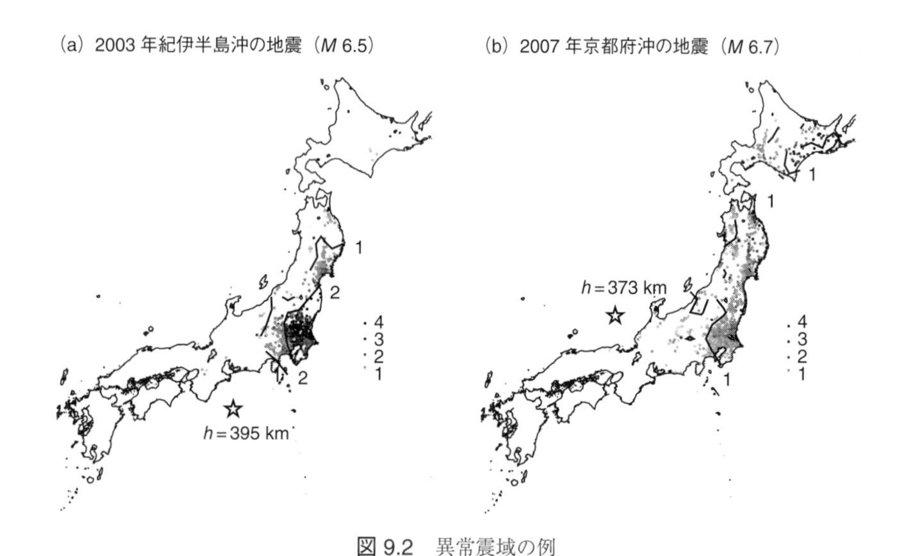


図 9.2　異常震域の例

## 9.2 地震のマグニチュード

### 9.2.1 マグニチュードの推定法

地震そのものの強さを表すには，物理的には，震源から地震波として輻射されるエネルギーを使うのがよいだろう．しかし，地震波のエネルギーを正確に測るには，震源を取り囲むように地震計が配置されていなければならない．加えて，地震波が地球内部を伝播する際の減衰を正確に評価する必要がある．地震断層の変位や面積から推定されるエネルギー量で，物理的な意味づけもしっかりしている地震モーメントを用いることも考えられる．しかし，規模の小さな地震の地震モーメントを正しく推定することは現実的に難しい．

そこで，ごく微小な地震から大地震までの規模を系統的に評価するために，簡便に測定できる“マグニチュード”という尺度が広く使われている．マグニチュードは，

$$M = \log_{10} A + B(\Delta, h) \tag{9.1}$$

の形の式で表される．ここで，$A$ はある観測点の振幅（速度や変位），$B(\Delta, h)$ は震央距離 $\Delta$ や震源の深さ $h$ による補正項である．同じ場所で起きる地震を比べれば，地震の振幅が 10 倍大きくなるごとにマグニチュードの値は 1 大きくなる．

マグニチュードは，もともとは Richter（1935）が南カリフォルニアで発生する地震の規模を評価するために導入した尺度で，「震央距離 100 km に置かれたウッド–アンダーソン（Wood-Anderson）式地震計（固有周期 0.8 s，ダンピング定数 0.8，増幅率 2,800）の 1 成分の記録紙上の最大振幅 $A$ を μm 単位で測り，その常用対数を取ったもの」と定義された．震央距離 100 km に必ずしも地震計が設置されているわけではないので，距離の補正項 $B(\Delta)$ を加えて，

$$M_{\mathrm{L}} = \log_{10} A + B(\Delta) \tag{9.2}$$

とした．南カリフォルニアの地震はほとんど 15 km 以浅で発生するため，$B$ に震源の深さの項はない．この地域に限って使われている換算式に基づくマグニチュードなので，これをローカルマグニチュードとよび $M_{\mathrm{L}}$ で表す．また，マ

グニチュードは，Richter（1935）がそれを初めて定義したことから，米国などの海外ではしばしば**リヒタースケール**（Richter scale）とよばれる．

現在，地震計の種類や測定する波の特性を考慮したいろいろなマグニチュードの換算式が用いられている．最大振幅に基づくマグニチュードのひとつに，遠地P波の振幅からおもに推定される実体波マグニチュード $m_\mathrm{b}$ がある．これは

$$m_\mathrm{b} = \log_{10}\left(\frac{A}{T}\right) + B(\Delta, h) \tag{9.3}$$

として求められる．ここで，$A$ は地震計特性を補正したあとの変位（μm単位），$T$ は波の周期（s単位）である．周期20 sほどの表面波の最大振幅から求められる表面波マグニチュード $M_\mathrm{S}$ は，

$$M_\mathrm{S} = \log_{10} A + d \log \Delta + e \tag{9.4}$$

として表される．$d$，$e$ は観測点ごとに求める係数である．そのほか，微小地震などをよく記録できる速度型地震計の最大振幅から求めるマグニチュードなどもある．これらの式中の震央距離に関する係数 $d$ は1.7程度の値をとることが多い．たとえば，気象庁で使われてきた坪井公式は，$M = 1.73 \log \Delta + \log A - 0.83$（坪井，1954）である．

地震動の継続時間から決める方法も広く使われている．P波が到達してから震動が終わるまでの時間 $t_{\mathrm{F-P}}$ の常用対数をとり，地震計特性や震央距離の補正項を加えて求める．この方法は，地震が連続して発生する場合には使えないものの，地震波が記録紙上で飽和し，最大振幅を読みとることができない場合にも使うことができるという利点がある．

地震波の振幅は周期に依存するため，マグニチュードの飽和が起きることに注意が必要である．長周期の波は大きな地震ほど振幅が大きくなるのに対し，短周期の波は地震の規模がある程度大きくなると振幅はほぼ一定となるという特徴がある（第16章）．そのため，短周期の波の振幅から求めたマグニチュードは，地震の規模が大きくなるとある値で頭打ちとなる．たとえば，周期1 s程度のP波振幅から推定される実体波マグニチュードは $M$ 6程度で，周期約20 sの波を使う表面波マグニチュードは $M$ 7ほどで飽和してしまう．

飽和しないマグニチュードとして，物理的意味が明確なモーメントマグニチュード $M_\mathrm{W}$ がある．断層の最終すべり量に関係する長周期側の地震波から推

定される地震モーメント $M_0$ を使って

$$M_W = \frac{\log_{10} M_0 - 9.1}{1.5} \tag{9.5}$$

の換算式から求められる（式(1.2)を再掲）．ここで，$M_0$ は N m の単位である．地震モーメントの推定には地盤構造などの影響が少ない長周期の波を使う必要があるため，マグニチュードの小さい（おおむね 3〜4 以下）地震について $M_W$ を推定することは一般的に難しい．一方で，大地震や巨大地震は，多くの観測点で記録されるとともに長周期の地震波は地盤構造の影響も受けにくいため，精度の高い推定ができる．地震観測が始まった 1900 年以降の最大の地震は，モーメントマグニチュードに基づくと，1960 年のチリ地震（$M_W$ 9.5）である．地震断層には相似則（16.1 節）があり，地震断層の長さ $L$ と幅 $W$，すべり量 $D$ は，たとえば，$W \approx 0.5L$，$D \approx 3.5 \times 10^{-5}L$ で関係づけられる．断層の長さを 1 km，10 km，100 km とすると，剛性率 $5 \times 10^{10}$ N m$^{-2}$ として計算される地震モーメントから，モーメントマグニチュードは，それぞれ，$M_W$ 4，$M_W$ 6，$M_W$ 8 と概算することができる．

マグニチュードは一般的には $M$ の記号で標記されるが，推定方法も明示する必要がある場合には $M_L$，$m_b$，$M_S$，$M_W$ といった記号で表される．

### 9.2.2 地震の規模別頻度

全世界で起きた地震のマグニチュードの頻度分布（CMT 解に基づくモーメントマグニチュード $M_W$）を調べると，1976 年から 2013 年までの 38 年間に発生した $M$ 6〜7 の地震は約 4,500 個，$M$ 7〜8 は約 480 個，$M$ 8 以上の巨大地震は 30 個である．つまり，$M$ 8 以上の巨大地震はおおよそ年に 1 個，$M$ 7 クラスは年に 10 個，$M$ 6 クラスは年に 100 個ほど発生することがわかる．日本付近で発生した地震について，1983 年から 2013 年の 31 年間を気象庁のデータに基づき調べると，$M$ 5〜6 が約 5,300 個，$M$ 6〜7 が約 640 個，$M$ 7〜8 が約 70 個，$M$ 8 以上が 4 個である．同じ規模の地震で比べると，日本付近で発生する地震の発生数は，世界の約 14% に相当する．また，世界，日本ともに，マグニチュードが 1 つ大きくなるにつれて，発生数はおおよそ 10 分の 1 になることがわかる．

### (1) グーテンベルグ–リヒターの式

マグニチュード $M$ から $M+\mathrm{d}M$ までの地震の度数を $n(M)\,\mathrm{d}M$ として，ある地域に起きる地震のマグニチュードの頻度を調べると，

$$\log_{10} n(M) = a - bM \tag{9.6}$$

という関係式（グーテンベルグ–リヒター（Gutenberg-Richter）の式, G–R 式）で表される分布が得られる．係数 $a$ は地震の発生数を表す定数，$b$ は規模による頻度の度合いを示す定数である．$M$ 以上の地震の発生数を $N(M)$ としても

$$\log_{10} N(M) = A - bM \tag{9.7}$$

が得られる．ここで $A=a-\log_{10}(b\ln 10)$ である．

図 9.3 に全世界と日本付近の地震発生数を片対数グラフで表示した．マグニチュードの頻度分布はほぼ 1 つの直線にのり，G–R 式がよく成り立っていることがわかる．この G–R 式は，一部の例外を除き，ある適当な領域で発生する地震や微小地震を調べても成り立つ．また，$b$ 値はおおよそ 1 である．マグニチュードが 1 大きくなると，地震のエネルギーは 32 倍（式 (9.5)）になるの

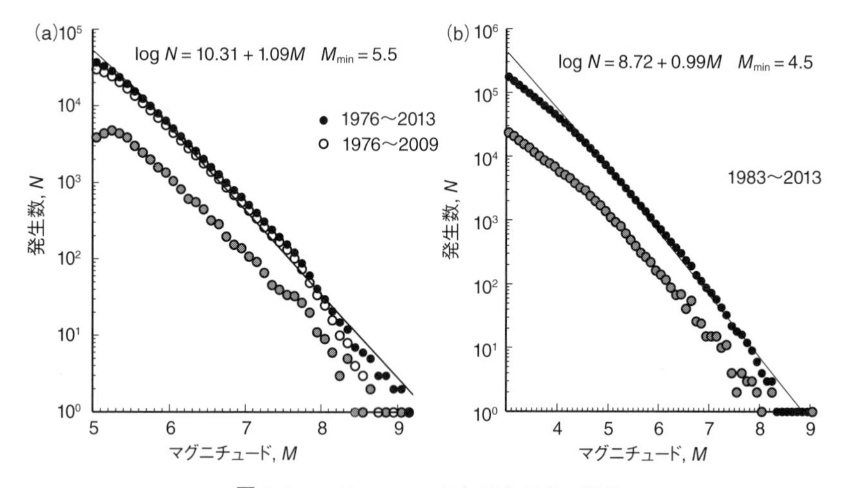


**図 9.3**　マグニチュードと発生頻度の関係

(a) CMT 解に基づく世界の地震．黒丸は 1976〜2013 年，白丸は 1976〜2009 年の累積頻度 $N(M)$ を示す．灰色の丸は $n(M)\,\mathrm{d}M$，($\mathrm{d}M=0.1$)．(b) 気象庁一元化震源による日本周辺の地震．図中の直線は最尤法に基づいてきめた G–R 式．

**表 9.2** 1900 年以降に起きた大地震（米国地質調査所による）

| 番号 | 発生地域 | 発生年月日 | マグニチュード | 緯度 | 経度 |
|---|---|---|---|---|---|
| 1 | チ　リ | 1960 05 22 | 9.5 | −38.3 | −73.1 |
| 2 | アラスカ | 1964 03 28 | 9.2 | 610 | −147.7 |
| 3 | スマトラ | 2004 12 26 | 9.1 | 3.3 | 95.8 |
| 4 | 東北地方太平洋沖 | 2011 03 11 | 9.0 | 38.3 | 142.4 |
| 5 | カムチャツカ | 1952 11 04 | 9.0 | 52.8 | 160.1 |
| 6 | チ　リ | 2010 02 27 | 8.8 | −35.9 | −72.7 |
| 7 | エクアドル | 1906 01 31 | 8.8 | 1.0 | −81.5 |
| 8 | アラスカ（ラット島） | 1965 02 04 | 8.7 | 51.2 | 178.5 |
| 9 | スマトラ北部 | 2005 03 28 | 8.6 | 2.1 | 97.0 |
| 10 | チベット（アッサム） | 1950 08 15 | 8.6 | 28.5 | 96.5 |
| 11 | スマトラ北部 | 2012 04 11 | 8.6 | 2.3 | 93.1 |
| 12 | アラスカ（アンドレアノフ島） | 1957 03 09 | 8.6 | 51.6 | −175.4 |
| 13 | スマトラ南部 | 2007 09 12 | 8.5 | −4.4 | 101.4 |
| 14 | バンダ海（インドネシア） | 1938 02 01 | 8.5 | −5.1 | 131.6 |
| 15 | カムチャツカ | 1923 02 03 | 8.5 | 54.0 | 161.0 |
| 16 | チリ–アルゼンチン国境 | 1922 11 11 | 8.5 | −28.6 | −70.5 |
| 17 | クーリル諸島 | 1963 10 13 | 8.5 | 44.9 | 149.6 |

で，数少ない大地震のほうが多くの小さな地震の集合よりも，より大きなエネルギーを放出する．

マグニチュードの頻度分布を調べる際には，小さな地震が正確に検知できているかどうかに注意する必要がある．大きな地震は遠くで起きていても記録できるが，小さな地震は脈動などのノイズに埋もれてしまう．図 9.3 に示した日本付近の地震について，$M$ 5 より小さいあたりから G–R 式が当てはまらないようにみえるのはそのためである．一方，$M$ 8 以上の大きな地震も，$M$ 5 から $M$ 8 付近で決めた G–R 式から予測される頻度より小さくなることがある．この理由としては 2 つ考えられている．ひとつは，地球の大きさがそもそも有限であるように，断層サイズ（マグニチュード）には，周辺構造に制約を受けるために上限があるという理由が考えられる．もうひとつは，調べた期間が短く，規模の大きな地震を十分記録できていないという理由である．たとえば，表 9.2 に示すように，$M$ 9 クラスの地震は 1900 年以降これまで 5 個の発生が確認されているが絶対数は少ない．図 9.3 には 1976 年から 2009 年までの世界の地震の頻度分布を合わせて示したが，2013 年までのデータよりも $M$ 8 を超えるあたりからの折れ曲がりが大きく見える．これは規模の大きな地震についての活動を統計的に議論するには，まだ十分な観測データが得られていないことを示唆している．

**(2)　*b* 値**

$b$ 値は，対象とした地震群の性質を表す重要なパラメータで，最尤法を用いることで簡単に測定できる．解析対象の地震について，マグニチュード $M_{\min}$ 以上の地震は漏れなく記録されているとすれば，$b$ 値は

$$b = \frac{\log e}{\bar{M} - M_{\min}} \tag{9.8}$$

で与えられる．ここで，$\bar{M}$ は $M$ の平均値である．

いろいろな地域で測定した G–R 式の係数 $b$ 値はおおよそ 0.7〜1.1 の範囲に分布し，地球内部構造や地震・火山活動との関係が古くから指摘されている．たとえば，余震の $b$ 値は比較的大きく，大地震の発生前には $b$ 値がやや小さくなるとの指摘がある．2013（平成 25）年の東北地方太平洋沖地震の数十年前から，地震時すべり量の大きなところで $b$ 値が低下した（Nanjo *et al.*, 2012）．また，火山地域で起きる地震は $b$ 値が大きく，2 程度の値を取ることもまれではない．

$b$ 値が時空間的に変化する原因は，室内実験をもとに考察されている．松ヤニに火山灰をいれた媒質内で発生するごく微小の破壊現象（acoustic emission; AE）の測定結果は，媒質の不均質性が強いと断層破壊が止まりやすく，小さな地震の数が相対的に増えることを示している（Mogi, 1962）．また，媒質に及ぼされる応力によっても $b$ 値は変化する．応力が高いと $b$ 値は小さくなり，応力が小さいと $b$ 値は大きくなる（Scholz, 1968）．これらの室内実験の結果をもとに，$b$ 値と，地震発生前後の断層付近の応力集中の時間変化や火山体構造の不均質性が議論されている．

# 第10章 地震の活動

地震は，同じ場所で起きたり時間的に一定の間隔で起きるわけではなく，不規則でランダムに発生しているようにみえる．一方，大きな地震が発生すると，しばらくは余震が継続して発生することはよく知られている．また，火山地域などでは地震が群発的に発生することも多い．第 7 章では地震の空間分布の特徴について述べたが，本章では，地震の発生時系列に着目し，地震活動の特徴を説明する．

## 10.1 地震活動の表現

地震活動を表すには，物理量としてわかりやすい地震のエネルギーで考えるのが妥当かもしれない．しかし，地震のマグニチュードが 1 つ大きくなるとエネルギーは 32 倍となるため，ある特定の領域についての地震エネルギー放出の時系列を描くと，最大地震のところでのみエネルギーが放出されているような図になる．これでは全体の地震活動を把握することが難しい．そこで，ある一定のマグニチュード以上の地震の発生数や地震エネルギーの平方根（ベニオフ（Benioff）ひずみ）の積算値の時系列により地震活動が表現される．また，ある領域で発生した地震について，横軸を発生時刻，縦軸をマグニチュードとしてプロットする $M$–$T$ 図で表現することも多い．あるいは，適当な時間間隔で，水平方向や鉛直方向に震源分布を描くことで地震活動を表現することもある．

図 10.1 に，マグニチュード別の地震発生数の時間変化を年ごとに示す．全世

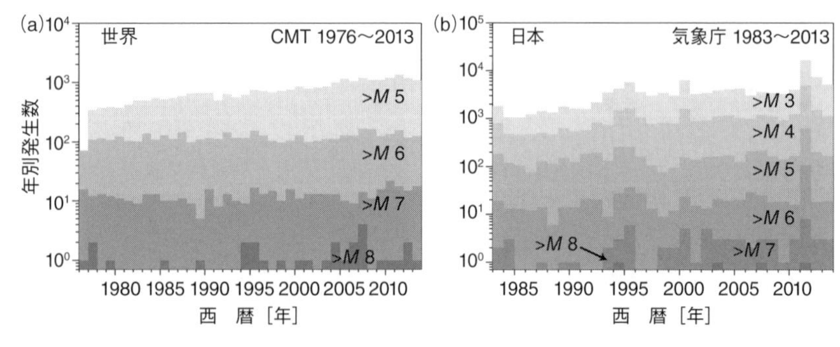


**図 10.1**　世界と日本の年別の地震発生数

(a) CMT 解,(b) 気象庁一元化震源に基づく.

界の地震数の変化を見ると，$M$ 6，あるいは $M$ 7 以上の地震数はほぼ一定であることがわかる．$M$ 8 以上は 1976〜2013 年の 38 年間に 30 個の発生なので，活動変化をみるには観測期間が短い．また，$M$ 5 以上をみると次第に地震数が増加しているように見えるが，これは地震観測点数が増えるにつれて検知能力が向上し，小さな地震まで記録できるようになったためである．日本付近も，検知能力が十分であると考えられる $M$ 5 以上をみると，1983 年から 2011 年 3 月まで多少の変動はあるものの，ほぼ一定の活動度であるといえよう．2011 年にそれまでの数倍以上に地震数が増えているのは，3 月 11 日の東北地方太平洋沖地震（$M_W$ 9）の余震活動による．翌年（2012 年）以降の $M$ 4 以上の地震の発生数は，$M_W$ 9 の地震前の発生数にほぼ落ち着いているようにみえる．

地震の発生時系列を図 8.11 に示すばねとブロックのモデルで考えてみよう．まず静止摩擦係数 $\mu_s$，動摩擦係数 $\mu_d$，ばねを引っ張る速度 $F_s$ が一定とする．このとき，摩擦力が最大静止摩擦力 $F_s$ に達する時間は等しく，また，静止条件も変わらない．したがって，一定規模の地震が一定の時間間隔で発生すると推察される．これを階段ダイアグラム（地震モーメントやマグニチュードの時間変化を累積して示したグラフ）を用いて表現すると，グラフは上下の折れ曲がり箇所がともに直線にのる（図 10.2a）．もし，$\mu_s$ が地震ごとにランダムに変化すると，応力が臨界値に達する時間が地震によって異なるため，地震が発生する時間に規則性がなくなる．$\mu_d$ が変わらなければ，断層の停止条件は一定となるので，蓄積された応力が大きいほど，つまり，地震発生前までの時間が長

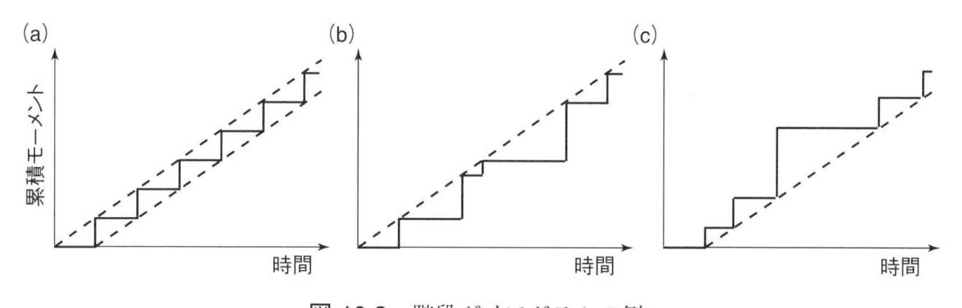


図 10.2 階段ダイアグラムの例
(a) 周期型, (b) 規模予測型, (c) 時間予測型.

いほど, 大きな地震が起きる. この場合, 階段ダイアグラムの上側の折れ曲がり箇所が直線にのり, 規模予測型となる (図 10.2b). 動摩擦係数 $\mu_{\mathrm{d}}$ のみが地震ごとにランダムに変化する場合はどうであろうか? このとき, 断層運動の停止条件は個々の地震によって変わるため, 大きくすべったときは応力解放が大きくなり, 次の地震を起こすための応力が臨界値に達するまで時間がかかる. 階段ダイアグラムでは, 下側の折れ曲がり箇所が直線にのり, 時間予測型となる (図 10.2c). このような一定の法則に従った階段ダイアグラムで表される地震群はまれにある. しかし, 多くの地震は, 地震ごとに摩擦係数が変化したり, 近隣の地震発生との相互作用による応力載荷率が時空間的に変化するため, その発生間隔や規模に単純な規則性を見つけることは難しい.

余震や群発地震の活動などを除くと, 実際の地震は時間的にランダムに発生するポアソン過程に従うと考えられることが多い. いま, ある領域で期間 $T$ に発生する地震数を $N$ とすれば, 発生率は $\nu = N/T$ である. 地震発生がポアソン過程に従えば, ある時間間隔 $\Delta t$ 中に地震が $n$ 個発生する確率は,

$$p(n) = \frac{(\nu \Delta t)^n}{n!}\ \mathrm{e}^{-\nu \Delta t} \tag{10.1}$$

で表される. また, 地震の発生間隔が $t$ から $t + \mathrm{d}t$ に入る度数を $\lambda(t)\ \mathrm{d}t$ とすると, $\lambda(t) = \nu\ \mathrm{e}^{-\nu t}$ である. つまり, 地震活動は発生率 $\nu$ のみで表現される. 次節に示すように, 本震後に発生する余震はポアソン分布にのらないので, 規模の小さな地震を含めて地震発生のランダム性を議論する際は注意が必要である.

## 10.2 本震と余震

比較的大きな地震が発生すると，その周辺でそれより規模の小さい地震が続発する．最初の大きな地震を**本震**（main shock），引き続き起きる地震を**余震**（after shock）とよぶ．図 10.3 に，2008 年岩手・宮城内陸地震（$M$ 7.2）後の地震発生数を示した．本震の発生後に地震数が急激に増え，そのあと次第に減衰していく様子がわかる．2004 年新潟県中越地震（$M$ 6.8）では，本震発生の 4 日後（10 月 27 日）に発生した大きな余震（$M$ 6.1）に伴い地震数がいったん増えているものの，その後は次第に数が減っている．

余震活動の多くは，その発生数が時間のべき乗則に従って減ることを示す改良大森公式に従う．

$$n(t) = \frac{K}{(t+c)^p} \tag{10.2}$$

ここで，$t$ は本震発生からの経過時間，$n(t)$ は地震発生数，$K$ は余震数に関係する量である．$c$ は本震直後に観測される余震の少なさを表す量で，おおよそ数時間程度の値を取る．ただし，本震直後には本震による大きな揺れが長く継続するので余震の検出が難しく，実際にどの程度余震が少なくなるのかは議論がある．指数 $p$ は，大森房吉が余震に関する公式を発表したときにはなかったが，数多くの余震の調査から，減衰に関する指数として導入された（宇津，1957）．

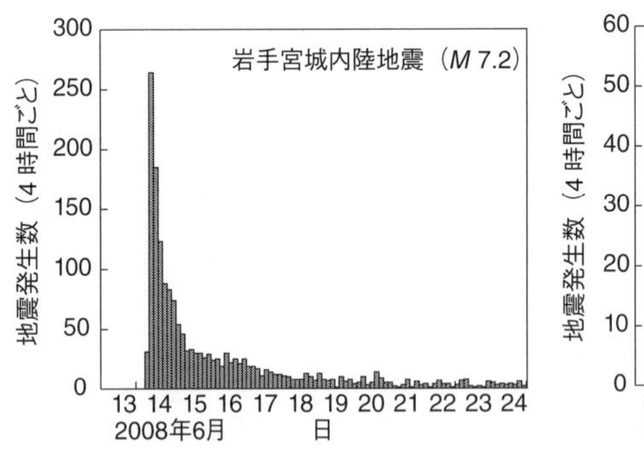


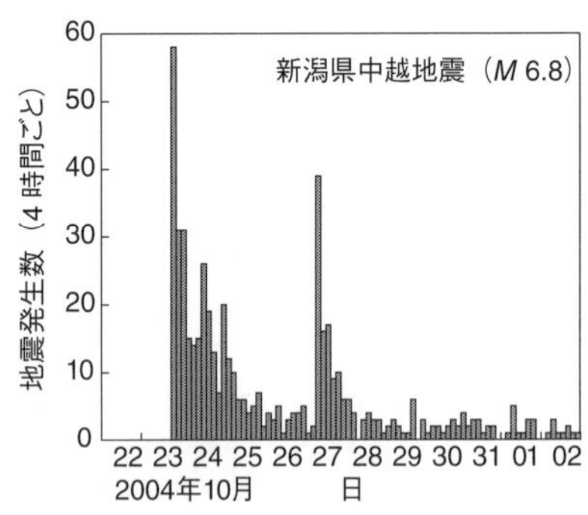


**図 10.3**　余震発生数の時系列の例

気象庁一元化震源による．

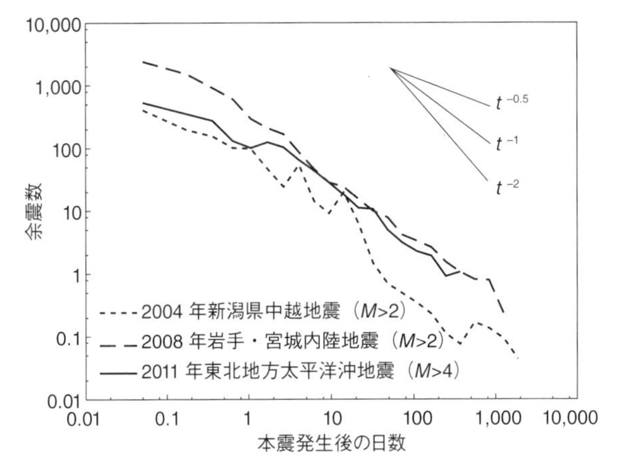


**図 10.4** 余震の発生数の対数表示

これまでに推定された $p$ の範囲は，おおよそ 1.0〜1.4 である．

図 10.4 に余震の発生数を対数表示する．図 10.3 に示した 2 つの地震については $M>2$ 以上の余震数，2011 年東北地方太平洋沖地震（$M_W$ 9.0）については $M>4$ 以上の余震数を示してある．いずれの余震もほぼ時間に反比例（つまり，$p \simeq 1$）して数を減らしていることがわかる．新潟県中越地震では，大きな余震の影響で地震数が一時増加するものの，残りの 2 つの地震の余震数の時間変化と大きな違いはない．このように，規模や発生場所によらず，改良大森公式はほとんどの余震活動で成り立つ．ただし，なぜそのような法則に従うかは，まだよく理解されてはいない．

余震活動中に発生した地震のなかで，最大の規模の地震を"最大余震"とよぶ．最大余震のマグニチュードは，本震のマグニチュードより 1 程度小さいことが経験的に知られている．また，余震は，本震の震源が浅いほど多く発生する．余震の発生域（余震域）は，おおむね本震の断層面付近にあり，その面積 $S\,[\mathrm{km}^2]$ はマグニチュードと次の関係がある（宇津・関，1955）．

$$\log S = 1.02M - 4.01 \tag{10.3}$$

ただし，余震域を詳細に見ると，本震で大きく断層がすべった領域の外側で多数発生する傾向がある．図 10.5 に，1995 年兵庫県南部地震（$M_W$ 6.9）の例を

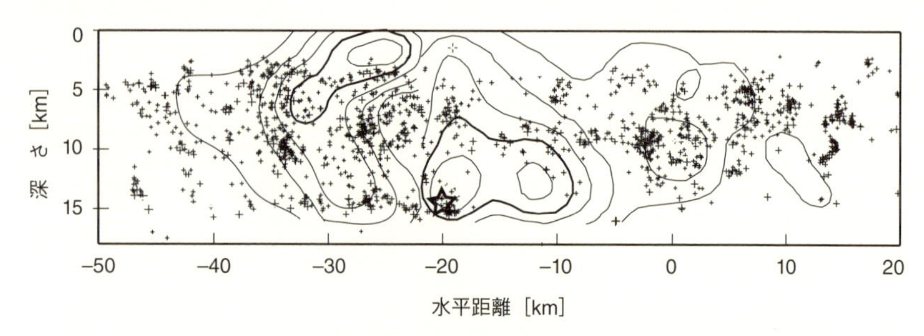


**図 10.5**　1995 年兵庫県南部地震の余震の震源分布とすべり域
星印は本震の位置．左側が南西方向（淡路島側），右側が北東側（神戸市側）．本震の破壊開始点は星印，余震の震源は＋印，地震時すべり量は 0.4 m のコンターで示す（太いコンターは 1.6 m）（Okada. *et al.* (2007) の図を一部修正）．

示す．この地震は右横ずれ断層で，余震とすべり量分布を深さ方向の断面図に表示した．震源付近と断層南西の浅部にある大きなすべり域を避けるように余震が発生していることがわかる．

## 10.3 群発地震

**群発地震**（seismic swarm）とは，ある狭い地域で時間的に集中して地震が頻発する地震活動のことをさす．群発地震では，本震とよべるような他に比べて特別に大きな地震がなく，地震数や規模が時間とともに増大し，1 つあるいは複数のピークを迎えたのち，次第に減衰する．群発地震のなかには，複数の本震–余震型の活動が重なり合っているものもある．無感の小さな地震が頻発する場合もあれば，$M$ 5〜6 クラスの地震が頻発し震源付近に被害を及ぼすこともある．

福島県東方沖では，1938 年 11 月 5 日に $M$ 7.5 の地震（福島県東方沖地震）が発生したのち，その日と翌日に $M$ 7.3 と $M$ 7.4 の地震が発生した．その後も活動は続き，11 月中に $M$ 6.9 の地震 3 個，$M$ 6.0 の地震が 1 個発生した．これは本震–余震型を繰り返した群発地震活動である．長野県松代町では，1965 年から 1967 年にかけて $M$ 4 以上の地震が計 267 回観測された．この松代群発地震は，地盤の隆起や新たな断層の生成，重力変化や地磁気の変化を伴った．また，地震活動のピークから数カ月から 1 カ月遅れて，大量の湧水も観測された．

## コラム4 ETAS モデル

ETAS（イータス）モデルとは，Epidemic-Type Aftershock Sequence の略であり，Ogata（1988），Ogata（1992）による地震の発生率を表すモデルである．

小さな地震まで考慮すると，大きな地震のあとの余震にもさらに余震が続いて発生しているように見える（たとえば，図 10.3 の 2004 年中越地震の最大余震）．そこで，すべての地震はその大きさに応じた余震活動を伴うと仮定し，時刻 $t$ における，ある領域に発生する地震の発生率を，改良大森公式の重ね合わせ，

$$\lambda(t) = \mu + \sum_{t_i<t} \frac{K \exp\ [\alpha(M_i - M_{\mathrm{m}})]}{(t - t_i + c)^p} \tag{10.4}$$

で表す．ここで，総和 $\sum$ は，時刻 $t$ 以前に発生した地震 $i$ すべてについて取る．$i$ 番目の地震の発生時刻は $t_i$，マグニチュードは $M_i$ であり，$M_{\mathrm{m}}$ は考慮している地震の最小のマグニチュードである．$K$，$p$，$c$ は改良大森公式に関するパラメータである．$\alpha$ は対象とした地震群のマグニチュードの差による効率性を示すパラメータで，たとえば，大きい $\alpha$ 値は本震と余震の違いがはっきりし，二次余震（余震の余震）が顕著でないことを表し，小さい値は群発地震のときなどに相当する．$\mu$ は，余震の重ね合わせでは説明できない常時活動の地震発生率を示す定数である．解析領域の地震活動は，おもに $\alpha$ と $\mu$ で特徴づけられる．

5 つのパラメータ（$\mu, K, c, p, \alpha$）は，地震の発生時刻 $t_i$ を直接使う点過程の最尤法を用いて，尤度関数

$$\log L(\mu\text{, }K\text{, }c\text{, }p\text{, }\alpha) = \sum_{i=1}^{N} \log \lambda(t_i) - \int_S^T \lambda(t)\ \mathrm{d}t \tag{10.5}$$

を最大化することで求める．$S, T$ は対象とする地震群の観測期間を示す．

地下深部の高圧な地下水の上昇に伴う岩石の破壊強度の低下が群発地震の発生原因とする考えがある．

伊豆半島東部の伊東市沖や沿岸付近では，1980 年から 1990 年にかけては毎年のように，その後も 2, 3 年ごとに群発地震が発生している（図 10.6）．1989 年には，群発地震活動中に，“火山性微動”や低周波地震が観測され，海底噴火（手石海丘）も発生した．火山地域ではしばしば群発地震が発生し，ときに噴火に結びつく．群発地震に伴って火山体の膨張現象も観測されることがあること

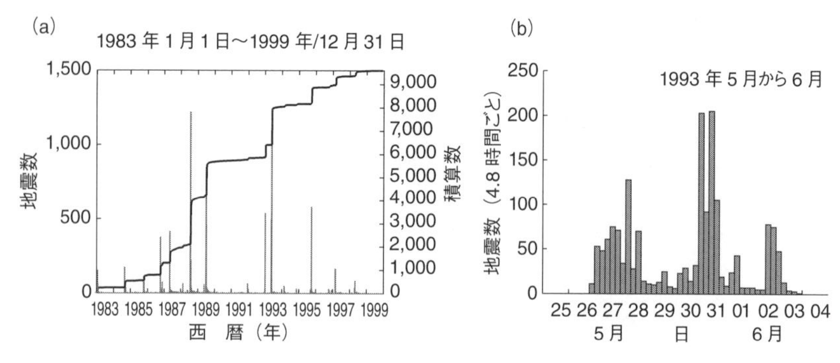


図 10.6　伊豆半島東方沖の群発地震活動

(a) 1983 年から 1999 年までの $M \geq 1$ の地震発生数．灰色線は 7 日ごとの地震数，黒実線は積算数．(b) 1993 年 5 月から 6 月にかけて発生した群発地震の 0.2 日（4.8 時間）ごとの地震数．

から，マグマ貫入によりひき起こされていると考えられている．

## 10.4 そのほかの活動

### (1) 前 震

2011 年 3 月 11 日東北地方太平洋沖地震（$M_{\mathrm{W}}$ 9.0）の発生の 2 日前に，$M$ 7.3 の地震が発生し，$M$ 6.8 の地震を含む活発な余震活動を伴ったが，この $M$ 7.3 の震源は，$M_{\mathrm{W}}$ 9.0 の震源のすぐ近く（北西約 40 km 付近）であった．このように大地震の前に先行して発生し，時空間的に近接して発生するなど本震と何らかの関係があると考えられる地震を**前震**（fore shock）とよぶ．複数の地震が先行して発生している場合には，前震活動ともよぶ．前震とよばれる地震のマグニチュードは，本震との差が 0 から 6 までと大きく分布し，また，時空間的にどの程度の範囲の地震までを対象とするかは議論がある．したがって，通常の地震活動のなかから，大地震発生前に前震活動を見出すことは困難である．

### (2) 誘発地震

**誘発地震**（induced earthquake）は，大地震の発生に伴い余震域とは明らかに異なる地域で発生する地震や，人工的要因によって地下の間隙水圧や応力状態が影響を受けて発生する自然地震をさす．

大地震により励起された大振幅の表面波の伝播が原因となって発生する地震

がある．これらは**動的誘発作用**（dynamic triggering）によって発生するといわれる．代表例として，1992 年米国ランダース地震（$M$ 7.4）がある．カリフォルニアで発生した地震から 1,000 km を超えた距離にある北米の火山や地熱地帯の微小地震活動を活発化させた．**リモート・トリガリング**（remote triggering）とも名づけられたこのような現象は，世界各地で多数報告されている．これらの誘発地震は，大地震による表面波の通過直後，あるいは数日後から発生することが知られている．

大地震による断層運動により，余震域から明らかに遠く離れた領域で，中・小地震や群発地震が発生することがある．このような地震は，大地震による応力場の変化，つまり，**静的誘発作用**（static triggering）により発生した誘発地震である．たとえば，2011 年 3 月 11 日東北地方太平洋沖地震後では，日本各地で $M$ 5〜6 クラスの地震が内陸部で発生した．また，比較的静穏であった地域の微小地震活動の活発化も報告された．このような誘発作用は，8.7.1 項で示したクーロンの破壊関数変化（$\Delta$CFF）を用いてしばしば評価される．

人為的な作用によって誘発地震をひき起こす代表的なものとして，ダム貯水がある．米国のフーバーダム（Hoover Dam）や中国の新豊江ダム，ギリシャのクレマスタ湖などでは，ダム貯水後の数カ月から $M$ 6 クラスの地震が発生したことが知られている．また，地熱開発や，石油や天然ガスなどの採掘時にも，その周辺で微小・中地震を誘発する．規模は小さいものの震源が浅いため，周辺域で被害が生じることもある．

そのほか，太陽や月により地球に及ぼされる地球潮汐によって，統計的には地震が誘発されているという研究もある（Tanaka *et al.*, 2002）．

### (3) 空白域と連動性

地震は，安定地域である大陸の楯状地や海洋底の大部分などではあまり発生せず，沈込み帯に代表されるプレート境界などの変動帯に集中して発生する．沈込み帯などの地震発生帯で，周りでは地震が起きているのにもかかわらず，大地震を起こしていない領域を**第一種空白域**（seismic gap）とよぶ．これは，大地震を起こす能力をもっていながら最近長い間大きな地震が起きていないと考えられる地域である．**第二種空白域**（seismic quiescence）は，やがて起こる大地震の震源域付近で，大地震の前に微小地震の活動が静穏化する領域をさす．たとえば，Ohtake *et al.*（1977）は，メキシコ南部の太平洋岸において，それまで一様に発生していた地震が 1973 年 6 月からあるい地域で低下していることを発見し，時期は特定できないものの，この空白域に $M$ 7.5 ± 0.25 の大地震が発生することを予測した．そののち，1978 年 11 月 29 日に予測した場所で $M$ 7.8 の大地震（オアハカ地震）が発生した．

断層に沿って震源が時空間的に近接して発生することがある．北海道および南千島にかけて，1952〜73 年の約 20 年間に $M$ 8 クラスの地震が相次いで発生した．十勝沖地震（1952 年, $M_{\mathrm{W}}$ 8.2），択捉島沖地震（1963 年，$M_{\mathrm{W}}$ 8.3），十勝沖地震（1968 年，$M_{\mathrm{W}}$ 8.2），北海道東方沖地震（1969 年，$M_{\mathrm{W}}$ 8.3）が発生したが，これらの震源域により唯一埋め尽くされなかった根室半島沖で 1973 年 $M_{\mathrm{W}}$ 7.8 の地震（根室半島沖地震）が発生した．トルコのアナトリア断層では，1939 年の $M$ 7.8 に始まり，1942，1943，1944，1957，1967 年にそれぞれ $M$ 7 程度以上の地震が断層に沿ってほぼ東から西へと移動して発生した．

フィリピン海プレートがユーラシアプレートに沈み込む南海トラフでは，南海，東南海，東海地震が 100〜150 年程度の間隔で個別にあるいは連動して繰り返し発生している（図 25.7 参照）．1707 年の宝永地震では，これらの地震断層が同時に動き，南海トラフのほぼ全領域でプレート境界が破壊したと考えられている．あるひとつの地震が発生した場合にも，数年以内に隣接地域の地震が発生するなど連動性を示すことも多い（たとえば，1944 年東南海地震，1946 年南海地震）．

# 第2部

# 地震波動

# 第11章 波動方程式のグリーン関数

弾性媒質に**体積力**（body force，単位体積あたりの力）がはたらくと弾性波が生じる．このような現象を記述するには，デルタ関数的な体積力に対する変位，すなわち，**グリーン**（Green）**関数**を求めておくと便利である．初めにスカラー波を用いてグリーン関数導出の数理の基礎を学び，次に弾性媒質におけるグリーン関数の導出を行う．

## 11.1 スカラー波のグリーン関数

3次元空間における一様等方な無限媒質（速度 $V$）において，非斉次項 $f$ によって励起されるスカラー波 $u(\boldsymbol{x},t)$ は，波動方程式

$$\Delta u(\boldsymbol{x},t) - \frac{1}{V^2}{\partial_t}^2 u(\boldsymbol{x},t) = f(\boldsymbol{x},t) \tag{11.1}$$

に従う．記号 $\Delta$ $(= {\partial_x}^2 + {\partial_y}^2 + {\partial_z}^2)$ はラプラシアン，$\partial_t$ は時間偏微分である．波動場は初めはゼロで静止しており（$u = \dot{u} = 0$），非斉次項 $f$ は有限の時間と空間でのみはたらくものとする．

グリーン関数 $G(\boldsymbol{x},t)$ は，時間と空間の原点におかれたデルタ関数の非斉次項をもつ偏微分方程式

$$\Delta G(\boldsymbol{x},t) - \frac{1}{V^2}{\partial_t}^2 G(\boldsymbol{x},t) = \delta(\boldsymbol{x})\,\delta(t) \tag{11.2}$$

の解で，原点から遠方でゼロという斉次境界条件

$$\lim_{|\boldsymbol{x}|\to\infty} G(\boldsymbol{x},t)=0 \tag{11.3}$$

および，遅延条件

$$G(\boldsymbol{x},t)=0 \qquad t<0 \tag{11.4}$$

を満たすものとする．

非斉次項 $f$ によって励起されるスカラー波 $u$ は，このグリーン関数と非斉次項のたたみ込み積分，

$$u(\boldsymbol{x},t)=\iiiint_{-\infty}^{\infty} G(\boldsymbol{x}-\boldsymbol{x'},t-t')f(\boldsymbol{x'},t')\,\mathrm{d}\boldsymbol{x'}\,\mathrm{d}t' \tag{11.5}$$

で与えられる．式 (11.2) とデルタ関数の性質（付録 B，式 (B.4b)）を用いれば，この解が式 (11.1) を満たすことを確かめることができる．

ここで，遅延解を得るために時間偏微分に加えるかたちで無限小の減衰因子 $\varepsilon>0$ を導入する．

$$\Delta G(\boldsymbol{x},t)-\frac{1}{V^2}\left(\partial_t+\varepsilon\right)^2 G(\boldsymbol{x},t)=\delta(\boldsymbol{x})\delta(t) \tag{11.6}$$

減衰因子 $\varepsilon$ は十分小さいので，$\varepsilon^2$ に比例する 2 次項は無視してもよく，$\varepsilon\to0$ の極限をとれば減衰のない場合に対応する．

$G(\boldsymbol{x},t)$ を平面波 $\mathrm{e}^{i(\boldsymbol{kx}-\omega t)}$ の重ね合わせとして，

$$\begin{aligned}G(\boldsymbol{x},t)&=\frac{1}{(2\pi)^4}\iiiint_{-\infty}^{\infty}\widehat{\widetilde{G}}(\boldsymbol{k},\omega)\,\mathrm{e}^{\mathrm{i}(\boldsymbol{kx}-\omega t)}\,\mathrm{d}\boldsymbol{k}\,\mathrm{d}\omega\\&=\frac{1}{2\pi}\int_{-\infty}^{\infty}\widehat{G}(\boldsymbol{x},\omega)\,\mathrm{e}^{-\mathrm{i}\omega t}\,\mathrm{d}\omega\end{aligned} \tag{11.7}$$

と書くことにする．記号 ^ は時間に，~ は空間座標に関する**フーリエ**（Fourier）**変換**を表す．デルタ関数のフーリエ表現（付録 B，式（B.13））を用いると，式 (11.6) は

$$\left[\frac{(\omega+\mathrm{i}\varepsilon)^2}{V^2}-\left({k_x}^2+{k_y}^2+{k_z}^2\right)\right]\widehat{\widetilde{G}}(\boldsymbol{k},\omega)=1 \tag{11.8}$$

と書ける．ここで $k^2={k_x}^2+{k_y}^2+{k_z}^2$ および $\omega_+=\omega+\mathrm{i}\varepsilon$ と表すと，

$$\widehat{\widetilde{G}}(\boldsymbol{k},\omega)=\frac{1}{{\omega_+}^2/V^2-k^2} \tag{11.9}$$

が得られる．この解を式 (11.7) に代入し，波数空間における球座標 $(k,\theta_k,\varphi_k)$

を用いて積分を実行し，$\boldsymbol{x}-\omega$ 空間における解 $\widehat{G}(\boldsymbol{x},\omega)$ を求める．ベクトル $\boldsymbol{k}$ を $\boldsymbol{x}$ 方向から測ると，$r=|\boldsymbol{x}|$ として，$\boldsymbol{kx}=kr\cos\theta_k$ と書ける．波数空間での体積要素は $\mathrm{d}\boldsymbol{k}=k^2\,\mathrm{d}k\,\sin\theta_k\,\mathrm{d}\theta_k\,\mathrm{d}\varphi_k$ であるから，

$$
\begin{aligned}
\widehat{G}(\boldsymbol{x},\omega) &= \frac{1}{(2\pi)^3}\iiint_{-\infty}^{\infty}\frac{1}{-k^2+{\omega_+}^2/V^2}\,\mathrm{e}^{\mathrm{i}\boldsymbol{kx}}\,\mathrm{d}\boldsymbol{k} \\
&= \frac{1}{(2\pi)^3}\oint \mathrm{d}\varphi_k \int_0^{\infty} k^2\mathrm{d}k\int_0^{\pi}\sin\theta_k\,\mathrm{d}\theta_k\,\frac{1}{-k^2+{\omega_+}^2/V^2}\,\mathrm{e}^{\mathrm{i}kr\cos\theta_k} \\
&= \frac{1}{(2\pi)^2}\int_0^{\infty}k^2\mathrm{d}k\frac{1}{-k^2+{\omega_+}^2/V^2}\frac{\mathrm{e}^{\mathrm{i}kr}-\mathrm{e}^{-\mathrm{i}kr}}{\mathrm{i}kr} \\
&= \frac{1}{4\pi^2\mathrm{i}r}\int_{-\infty}^{\infty}\frac{k}{-k^2+{\omega_+}^2/V^2}\,\mathrm{e}^{\mathrm{i}kr}\mathrm{d}k \\
&= \frac{-1}{8\pi^2\mathrm{i}r}\int_{-\infty}^{\infty}\left(\frac{\mathrm{e}^{\mathrm{i}kr}}{k-\omega_+/V}+\frac{\mathrm{e}^{\mathrm{i}kr}}{k+\omega_+/V}\right)\mathrm{d}k \\
&= \frac{-1}{8\pi^2\mathrm{i}r}\oint_{\rightarrow+\frown}\left(\frac{\mathrm{e}^{\mathrm{i}kr}}{k-\omega_+/V}+\cancel{\frac{\mathrm{e}^{\mathrm{i}kr}}{k+\omega_+/V}}\right)\mathrm{d}k \\
&= -\frac{\mathrm{e}^{\mathrm{i}\omega r/V-\varepsilon r/V}}{4\pi r}\ \xrightarrow[\varepsilon\to 0]{}\ -\frac{\mathrm{e}^{\mathrm{i}\omega r/V}}{4\pi r}
\end{aligned}
\tag{11.10}
$$

を得る．第 3 行目は $\theta_k$ に関する積分を実行した結果であり，第 4 行目で $k$ の積分域を負の領域まで広げ，5 行目で部分分数分解を行う．常に $r>0$ であるから，波数 $k$ を虚軸に沿って正の無限大にもっていくと $\mathrm{e}^{\mathrm{i}kr}$ は十分早くゼロに収束し，$1/(k-\omega_+/V)$ は $|k|\to\infty$ の極限でゼロに収束するので，複素 $k$ 平面の上半面で十分大きな半径の半円の積分路を実軸に加えて閉じる（第 6 行目，図 11.1 参照）．ジョルダンの補題により半円に沿った**径路積分**（contour integral）はゼロとなるので，実軸上の積分は閉じた径路の積分に等しいとしてよい（付録 B.2 節参照）．$\omega$ の正負によらず上半面に位置する第 1 項の 1 位の極 $(\omega+\mathrm{i}\varepsilon)/V$ のみが閉曲線の内側にあり，下半面に位置する第 2 項の極は閉曲線の外側にある．コーシーの積分定理を用いてこの積分を評価すると，距離減衰項 $\mathrm{e}^{-\varepsilon r/V}$ を含む外向き球面波の解を得る．最後に極限 $\varepsilon\to 0$ をとることで，減衰のない場合の解を得る．無限小の減衰 $\varepsilon>0$ の導入は，複素 $k$ 平面の実軸上にあった極 $\omega/V$ を虚軸に沿ってわずかに移動することに対応し，積分路の極の避け方を一意的に与える．

得られた $\widehat{G}(\boldsymbol{x},\omega)$ を $\omega$ に関してフーリエ変換を実行すればデルタ関数が得られ，$\boldsymbol{x}-t$ 空間における解，

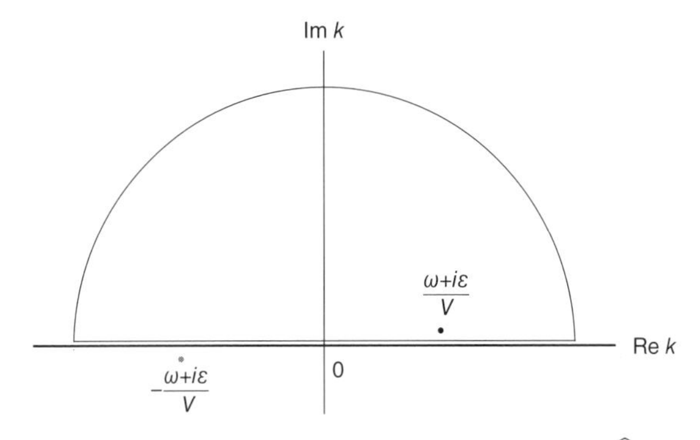


図 11.1 複素 $k$ 空間におけるスカラー波のグリーン関数 $\widehat{\widehat{G}}(\boldsymbol{k},\omega)$ の極と上半面の積分路

$$G(\boldsymbol{x},t) = -\frac{1}{4\pi r}\frac{1}{2\pi}\int_{-\infty}^{\infty} \mathrm{d}\omega\, \mathrm{e}^{-\mathrm{i}\omega\left(t-\frac{r}{V}\right)} = -\frac{1}{4\pi r}\delta\left(t-\frac{r}{V}\right) \tag{11.11}$$

を得る．波形は崩れず，速度 $V$ で外向きに球面状に拡がり，その振幅は距離の逆数に比例して幾何減衰する．求めた解は，遠方でゼロ（式 (11.3)）となり，遅延条件（式 (11.4)）を満たしている．これを遅延グリーン関数とよぶ．

## 11.2 弾性波のグリーン関数

一様等方な無限弾性媒質中の一点に体積力（単位体積あたりの非接触力）$\boldsymbol{f}(\boldsymbol{x},t)$ が加えられた場合，これによって励起される変位ベクトル $\boldsymbol{u}(\boldsymbol{x},t)$ は，P 波速度と S 波速度を用いた微分方程式（付録 A，式 (A.19)），

$$\rho\left[\delta_{ij}\partial_t{}^2 - \beta^2\delta_{ij}\Delta - \left(\alpha^2-\beta^2\right)\partial_i\partial_j\right]u_j(\boldsymbol{x},t) = f_i(\boldsymbol{x},t) \tag{11.12}$$

に従う．以下では，直交直線座標系を $(x,y,z)$ または $(x_1,x_2,x_3)$ と表し，下付添字 $i,j$ はベクトルやテンソルの直交直線座標成分を表すことにする．変位は初めは至るところゼロで静止しており（$\boldsymbol{u}=\dot{\boldsymbol{u}}=0$），非斉次項 $\boldsymbol{f}$ は有限の時間と空間でのみはたらくものとする．同じ添字が 2 回現れた場合はその添字について 1 から 3 までの和をとると約束し，煩雑を避けるために和の記号 $\sum_{j=1}^{3}$ は省略する．これをアインシュタイン（Einstein）の規約とよぶ．ここで，左辺の微分演算子を

$$\Lambda_{ij}\left(-i\nabla, \mathrm{i}\partial_t\right) \equiv \rho\left[\delta_{ij}\beta^2(-\mathrm{i}\partial_k)(-\mathrm{i}\partial_k) - \delta_{ij}(\mathrm{i}\partial_t)^2 + \left(\alpha^2-\beta^2\right)(-\mathrm{i}\partial_i)(-\mathrm{i}\partial_j)\right] \tag{11.13}$$

と定義する．式 (11.12) の右辺の非斉次項 $\boldsymbol{f}$ が $t=0$ に座標原点で $k$ 方向にはたらく時空間のデルタ関数 $\delta(\boldsymbol{x})\delta(t)$ の場合，これによる $j$ 成分の変位を表すグリーン関数 $G_{jk}(\boldsymbol{x}, t)$ は，

$$\Lambda_{ij}\left(-\mathrm{i}\nabla, \mathrm{i}\partial_t\right) G_{jk}\left(\boldsymbol{x}, t\right) = \delta_{ik}\delta\left(\boldsymbol{x}\right)\delta\left(t\right) \tag{11.14}$$

の解で，原点から遠方でゼロという斉次境界条件

$$\lim_{|\boldsymbol{x}|\to\infty} G_{jk}(\boldsymbol{x}, t) = 0 \tag{11.15}$$

および，遅延条件

$$G_{jk}(\boldsymbol{x}, t) = 0 \qquad t < 0 \tag{11.16}$$

を満たすものとする．

スカラー波の場合と同様に，この微分方程式 (11.14) に無限小の減衰因子 $\varepsilon > 0$ を導入し，

$$\Lambda_{ij}\left(-\mathrm{i}\nabla, \mathrm{i}\partial_t + \mathrm{i}\varepsilon\right) G_{jk}\left(\boldsymbol{x}, t\right) = \delta_{ik}\delta\left(\boldsymbol{x}\right)\delta\left(t\right) \tag{11.17}$$

と書こう．減衰のない場合の遅延グリーン関数は，極限 $\varepsilon \to 0$ をとることで求められる．

### 11.2.1 $\boldsymbol{k}$–$\omega$ 空間における解

グリーン関数を

$$\begin{aligned} G_{jk}\left(\boldsymbol{x}, t\right) &= \frac{1}{(2\pi)^4}\iiiint_{-\infty}^{\infty} \widehat{\widehat{G}}_{jk}\left(\boldsymbol{k}, \omega\right) \mathrm{e}^{\mathrm{i}(\boldsymbol{k}\boldsymbol{x}-\omega t)}\ \mathrm{d}\boldsymbol{k}\ \mathrm{d}\omega \\ &= \frac{1}{2\pi}\int_{-\infty}^{\infty} \widehat{G}_{jk}\left(\boldsymbol{x}, \omega\right) \mathrm{e}^{-\mathrm{i}\omega t}\ \mathrm{d}\omega \end{aligned} \tag{11.18}$$

のようにフーリエ積分で書き表す．これとデルタ関数のフーリエ積分表示（付録 B，式 (B.13)）とを式 (11.17) に代入し，積分核を比較して，

$$\Lambda_{ij}\left(\boldsymbol{k}, \omega+\mathrm{i}\varepsilon\right)\widehat{\widehat{G}}_{jk}\left(\boldsymbol{k}, \omega\right) = \rho\left\{\delta_{ij}\left[\beta^2k^2 - (\omega+\mathrm{i}\varepsilon)^2\right] + \left(\alpha^2-\beta^2\right)k_ik_j\right\}\widehat{\widehat{G}}_{jk} = \delta_{ik} \tag{11.19}$$

を得る．以下では，$\omega_+ = \omega + \mathrm{i}\varepsilon$ と記す．

$\Lambda_{ij}$ は対称テンソルなので，その逆行列 $\hat{\hat{G}}_{jk}$ も対称テンソルである．等方な波数空間における対称テンソルは $\delta_{jk}$ と $k_j k_k$ とで構成されるので，波数 $k$ のスカラー関数 $\phi(k)$ と $\psi(k)$ を用いて，

$$\hat{\hat{G}}_{jk} = k_j k_k \phi(k) + (\delta_{jk} k^2 - k_j k_k)\psi(k) \tag{11.20}$$

のかたちに書こう．これを式 (11.19) に代入し，

$$\rho k_i k_k \phi(k)\left(\alpha^2 k^2 - {\omega_+}^2\right) + \rho(\delta_{ik} k^2 - k_i k_k)\psi(k)\left(\beta^2 k^2 - {\omega_+}^2\right) = \delta_{ik} \tag{11.21}$$

を得る．これに $k_i k_k$ を掛け，$i$ と $k$ について和をとることで $\rho k^2 \phi(k)\left(\alpha^2 k^2 - {\omega_+}^2\right) = 1$ が，また，この対角和から $\rho k^2 \psi(k)\left(\beta^2 k^2 - {\omega_+}^2\right) = 1$ が求められる．これらを式 (11.20) に代入して，

$$\hat{\hat{G}}_{jk}(\boldsymbol{k}, \omega) = \frac{k_j k_k}{\rho k^2(\alpha^2 k^2 - {\omega_+}^2)} - \frac{k_j k_k}{\rho k^2(\beta^2 k^2 - {\omega_+}^2)} + \frac{\delta_{jk}}{\rho(\beta^2 k^2 - {\omega_+}^2)} \tag{11.22}$$

が得られる．

### 11.2.2 $\boldsymbol{x}$–$\omega$ 空間における解

式 (11.22) を $\boldsymbol{k}$ 空間でフーリエ変換することで，$\boldsymbol{x}$–$\omega$ 空間での解を，

$$\begin{aligned}
\hat{G}_{jk}(\boldsymbol{x}, \omega) &= \frac{1}{(2\pi)^3}\int_{-\infty}^{\infty} \hat{\hat{G}}_{jk}(\boldsymbol{k}, \omega)\,\mathrm{e}^{\mathrm{i}\boldsymbol{k}\boldsymbol{x}}\,\mathrm{d}\boldsymbol{k} \\
&= \frac{\partial_j \partial_k}{(2\pi)^3 \rho}\iiint_{-\infty}^{\infty} \frac{1}{k}\left[-\frac{1}{k\,(\alpha^2 k^2 - {\omega_+}^2)} + \frac{1}{k\,(\beta^2 k^2 - {\omega_+}^2)}\right]\mathrm{e}^{\mathrm{i}\boldsymbol{k}\boldsymbol{x}}\,\mathrm{d}\boldsymbol{k} \\
&\qquad + \frac{\delta_{jk}}{(2\pi)^3 \rho}\iiint_{-\infty}^{\infty} \frac{1}{k}\frac{k}{(\beta^2 k^2 - {\omega_+}^2)}\,\mathrm{e}^{\mathrm{i}\boldsymbol{k}\boldsymbol{x}}\,\mathrm{d}\boldsymbol{k} \\
&= \frac{\partial_j \partial_k}{(2\pi)^3 \rho}\int_{-\infty}^{\infty} \frac{1}{k} f_1(k)\,\mathrm{e}^{\mathrm{i}\boldsymbol{k}\boldsymbol{x}}\,\mathrm{d}\boldsymbol{k} + \frac{\delta_{jk}}{(2\pi)^3 \rho}\int_{-\infty}^{\infty} \frac{1}{k} f_2(k)\,\mathrm{e}^{\mathrm{i}\boldsymbol{k}\boldsymbol{x}}\,\mathrm{d}\boldsymbol{k}
\end{aligned} \tag{11.23}$$

と書くことができる．ここで，

$$f_1(k) = \frac{1}{k\,(\beta^2 k^2 - {\omega_+}^2)} - \frac{1}{k\,(\alpha^2 k^2 - {\omega_+}^2)} \tag{11.24a}$$

$$f_2(k) = \frac{k}{(\beta^2 k^2 - {\omega_+}^2)} \tag{11.24b}$$

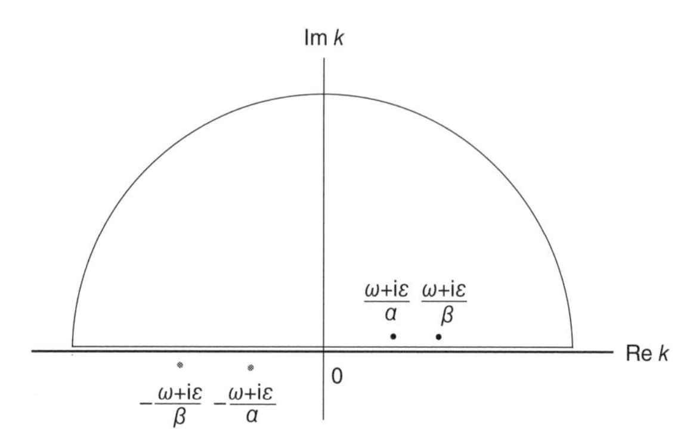


**図 11.2**　複素 $k$ 空間における弾性波動のグリーン関数 $\widehat{\widehat{G}}_{jk}(\boldsymbol{k},\omega)$ の極と上半面の半円の積分路

とおいた.

波数空間で極座標 $(k,\theta_k,\varphi_k)$ を用いて積分を実行する．関数 $f_1(k)$ と $f_2(k)$ が $k$ の奇関数であることを用いて，動径座標 $k$ の積分領域を $(0,\infty)$ から $(-\infty,\infty)$ へと拡張し，これを複素 $k$ 空間で評価する．$r>0$ であるから，$k$ を虚軸に沿って正の無限大にもっていくと $\mathrm{e}^{\mathrm{i}kr}$ は十分早くゼロに収束するので，複素 $k$ 平面の上半面で半円の径路を実軸に加えて積分路を閉じる（図 11.2 参照）．式 (11.23) の第 1 項の積分は，

$$\frac{1}{k\left(\beta^2k^2-{\omega_+}^2\right)}=\frac{1}{2{\omega_+}^2}\left(\frac{1}{k-(\omega_+/\beta)}+\frac{1}{k+(\omega_+/\beta)}-\frac{2}{k}\right)$$

を用いて $f_1(k)$ を部分分数分解できる．ジョルダンの補題により付加した上半面の半円をめぐる径路積分はその半径を十分大きくとればゼロとなるので，実軸上の積分は閉じた径路の積分に等しい（付録 B.2 節参照）．上半面にある極 $\omega_+/\alpha$ と $\omega_+/\beta$ のみが閉曲線の留数積分に寄与することに注意して，次式を得る．

$$\begin{aligned}
&\partial_j\partial_k\frac{1}{(2\pi)^3\rho}\iiint_{-\infty}^{\infty}\frac{f_1(k)}{k}\,\mathrm{e}^{\mathrm{i}\boldsymbol{kx}}\;\mathrm{d}\boldsymbol{k}\\
&=\partial_j\partial_k\frac{1}{(2\pi)^3\rho}\int_0^{\infty}\int_0^{\pi}\int_0^{2\pi}\frac{f_1(k)}{k}\;\mathrm{e}^{\mathrm{i}kr\cos\theta_k}k^2\,\mathrm{d}k\sin\theta_k\,\mathrm{d}\theta_k\,\mathrm{d}\varphi_k\\
&=\partial_j\partial_k\frac{1}{(2\pi)^2\rho\mathrm{i}r}\int_0^{\infty}(\mathrm{e}^{\mathrm{i}kr}-\mathrm{e}^{-\mathrm{i}kr})f_1(k)\;\mathrm{d}k=\partial_j\partial_k\frac{1}{(2\pi)^2\rho\mathrm{i}r}\int_{-\infty}^{\infty}\mathrm{e}^{\mathrm{i}kr}\,\mathrm{d}k\,f_1(k)\\
&=\partial_j\partial_k\frac{1}{(2\pi)^2\rho\mathrm{i}r}\frac{1}{2{\omega_+}^2}\int_{\rightarrow+\frown}\mathrm{e}^{\mathrm{i}kr}\,\mathrm{d}k\left[\frac{1}{k-\frac{\omega_+}{\beta}}+\cancel{\frac{1}{k+\frac{\omega_+}{\beta}}}-\frac{1}{k-\frac{\omega_+}{\alpha}}-\cancel{\frac{1}{k+\frac{\omega_+}{\alpha}}}\right]
\end{aligned}$$

$$= \partial_j \partial_k \frac{1}{4\pi\rho r {\omega_+}^2} \left[ \mathrm{e}^{\mathrm{i}(\omega_+/\beta)r} - \mathrm{e}^{\mathrm{i}(\omega_+/\alpha)r} \right] \tag{11.25}$$

第 2 項も同様に上半面で半円を加えて積分路を閉じ，上半面にある極 $\omega_+/\beta$ の留数計算から，

$$\begin{aligned}
&\delta_{jk} \frac{1}{(2\pi)^3 \rho} \iiint_{-\infty}^{\infty} \frac{f_2(k)}{k} \mathrm{e}^{\mathrm{i}\boldsymbol{kx}} \mathrm{d}\boldsymbol{k} \\
&= \delta_{jk} \frac{1}{(2\pi)^2 \rho} \int_0^{\infty} \frac{f_2(k)}{k} \frac{(\mathrm{e}^{\mathrm{i}kr} - \mathrm{e}^{-\mathrm{i}kr})}{\mathrm{i}kr} k^2 \, \mathrm{d}k = \delta_{jk} \frac{1}{(2\pi)^2 \rho \mathrm{i} r} \int_{-\infty}^{\infty} f_2(k) \, \mathrm{e}^{\mathrm{i}kr} \, \mathrm{d}k \\
&= \delta_{jk} \frac{1}{(2\pi)^2 \rho \mathrm{i} r} \int_{\to + \frown} \mathrm{e}^{\mathrm{i}kr} \, \mathrm{d}k \frac{1}{2\beta^2} \left[ \frac{1}{k - \frac{\omega_+}{\beta}} + \cancel{\frac{1}{k + \frac{\omega_+}{\beta}}} \right] \\
&= \delta_{jk} \frac{1}{4\pi\rho\beta^2 r} \mathrm{e}^{\mathrm{i}\omega_+ r/\beta}
\end{aligned} \tag{11.26}$$

を得る．これらをまとめると

$$\widehat{G}_{jk}(\boldsymbol{x}, \omega) = \partial_j \partial_k \frac{1}{4\pi\rho r {\omega_+}^2} \left[ \mathrm{e}^{\mathrm{i}\omega_+ r/\beta} - \mathrm{e}^{\mathrm{i}\omega_+ r/\alpha} \right] + \delta_{jk} \frac{1}{4\pi\rho\beta^2 r} \mathrm{e}^{\mathrm{i}\omega_+ r/\beta} \tag{11.27}$$

と書ける．いずれの項も外向きの球面波である．

### 11.2.3 $\boldsymbol{x}$–$t$ 空間における解

時空間におけるグリーン関数は，式 (11.27) をフーリエ変換し，$\varepsilon \to 0$ の極限をとって，

$$\begin{aligned}
G_{jk}(\boldsymbol{x}, t) &= \frac{1}{2\pi} \int_{-\infty}^{\infty} \widehat{G}_{jk}(\boldsymbol{x}, \omega) \, \mathrm{e}^{-\mathrm{i}\omega t} \, \mathrm{d}\omega \\
&= \partial_j \partial_k \frac{1}{4\pi\rho r} \frac{1}{2\pi} \int_{-\infty}^{\infty} \frac{-1}{(\omega + \mathrm{i}\varepsilon)^2} \left[ \mathrm{e}^{-\mathrm{i}\omega(t - r/\alpha) - \varepsilon r/\alpha} - \mathrm{e}^{-\mathrm{i}\omega(t - r/\beta) - \varepsilon r/\beta} \right] \mathrm{d}\omega \\
&\qquad + \delta_{jk} \frac{1}{4\pi\rho\beta^2 r} \frac{1}{2\pi} \int_{-\infty}^{\infty} \mathrm{e}^{-\mathrm{i}\omega(t - r/\beta) - \varepsilon r/\beta} \, \mathrm{d}\omega \\
&\xrightarrow[\varepsilon \to 0]{} \partial_j \partial_k \frac{R(t - (r/\alpha)) - R(t - (r/\beta))}{4\pi\rho r} + \delta_{jk} \frac{\delta(t - (r/\beta))}{4\pi\rho\beta^2 r}
\end{aligned} \tag{11.28}$$

を得る．ここでデルタ関数 $\delta(t)$ と傾斜関数 $R(t)$ のフーリエ変換と（付録 B，式 (B.8) と (B.11)）を用いた．

第 1 項の 2 階微分を実行し，変位の具体的な表現を求めよう． 微分 $\partial_j r = x_j/r = \gamma_j$ は動径単位ベクトルであり，$\partial_j \partial_k r = \partial_j \gamma_k = (\delta_{jk} - \gamma_j \gamma_k)/r$, $\partial_i (1/r) =$

$-\gamma_i/r^2$, $\partial_j\partial_k(1/r)=(3\gamma_j\gamma_k-\delta_{jk})/r^3$ である．$\partial_j R(t-r/\alpha)=-(1/\alpha)\partial_j r\dot{R}(t-r/\alpha)=-(1/\alpha)\gamma_j H(t-r/\alpha)$, および $\partial_j H(t-r/\alpha)=-(1/\alpha)\partial_j r\dot{H}(t-r/\alpha)=-(1/\alpha)\gamma_j\delta(t-r/\alpha)$ を用いて整理すると，

$$\begin{aligned}
\partial_j\partial_k\left[\frac{1}{r}R\left(t-\frac{r}{\alpha}\right)\right] &= \partial_j\left\{\left(\partial_k\frac{1}{r}\right)R-\frac{1}{r}\frac{1}{\alpha}\gamma_k H\right\}\\
&= \left(\partial_j\partial_k\frac{1}{r}\right)R-\left(\partial_k\frac{1}{r}\right)\frac{1}{\alpha}\gamma_j H-\left(\partial_j\frac{1}{r}\right)\frac{1}{\alpha}\gamma_k H-\frac{1}{r}\frac{1}{\alpha}(\partial_j\gamma_k)H+\frac{1}{r}\gamma_j\gamma_k\frac{1}{\alpha^2}\delta\\
&= \frac{3\gamma_j\gamma_k-\delta_{jk}}{r^3}R+\frac{\gamma_j\gamma_k}{r^2}\frac{1}{\alpha}H+\frac{\gamma_j\gamma_k}{r^2}\frac{1}{\alpha}H-\frac{1}{r}\frac{1}{\alpha}\frac{\delta_{jk}-\gamma_j\gamma_k}{r}H+\frac{1}{r}\frac{1}{\alpha^2}\gamma_j\gamma_k\delta\\
&= \frac{3\gamma_j\gamma_k-\delta_{jk}}{r^3}R+\frac{(3\gamma_j\gamma_k-\delta_{jk})}{r^3}\frac{r}{\alpha}H+\frac{1}{r}\gamma_j\gamma_k\frac{1}{\alpha^2}\delta\\
&= \frac{3\gamma_j\gamma_k-\delta_{jk}}{r^3}\left\{\left(t-\frac{r}{\alpha}\right)H\left(t-\frac{r}{\alpha}\right)+\frac{r}{\alpha}H\left(t-\frac{r}{\alpha}\right)\right\}+\frac{\gamma_j\gamma_k}{\alpha^2 r}\delta\left(t-\frac{r}{\alpha}\right)\\
&= \frac{(3\gamma_j\gamma_k-\delta_{jk})}{r^3}t\,H\left(t-\frac{r}{\alpha}\right)+\frac{\gamma_j\gamma_k}{\alpha^2 r}\delta\left(t-\frac{r}{\alpha}\right)
\end{aligned} \tag{11.29a}$$

を得る． 同様に，

$$\partial_j\partial_k\left[\frac{1}{r}R\left(t-\frac{r}{\beta}\right)\right]=\frac{(3\gamma_j\gamma_k-\delta_{jk})}{r^3}t\,H\left(t-\frac{r}{\beta}\right)+\frac{\gamma_j\gamma_k}{\beta^2 r}\delta\left(t-\frac{r}{\beta}\right) \tag{11.29b}$$

であり，これらを用いて，時空間におけるグリーン関数の表現，

$$\begin{aligned}
G_{jk}(\boldsymbol{x},t) &= \frac{\gamma_j\gamma_k}{4\pi\rho\alpha^2 r}\delta\left(t-\frac{r}{\alpha}\right)+\frac{\delta_{jk}-\gamma_j\gamma_k}{4\pi\rho\beta^2 r}\delta\left(t-\frac{r}{\beta}\right)\\
&\quad+\frac{(3\gamma_j\gamma_k-\delta_{jk})}{4\pi\rho r^3}t\left[H\left(t-\frac{r}{\alpha}\right)-H\left(t-\frac{r}{\beta}\right)\right]
\end{aligned} \tag{11.30}$$

が得られる．この解は十分遠方でゼロとなり（式 (11.15)），遅延条件（式 (11.16)）を満たす．第 1 項は P 波の速度で伝わり，第 2 項は S 波の速度で伝わる．それらの振幅が距離の逆数に比例するので，遠距離で卓越する**遠地項**（far field term）とよばれる．第 3 項は P 波の着信 $r/\alpha$ から S 波の着信 $r/\beta$ の間のみに振幅をもち，距離の 3 乗に反比例し近地で卓越するので，**近地項**（near field term）とよばれる．このグリーン関数を導くにはポテンシャルを用いる方法もある（たとえば，安芸・リチャーズ (2004)）．

観測点の座標と時間を $(\boldsymbol{x},t)$, 震源の座標と時間を $(\boldsymbol{\xi},\tau)$ と明示的に表せば，非斉次微分方程式 (11.14) は，

$$\Lambda_{ij}(-\mathrm{i}\nabla,\mathrm{i}\partial_t)\,G_{jk}(\boldsymbol{x},t;\boldsymbol{\xi},\tau)=\delta_{ik}\delta(\boldsymbol{x}-\boldsymbol{\xi})\,\delta(t-\tau) \tag{11.31}$$

と書ける．改めて $r=|\boldsymbol{x}-\boldsymbol{\xi}|$ および $\boldsymbol{\gamma}=(\boldsymbol{x}-\boldsymbol{\xi})/r$ とおけば，グリーン関数は

$$\begin{aligned}G_{jk}(\boldsymbol{x},t;\boldsymbol{\xi},\tau)&=\frac{\gamma_j\gamma_k}{4\pi\rho\,\alpha^2 r}\delta\left(t-\tau-\frac{r}{\alpha}\right)+\frac{\delta_{jk}-\gamma_j\gamma_k}{4\pi\rho\beta^2 r}\delta\left(t-\tau-\frac{r}{\beta}\right)\\&\quad+\frac{(3\gamma_j\gamma_k-\delta_{jk})}{4\pi\rho r^3}(t-\tau)\left[H\left(t-\tau-\frac{r}{\alpha}\right)-H\left(t-\tau-\frac{r}{\beta}\right)\right]\end{aligned}\tag{11.32}$$

と書ける．このグリーン関数は一様等方な無限弾性媒質における具体的な表現であるが，時間と空間座標およびテンソル成分の入れ替えに関していくつかの対称性（相反性）がある．この対称性が弾性媒質のもつ対称性に由来することを次章で示す．

# 11.3　体積力による変位

## 11.3.1　たたみ込み積分による表現

時空間の有限領域ではたらく体積力 $\boldsymbol{f}(\boldsymbol{x},t)$ によって励起される変位は，グリーン関数（式 (11.32)）と体積力のたたみ込み積分，

$$u_j(\boldsymbol{x},t)=\iiiint_{-\infty}^{\infty}G_{jk}(\boldsymbol{x},t;\boldsymbol{x}',t')f_k(\boldsymbol{x}',t')\,\mathrm{d}\boldsymbol{x}'\,\mathrm{d}t'\tag{11.33}$$

で表される．左から演算子（式 (11.13)）を作用させ，式 (11.14) とデルタ関数の性質（付録 B，式 (B.4b)）を用いれば，$u_j(\boldsymbol{x},t)$ が式 (11.12) を満たすことが確かめられる．

具体的な表現式 (11.32) を代入して時間積分を実行し，$r=|\boldsymbol{x}-\boldsymbol{x}'|$ および $\boldsymbol{\gamma}=(\boldsymbol{x}-\boldsymbol{x}')/r$ として，

$$\begin{aligned}u_j(\boldsymbol{x},t)=&\iiint_{-\infty}^{\infty}\frac{\gamma_j\gamma_k}{4\pi\rho\alpha^2 r}f_k\left(\boldsymbol{x}',t-\frac{r}{\alpha}\right)\mathrm{d}\boldsymbol{x}'+\iiint_{-\infty}^{\infty}\frac{\delta_{jk}-\gamma_j\gamma_k}{4\pi\rho\beta^2 r}f_k\left(\boldsymbol{x}',t-\frac{r}{\beta}\right)\mathrm{d}\boldsymbol{x}'\\&+\iiiint_{-\infty}^{\infty}\frac{3\gamma_j\gamma_k-\delta_{jk}}{4\pi\rho r^3}(t-t')\left[H\left(t-t'-\frac{r}{\alpha}\right)-H\left(t-t'-\frac{r}{\beta}\right)\right]f_k(\boldsymbol{x}',t')\mathrm{d}t'\,\mathrm{d}\boldsymbol{x}'\\=&\iiint_{-\infty}^{\infty}\frac{\gamma_j\gamma_k}{4\pi\rho\alpha^2 r}f_k\left(\boldsymbol{x}',t-\frac{r}{\alpha}\right)\mathrm{d}\boldsymbol{x}'+\iiint_{-\infty}^{\infty}\frac{\delta_{jk}-\gamma_j\gamma_k}{4\pi\rho\beta^2 r}f_k\left(\boldsymbol{x}',t-\frac{r}{\beta}\right)\mathrm{d}\boldsymbol{x}'\\&+\int_{\frac{r}{\alpha}}^{\frac{r}{\beta}}\iiint_{-\infty}^{\infty}\frac{3\gamma_j\gamma_k-\delta_{jk}}{4\pi\rho r^3}\tau f_k(\boldsymbol{x}',t-\tau)\,\mathrm{d}\tau\,\mathrm{d}\boldsymbol{x}'\end{aligned}\tag{11.34}$$

を得る．

体積力が一点にはたらく場合，$\boldsymbol{f}(\boldsymbol{x},t)=\boldsymbol{F}(t)\delta(\boldsymbol{x})$ とおいて，$\boldsymbol{x}'$ に関する積分

を実行すると,

$$u_j(\boldsymbol{x},t) = \frac{\gamma_j\gamma_k}{4\pi\rho\alpha^2 r}F_k\left(t-\frac{r}{\alpha}\right) + \frac{\delta_{jk}-\gamma_j\gamma_k}{4\pi\rho\beta^2 r}F_k\left(t-\frac{r}{\beta}\right)$$
$$+\frac{3\gamma_j\gamma_k-\delta_{jk}}{4\pi\rho r^3}\int_{\frac{r}{\alpha}}^{\frac{r}{\beta}}\tau F_k(t-\tau)\,\mathrm{d}\tau \tag{11.35}$$

を得る．ただし $r=|\boldsymbol{x}|$ および $\boldsymbol{\gamma}=\boldsymbol{x}/r$ である．

### 11.3.2 体積力（シングルフォース）によって生じる変位の遠地項

図 11.3 に示すように，時刻ゼロに座標原点で $z$ 軸（第 3 軸）方向にデルタ関数型のシングルフォース $\boldsymbol{f}(\boldsymbol{x},t)=\boldsymbol{e}_3\delta(\boldsymbol{x})\delta(t)$ が加えられた場合，十分遠方では距離に逆比例する遠地項が卓越する．式 (11.35) の第 1，第 2 項は，ベクトル表記で

$$\boldsymbol{u}^{\mathrm{FP}}(\boldsymbol{x},t) = \frac{\boldsymbol{\gamma}(\boldsymbol{\gamma}\boldsymbol{e}_3)}{4\pi\rho\alpha^2 r}\delta\left(t-\frac{r}{\alpha}\right) \tag{11.36a}$$

$$\boldsymbol{u}^{\mathrm{FS}}(\boldsymbol{x},t) = \frac{\boldsymbol{e}_3-\boldsymbol{\gamma}(\boldsymbol{\gamma}\boldsymbol{e}_3)}{4\pi\rho\beta^2 r}\delta\left(t-\frac{r}{\beta}\right) \tag{11.36b}$$

と書ける．上付添字 F は遠地項を表す．この特徴を球座標 $(r,\theta,\varphi)$ を用いて調べる．角度 $\theta$ を $z$ 軸から，$\varphi$ を $x$ 軸から測ることにすると，球座標系における単位ベクトル $(\boldsymbol{\gamma},\boldsymbol{\theta},\boldsymbol{\varphi})$ はデカルト座標の単位ベクトル $(\boldsymbol{e}_1,\boldsymbol{e}_2,\boldsymbol{e}_3)$ を用いて,

$$\boldsymbol{\gamma} = \sin\theta\cos\varphi\,\boldsymbol{e}_1 + \sin\theta\sin\varphi\,\boldsymbol{e}_2 + \cos\theta\,\boldsymbol{e}_3 \tag{11.37a}$$

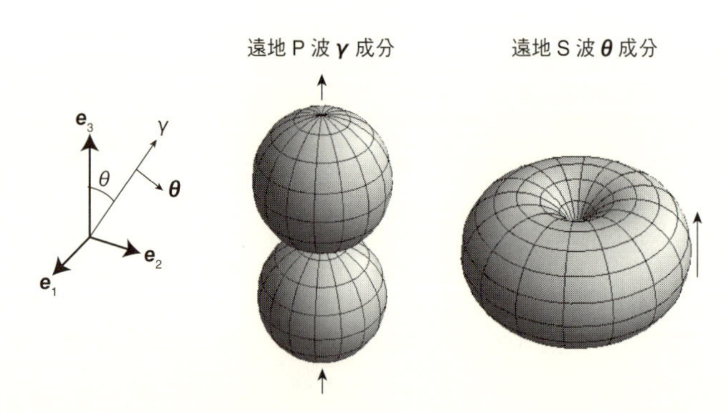


図 11.3　$z$ 軸 ($\boldsymbol{e}_3$) 方向にはたらくシングルフォースによる遠地 P 波と遠地 S 波の輻射パターン

$$\boldsymbol{\theta} = \cos\theta\cos\varphi\,\boldsymbol{e}_1 + \cos\theta\sin\varphi\,\boldsymbol{e}_2 - \sin\theta\,\boldsymbol{e}_3 \tag{11.37b}$$

$$\boldsymbol{\varphi} = \quad -\sin\varphi\,\boldsymbol{e}_1 \qquad +\cos\varphi\,\boldsymbol{e}_2 \tag{11.37c}$$

と書ける．関係 $\boldsymbol{\gamma}\boldsymbol{e}_3 = \cos\theta$ と $\cos\theta\,\boldsymbol{\gamma} - \sin\theta\,\boldsymbol{\theta} = \boldsymbol{e}_3$ を用いれば，遠方での変位は，

$$\boldsymbol{u}^{\mathrm{FP}}(\boldsymbol{x}, t) = \frac{\cos\theta}{4\pi\rho\alpha^2 r}\delta\left(t - \frac{r}{\alpha}\right)\boldsymbol{\gamma} \tag{11.38a}$$

$$\boldsymbol{u}^{\mathrm{FS}}(\boldsymbol{x}, t) = -\frac{\sin\theta}{4\pi\rho\beta^2 r}\delta\left(t - \frac{r}{\beta}\right)\boldsymbol{\theta} \tag{11.38b}$$

となる．

遠地 P 波 $\boldsymbol{u}^{\mathrm{FP}}$ は動径成分のみをもち，速度 $\alpha$ で球状に拡大伝播する．震源から等距離における振幅は $z$ 軸からの余弦に比例し，力のはたらく $z$ 軸上 $(\theta = 0, \pi)$ で最大となり，直交する $x$–$y$ 面内 $(\theta = \pi/2)$ ではゼロとなる．遠地 S 波 $\boldsymbol{u}^{\mathrm{FS}}$ は角度 $\theta$ 成分のみをもち，速度 $\beta$ で球状に拡大伝播する．震源から等距離における振幅は $z$ 軸からの正弦に比例し，$z$ 軸上でゼロ，直交する $x$–$y$ 面内で最大となる．いずれも $z$ 軸周りの回転対称である．シングルフォースによる遠地 P 波と遠地 S 波の変位振幅係数の絶対値の角度 $(\theta)$ 依存性を図 11.3 に示す．

# 第12章 グリーン関数の相反性と表現定理

断層運動とは，弾性媒質の中のある面を境にした変位の食違いがその面に沿って伝播する現象と考えることができる．初めに線形弾性定数の対称性を反映したグリーン関数の相反定理を導き，次にこれを用いた変位食違い断層に関する表現定理を紹介する [1)]．

## 12.1 ベッティの相反定理

一様な線形弾性媒質の場合，応力テンソル $\tau_{ij}$ と変位の微分 $u_{i,j}$ はフックの法則により，

$$\tau_{ij}(\boldsymbol{u}) = c_{ij,kl}\, u_{k,l} \tag{12.1}$$

と関係づけられる（付録 A，式 (A.9)）．ここで，$u_{k,l} \equiv \frac{\partial u_k}{\partial x_l}$ と表す．弾性定数 $c_{ij,kl}$ は，添え字の入れ替えに関して次のような対称性をもつ（付録 A，式 (A.8)）．

$$c_{ij,kl} = c_{ji,kl}, \quad c_{ij,kl} = c_{ij,lk}, \quad c_{ij,kl} = c_{kl,ij} \tag{12.2}$$

図 12.1 に示すように弾性媒質のある領域 $V$ の中で 2 つの体積力がはたらいた場合，励起される 2 つの変位が満たす関係を求めよう．体積力 $\boldsymbol{f}$ がはたらいたときの変位 $\boldsymbol{u}$ は

$$\rho \ddot{u}_i = c_{ij,kl}\, u_{k,lj} + f_i \tag{12.3a}$$

1) 本章は，（竹内（2011b）の第 2 章）および（安芸・リチャーズ（2004）の第 3 章）を参考にした．

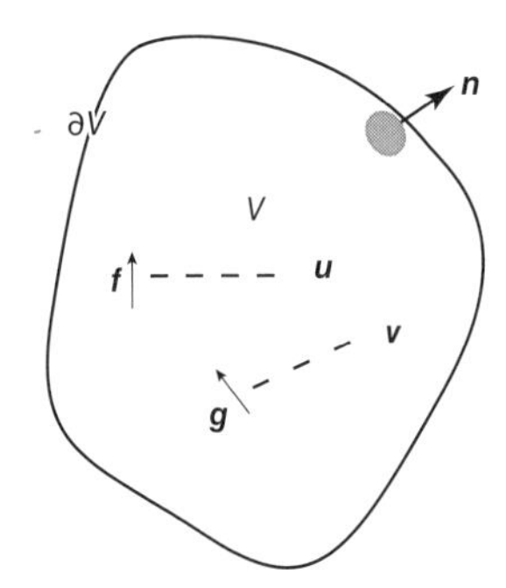


図 12.1　相反定理

に従い，別の体積力 $\boldsymbol{g}$ がはたらいたときの変位 $\boldsymbol{v}$ は

$$\rho \ddot{v}_i = c_{ij,kl} v_{k,lj} + g_i \tag{12.3b}$$

に従う．ここで，$\dot{u}_j \equiv \frac{\partial u_j}{\partial t}$, $\ddot{u}_j \equiv \frac{\partial^2 u_j}{\partial t^2}$ および $u_{k,lj} \equiv \frac{\partial^2 u_k}{\partial x_l \partial x_j}$ である．過去のある時刻 $t_0$ 以前には体積力がはたらいておらず，どちらの変位もゼロで静止しているとする．

$$f_i = g_i = 0 \qquad t < t_0 \tag{12.4a}$$

$$u_i = \dot{u}_i = v_i = \dot{v}_i = 0 \qquad t < t_0 \tag{12.4b}$$

式 (12.3a) と (12.3b) のそれぞれに相手の変位をかけて差をとり，対称性 $c_{ij,kl} = c_{kl,ij}$ を用いると，

$$\begin{aligned}\rho\left(\ddot{u}_i v_i - u_i \ddot{v}_i\right) &= \left(v_i c_{ij,kl} u_{k,l}\right)_{,j} - v_{i,j} c_{ij,kl} u_{k,l} + v_i f_i \\ &\quad - \left(u_i c_{ij,kl} v_{k,l}\right)_{,j} + u_{i,j} c_{ij,kl} v_{k,l} - u_i g_i \\ &= \left(v_i \tau_{ij}(\boldsymbol{u}) - u_i \tau_{ij}(\boldsymbol{v})\right)_{,j} + \left(v_i f_i - u_i g_i\right)\end{aligned}$$

を得る．右辺第 2 項を左辺に移したのちに両辺を体積積分し，その右辺にガウス（Gauss）の発散定理を用いて領域境界 $\partial V$ 上の面積分に書き表せば，

$$\begin{aligned}&\rho \iiint_V \mathrm{d}\boldsymbol{x}\left(\ddot{u}_i v_i - u_i \ddot{v}_i\right) + \iiint_V \mathrm{d}\boldsymbol{x}\left(u_i g_i - v_i f_i\right) \\ &\qquad = \iint_{\partial V} \mathrm{d}S(\boldsymbol{x})\left(v_i \tau_{ij}(\boldsymbol{u}) - u_i \tau_{ij}(\boldsymbol{v})\right) n_j(\boldsymbol{x})\end{aligned} \tag{12.5}$$

を得る．ここで $\mathrm{d}S(\boldsymbol{x})$ は領域境界 $\partial V$ 上の面積素，$\boldsymbol{n}$ は外向きの単位ベクトル

であり，$\tau_{ij}n_j$ は領域表面へはたらく $i$ 方向のトラクションである．一対の解の間に成り立つこの関係は**ベッティの相反定理**（Betti's reciprocal theorem）とよばれる．

相反定理（式 (12.5)）は，$\boldsymbol{u}$ と $\boldsymbol{v}$ のそれぞれが異なる時間の引数であっても成立するので，式 (12.5) の左辺第 1 項で $\boldsymbol{u}$ と $\boldsymbol{v}$ の時間の引数を異なる時間 $t$ と $\tau - t$ に変え，$t$ で積分する．部分積分を用いて積分を実行し，初期静止の条件（式 (12.4b)）を用いると，有限の時間 $\tau$ について，

$$\begin{aligned}
&\rho \int_{-\infty}^{\infty} \mathrm{d}t \left(\ddot{u}_i(t)\, v_i(\tau - t) - u_i(t)\, \ddot{v}_i(\tau - t)\right) \\
&= \rho \int_{-\infty}^{\infty} \mathrm{d}t \partial_t \left\{\dot{u}_i(t)\, v_i(\tau - t) + u_i(t)\, \dot{v}_i(\tau - t)\right\} \\
&= \rho(\dot{u}_i(\infty)\, v_i(\tau - \infty) + u_i(\infty)\, \dot{v}_i(\tau - \infty)) \\
&\qquad - \rho(\dot{u}_i(-\infty)\, v_i(\tau + \infty) + u_i(-\infty)\, \dot{v}_i(\tau + \infty)) = 0
\end{aligned} \tag{12.6}$$

である．よって，時間積分型の相反定理が得られる．

$$\begin{aligned}
&\int_{-\infty}^{\infty} \mathrm{d}t \iiint_V \mathrm{d}\boldsymbol{x} \left[u_i(\boldsymbol{x}, t)\, g_i(\boldsymbol{x}, \tau - t) - v_i(\boldsymbol{x}, \tau - t)\, f_i(\boldsymbol{x}, t)\right] \\
&= \int_{-\infty}^{\infty} \mathrm{d}t \iint_{\partial V} \mathrm{d}S(\boldsymbol{x}) \left[v_i(\boldsymbol{x}, \tau - t)\, \tau_{ij}(\boldsymbol{u}(\boldsymbol{x}, t)) - u_i(\boldsymbol{x}, t)\, \tau_{ij}(\boldsymbol{v}(\boldsymbol{x}, \tau - t))\right] n_j(\boldsymbol{x})
\end{aligned} \tag{12.7}$$

## 12.2 グリーン関数と表現定理

観測点および震源の時間と座標を明示的に記すと，ベクトル弾性波のグリーン関数 $G_{in}(\boldsymbol{x}, t; \boldsymbol{\eta}, \tau)$ は，下記の非斉次微分方程式

$$\rho \ddot{G}_{in}(\boldsymbol{x}, t; \boldsymbol{\eta}, \tau) - c_{ij,kl} \frac{\partial^2}{\partial x_j \partial x_l} G_{kn}(\boldsymbol{x}, t; \boldsymbol{\eta}, \tau) = \delta_{in} \delta(\boldsymbol{x} - \boldsymbol{\eta})\, \delta(t - \tau) \tag{12.8}$$

の解で，遅延条件

$$G_{in}(\boldsymbol{x}, t; \boldsymbol{\eta}, \tau) = 0 \qquad t < \tau \tag{12.9}$$

を満たす．これは，震源位置 $\boldsymbol{\eta}$, 時間 $\tau$ に $n$ 方向にはたらくデルタ関数型の体積

力 $\delta(\boldsymbol{x}-\boldsymbol{\eta})\delta(t-\tau)$ によって生じた，観測点位置 $\boldsymbol{x}$, 時間 $t$ における変位の $i$ 成分を表す．境界条件を与えれば，グリーン関数は一意的に決まる（解の一意性）．

ベッティの相反定理の時間積分型（式 (12.7)）で，$g_i(\boldsymbol{x},t)$ を $\delta_{in}\delta(\boldsymbol{x}-\boldsymbol{\eta})\delta(t)$ に，$v_i(\boldsymbol{x},t)$ をグリーン関数 $G_{in}(\boldsymbol{x},t;\boldsymbol{\eta},0)$ とすれば，

$$\begin{aligned}\int_{-\infty}^{\infty}\mathrm{d}t\iiint_V \mathrm{d}\boldsymbol{x}\,[u_i(\boldsymbol{x},t)\,\delta_{in}\delta(\boldsymbol{x}-\boldsymbol{\eta})\,\delta(\tau-t)-G_{in}(\boldsymbol{x},\tau-t;\boldsymbol{\eta},0)\,f_i(\boldsymbol{x},t)]\\ =\int_{-\infty}^{\infty}\mathrm{d}t\iint_{\partial V}\mathrm{d}S(\boldsymbol{x})\,[G_{in}(\boldsymbol{x},\tau-t;\boldsymbol{\eta},0)\,\tau_{ij}(\boldsymbol{u}\,(\boldsymbol{x},t))\\ -u_i(\boldsymbol{x},t)\,\tau_{ij}(G_{*n}\,(\boldsymbol{x},\tau-t;\boldsymbol{\eta},0))]\,n_j(\boldsymbol{x})\end{aligned} \tag{12.10}$$

と書ける．左辺第 1 項の積分を実行して第 2 項を右辺に移し，右辺のグリーン関数の応力テンソルを $\tau_{ij}\,(G_{*n})=c_{ij,kl}\frac{\partial}{\partial x_l}G_{kn}$ と陽に記せば，

$$\begin{aligned}u_n\,(\boldsymbol{\eta},\tau)=&\int_{-\infty}^{\infty}\mathrm{d}t\iiint_V \mathrm{d}\boldsymbol{x}f_i(\boldsymbol{x},t)\,G_{in}(\boldsymbol{x},\tau-t;\boldsymbol{\eta},0)\\ &+\int_{-\infty}^{\infty}\mathrm{d}t\iint_{\partial V}\mathrm{d}S\,(\boldsymbol{x})\Big\{G_{in}(\boldsymbol{x},\tau-t;\boldsymbol{\eta},0)\,\tau_{ij}(\boldsymbol{u}\,(\boldsymbol{x},t))\\ &-u_i(\boldsymbol{x},t)\,c_{ij,kl}\frac{\partial}{\partial x_l}G_{kn}(\boldsymbol{x},\tau-t;\boldsymbol{\eta},0)\Big\}\,n_j\,(\boldsymbol{x})\end{aligned} \tag{12.11}$$

を得る．さらに，引数を $\boldsymbol{\eta}\leftrightarrow\boldsymbol{x}$ および $\tau\leftrightarrow t$ と入れ替えれば，観測点の座標と時間が見やすくなり，

$$\begin{aligned}u_n\,(\boldsymbol{x},t)=&\int_{-\infty}^{\infty}\mathrm{d}\tau\iiint_V \mathrm{d}\boldsymbol{\eta}f_i(\boldsymbol{\eta},\tau)\,G_{in}(\boldsymbol{\eta},t-\tau;\boldsymbol{x},0)\\ &+\int_{-\infty}^{\infty}\mathrm{d}\tau\iint_{\partial V}\mathrm{d}S\,(\boldsymbol{\eta})\Big\{G_{in}\,(\boldsymbol{\eta},t-\tau;\boldsymbol{x},0)\,\tau_{ij}(\boldsymbol{u}\,(\boldsymbol{\eta},\tau))n_j\,(\boldsymbol{\eta})\\ &-u_i(\boldsymbol{\eta},\tau)\,c_{ij,kl}\frac{\partial}{\partial\eta_l}G_{kn}(\boldsymbol{\eta},t-\tau;\boldsymbol{x},0)\,n_j\,(\boldsymbol{\eta})\Big\}\end{aligned} \tag{12.12}$$

と書ける．右辺第 1 項は領域 $V$ 内の体積力に起因する変位成分であり，第 2 項の面積分は領域境界 $\partial V$ における変位と応力の分布に起因する変位成分を表す．これは変位場の**表現定理**（representation theorem）とよばれる．

## 12.3 グリーン関数の相反性

境界条件が時間によらないとき，解は時間の差のみの関数となり，

$$G_{in}(\boldsymbol{x},t;\boldsymbol{\eta},\tau)=G_{in}(\boldsymbol{x},t-\tau;\boldsymbol{\eta},0)=G_{in}(\boldsymbol{x},-\tau;\boldsymbol{\eta},-t) \tag{12.13}$$

が成り立つ（震源時と観測時の相反性）．

領域境界 $\partial V$ の上でグリーン関数またはそのトラクションがゼロという条件（斉次境界条件），

$$G_{in}=0 \quad \text{または} \quad \tau_{ij}\left(G_{*n}\right)n_j=0 \tag{12.14}$$

を満たすとしよう．たとえば，前者は無限媒質において遠方で変位がゼロというような場合を考えればよい．後者は自由表面の場合がそれに相当する．

ベッティの相反定理の時間積分型（式 (12.7)）において，次の置換

$$\begin{aligned} &f_i(\boldsymbol{x},t)\to\delta_{im}\delta\left(\boldsymbol{x}-\boldsymbol{\eta}_1\right)\delta\left(t-\tau_1\right), \quad u_i(\boldsymbol{x},t)\to G_{im}\left(\boldsymbol{x},t;\boldsymbol{\eta}_1,\tau_1\right), \\ &g_i(\boldsymbol{x},t)\to\delta_{in}\delta\left(\boldsymbol{x}-\boldsymbol{\eta}_2\right)\delta\left(t+\tau_2\right), \quad v_i(\boldsymbol{x},t)\to G_{in}\left(\boldsymbol{x},t;\boldsymbol{\eta}_2,-\tau_2\right) \end{aligned} \tag{12.15}$$

を行うと，右辺は境界条件（式 (12.14)）からゼロとなり，左辺は

$$\begin{aligned} &\int_{-\infty}^{\infty}\mathrm{d}t\iiint_V \mathrm{d}\boldsymbol{x}[G_{im}\left(\boldsymbol{x},t;\boldsymbol{\eta}_1,\tau_1\right)\delta_{in}\delta\left(\boldsymbol{x}-\boldsymbol{\eta}_2\right)\delta\left(\tau-t+\tau_2\right) \\ &\qquad\qquad -G_{in}\left(\boldsymbol{x},\tau-t;\boldsymbol{\eta}_2,-\tau_2\right)\delta_{im}\delta\left(\boldsymbol{x}-\boldsymbol{\eta}_1\right)\delta\left(t-\tau_1\right)] \\ &\quad =G_{nm}\left(\boldsymbol{\eta}_2,\tau+\tau_2;\boldsymbol{\eta}_1,\tau_1\right)-G_{mn}\left(\boldsymbol{\eta}_1,\tau-\tau_1;\boldsymbol{\eta}_2,-\tau_2\right) \end{aligned}$$

であるから

$$G_{nm}(\boldsymbol{\eta}_2,\tau+\tau_2;\boldsymbol{\eta}_1,\tau_1)=G_{mn}(\boldsymbol{\eta}_1,\tau-\tau_1;\boldsymbol{\eta}_2,-\tau_2) \tag{12.16}$$

という対称性を得る．

ここで $\tau_1=\tau_2=0$ とすると，

$$G_{nm}(\boldsymbol{\eta}_2,\tau;\boldsymbol{\eta}_1,0)=G_{mn}(\boldsymbol{\eta}_1,\tau;\boldsymbol{\eta}_2,0) \tag{12.17}$$

を得る．震源 $\boldsymbol{\eta}_1$ で $m$ 方向へはたらく体積力によって生じる観測点 $\boldsymbol{\eta}_2$ での $n$ 方向の変位（左辺）は，観測点位置で $n$ 方向へはたらく体積力による震源位置での $m$ 方向の変位（右辺）に等しい（空間相反性）．

式 (12.16) で $\tau=0$ とすると，

$$G_{nm}(\boldsymbol{\eta}_2,\tau_2;\boldsymbol{\eta}_1,\tau_1)=G_{mn}(\boldsymbol{\eta}_1,-\tau_1;\boldsymbol{\eta}_2,-\tau_2) \tag{12.18}$$

となる．震源 $\boldsymbol{\eta}_1$ で時刻 $\tau_1$ に加えられた $m$ 方向の体積力による観測点 $\boldsymbol{\eta}_2$ で時

刻 $\tau_2$ における $n$ 方向の変位（左辺）は，観測点位置で時刻 $-\tau_2$ に加えられた $n$ 方向の体積力による震源位置で時刻 $-\tau_1$ における $m$ 方向の変位（右辺）に等しい（時空間相反性）．

このようなテンソルの添え字や時間や座標などの引数の入れ替えに関する対称性を，**相反性**（reciprocity）とよぶ．ここに導かれたグリーン関数の相反性は，線形弾性定数 $c_{ij,kl}$ のもつ対称性（式 (12.2)）と斉次境界条件（式 (12.14)）に由来する．一様等方な無限弾性媒質におけるグリーン関数の具体的な表現（式 (11.32)）が上記相反性をもつことは，容易に確かめることができる．

## 12.4 変位食違いに対する表現定理

図 12.2（左）に示すように，領域 $V$ の内部に薄く平らな空隙領域（灰色）をとり，この上面を $\Sigma^+$，下面を $\Sigma^-$ とする．この場合，式 (12.12) の面積分は，外部境界 $\partial V$ に加えて内部境界である面 $\Sigma^+$ と面 $\Sigma^-$ についても行う必要がある．ここで，外部境界 $\partial V$ の上で変位 $u_i$ とグリーン関数 $G_{in}$ がともにゼロ，またはそれぞれのトラクションがゼロという同一の斉次境界条件

$$u_i = G_{in} = 0 \quad または \quad \tau_{ij}(\boldsymbol{u})\, n_j = \tau_{ij}(G_{*n})\, n_j = 0 \tag{12.19}$$

を満たすとしよう．その場合，外部境界 $\partial V$ 上の面積分はゼロとなり，内部境界面 $\Sigma^+$ と $\Sigma^-$ の上の面積分のみが残る．空間相反性（式 (12.17)）が成り立つので，式 (12.12) は，

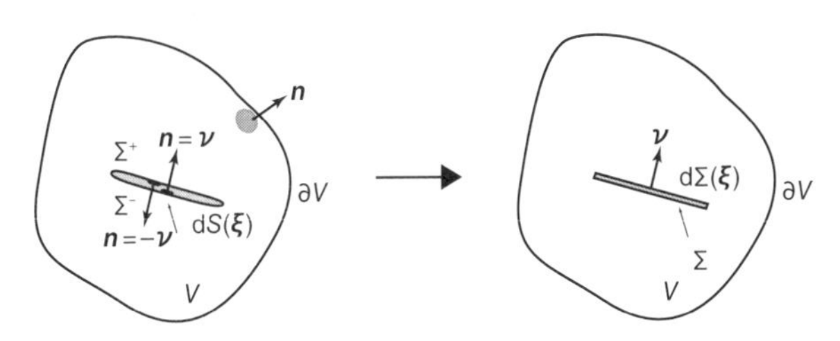


図 12.2　（左）領域 $V$ の内部にとった薄く平らな空隙領域（灰色，上面を $\Sigma^+$，下面を $\Sigma^-$）の境界での面積分を行う（式 (12.20)），（右）平面 $\Sigma$ を考え，その上下で変位の食違い $[\boldsymbol{u}(\boldsymbol{\eta}, \tau)]$ の面積分を行う（式 (12.22)）．

$$
\begin{aligned}
u_n(\boldsymbol{x},t) = &\int_{-\infty}^{\infty} \mathrm{d}\tau \iiint_V \mathrm{d}\boldsymbol{\eta}\, G_{ni}(\boldsymbol{x},t-\tau;\boldsymbol{\eta},0) f_i(\boldsymbol{\eta},\tau) \\
&+ \int_{-\infty}^{\infty} \mathrm{d}\tau \iint_{\Sigma^+,\Sigma^-} \mathrm{d}S(\boldsymbol{\eta}) \Big\{ G_{ni}(\boldsymbol{x},t-\tau;\boldsymbol{\eta},0)\, \tau_{ij}(\boldsymbol{u}(\boldsymbol{\eta},\tau)) n_j(\boldsymbol{\eta}) \\
&\qquad - u_i(\boldsymbol{\eta},\tau)\, c_{ij,kl} \frac{\partial}{\partial \eta_l} G_{nk}(\boldsymbol{x},t-\tau;\boldsymbol{\eta},0)\, n_j(\boldsymbol{\eta}) \Big\} \qquad (12.20)
\end{aligned}
$$

と書ける.

図 12.2（左）に示すように，$\mathrm{d}S$ は薄く平らな領域の面積素で $\boldsymbol{n}$ は外向きの単位法線ベクトルであるが，この薄い領域は領域 $V$ から見れば外部である．面 $\Sigma^-$ の外向き単位法線ベクトルを $\boldsymbol{\nu}$ とすれば，上面 $\Sigma^+$ の外向き単位法線ベクトルは $-\boldsymbol{\nu}$ となる．任意のベクトル関数 $h_j(\boldsymbol{\eta})$ の上面 $\Sigma^+$ と下面 $\Sigma^-$ での値の差（食違い）を $[h_j(\boldsymbol{\eta})] \equiv h_j^+(\boldsymbol{\eta}) - h_j^-(\boldsymbol{\eta})$ と表すことにする．薄い領域の表面 $\Sigma^+, \Sigma^-$ の上での $h_j$ の面積分は，図 12.2（右）に示すように，2 面の隙間をつぶし，法線ベクトル $\boldsymbol{\nu}$ をもつ 1 つの面（断層面）$\Sigma$ の上の面積分として，

$$
\begin{aligned}
&\iint_{\Sigma^+,\Sigma^-} \mathrm{d}S(\boldsymbol{\eta})\, h_j(\boldsymbol{\eta})\, n_j(\boldsymbol{\eta}) \\
&= \iint_{\Sigma^+} \mathrm{d}S(\boldsymbol{\eta})\, h_j^+(\boldsymbol{\eta})\,(-\nu_j(\boldsymbol{\eta})) + \iint_{\Sigma^-} \mathrm{d}S(\boldsymbol{\eta})\, h_j^-(\boldsymbol{\eta})\, \nu_j(\boldsymbol{\eta}) \\
&\to - \iint_{\Sigma} \mathrm{d}\Sigma(\boldsymbol{\xi}) \left( h_j^+(\boldsymbol{\xi}) - h_j^-(\boldsymbol{\xi}) \right) \nu_j(\boldsymbol{\xi}) = - \iint_{\Sigma} \mathrm{d}\Sigma(\boldsymbol{\xi}) \left[ h_j(\boldsymbol{\xi}) \right] \nu_j(\boldsymbol{\xi})
\end{aligned}
\qquad (12.21)
$$

と表すことができる．ここで，$\boldsymbol{\xi}$ は断層面 $\Sigma$ 上の 2 次元位置ベクトルである．

体積力が存在しない場合（$\boldsymbol{f}=0$），この記法を用いて，式 (12.20) は，

$$
\begin{aligned}
u_n(\boldsymbol{x},t) = \int_{-\infty}^{\infty} \mathrm{d}\tau \iint_{\Sigma} \mathrm{d}\Sigma(\boldsymbol{\xi}) \Big\{ &- \left[ G_{ni}(\boldsymbol{x},t-\tau;\boldsymbol{\xi},0)\, \tau_{ij}(\boldsymbol{u}(\boldsymbol{\xi},\tau)) \nu_j(\boldsymbol{\xi}) \right] \\
&+ \left[ u_i(\boldsymbol{\xi},\tau)\, c_{ij,kl} \frac{\partial}{\partial \xi_l} G_{nk}(\boldsymbol{x},t-\tau;\boldsymbol{\xi},0)\, \nu_j(\boldsymbol{\xi}) \right] \Big\}
\end{aligned}
\qquad (12.22)
$$

と書ける．断層面 $\Sigma$ の両側でトラクションは連続であり，グリーン関数はその値もその空間微分もともに連続であるように選ぶことができる．すなわち，$\left[\tau_{ij}(\boldsymbol{u})\,\nu_j\right] = [G_{ni}] = \left[\frac{\partial}{\partial \xi_l} G_{nk}\right] = 0$ としてよいので，変位 $\boldsymbol{u}$ の不連続（**変位食違い**（displacement discontinuity））

$$[\boldsymbol{u}(\boldsymbol{\xi},\tau)] = \boldsymbol{u}(\boldsymbol{\xi},\tau)|_{\Sigma+} - \boldsymbol{u}(\boldsymbol{\xi},\tau)|_{\Sigma-} \tag{12.23}$$

のみが積分に寄与する．よって，式 (12.22) は，

$$u_n(\boldsymbol{x},t) = \int_{-\infty}^{\infty} \mathrm{d}\tau \iint_{\Sigma} \mathrm{d}\Sigma(\boldsymbol{\xi}) \left[u_i(\boldsymbol{\xi},\tau)\right] \nu_j(\boldsymbol{\xi})\, c_{ij,kl} \frac{\partial}{\partial \xi_l} G_{nk}(\boldsymbol{x},t-\tau;\boldsymbol{\xi},0) \tag{12.24}$$

と書ける．この式は，断層面 $\Sigma$ の上の変位食違い $[\boldsymbol{u}(\boldsymbol{\xi},\tau)]$ に対する表現定理で，励起される変位場が一意的に決定されることを表す．

断層面と食違いの時空間変化を表す震源項として 2 階の**モーメント密度テンソル**（moment density tensor）

$$m_{kl}(\boldsymbol{\xi},\tau) = \left[u_i(\boldsymbol{\xi},\tau)\right] \nu_j(\boldsymbol{\xi})\, c_{ij,kl} \tag{12.25}$$

を導入すると，伝播項と震源項のたたみ込み積分のかたちがわかりやすくなり，式 (12.24) は，

$$u_n(\boldsymbol{x},t) = \int_{-\infty}^{\infty} \mathrm{d}\tau \iint_{\Sigma} \mathrm{d}\Sigma(\boldsymbol{\xi})\, m_{kl}(\boldsymbol{\xi},\tau) \frac{\partial}{\partial \xi_l} G_{nk}(\boldsymbol{x},t-\tau;\boldsymbol{\xi},0) \tag{12.26}$$

と書ける．

本章で求めた表現定理は線形弾性定数の対称性（式 (12.2)）のみを使っており，等方弾性媒質だけでなく，一般的な非等方弾性媒質についても成立する．

# 第13章 点震源断層モデルとモーメントテンソル

本章では，変位食違い断層に関する表現定理をもとにして点震源断層モデルと地震モーメントの概念を学び，せん断型変位食違い断層がシングルフォースの対（シングルカップル）の組合せ（ダブルカップル）と等価であることを示す．とくに**点震源せん断型食違い断層**（point shear dislocation）によって生じる変位場を詳しく調べる[1)]．

## 13.1 点震源断層モデル

断層が有限の大きさ（代表的な長さ $L$）であっても，断層上の異なる要素からの波（卓越波長 $\lambda$）の寄与が同一位相と考えることができる場合（$L \ll \lambda$）には，式 (12.26) でモーメント密度テンソルの面積分を先に実行できて，断層を点震源として扱うことが可能となる．断層面積を $S$ として，平均変位食違い（平均すべり関数）を，

$$[\bar{u}_i(t)] = \frac{\displaystyle\iint_\Sigma [u_i(\boldsymbol{\xi}, t)]\ \mathrm{d}\Sigma(\boldsymbol{\xi})}{S} \tag{13.1}$$

と定義する．断層が座標原点の近傍に局在している場合を考える．断層面の単位法線ベクトルを $\boldsymbol{\nu}$ とすると，断層面上で定義される 2 次元デルタ関数 $\delta_2(\boldsymbol{\xi})$ を用いて，モーメント密度テンソルは，

---

[1)] 本章は，（安芸・リチャーズ（2004）の第 3, 4 章）を参考にした．

$$m_{kl}(\boldsymbol{\xi}, t) = [\bar{u}_i(t)]\nu_j c_{ij,kl} S\,\delta_2(\boldsymbol{\xi}) \tag{13.2}$$

と表すことができる．等方な弾性媒質の場合（付録 A，式 (A.11)），この面積分であるモーメントテンソルは，ラメ定数を用いて，

$$\begin{aligned} M_{kl}(t) &\equiv \iint_{\Sigma} \mathrm{d}\Sigma\,(\boldsymbol{\xi})\, m_{kl}\,(\boldsymbol{\xi}, t) = [\bar{u}_i(t)]\nu_j c_{ij,kl} S \\ &= \{\lambda[\bar{u}_i(t)]\nu_i\delta_{kl} + \mu[\bar{u}_k(t)]\nu_l + \mu[\bar{u}_l(t)]\nu_k\}\, S \end{aligned} \tag{13.3}$$

と表される．これを用いて，式 (12.26) は，

$$u_n\,(\boldsymbol{x}, t) = \int_{-\infty}^{\infty} \mathrm{d}\tau \frac{\partial}{\partial \xi_q} G_{np}\,(\boldsymbol{x}, t-\tau; \boldsymbol{\xi}, 0)\bigg|_{\boldsymbol{\xi}=0} M_{pq}(\tau) \tag{13.4}$$

と，グリーン関数の空間微分（震源座標微分）とモーメントテンソルの時間に関するたたみ込み積分で表すことができる．

### (1) 点震源せん断型食違い断層モデル

すべりの方向が断層面内にあるものを**せん断型食違い**（shear dislocation，せん断すべり）とよぶ．断層面の法線が $z$ 方向（$\boldsymbol{\nu} = \boldsymbol{e}_3$）で，すべりが $x$ 方向（$[\bar{\boldsymbol{u}}] = [\bar{u}_1]\,\boldsymbol{e}_1$）の場合には，モーメント密度テンソルのゼロでない成分は，

$$m_{13}(\boldsymbol{\xi}, t) = m_{31}(\boldsymbol{\xi}, t) = \mu[\bar{u}_1(t)]S\delta(\xi_1)\delta(\xi_2) \tag{13.5}$$

のみであり，モーメントテンソルの各成分は

$$M_{pq}(t) = \begin{bmatrix} 0 & 0 & \mu[\bar{u}_1(t)]S \\ 0 & 0 & 0 \\ \mu[\bar{u}_1(t)]S & 0 & 0 \end{bmatrix} \tag{13.6}$$

と表される．対角和 $M_{ii} = 0$ であり，1 行 3 列，3 行 1 列に現れる量，

$$M(t) = \mu[\bar{u}_1(t)]\,S \tag{13.7}$$

はモーメント時間関数とよばれる．Aki（1966）は，とくに最終平均変位食違い量 $D = [\bar{u}_i(t \to \infty)]$ に対応する量，

$$M_0 \equiv M(t \to \infty) = \mu D S \tag{13.8}$$

を**地震モーメント**（seismic moment）と名づけた．これは，地震の大きさを表す代表的な量として用いられている．地震モーメントの単位は SI 単位系では N m, CGS 単位系では dyn cm である．

### (2) 点震源引張亀裂型断層モデル

すべりの方向が断層面に垂直な**引張**（開口）**亀裂**（tensile crack）は，割れ目にマグマが注入されて開くような火山性の地震の震源のモデルとなる．断層面の法線が $z$ 方向（$\boldsymbol{\nu} = \boldsymbol{e}_3$）ですべりも $z$ 方向（$[\boldsymbol{u}] = [u_3]\,\boldsymbol{e}_3$）のとき，モーメント密度テンソルのゼロでない成分は，

$$m_{11}(\boldsymbol{\xi}, t) = m_{22}(\boldsymbol{\xi}, t) = \lambda[\bar{u}_3(t)]S\delta(\xi_1)\delta(\xi_2) \tag{13.9a}$$

$$m_{33}(\boldsymbol{\xi}, t) = (\lambda + 2\mu)[\bar{u}_3(t)]S\delta(\xi_1)\delta(\xi_2) \tag{13.9b}$$

のみである．モーメントテンソルの各成分は，

$$\begin{aligned} M_{pq}(t) &= \begin{pmatrix} \lambda\,[u_3(t)]\,S & 0 & 0 \\ 0 & \lambda\,[u_3(t)]\,S & 0 \\ 0 & 0 & (\lambda+2\mu)\,[u_3(t)]\,S \end{pmatrix} \\ &= \left(\lambda + \frac{2\mu}{3}\right)[u_3(t)]\,S \begin{pmatrix} 1 & 0 & 0 \\ 0 & 1 & 0 \\ 0 & 0 & 1 \end{pmatrix} + \frac{2\mu}{3}[u_3(t)]\,S \begin{pmatrix} -1 & 0 & 0 \\ 0 & -1 & 0 \\ 0 & 0 & 2 \end{pmatrix} \end{aligned} \tag{13.10}$$

と分解できる，2 行目の第 1 項は対角和 $\frac{1}{3}M_{ii}$ と単位テンソルの積で等方膨張を表し，第 2 項は対角和がゼロで $z$ 軸に沿った膨張と $x$ 軸および $y$ 軸に沿った収縮を表す．

## 13.2 等価体積力と力のモーメント

式 (12.26) で，震源項は断層面 $\Sigma$ の上の面積分として与えられているが，断層面に垂直な成分を加えた 3 次元位置座標 $\boldsymbol{\eta}$ を導入し，グリーン関数の微分を部分積分を用いて 3 次元デルタ関数の微分に換え，変位表現を 3 次元体積積分のかたちに書き替えることができる．

$$\begin{aligned} u_n(\boldsymbol{x}, t) &= \int_{-\infty}^{\infty} \mathrm{d}\tau \iint_{\Sigma} \mathrm{d}\Sigma(\boldsymbol{\xi})\; m_{pq}(\boldsymbol{\xi}, \tau)\, \frac{\partial}{\partial \xi_q} G_{np}(\boldsymbol{x}, t-\tau; \boldsymbol{\xi}, 0) \\ &= \int_{-\infty}^{\infty} \mathrm{d}\tau \iiint_{-\infty}^{\infty} \mathrm{d}\boldsymbol{\eta} \left[\frac{\partial}{\partial \eta_q} G_{np}(\boldsymbol{x}, t-\tau; \boldsymbol{\eta}, 0)\right] \iint_{\Sigma} \mathrm{d}\Sigma(\boldsymbol{\xi})\; m_{pq}(\boldsymbol{\xi}, \tau)\; \delta(\boldsymbol{\eta} - \boldsymbol{\xi}) \\ &= -\int_{-\infty}^{\infty} \mathrm{d}\tau \iiint_{-\infty}^{\infty} \mathrm{d}\boldsymbol{\eta}\, G_{np}(\boldsymbol{x}, t-\tau; \boldsymbol{\eta}, 0) \iint_{\Sigma} \mathrm{d}\Sigma(\boldsymbol{\xi})\; m_{pq}(\boldsymbol{\xi}, \tau)\, \frac{\partial}{\partial \eta_q} \delta(\boldsymbol{\eta} - \boldsymbol{\xi}) \end{aligned}$$

$$= \int_{-\infty}^{\infty} \mathrm{d}\tau \iiint_{-\infty}^{\infty} \mathrm{d}\boldsymbol{\eta}\, G_{np}\left(\boldsymbol{x}, t-\tau; \boldsymbol{\eta}, 0\right) f_p^u\left(\boldsymbol{\eta}, \tau\right) \tag{13.11}$$

これを式 (12.20) と比較すれば,

$$\begin{aligned} f_p^u\left(\boldsymbol{\eta}, t\right) &\equiv -\iint_{\Sigma} \mathrm{d}\Sigma\left(\boldsymbol{\xi}\right)\, m_{pq}\left(\boldsymbol{\xi}, t\right)\, \frac{\partial}{\partial \eta_q} \delta\left(\boldsymbol{\eta}-\boldsymbol{\xi}\right) \\ &= -\iint_{\Sigma} \mathrm{d}\Sigma\left(\boldsymbol{\xi}\right) \left[u_i\left(\boldsymbol{\xi}, t\right)\right] c_{ij,pq} \nu_j \frac{\partial}{\partial \eta_q} \delta\left(\boldsymbol{\eta}-\boldsymbol{\xi}\right) \end{aligned} \tag{13.12}$$

が, 変位食違い $[\boldsymbol{u}(\boldsymbol{\xi}, t)]$ に**等価な体積力**（equivalent body force）を表すことがわかる（Maruyama, 1963; Burridge and Knopoff, 1964）. しかしこれはデルタ関数の微分で構成されており, いわゆるシングルフォースではない. 以下では, 点震源モデルを用いて, 変位食違い断層と等価体積力の具体的な関係を調べることにする.

### (1) 点震源せん断型食違い（せん断すべり）断層モデル

断層面の法線ベクトルが $z$ 軸を向き, 食違い変位が $x$ 軸を向く点震源せん断型食違い断層の場合（図 13.1a）を考えると, 等価体積力の意味がわかりやすい. モーメント密度テンソルが式 (13.5) で与えられる場合, 等価体積力の各成分は, $\boldsymbol{\xi}$ の面積分を実行して,

$$\begin{aligned} f_1^u\left(\boldsymbol{\eta}, t\right) &= -\iint_{\Sigma} \mathrm{d}\xi_1\, \mathrm{d}\xi_2\; m_{13}(\boldsymbol{\xi}, t)\, \delta\left(\eta_1-\xi_1\right) \delta\left(\eta_2-\xi_2\right) \frac{\partial}{\partial \eta_3} \delta\left(\eta_3\right) \\ &= -M_{13}(t) \iint_{\Sigma} \mathrm{d}\xi_1\, \mathrm{d}\xi_2\; \delta(\xi_1)\delta(\xi_2)\delta\left(\eta_1-\xi_1\right) \delta\left(\eta_2-\xi_2\right) \frac{\partial}{\partial \eta_3} \delta\left(\eta_3\right) \\ &= -M_{13}(t)\delta\left(\eta_1\right) \delta\left(\eta_2\right) \frac{\partial}{\partial \eta_3} \delta\left(\eta_3\right) = -M(t)\delta\left(\eta_1\right) \delta\left(\eta_2\right) \frac{\partial}{\partial \eta_3} \delta\left(\eta_3\right) \end{aligned} \tag{13.13a}$$

$$f_2^u\left(\boldsymbol{\eta}, t\right) = 0 \tag{13.13b}$$

$$\begin{aligned} f_3^u\left(\boldsymbol{\eta}, t\right) &= -\iint_{\Sigma} \mathrm{d}\xi_1\, \mathrm{d}\xi_2\; m_{31}(\boldsymbol{\xi}, t) \frac{\partial}{\partial \eta_1} \delta\left(\eta_1-\xi_1\right) \delta\left(\eta_2-\xi_2\right) \delta\left(\eta_3\right) \\ &= -M_{31}(t) \iint_{\Sigma} \mathrm{d}\xi_1\, \mathrm{d}\xi_2\; \delta(\xi_1)\delta(\xi_2) \frac{\partial}{\partial \eta_1} \delta\left(\eta_1-\xi_1\right) \delta(\eta_2-\xi_2)\, \delta(\eta_3) \\ &= -M(t) \frac{\partial}{\partial \eta_1} \delta(\eta_1)\delta(\eta_2)\, \delta(\eta_3) \end{aligned} \tag{13.13c}$$

と書ける. これは, デルタ関数を釣鐘型曲線の幅をゼロにもっていった極限と考えればわかりやすいであろう. これを模式的に図 13.1b, c に示す. たとえば $f_1^u$ の場合, $-\frac{\partial}{\partial \eta_3}\delta(\eta_3)$ は $\eta_3=0$ の直近で正と負の極大値をもつ. 灰色の矢印

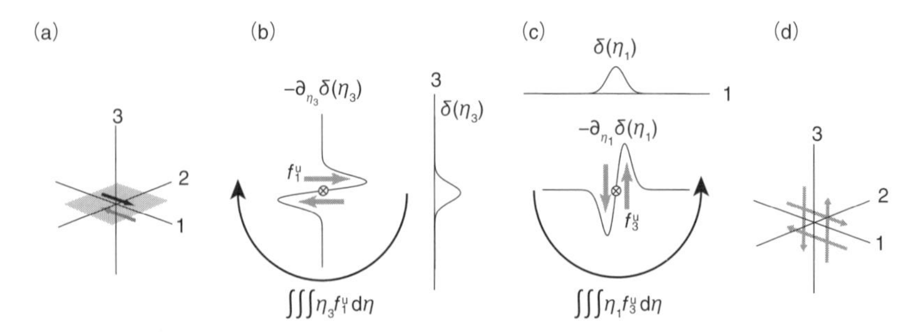


**図 13.1**　点震源せん断型食違い断層と等価体積力

(a) 断層面上の変位（矢印），(b) シングルカップル等価体積力 $f_1^u$（灰色矢印），(c) シングルカップル等価体積力 $f_3^u$（灰色矢印），(d) ダブルカップル等価体積力（灰色矢印）．

で示すように，これらは接近した逆向きの力の対（**シングルカップル**（**単偶力**（single couple））である．ここで**偶力**（couple）とは，作用線が平行で互いに大きさが等しく方向が反対向きの 2 つの力の対を意味する．$f_3^u$ についても同様にシングルカップルで表すことができる．図 13.1d に灰色矢印で示すように，点震源せん断型食違い断層は直交する 2 つのシングルカップルの組合せである**ダブルカップル**（**双偶力**（doubel couple））と等価である．

このダブルカップルによる第 2 軸周りの力のモーメントは，部分積分を用いれば，

$$\begin{aligned}
\iiint_{-\infty}^{\infty} \mathrm{d}\boldsymbol{\eta}\, \boldsymbol{\eta} \times \boldsymbol{f}^u(\boldsymbol{\eta},t)|_2 &= \iiint_{-\infty}^{\infty} \mathrm{d}\boldsymbol{\eta}\, \epsilon_{2ij}\eta_i f_j^u(\boldsymbol{\eta},t) \\
&= \iiint_{-\infty}^{\infty} \mathrm{d}\boldsymbol{\eta}\, [\eta_3 f_1^u(\boldsymbol{\eta},t) - \eta_1 f_3^u(\boldsymbol{\eta},t)] \\
&= M(t) \iiint_{-\infty}^{\infty} \mathrm{d}\boldsymbol{\eta} \left[ -\eta_3 \delta(\eta_1)\,\delta(\eta_2)\,\frac{\partial}{\partial \eta_3}\delta(\eta_3) + \eta_1 \frac{\partial}{\partial \eta_1}\delta(\eta_1)\delta(\eta_2)\delta\,(\eta_3) \right] \\
&= M(t) \iiint \mathrm{d}\boldsymbol{\eta}\, \{\delta(\eta_1)\,\delta(\eta_2)\,\delta(\eta_3) - \delta(\eta_1)\delta(\eta_2)\delta\,(\eta_3)\} \\
&= M(t) - M(t) = 0
\end{aligned} \tag{13.14}$$

となり，右回りと左回りのモーメントが打ち消しあうことがわかる．これが $M(t) = \mu[\bar{u}_1(t)]S$ をモーメントとよぶ理由である．図 13.1b, c に，それぞれのシングルカップルのモーメントの向きを円弧矢印で示す．

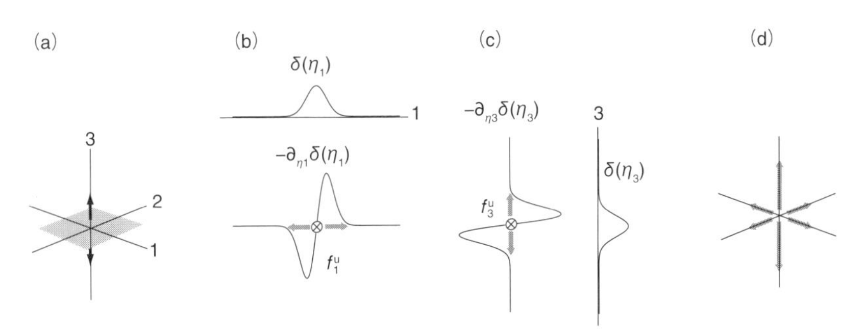


**図 13.2**　点震源引張型食違い断層と等価体積力

（a）断層面上の変位（矢印），（b）ベクトルダイポール等価体積力 $f_1^u$（灰色矢印），（c）ベクトルダイポール等価体積力 $f_3^u$（灰色矢印），（d）ベクトルダイポール等価体積力 3 成分（灰色矢印）．

### (2) 点震源引張亀裂型断層モデル

変位食違いの方向が断層面に垂直な引張亀裂型断層の場合を考えよう（図 13.2a）．モーメント密度テンソルが式 (13.9a, b) で与えられる場合，等価体積力の各成分は，

$$
\begin{aligned}
f_1^u(\boldsymbol{\eta}, t) &= -\iint_\Sigma \mathrm{d}\xi_1\,\mathrm{d}\xi_2\; m_{11}(\boldsymbol{\xi}, t)\,\frac{\partial}{\partial \eta_1}\delta(\eta_1-\xi_1)\,\delta(\eta_2-\xi_2)\delta(\eta_3) \\
&= -M_{11}(t)\iint_\Sigma \mathrm{d}\xi_1\,\mathrm{d}\xi_2\,\delta(\xi_1)\delta(\xi_2)\,\frac{\partial}{\partial \eta_1}\delta(\eta_1-\xi_1)\,\delta(\eta_2-\xi_2)\delta(\eta_3) \\
&= -M_{11}(t)\frac{\partial}{\partial \eta_1}\delta(\eta_1)\,\delta(\eta_2)\,\delta(\eta_3)
\end{aligned} \tag{13.15a}
$$

$$
\begin{aligned}
f_2^u(\boldsymbol{\eta}, t) &= -\iint_\Sigma \mathrm{d}\xi_1\,\mathrm{d}\xi_2\; m_{22}(\boldsymbol{\xi}, t)\delta(\eta_1-\xi_1)\;\frac{\partial}{\partial \eta_2}\delta(\eta_2-\xi_2)\delta(\eta_3) \\
&= -M_{22}(t)\delta(\eta_1)\,\frac{\partial}{\partial \eta_2}\delta(\eta_2)\,\delta(\eta_3)
\end{aligned} \tag{13.15b}
$$

$$
\begin{aligned}
f_3^u(\boldsymbol{\eta}, t) &= -\iint_\Sigma \mathrm{d}\xi_1\,\mathrm{d}\xi_2\; m_{33}(\boldsymbol{\xi}, t)\delta(\eta_1-\xi_1)\,\delta(\eta_2-\xi_2)\,\frac{\partial}{\partial \eta_3}\delta(\eta_3) \\
&= -M_{33}(t)\delta(\eta_1)\,\delta(\eta_2)\,\frac{\partial}{\partial \eta_3}\delta(\eta_3)
\end{aligned} \tag{13.15c}
$$

と書ける．図 13.2b, c に示すように，デルタ関数を幅の狭い釣鐘型曲線の極限と考えれば，たとえば $f_1^u$ の場合，$-\frac{\partial}{\partial \eta_1}\delta(\eta_1)$ は $\eta_1=0$ の直近で正と負の極大値をもつ．灰色の矢印で示されるような，同じ軸上にある接近した逆向きの力の対を**ベクトル二重極**（**ベクトルダイポール**（vector dipole））とよぶ．$f_2^u$ も

$f_3^u$ も，それぞれベクトル二重極で表される．ベクトル二重極の力のモーメントは，対称性からゼロである．図 13.2d に，点震源引張亀裂型断層の等価体積力 3 成分を灰色矢印で図示する．

## 13.3 一様等方な無限弾性媒質における遠方での変位

### 13.3.1 点震源断層による遠方での変位

第 11 章で，一様等方な無限弾性媒質のグリーン関数の具体的な表現（式 (11.32)）を求めた．近地項を無視すると，遠方で卓越する第 1 項と第 2 項は，$r = |\boldsymbol{x} - \boldsymbol{\xi}|$ および $\boldsymbol{\gamma} = (\boldsymbol{x} - \boldsymbol{\xi})/r$ として，

$$G_{np}^{\mathrm{F}}(\boldsymbol{x}, t-\tau; \boldsymbol{\xi}, 0) = \frac{\gamma_n \gamma_p}{4\pi\rho\alpha^2 r}\delta\left(t - \tau - \frac{r}{\alpha}\right) + \frac{\delta_{np} - \gamma_n\gamma_p}{4\pi\rho\beta^2 r}\delta\left(t - \tau - \frac{r}{\beta}\right) \tag{13.16}$$

と書ける．上付き添え字 F は遠地項を表す．この遠地グリーン関数の微分 $\frac{\partial}{\partial \xi_q} G_{np}^{\mathrm{F}}$ の具体的な表現を求めよう．遠方で卓越する $r^{-1}$ に比例する項はデルタ関数のなかの $r$ の微分から得られる項のみなので，$\frac{\partial r}{\partial \xi_q} = -\gamma_q$ を用いて整理すると，

$$\begin{aligned}\frac{\partial}{\partial \xi_q} G_{np}^{\mathrm{F}}(\boldsymbol{x}, t-\tau; \boldsymbol{\xi}, 0) \approx &\frac{\gamma_n\gamma_p\gamma_q}{4\pi\rho\alpha^3 r}\frac{\mathrm{d}}{\mathrm{d}t}\delta\left(t - \tau - \frac{r}{\alpha}\right) \\ &+ \frac{(\delta_{np} - \gamma_n\gamma_p)\gamma_q}{4\pi\rho\beta^3 r}\frac{\mathrm{d}}{\mathrm{d}t}\delta\left(t - \tau - \frac{r}{\beta}\right)\end{aligned} \tag{13.17}$$

となる．

デルタ関数の時間微分のたたみ込み積分は，部分積分を用いて，

$$\begin{aligned}\int_{-\infty}^{\infty} \frac{\mathrm{d}}{\mathrm{d}t}\delta(t-\tau)\, g(\tau)\, \mathrm{d}\tau &= -\int_{-\infty}^{\infty} \frac{\mathrm{d}}{\mathrm{d}\tau}\delta(t-\tau)\, g(\tau)\, \mathrm{d}\tau \\ &= \int_{-\infty}^{\infty} \delta(t-\tau)\frac{\mathrm{d}g(\tau)}{\mathrm{d}\tau}\, \mathrm{d}\tau = \frac{\mathrm{d}g(t)}{\mathrm{d}t}\end{aligned} \tag{13.18}$$

と書ける．すなわち，デルタ関数の時間微分は，対応する関数の時間微分を行うことと等価である．

座標原点におかれた点震源断層の場合，式 (13.16) を式 (13.4) に代入し，上記の関係を用いて時間積分を実行して，遠方での変位，

$$u_n^{\mathrm{F}}(\boldsymbol{x}, t) = \frac{\gamma_n \gamma_p \gamma_q}{4\pi\rho\alpha^3 r_0} \dot{M}_{pq}\left(t - \frac{r_0}{\alpha}\right) + \frac{(\delta_{np} - \gamma_n \gamma_p)\gamma_q}{4\pi\rho\beta^3 r_0} \dot{M}_{pq}\left(t - \frac{r_0}{\beta}\right) \tag{13.19}$$

を得る．遠方での変位はモーメントテンソル（式 (13.3)）の時間微分に比例する．ここで，震源距離 $r_0 = |\boldsymbol{x}|$ および観測点方向の単位ベクトル $\boldsymbol{\gamma} = \boldsymbol{x}/r_0$ である．

### 13.3.2 点震源せん断型食違い断層の輻射パターン

**点震源せん断型食違い断層**（point shear dislocation source）の場合，**単位すべりベクトル**（slip vector）$\boldsymbol{s}$ を導入すると，平均食違いは $[\bar{\boldsymbol{u}}(t)] = \bar{u}(t)\,\boldsymbol{s}$ と書ける．すべりベクトルは断層面の法線に垂直 ($\boldsymbol{s} \cdot \boldsymbol{\nu} = 0$) であり，モーメントテンソル成分は，モーメント時間関数を用いて，

$$M_{pq}(t) = (s_p \nu_q + s_q \nu_p)\,\mu\bar{u}(t)\,S = (s_p \nu_q + s_q \nu_p)\,M(t) \tag{13.20}$$

と書ける．遠方での変位（式 (13.19)）はモーメント時間関数の時間微分に比例し，ベクトル表記で，

$$\boldsymbol{u}^{\mathrm{F}}(\boldsymbol{x}, t) = \frac{\boldsymbol{R}^{\mathrm{FP}}(\boldsymbol{\gamma}, \boldsymbol{\nu}, \boldsymbol{s})}{4\pi\rho\alpha^3 r_0} \dot{M}\left(t - \frac{r_0}{\alpha}\right) + \frac{\boldsymbol{R}^{\mathrm{FS}}(\boldsymbol{\gamma}, \boldsymbol{\nu}, \boldsymbol{s})}{4\pi\rho\beta^3 r_0} \dot{M}\left(t - \frac{r_0}{\beta}\right) \tag{13.21}$$

と書くことができる．

遠方での輻射パターンは，

$$\boldsymbol{R}^{\mathrm{FP}}(\boldsymbol{\gamma}, \boldsymbol{\nu}, \boldsymbol{s}) = 2\boldsymbol{\gamma}\,(\boldsymbol{\gamma s})\,(\boldsymbol{\gamma \nu}) \tag{13.22a}$$

$$\boldsymbol{R}^{\mathrm{FS}}(\boldsymbol{\gamma}, \boldsymbol{\nu}, \boldsymbol{s}) = (\boldsymbol{\gamma s})\boldsymbol{\nu} + (\boldsymbol{\gamma \nu})\boldsymbol{s} - 2(\boldsymbol{\gamma s})(\boldsymbol{\gamma \nu})\boldsymbol{\gamma} \tag{13.22b}$$

で与えられる． これは，球座標を用いるとわかりやすい．球座標の単位ベクトル $(\boldsymbol{\gamma}, \boldsymbol{\theta}, \boldsymbol{\varphi})$ とデカルト座標の単位ベクトル $(\boldsymbol{e}_1, \boldsymbol{e}_2, \boldsymbol{e}_3)$ の関係は，式 (11.37) で与えられる．断層の単位法線ベクトルと単位すべりベクトルがデカルト座標系で与えられたとき，これを球座標系の単位ベクトルを用いて表すことで，輻射パターンの球座標表示が得られる．たとえば，$\boldsymbol{\nu} = \boldsymbol{e}_1$ で $\boldsymbol{s} = \boldsymbol{e}_2$ のとき，

$$\boldsymbol{R}^{\mathrm{FP}}(\boldsymbol{\gamma}, \boldsymbol{\nu}, \boldsymbol{s}) = 2\,(\sin\theta \sin\varphi)\,(\sin\theta\cos\varphi)\,\boldsymbol{\gamma} = \sin^2\theta\ \sin 2\varphi\,\boldsymbol{\gamma} \tag{13.23a}$$

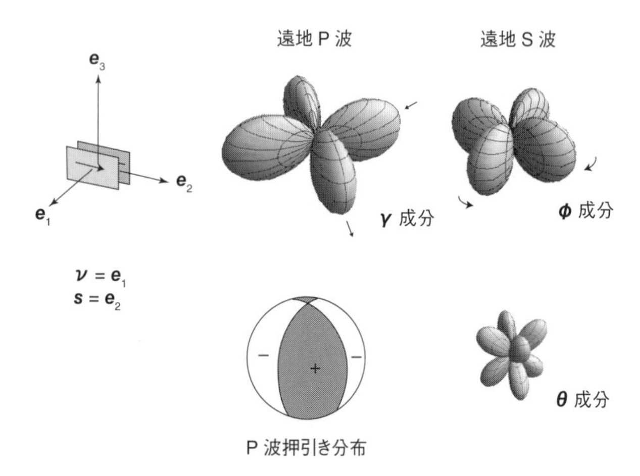


図 13.3　点震源せん断型食違い断層による遠方での輻射パターン（式（13.23a, b））の絶対値

$$\boldsymbol{R}^{\mathrm{FS}}(\boldsymbol{\gamma},\boldsymbol{\nu},\boldsymbol{s}) = (\sin\theta\sin\varphi)\,\boldsymbol{\nu} + (\sin\theta\cos\varphi)\,\boldsymbol{s} - 2\,(\sin\theta\sin\varphi)\,(\sin\theta\cos\varphi)\,\boldsymbol{\gamma}$$

$$= \frac{1}{2}\sin 2\theta\sin 2\varphi\,\boldsymbol{\theta} + \sin\theta\cos 2\varphi\,\boldsymbol{\varphi} \qquad (13.23\mathrm{b})$$

と書ける．P 波は動径成分（$\boldsymbol{\gamma}$ 成分）のみ，S 波はそれに直交する成分のみをもつ．図 13.3 に，式 (13.23) で与えられる輻射パターンを示す．P 波と S 波の $\boldsymbol{\varphi}$ 成分の輻射パターンは $x$–$y$ 平面内（$\theta = \pi/2$）では 45° ずれた 4 象限型である．S 波が $\boldsymbol{\theta}$ 成分をもつことに注意しよう．P 波と S 波では最大振幅をとる方向が異なるが，式 (13.23) から S 波と P 波の最大振幅の比は $(\alpha/\beta)^3$ である．$\alpha/\beta = \sqrt{3}$ の場合，この比は 5 倍程度と考えてよい．これは，せん断型食違い断層は S 波を大きく励起することを意味する．

### 13.3.3 震源時間関数と震源スペクトル

モーメント時間関数 $M(t)$ の時間微分 $\dot{M}(t)$ は，**震源時間関数**（source time function）または**モーメント速度関数**（moment rate function）とよばれる．震源過程を考察する場合，遠方での変位に比例する $\dot{M}(t)$ を考えるほうがわかりやすい．

**(1) 箱形関数**

震源時間関数 $\dot{M}(t)$ が継続時間 $T$ の**箱形関数**（box car function）

$$\dot{M}(t) = \begin{cases} \dfrac{M_0}{T} & 0 < t < T, \\ 0 & t < 0, \quad t > T \end{cases}$$

のとき，モーメント時間関数 $M(t)$ は，時間とともに線形に増加し，時間 $T$ 経過後に停止して地震モーメント $M_0$ となる**傾斜関数**（ramp function）（付録 B，式 (B.7)）である．

$$M(t) = M_0\,U(t) = \begin{cases} M_0 \dfrac{t}{T} & 0 < t < T, \\ M_0 & t \geq T \end{cases} \tag{13.24}$$

これらを図 13.4a と b に灰色線で示す．

震源時間関数 $\dot{M}(t)$ のフーリエ変換をとると，震源スペクトルは，

$$\widehat{\dot{M}}(\omega) = \int_0^T \dot{M}(t)\,\mathrm{e}^{\mathrm{i}\omega t}\,\mathrm{d}t = M_0\,\mathrm{e}^{\mathrm{i}\omega T/2} \frac{\sin\frac{\omega T}{2}}{\frac{\omega T}{2}} \tag{13.25}$$

と書ける．$\widehat{\dot{M}}(\omega)$ は両側スペクトルであることに注意する．図 13.5a に実線で示すように右辺の関数 $|\sin x/x|$ は $x \to 0$ で 1 に漸近し，振幅の最大値は点線で示されるように $|x|$ に逆比例して減少する．図 13.5b は両対数でプロットしたものであるが，$x$ が大きいところでの振舞いがよくわかる．震源スペクトルの絶対値 $|\widehat{\dot{M}}(\omega)|$ を角周波数に対して両対数でプロットしたものを，図 13.4c に灰色線で示す．スペクトルの低周波数極限での値は $M_0$ であり，角周波数 $\omega$ が大きくなるとスペクトルのエンベロープ（包絡線）は $\omega^{-1}$ に比例して減少する．この高周波数域での特性は，階段関数のスペクトル（付録 B，式 (B.12a)）に由

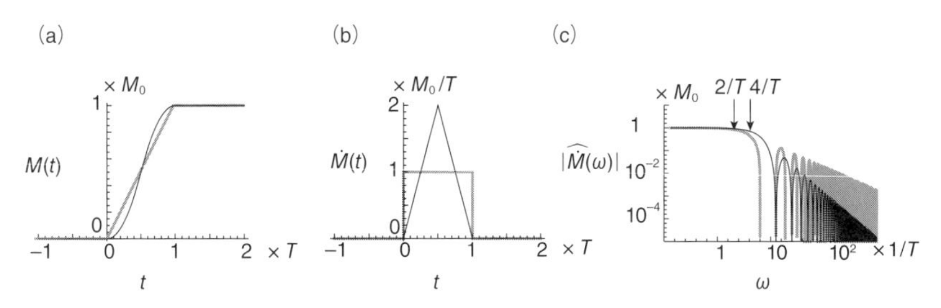


**図 13.4**　モーメント時間関数 $M(t)$ (a)，震源時間関数 $\dot{M}(t)$ (b)，震源スペクトル $|\widehat{\dot{M}}(\omega)|$ ($\omega > 0$ 部分のみを表示) (c)

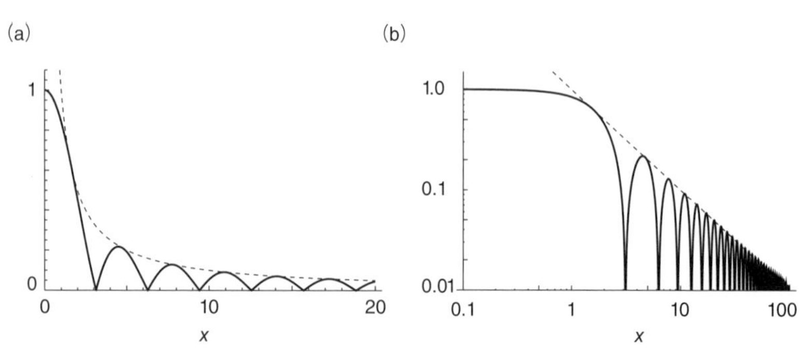


図 13.5　$|\sin x/x|$（実線）とピークのエンベロープ $1/x$（点線）
(a) 線形プロット，(b) 両対数プロット．

来する．低周波数域での平坦レベルと高周波数におけるスペクトルピークのエンベロープはコーナー角周波数 $\omega_{\mathrm{c}} = 2/T$ で交差する．

**(2)** 三角形関数

震源時間関数 $\dot{M}(t)$ が，時間幅 $T$ の三角形関数の場合には，

$$\dot{M}(t) = \begin{cases} \frac{4M_0}{T^2}t & 0 < t < \frac{T}{2}, \\ \frac{4M_0}{T} - \frac{4M_0}{T^2}t & \frac{T}{2} < t < T, \\ 0 & t < 0, \quad t > T \end{cases} \tag{13.26}$$

これは，時間 $T/2$ で最大値 $2M_0/T$ をとり，時間 $T$ 経過後に 0 となる．モーメント時間関数は時間とともに緩やかに立ち上がり，緩やかに停止して $M_0$ に至る．

$$M(t) = \begin{cases} \frac{2M_0}{T^2}t^2 & 0 < t < \frac{T}{2}, \\ \frac{4M_0}{T}t - \frac{2M_0}{T^2}t^2 - M_0 & \frac{T}{2} < t < T, \\ M_0 & t > T \end{cases} \tag{13.27}$$

これらを，図 13.4a, b に黒線で示す．この $\dot{M}(t)$ のフーリエスペクトルは，

$$\widehat{\dot{M}}(\omega) = \int_0^T \dot{M}(t)\,\mathrm{e}^{\mathrm{i}\omega t}\,\mathrm{d}t = M_0\,\mathrm{e}^{\mathrm{i}\frac{\omega T}{2}}\frac{\left(\sin\frac{\omega T}{4}\right)^2}{\left(\frac{\omega T}{4}\right)^2} \tag{13.28}$$

となる．絶対値 $|\widehat{\dot{M}}(\omega)|$ を角周波数に対して両対数でプロットしたものを，図

13.4c に黒線で示す．震源スペクトルの低周波数極限は $M_0$ であり，角周波数 $\omega$ が大きくなると震源スペクトルのエンベロープは $\omega^{-2}$ に比例して減少する．この高周波数域での特性は，傾斜関数のスペクトル（付録 B，式 (B.12b)）に由来する．低周波数域での平坦レベルと高周波数域でのスペクトルのエンベロープは，コーナー角周波数 $\omega_{\mathrm{c}} = 4/T$ で交差する．震源スペクトルのエンベロープは，低周波数域での平坦部分と高周波数側で逆 2 乗で減少する関数

$$\left|\widehat{M}(\omega)\right| = \frac{M_0}{1 + \frac{\omega^2}{{\omega_{\mathrm{c}}}^2}} \tag{13.29}$$

でよく近似できる．このかたちの震源スペクトルをオメガ二乗モデルとよぶ．

## 13.4 地震モーメントの推定

式 (13.21) の第 1 項を用いて，遠地 P 波の上下動記録から地震モーメントを求めてみよう．輻射パターンが非等方なので 1 観測点のデータから正確に推定するのは難しいが，輻射パターンの立体角平均を用いて補正することにする．式 (13.23a) から，P 波の輻射パターンの二乗平均平方根（RMS）は次式で与えられる．

$$\mathrm{FP}_{\mathrm{RMS}} = \sqrt{\frac{\int |\boldsymbol{R}^{\mathrm{FP}}|^2 \sin\theta \, \mathrm{d}\theta \, \mathrm{d}\varphi}{4\pi}} = \frac{2}{\sqrt{15}} \approx 0.52 \tag{13.30}$$

観測点が震源の真上にある場合，P 波初動からの経過時間を $\tau$ とし，上下動変位波形 $u_z^{\mathrm{FP}}(\tau)$ の時間積分に幾何減衰の補正を行い，地表（自由表面）での増幅特性 2 と輻射パターンの平均値 $\mathrm{FP}_{\mathrm{RMS}}$ で除することで，地震モーメント

$$M_0 = \int_0^{\infty} \dot{M}(\tau) \, \mathrm{d}\tau = \frac{4\pi\rho\alpha^3 r_0}{2\mathrm{FP}_{\mathrm{RMS}}} \int_0^{\infty} u_z^{\mathrm{FP}}(\tau) \, \mathrm{d}\tau \tag{13.31}$$

を推定できる．

例として，既出の図 3.2 に示した観測点直下の深さ 187 km に発生した $M6.1$ の地震の上下動記録を解析してみよう．上下動変位波形を図 13.6a に示し，その P 波部分の拡大図を図 13.6b に示す．変位波形を三角形（灰色）で近似すると，上式の積分はこの三角形の面積で，$(1/2) \times 2.1 \times 0.34 \times 10^{-3}\,\mathrm{s\,m}$ となる．$\rho = 3,300\,\mathrm{kg/m^3}$，$\alpha = 8\,\mathrm{km/s}$ とすると，$M_0 = 1.36 \times 10^{18}\,\mathrm{N\,m}$ と求まる．の

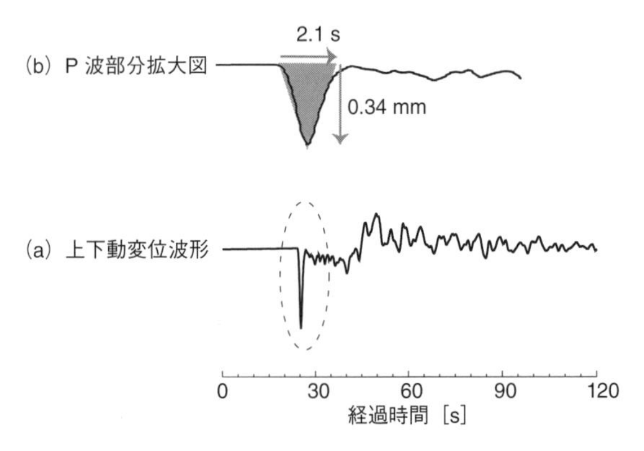


**図 13.6**　観測点直下の深さ 187 km に発生した $M$ 6.1 の地震の上下動変位波形（図 3.2b 参照）(a) と P 波部分の拡大図 (b)

ちに式 (16.2) に示すように，対応するモーメントマグニチュード $M_{\mathrm{W}}$ は 6.0 である．

# 第14章 せん断型変位食違い断層モデルに基づく地震波の生成

本章では，有限の拡がりをもつ断層面上で変位の食違いとその伝播過程が与えられた場合の地震波動の励起の数理を学ぶ．これは**変位食違い断層モデル**（dislocation model）とよばれるが，断層面での破壊過程の結果として決まるべきすべり関数があらかじめ仮定されているという意味で運動学的断層モデルともよばれる．変位食違い断層モデルのうちで最も基本的なものは，**せん断型変位食違い**（shear dislocation）が矩形断層の上を一定の速度で進むモデルである．とくに，このせん断すべりが一方向に進展する場合に励起される遠方での地震波形を詳しく調べることにする．最後の節で，変位食違い断層モデルに基づく半無限弾性媒質における静的変位について述べる．

## 14.1 せん断型変位食違い断層による遠方での波形

有限な拡がりをもつせん断型変位食違い断層によって励起される遠方での変位を求めよう．断層面上の破壊開始点を座標原点にとり，観測点の位置を $\boldsymbol{x}$ とし，震源距離を $r_0 = |\boldsymbol{x}|$ とする．一様等方な弾性媒質におけるグリーン関数の遠地項（式 (13.16)）を式 (12.24) に代入し，式 (13.18) を用いて時間積分を実行すれば，遠方で卓越する変位は，$r = |\boldsymbol{x} - \boldsymbol{\xi}|$ として，

$$u_n^{\mathrm{F}}(\boldsymbol{x}, t) = \iint_{\Sigma} \mathrm{d}\Sigma(\boldsymbol{\xi}) \left\{ \frac{\gamma_n \gamma_p \gamma_q}{4\pi\rho\alpha^3 r} \left[ \dot{u}_i\left(\boldsymbol{\xi}, t - \frac{r}{\alpha}\right) \right] \nu_j(\boldsymbol{\xi})\, c_{ij,pq} \right.$$
$$\left. + \frac{(\delta_{np} - \gamma_n \gamma_p)\,\gamma_q}{4\pi\rho\beta^3 r} \left[ \dot{u}_i\left(\boldsymbol{\xi}, t - \frac{r}{\beta}\right) \right] \nu_j(\boldsymbol{\xi})\, c_{ij,pq} \right\} \tag{14.1}$$

と書ける．断層面 $\Sigma$ の長さに比べて観測点が十分遠方にある場合（$r_0 \gg L$）には，断層面上で $\boldsymbol{\xi}$ が動いても幾何因子 $r^{-1}$ やベクトル $\boldsymbol{\gamma}$ はゆっくりとしか変化しないので，$r \approx r_0$ および $\boldsymbol{\gamma} \approx \boldsymbol{x}/r_0$ として積分記号の外に出すことができて，

$$u_n^{\mathrm{F}}(\boldsymbol{x}, t) = \frac{\gamma_n \gamma_p \gamma_q}{4\pi\rho\alpha^3 r_0} \iint_{\Sigma} \mathrm{d}\Sigma(\boldsymbol{\xi}) \left[\dot{u}_i\left(\boldsymbol{\xi}, t - \frac{r}{\alpha}\right)\right] \nu_j(\boldsymbol{\xi})\, c_{ij,pq} + \frac{(\delta_{np} - \gamma_n \gamma_p)\gamma_q}{4\pi\rho\beta^3 r_0} \iint_{\Sigma} \mathrm{d}\Sigma(\boldsymbol{\xi}) \left[\dot{u}_i\left(\boldsymbol{\xi}, t - \frac{r}{\beta}\right)\right] \nu_j(\boldsymbol{\xi})\, c_{ij,pq} \tag{14.2}$$

と書ける．

断層面の単位法線ベクトル $\boldsymbol{\nu}$ に直交する単位すべりベクトル $\boldsymbol{s}$ と**すべり関数**（slip function）$\Delta u(\boldsymbol{\xi}, t)$ を導入して，せん断型変位食違いを $[u_j(\boldsymbol{\xi}, t)] = s_j \Delta u(\boldsymbol{\xi}, t)$ と表そう．時間微分 $\Delta \dot{u}(\boldsymbol{\xi}, t)$ は**すべり速度関数**（slip velocity function）ともよばれる．点震源の場合と同様に，遠方での P 波と S 波の基本的な輻射パターン $\boldsymbol{R}^{\mathrm{FP}}$ と $\boldsymbol{R}^{\mathrm{FS}}$ は 3 つの単位ベクトル $\boldsymbol{\nu}$，$\boldsymbol{s}$，$\boldsymbol{\gamma}$ で与えられる（式 (13.22a,b)）．遠方での変位は

$$\boldsymbol{u}^{\mathrm{F}}(\boldsymbol{x}, t) = \frac{\boldsymbol{R}^{\mathrm{FP}}(\boldsymbol{\gamma}, \boldsymbol{\nu}, \boldsymbol{s})}{4\pi\rho\alpha^3 r_0} \mu \iint_{\Sigma} \Delta \dot{u}\left(\boldsymbol{\xi}, t - \frac{|\boldsymbol{x} - \boldsymbol{\xi}|}{\alpha}\right) \mathrm{d}\boldsymbol{\xi} + \frac{\boldsymbol{R}^{\mathrm{FS}}(\boldsymbol{\gamma}, \boldsymbol{\nu}, \boldsymbol{s})}{4\pi\rho\beta^3 r_0} \mu \iint_{\Sigma} \Delta \dot{u}\left(\boldsymbol{\xi}, t - \frac{|\boldsymbol{x} - \boldsymbol{\xi}|}{\beta}\right) \mathrm{d}\boldsymbol{\xi} \tag{14.3}$$

と表される（図 14.1 参照）．

すべり速度関数の引数として現れる $r = |\boldsymbol{x} - \boldsymbol{\xi}| = \sqrt{r_0^2 + |\boldsymbol{\xi}|^2 - 2r_0 \boldsymbol{\xi}\boldsymbol{\gamma}}$ を $\boldsymbol{\xi}/r_0$ の 2 次までテイラー展開すると，

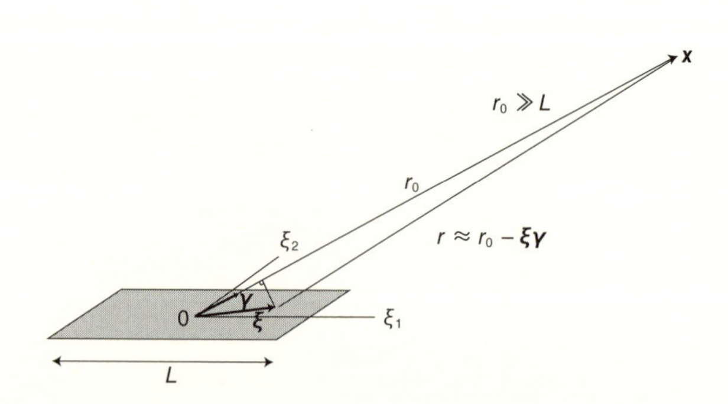


図 14.1　断層面上の点 $\boldsymbol{\xi}$ と遠地観測点 $\boldsymbol{x}$

$$r \approx r_0 \left[ 1 + \frac{1}{2}\left(\frac{|\boldsymbol{\xi}|^2}{{r_0}^2} - 2\frac{\boldsymbol{\xi\gamma}}{r_0}\right) - \frac{1}{8}\left(\frac{|\boldsymbol{\xi}|^2}{{r_0}^2} - 2\frac{\boldsymbol{\xi\gamma}}{r_0}\right)^2 + \cdots \right]$$
$$= r_0 - \boldsymbol{\xi\gamma} + \frac{1}{2r_0}\left[|\boldsymbol{\xi}|^2 - (\boldsymbol{\xi\gamma})^2\right] + \cdots \tag{14.4}$$

となる．断層の代表的な長さを $L$ として，$L/r_0 \ll 1$ の場合には $r \approx r_0 - \boldsymbol{\xi\gamma}$ と近似できる．$r$ と $r_0$ の経路差の 2 次項はたかだか $L^2/(2r_0)$ の程度であり，これが卓越波長 $\lambda$ の 4 分の 1 よりも小さければ，すなわち $L \ll \sqrt{\lambda r_0/2}$ ならば経路差の 2 次項が積分に与える影響を無視してよい．この場合，$|\boldsymbol{x} - \boldsymbol{\xi}| \approx r_0 - \boldsymbol{\xi\gamma}$ と近似できて，

$$\boldsymbol{u}^{\mathrm{F}}(\boldsymbol{x}, t) = \frac{\boldsymbol{R}^{\mathrm{FP}}(\boldsymbol{\gamma}, \boldsymbol{\nu}, \boldsymbol{s})}{4\pi\rho\alpha^3 r_0}\mu \iint_{\Sigma} \Delta\dot{u}\left(\boldsymbol{\xi}, t - \frac{r_0}{\alpha} + \frac{\boldsymbol{\xi\gamma}}{\alpha}\right) \mathrm{d}\boldsymbol{\xi}$$
$$+ \frac{\boldsymbol{R}^{\mathrm{FS}}(\boldsymbol{\gamma}, \boldsymbol{\nu}, \boldsymbol{s})}{4\pi\rho\beta^3 r_0}\mu \iint_{\Sigma} \Delta\dot{u}\left(\boldsymbol{\xi}, t - \frac{r_0}{\beta} + \frac{\boldsymbol{\xi\gamma}}{\beta}\right) \mathrm{d}\boldsymbol{\xi} \tag{14.5}$$

を得る．引数 $t - r_0/\alpha$ と $t - r_0/\beta$ は，それぞれ P 波と S 波の初動着信からの経過時間である．前章の点震源モデルは，さらに限定的な条件 $L \ll \lambda$ のもとで式 (14.4) の 1 次項が積分に与える影響を無視した近似である．

ここで，有限断層の**震源時間関数**を，時間遅れ効果を加えたすべり速度関数の面積分として，

$$S_{\mathrm{c}}(t, \boldsymbol{\gamma}, c) = \mu \iint_{\Sigma} \Delta\dot{u}\left(\boldsymbol{\xi}, t + \frac{\boldsymbol{\xi\gamma}}{c}\right) \mathrm{d}\boldsymbol{\xi} \tag{14.6}$$

と定義する．これを用いて，式 (14.5) は，

$$\boldsymbol{u}^{\mathrm{F}}(\boldsymbol{x}, t) = \frac{\boldsymbol{R}^{\mathrm{FP}}(\boldsymbol{\gamma}, \boldsymbol{\nu}, \boldsymbol{s})}{4\pi\rho\alpha^3 r_0} S_{\mathrm{c}}\left(t - \frac{r_0}{\alpha}, \boldsymbol{\gamma}, \alpha\right) + \frac{\boldsymbol{R}^{\mathrm{FS}}(\boldsymbol{\gamma}, \boldsymbol{\nu}, \boldsymbol{s})}{4\pi\rho\beta^3 r_0} S_{\mathrm{c}}\left(t - \frac{r_0}{\beta}, \boldsymbol{\gamma}, \beta\right) \tag{14.7}$$

と書ける．震源時間関数 $S_{\mathrm{c}}$ は断層面上の食違いの位置 $\boldsymbol{\xi}$ と観測点に向かう単位動径ベクトル $\boldsymbol{\gamma}$ となす角に依存するため，励起される波動に指向性を生じる原因となる．とくに断層面に垂直な方向（$\boldsymbol{\xi\gamma} = 0$）における震源時間関数はモーメント時間関数の微分に一致する（$S_{\mathrm{c}} = \dot{M}$）．

本節では取り扱わなかった近地項の寄与については，安芸・リチャーズ (2004) に詳しい説明があるので参照するとよい．

## 14.2 ハスケル（Haskell）モデル

せん断型食違いが断層の端から一方向へ伝播する**ユニラテラル断層運動**（unilateral faulting）による波動励起を，Haskell（1964）に従って考察しよう．図 14.2 に示すように，幅が $W$ で長さが $L$ の細長い**矩形断層**（rectangular fault, $L \gg W$）を考え，長辺方向に第 1 軸を，短辺方向に第 2 軸をとる．断層面上を伝播するすべりの前面を**破壊フロント**（rupture front）とよぶ．

### 14.2.1 すべり関数

断層面上の各点ですべりが継続する時間 $T$ を**立上がり時間**（rise time），破壊フロントが断層面上を伝わる速さ $v_\mathrm{r}$ を**破壊伝播速度**（rupture velocity）とよぶ．ここで $T$，$v_\mathrm{r}$，および最終すべり量 $D$ は断層面上の至るところで一定とする．すべり $\Delta u$ が破壊伝播速度 $v_r$ で断層面上を第 1 軸正方向に伝播する場合, すべりが長辺の端まで到達するのにかかる**断層破壊時間**（rupture time）は $t_\mathrm{r} = L/v_\mathrm{r}$ である．

傾斜関数（付録 B，式 (B.7)）

$$U(t) = \begin{cases} 0 & t < 0, \\ \dfrac{t}{T} & 0 < t < T, \\ 1 & t > T \end{cases} \tag{14.8}$$

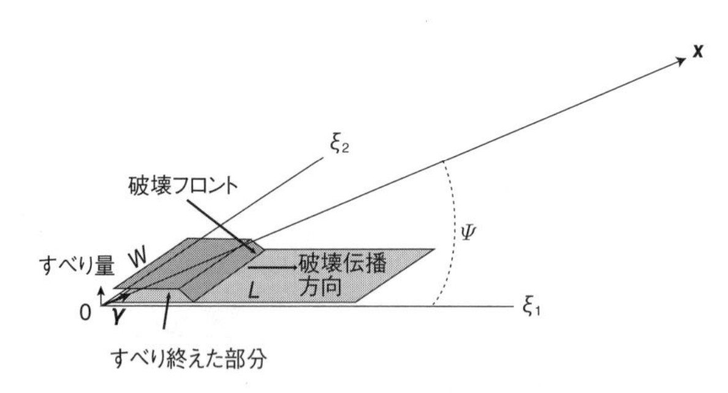


図 14.2　長さ $L$，幅 $W$ のユニラテラル断層運動の模式図（$W \ll L$）
破壊フロントの伝播は第 1 軸方向，濃灰色はせん断すべり後，淡灰色はすべる前．

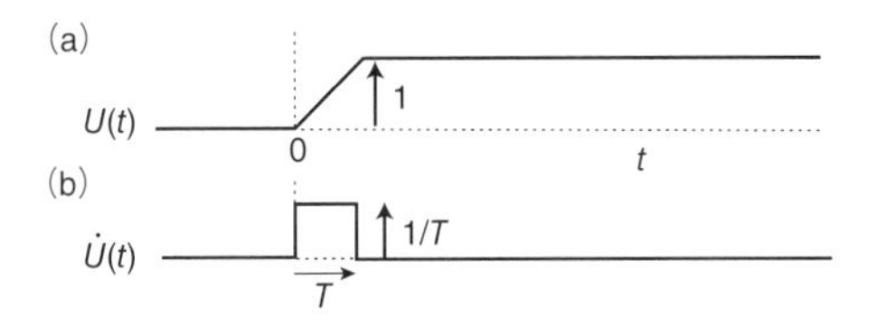


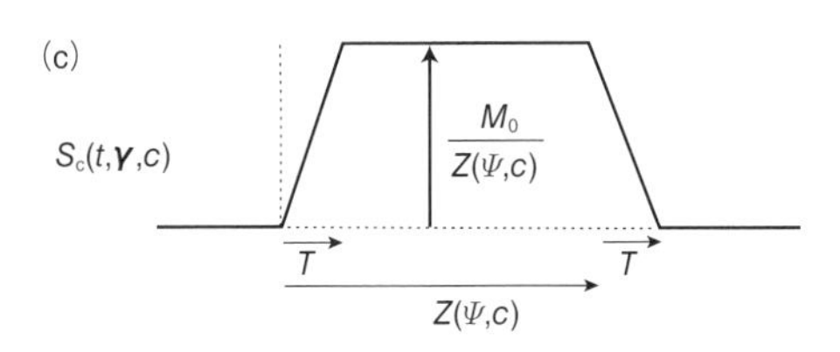


**図 14.3** 傾斜関数 $U(t)$（a），箱形関数 $\dot{U}(t)$（b），および震源時間関数 $S_{\mathrm{c}}(t, \boldsymbol{\gamma}, c)$（$T < t_{\mathrm{r}}$ の場合）（c）

を用いて，すべり関数を，

$$\Delta u\,(\boldsymbol{\xi}, t) = \begin{cases} D\,U\!\left(t - \dfrac{\xi_1}{v_r}\right) & 0 < \xi_1 < L \text{ かつ } 0 < \xi_2 < W, \\ 0 & \text{上記以外} \end{cases} \tag{14.9}$$

と表す．傾斜関数 $U(t)$ の時間微分は箱形関数，

$$\dot{U}(t) = \begin{cases} \dfrac{1}{T} & 0 < t < T, \\ 0 & t < 0, \quad t > T \end{cases} \tag{14.10}$$

であり，$\displaystyle\int_0^\infty \dot{U}(t)\,\mathrm{d}t = 1$ である．これらを図 14.3a と b に示す．

## 14.2.2 震源時間関数

座標原点から観測点へ向かうベクトル $\boldsymbol{\gamma}$ が破壊フロントの進行方向（第 1 軸）となす角を $\Psi$ とする（図 14.2 参照）．幅 $W$ は十分狭いので $\boldsymbol{\gamma\xi} \approx \xi_1\gamma_1 = \xi_1 \cos\Psi$ と近似でき，積分 $\displaystyle\int_0^W \mathrm{d}\xi_2 = W$ を実行すると，震源時間関数は，

$$\begin{aligned} S_{\mathrm{c}}\,(t, \boldsymbol{\gamma}, c) &= \mu D \int_0^W \mathrm{d}\xi_2 \int_0^L \mathrm{d}\xi_1\; \dot{U}\!\left(t + \frac{\xi_1\gamma_1}{c} + \cancel{\frac{\xi_2\gamma_2}{c}} - \frac{\xi_1}{v_{\mathrm{r}}}\right) \\ &= \mu D W \int_0^L \dot{U}\!\left(t - \frac{\xi_1}{L} Z(\Psi, c)\right) \mathrm{d}\xi_1 \end{aligned} \tag{14.11}$$

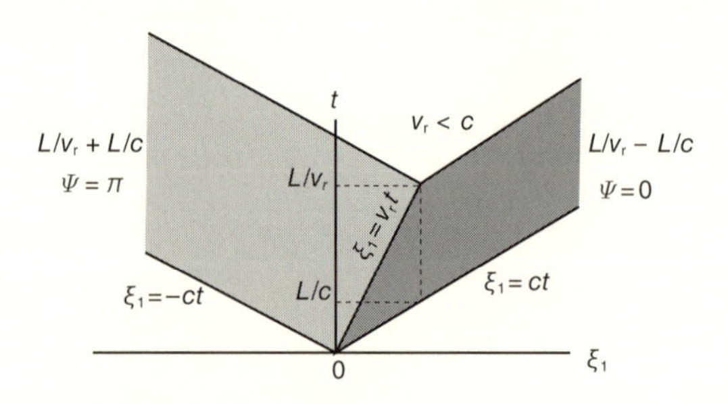


**図 14.4**　破壊伝播の前方向（$\Psi=0$）と後方向（$\Psi=\pi$）における破壊開始と破壊停止の伝達

と書ける．ここで

$$Z(\Psi, c) = L\left(\frac{1}{v_{\rm r}} - \frac{\cos\Psi}{c}\right) \tag{14.12}$$

は角度 $\Psi$ 方向における見かけの破壊継続時間を表す．図 14.4 に示すように，破壊伝播の前方（$\Psi=0$）では $Z=L(1/v_{\rm r}-1/c)$ と短く，後方（$\Psi=\pi$）では $Z=L(1/v_{\rm r}+1/c)$ と長い．破壊伝播と直交する方向（$\Psi=\pi/2$）では $Z=L/v_{\rm r}$ $=t_{\rm r}$ となり，真の断層破壊時間を与える．破壊伝播速度 $v_{\rm r}$ は S 波速度より小さい値をとるので，見かけの破壊継続時間に与える影響は P 波よりも S 波のほうが大きい．

式 (14.11) で変数を $u=t-\xi_1 Z/L$ として積分を実行すると，

$$\begin{aligned} S_{\rm c}\,(t, \boldsymbol{\gamma}, c) &= \mu WD \frac{L}{Z(\Psi, c)} \int_{t-Z}^{t} \frac{{\rm d}U(u)}{{\rm d}u}\,{\rm d}u \\ &= M_0 \frac{U(t) - U(t - Z(\Psi, {\rm c}))}{Z(\Psi, c)} \end{aligned} \tag{14.13}$$

となる．立上がり時間が見かけの破壊継続時間より短い場合（$T<Z(\Psi,c)$），時間区間 $T<t<Z$ で $U(t)-U(t-Z(\Psi,c))=1$ であるから，震源時間関数の最大値は $Z(\Psi,c)$ に反比例し，破壊伝播の前方で大きく，後方で小さい．図 14.3c に震源時間関数の時間変化を示す．$\displaystyle\int_0^{Z(\Psi,c)+T} S_{\rm c}\,(t,\boldsymbol{\gamma},c)=M_0$ を確かめることができる．

式 (14.13) を (14.7) に用いて，遠方での変位，

$$\boldsymbol{u}^{\mathrm{F}}(\boldsymbol{x},t)=\frac{M_0\boldsymbol{R}^{\mathrm{FP}}(\boldsymbol{\gamma},\boldsymbol{\nu},\boldsymbol{s})}{4\pi\rho\alpha^3 r_0}\frac{U\left(t-\frac{r_0}{\alpha}\right)-U\left(t-\frac{r_0}{\alpha}-Z(\Psi,\alpha)\right)}{Z(\Psi,\alpha)}+\frac{M_0\boldsymbol{R}^{\mathrm{FS}}(\boldsymbol{\gamma},\boldsymbol{\nu},\boldsymbol{s})}{4\pi\rho\beta^3 r_0}\frac{U\left(t-\frac{r_0}{\beta}\right)-U\left(t-\frac{r_0}{\beta}-Z(\Psi,\beta)\right)}{Z(\Psi,\beta)} \tag{14.14}$$

を得る．

### 14.2.3 震源スペクトル

震源時間関数（式 (14.11)）を箱形関数 $\dot{U}(t)$ のフーリエ変換 $\widehat{\dot{U}}(\omega)$ を用いて表すと，

$$S_{\mathrm{c}}(t,\boldsymbol{\gamma},c)=\mu WD\int_0^L \mathrm{d}\xi_1\frac{1}{2\pi}\int_{-\infty}^{\infty}\mathrm{d}\omega\ \widehat{\dot{U}}(\omega)\,\mathrm{e}^{-\mathrm{i}\omega\left(t-\xi_1\frac{Z(\Psi,c)}{L}\right)} \tag{14.15}$$

と書ける．$\xi_1$ の積分を実行すると，このフーリエ変換（震源スペクトル）を，

$$\widehat{S}_{\mathrm{c}}(\omega,\boldsymbol{\gamma},c)=\mu WD\widehat{\dot{U}}(\omega)\int_0^L \mathrm{d}\xi_1\ \mathrm{e}^{\mathrm{i}\frac{Z(\Psi,c)\omega}{L}\xi_1}=\mu WD\widehat{\dot{U}}(\omega)\frac{\mathrm{e}^{\mathrm{i}\omega Z(\Psi,c)}-1}{\mathrm{i}\frac{\omega Z(\Psi,c)}{L}}$$

$$=M_0\,\widehat{\dot{U}}(\omega)\,\frac{\sin\frac{\omega Z(\Psi,c)}{2}}{\frac{\omega Z(\Psi,c)}{2}}\,\mathrm{e}^{\mathrm{i}\frac{Z(\Psi,c)\omega}{2}} \tag{14.16}$$

と書くことができる．箱形関数 $\dot{U}(t)$ のフーリエ変換は，式 (13.25) で求めたように，

$$\widehat{\dot{U}}(\omega)=\int_{-\infty}^{\infty}\mathrm{d}t\,\mathrm{e}^{\mathrm{i}\omega t}\dot{U}(t)=\int_0^T \mathrm{d}t\,\mathrm{e}^{\mathrm{i}\omega t}\frac{1}{T}=\mathrm{e}^{\mathrm{i}\omega T/2}\frac{\sin\frac{\omega T}{2}}{\frac{\omega T}{2}} \tag{14.17}$$

なので，震源スペクトル $\widehat{S}_{\mathrm{c}}$ の絶対値は，

$$\left|\widehat{S}_{\mathrm{c}}(\omega,\boldsymbol{\gamma},c)\right|=M_0\left|\frac{\sin\frac{\omega T}{2}}{\frac{\omega T}{2}}\right|\left|\frac{\sin\frac{\omega Z(\Psi,c)}{2}}{\frac{\omega Z(\Psi,c)}{2}}\right| \tag{14.18}$$

と書ける．

とくに観測点方向が破壊伝播方向と直交する方向 ($\Psi=\pi/2$) では $Z=L/v_r=t_r$ と $c$ に依存せず，その震源スペクトルは

$$\left|\widehat{S}_{\mathrm{c}}(\omega,\boldsymbol{\gamma},c)\right|=M_0\left|\frac{\sin\frac{\omega T}{2}}{\frac{\omega T}{2}}\right|\left|\frac{\sin\frac{\omega t_r}{2}}{\frac{\omega t_r}{2}}\right| \tag{14.19}$$

と書ける．$T<t_r$ の場合，このスペクトルのエンベロープは，

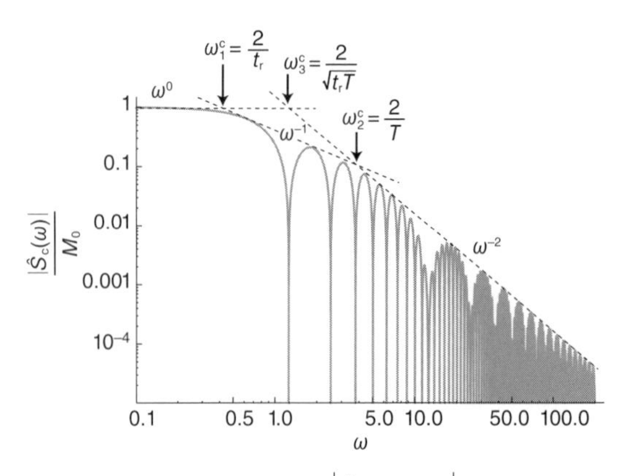


**図 14.5**　震源スペクトル（灰色実線）$\left|\hat{S}_c(\omega, \boldsymbol{\gamma}, c)\right|$ とエンベロープ（破線）
矢印はコーナー角周波数（$\Psi = \pi/2, t_r = 5$ s, $T = 0.5$ s の場合．$\omega > 0$ のみを表示）．

$$\left|\widehat{S}_c(\omega, \boldsymbol{\gamma}, c)\right| \approx \begin{cases} M_0 & \omega \ll \frac{2}{t_r}, \\ \frac{2M_0}{t_r \omega} & \frac{2}{t_r} \ll \omega \ll \frac{2}{T}, \\ \frac{4M_0}{t_r T \omega^2} & \frac{2}{T} \ll \omega \end{cases} \tag{14.20}$$

である．図 14.5 は，この震源スペクトル（式 (14.19)）を地震モーメント $M_0 = \mu LWD$ で規格化し，両対数でプロットしたものである．震源スペクトルの DC レベルは地震モーメント $M_0 = \mu LWD$ に一致する．図 13.5 に示すように，関数 $(\sin x)/x$ の絶対値は $x \approx 0$ で 1，そのエンベロープは $|x|$ に反比例し，両対数表示ではこれらの漸近線が $x = 1$ で交わることに注意すると，震源スペクトルのエンベロープ（式 (14.20)）は 2 つのコーナーをもつことがわかる．低いほうの第 1 コーナー角周波数 $\omega_1^c = 2/t_r$ は断層破壊時間の逆数に，高いほうの第 2 コーナー角周波数 $\omega_2^c = 2/T$ は食違いの立上がり時間の逆数に比例し，これより高周波数側では $\omega^{-2}$ に比例して減少する．平坦な DC レベルと高い角周波数域のエンベロープの延長とが交差する角周波数

$$\omega_3^c = \sqrt{\omega_1^c \omega_2^c} = \frac{2}{\sqrt{t_r T}} \tag{14.21}$$

は，2 つのコーナー角周波数の相乗平均で与えられる．このスペクトル全体のエンベロープは，$\omega_3^c$ をコーナー角周波数とするオメガ二乗モデル（式 (13.29)）でよく近似される．

### 14.2.4 破壊伝播方向に起因する指向性

この断層から放射される波動には破壊伝播方向に起因する**指向性**（directivity）がある．震源時間関数（式 (14.13)）と震源スペクトル（式 (14.18)）において，破壊伝播方向（第 1 軸）と観測点へ向かう動径ベクトルがなす角 $\Psi$ の余弦が $Z(\Psi, c)$ を通じて指向性を生じる．

パラメータとして，S 波速度 $\beta$=4 km/s，破壊伝播速度 $v_\mathrm{r}$=3.2 km/s，$L$=16 km（$t_\mathrm{r}$=5 s），$D$=0.5 m，$T$=0.6 s と選び，指向性を調べる．3 つの角度 $\Psi$ に応じて S 波の震源時間関数（式 (14.13)）がどのように変わるかを，図 14.6a に示す．破壊伝播の前方（$\Psi=0$）では $Z=1$ s と見かけ継続時間が短く振幅が大きく，後方（$\Psi=180°$）では $Z=9$ s と見かけ継続時間が長く振幅が小さい．しかし，この時間積分は一定である．図 14.6b は，対応する震源スペクトル（式 (14.18)）を示す．第 1 コーナー角周波数 $\omega_1^\mathrm{c}=2/Z(\Psi,\beta)$ は破壊伝播の前方向（$\Psi=0°$）で 2 rad/s と高く，後方向（$\Psi=180°$）では 0.22 rad/s と低い．しかし，震源スペクトルの DC レベルと，立上がり時間 $T$ で決まる第 2 コーナー角周波数 3.3 rad/s は不変である．

式 (14.14) に示されるように，遠方での波形には，上記の効果に加えて，断層面の法線ベクトルとすべりベクトルから規定される輻射パターン $\boldsymbol{R}^\mathrm{FP}$ と $\boldsymbol{R}^\mathrm{FS}$ の効果が重畳される．破壊伝播がすべりベクトル $\boldsymbol{s}$ と同じ方向の場合，断層面の法線ベクトル $\boldsymbol{\nu}$ とすべりベクトル $\boldsymbol{s}$ のなす平面において破壊伝播が及ぼす影

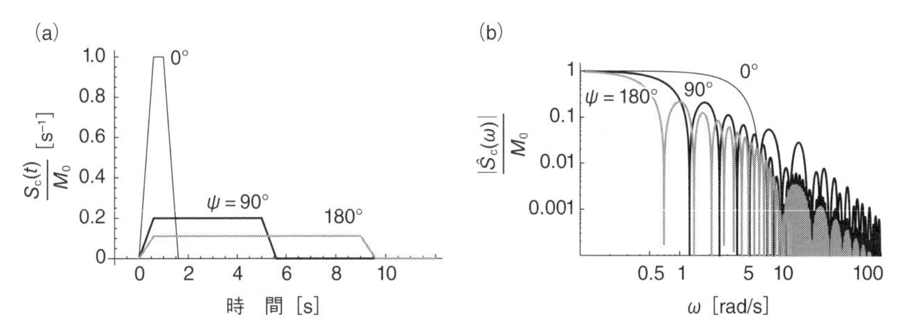


図 14.6 異なる角度 Ψ における S 波の震源時間関数 $S_\mathrm{c}(t,\boldsymbol{\gamma},\beta)/M_0$（a）と震源スペクトル $|\hat{S}_\mathrm{c}(\omega,\boldsymbol{\gamma},\beta)|/M_0$（b）（$\omega>$ のみを表示）

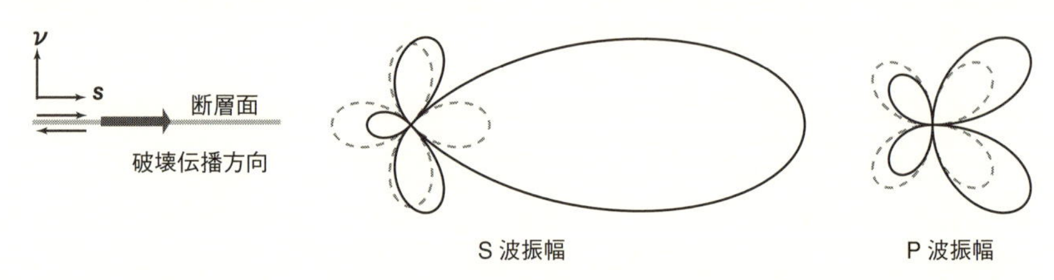


図 14.7　輻射パターンの変化

実線は，断層面の法線ベクトル $\boldsymbol{\nu}$ とすべりベクトル $\boldsymbol{s}$ のなす平面における破壊伝播が及ぼす影響を取り入れた遠地 S 波と P 波の輻射パターン（$v_r = 3.2\,\mathrm{km/s}$, $\beta = 4\,\mathrm{km/s}$, $\alpha = 6.9\,\mathrm{km/s}$）．破壊伝播はすべりベクトル $\boldsymbol{s}$ と同じ方向．破線は点震源モデルの輻射パターン（式（13.23a,b））．

響を取り入れた遠地 S 波と P 波の変位波形振幅の輻射パターンが点震源モデルの変位波形振幅輻射パターンと比べてどのように変化するかを，図 14.7 に示す．いずれも破壊伝播の前方で振幅が大きくなるようにひずむが，その効果は P 波に比べてとくに S 波のほうが大きい．

## 14.3 断層モデルの発展

これまでユニラテラル断層運動を例にとって詳しく紹介してきたが，断層の中央から破壊が両方向へ伝播する**バイラテラル断層運動**（bilateral faulting）についても同様の計算が行われている．また，断層の幅を考慮した断層モデルも解かれているが，この場合，震源スペクトルには断層の幅に対応したもうひとつのコーナーが現れ，高い周波数領域では $\omega^{-3}$ に比例することが導かれる．1960 年代半ばから 1970 年代にかけて，これらハスケルモデルに代表される変位食違い断層モデルによって多くの地震が解析され，断層パラメータが測定されるようになった．第 16 章で詳しく述べるが，観測データの集積によって，断層パラメータは互いに独立ではなく，ある種の相似則が存在することが明らかになった（たとえば，Kanamori and Anderson, 1975）．

ハスケルモデルにおいて破壊のフロントが線上を 1 次元的に伝播するという仮定や，断層面の至るところで最終すべり量が一定という仮定は，極端な単純化であろう．すべりは一点から始まるのが自然に思えるし，すべり量が至るところ一定では断層の端で困るであろう．Eshelby（1957）は，一様なせん断応力のもとで扁平円形クラックの静的解を解き，すべり量が中央で大きくクラックの端でゼロとなることを導いた（式 (15.31)）．Sato and Hirasawa（1973）は，すべりが一点から始まり一定速度で同心円状に拡大し，すべり量が常に Eshelby（1957）の求めた静的解に一致する自己相似な円形断層モデルを提案した．彼らの解では，緩やかに破壊が始まり破壊フロントが最終的な円形断層の端に到達すると瞬時に停止し，その震源スペクトルは低周波数側で平坦，高周波数側では周波数の逆 2 乗で減少する．

本節では断層面を食違いが一定の速度で伝わる場合を考察したが，実際の断層ではその先端で岩石の破壊が進行し，新たに生成された断層面の間には摩擦が生じているであろう．近年，岩石の破壊条件や摩擦構成則（8.7.2 項参照）を考慮した断層運動とそれに伴う地震波動の励起について詳しい研究が進められている．岩石の破壊や摩擦の物理については蕪木・寺倉（2007）や松川（2012）に，震源断層の物理については大中・松浦（2002）やショルツ（2010）に詳しい解説がある．

## 14.4 非一様なすべり量分布

近年，一点から拡がる破壊フロントが断層面上のすべりを次々とひき起こし，すべり量もすべり速度も断層面上の位置によって異なるような複雑なすべり関数の推定が行われるようになった．稠密な広帯域地震観測網によってとらえられた地震波形を用いたインバージョン解析には，地下構造を反映した理論的グリーン関数や小地震波形を直接使う経験的グリーン関数が用いられている．

2011 年 3 月 11 日の東北地方太平洋沖地震は，太平洋プレートが陸のプレートの下に潜り込む典型的な海溝型プレート境界地震であった．これは地震マグニチュードが $M_{\mathrm{W}}$ 9.0 の超巨大地震であり，東北地方の東の海域に広がる余震分布は長さが約 450 km で幅が約 200 km にも及ぶ．この地震については多くの解析がなされているが，ここでは Yoshida *et al.*（2011）による解析結果を示す．図 14.8a は，全世界に配置された IRIS の広帯域地震計でとらえられた P 波上下動記録（0.002〜1 Hz）のインバージョン解析によって推定されたすべり量分布である．大きなすべり領域が 3 つあり，東の海溝近くでのすべり量は最大 28 m に達する．図 14.8b は，日本列島に配置された K-NET と KiK-net の強震計で

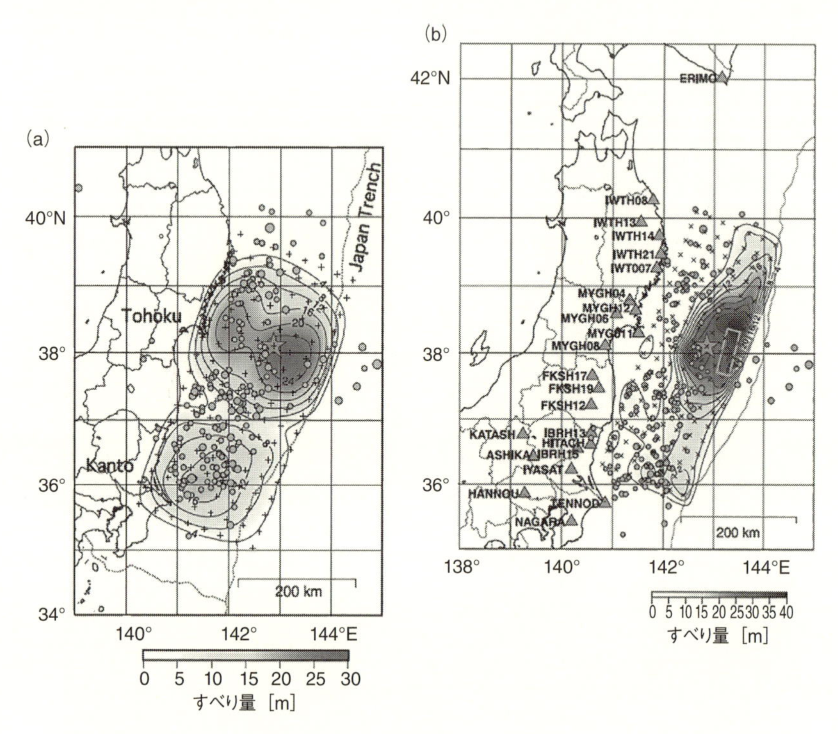


**図 14.8**　2011 年東北地方太平洋沖地震のすべり量分布（コンター間隔 4 m）
丸印は 24 時間以内の余震分布．(a) 遠地 P 波から，(b) 強震動データからの推定（Yoshida *et al.*, 2011）．

とらえられた 3 成分記録（0.01〜0.15 Hz）のインバージョン解析によって推定されたすべり量分布である．すべり域は海溝に沿って南北に長く伸び，宮城県のはるか沖にすべり量の大きな領域があり，海溝近くでの最大すべり量は 38 m に達する．最初の 40 s 間は破壊開始点から周囲へ拡がり，次の 40 s 間ですべりは海溝近くの浅部を南北に拡がったが，この間の破壊伝播速度は 1 km/s と非常に遅い．その後の 80 s 間にすべりは南へ進み，破壊継続時間は 150 s を超えた．海溝近くに大きなすべり域が存在することは 2 つのインバージョン解析に共通しているが，推定されたすべり量の最大値やすべり量の分布には違いがあることに注意しよう．

## 14.5 半無限弾性媒質における変位食違い断層モデルによる静的変位

三角測量や水準測量のデータ，近年ではGPSによる測位データを解析することによって，地震発生前後での地盤の変位量や傾斜量，さらにはひずみ量を精密に求めることができるようになった．このような変化を解析するには，静的な弾性理論を用いるのがよい．

静的なグリーン関数 $G_{kn}(\boldsymbol{x}, \boldsymbol{\xi})$ は，式 (12.8) で時間項を落とした位置座標に関する偏微分方程式，

$$c_{ij,kl}\frac{\partial}{\partial x_j}\frac{\partial}{\partial x_l}G_{kn}(\boldsymbol{x}, \boldsymbol{\xi}) + \delta_{in}\delta(\boldsymbol{x} - \boldsymbol{\xi}) = 0 \tag{14.22}$$

を満たす．変位 $u_i$ とグリーン関数 $G_{ij}$ は，ともに一様等方な半無限弾性媒質の表面（地表）で自由表面の斉次境界条件，$\tau_{ij}(\boldsymbol{u})\,n_j = \tau_{ij}(G_{*n})\,n_j = 0$ を満たすものとする．式 (12.24) を導いたのと同じく，ベッティの相反定理（式 (12.5)）に静的なグリーン関数を用いれば，断層面 $\Sigma$ における変位食違い $[u_j(\boldsymbol{\xi})]$ によって生成される変位は，

$$\begin{aligned} u_n(\boldsymbol{x}) &= \iint_{\Sigma} \mathrm{d}\Sigma(\boldsymbol{\xi})\,[u_i(\boldsymbol{\xi})]\,\nu_j(\boldsymbol{\xi})\,c_{ij,pq}\partial_{\xi_q}G_{np}(\boldsymbol{x}, \boldsymbol{\xi}) \\ &= \iint_{\Sigma} \mathrm{d}\Sigma(\boldsymbol{\xi})\,[u_i(\boldsymbol{\xi})]\,\nu_j(\boldsymbol{\xi}) \\ &\qquad \times \left\{\lambda\delta_{ij}\partial_{\xi_p}G_{np}(\boldsymbol{x}, \boldsymbol{\xi}) + \mu\partial_{\xi_j}G_{ni}(\boldsymbol{x}, \boldsymbol{\xi}) + \mu\partial_{\xi_i}G_{nj}(\boldsymbol{x}, \boldsymbol{\xi})\right\} \end{aligned} \tag{14.23}$$

で与えられる（Steketee, 1958）．

1950年代以降，変位食違い断層モデルを用いた地震断層による静的変位の研究が精力的に進められてきた．断層面上での変位食違いが場所によらず一定として，断層の走向方向，傾斜角，すべり角が任意の場合の一般解がOkada（1985; 1992）によって得られている．地震モーメントを決定する断層の長さ $L$，幅 $W$，平均すべり量 $D$ は，断層を記述する静的震源パラメータあるいはマクロパラメータとよばれる．

その後，変位食違い断層モデルの発展として，断層面をいくつもの小断層に分割し，それぞれの小断層ごとに適切な食違い量を与えることで，観測される変位や傾斜，ひずみを説明する試みがなされるようになった．また，成層構造を

もつ半無限弾性媒質のグリーン関数を用いた解析も行われている．ここでは観測された地殻変動から逆断層の位置，走向とすべり量を推定した，2011 年 3 月 11 日東北地方太平洋沖地震の解析例（Iinuma *et al.*, 2012）を紹介する．陸域はおもに GPS，海域は GPS 音響結合海底地殻変動観測装置（GPS/A）と海底圧力計（OBP）によって得られた地殻変動を，図 14.9a1 と a2 に示す．岩手県

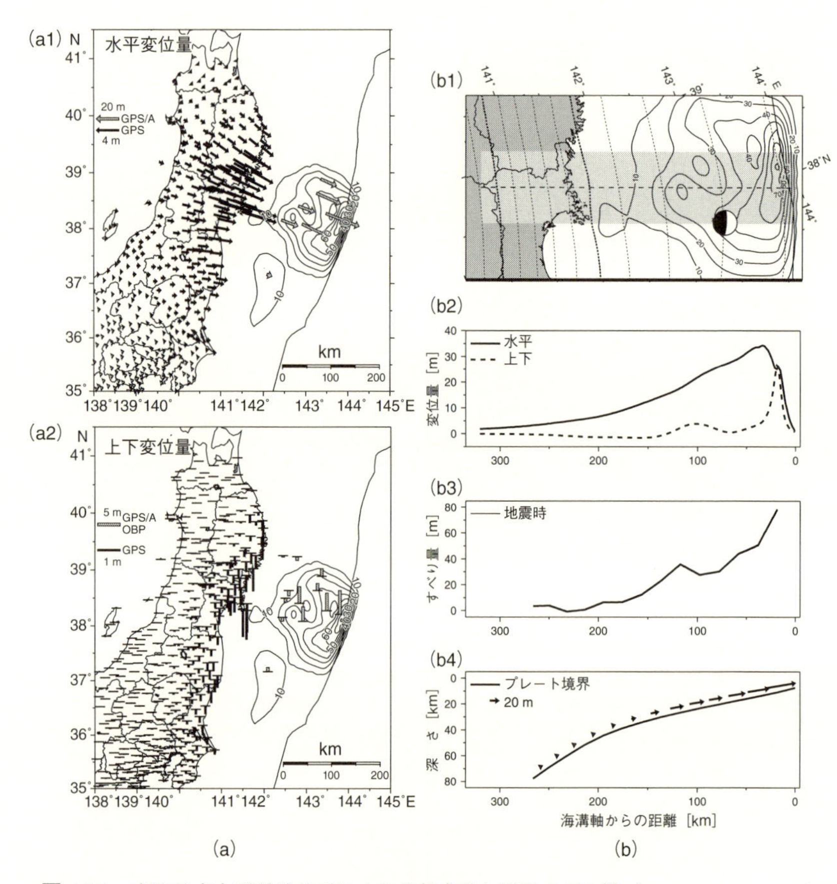


**図 14.9**　東北地方太平洋沖地震による地殻変動と断層モデル解（Iinuma *et al.*, 2012）
（a）GPS および GPS/A, OBP によって観測された水平・上下変位量，（b）最適な断層モデル解．震源球は気象庁による本震の CMT 解．（b1）すべり量の平面分布（等高線は 10 m 間隔，点線はプレート境界面の深度（10 km 間隔，50 km ごとに太線）．地表における上下および水平変位量を（b2）に，（b1）の黒点線に沿った断層面上のすべり量を（b3）に示す．（b4）プレート境界面の形状に沿うすべり量分布を矢印の長さで示す．

から茨城県にかけての太平洋沿岸では，東向きの水平変動と大きな沈降が生じた．牡鹿半島では東南東方向へ約 5.3 m の水平変位と約 1.2 m の沈下が観測され，震源のほぼ真上に位置する宮城県沖の海底基準点は地震前と比べて東南東に約 30 m 移動し約 4 m 隆起した．図 14.9b1～b4 には，これらのデータからインバージョン解析で推定された逆断層の平面図と断面図およびすべり量と変位量を示す．震源断層は西落ちの逆断層で，とくにすべり量が 50 m を超える領域が宮城県沖の海溝近くに局在している．図 14.9b2 に示すように，この断層運動によって日本列島は東へ水平移動し，太平洋岸では沈降を示したがその沖合では隆起に転じて大きな津波を生じる原因となった．遠地や近地でとらえられた地震波形のインバージョン解析に基づく大きなすべり量領域（図 14.8）と比べると，地殻変動データから推定されたすべり量領域の拡がりはやや小さく，最大すべり量はさらに大きい．

# 第15章 応力解放モデルに基づくクラック形成による静的変位

前章で紹介した変位食違い断層モデルでは，断層面に変位の食違いを与え，表現定理を用いて地震波の励起を導いた．一方，地震断層の形成は媒質に蓄えられた応力の解放とみなすことができる．この考えに基づく断層モデルを応力解放モデルとよぶ（応力緩和モデル，割れ目モデル，クラックモデルともよばれる）．この場合，断層を**クラック**（crack，割れ目，亀裂）とよぶのが適切であろう．本章では，はじめに一様なせん断応力下の無限弾性媒質に生じた扁平クラックによる変位場を静的な応力解放モデルに基づいて求め，クラック面上での変位食違い量の分布と応力解法量の関係を導く．次に，自由表面をもつ半無限弾性媒質における横ずれ断層による応力解放と変位場を求め，これを用いた解析例を紹介する．最後に，横ずれ断層を例にとって，変位食違いモデルと応力解放モデルによる水平変位量を比較する．

## 15.1 無限弾性媒質における無限に長い横ずれクラック

無限に拡がった一様等方な弾性媒質に一様なせん断応力

$$\tau_{zy} = \Delta\sigma \tag{15.1}$$

がかかっているとする（図 15.1a 参照）．応力があるしきい値を超えると，$x$–$z$ 平面内に $x$ 軸に沿って幅 $2a$，$z$ 軸に沿って無限に長い扁平なクラック（断層）が生成される（図 15.1b 参照）．この位置を $y{=}0$ とする．応力は，クラックの表面で自由表面の境界条件を満たす．ここではクラックの生成過程には立ち入

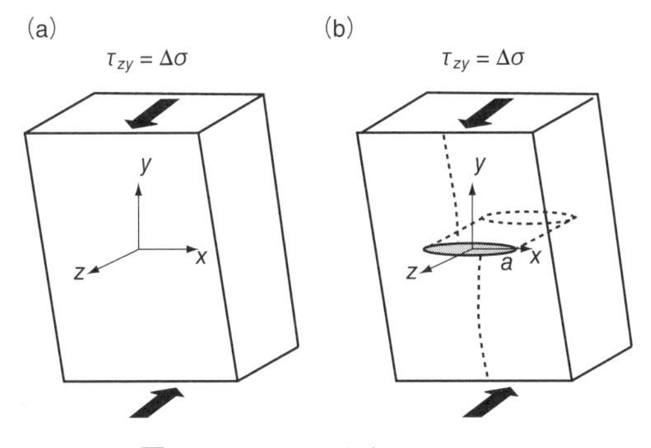


**図 15.1**　せん断応力とクラック

(a) 一様なせん断応力 $\tau_{zy} = \Delta\sigma$ の下でひずんだ状態，(b) $z$ 方向に無限に長い幅 $2a$ の扁平なクラックが $y=0$ の $x$–$z$ 平面内に形成された状態.

らず，クラックがない場合とある場合での静的な応力と変位の違いを考察する.

変位場は，対称性から $u_x = u_y = 0$ であり， $u_z$ は $x$ と $y$ のみの関数となる. $\nabla \boldsymbol{u} = 0$ なので，応力テンソルの各成分は

$$\tau_{ij} = \begin{bmatrix} 0 & 0 & \mu u_{z,x} \\ 0 & 0 & \mu u_{z,y} \\ \mu u_{z,x} & \mu u_{z,y} & 0 \end{bmatrix} \tag{15.2}$$

で与えられ，外力ゼロの釣合いの方程式 $\tau_{ij,j} = 0$ は 2 次元のラプラス (Laplace) 方程式

$$\left(\partial_x^2 + \partial_y^2\right) u_z(x, y) = 0 \tag{15.3}$$

で与えられる. 一様なせん断応力 (式 (15.1)),

$$\mu\, \partial_y u_z = \Delta\sigma \tag{15.4}$$

を満たす解は，$x$ によらず，一様ひずみ

$$u_z^0(y) = \frac{\Delta\sigma}{\mu} y \tag{15.5}$$

である.

以下では，微分方程式 (15.3) を解いて，クラックの表面が自由表面であるという境界条件を満たし，クラックから十分遠方 ($y \to \pm\infty$) で上記の一様ひず

み解に漸近する解を求める．

### 15.1.1 楕円座標系を用いた解法

直交座標系では扁平なクラックの表面での境界条件を取り扱うことが難しい．扁平なクラック表面の $x$–$y$ 断面をアスペクト比の大きな楕円の極限と考え，焦点を $(-a,0)$ と $(a,0)$ にとった楕円座標系 $(\xi,\eta)$ を導入して解くことにする（図 15.2a 参照）．

$$x = a\cosh\xi\cos\eta \tag{15.6a}$$

$$y = a\,\sinh\,\xi\,\sin\,\eta \tag{15.6b}$$

楕円座標の変域は $0 \leqq \xi < \infty$ および $0 < \eta < 2\pi$ であり，

$$\frac{x^2}{a^2\cosh^2\xi} + \frac{y^2}{a^2\sinh^2\xi} = 1 \tag{15.7a}$$

$$\frac{x^2}{a^2\cos^2\eta} - \frac{y^2}{a^2\sin^2\eta} = 1 \tag{15.7b}$$

を満たすので，$\xi = \mathrm{const.}$ は楕円を，$\eta = \mathrm{const.}$ はこれに直行する双曲線を与える（直交曲線座標系）．クラックから十分遠方では $x \approx (a/2)\,\mathrm{e}^{\xi}\cos\eta$ および $y \approx (a/2)\,\mathrm{e}^{\xi}\sin\eta$ となって，楕円座標は $(a/2)\,\mathrm{e}^{\xi}$ を動径とする極座標に漸近する．図 15.2b に模式的に示すように，$\xi = 0$ の極限の曲線が扁平クラック面を与えるが，この座標系の利点として $0 < \eta < \pi$ がクラック面の上面を，$\pi < \eta < 2\pi$

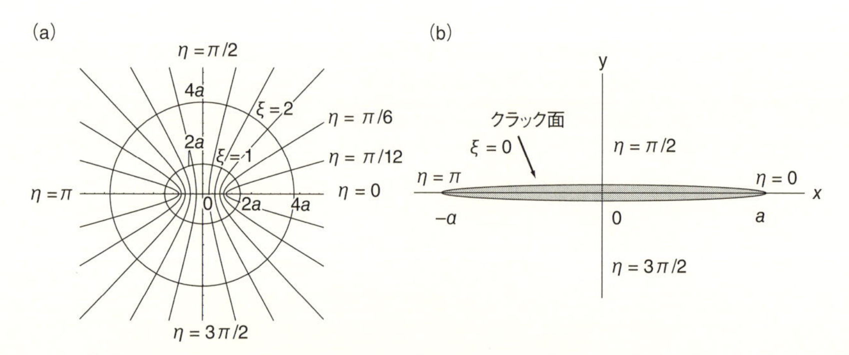


**図 15.2**　$x$–$y$ 平面に焦点 $(\pm a,0)$ をもつ楕円座標系（a）と楕円の極限（$\xi = 0$）で表される扁平クラックの模式図（b）

が下面を陽に表す．

楕円座標の微分は，

$$\partial_\xi = a\sinh\xi\cos\eta\partial_x + a\cosh\xi\sin\eta\partial_y \tag{15.8a}$$

$$\partial_\eta = -a\cosh\xi\sin\eta\partial_x + a\sinh\xi\cos\eta\partial_y \tag{15.8b}$$

で与えられ，2 次微分は

$$\partial_\xi^2 + \partial_\eta^2 = a^2\left(\cosh^2\xi - \cos^2\eta\right)\left(\partial_x^2 + \partial_y^2\right) \tag{15.9}$$

と書かれるので，方程式 (15.3) は，楕円座標 $(\xi, \eta)$ に関してもやはりラプラスの方程式

$$\left(\partial_\xi^2 + \partial_\eta^2\right) u_z(\xi, \eta) = 0 \tag{15.10}$$

となる．

この微分方程式を，変数分離法を用いて解くことにする．座標 $\eta$ に関して周期的な一般解は，$m$ を整数として

$$u_z(\xi, \eta) = b + b'\xi + \sum_{m=1}^{\infty}\left(c_m\cosh m\xi + s_m\sinh m\xi\right)\left({c_m}'\cos m\eta + {s_m}'\sin m\eta\right) \tag{15.11}$$

と書くことができる（寺澤, 1960, p.562）．

次に，応力ゼロという自由表面の境界条件を楕円座標系で書き表す（付録 A.5 節参照）．直交直線座標での線素の 2 乗は $\mathrm{d}l^2 = \mathrm{d}x^2 + \mathrm{d}y^2 + \mathrm{d}z^2$ であるが，楕円座標では，

$$\begin{aligned}
\mathrm{d}l^2 &= (\partial_\xi x\,\mathrm{d}\xi + \partial_\eta x\,\mathrm{d}\eta)^2 + (\partial_\xi y\,\mathrm{d}\xi + \partial_\eta y\,\mathrm{d}\eta)^2 + \mathrm{d}z^2 \\
&= a^2\left(\cosh^2\xi - \cos^2\eta\right)\left(\mathrm{d}\xi^2 + \mathrm{d}\eta^2\right) + \mathrm{d}z^2 \\
&= {h_\xi}^2\,\mathrm{d}\xi^2 + {h_\eta}^2\,\mathrm{d}\eta^2 + {h_z}^2\,\mathrm{d}z^2
\end{aligned} \tag{15.12}$$

であり，スケール因子は $h_\xi = h_\eta = a\sqrt{\cosh^2\xi - \cos^2\eta}$ および $h_z = 1$ である．楕円座標におけるひずみテンソル成分は，付録 A の式 (A.26) を用い，$u_\xi = u_\eta = 0$ であることに注意して，

$$e_{z\xi} = \frac{1}{2}\left[\frac{h_z}{h_\xi}\partial_\xi\left(\frac{u_z}{h_z}\right) + \cancel{\frac{h_\xi}{h_z}\partial_z\left(\frac{u_\xi}{h_\xi}\right)}\right] = \frac{1}{2}\frac{1}{a\sqrt{\cosh^2\xi - \cos^2\eta}}\partial_\xi u_z \tag{15.13a}$$

$$e_{z\eta} = \frac{1}{2}\frac{1}{a\sqrt{\cosh^2\xi - \cos^2\eta}}\partial_\eta u_z \tag{15.13b}$$

を得る．応力テンソルは，付録 A の式 (A.27) より，

$$\tau_{z\xi} = 2\mu e_{z\xi} = \mu\frac{1}{a\sqrt{\cosh^2\xi - \cos^2\eta}}\partial_\xi u_z \tag{15.14a}$$

$$\tau_{z\eta} = 2\mu e_{z\eta} = \mu\frac{1}{a\sqrt{\cosh^2\xi - \cos^2\eta}}\partial_\eta u_z \tag{15.14b}$$

と書ける．ここで，$\tau_{z\xi}$ は $\xi$=const. の楕円面で $z$ 方向にはたらくせん断応力であり，$\tau_{z\eta}$ は $\eta$ =cosnt. の双曲面で $z$ 方向にはたらくせん断応力である．

扁平クラック面が自由表面という条件は $\tau_{z\xi}(\xi{=}0,\eta){=}0$, すなわち，

$$\partial_\xi u_z(\xi = 0, \eta) = b' + \sum_{m=1}^{\infty} s_m m\left(c_m{}'\cos m\eta + s_m{}'\sin m\eta\right) = 0 \tag{15.15}$$

で与えられる．任意の $\eta$ について成立するには，$b'{=}s_m{=}0$ でなければならない．境界条件から解は $y{=}0$ に関して反対称であり，$u_z(\xi,\eta) = -u_z(\xi,\,-\eta)$ から $b{=}0$ および $c_m{}'{=}0$ でなければならず，

$$u_z(\xi,\eta) = \sum_{m=1}^{\infty} c_m \cosh m\xi \sin m\eta \tag{15.16}$$

を得る．さらに，解が $x{=}0$ $(\eta{=}\pi/2)$ に関して対称

$$u_z(\xi,\eta) = u_z(\xi,\pi-\eta) \tag{15.17}$$

であるには，$m$ は奇数でなければならない．これらの境界条件を満たす一般解は

$$u_z(\xi,\eta) = \sum_{n=0}^{\infty} c_{2n+1}\cosh\left(2n+1\right)\xi\,\sin\left(2n+1\right)\eta \tag{15.18}$$

で与えられる．

一様ひずみの解（式 (15.5)）を楕円座標系で表すと，

$$u_z^0(\xi,\eta) = \frac{\Delta\sigma}{\mu} a\sinh\xi\sin\eta \tag{15.19}$$

となり，$\xi$ の大きいところでこれに漸近する解は，式 (15.18) で $c_{2n+1} = \frac{\Delta\sigma}{\mu} a\delta_{n,0}$

と選べばよく，最終的に，

$$u_z(\xi,\eta) = \frac{\Delta\sigma}{\mu} a \cosh\xi \sin\eta \tag{15.20}$$

を得る．

### 15.1.2 クラック表面での変位食違いと応力降下量

クラック表面での変位量は，上面と下面それぞれで，

$$u_z(x, y=0_+) = u_z(\xi=0, 0<\eta<\pi) = \frac{\Delta\sigma}{\mu} a \sin\eta = \frac{\Delta\sigma}{\mu}\sqrt{a^2-x^2} \tag{15.21a}$$

$$u_z(x, y=0_-) = u_z(\xi=0, \pi<\eta<2\pi) = \frac{\Delta\sigma}{\mu} a \sin\eta = -\frac{\Delta\sigma}{\mu}\sqrt{a^2-x^2} \tag{15.21b}$$

と半楕円であり，両端でゼロ，クラックの中央 $x=0\,(\eta=\pi/2)$ で最大値をとる（Knopoff, 1958）．中央での片側最大変位量は，

$$u_{\mathrm{m}} = \frac{a}{\mu}\Delta\sigma \tag{15.22}$$

である．図 15.3a に $x$ 軸上のクラック上面の変位量 $u_z(x, y=0_+)$ を示す．断層のすべり量（変位食違い）は

$$\Delta u(x) = [u_z(x, y=0)] = u_z(x, y=0_+) - u_z(x, y=0_-) = \frac{2\Delta\sigma}{\mu}\sqrt{a^2-x^2} \tag{15.23}$$

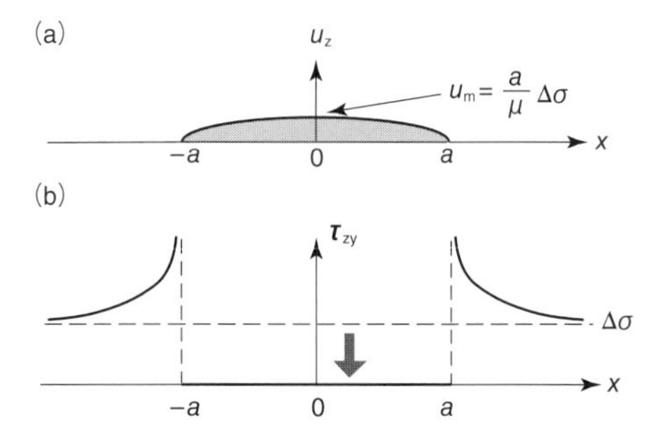


図 15.3　クラック上面での変位量 $u_z(x, y=0_+)$（a）と $x$ 軸上でのせん断応力 $\tau_{zy}(x, y=0)$（b）

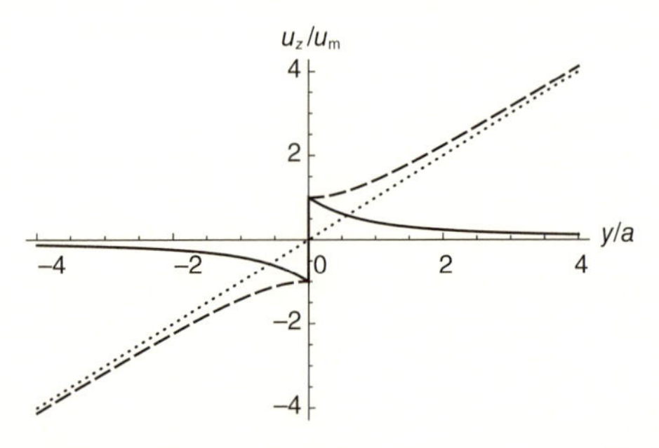


**図 15.4**　縦軸は片側最大変位量 $u_{\rm m}$ で規格化したクラックに平行な変位量，横軸はクラックの半長 $a$ で規格化したクラック面から垂直に測った距離
破線はクラックによる変位（式 (15.24)），点線は一様ひずみ（式 (15.5)），実線はクラックによる変位と一様ひずみの差（式 (15.25)）．

である．ここに求められたすべり量分布は，ハスケルモデルで用いた至るところで同じすべり量という仮定とは異なることに注意しよう．

一方，クラック面に直交する $y$ 軸に沿って測った変位量は，

$$u_z(x=0, y>0) = u_z\left(\xi, \eta = \frac{\pi}{2}\right) = \frac{\Delta\sigma}{\mu} a\cosh\xi = \frac{\Delta\sigma}{\mu}\sqrt{y^2+a^2} \quad (15.24\text{a})$$

$$u_z(x=0, y<0) = u_z\left(\xi, \eta = \frac{3\pi}{2}\right) = -\frac{\Delta\sigma}{\mu} a\cosh\xi = -\frac{\Delta\sigma}{\mu}\sqrt{y^2+a^2} \quad (15.24\text{b})$$

となり，クラック面から離れるに従い，一様ひずみの解（式 (15.5)）に漸近する（Knopoff, 1958）．図 15.4 に，$u_z(x=0, y)$ を破線で，$u_z^0(y)$ を点線で示す．

クラック形成の前後で実際に測定できるのは，この式で与えられる変位と一様ひずみの変位（式 (15.5)）との差

$$u_z(x=0, y) - u_z^0(y) = u_{\rm m}\left(\pm\sqrt{\frac{y^2}{a^2}+1} - \frac{y}{a}\right) \qquad y \gtrless 0 \quad (15.25)$$

と考えられる．これを図 15.4 に実線で示す．クラック面から垂直に離れるに従い変位量が減少するが，この変化はクラックの幅によって支配される．

$x$ 軸に沿うクラック面（$-a<x<a$）でのせん断応力は，上面と下面ともに自由表面なのでゼロである．

$$\tau_{zy}(x, y=0_\pm) = \tau_{z\xi}(\xi=0, \eta) = 0 \quad (15.26)$$

クラック面の延長上（$|x|>a$）におけるせん断応力は，$\eta=0,\pi$ として，

$$\tau_{zy}(x,y=0)=\tau_{z\eta}(\xi,\eta=0,\pi)=\left.\frac{\mu}{a\sqrt{\cosh^2\xi-\cos^2\eta}}\partial_\eta u_z\right|_{\eta=0,\pi}$$
$$=\Delta\sigma\frac{|x|}{\sqrt{x^2-a^2}} \tag{15.27}$$

であり，両端 $x=\pm a$ は特異点である．$x$ 軸上で断層の端からの微小な距離を $\varepsilon\ll a$ とすると，

$$\tau_{zy}\left(x=a+\varepsilon,y=0\right)=\Delta\sigma\frac{(a+\varepsilon)}{\sqrt{(a+\varepsilon)^2-a^2}}\approx\Delta\sigma\sqrt{\frac{a}{2\varepsilon}} \tag{15.28}$$

となり，$\sqrt{\varepsilon}$ に反比例する．図 15.3b に $x$ 軸上のせん断応力 $\tau_{zy}$ を示す．これは，クラックの生成によってクラック面では応力が降下するが，一方，クラックの端近くでは応力が急激に増加すること（応力集中）を意味する．しかし実際の岩石の場合，とくに $\varepsilon$ が小さい範囲では塑性降伏を起こし非弾性的に振る舞うと考えられている．

至るところでせん断応力がかかっているとし，これを $\Delta\sigma$ と記したが，クラックが生成されるとその表面でのせん断応力はゼロに下がる．応力解放の視点からは，図 15.3b の下向きの矢印に示すように，$\Delta\sigma$ はクラック生成による**応力降下量**（stress drop）とよぶのがふさわしい．クラック面上での平均すべり量（平均変位食違い量）は，

$$D=\frac{1}{2a}\int_{-a}^{a}\Delta u\left(x\right)\mathrm{d}x=\int_{-a}^{a}\frac{\Delta\sigma}{a\mu}\sqrt{a^2-x^2}\,\mathrm{d}x=\frac{\pi a}{2\mu}\Delta\sigma \tag{15.29}$$

であり，逆に，応力降下量を平均すべり量で表すと，

$$\Delta\sigma=\frac{\mu u_{\mathrm{m}}}{a}=\frac{2\mu}{\pi a}D \tag{15.30}$$

と書ける．剛性率 $\mu$ が既知であれば平均すべり量をクラック幅で除することで応力降下量の大きさが推定できることを意味する．ただし，クラック面の間に摩擦がはたらく場合には，せん断応力はゼロまでは下がらないであろう．

## 15.2 無限弾性媒質における円形扁平クラック

Eshelby（1957, eq. 5.7）は，一様なせん断型応力下での楕円形扁平クラック

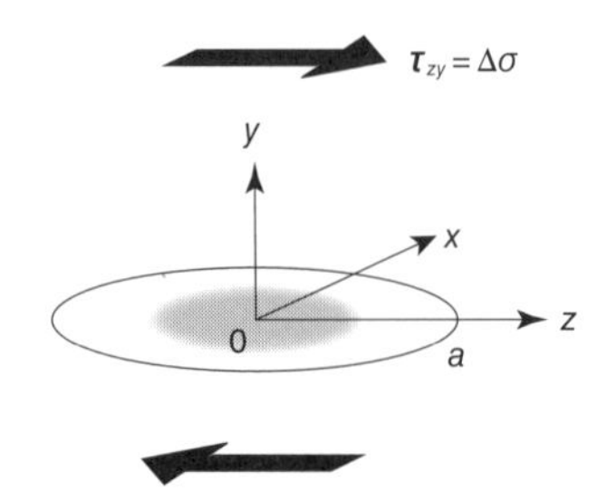


図 15.5　一様せん断応力下の円形扁平クラック

の問題を解き，解析解を得た．ここでは導出を省き結果のみを記すと，せん断応力 $\tau_{zy}=\Delta\sigma$ のもとで半径 $a$ の円形扁平クラックが $x$–$z$ 平面（$y=0$）に形成される場合（図 15.5 参照），変位 $u_z$ の食違い量は，

$$\begin{aligned}\Delta u(x,z) &= [u_z(x,z,y=0)] = u_z(x,z,y=0_+) - u_z(x,z,y=0_-)\\ &= \frac{2\Delta\sigma}{\eta\mu}\sqrt{a^2-x^2-z^2}\end{aligned} \tag{15.31}$$

で与えられる．クラックの中心を通る断面での食違い量は半楕円であり，中央で大きく端でゼロとなる．$\lambda=\mu$ の場合には $\eta=7\pi/12$ であり，平均すべり量（平均変位食違い量）は，

$$D = \frac{\displaystyle\iint \Delta u(x,z)\,\mathrm{d}x\,\mathrm{d}z}{\pi a^2} = \frac{16}{7\pi}\frac{a\,\Delta\sigma}{\mu} \tag{15.32}$$

と書ける．この場合 $a\Delta\sigma/\mu$ の係数は $16/(7\pi)\approx 0.73$ で，形状が異なる半幅 $a$ の無限に長いクラックの場合の解（式 (15.29)）の係数 $\pi/2\approx 1.56$ と同じオーダーの値である．

## 15.3 半無限弾性媒質における無限に長い鉛直横ずれクラック

一様なせん断応力がかかった半無限弾性媒質（$x<0$）において，無限の長さの鉛直横ずれ断層がつくり出す変位場を考察しよう．図 15.6a に示すように，$x=0$ の $y$–$z$ 平面が自由表面であるような半無限弾性媒質を考え，至るところで一様なせん断応力 $\tau_{zy}=\Delta\sigma$ がかかっているとする．クラックの生成の前には，$x<0$ では一様ひずみの状態（式 (15.5)）にある．図 15.6b に示すように，

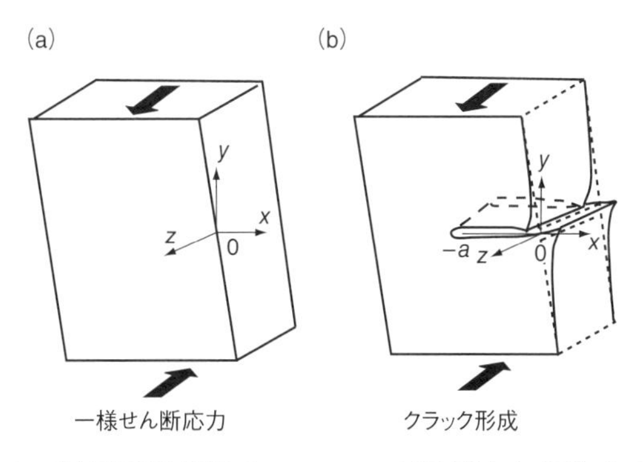


**図 15.6** 半無限弾性媒質（$x=0$ の $y$–$z$ 平面が自由表面）における鉛直横ずれクラックのモデル
(a) $y$ 軸方向に一様なせん断応力 $\Delta\sigma$ を加えられた一様ひずみの状態.
(b) $y=0$ の $x$–$z$ 平面内に深さ $a$ の扁平クラックが形成された状態.

$y=0$ の $x$–$z$ 平面内に $x$ 軸に沿って深さ $a$ の扁平クラック（鉛直横ずれクラック）が生成されたとする．クラックは，その表面が自由表面であり $z$ 軸に沿って無限に長い．この問題の解は，すでに得られた解（式 (15.20)）がそのまま適用できる．

ここで，式 (15.20) が $x=0$ の $y$–$z$ 平面で自由表面の条件 $\tau_{zx}=0$ を満たすことを確かめよう．楕円座標系では，式 (15.14b) を用いて，

$$\begin{aligned}\tau_{zx}(x=0,y) &= \tau_{z\eta}(\xi,\eta=\pi/2,3\pi/2)\\ &= \frac{\mu}{a\sqrt{\cosh^2\xi-\cos^2\eta}}\partial_\eta\left(\frac{\Delta\sigma a}{\mu}\cosh\xi\sin\eta\right)\bigg|_{\eta=\pi/2,3\pi/2}=0\end{aligned} \tag{15.33}$$

となる，よって，解（式 (15.20)）が半無限の領域（$x<0,\ \frac{\pi}{2}<\eta<\frac{3\pi}{2}$）における解となっている．15.1 節で求めた無限弾性媒質における扁平クラックの面上の変位食違い量や変位場，応力の解は，そのまま半無限弾性媒質に生じた鉛直横ずれクラックの解として用いることができる．図 15.3 で $x<0$ の領域のみを考えればよく，クラック面上の変位量は地表（自由表面）で最大値をとる．

図 15.4 に実線で示す変位と一様ひずみの変位との差 $u_z(x=0,y)-u_z^0(y)$ を表す式 (15.25) は，地表でクラック面から垂直に測った水平距離に対する変位

の差を表す．実線から，クラックの深さと同じだけ離れたところでの水平変位量の差は自由表面における片側最大変位量 $u_{\mathrm{m}}$ の約 40% であることがわかる．

### 15.3.1 1927 年北丹後地震による水平変位の解析

1927 年に京都府で $M7.3$ の北丹後地震が発生した．この地震の発生前後に三角測量が行われており，図 15.7 は三角測量の結果を解析して得られた水平変位の向きと大きさを地図上に矢印で記したものである．図 15.8 は，郷村断層（図 15.7 で北北西–南南東走向の太線）に平行な水平変位量を断層走向から垂直に測った距離に対してプロットしたものである．郷村断層での東西では大きく食

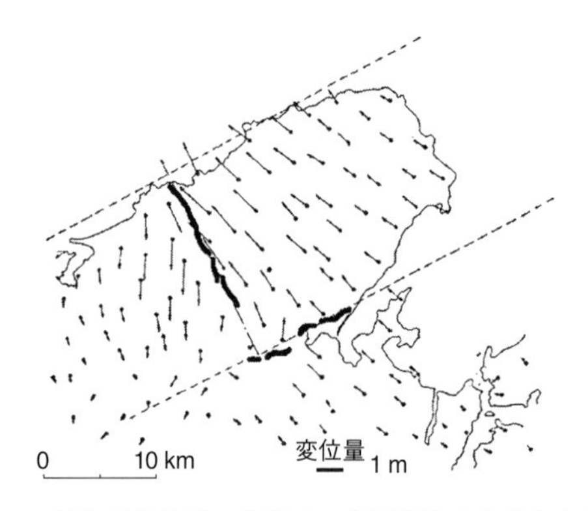


図 15.7　1927 年北丹後地震の前後での水平変位の大きさと向き（矢印）（Tsuboi, 1932）
北北西–南南東走向の太線は郷村断層．

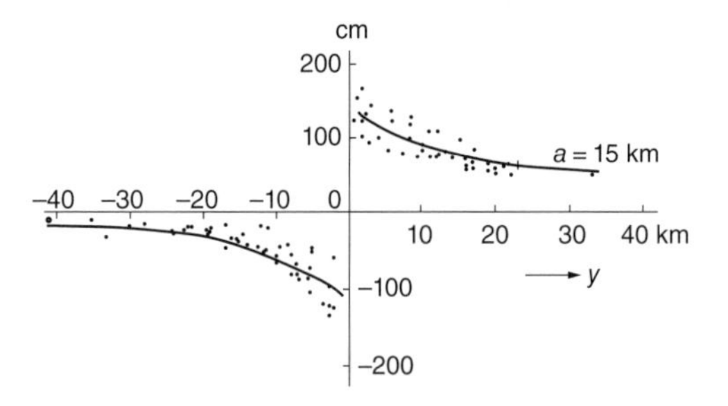


図 15.8　郷村断層に平行な水平変位量の断層から垂直に測った距離に対するプロット（データは図 15.7 の平行な点線の範囲）（Kasahara, 1957）
実線は最適理論曲線（式 (15.34)）．

い違い，断層から離れるに従って変位量は徐々に減少していく様子が示されている．この断層の長さは有限であるものの，断層近傍では無限に長い鉛直横ずれクラックのモデル解が良い近似になっていると考えられる．

断層の両側の遠方では，約 0.4 m のずれが生じているが，地震前後の測量の間隔が 30 年と長いために，その間にひずみが加わったものと考えられる．Kasahara（1957）は，式 (15.25) にこの間に蓄積された一様ひずみ分 $c\,y$ を加えた

$$u_z(x=0,y) - u_z^0(y) = u_{\mathrm{m}}\left(\pm\sqrt{\left(\frac{y}{a}\right)^2+1} - \frac{y}{a}\right) + c\,y \tag{15.34}$$

を提案し，最小二乗法による最適値として $u_{\mathrm{m}}=1.5\,\mathrm{m}$，$a=15\,\mathrm{km}$ を求めた．最適解を図 15.8 に実線で示す．式 (15.30) で $\mu=5\times10^{10}\,\mathrm{Pa}$ とすると，北丹後地震の応力降下量は，$\Delta\sigma=5\,\mathrm{MPa}$（$=50\,\mathrm{bar}$）と推定される．

### 15.3.2 変位食違い断層モデルと応力解放モデルによる変位量の比較

Chinnery（1961）は，無限に長い深さ $a$ の鉛直横ずれ断層を考え，断層面上での食違い量が場所によらず一定として，静的な変位食違い断層モデル（14.5 節）に基づいたモデル計算を行った．解法は省略するが，断層面の至るところで一定の片側一様変位量を $u_{\mathrm{m}}(=D/2)$，地表で断層面から垂直に測った水平距離を $y$ とすると，断層に平行な水平変位量は，

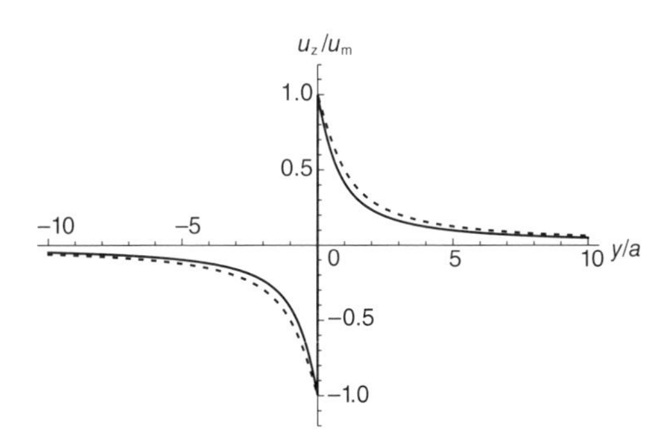


図 15.9　鉛直横ずれ断層と平行な水平変位 $u_z/u_{\mathrm{m}}$ を地表で断層走向から垂直に測った距離に対してプロットしたもの
実線は応力解放モデル（$u_{\mathrm{m}}$ は片側最大変位量）の解（式 (15.25)），破線は変位食違い断層モデル（$u_{\mathrm{m}}$ は片側一様変位量）の解（式 (15.35)）．

$$u_z(x=0,y) = u_{\mathrm{m}}\frac{2}{\pi}\tan^{-1}\frac{a}{y} \tag{15.35}$$

と表される．これを図 15.9 に破線で示す．

前節では一様なせん断応力のかかった半無限弾性媒質に生じた無限に長い深さ $a$ の鉛直横ずれ断層による変位場を応力解放モデルで求めたが，変位と一様ひずみの変位との差を表す式 (15.25) がこれに対応し，これを図 15.9 に実線で示す．若干の違いがあるものの，両者は比較的良い一致を示す．変位食違い断層モデルでは食違い量を断層面の至るところで一定としたが，応力解放モデルでは図 15.3a に示すように断層面上の食違い量は地表（この場合，$x=0$）で最大値をとり，クラックの下端（$x=-a$）ではゼロとなっていることに注意しよう．

# 第16章 地震断層パラメータの相似則

地震断層の静的な記述には地震モーメント $M_0 = \mu DLW$ を決定する矩形断層の長さ $L$ と幅 $W$，平均すべり量（平均変位食違い量）$D$ といった静的パラメータが，ハスケルモデルのような動的な断層運動の記述にはさらに立上がり時間 $T$ と断層破壊時間 $t_\mathrm{r}$ が重要なパラメータである．前節までの数理を見るかぎり断層面積やすべり量は任意の値をとることができるようにも見えるが，はたして自然界で起きる地震ではどうであろうか？　本章では，実際の地震現象の観測から求められた地震モーメントと断層の面積や地震モーメントと震源スペクトルのコーナー周波数などの関係を調べ，複数のパラメータが相互にある関係をもっていることを明らかにする．はじめに求められる幾何学的な**相似則**（scaling law）は，異なるテクトニクス環境にある地震をひとまとめにした場合の標準的な関係である．これらをプレート境界地震とプレート内地震とに，浅い地震と深い地震とに，大きい地震と小さい地震とに分類していくと，標準的な相似則からのずれが見えてくる．最後の節では，標準的な地震とは大きく異なるゆっくりすべり地震の存在とその相似則について述べる．この章では，論文発表当時の図版を紹介するため，CGS 単位系も併用する．地震モーメントは $1\,\mathrm{N\,m} = 10^7\,\mathrm{dyn\,cm}$，圧力は $1\,\mathrm{bar} = 10^6\,\mathrm{dyn/cm^2} = 0.1\,\mathrm{MPa}$ で換算できる．

# 16.1 地震断層の相似則

## 16.1.1 地震モーメントと断層面積

Haskell（1964）以来，変位食違い断層モデルに基づいた地震の波形解析が精力的になされるようになり，1970 年代半ばにはいろいろな大きさの地震の解析結果がそろってきた．Kanamori and Anderson（1975）は，これら地震波形解析ならびに余震分布の解析から求められた地震モーメント $M_0$ と断層面積 $S$ の関係を調べた．図 16.1 は，地震マグニチュードが 6 以上の地震について，縦軸に $S$ を横軸に $M_0$ を両対数でプロットしたものである．データのばらつきはあるものの，広い範囲にわたって正の相関を示し，3 本の直線とほぼ平行に分布する．ここで 3 本の直線は相似則，

$$M_0 \propto S^{3/2} \tag{16.1}$$

を表す．地震モーメントは $M_0 = \mu DS$ であるから，この関係は平均すべり量 $D \propto \sqrt{S}$ を意味している．モーメントマグニチュード $M_W$ を，

$$\log M_0\,[\mathrm{dyn\,cm}] = 1.5M_W + 16.1 \tag{16.2a}$$

$$\log M_0\,[\mathrm{N\,m}] = 1.5M_W + 9.1 \tag{16.2b}$$

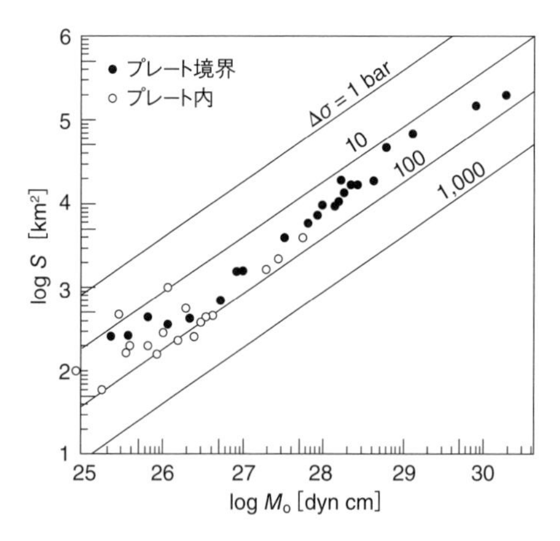


図 16.1　地震の断層面積と地震モーメントの関係（Kanamori and Anderson, 1975）
黒丸はプレート境界，白丸はプレート内地震．直線は応力降下量一定の相似則を表す．

のように地震モーメント $M_0$ の対数（Kanamori, 1977）で定義すれば（式 (9.5)），比例関係（式 (16.1)）は $\log S = M_W + \mathrm{const.}$ となり，宇津・関（1955）が 1931〜53 年の間に日本およびその周辺で発生した浅い地震の余震分布の解析から求めた関係 $\log S\ [\mathrm{km}^2] = 1.02M - 4.01$（式 (10.3)）と調和的である．

地震断層パラメータについてのまとめとしては，下記の文献が参考になろう（佐藤ほか, 1989; Romanowicz, 1992; Wells and Coppersmith, 1994; 宇津ほか, 2001）．

## 16.1.2 応力解放モデルに基づく解釈

### (1) 応力降下量と平均食違い量

Kanamori and Anderson（1975）は，観測から得られた相似則（式 (16.1)）について応力解放モデルに基づく解釈を試みた．断層の形状に関してはおおむね $L \propto W$ が成立し，かつ $L \approx 2W$ 前後のものが多い（Abe, 1975; Geller, 1976）．平均すべり量 $D$ と応力降下量 $\Delta\sigma$ の比は断層形状にはそれほど敏感ではないので，半径 $a$ の円形扁平クラックの関係式 (15.32)

$$D = \frac{16}{7\pi}\frac{a\,\Delta\sigma}{\mu} \tag{16.3}$$

を用い，これを $M_0 = \mu DS$ へ代入して断層面積を $S = \pi a^2$ とすると，

$$M_0 = \frac{16}{7}\Delta\sigma\, a^3 = \frac{16}{7\pi^{3/2}}\Delta\sigma\, S^{3/2} \approx 0.41\Delta\sigma\, S^{3/2} \tag{16.4}$$

となり，この対数をとって，

$$\log M_0\ [\mathrm{dyn\ cm}] = 1.5\ \log S\ [\mathrm{km}^2] + \log\Delta\sigma\ [\mathrm{bar}] + 20.6 \tag{16.5}$$

を得る．図 16.1 の 4 本の平行な直線は，$\Delta\sigma = 1, 10, 100, 1{,}000$ bar に対応する上式をプロットしたものである．**プレート内**（intra plate）地震（白丸）は $\Delta\sigma \approx 100$ bar（10 MPa），**プレート境界**（inter plate）地震（黒丸）は $\Delta\sigma \approx 30$ bar（3 MPa）の直線の上によく乗っている．発生場所を無視すれば，おおむね 10 bar（1 MPa）〜100 bar（10 MPa）の範囲に収まり，平均で $\Delta\sigma \approx 60$ bar（6 MPa）である．すなわち，地震モーメントの広い範囲にわたって応力降下量は一定である．

$\Delta\sigma = 60$ bar の場合，$\mu = 5 \times 10^{11}\ \mathrm{dyn/cm^2} (= 5 \times 10^{10}\ \mathrm{Pa})$ とすれば，平均すべり量は，

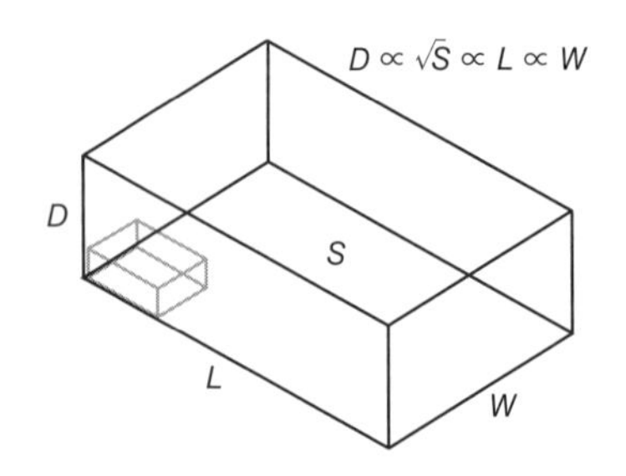


図 16.2　応力降下量一定から導かれる断層パラメータの相似性

$$D\ [\mathrm{cm}] = \frac{16}{7\pi^{3/2}} \frac{\Delta\sigma}{\mu} \sqrt{S} = 4.92 \times \sqrt{S\ [\mathrm{km}^2]} \tag{16.6}$$

であって，断層面積の平方根に比例する．

$L \propto W$ であれば $S \propto L^2$ であり，式 (16.1) から幾何学的な相似則 $M_0 \propto L^3$ が得られる．応力降下量一定から導かれる断層形状と平均すべり量の相似性を図 16.2 に模式的に示す．

2011 年東北地方太平洋沖地震は $M_0 = 10^{29.6}$ dyn cm（$M_{\mathrm{W}} = 9.0$）で，図 14.8 に示すように震源断層の拡がりから $S \approx 10^5\ \mathrm{km}^2$ とすると，式 (16.5) から $\Delta\sigma \approx 32$ bar となるが，これはプレート境界地震の標準的な値である．式 (16.6) を用いると $D \approx 15.6\,\mathrm{m}$ となるが，これはあくまで平均的な描像である．地震波形解析や GPS などの地殻変動観測から求められた詳細なすべり量分布（図 14.8 や図 14.9）はいずれも空間的に不均一で，宮城県沖の海溝付近にはとくにすべり量の大きな領域があり，その最大値は 50 m を優に超えることに注意しよう．

**(2)** 限界ひずみと地震体積説

応力降下量 $\Delta\sigma = 60$ bar に対応するひずみ量は，$\mu = 5 \times 10^{11}\ \mathrm{dyn/cm^2}$ とすれば，

$$\Delta\varepsilon = \frac{\Delta\sigma}{\mu} = 1.2 \times 10^{-4} \tag{16.7}$$

となり，地殻が耐えうるひずみに限界があることを表している．この応力降下量に対応する単位体積あたりのひずみエネルギーは

$$\frac{\mu}{2}\Delta\varepsilon^2 = 3.6 \times 10^3\ \mathrm{erg/cm^3}\ (= 3.6 \times 10^2\ \mathrm{J/m^3}) \tag{16.8}$$

である．Tsuboi (1956) は，地殻が堪えられる限界ひずみを $1 \times 10^{-4} \sim 2 \times 10^{-4}$ 程度，単位体積に蓄えられるひずみエネルギーは地震の大きさによらず $3 \times 10^3$

$\sim 2 \times 10^4$ erg/cm$^3$ 程度と述べている．ここに応力降下量一定から求めた値は，坪井の地震体積説の値と調和的である．

## 16.1.3 地殻内地震

その後の研究で，地殻内地震の場合，地震が大きくなると標準的な相似則が破綻することがわかってきた．Shimazaki（1986）は，日本のプレート内地震を解析し，$M_0$ が $7.5 \times 10^{25}$ dyn cm（$7.5 \times 10^{18}$ N m）以下では $M_0 \propto L^{2.9\sim4.7}$ と標準的な 3 乗則にほぼ一致するが，これより大きな地震では $M_0 \propto L^{1.6\sim2.3}$ と $L$ のべきが 2 前後と小さくなることを見いだした（図 16.3）．この境となる長さ $W^*$ は 13〜20 km 程度で，地殻の脆性破壊域の厚さに相当する．$M_0 \propto L^2$ は $D \propto L$ を意味し，地震断層は水平方向（長さ $L$）には大きくなれるが，幅（深さ $W$）には上限 $W^*$ があることを示唆している．

Scholz（1994）は，地殻内地震について平均すべり量 $D$ と断層長 $L$ との相関を詳しく調べた．$L < 200$ km ではばらつきが大きいものの線形相関 $D \propto L$ が成り立ち，$L/W^* < 1$ の場合は $W \propto L$ が可能で $M_0 \propto L^3$ となり，$1 < L/W^* < 10$ の場合には上限が生じて $W \sim W^*$ となるために $M_0 \propto L^2 W^*$ となると述べている．データ数は少ないが $L > 200$ km の場合には $L/W^* > 10$ となり $D$ も $W$ も飽和するので，$M_0 \propto LW^{*2}$ となると指摘している（ショルツ，2010）．

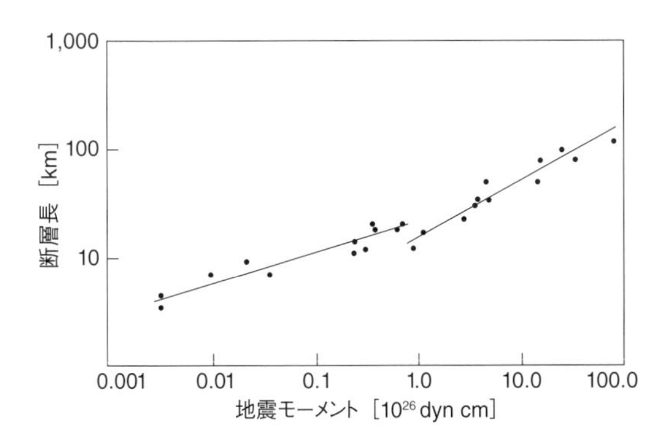


図 16.3　日本のプレート内地震の断層長と地震モーメントの関係（Shimazaki, 1986）
$M_0 = 10^{26}$ dyn cm 付近に折れ曲がりがある．

# 16.2 震源スペクトルとコーナー周波数

Aki (1967) は, 震源スペクトルの低周波レベルが断層長 $L^3$ に比例し ($M_0 \propto L^3$), コーナー角周波数 $\omega_c$ が断層長の逆数 $L^{-1}$ に比例する ($\omega_c \propto L^{-1} \propto M_0^{-1/3}$) モデルを提案した. 遠方での変位スペクトルは震源スペクトルに比例するが, 図 16.4 は高周波数側で $\omega^{-2}$ で減少するオメガ二乗モデル (式 (13.29)) を示したもので, $4.8 < M_S < 8$ の地震の遠方での長周期観測データ (Berckhemer, 1962)

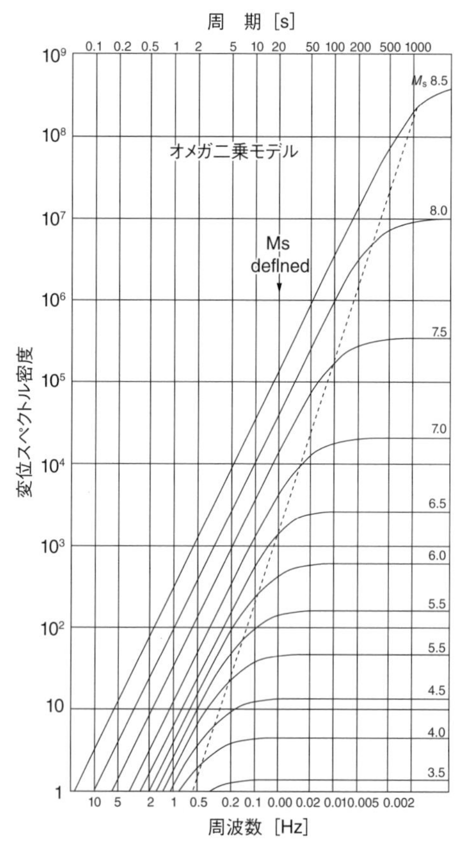


図 16.4　オメガ二乗モデルに基づく, 遠方での変位スペクトル (Aki, 1967)
点線はコーナー周波数, 矢印は表面波マグニチュード $M_S$ を求める周期 20 s のライン.

によく合うように決められている．

破壊伝播速度 $v_r$ はS波速度 $\beta$ より小さく，多くの場合，地震の大きさによらず $(0.6\sim0.8)\beta$ 程度であり，Geller (1976) は $v_r=0.72\beta$ と推定している．Kanamori and Anderson (1975) は，破壊継続時間 $t_r=L/v_r$ と立ち上がり時間 $T$ はばらつきはあるものの相関があり，その比 $t_r/T$ は地震の大きさに依存せず一定であると述べている．この比例関係と $v_r=\mathrm{const.}$ を，たとえばハスケルモデルによるコーナー角周波数（式 (14.21)）に用いれば，$\omega_c=\frac{2}{\sqrt{t_r T}}\propto {t_r}^{-1}\propto L^{-1}\propto {M_0}^{-1/3}$ を得る．$D\propto L$ と $v_r=\mathrm{const.}$ を用いれば，$(L/v_r)/T=\mathrm{const.}$ は $D/T$ が規模に依存せず一定となることを意味する．佐藤ら (1989) は，日本の $6<M_W\leq8$ の地震を解析し，$D/T\approx80\,\mathrm{cm/s}$ を得ている．

地震動の卓越周期が，地震のマグニチュードが大きくなるとともに増大する傾向があることは古くから知られており，種々の経験式が提案されてきた．Kikuchi and Ishida (1993) は，関東東海地域の近くで発生した震源が 50 km 以深の地震のP波変位波形を解析して震源時間関数を求め，そのパルス幅 $\tau$ の地震モーメント依存性を調べた．図 16.5 に示すように広い領域にわたって良い相関があり，$M_0\,[\mathrm{dyn\,cm}]=1.0\times10^{24}\times\tau\,[\mathrm{s}]^3$ が成立する．これは震源スペクトルのコーナー周波数が ${M_0}^{-1/3}$ に比例することに対応する．一方，浅い大きな地震の場合には，$M_0\,[\mathrm{dyn\,cm}]=2.5\times10^{22}\times\tau\,[\mathrm{s}]^3$ が報告されている (Furumoto and Nakanishi, 1983)．係数が異なる理由として，深い地震は浅い地震に比べて応力降下量が大きいこと，浅い大きな地震ではパルス形状が複雑であることなどが考えられている．

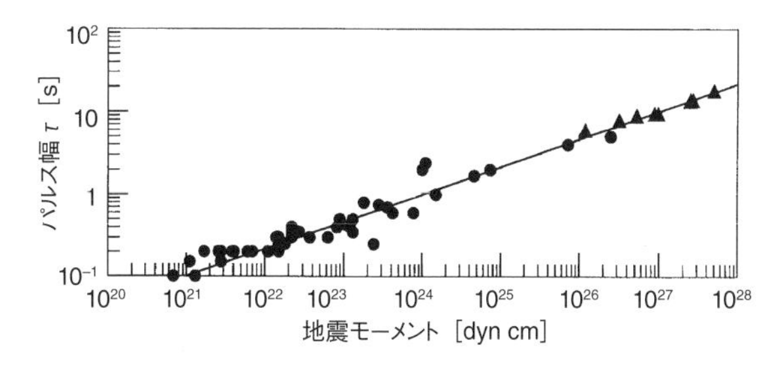


**図 16.5** 震源時間関数のパルス幅 $\tau$ の地震モーメント $M_0$ 依存性 (Kikuchi and Ishida, 1993)
データは関東東海地方の 50 km 以深の地震の P 波波形．

観測波形に内部減衰や幾何減衰の補正を行えば一点の観測でも震源スペクトルを求めることができるので，この方法はとくに微小地震の解析において有用である．円形断層を仮定し，その半径を比例関係 $a = C\beta/\omega_c$ を用いて推定することが多い．S 波の場合，Brune（1970; 1971）による簡単なモデルでは $C = 2.34$，Sato and Hirasawa（1973）による一点から自己相似的に食違いが拡大するモデルでは $v_r/\beta = 0.7$ のときに $C = 1.81$ である．Abercrombie（1995）は，カリフォルニアの深さ 2.5 km の井戸の孔底に設置された地震計で観測された P 波と S 波波形を解析し，地震モーメントと断層半径との関係を求めた（図 16.6 の△印）．横軸は円形断層の半径 $a$ で，コーナー周波数 $f_c$ の逆数に比例する量である．4 本の直線は応力降下量一定 $M_0 \propto a^3 \propto f_c{}^{-3}$ を表し，観測値は 0.1〜100 MPa（1〜1,000 bar）の間に収まっており，Abercrombie（1995）は $10^9$ N m $< M_0 < 10^{16}$ N m の範囲では応力降下量一定に破綻は見られないと述べている．Hiramatsu *et al.*（2002）は，淡路島における深さ 1.8 km の井戸の孔底で極近地の微小地震（$10^9$ N m$< M_0 < 10^{11.5}$ N m）をサンプリング周波数 10 kHz で観測した．彼らは，P 波と S 波の震源スペクトルを解析した結果，相似則 $M_0 \propto f_c{}^{-3}$ に破綻は見られないと述べている．一方，Iio（1986）は日本各

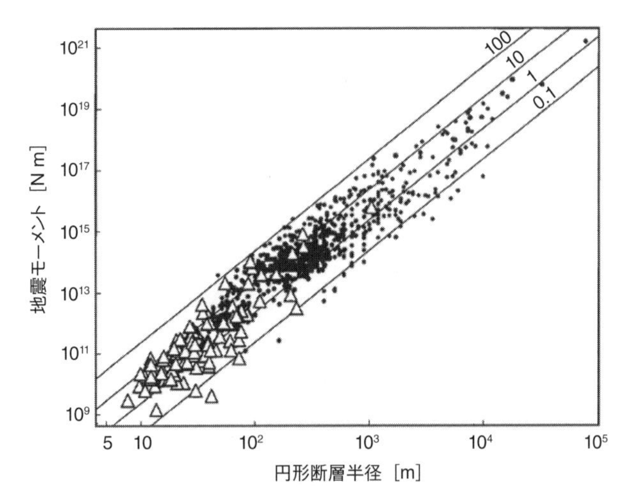


**図 16.6**　地震モーメントと円形断層半径の関係（Abercrombie, 1995, Figure 11）
△印はカリフォルニアの深層観測井における観測，黒点は既往の研究，直線は応力降下量一定を表す（数字は応力降下量，単位は MPa）．

地における微小地震（$10^4\,\mathrm{N\,m} < M_0 < 10^{18}\,\mathrm{N\,m}$）のP波のスペクトルを解析し，$M_0 \propto f_c{}^{-4}$ が良い近似となっていると述べている．Takahashi *et al.* (2005) は，東北地方の太平洋岸の地震（$10^{11}\,\mathrm{N\,m} < M_0 < 10^{17}\,\mathrm{N\,m}$）のS波をコーダ規格化法（20.4 節参照）による減衰と地盤増幅特性の補正を行ったうえで解析し，$M_0 \propto f_c{}^{-3.6}$ を得ている．$M_0 \propto f_c{}^{-3}$ という関係が小さな地震についても成立するかどうかをさらに調べるには，高いサンプリング周波数による観測と高い周波数帯域における減衰や地盤増幅特性のより正確な測定が必要であろう．

加速度記録に幾何因子と減衰を補正して得られる加速度震源スペクトルは，震源スペクトル $\widehat{\dot{M}}$ に $\omega^2$ を乗ずればよい．オメガ二乗モデル（式 (13.29)）を用いれば，コーナー角周波数より高い角周波数域（$\omega \gg \omega_c$）における加速度震源スペクトルは平坦となる．ここで $\omega_c \propto M_0{}^{-1/3}$ を用いれば，この高周波数レベルは

$$A\,[\mathrm{N\,m\,s^{-2}}] \equiv \omega^2 \widehat{\dot{M}}(\omega) \approx \omega_c{}^2 M_0 \propto M_0{}^{1/3} \tag{16.9}$$

と与えられる．観測から得られる高周波数レベル $A$ はおおむねこのべき乗則に

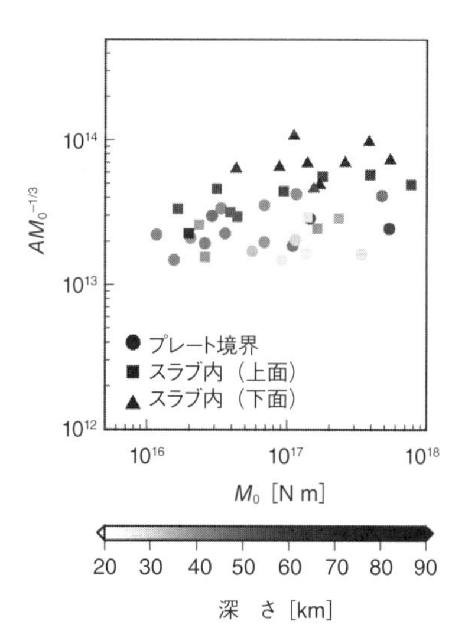


図 16.7　地震モーメント依存性を補正した加速度高周波数レベル $AM_0{}^{-1/3}$ の $M_0$ に対するプロット（笠谷・筧，2014）
グレースケールは震源が深いほど黒く表されている．

従うことが知られている．笠谷・筧（2014）は，東北地方における宮城県沖のスラブ内地震とプレート境界地震の S 波波形を解析し，高周波数レベル $A$ を推定した． 図 16.7 は，推定された高周波数レベル $A$ に上記のモーメント依存性を補正した $AM_0{}^{-1/3}$ の値を $M_0$ に対してプロットしたものであるが，$M_0$ には依存しないことがわかる．図では，プレート境界地震とプレート内地震に分けて示してあり，グレースケールは震源が深いほど黒い．彼らは，高周波数レベル $A$ はテクトニックな環境によらず，震源が深くなるほど高くなるという系統的な傾向を指摘している（笠谷・筧，2014）．

## 16.3 地震波輻射エネルギーと地震モーメントの比

地震波の輻射エネルギーはおもに高周波数成分のスペクトルから，地震モーメントは低周波成分のスペクトルから決まる量である．とくに地震波輻射エネルギー $W_{\mathrm{R}}$ と地震モーメント $M_0$ の関係が，相似則の観点から調べられてきた．せん断型食違い断層から輻射される波動エネルギーはおもに S 波からなる．点震源せん断型食違い断層による変位（式 (13.21)）の第 2 項を微分して，遠方での S 波の速度波形のスペクトルは

$$\hat{\dot{\boldsymbol{u}}}^{\mathrm{FS}}(\omega) = \frac{\boldsymbol{R}^{\mathrm{FS}}(\boldsymbol{\gamma}, \boldsymbol{\nu}, \boldsymbol{s})}{4\pi\rho\beta^3 r}\omega\hat{\dot{M}}(\omega) \tag{16.10}$$

で与えられる．エネルギー流束密度は，運動エネルギー密度の 2 倍に S 波速度をかけて，$\beta\rho|\hat{\dot{\boldsymbol{u}}}^{\mathrm{FS}}(\omega)|^2$ と与えられる．これを半径 $r$ の球面上で積分し，全角周波数領域で積分すれば，輻射エネルギーは

$$\begin{aligned} W_{\mathrm{R}} &= \frac{1}{2\pi}\int_{-\infty}^{\infty} \mathrm{d}\omega \oint \beta\rho\left|\hat{\dot{\boldsymbol{u}}}^{\mathrm{FS}}(\omega)\right|^2 r^2 \sin\theta\ \mathrm{d}\theta\ \mathrm{d}\varphi \\ &= \frac{1}{32\pi^3\rho\beta^5}\int_{-\infty}^{\infty} \omega^2|\hat{\dot{M}}(\omega)|^2\,\mathrm{d}\omega \oint |\boldsymbol{R}^{\mathrm{FS}}(\boldsymbol{\gamma}, \boldsymbol{\nu}, \boldsymbol{s})|^2 \sin\theta\ \mathrm{d}\theta\ \mathrm{d}\varphi \end{aligned} \tag{16.11}$$

と書ける．輻射パターン（式（13.23b））の立体角積分は，

$$\begin{aligned} &\oint |\boldsymbol{R}^{\mathrm{FS}}(\boldsymbol{\gamma}, \boldsymbol{\nu}, \boldsymbol{s})|^2\ \sin\theta\,\mathrm{d}\theta\ \mathrm{d}\varphi \\ &\quad = \int_0^{2\pi}\mathrm{d}\varphi\int_0^{\pi}\ \sin\theta\,\mathrm{d}\theta\left(\frac{1}{4}|\sin 2\theta\sin 2\varphi|^2 + |\sin\theta\cos 2\varphi|^2\right) = \frac{8\pi}{5} \end{aligned} \tag{16.12}$$

となり，震源スペクトルにオメガ二乗モデル（式(13.29)）を用いれば，コーナー角周波数を $\omega_c$ として，

$$\int_{-\infty}^{\infty} \omega^2 |\widehat{\dot{M}}(\omega)|^2 \, d\omega = {M_0}^2 \int_{-\infty}^{\infty} \frac{\omega^2}{\left(1 + \frac{\omega^2}{{\omega_c}^2}\right)^2} \, d\omega = \frac{\pi}{2} {M_0}^2 {\omega_c}^3 \tag{16.13}$$

を得る．遠方での変位スペクトルは低角周波数で平坦で，コーナー角周波数より高い角周波数で減少するが，速度スペクトルはコーナー角周波数にピークをもち，エネルギー密度のスペクトルはその速度スペクトルの2乗であることに注意する．これらを式(16.11)に代入して，

$$W_R = \frac{{M_0}^2}{40\pi\rho\beta^5} {\omega_c}^3 \tag{16.14}$$

を得る．

ここで，地震波輻射エネルギーと地震モーメントの比，

$$\frac{W_R}{M_0} = \frac{M_0 {\omega_c}^3}{40\pi\rho\beta^5} \tag{16.15}$$

に注目する．この比に剛性率をかけた量 $\sigma_{ap} \equiv \mu W_R / M_0$ は**見かけ応力**（apparent stress）とよばれる．比 $W_R/M_0$ が地震モーメント $M_0$ によらないならば $M_0 \propto {\omega_c}^{-3}$ を意味する．

地震波速度波形の2乗振幅を震源を取り囲む面で積分し，局所地盤の増幅特性

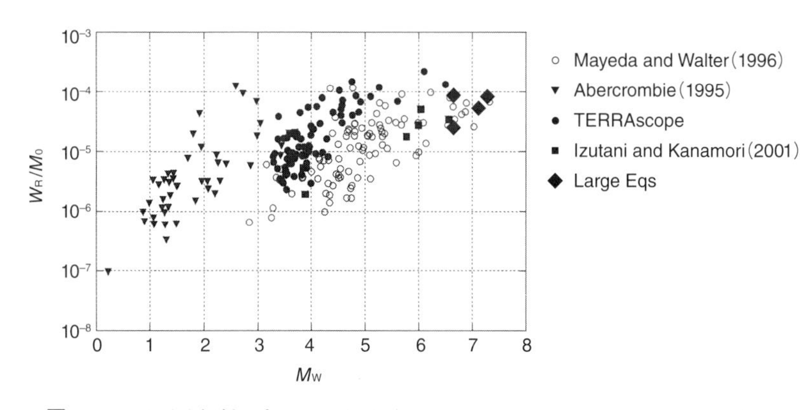


**図 16.8** 地震波輻射エネルギーと地震モーメントの比 $W_R/M_0$ の $M_W$ に対するプロット（日本とカリフォルニアの地殻内地震）(Kanamori and Brodsky, 2004)

と減衰の補正を行うことで，地震波輻射エネルギー $W_R$ を算出することができる．図 16.8 は，日本とカリフォルニアで起きた地殻内地震について比 $W_R/M_0$ を $M_W$ に対してプロットしたものである（Kanamori and Brodsky, 2004）．ばらつきは大きいものの，大きな地震では，この比は平均で $5\times10^{-5}$ 程度である．データセットごとに見れば，この比は最大で $10^{-4}$ 程度の値をとり，$M_0$ が小さくなるとこの比も小さくなる傾向（規模依存性）が見られる．一方，Ide and Beroza（2001）は，それぞれのデータセットに見られる規模依存性は観測システムが十分に広い周波数帯をカバーしていないことや減衰や地盤特性の補正が適切でないためであって，それらを考慮すれば比 $W_R/M_0$ は $M_0$ が 17 桁にわたる広い範囲で $3\times10^{-5}$ の上下 1 桁以内に収まると述べている．

## 16.4 ゆっくりすべり地震

標準的な相似則から外れたものとしてよく知られているのは津波地震である．これは，大きな津波を生じる長周期の地震でありながら短周期の地震動をあまり生じさせない，地震モーメントは大きいがエネルギー輻射は小さい地震である．顕著な例として，1896 年の明治三陸地震がよく知られている．津波地震の原因としては，地震断層のすべりの立上がり時間がゆっくりで，破壊継続時間が長く破壊伝播速度が遅いことなどが考えられる．

GPS 連続観測から，2001 年 1 月から 2005 年 7 月の間に愛知県から静岡県にかけて南東方向の水平変位，愛知県で沈降，静岡県西部で隆起の変動（東海スロースリップ）が見出された．推定されたすべり領域を図 16.9a に，累積モーメントマグニチュード $M_W$ を図 16.9b に示す．そのすべりは非常にゆっくりとしており，継続時間は 4 年と長く，累積モーメントマグニチュード $M_W$ は 7.1 程度と推定されている．

近年，稠密な広帯域地震観測網が整備されるようになり，**深部低周波微動**（deep episodic tremor），**低周波地震**（low frequency earthquake; LFE），**超低周波地震**（very low frequency earthquake; VLF），**スロースリップイベント**（slow slip event; SSE），**サイレント地震**（silent earthquake）など，標準的な相似則から外れた，いわゆる**ゆっくりすべり地震**（slow earthquake）の観測例が数多く報告されるようになった．いずれもせん断すべりと考えられるが，破壊継続時間

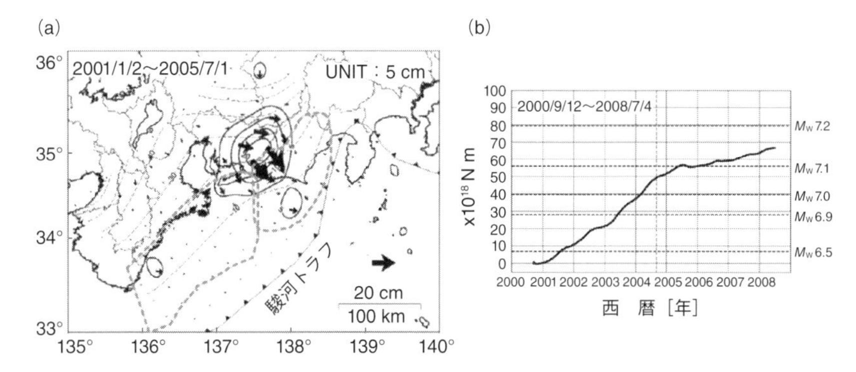


図 16.9　東海スロースリップ

(a) プレート境界面上のすべり量（矢印，コンター間隔 5 cm）．灰色太破線は東海地震および東南海地震の想定震源域．(b) モーメント解放量の経時変化．（国土地理院 HP http://cais.gsi.go.jp/tokai/anomalous.html#figure5）

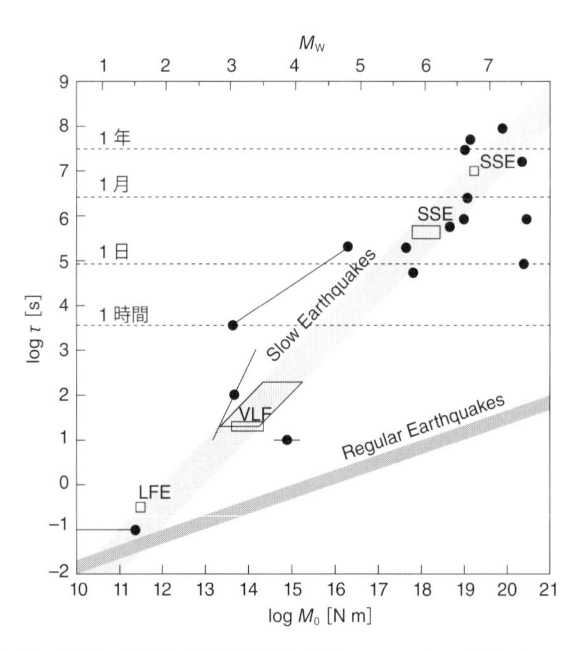


図 16.10　地震の特徴的な継続時間と地震モーメントの関係（井出，2009）

が長く地震エネルギーの放出は少ないという特徴をもつ.

図 16.10 は，震源での特徴的な継続時間 $\tau$ を地震モーメント $M_0$ に対して両対数プロットしたものである．図中 regular earthquakes と記した直線は，標準的な相似則（$M_0 \propto \tau^3$）に従う浅いプレート境界地震を表す．Ide *et al.*（2007a）は，ゆっくりすべり地震はこれら標準的な相似則とは異なり，ばらつきはあるものの震源での継続時間はおおむね地震モーメントに比例する（$M_0 \propto \tau$）と述べている．

## 16.5 不均質な断層すべり

1980 年以降，ハスケルモデルに代表されるような一様な断層すべりに基づく解析を越えて，断層運動の時空間発展をより詳しく明らかにする研究が進められるようになった．図 14.8 に示すような多重震源モデルやとくにすべりの大きな領域に着目したアスペリティモデルなど，不均質な断層すべりのモデルに基づく解析が進められ，断層すべりの複雑さについての相似則も調べられるようになった．これらの研究については，井出（2009）が相似則に関する詳しいレビューを行っているので参照するとよい．

# 第17章 自由表面への点荷重による静的弾性変形

自由表面上の一点に荷重が加えられたときの静的な弾性変形を求めることは，ビシネスク（Boussinesq）問題とよばれる．ビシネスク問題の解は，荷重による地盤のひずみや，海洋潮汐によってひき起こされる固体地球の変形を計算する際になくてはならないものである．図 17.1 は，駿河湾から北西約 12 km の内陸の岡部町に設置した傾斜計によって記録された 1 日の地盤の傾斜変化である．傾斜変化とは，地面に垂直に立てた棒の先端の水平面への射影の軌跡と考えればよい．1 日の傾斜変化量は $10^{-7}$ rad 程度であるが，焼津港で満潮になる時刻に地盤は南東下がりへと変化する．これは海洋潮位が高くなるに従って海水荷重が増えて固体地球がひずみ，内陸の地盤が海側へ傾斜する様子を示している．

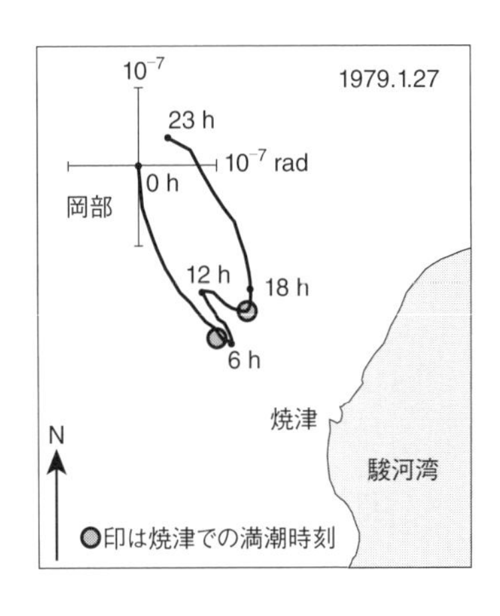


図 17.1　静岡県岡部町における 1 日の地盤傾斜の変化
焼津港における満潮時刻（丸印）に地盤は南東下がりを示す（佐藤ほか，1980）．

本章では，はじめに無限弾性媒質中のある一点に体積力が加えられた場合の弾性変形を導き，この解をもとにして半無限弾性媒質の表面への点荷重による弾性変形を求める．最後に，地盤隆起の測量データへビシネスク解を適用した例を示す．

## 17.1　無限弾性媒質における静的な体積力による変位

力 $\boldsymbol{F}'$ が原点 $\boldsymbol{x}=0$ に局所的にはたらく場合の変位 $\boldsymbol{u}(\boldsymbol{x})$ を求めよう（図 17.2 参照）．付録 A の式 (A.18) より，静的な釣合いの式は

$$(\lambda+\mu)\nabla(\nabla\boldsymbol{u})+\mu\Delta\boldsymbol{u}+\boldsymbol{F}'\delta(\boldsymbol{x})=0 \tag{17.1}$$

で与えられる．

変位ベクトルは，ポテンシャル $\phi$ と $\boldsymbol{a}$ を用いて，

$$\boldsymbol{u}=\nabla\phi+\nabla\times\boldsymbol{a} \tag{17.2}$$

と表すことができ，同様に，体積力もポテンシャル $\boldsymbol{\Phi}$ と $\boldsymbol{A}$ を用いて

$$\boldsymbol{F}'\delta(\boldsymbol{x})=\nabla\Phi+\nabla\times\boldsymbol{A} \tag{17.3}$$

と書ける．これらを式 (17.1) に代入し，$\nabla(\nabla\times\boldsymbol{a})=0$ を用いて，

$$\nabla\left[(\lambda+2\mu)\Delta\phi+\Phi\right]+\nabla\times(\mu\Delta\boldsymbol{a}+\boldsymbol{A})=0 \tag{17.4}$$

を得る．これを満たすには，

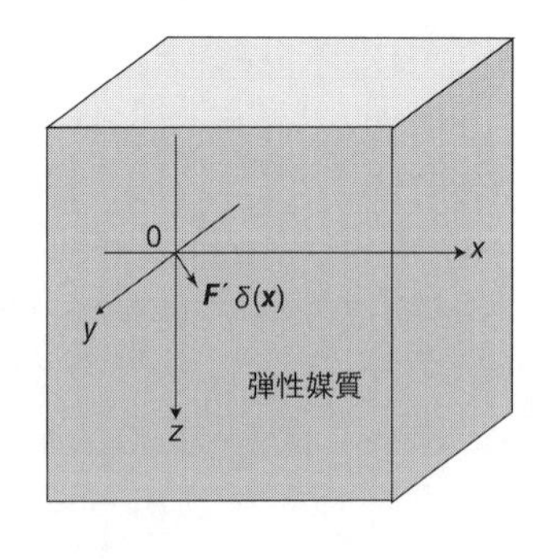


図 17.2　無限弾性媒質中の一点（原点）に体積力 $\boldsymbol{F}'\delta(\boldsymbol{x})$ が加えられる場合

$$(\lambda + 2\mu)\,\Delta\phi + \Phi = 0 \tag{17.5a}$$

$$\mu\Delta \boldsymbol{a} + \boldsymbol{A} = 0 \tag{17.5b}$$

であればよい．これらは非斉次のラプラス方程式である．

### 17.1.1　ラプラス方程式のグリーン関数

右辺の非斉次項がデルタ関数であるラプラスの方程式

$$\Delta G(\boldsymbol{x}) = \delta(\boldsymbol{x}) \tag{17.6}$$

を解く．この解 $G$ をフーリエ積分

$$G(\boldsymbol{x}) = \frac{1}{(2\pi)^3}\int_{-\infty}^{\infty} \tilde{G}(\boldsymbol{k})\,\mathrm{e}^{\mathrm{i}\boldsymbol{kx}}\ \mathrm{d}\boldsymbol{k} \tag{17.7}$$

で表す．付録 B の式 (B.8a) に示すように，デルタ関数のフーリエ変換は 1 であるので，これらを式 (17.6) に代入し，積分核の比較から，$-({k_x}^2 + {k_y}^2 + {k_z}^2)\tilde{G}(\boldsymbol{k}) = -k^2\,\tilde{G}\,(\boldsymbol{k}) = 1$ が得られる．これを式 (17.7) に代入して，

$$G\,(\boldsymbol{x}) = \frac{-1}{(2\pi)^3}\int_{-\infty}^{\infty} \frac{1}{k^2}\,\mathrm{e}^{\mathrm{i}\boldsymbol{kx}}\ \mathrm{d}\boldsymbol{k} \tag{17.8}$$

を得る．

波数ベクトル空間において球座標を用いて積分を実行し，グリーン関数の具体的な表現を求める．$\boldsymbol{k} = (k, \theta_k, \varphi_k)$ とし，$\boldsymbol{k}$ を $\boldsymbol{x}$ 方向から測ると $\boldsymbol{kx} = kr\cos\theta_k$ であり，$r = |\boldsymbol{x}|$ として，

$$\begin{aligned}
G\,(\boldsymbol{x}) &= \frac{-1}{(2\pi)^3}\int_0^{\infty} k^2\mathrm{d}k \int_0^{\pi} \sin\theta_k\,\mathrm{d}\theta_k \int_0^{2\pi} \mathrm{d}\varphi_k \frac{1}{k^2}\ \mathrm{e}^{\mathrm{i}kr\cos\theta_k} \\
&= \frac{-1}{(2\pi)^2}\int_0^{\infty} \mathrm{d}k \int_0^{\pi} \sin\theta_k\,\mathrm{d}\theta_k\ \mathrm{e}^{\mathrm{i}kr\cos\theta_k} = \frac{-1}{(2\pi)^2}\int_0^{\infty} \mathrm{d}k \frac{\mathrm{e}^{\mathrm{i}kr} - \mathrm{e}^{-\mathrm{i}kr}}{\mathrm{i}kr} \\
&= \frac{-1}{2\pi^2 r}\int_0^{\infty} \mathrm{d}(rk)\,\frac{\sin\,(rk)}{(rk)} = -\frac{1}{2\pi^2 r}\,\frac{\pi}{2} = -\frac{1}{4\pi r}
\end{aligned} \tag{17.9}$$

を得る．ここで，積分公式 $\displaystyle\int_0^{\infty} (\sin x/x)\mathrm{d}x = \pi/2$（森口ほか, 1987a, p.251）を用いた．すなわち，

$$\Delta\frac{-1}{4\pi r} = \delta(\boldsymbol{x}) \tag{17.10}$$

が成り立つ．

### 17.1.2 静的な体積力による変位

体積力 $\boldsymbol{F}'\delta(\boldsymbol{x})$ の分解（式 (17.3)）の具体的表現は,

$$\varPhi = \boldsymbol{F}'\nabla\left(\frac{-1}{4\pi r}\right) \tag{17.11a}$$

$$\boldsymbol{A} = \boldsymbol{F}'\times\nabla\left(\frac{-1}{4\pi r}\right) \tag{17.11b}$$

とすればよく,

$$\boldsymbol{F}'\delta(\boldsymbol{x}) = \nabla\left[\boldsymbol{F}'\nabla\left(\frac{-1}{4\pi r}\right)\right] + \nabla\times\left[\boldsymbol{F}'\times\nabla\left(\frac{-1}{4\pi r}\right)\right] \tag{17.12}$$

と書ける．これは，以下のようにして確かめられる．ベクトル積の微分では $\nabla\times(\boldsymbol{F}'\times\boldsymbol{B}) = \boldsymbol{F}'(\nabla\boldsymbol{B}) - (\boldsymbol{F}'\nabla)\boldsymbol{B}$ が成り立つので，式 (17.12) の右辺に式 (17.10) を用いれば，$\partial_i\left[{F_j}'\partial_j\left(\frac{-1}{4\pi r}\right)\right] + {F_i}'\Delta\left(\frac{-1}{4\pi r}\right) - {F_j}'\partial_j\partial_i\left(\frac{-1}{4\pi r}\right) = {F_i}'\Delta\left(\frac{-1}{4\pi r}\right)$ $= {F_i}'\delta(\boldsymbol{x})$ となり，左辺に一致する．

極座標系では $\Delta r = \frac{1}{r^2}\frac{\partial}{\partial r}\left[r^2\frac{\partial}{\partial r}(r)\right] = \frac{2}{r}$ であり，単位動径ベクトルは $\boldsymbol{\gamma} = \nabla r$ であるから，$\varPhi = \boldsymbol{F}'\nabla\left(-\frac{1}{8\pi}\Delta r\right) = -\frac{1}{8\pi}\Delta(\boldsymbol{F}'\nabla r) = -\frac{1}{8\pi}\Delta(\boldsymbol{F}'\boldsymbol{\gamma})$ と書ける．同様に $\boldsymbol{A} = -\frac{1}{8\pi}\Delta(\boldsymbol{F}'\times\nabla r) = -\frac{1}{8\pi}\Delta(\boldsymbol{F}'\times\boldsymbol{\gamma})$ と書ける．これらを式 (17.5) に用いれば,

$$\phi = \frac{1}{8\pi}\frac{\boldsymbol{F}'\boldsymbol{\gamma}}{(\lambda+2\mu)} \tag{17.13a}$$

$$\boldsymbol{a} = \frac{1}{8\pi\mu}\boldsymbol{F}'\times\boldsymbol{\gamma} \tag{17.13b}$$

であればよいことがわかる．

ポテンシャル $\phi$ の微分を実行して,

$$\begin{aligned}\partial_i\phi &= \frac{1}{8\pi}\frac{{F_j}'\partial_i\gamma_j}{(\lambda+2\mu)} = \frac{1}{8\pi}\frac{{F_j}'\partial_i(x_j/r)}{(\lambda+2\mu)} = \frac{1}{8\pi}\frac{{F_j}'}{(\lambda+2\mu)}\left(\frac{\delta_{ij}}{r} - \frac{x_i x_j}{r^3}\right)\\ &= \frac{1}{8\pi}\frac{{F_i}' - (\boldsymbol{F}'\boldsymbol{\gamma})\gamma_i}{(\lambda+2\mu)r}\end{aligned} \tag{17.14a}$$

を得る．ベクトルポテンシャル $\boldsymbol{a}$ の回転は，$\boldsymbol{A}\times\boldsymbol{B}|_i = \epsilon_{ijk}A_jB_k$ のように交代記号を用いて表現するとわかりやすい．関係式（付録 A，式 (A.2)）$\epsilon_{ijk}\epsilon_{lmk} = \delta_{il}\delta_{jm} - \delta_{im}\delta_{jl}$ を用いて,

$$\nabla\times\boldsymbol{a}|_i = \frac{1}{8\pi\mu}\epsilon_{ijk}\partial_j\left(\epsilon_{klm}{F_l}'\gamma_m\right) = \frac{1}{8\pi\mu}\left(\delta_{il}\delta_{jm} - \delta_{im}\delta_{jl}\right){F_l}'\partial_j\gamma_m$$

$$= \frac{1}{8\pi\mu}\left(F_i{}'\partial_j\gamma_j - F_j{}'\partial_j\gamma_i\right) = \frac{1}{8\pi\mu}\left[F_i{}'\partial_j\left(\frac{x_j}{r}\right) - F_j{}'\partial_j\left(\frac{x_i}{r}\right)\right]$$
$$= \frac{1}{8\pi\mu}\left[F_i{}'\frac{2}{r} - F_j{}'\left(\frac{\delta_{ij}}{r} - \frac{x_i x_j}{r^3}\right)\right] = \frac{1}{8\pi\mu}\frac{F_i{}' + (\boldsymbol{F}'\boldsymbol{\gamma})\gamma_i}{r} \tag{17.14b}$$

を得る．これらをまとめて，変位場の表現，

$$\boldsymbol{u} = \nabla\phi + \nabla\times\boldsymbol{a} = \frac{1}{8\pi r}\left[\frac{\boldsymbol{F}' - (\boldsymbol{F}'\boldsymbol{\gamma})\boldsymbol{\gamma}}{\lambda+2\mu} + \frac{\boldsymbol{F}' + (\boldsymbol{F}'\boldsymbol{\gamma})\boldsymbol{\gamma}}{\mu}\right]$$
$$= \frac{1}{8\pi r}\left\{\left[\frac{1}{\mu} + \frac{1}{\lambda+2\mu}\right]\boldsymbol{F}' + \left[\frac{1}{\mu} - \frac{1}{\lambda+2\mu}\right](\boldsymbol{F}'\boldsymbol{\gamma})\boldsymbol{\gamma}\right\} \tag{17.15}$$

が得られる．

## 17.2　半無限弾性媒質の表面にはたらく点荷重による変位

自由表面 $z=0$ をもつ半無限弾性媒質 $(z>0)$ を考え，原点周囲の微小領域に $z$ 方向（鉛直下向き）の力 $\boldsymbol{F}=F\boldsymbol{e}_3$ がはたらく場合を考える（図 17.3 参照）．はじめに前節で求めた無限媒質における解を用いて自由表面条件の適合性を調べ，その不適合分を補うような斉次方程式解を加えることで正解を求める[1]．

### 17.2.1　仮の力 $\boldsymbol{F}'$ による変位と応力

はじめに，前節で導いた無限媒質中の原点で $z$ 方向にはたらく仮の体積力 $F'\boldsymbol{e}_3\delta(\boldsymbol{x})$ による変位 $\boldsymbol{u}'$ を考えてみる．この各成分は，式 (17.15) を用いて，

$$u_x{}' = \frac{F'}{8\pi}\left[\frac{1}{\mu} - \frac{1}{\lambda+2\mu}\right]\frac{xz}{r^3} = A\frac{xz}{r^3} \tag{17.16a}$$
$$u_y{}' = \frac{F'}{8\pi}\left[\frac{1}{\mu} - \frac{1}{\lambda+2\mu}\right]\frac{yz}{r^3} = A\frac{yz}{r^3} \tag{17.16b}$$
$$u_z{}' = \frac{F'}{8\pi}\left[\frac{1}{\mu} + \frac{1}{\lambda+2\mu}\right]\frac{1}{r} + \frac{F'}{8\pi}\left[\frac{1}{\mu} - \frac{1}{\lambda+2\mu}\right]\frac{z^2}{r^3}$$
$$= A\left(\frac{z^2}{r^3} + \frac{\lambda+3\mu}{\lambda+\mu}\frac{1}{r}\right) \tag{17.16c}$$

と書ける．ここで $r=\sqrt{x^2+y^2+z^2}$ および $A = \frac{F'}{8\pi}\left[\frac{1}{\mu} - \frac{1}{\lambda+2\mu}\right]$ とした．この

[1] 以下の導出は Love（1952）に従った．

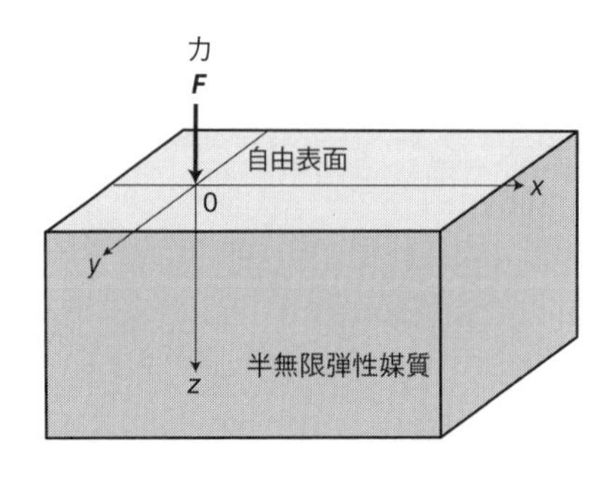


図 17.3　自由表面上の原点の微小領域に点荷重 $\boldsymbol{F}$ が加えられる

変位による応力場を計算すると，

$$\tau_{xz}{}' = \mu\left(\partial_x u_z{}' + \partial_z u_x{}'\right) = -\frac{2\mu A x}{r^3}\left[\frac{\mu}{\lambda+\mu} + \frac{3z^2}{r^2}\right] \tag{17.17a}$$

$$\tau_{yz}{}' = \mu\left(\partial_y u_z{}' + \partial_z u_y{}'\right) = -\frac{2\mu A y}{r^3}\left[\frac{\mu}{\lambda+\mu} + \frac{3z^2}{r^2}\right] \tag{17.17b}$$

$$\tau_{zz}{}' = \lambda\nabla\boldsymbol{u}' + 2\mu\partial_z u_z{}' = -\frac{2\mu A z}{r^3}\left[\frac{\mu}{\lambda+\mu} + \frac{3z^2}{r^2}\right] \tag{17.17c}$$

と書ける．$z=0$ の面では，$r=0$ を除けば $\tau_{zz}{}' = 0$ となるが，$\tau_{xz}{}'$ と $\tau_{yz}{}'$ はゼロとはならず，このままでは自由表面の境界条件を満たさない．

### 17.2.2　$z$ 軸上の湧き出しによる変位と応力の付加

ここで，半無限弾性媒質の外側の領域にある $z$ 軸の線上に強度 $B$ の湧き出しが一様に分布する場合のポテンシャル $\phi''$ を考えよう．

$$\begin{aligned} \Delta\phi'' &= B\delta(x)\delta(y) & z<0 \quad &(\text{弾性媒質の外部}) \\ &= 0 & z>0 \quad &(\text{弾性媒質の内部}) \end{aligned} \tag{17.18}$$

この解はグリーン関数（式 (17.9)）と非斉次項のたたみ込み積分で与えられる．

$$\begin{aligned} \phi''(\boldsymbol{x}) &= \iint_{-\infty}^{\infty} \mathrm{d}x'\mathrm{d}y' \int_{-\infty}^{0} \mathrm{d}z' G\left(\boldsymbol{x}-\boldsymbol{x}'\right) B\delta(x')\delta(y') \\ &= -\frac{B}{4\pi}\int_0^{\infty} \frac{\mathrm{d}z''}{\sqrt{x^2+y^2+(z+z'')^2}} \end{aligned} \tag{17.19}$$

このポテンシャルから変位 $\boldsymbol{u}''$ を計算し，積分を実行して，

$$u_x{}'' = \partial_x \phi'' = \frac{B}{4\pi} x \int_0^{\infty} \frac{\mathrm{d}z''}{\sqrt{x^2 + y^2 + (z + z'')^2}^3} = \frac{Bx}{4\pi(r + z)\,r} \tag{17.20a}$$

$$u_y{}'' = \partial_y \phi'' = \frac{By}{4\pi(r + z)\,r} \tag{17.20b}$$

$$u_z{}'' = \partial_z \phi'' = \frac{B}{4\pi r} \tag{17.20c}$$

を得る（森口ほか（1987a）の p.125 参照）．これによる応力場は

$$\tau_{xz}{}'' = \mu\left(\partial_x u_z{}'' + \partial_z u_x{}''\right) = -\frac{\mu Bx}{2\pi r^3} \tag{17.21a}$$

$$\tau_{yz}{}'' = \mu\left(\partial_y u_z{}'' + \partial_z u_y{}''\right) = -\frac{\mu By}{2\pi r^3} \tag{17.21b}$$

$$\tau_{zz}{}'' = \lambda \nabla \boldsymbol{u}'' + 2\mu \partial_z u_z{}'' = -\frac{\mu Bz}{2\pi r^3} \tag{17.21c}$$

である．$z=0$ の面では，$r=0$ の点を除けば $\tau_{zz}{}''=0$ を満たす．

仮の体積力 $F'\boldsymbol{e}_3\delta(\boldsymbol{x})$ について非斉次の微分方程式 (17.1) を解いて求めた解 $\boldsymbol{u}'$（式 (17.16)）に，$z>0$ の領域における斉次方程式の解 $\boldsymbol{u}''$（式 (17.20)）を加えて $\boldsymbol{u}=\boldsymbol{u}'+\boldsymbol{u}''$ とすれば，全応力は和 $\tau_{ij}=\tau_{ij}{}'+\tau_{ij}{}''$ で与えられる．こうして得られた応力の平面 $z=0$ での値は，

$$\tau_{xz}|_{z=0} = \frac{-2\mu x}{r^3}\left(\frac{\mu}{\lambda+\mu}A + \frac{B}{4\pi}\right) \tag{17.22a}$$

$$\tau_{yz}|_{z=0} = \frac{-2\mu y}{r^3}\left(\frac{\mu}{\lambda+\mu}A + \frac{B}{4\pi}\right) \tag{17.22b}$$

$$\tau_{zz}|_{z=0} = 0 \qquad \text{ただし } r \neq 0 \tag{17.22c}$$

となる．特異点 $r=0$ を除き，自由表面の条件を満たすには，

$$B = -\frac{4\pi\mu}{\lambda+\mu}A \tag{17.23}$$

と選べばよい．この導出は発見的方法ではあるが，微分方程式の解の一意性によって正当化される．

### 17.2.3　積分定数 $A$ と点荷重 $F$

自由表面の条件を満たす解は得られたが，積分定数 $A$ と点荷重 $F$ との関係を求める必要がある．荷重の作用点（原点）の周りでの応力テンソルは，関係式 (17.23) を用い，単位動径ベクトルを $\boldsymbol{\gamma}$ とすると，

$$\tau_{xz} = -\frac{6\mu A}{r^2}\frac{x}{r}\left(\frac{z}{r}\right)^2 = -\frac{6\mu A}{r^2}\gamma_x\gamma_z^2 \tag{17.24a}$$

$$\tau_{yz} = -\frac{6\mu A}{r^2}\frac{y}{r}\left(\frac{z}{r}\right)^2 = -\frac{6\mu A}{r^2}\gamma_y\gamma_z^2 \tag{17.24b}$$

$$\tau_{zz} = -\frac{6\mu A}{r^2}\frac{z}{r}\left(\frac{z}{r}\right)^2 = -\frac{6\mu A}{r^2}\gamma_z\gamma_z^2 \tag{17.24c}$$

と表される．ここで，$z>0$ の媒質内に座標原点を中心とする小さな半径 $\varepsilon$ の半球を考える．この半球の外側が内側に与える力の $z$ 成分は球面上の面積分で表され，これを球座標系で実行すると，

$$\begin{aligned}\int_{\cap}\tau_{zi}\gamma_i\,\mathrm{d}S &= -6\mu A\int_{\cap}\frac{{\gamma_z}^2}{\varepsilon^2}({\gamma_x}^2+{\gamma_y}^2+{\gamma_z}^2)\,\mathrm{d}S = -6\mu A\int_{\cap}\frac{{\gamma_z}^2}{\varepsilon^2}\varepsilon^2\sin\theta\,\mathrm{d}\theta\,\mathrm{d}\phi \\ &= -6\mu A 2\pi\int_0^{\pi/2}\cos^2\theta\sin\theta\,\mathrm{d}\theta = 12\pi\mu A\frac{1}{3}\cos^3\theta\,\Big|_0^{\pi/2} = -4\pi\mu A\end{aligned} \tag{17.25}$$

となり，半径 $\varepsilon$ に依存しない．この小さな半球の内側が外側に与える力の $z$ 成分を点荷重 $F$ に等しいとおけば，

$$A = \frac{F}{4\pi\mu} \tag{17.26}$$

が得られる．式 (17.23) と (17.26) の関係を用いて，鉛直点荷重 $F$ による変位場の表現，

$$u_x = \frac{F}{4\pi\mu}\left[\frac{xz}{r^3} - \frac{\mu}{\lambda+\mu}\frac{x}{r\,(r+z)}\right] \tag{17.27a}$$

$$u_y = \frac{F}{4\pi\mu}\left[\frac{yz}{r^3} - \frac{\mu}{\lambda+\mu}\frac{y}{r\,(r+z)}\right] \tag{17.27b}$$

$$u_z = \frac{F}{4\pi\mu}\left[\frac{z^2}{r^3} + \frac{\lambda+2\mu}{\lambda+\mu}\frac{1}{r}\right] \tag{17.27c}$$

が得られる．

鉛直荷重の作用点から水平距離 $r_{\mathrm{H}} = \sqrt{x^2+y^2}$ における地表の鉛直変位は，付録 A の式 (A.15) を用いてヤング（Young）率 $E$ とポアソン比 $\sigma$ で書き表すことができる．

$$u_z\,(x, y, z=0) = \frac{F}{4\pi\mu}\frac{\lambda+2\mu}{\lambda+\mu}\frac{1}{r_{\mathrm{H}}} = \frac{\left(1-\sigma^2\right)F}{\pi E\,r_{\mathrm{H}}} \tag{17.28}$$

すなわち，荷重 $F$ が自由表面の一点に鉛直下方に加えられたとき，鉛直変位（沈降量）は荷重点からの水平距離に反比例する．逆に，与えられた荷重について

沈降量を水平距離に対して測定すれば，弾性定数がわかる．

## 17.3 砂利山の消滅によって生じた地盤隆起

千葉県富津市では，1970～80 年にかけて山砂利の採掘が行われ，高さ 160 m の山が消滅し，最終的にほぼ平らになった．この山の近くを一等水準測量路線が通っており，その測量データから，この間，地盤が徐々に隆起してきたことがわかった．図 17.4 は，複数の水準点における 10 年間の隆起量を砂利山の中央からの距離に対してプロットしたものであるが，距離に反比例して隆起量は減

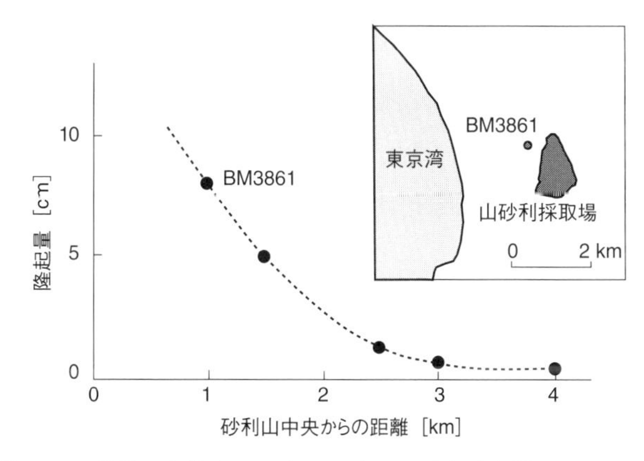


図 17.4　複数の水準点における 10 年間の地盤隆起量（多田, 1982）

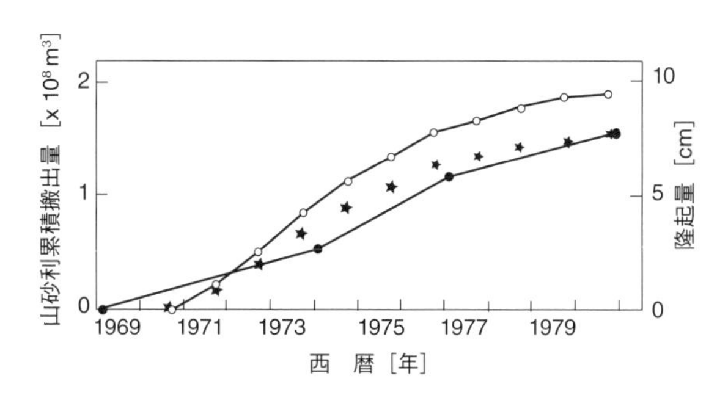


図 17.5　山砂利の累積搬出量（白丸）と水準点（BM3861）の隆起量（黒丸は観測値，星印は理論値（式 (17.28)））（多田, 1982）

少している．10 年間に採掘された砂利の総量は $2 \times 10^8\,\mathrm{m}^3$ で，砂利山の中央から約 1 km にある水準点（BM3861）は約 8 cm 隆起した．図 17.5 は砂利の累積搬出量（白丸）とこの水準点の隆起量（黒丸）を経年的に示したものであるが，粘弾性的な時間遅れは見られず，弾性変形であることを示唆している．

多田 (1982) は，これを負の鉛直荷重によるビシネスク問題と考え，式 (17.28) を隆起量に適用して地盤の弾性定数を求めた．砂利の質量密度を $\rho = 2 \times 10^3\,\mathrm{kg\,m^{-3}}$ とすれば，鉛直荷重は $F = -2 \times 10^8 \times 2 \times 10^3 \times 9.8\,\mathrm{N} = -3.9 \times 10^{12}\,\mathrm{N}$ である．多田 (1982) は，ポアソン比 $\sigma = 0.3$ を仮定し，最適解としてヤング率 $E = 1.5 \times 10^{10}\,\mathrm{Pa}$ を得た．砂利の累積搬出量を用いて理論的に計算した隆起量（式 (17.28)）の経年変化を図 17.5 に星印で示すが，観測値（黒丸）をよく説明できている．

# 第18章 水平線震源によるラブ波の励起

震源の浅い地震の波形記録には直達S波に続いて表面波が観測される．表面波は幾何減衰が小さいために遠方では実体波よりも振幅が大きい．第4章では，波動の粒子軌跡が波の進行方向と鉛直を含む平面内にあるレイリー波や，粒子軌跡が波の進行方向と直交する水平面内にあるラブ波の伝播について紹介した．本章ではとくに動的な表面波の励起のメカニズムに焦点を当てる．最も簡単な数理モデルとして，半無限剛体の上にS波低速度層が存在する場合を考え，低速度層内で水平方向に力が加えられた場合の**ラブ波の励起**（Love-wave excitation）を考察する．震源の深さによってモード解の励起の仕方が異なることや，遠方まで伝播する項と急激に消滅する項が存在することを学ぶ．

## 18.1 2層構造におけるラブ波のモード解

図18.1に示すように，$z$ 軸の正方向を鉛直下向に，地表（自由表面）を $z=0$ の $x$–$y$ 平面にとる．弾性媒質（S波速度 $\beta$）の厚さを $h$ とし，固有関数の導出を容易にするため，問題を簡単化して，それ以深の半無限媒質は高速度媒質の極限として剛体（変位ゼロ，$\beta=\infty$ に対応）とする．

まず，この構造における角振動数 $\omega$ のモード解を求める．$y$ 方向の変位が $x$ 方向へ進行するSH平面波を考えると，運動方程式は，付録Aの式(A.19)で $\nabla \boldsymbol{u}=0$ として，

$$\partial_t{}^2 u_y - \beta^2 \partial_x{}^2 u_y - \beta^2 \partial_z{}^2 u_y = 0 \tag{18.1}$$

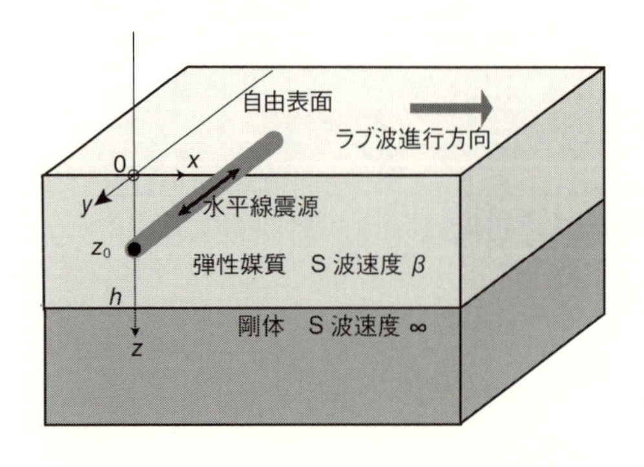


**図 18.1**　剛体（高速度層）の上に弾性媒質（低速度層）がのった半無限構造
弾性層内で $y$ 軸に平行な直線（$x=0$，深さ $z_0$）に沿って周期的な力を加える．

と与えられる．$x$ 方向へ進行する波数 $k_x$ の定常 SH 平面波を，$u_y(x,z,t) = \nu(z)\,\mathrm{e}^{\mathrm{i}k_x x - \mathrm{i}\omega t}$ と表すと，$z$ 方向の関数 $\nu(z)$ は，$k_0 = \omega/\beta$ として，

$$({k_x}^2 - {k_0}^2)\nu - {\partial_z}^2\nu = 0 \tag{18.2}$$

に従う．この一般解は $\nu(z) = A\cos k_z z + B\sin k_z z$ であり，分散関係

$${k_x}^2 + {k_z}^2 = {k_0}^2 \tag{18.3}$$

を満たす．地表 $z=0$ における自由表面の境界条件 $\tau_{yz}=0$ から $\partial_z\nu(z=0)=0$，よって $B=0$ が得られる．剛体表面での固定境界条件 $\nu(z=h)=0$，すなわち $\cos k_z h = 0$ から，$k_z h$ は $\pi/2$ の奇数倍でなければならない．よって，

$$k_z^{(j)} = \frac{\omega^{(j)}}{\beta} = \frac{\pi\,(2j-1)}{2h} \qquad (j = 1, 2, 3\cdots) \tag{18.4}$$

が得られ，離散的な固有角周波数 $\omega^{(j)}$ が決定された．

規格化した $z$ 方向の固有関数（モード解）は実関数で，

$$\nu^{(j)}(z) = \sqrt{\frac{2}{h}}\cos k_z^{(j)} z \tag{18.5}$$

であり，正規直交関係

$$\int_0^h \nu^{(i)}(z)\nu^{(j)}(z)\,\mathrm{d}z = \delta_{ij} \tag{18.6}$$

を満たす．図 18.2 に，固有関数 $\nu^{(j)}(z)$ の例を示す．モードの次数 $j$ が大きくなるに従って，節の数が増える．下層が剛体 (速度無限大) であるため，波は下層へは浸み込まない．

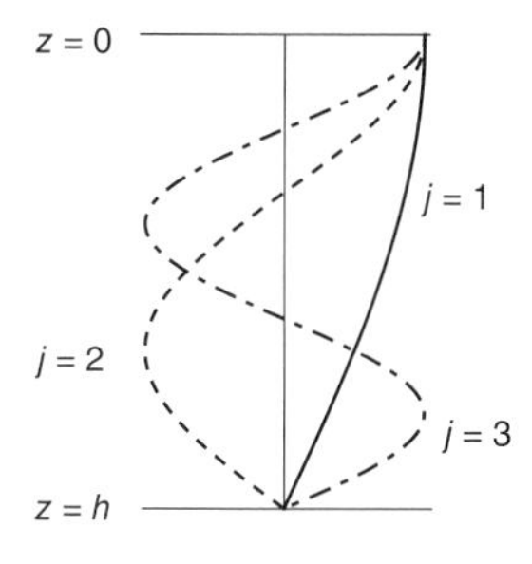


図 18.2　弾性層内での SH 波のモード解 $\nu^{(j)}(z)$
地表（$z=0$）は自由表面，下層（$z>h$）は剛体（$\beta=\infty$）．

与えられた $\omega$ について式 (18.3) を解けば，次数 $j$ のモードに対応する波数ベクトルの $x$ 成分は，

$$k_x = \pm\sqrt{{k_0}^2 - \left(k_z^{(j)}\right)^2} = \pm k_x^{(j)}(\omega) \tag{18.7}$$

と求められる．ここで，

$$k_x^{(j)}(\omega) = \sqrt{{k_0}^2 - \left(k_z^{(j)}\right)^2} = \frac{1}{\beta}\sqrt{\omega^2 - (\omega^{(j)})^2} \qquad |\omega| > \omega^{(j)} \tag{18.8a}$$

$$k_x^{(j)}(\omega) = \mathrm{i}\kappa_x^{(j)}(\omega) = \mathrm{i}\sqrt{\left(k_z^{(j)}\right)^2 - {k_0}^2} = \mathrm{i}\frac{1}{\beta}\sqrt{(\omega^{(j)})^2 - \omega^2} \quad |\omega| < \omega^{(j)} \tag{18.8b}$$

と定義しよう．とくに $k_x^{(j)}$ が虚数の場合は明示的にその虚部 $\kappa_x^{(j)}$ を用いるとわかりやすい．$\omega$ が与えられたとき，式 (18.7) の実数解の数は有限であるが，虚数解の数は無限にある．$\omega>0$ の場合，式 (18.7) の + 符号は，$x$ の正方向へ伝播する進行波 $\mathrm{e}^{\mathrm{i}k_x^{(j)}x}$ の波数，または $x$ の正方向に指数関数的な減衰をする波 $\mathrm{e}^{-\kappa_x^{(j)}x}$ の距離減衰率を表す．$j$ 次モードで $x$ 方向へ伝播する波の位相速度は，式 (18.8a) を用いて，

$$V^{(j)}(\omega) \equiv \frac{\omega}{k_x^{(j)}(\omega)} = \frac{\beta\omega}{\sqrt{\omega^2 - (\omega^{(j)})^2}} \tag{18.9}$$

と与えられる．図 18.3 は，モードごとの位相速度 $V^{(j)}$ の角周波数依存性を $\beta$ と層厚の伝播時間 $h/\beta$ で規格化して示したものである．次数 $j$ のモードの位相速度は，$\omega$ が低く $\omega^{(j)}$ に近づくに従って下層の速度（無限大）に漸近し，$\omega$ が高くなると上層の速度 $\beta$ に漸近する．

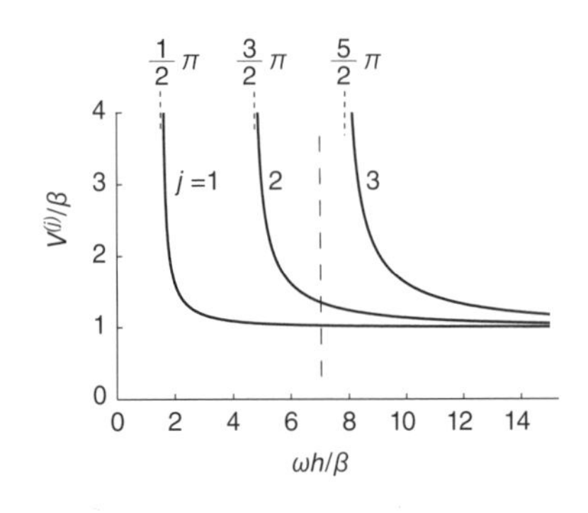


**図 18.3**　SH 波の位相速度 $V^{(j)}$ の角周波数依存性

$\beta$ と $h$ で規格化，$j$ はモードの次数.

## 18.2 水平線震源による強制加振

$x=0$ で $z=z_0$ を通る $y$ 軸に平行な直線の軸方向に角周波数 $\omega>0$ で周期的に加振した場合のラブ波の励起を考えよう (水平線震源，図 18.1 参照)．2 次元の $x$–$z$ 平面における $y$ 方向の体積力を $\delta(x)\delta(z-z_0)\cos\omega t$ とすると，$y$ 方向の変位に関する波動方程式は，複素表示で式 (18.1) の右辺に非斉次項 $\rho^{-1}\delta(x)\delta(z-z_0)\,\mathrm{e}^{-\mathrm{i}\omega t}$ を加えればよい．$y$ 方向の変位を $u_y(x,z,t)=\hat{u}_y(x,z,\omega)\,\mathrm{e}^{-\mathrm{i}\omega t}$ とおくと，角周波数領域において，$\hat{u}_y(x,z,\omega)$ は，

$$-\omega^2\hat{u}_y-\beta^2({\partial_x}^2+{\partial_z}^2)\hat{u}_y=\frac{1}{\rho}\delta(x)\delta(z-z_0) \tag{18.10}$$

に従う．

$x$ の無限区間におけるデルタ関数は，付録 B の式 (B.8b) より，

$$\delta(x)=\frac{1}{2\pi}\int_{-\infty}^{\infty}\mathrm{e}^{\mathrm{i}k_x x}\,\mathrm{d}k_x \tag{18.11}$$

である．一方，右辺の $z$ の閉区間 $[0,h]$ におけるデルタ関数は，固有関数（式 (18.5)）を用いて，

$$\delta(z-z_0)=\sum_{j=1}^{\infty}\nu^{(j)}(z)\,\nu^{(j)}(z_0) \tag{18.12}$$

と書ける．これは，境界条件（$f'(0)=f(h)=0$）を満たす任意の関数が $f(z)=\sum_{i=1}^{\infty}c_i\,\nu^{(i)}(z)$ とフーリエ展開できることを知っていれば，直交関係（式 (18.6)）を用いて $\int_0^h f(z)\delta(z-z_0)\mathrm{d}z=f(z_0)$ を確かめることができる．よって，式

(18.10) の右辺は，

$$\frac{1}{\rho}\delta(x)\delta(z-z_0)=\frac{1}{\rho}\frac{1}{2\pi}\int_{-\infty}^{\infty}\mathrm{d}k_x\sum_{j=1}^{\infty}\mathrm{e}^{\mathrm{i}k_x x}\nu^{(j)}(z)\nu^{(j)}(z_0) \tag{18.13}$$

と書ける．

同様に，$\hat{u}_y(x,z,\omega)$ を $k_x$ に関するフーリエ積分と $z$ 方向の固有関数展開（フーリエ級数展開）で表す．

$$\hat{u}_y\,(x,z,\omega)=\frac{1}{2\pi}\int_{-\infty}^{\infty}\mathrm{d}k_x\sum_{j=1}^{\infty}A_j(k_x)\,\mathrm{e}^{\mathrm{i}k_x x}\nu^{(j)}(z) \tag{18.14}$$

これらを式 (18.10) に代入すると，

$$\begin{aligned}\frac{1}{2\pi}\int_{-\infty}^{\infty}\mathrm{d}k_x\sum_{j=1}^{\infty}\mathrm{e}^{\mathrm{i}k_x x}\nu^{(j)}(z)\Big[-\omega^2+\beta^2{k_x}^2+\beta^2\Big(k_z^{(j)}\Big)^2\Big]A_j(k_x)\\=\frac{1}{2\pi}\int_{-\infty}^{\infty}\mathrm{d}k_x\sum_{j=1}^{\infty}\mathrm{e}^{\mathrm{i}k_x x}\nu^{(j)}(z)\frac{1}{\rho}\nu^{(j)}(z_0)\end{aligned} \tag{18.15}$$

と書ける．この両辺の積分核を等しいとおくと，

$$\Big[{k_x}^2+\Big(k_z^{(j)}\Big)^2-{k_0}^2\Big]A_j(k_x)=\frac{1}{\rho\beta^2}\nu^{(j)}\,(z_0) \tag{18.16}$$

を得る．式（18.8）を用いれば，係数 $A_j(k_x)$ は，

$$A_j(k_x)=\frac{\nu^{(j)}(z_0)}{\rho\beta^2\Big[{k_x}^2+\Big(k_z^{(j)}\Big)^2-{k_0}^2\Big]}=\frac{1}{\rho\beta^2}\frac{\nu^{(j)}(z_0)}{{k_x}^2-\Big(k_x^{(j)}(\omega)\Big)^2} \tag{18.17}$$

と書ける．これを式 (18.14) に用いて，解

$$\hat{u}_y\,(x,z,\omega)=\frac{1}{\rho\beta^2}\sum_{j=1}^{\infty}\nu^{(j)}\,(z_0)\,\nu^{(j)}\,(z)\,\frac{1}{2\pi}\int_{-\infty}^{\infty}\mathrm{d}k_x\frac{\mathrm{e}^{\mathrm{i}k_x x}}{{k_x}^2-\Big(k_x^{(j)}(\omega)\Big)^2} \tag{18.18}$$

を得る．

右辺の $k_x$ に関する積分を複素積分を用いて実行し，$x$ に関する具体的な表現を求めよう．複素 $k_x$ 平面上での極の位置 $\pm k_x^{(j)}(\omega)$ は与えられた $\omega$ によって異なり，実軸上には有限個（またはゼロ個）の極が，虚軸上には無限個の極が存在する．たとえば，$h\omega/\beta=hk_0=7$ の線（図 18.3 の縦の点線）は 2 つの分散曲線 $j=1$ と 2 と交わる．すなわち，複素 $k_x$ 平面上で実軸上の極は右半面に 2 つ，左

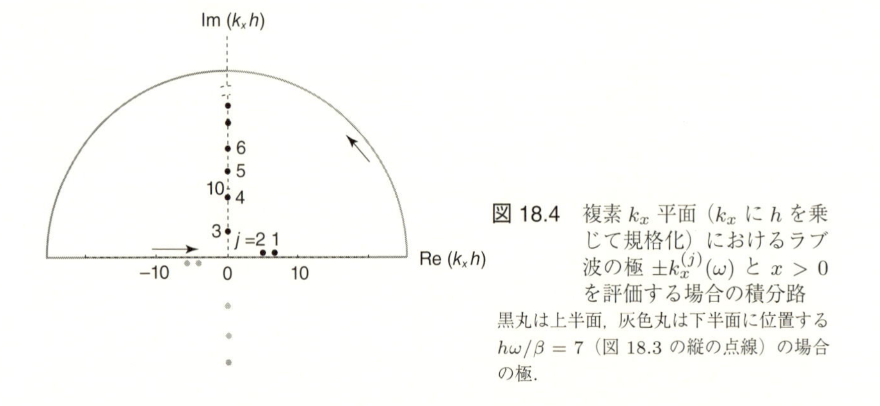


**図 18.4**　複素 $k_x$ 平面（$k_x$ に $h$ を乗じて規格化）におけるラブ波の極 $\pm k_x^{(j)}(\omega)$ と $x>0$ を評価する場合の積分路

黒丸は上半面，灰色丸は下半面に位置する $h\omega/\beta=7$（図 18.3 の縦の点線）の場合の極．

半面に 2 つある．一方，$j \geqq 3$ のモードに対応する極は無限個あるが，これらはすべて虚軸上に位置する．これらの極を，図 18.4 に黒丸と灰色の丸で示す．$k_x$ の実軸上の積分を評価する際，11.1 節（図 11.1 参照）で示したように，$\mathrm{Re}(k_x)>0$ では極をわずかに実軸より上に，$\mathrm{Re}(k_x)<0$ では極をわずかに下に移動して積分を実行する．これは，陰に無限小の減衰を導入することに対応する．

以下，$x>0$ の場合を評価しよう．

$$
\begin{aligned}
\hat{u}_y(x,z,\omega) &= \frac{1}{\rho\beta^2}\sum_{j=1}^{\infty}\nu^{(j)}(z_0)\,\nu^{(j)}(z) \\
&\quad\times\frac{1}{2\pi}\int_{\to+\frown}\mathrm{d}k_x\,\frac{\mathrm{e}^{\mathrm{i}k_x x}}{2k_x^{(j)}(\omega)}\left[\frac{1}{k_x-k_x^{(j)}(\omega)}-\cancel{\frac{1}{k_x+k_x^{(j)}(\omega)}}\right] \\
&= \frac{\mathrm{i}}{2\rho\beta^2}\sum_{j=1}^{M}\nu^{(j)}(z_0)\,\nu^{(j)}(z)\,\frac{\mathrm{e}^{\mathrm{i}k_x^{(j)}(\omega)x}}{k_x^{(j)}(\omega)} \\
&\quad+\frac{1}{2\rho\beta^2}\sum_{j=M+1}^{\infty}\nu^{(j)}(z_0)\,\nu^{(j)}(z)\,\frac{\mathrm{e}^{-\kappa_x^{(j)}(\omega)x}}{\kappa_x^{(j)}(\omega)}
\end{aligned}
\qquad (18.19)
$$

上式の 1〜2 行目では，部分分数分解を行った．$x>0$ の場合，$k_x$ を虚軸に沿って正の無限大へもっていくと $\mathrm{e}^{\mathrm{i}k_x x}\to 0$ となるので，上半面で半円を巡る積分路（灰色線）を実軸上の積分に加える．極限 $|k_x|\to\infty$ で $1/\left(k_x-k_x^{(j)}(\omega)\right)\to 0$ となるので，付加した上半円の半径を十分大きくすればジョルダンの補題によりその径路積分はゼロとなり，閉曲線（$\to+\frown$）に沿う径路積分が実軸上の積分と等しいことが確かめられる（付録 B.2 節参照）．この閉曲線に沿った径路積

分をコーシーの積分定理を用いて評価するには，閉曲線内にある実軸より上の極の留数を計算すればよい．3 行目は $M$ 個の実軸上の極からの寄与，4 行目は虚軸上の無限個の極からの寄与を陽に表したものである．

虚数の極が励起する項は伝播とともに指数関数的に減衰して消滅し（evanescent），実数の $M$ 個の極が励起する項のみがラブ波として遠方まで伝播する．たとえば前出の $h\omega/\beta=7$ の場合は $M=2$ で，遠方まで伝播するのは $j=1$ と 2 の 2 つのモードのみである．一方，無限個の消失項のうちで最も緩やかな減衰を与えるのは $j=3$ の項である．しかし，$\kappa_x^{(3)}(7\beta/h)=\sqrt{\left(\frac{5\pi}{2h}\right)^2-\frac{7^2}{h^2}}\approx 3.6h^{-1}$ なので，層厚 $h$ の数倍の距離を進めば消滅してしまうことがわかる．

右半面（$x>0$）の遠方まで伝わるラブ波は，与えられた周波数 $\omega$ より低い固有角振動数のモード解の和で表される．モード解の具体的な表現（式 (18.5)）と波数（式 (18.8a)）を用いて，その実部は，

$$u_y(x,z,t)=-\frac{1}{\rho\beta^2 h}\sum_{j=1}^{M}\frac{\cos\ \frac{\pi(2j-1)z_0}{2h}\cos\ \frac{\pi(2j-1)z}{2h}}{\sqrt{\frac{\omega^2}{\beta^2}-\left(\frac{\pi(2j-1)}{2h}\right)^2}}$$
$$\times\sin\left[\sqrt{\frac{\omega^2}{\beta^2}-\left(\frac{\pi(2j-1)}{2h}\right)^2}\,x-\omega t\right] \tag{18.20}$$

と表され，とくに，遠方の地表 $(z=0)$ における $j$ 次モードのラブ波の振幅は，

$$u_y^{(j)}(x,z=0)|_{\mathrm{Amp}}=\frac{1}{\rho\beta^2 h}\frac{\left|\cos\ \frac{\pi(2j-1)z_0}{2h}\right|}{\sqrt{\frac{\omega^2}{\beta^2}-\left(\frac{\pi(2j-1)}{2h}\right)^2}} \tag{18.21}$$

と書ける．この分子を見ると，基本モード（$j=1$）では $\cos\frac{\pi z_0}{2h}$ のかたちから線震源が浅いほど振幅は大きくなるが，高次モードでは固有関数が節をもつために必ずしも震源が浅いほど大きい振幅を励起するとは限らない．線震源の深さが固有関数の節の近くにある場合は励起が小さく，腹の近くにある場合は励起が大きい．加振角振動数 $\omega$ よりも小さな複数の固有角振動数 $\omega^{(j)}$ のなかで最も大きな固有角振動数のモードが上式の分母を小さくするので，振幅への寄与が大きい．

ここではラブ波の励起の問題のみを扱ったが，レイリー波の励起（ラム (Lamb) の問題）や種々の励起問題については，佐藤（1977），力武ほか（1980），安芸・リチャーズ（2004），Kausel（2006）が参考になろう．

# 第19章 地球の自由振動

ピンと張られた弦を弾いて振動のスペクトルを調べると，複数のピークが存在することがわかる．弦の弾き方によって各スペクトルピークの大きさは変わるが，ピーク振動数の位置は変わらない．これはスペクトル構造が力学系のひとつの表現となっていることを意味する．固体地球をひとつの力学系と考えた場合，大きな地震の発生はこの弦を弾くことに対応する．大きな地震が発生した場合，震源における大きな地震動がおさまっても，長周期帯域ではなお数日以上にわたって小振幅の地震動が長く継続する．これを地球の**自由振動**（free oscillation）とよぶ．自由振動のスペクトルを解析することによって，固体地球の内部構造に関する情報を得ることができる．本章では，地球の自由振動の観測事例を紹介し，次に固体地球を流体の球でモデル化して固有モードを求める数理の基本を学ぶ．

## 19.1 自由振動のスペクトル

2004 年にインドネシアのスマトラ島北西沖のインド洋で発生したスマトラ・アンダマン地震は，$M_{\mathrm{W}}$ 9.1 とその規模が大きく 1,000 s よりも長周期の自由振動が長く継続した．図 19.1 は，オーストラリアのキャンベラにおける上下動成分の 240 時間にわたる記録を解析して得られた自由振動のスペクトルである．${}_0\mathrm{S}_0$ と記されている鋭いスペクトルピークは最も基本的な球対称の**伸び縮み振動**（spheroidal oscillation）であり，その周期は 20.5 min である．${}_0\mathrm{S}_2$ と記されてい

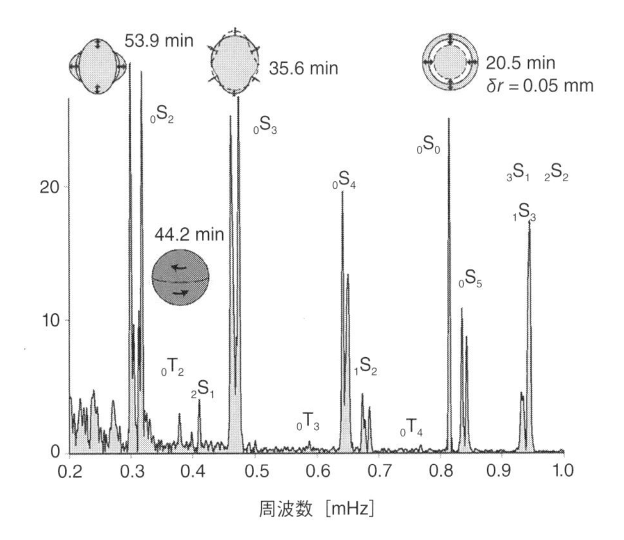


**図 19.1** スマトラ・アンダマン地震で励起された地球の自由振動のスペクトル（Park *et al.*, 2005）

る接近した2つのスペクトルピークは一対の極の伸縮を繰り返すフットボール型の振動で，その周期は53.9 minと長い．図中 ${}_0\mathrm{T}_2$ と記されている周期44.2 minの振動は，2つの半球の回転が逆方向の**ねじれ振動**（toroidal oscilation）である．

## 19.2 流体球モデル

固体地球を半径 $a$ の球状の均質圧縮性流体（$\mu=0$）でモデル化し，体積変化を伴う固有モードが決定される仕組みを調べよう．平衡状態からの圧力の偏差を $p$ とすると，これは音速 $\alpha$ の波動方程式（付録A，式(A.22)），

$$\Delta p - \frac{1}{\alpha^2}\frac{\partial^2 p}{\partial t^2} = 0 \tag{19.1}$$

に従う．定常振動の場合，$p(\boldsymbol{x},t) = \hat{p}(\boldsymbol{x},\omega)\exp(-\mathrm{i}\omega t)$ と表すと，角周波数 $\omega$ の素解 $\hat{p}(\boldsymbol{x},\omega)$ は

$$\Delta \hat{p} + \frac{\omega^2}{\alpha^2}\hat{p} = 0 \tag{19.2}$$

に従う．半径 $r=a$ が自由表面（圧力ゼロ）という境界条件は，

$$\hat{p}(r = a, \omega) = 0 \tag{19.3}$$

で与えられる．

### 19.2.1 球対称の振動解

振動が球対称の場合，運動は動径方向のみとなる．式 (19.2) のラプラシアンは $\Delta = \partial^2/\partial r^2 + (2/r)(\partial/\partial r)$ と書けるので，角周波数 $\omega$ の圧力偏差 $\hat{p}(r, \omega)$ の素解 $R_0(r, \omega)$ は，

$$\frac{\mathrm{d}^2 R_0}{\mathrm{d}r^2} + \frac{2}{r}\frac{\mathrm{d}R_0}{\mathrm{d}r} + \frac{\omega^2}{\alpha^2}R_0 = 0 \tag{19.4}$$

に従う．ここで，$R_0(r, \omega) = h(r, \omega)/r$ と置き換えると，$h(r, \omega)$ に関する方程式

$$\frac{\mathrm{d}^2 h}{\mathrm{d}r^2} + \frac{\omega^2}{\alpha^2}h = 0 \tag{19.5}$$

は単振動の式となって容易に解くことができ，

$$h\,(r, \omega) = A_\omega \sin\frac{\omega}{\alpha}r + B_\omega \cos\frac{\omega}{\alpha}r \tag{19.6}$$

を得る．原点 $r = 0$ で $R_0$ が有界であるには，$B = 0$ でなければならない．よって，

$$R_0(r, \omega) = A_\omega \frac{\sin\frac{\omega r}{\alpha}}{r} \tag{19.7}$$

である．自由表面の境界条件（式 (19.3)），

$$R_0\,(r = a, \omega) = \frac{1}{a}A_\omega \sin\frac{\omega}{\alpha}a = 0 \tag{19.8}$$

を満たすには，$\omega a/\alpha$ が $\pi$ の整数倍でなければならない．こうして，離散的な固有角周波数が，

$${}_n\omega_0 = \frac{\alpha}{a}(n+1)\pi \qquad (n = 0, 1, 2, \cdots) \tag{19.9}$$

と求まる．左下の添字 $n$ は次数を，右下の添字ゼロは振動が球対称であることを表す．後に示すように，これは球面調和関数の次数 $l = 0$ を意味する．よって，規格化した固有関数は，

$$R_0(r, {}_n\omega_0) = \frac{\sin\frac{{}_n\omega_0}{\alpha}r}{\frac{{}_n\omega_0}{\alpha}r} \qquad 0 < r < a \qquad (n = 0, 1, 2, \cdots) \tag{19.10}$$

と書ける．次項で示すように，これは球ベッセル関数 $j_0(\frac{{}_n\omega_0}{\alpha}r)$ である．

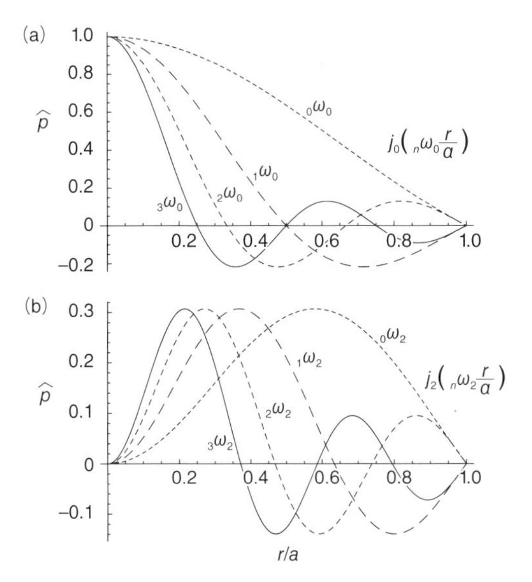


**図 19.2**　固有角周波数 ${}_n\omega_l$ に対応する圧力偏差のモード解の動径分布
(a) $l=0$，および (b) $l=2$ の場合．

$n=0$ の基本モードの角周波数は ${}_0\omega_0=\pi\alpha/a$ であり，周期は $2a/\alpha$ となる．地球の半径を $a=6,400\,\mathrm{km}$ として，図 19.1 の ${}_0\mathrm{S}_0$ モードの周期 20.5 min を代入すると，$\alpha$=10.4 km/s が得られる．これは，固体地球を一様速度構造の流体球でモデル化し，基本モードから P 波速度が得られたことになる．PREM モデルの P 波速度構造と比較してみるとよい．

図 19.2a に，球対称振動（$l=0$）のモード解 $R_0(r,\,{}_n\omega_0)$ を示す．次数 $n$ が増えるごとに，圧力偏差の動径上の節の数が増える．${}_0\omega_0$ の場合，動径上のどの位置でも同符号であるが，${}_1\omega_0$ の場合には球の中央と地表近くで逆符号となっている．

## 19.2.2　一般的な振動解

振動が球対称とは限らない一般的な場合，球座標 $(r,\theta,\varphi)$ を用いて方程式 (19.2) を解くことができる．角周波数 $\omega$ の圧力偏差を

$$\hat{p}(r,\theta,\varphi,\omega)=R(r)Y(\theta,\varphi)\exp\left(-\mathrm{i}\omega t\right)$$

と変数分離すると，方程式 (19.2) は

$$\left[\frac{\mathrm{d}^2R}{\mathrm{d}r^2}+\frac{2}{r}\frac{\mathrm{d}R}{\mathrm{d}r}\right]Y+\frac{R}{r^2}\left[\frac{1}{\sin\theta}\frac{\partial}{\partial\theta}\left(\sin\theta\frac{\partial Y}{\partial\theta}\right)+\frac{1}{\sin^2\theta}\frac{\partial^2 Y}{\partial\varphi^2}\right]+\frac{\omega^2}{\alpha^2}RY=0 \tag{19.11}$$

と書けるが，これを $RYr^{-2}$ で除すれば，

$$\frac{r^2}{R}\left[\frac{\mathrm{d}^2R}{\mathrm{d}r^2}+\frac{2}{r}\frac{\mathrm{d}R}{\mathrm{d}r}\right]+\frac{\omega^2}{\alpha^2}r^2+\frac{1}{Y}\left[\frac{1}{\sin\theta}\frac{\partial}{\partial\theta}\left(\sin\theta\frac{\partial Y}{\partial\theta}\right)+\frac{1}{\sin^2\theta}\frac{\partial^2 Y}{\partial\varphi^2}\right]=0 \tag{19.12}$$

となる．第 1 項と第 2 項は $r$ のみの関数であり，第 3 項は $\theta$ と $\varphi$ のみの関数であるので，これを定数 $\nu$ とおいて 2 つの微分方程式で表すことができる．

$$\frac{1}{\sin\theta}\frac{\partial}{\partial\theta}\left(\sin\theta\frac{\partial Y}{\partial\theta}\right)+\frac{1}{\sin^2\theta}\frac{\partial^2 Y}{\partial\varphi^2}+\nu Y=0 \tag{19.13a}$$

$$\left(\frac{\mathrm{d}^2R}{\mathrm{d}r^2}+\frac{2}{r}\frac{\mathrm{d}R}{\mathrm{d}r}\right)+\left(\frac{\omega^2}{\alpha^2}-\frac{\nu}{r^2}\right)R=0 \tag{19.13b}$$

### (1) 球面調和関数

方程式 (19.13a) の数学的構造は詳しく調べられている．角度 $\theta$ と $\varphi$ の滑らかで一価連続かつ有限の固有関数は球面調和関数 $Y_{lm}(\theta,\varphi)$ に限られ，$l$ を非負の整数とした離散的な固有値 $\nu=l(l+1)$ をもつ．角度に関する微分方程式は

$$\frac{1}{\sin\theta}\frac{\partial}{\partial\theta}\left(\sin\theta\frac{\partial Y_{l,m}}{\partial\theta}\right)+\frac{1}{\sin^2\theta}\frac{\partial^2 Y_{l,m}}{\partial\varphi^2}+l(l+1)Y_{l,m}=0 \quad (l=0,1,2\cdots) \tag{19.14}$$

と書ける．詳しい導出は物理数学の書籍を参照するとよい（寺澤, 1960a; 森口ほか, 1987c; ランダウ・リフシッツ, 1967; 安芸・リチャーズ, 2004 など）．この関数は，与えられた $l$ について $2l+1$ 次の**縮退**（degeneracy）をもつ．非負の整数 $l$，整数 $m$ ($|m|\leq l$) で与えられた球面調和関数は

$$Y_{l,m}(\theta,\varphi)=\mathrm{i}^l(-1)^{(m+|m|)/2}\sqrt{\frac{(2l+1)}{4\pi}\frac{(l-|m|)!}{(l+|m|)!}}P_l^{|m|}(\cos\theta)\,\mathrm{e}^{\mathrm{i}m\varphi} \tag{19.15}$$

と書かれる．ここで，ルジャンドル（Legendre）陪関数は，

$$P_l{}^m(\cos\theta)=\sin^m\theta\frac{\mathrm{d}^m P_l(\cos\theta)}{(\mathrm{d}\cos\theta)^m}=\frac{\sin^m\theta}{2^l l!}\frac{\mathrm{d}^{m+l}}{(\mathrm{d}\cos\theta)^{m+l}}(\cos^2\theta-1)^l \tag{19.16}$$

で与えられる．係数因子はランダウ・リフシッツ（1967）に従ったが，文献によって係数因子は異なるので注意すること．この球面調和関数は，正規直交条件

$$\int_0^{\pi} \sin\theta \, \mathrm{d}\theta \int_0^{2\pi} \mathrm{d}\varphi \, Y_{l_1 m_1}(\theta,\varphi)^* \, Y_{l_2 m_2}(\theta,\varphi) = \delta_{l_1 l_2} \delta_{m_1 m_2} \tag{19.17}$$

を満たす．

とくに $l=0,1,2$ の場合，三角関数を用いて，

$$\begin{aligned}
&Y_{0,0}(\theta,\varphi) = \frac{1}{\sqrt{4\pi}}, \quad Y_{1,0}(\theta,\varphi) = \mathrm{i}\sqrt{\frac{3}{4\pi}}\cos\theta, \quad Y_{1,\pm1}(\theta,\varphi) = \mp\mathrm{i}\sqrt{\frac{3}{8\pi}}\sin\theta \, \mathrm{e}^{\pm\mathrm{i}\varphi}, \\
&Y_{2,0}(\theta,\varphi) = \sqrt{\frac{5}{16\pi}}(1 - 3 \ \cos^2\theta), \quad Y_{2,\pm1}(\theta,\varphi) = \pm\sqrt{\frac{15}{8\pi}}\cos\theta\sin\theta \, \mathrm{e}^{\pm\mathrm{i}\varphi}, \\
&Y_{2,\pm2}(\theta,\varphi) = -\sqrt{\frac{15}{32\pi}}\sin^2\theta \, \mathrm{e}^{\pm2\mathrm{i}\varphi}
\end{aligned} \tag{19.18}$$

と表せる．$Y_{0,0}(\theta,\varphi)$ は球対称であって球面上のどこにも節をもたない．$Y_{1,0}(\theta,\varphi)$ は赤道（$\theta=\pi/2$）に，$Y_{1,\pm1}(\theta,\varphi)$ は極（$\theta=0,\pi$）に節をもち，$Y_{2,0}$ は南北半球の中緯度に節をもつ．

異なるモードの振動パターンの角度依存性を図 19.3 に示す．$(l=2, m=0)$ のモードは一対の極の伸縮を繰り返すフットボール型の振動である．$(l=3, m=0)$ のモードは赤道に関して非対称である．$(l=4, m=0)$ のモードは対の極と赤道が同時に膨張した後には両極が縮み中緯度が膨らむような振動である．

### (2) 球ベッセル関数

角度に関して一価連続という要請から得られた離散的な固有値 $\nu=l(l+1)$ を式

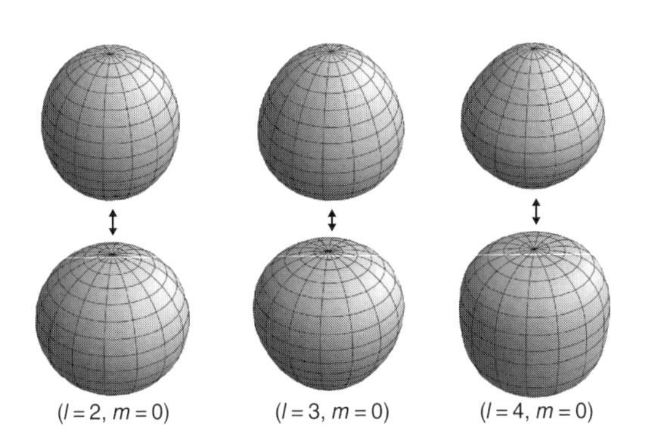


図 19.3 流体球の振動パターンの例

(19.13b) に代入すると，動径の固有関数 $R_l(r,\omega)$ が従うべき方程式は，$k_0 = \omega/\alpha$ とおいて，

$$\frac{\mathrm{d}^2 R_l}{\mathrm{d}r^2} + \frac{2}{r}\frac{\mathrm{d}R_l}{\mathrm{d}r} + \left({k_0}^2 - \frac{l\,(l+1)}{r^2}\right) R_l = 0 \tag{19.19}$$

と書ける．

再帰的な解法を以下に述べる．$l \neq 0$ の場合，$R_l(r) = r^l \chi_l(r)$ とおくと，$R_l{}' = l r^{l-1}\chi_l + r^l \chi_l{}'$ および $R_l{}'' = l\,(l-1)\,r^{l-2}\chi_l + 2l r^{l-1}\chi_l{}' + r^l \chi_l{}''$ なので，式 (19.19) は

$$\begin{aligned}\left[r^l \chi_l{}'' + 2l r^{l-1}\chi_l{}' + l\,(l-1)\,r^{l-2}\chi_l\right] + \left[2r^{l-1}\chi_l{}' + 2l r^{l-2}\chi_l\right]& \\ + \left[{k_0}^2 r^l - l\,(l+1)\,r^{l-2}\right]\chi_l = 0&\end{aligned} \tag{19.20}$$

と書ける．ここで，記号 $'$ は $r$ に関する微分を表す．これを整理すると，

$$\chi_l{}'' + \frac{2\,(l+1)}{r}\chi_l{}' + {k_0}^2 \chi_l = 0 \tag{19.21}$$

これをもう一度微分して，

$$\chi_l{}''' - \frac{2\,(l+1)}{r^2}\chi_l{}' + \frac{2\,(l+1)}{r}\chi_l{}'' + {k_0}^2 \chi_l{}' = 0 \tag{19.22}$$

を得る．ここで，置換

$$\chi_{l+1} = \frac{1}{r}\frac{\mathrm{d}\chi_l}{\mathrm{d}r} \tag{19.23}$$

を行ってみると，$\chi_l{}'' = \chi_{l+1} + r\chi_{l+1}{}'$，さらにもう一度微分を行うと $\chi_l{}''' = 2\chi_{l+1}{}' + r\chi_{l+1}{}''$ であり，これらを式 (19.22) に代入して整理すると，

$$\chi_{l+1}{}'' + \frac{2\,((l+1)+1)}{r}\chi_{l+1}{}' + {k_0}^2 \chi_{l+1} = 0 \tag{19.24}$$

が得られる．これは，まさに $\chi_{l+1}$ が満たすべき方程式 (19.21) にほかならない．すなわち，置換（式 (19.23)）は正しい再帰的定義であったことがわかる．

式 (19.7) の $R_0$ を再帰的定義の初期値 $\chi_0$ とすると，

$$\chi_1 = \frac{1}{r}\frac{\mathrm{d}\chi_0}{\mathrm{d}r} = \frac{1}{r}\frac{\mathrm{d}R_0}{\mathrm{d}r} = A_\omega \frac{1}{r}\frac{\mathrm{d}}{\mathrm{d}r}\left(\frac{\sin k_0 r}{r}\right) \tag{19.25}$$

であるから，任意の $l$ の場合には

$$\chi_l = A_\omega \left(\frac{1}{r}\frac{\mathrm{d}}{\mathrm{d}r}\right)^l \left(\frac{\sin k_0 r}{r}\right) \tag{19.26}$$

である．よって，

$$R_l = r^l \chi_l = A_\omega r^l \left(\frac{1}{r}\frac{\mathrm{d}}{\mathrm{d}r}\right)^l \left(\frac{\sin k_0 r}{r}\right) \tag{19.27}$$

を得る．

定係数を次のように選ぶと，これはいわゆる球ベッセル関数にほかならず，半整数次のベッセル関数を用いて，

$$\begin{aligned} R_l(r,\omega) &= j_l\left(k_0 r\right) = (-1)^l \left(k_0 r\right)^l \left(\frac{1}{k_0 r}\frac{\mathrm{d}}{\mathrm{d}(k_0 r)}\right)^l \left(\frac{\sin k_0 r}{k_0 r}\right) \\ &= \sqrt{\frac{\pi}{2k_0 r}} J_{l+\frac{1}{2}}\left(k_0 r\right) \end{aligned} \tag{19.28}$$

と表され，至るところで有限の値をとる（森口ほか, 1987c, p.166）．この関数は下記の直交条件を満たす．

$$\int_{-\infty}^{\infty} j_m(x) j_n(x)\ \mathrm{d}x = \delta_{mn}\frac{\pi}{2n+1} \tag{19.29}$$

低い次数 $l$ の球ベッセル関数を三角関数で表すと，

$$j_0\left(z\right) = \frac{\sin z}{z} \tag{19.30a}$$

$$j_1\left(z\right) = \frac{\sin z}{z^2} - \frac{\cos z}{z} \tag{19.30b}$$

$$j_2\left(z\right) = \left(\frac{3}{z^3} - \frac{1}{z}\right)\sin z - \frac{3}{z^2}\cos z \tag{19.30c}$$

と書ける．

離散的な固有角周波数 ${}_n\omega_l$ は，式 (19.28) が自由表面の境界条件（式 (19.3)）

$$R_l(r=a, {}_n\omega_l) = j_l\left(\frac{{}_n\omega_l}{\alpha}a\right) = 0 \tag{19.31}$$

を満たすように決定される．図 19.4 に示すように，それぞれの $l$ ごとに $j_l(z)$ のグラフをプロットし，ゼロ点から離散的な固有角周波数 ${}_n\omega_l$ が求められる．固有角周波数 ${}_n\omega_l$ の表記は，右下の添字が球関数の次数 $l$ で，左下の添字が下から数えた準位 $n$ であり，動径上の節の数を表す．図 19.1 のスペクトルの記法もこれに従っている．固有角周波数は $m$ によらず $l$ のみに依存する．この $2l+1$

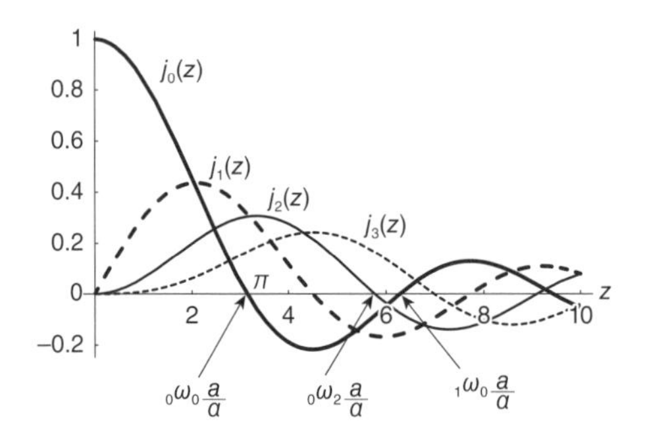


図 19.4　球ベッセル関数とゼロ点

次の縮退は構造が球対称であることの反映である．よって，固有角周波数 $_n\omega_l$ に対応する規格化された動径方向のモード解は，

$$R_l(r, {}_n\omega_l) = j_l\left(\frac{{}_n\omega_l}{\alpha}r\right) \quad 0 < r < a \quad (l = 0, 1, 2, \cdots, n = 0, 1, \cdots) \tag{19.32}$$

であり，球対称の解（式 (19.10)）を包含する．

$l$=0 の場合，$j_0(z)$ のゼロ点は $\sin z$ で決まるので，固有角周波数は前節で求めたように $_n\omega_0 = (n+1)\alpha\pi/a$ であり，角周波数軸上で等間隔である．たとえば $l$=2 の場合には，グラフから最低準位は $_0\omega_2 \approx 5.76\alpha/a$ である．$l$=2 のモードの圧力偏差の動径方向の変化を図 19.2b に示す．次数 $n$ が増えるごとに節の数が増えていくが，いずれも球の中心で $p$=0 である．$_0\omega_2$ のモード解は動径上のどの位置でも同符号であるが，$_1\omega_2$ のモード解の場合には球の内部と地表近くで符号が異なる．

離散的な固有角周波数 $_n\omega_l$ が得られたので，圧力偏差の一般解は

$$p\,(r, \theta, \varphi, t) = \sum_{n=0}^{\infty}\sum_{l=0}^{\infty}\sum_{m=-l}^{l} C_{nlm}\, j_l\left(\frac{{}_n\omega_l}{\alpha}r\right) Y_{lm}\,(\theta, \varphi)\,\mathrm{e}^{-\mathrm{i}\,{}_n\omega_l t} \tag{19.33}$$

と書ける．動径方向の変化は球ベッセル関数によって，角度方向の変化は球面調和関数によって支配され，係数 $C_{nlm}$ は初期条件によって決まる．

## 19.3 弾性体としての取扱い

一様均質の流体球のモデルは，固有振動がどのように決定されるのかを学習

するのに良いモデルであり，${}_0S_0$ モードから固体地球の平均 P 波速度 $\alpha$ を推定するのに役立った．しかし実際の地球は弾性体であり，かつ半径によって弾性定数は異なるので，観測される高次モードをこの一様均質の流体球モデルで定量的に説明することは難しい．地球の構造が完全に球対称である場合には $2l+1$ 次の縮退が生じるが，球対称性が破れると縮退が解ける．図 19.1 に見られる ${}_0S_2$ のスペクトルの**分裂**（splitting）は，おもに地球の自転による球対称性の破れに起因する．さらに楕円体形状や 3 次元的な不均質構造なども球対称性を崩す要因となる．

弾性体としての地球の自由振動を解析するにはベクトル弾性波の球面調和関数展開の方法がある．詳しい取扱いは安芸・リチャーズ（2004）や斎藤（2009）を参照するとよい．

# 第20章 短周期コーダ波

微小地震の**短周期波形記録**（short-period waveform）には，直達 S 波の後ろに長く続く一見ランダムな波群が観測される．**コーダ波**（coda wave）と名づけられるこれらの波群は，固体地球のランダムな不均質構造によって散乱された地震波と解釈されている．コーダ波の継続時間は地震のマグニチュード決定に早くから利用されてきたが，その生成のメカニズムの研究は 1970 年代になってからである．本章では，はじめにその特徴を示し，次にコーダ波励起をエネルギー論的な視点から導出する方法を述べる．最後に，地盤増幅特性や減衰の簡便な測定方法としてコーダ規格化法を紹介する．

## 20.1 短周期地震波形のエンベロープの特徴

速度型地震計による微小地震の速度波形記録の例を図 20.1 に示すが，直達 S 波の後ろにかなり振幅が大きく一見ランダムな位相をもった波群が長い時間にわたって続いていることがわかる．この波群を S コーダ波とよぶが，この継続時間は震源での破壊継続時間よりも十分に長い．直達 P 波と S 波の間にもランダムな波群が続いており，これは P コーダ波とよばれる．このような短周期の地震波動の伝播を取り扱うには，波形そのものを扱うよりも，位相を無視して波形の**二乗平均エンベロープ**（mean square（MS）envelope）やその**二乗平均平方根エンベロープ**（root mean square（RMS）envelope）の形状の特徴を調べるのがよい．

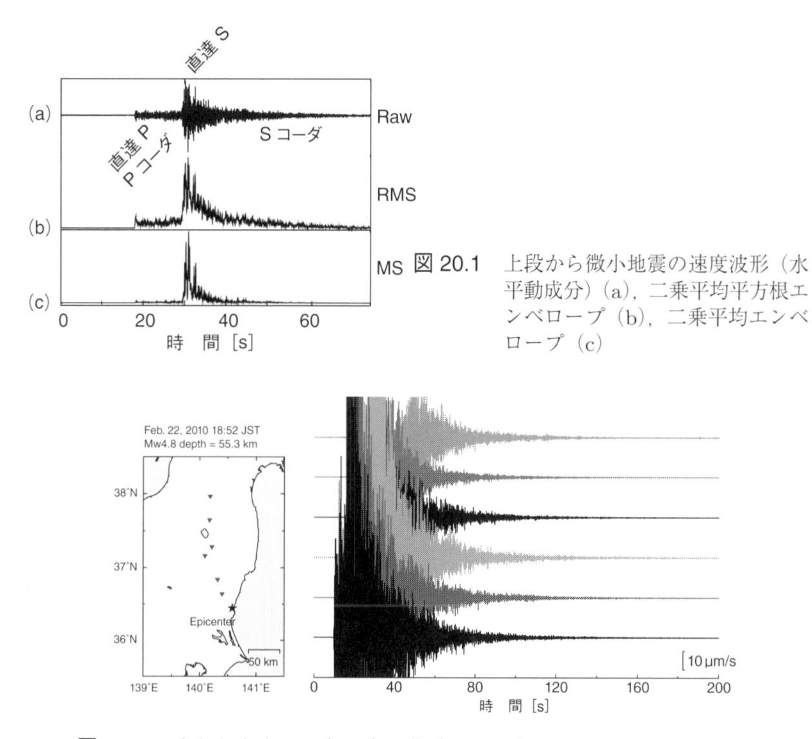


**図 20.1** 上段から微小地震の速度波形（水平動成分）(a)，二乗平均平方根エンベロープ (b)，二乗平均エンベロープ (c)

**図 20.2** 近地地震（$M$ 4.8）の短周期速度波形水平動成分記録（Hi-net）に見られるコーダ波（前田拓人氏作成）

図 20.2 は，茨城県に起きた地震（$M$ 4.8）の速度型地震計による水平動成分記録を震央距離の順に下から上に並べたものであり，どの観測点も同一の感度で表示されている．記録は飽和しているが，震央距離が遠くなるにつれて，P 波そして S 波の到着時刻が遅れていき，それらの最大振幅は小さくなっていく．一方，S コーダ波振幅のエンベロープは経過時間の増加とともにゆっくりと減少していくが，この振幅減少の仕方は震央距離によらない．また，ある一定の経過時間，たとえば 100 s でのコーダ波振幅は，震央距離の異なる観測点でもほぼ同じ値である．これは，一定時間経過後の S コーダ波振幅から震源での輻射エネルギーを評価することが可能であることを示唆している．P 波着信からコーダ波の振幅が雑微動に隠れるまでの時間の対数が地震のマグニチュードに比例することは経験的に知られており，一観測点の記録から地震のマグニチュー

ドを決定する簡便な方法として世界各地で用いられてきた（Tsumura, 1967).

Aki and Chouet（1975）は，近地地震の短周期コーダ波の特徴を次のようにまとめている．(a) S コーダ波のスペクトルは異なる観測点でもほぼ等しい．(b) P 波初動から S コーダ波が雑微動に隠れるまでの継続時間は信頼できる地震マグニチュードの値を与える．(c) ある地域で観測されたバンドパスフィルターを通した近地地震の S コーダ波は震央距離によらず共通のエンベロープ形状を示す．(d) マグニチュードが 6 以下の地震の場合，上記の特徴は地震の大きさによらない．(e) より詳細に調べると，S コーダ波の振幅は観測地点の地質や形状に依存する．(f) アレイ観測によれば，S コーダ波は震源から到来する波群ではなく，その到来方向はかなり広い角度に分布する．

その後，(g) 異なる種類の岩盤上での観測から S コーダ波と直達 S 波の増幅特性は同一であること，(h) 柔らかな堆積層の下まで掘削された観測井の孔底においても大きな振幅の S コーダ波が観測されることがわかってきた．これらの観測から，S コーダ波はリソスフェアに広く分布するランダムな不均質構造によって散乱された S 波と考えられるようになった．この章では，地殻と上部マントルの上部に至るおおむね深さ 100 km くらいまでの領域をリソスフェアとよぶことにする．

## 20.2 S コーダ波励起のモデル

短周期の S コーダ波がランダムな不均質構造によって散乱された S 波と考えるならば，波の位相を無視して振幅の 2 乗値，つまり波動エネルギー密度の伝播を取り扱うことが適当であろう．中心角周波数帯 $\omega_{\mathrm{c}}$ の帯域における弾性波のエネルギー密度は速度振幅 $\dot{\boldsymbol{u}}$ の 2 乗の時間平均と質量密度の積 $E = \rho\left\langle|\dot{\boldsymbol{u}}|^2\right\rangle_T$ で与えられる．多くの解析ではオクターブ幅の帯域が用いられ，時間平均 $\langle\cdots\rangle_T$ は中心周期の 2 倍程度の時間長が使われる．

最も簡単なモデルは，速度 $V_0$ で特徴づけられる媒質中に散乱体が数密度 $n$ で一様かつランダムに分布していると想定し，これらによって地震波が散乱されると考えるものである．個々の散乱体による散乱の強さは**全散乱断面積**（total scattering cross-section）$\sigma_0$ で表され，単位時間あたりにあらゆる方向へ散乱されるエネルギーの総量と入射するエネルギー流速密度（単位面積を単位時間に通過するエネルギー）との比として定義される．媒質の単位体積あたりの散乱の強さは，これに数密度をかけた**全散乱係数**（total scattering coefficient）$g_0 = n\sigma_0$ で特徴づけられる．この量は**平均自由行程**（mean free path）の逆数で，長さの逆数の次元をもつ．散乱は一般に入射波と散乱波のなす角に依存し周波数によって異なるが，ここでは数学的簡便さからあらゆる方向への散乱が等しい**等方散乱**（isotropic scattering）を仮定しよう．以下では，時刻ゼロに震源からデルタ関数的にエネルギー $W$ が等方に輻射された場合を考え，エネルギー密度 $E$ の時空間分布を導出する．

### 20.2.1 一次等方散乱モデル

座標原点におかれた震源から等方に輻射された波動エネルギーは，$\boldsymbol{z}$ で散乱されて観測点 $\boldsymbol{x}$ に到達する．これを図 20.3 に示す．散乱点 $\boldsymbol{z}$ におけるエネルギー流速密度は，震源から散乱点への距離を $r_\mathrm{a} = |\boldsymbol{z}|$ として，

$$\frac{W}{4\pi r_\mathrm{a}{}^2}\delta\left(t - \frac{r_\mathrm{a}}{V_0}\right) \tag{20.1}$$

と表される．散乱点から観測点への距離を $r_\mathrm{b} = |\boldsymbol{x} - \boldsymbol{z}|$ とし，上記のエネルギー流速密度に散乱微分断面積 $\sigma_0/(4\pi)$ と幾何減衰 $r_\mathrm{b}{}^{-2}$ を乗ずれば，観測点 $\boldsymbol{x}$ におけるエネルギー流速密度は，

$$\frac{W}{4\pi r_\mathrm{a}{}^2}\delta\left(t - \frac{r_\mathrm{a} + r_\mathrm{b}}{V_0}\right)\frac{1}{r_\mathrm{b}{}^2}\frac{\sigma_0}{4\pi} \tag{20.2}$$

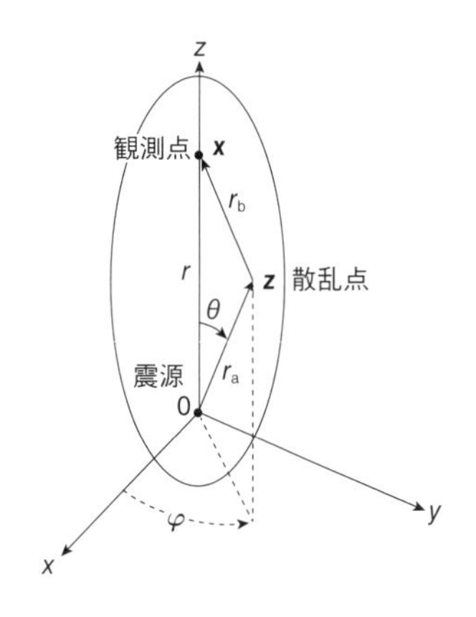


図 20.3 一次等方散乱モデルの幾何
震源を原点に，観測点を $z$ 軸上にとる．$r_\mathrm{a} + r_\mathrm{b} = Vt$ は偏長回転楕円体面を表す．

となり，これを $V_0$ で除してエネルギー密度を得る．すべての散乱体からのエネルギー密度の和をとって，一次散乱エネルギー密度

$$\begin{aligned} E^1(\boldsymbol{x},t) &= \sum_{\text{Scatterers}} \frac{W}{4\pi {r_\text{a}}^2}\delta\left(t - \frac{r_\text{a}+r_\text{b}}{V_0}\right)\frac{1}{{r_\text{b}}^2}\frac{\sigma_0}{4\pi}\frac{1}{V_0} \\ &\to \frac{W g_0}{(4\pi)^2}\iiint_{-\infty}^{\infty}\frac{\delta\left(r_\text{a}+r_\text{b}-V_0 t\right)}{{r_\text{a}}^2{r_\text{b}}^2}\,\mathrm{d}\boldsymbol{z} \end{aligned} \tag{20.3}$$

を得る．ここで，散乱体に関する和を，散乱体の数密度 $n$ を乗じて空間積分に置換した．

デルタ関数の存在により，体積積分は $r_\text{a}+r_\text{b}=V_0 t$ を満たす曲面，すなわち，震源と観測点を焦点とする偏長回転楕円面上の面積分へと変換される．散乱点 $\boldsymbol{z}$ の角度 $\theta$ を $z$ 軸正方向から測るように，球座標系 $(r_\text{a},\theta,\varphi)$ をとる（図 20.3 参照）．震源から観測点への距離を $r=|\boldsymbol{x}|$ とする．球座標系の体積要素を $\mathrm{d}\boldsymbol{z}={r_\text{a}}^2\sin\theta\,\mathrm{d}r_\text{a}\,\mathrm{d}\theta\,\mathrm{d}\varphi$ とし，余弦定理 $r_\text{b}(r_\text{a},\cos\theta)=\sqrt{{r_\text{a}}^2+r^2-2rr_\text{a}\cos\theta}$ に留意して，角度 $\varphi$ に関する積分を実行し，$u=\cos\theta$ とおくと，

$$\begin{aligned} E^1(\boldsymbol{x},t) &= \frac{W g_0}{(4\pi)^2}\int_0^\infty {r_\text{a}}^2\,\mathrm{d}r_\text{a}\int_0^\pi \sin\theta\,\mathrm{d}\theta\int_0^{2\pi}\mathrm{d}\varphi\frac{\delta\left(r_\text{a}+r_\text{b}(r_\text{a},\cos\theta)-V_0 t\right)}{{r_\text{a}}^2\,r_\text{b}(r_\text{a},\cos\theta)^2} \\ &= \frac{W g_0}{8\pi}\int_0^\infty \mathrm{d}r_\text{a}\int_{-1}^1 \mathrm{d}u\frac{\delta\left(r_\text{a}+r_\text{b}(r_\text{a},u)-V_0 t\right)}{r_\text{b}(r_\text{a},u)^2} \end{aligned} \tag{20.4}$$

と書ける．

時間 $t$, 余弦 $u$ でデルタ関数の引数が 0 となるのは $r_\text{a}=({V_0}^2t^2-r^2)/(2(V_0t-ru))$ の場合である．$\partial_{r_\text{a}}(r_\text{a}+r_\text{b}(r_\text{a},u)-V_0t)=(r_\text{b}(r_\text{a},u)+r_\text{a}-ru)/r_\text{b}(r_\text{a},u)$ なので，公式 $\delta(f(x))=\delta(x)/|f'(x)|$ を用いれば，デルタ関数の引数が 0 となるときに，

$$\begin{aligned} \frac{\delta\left(r_\text{a}+r_\text{b}(r_\text{a},u)-V_0 t\right)}{r_\text{b}(r_\text{a},u)^2} &= \frac{\delta\left(r_\text{a}-\frac{{V_0}^2t^2-r^2}{2(V_0t-ru)}\right)}{r_\text{b}(r_\text{a},u)(r_\text{a}+r_\text{b}(r_\text{a},u)-ru)} \\ &= \frac{\delta\left(r_\text{a}-\frac{{V_0}^2t^2-r^2}{2(V_0t-ru)}\right)}{(V_0t-r_\text{a})(V_0t-ru)} \end{aligned} \tag{20.5}$$

と書ける．これを式 (20.4) に用いて $r_\text{a}$ に関する積分を，次に $u$ に関する積分を実行し，

$$\begin{aligned} E^1(\boldsymbol{x},t) &= \frac{W g_0}{8\pi}\int_{-1}^1 \mathrm{d}u\int_0^\infty \mathrm{d}r_\text{a}\frac{\delta\left(r_\text{a}-\frac{{V_0}^2t^2-r^2}{2(V_0t-ru)}\right)}{(V_0t-r_\text{a})(V_0t-ru)} \\ &= \frac{W g_0}{8\pi}\int_{-1}^1 \mathrm{d}u\,\frac{1}{V_0t-\frac{{V_0}^2t^2-r^2}{2(V_0t-ru)}}\frac{1}{V_0t-ru} \end{aligned}$$

$$= \frac{Wg_0}{4\pi} \int_{-1}^{1} \mathrm{d}u \, \frac{1}{{V_0}^2 t^2 + r^2 - 2V_0 tru}$$
$$= -\frac{Wg_0}{8\pi V_0 rt} \ \ln \frac{{V_0}^2 t^2 + r^2 - 2V_0 tr}{{V_0}^2 t^2 + r^2 + 2V_0 tr}$$
$$= \frac{Wg_0}{4\pi r^2} \frac{1}{(V_0 t/r)} \ \ln \frac{V_0 t/r + 1}{V_0 t/r - 1} = \frac{Wg_0}{4\pi r^2} K\left(\frac{V_0 t}{r}\right) H\left(t - \frac{r}{V_0}\right) \tag{20.6}$$

を得る．これが求める一次等方散乱モデル解である（Sato, 1977）．ここで，散乱波の着信は常に直達波の着信 $r/V_0$ よりも後であるので，明示的に階段関数を記した．関数 $K$ は，

$$K(x) \equiv \frac{1}{x} \ \ln \ \frac{x+1}{x-1}$$
$$\approx \frac{2}{x^2} \qquad\qquad x \gg 1 \tag{20.7}$$

で与えられる．十分時間が経過すると，経過時間の逆 2 乗に比例し，

$$E^1(\boldsymbol{x}, t) \approx \frac{Wg_0}{2\pi {V_0}^2 t^2} \qquad\qquad t \gg \frac{r}{V_0} \tag{20.8}$$

となる．これは一次後方散乱モデル解とよばれ，Aki and Chouet（1975）によって最初に導かれた．

図 20.4 に，一次等方散乱モデルによるエネルギー密度の時間変化と空間分布を示す．ここで，$\bar{t} = g_0 V_0 t$，$\bar{r} = g_0 r$，$\bar{E}^1 = {g_0}^{-3} W^{-1} E^1$ は，$g_0$, $V_0$ と $W$ で規格化した時間，距離，エネルギー密度である．一次散乱波のエネルギー密度は，直

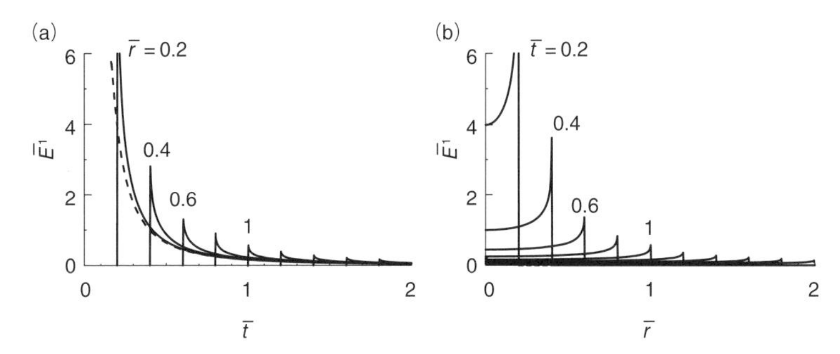


**図 20.4**　一次等方散乱モデルによる散乱エネルギー密度（式 (20.6)）の時間変化（a）と空間分布（b）

破線は一次後方散乱モデル解（式 (20.8)）．$\overline{E}^1$ と $\bar{t}$ と $\bar{r}$ は規格化したエネルギー密度と時間と距離．

達波の着信時には対数的に発散するが，時間が経過するとともにその逆 2 乗に従って減少する．時間変化の曲線（実線）は震源距離によらず破線（式 (20.8)) に漸近する． 空間分布の曲線は，直達波の直近で大きく震源の近くでは一様に分布する．$V_0$ として S 波速度をとり $g_0$ を S 波の全散乱係数とすれば，この解はコーダ波振幅とその減少の仕方が震源距離によらないという性質をよく表している．

実際の観測では，コーダ波振幅は経過時間の逆 2 乗よりも早く減少するので，中心角周波数 $\omega_c$ における現象論的な指数関数的減衰 $\exp[-Q_c^{-1}\omega_c t]$ を乗じて，

$$
\begin{aligned}
E^1(\boldsymbol{x}, t) &= \frac{W g_0}{4\pi r^2} K\left(\frac{V_0 t}{r}\right) H\left(t - \frac{r}{V_0}\right) \mathrm{e}^{-Q_c{}^{-1}\omega_c t} \\
&\approx \frac{W g_0}{2\pi {V_0}^2 t^2} \mathrm{e}^{-Q_c{}^{-1}\omega_c t} \qquad\qquad t \gg \frac{r}{V_0}
\end{aligned} \tag{20.9}
$$

という関数形を用いることが多い．この因子 $Q_c{}^{-1}$ はコーダ減衰とよばれ，おもに内部減衰（振動から熱へのエネルギー変換）を反映していると考えられている．

図 20.5 は，世界各地で測定された近地地震のコーダ減衰をまとめたものである． $Q_c{}^{-1}$ は 1 Hz で 0.01 前後の値を取り，周波数の増加とともに小さくなり，20 Hz で 0.001 程度の値を取る．コーダ減衰 $Q_c{}^{-1}$ の値が地質やテクトニクスを強く反映している事例がいくつか報告されている．Singh and Herrmann

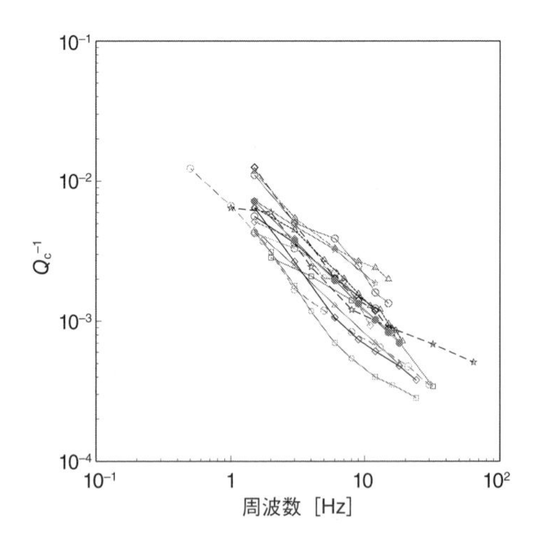


**図 20.5**　世界各地で測定された近地地震のコーダ減衰 $Q_c{}^{-1}$ の周波数依存性（江本賢太郎氏作成）

(1983) は北米大陸で 1 Hz 付近のコーダ波を解析し，コロラド付近では $Q_c{}^{-1}$ が小さく，Basin and Range 地域へ移るに従って大きくなり，西海岸のカリフォルニアに近づくとさらに大きくなることを報告している．Jin and Aki (1988) は，中国における 1 Hz 付近のコーダ波の解析から，コーダ $Q_c{}^{-1}$ が大きい値をとる地域は歴史的に大きな地震が発生した地域とよく一致すると述べている．

### 20.2.2 輻射伝達理論

経過時間が大きくなるに従い，2 次，3 次と多重散乱の寄与を考慮する必要がある．多重等方散乱によるエネルギー密度の伝播を正確に取り扱う方法として，輻射伝達理論がある．等方散乱の場合，幾何減衰と因果性を取り入れたエネルギー密度の伝達関数は，

$$G(\boldsymbol{x}, t) = \delta\left(t - \frac{r}{V_0}\right)\frac{\mathrm{e}^{-g_0 V_0 t}}{4\pi V_0 r^2} H(t) \tag{20.10}$$

と表される．ここで，指数関数は散乱減衰を表す．エネルギー密度は次の積分方程式に従う．

$$\begin{aligned} E(\boldsymbol{x}, t) &= W G(\boldsymbol{x}, t) \\ &\quad + V_0 g_0 \int_{-\infty}^{\infty} \mathrm{d}t' \iiint_{-\infty}^{\infty} \mathrm{d}\boldsymbol{x}' G\left(\boldsymbol{x} - \boldsymbol{x}', t - t'\right) E\left(\boldsymbol{x}', t'\right) \end{aligned} \tag{20.11}$$

右辺第 1 項は座標原点におかれた震源から観測点 $\boldsymbol{x}$ へ直接飛来するエネルギーを表し，第 2 項は分布する散乱点 $\boldsymbol{x}'$ から観測点へ飛来するエネルギーのたたみ込み積分である．右辺の積分のなかで $E \approx WG$ と近似すると，$g_0 V_0 t$ が小さい場合に式 (20.3) が式 (20.11) の第 2 項の近似になっていることを確かめられる．証明を省くが，この積分方程式はフーリエ変換を用いて解くことができ，エネルギー保存則を満たす．

Paasschens (1997) は，$M(x) \approx \mathrm{e}^x \sqrt{1 + 2.026/x}$ として，近似解

$$\begin{aligned} E(r, t) &\approx \frac{W\,\mathrm{e}^{-g_0 V_0 t}}{4\pi V_0 r^2} \delta\left(t - \frac{r}{V_0}\right) \\ &\quad + W \frac{\left(1 - \frac{r^2}{V_0{}^2 t^2}\right)^{1/8}}{\left(\frac{4\pi V_0 t}{3 g_0}\right)^{3/2}} \mathrm{e}^{-g_0 V_0 t} M\left(g_0 V_0 t \left(1 - \frac{r^2}{V_0{}^2 t^2}\right)^{3/4}\right) H\left(t - \frac{r}{V_0}\right) \end{aligned} \tag{20.12}$$

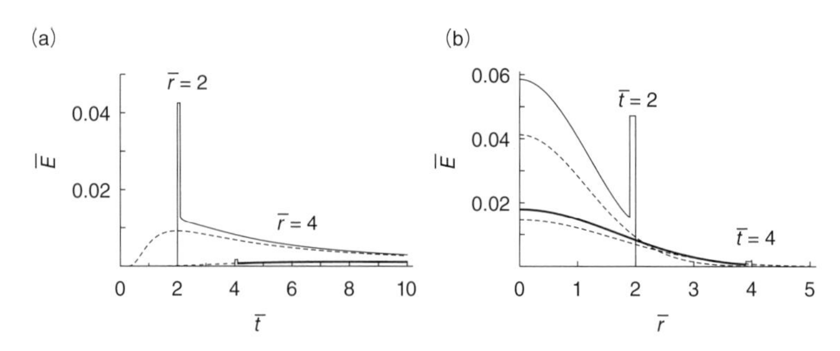


**図 20.6**　散乱媒質におけるエネルギー密度の時間変化（a）および空間分布（b）
実線は輻射伝達理論の Paasschens（1997）による近似解（式 (20.12)）（直達部分は箱形関数で示す）．破線は拡散方程式解（式 (20.18)）．$\bar{E}$ と $\bar{t}$ と $\bar{r}$ は全散乱係数 $g_0$ と速度 $V_0$ および $W$ で規格化したエネルギー密度と時間と距離．

を提案している．この近似解によるエネルギー密度の時空分布を，図 20.6 に実線で示す．ただし，デルタ関数の直達項は箱形関数として図示してある．この解は因果性を満たし，多重散乱の極限では次節で述べる拡散方程式の解（式 (20.18)）に漸近する．輻射伝達理論は，P 波と S 波の間の変換散乱を取り入れるように拡張することができ，非等方散乱を考慮した拡張もなされている．

空間的に一様な内部減衰 ${}^{I}Q^{-1}$ がある場合には，この解に $\exp[-{}^{I}Q^{-1}\omega_{\mathrm{c}}t]$ を乗ずればよい．S 波エンベロープの解析から全散乱係数 $g_0$ と内部減衰 ${}^{I}Q^{-1}$ を同時に求める multiple lapse time window 法（Fehler *et al.*, 1992; Hoshiba, 1993）が提案されており，世界各地で解析に用いられている．

### 20.2.3 拡散モデル

散乱が強くなると多重散乱が卓越する．図 20.7 は，浅間山における人工震源（ダイナマイト）によって励起された 8〜16 Hz 帯の波動エネルギー密度の空間分布の時間変化を示したものであるが，縦軸はエネルギー密度の対数で表示されていることに注意する．自然地震と異なり人工震源からの輻射はおもに P 波であるが，P 波から S 波への変換散乱の効率が大きいために時間が経過するとほとんどが S 波となると考えられている．地震波動エネルギー密度の空間分布は，震源近くに直達波と比べて大きく滑らかな膨らみをもつ．このような分布は，火山のように不均質性が強い場合に特徴的な多重散乱によるものである．

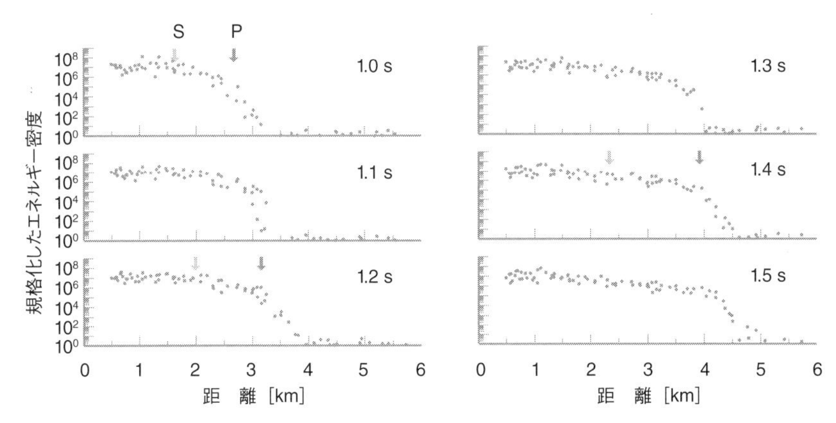


**図 20.7**　浅間山における人工震源によって励起された波動エネルギー密度の空間分布の経時変化（Yamamoto and Sato, 2010）

上下動成分，8〜16 Hz 帯，エネルギー密度はコーダ波振幅で規格化し対数で表示，右上の数字は震源時からの経過時間．

多重散乱が卓越すると，散乱波のエネルギー密度の空間分布は比較的滑らかになると考えられる．連続の方程式

$$\partial_t E + \nabla \boldsymbol{J} = 0 \tag{20.13}$$

で，エネルギー流速密度がエネルギー密度勾配に比例すると仮定すれば（$\boldsymbol{J} = -D\nabla E$），拡散方程式が導かれる．原点にある点震源からエネルギー $W$ が等方に輻射される場合，エネルギー密度は非斉次の拡散方程式，

$$\left(\partial_t - D\Delta\right) E\left(\boldsymbol{x}, t\right) = W\delta\left(\boldsymbol{x}\right)\delta\left(t\right) \tag{20.14}$$

に従う．3 次元空間における全散乱係数 $g_0$ の等方散乱の場合，拡散係数は $D = V_0/\left(3g_0\right)$ と関係づけられる．

エネルギー密度を，以下のようにフーリエ積分で表す．

$$\begin{aligned} E\left(\boldsymbol{x}, t\right) &= \frac{1}{(2\pi)^4} \iiiint_{-\infty}^{\infty} \widetilde{\widetilde{E}}(\boldsymbol{k}, \omega)\, \mathrm{e}^{\mathrm{i}(\boldsymbol{k}\boldsymbol{x} - \omega t)}\ \mathrm{d}\boldsymbol{k}\ \mathrm{d}\omega \\ &= \frac{1}{(2\pi)^3} \iiint_{-\infty}^{\infty} \widetilde{E}(\boldsymbol{k}, t)\, \mathrm{e}^{\mathrm{i}\boldsymbol{k}\boldsymbol{x}}\ \mathrm{d}\boldsymbol{k} \end{aligned} \tag{20.15}$$

デルタ関数のフーリエ変換は 1 であるので，式 (20.14) は，

$$\widehat{\widehat{E}}(\boldsymbol{k},\omega)=\frac{W}{(Dk^2-\mathrm{i}\omega)}=\mathrm{i}\frac{W}{\omega+\mathrm{i}Dk^2} \tag{20.16}$$

と書ける．$\widehat{\widehat{E}}(\boldsymbol{k},\omega)$ の極 $-\mathrm{i}Dk^2$ は，複素 $\omega$ 平面の下半面に位置する．

上記の解 $\widehat{\widehat{E}}(\boldsymbol{k},\omega)$ を角周波数でフーリエ変換し，時間領域での解 $\widetilde{E}\,(\boldsymbol{k},t)$ を求める．$t>0$ の場合，複素 $\omega$ 平面で $\omega$ を虚軸に沿って負の無限大にもっていくと $\mathrm{e}^{-\mathrm{i}\omega t}$ は十分早くゼロに収束し，$1/(\omega+\mathrm{i}Dk^2)$ は $|\omega|\to\infty$ でゼロに収束するので，下半面で半円を実軸に加えて積分路を閉じる（図 20.8 参照）．ジョルダンの補題によって，付加した半円に沿う積分はその半径を十分大きくとればゼロとなるので，実軸上の積分は閉曲線を逆向きに巡る積分に等しい（付録 B.2 節参照）．留数の定理を用いて，

$$\begin{aligned}\widetilde{E}\,(\boldsymbol{k},t)&=\frac{1}{2\pi}\int_{-\infty}^{\infty}\widehat{\widehat{E}}(\boldsymbol{k},\omega)\,\mathrm{e}^{-\mathrm{i}\omega t}\,\mathrm{d}\omega=\frac{\mathrm{i}}{2\pi}\int_{-\infty}^{\infty}\frac{W}{\omega+\mathrm{i}Dk^2}\,\mathrm{e}^{-\mathrm{i}\omega t}\,\mathrm{d}\omega\\&=-\frac{\mathrm{i}}{2\pi}\int_{\leftarrow+\cup}\frac{W}{\omega+\mathrm{i}Dk^2}\,\mathrm{e}^{-\mathrm{i}\omega t}\,\mathrm{d}\omega=W\,\mathrm{e}^{-Dk^2t}\end{aligned} \tag{20.17}$$

を得る．$t<0$ の場合には，上半面で半円を実軸に加えて積分路を閉じる．積分路の中に極をもたないので閉曲線に沿った積分はゼロであり，$\widetilde{E}\,(\boldsymbol{k},t)=0$ を得る．

次に，波数空間での積分をデカルト座標系で実行し，

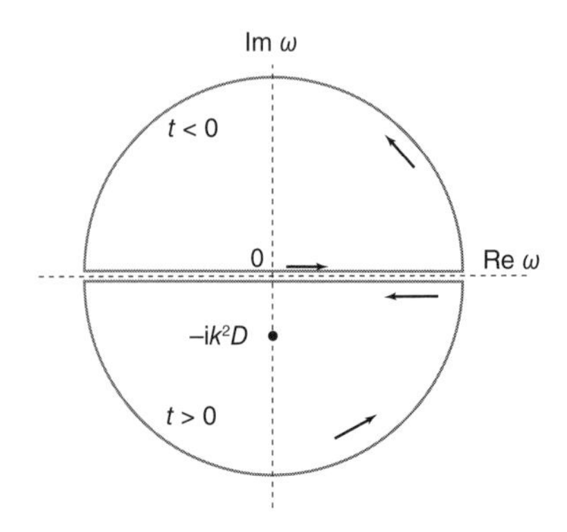


図 20.8　複素 $\omega$ 平面における $\widehat{\widehat{E}}(\boldsymbol{k},\omega)$ の極と積分路

$$
\begin{aligned}
E(\boldsymbol{x},t) &= \frac{1}{(2\pi)^3}\iiint_{-\infty}^{\infty} \widetilde{E}(\boldsymbol{k},t)\,\mathrm{e}^{\mathrm{i}k_x x+\mathrm{i}k_y y+\mathrm{i}k_z z}\,\mathrm{d}k_x\,\mathrm{d}k_y\,\mathrm{d}k_z \\
&= H(t)\frac{W}{(2\pi)^3}\int_{-\infty}^{\infty}\mathrm{e}^{-Dt{k_x}^2}\,\mathrm{e}^{\mathrm{i}k_x x}\,\mathrm{d}k_x\int_{-\infty}^{\infty}\mathrm{e}^{-Dt{k_y}^2}\,\mathrm{e}^{\mathrm{i}k_y y}\,\mathrm{d}k_y\int_{-\infty}^{\infty}\mathrm{e}^{-Dt{k_z}^2}\,\mathrm{e}^{\mathrm{i}k_x z}\,\mathrm{d}k_z \\
&= H(t)\frac{W}{2\pi}\sqrt{\frac{\pi}{Dt}}\,\mathrm{e}^{-x^2/(4Dt)}\frac{1}{2\pi}\sqrt{\frac{\pi}{Dt}}\,\mathrm{e}^{-y^2/(4Dt)}\frac{1}{2\pi}\sqrt{\frac{\pi}{Dt}}\,\mathrm{e}^{-z^2/(4Dt)} \\
&= H(t)\frac{W}{(4\pi Dt)^{3/2}}\,\mathrm{e}^{-r^2/(4Dt)}
\end{aligned}
\tag{20.18}
$$

を得る．ここで $\int_{-\infty}^{\infty}\mathrm{e}^{-ak^2+\mathrm{i}kx}\,\mathrm{d}k=\sqrt{\pi/a}\,\mathrm{e}^{-\frac{x^2}{4a}}$ を用いた（森口ほか（1987b）の p.276 参照）．この空間積分は $\iiint_{-\infty}^{\infty}E(\boldsymbol{x},t)\,\mathrm{d}\boldsymbol{x}=W$ となり，経過時間によらず全エネルギーが保存される．空間的に一様な内部減衰がある場合には，この解に $\exp\left[-{}^{\mathrm{I}}Q^{-1}\omega_{\mathrm{c}}t\right]$ を乗ずればよい．

図 20.6a に，拡散方程式によるエネルギー密度の時間変化を点線で示す．震源（$r=0$）でのエネルギー密度は経過時間の 1.5 乗に逆比例して減少する．図 20.6b に点線で空間分布を示すが，これは震源近傍で緩やかなピークをもつガウス型の形状を示し，その幅は経過時間の平方根に比例して広がる．拡散方程式の解は，図 20.7 に示すような震源付近にエネルギーが停留するエネルギー密度の空間分布の特徴をよく説明できるので，火山における地震波形や月震（月に起こる地震）の解析にしばしば用いられてきた．

## 20.3 S 波の全散乱係数 $g_0$

近地地震のコーダ波の励起の強さは，リソスフェアにおけるランダムな不均質の強さの良い指標である．直達 S 波の振幅から輻射エネルギーを推定し，これでコーダ波の 2 乗振幅を除すれば S 波の全散乱係数 $g_0$ を推定することができる．最近では，多重散乱の効果をも含めた解析がなされるようになってきた．Carcolé and Sato（2010）は，等方多重散乱理論の解（式 (20.12)）を用いて日本における浅い地震の S 波を解析し，全散乱係数 $g_0$ と内部減衰 ${}^{I}Q^{-1}$ の地域性を調べた．口絵 4 は，8〜16 Hz 帯における全散乱係数 $g_0$ の分布である．東北地方の脊梁山脈，新潟，福井から岐阜，紀伊半島西部，中国地方，九州の別府阿蘇で散乱が強く，四国では中央構造線以南で散乱が弱い．平均で 0.007 km$^{-1}$ 程度

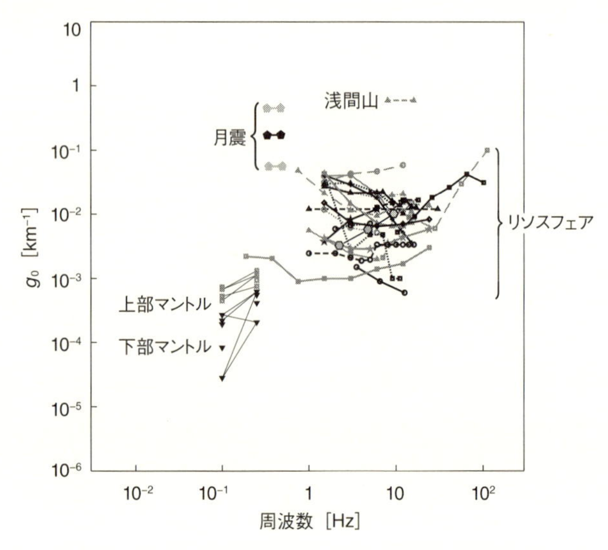


**図 20.9**　世界各地で測定された S 波の全散乱係数 $g_0$ の周波数依存性（江本賢太郎氏作成）

である．より低い 1〜2 Hz 帯では，糸魚川静岡構造線以西全般で散乱が弱いことが顕著である．

世界各地での S 波の全散乱係数 $g_0$ の観測結果を図 20.9 に示す．1〜30 Hz 帯では，ばらつきがあるものの，およそ 0.01 km$^{-1}$ 程度，平均自由行程で約 100 km という値が，リソスフェアの不均質を特徴づけている．Yamamoto and Sato (2010) は，PS 変換散乱を考慮した輻射伝達理論を用いて，浅間山における S 波の全散乱係数 $g_0$ を 0.7 km$^{-1}$ (8∼16 Hz) と推定しているが，この値はリソスフェアにおける平均的な値よりも 2 桁近く大きい．1 Hz よりも低い周波数帯の測定であるが，マントルの $g_0$ は $10^{-3} \sim 10^{-4}$ km$^{-1}$ とかなり小さいようである (Lee *et al.*, 2003).

## 20.4 コーダ規格化法

S コーダ波の 2 乗平均振幅は震源からの輻射エネルギーと伝播過程と観測点直下の振幅増幅特性の積

$$\left\langle \dot{u}_{ij}^{\text{S-Coda}}(t;f)^2 \right\rangle_T \propto W_i^{\text{S}}(f)\, g_0(f) \frac{\mathrm{e}^{-{Q_{\mathrm{c}}}^{-1} 2\pi f t}}{t^2} N_j^{\text{S}}(f)^2 \tag{20.19}$$

として表すことができる．ここで $\dot{u}_{ij}^{\text{S-Coda}}(t;f)$ は 地震 $i$ の観測点 $j$ における中心周波数 $f$ Hz の S コーダ波の速度振幅であり，$W_i^{\text{S}}(f)$ は 地震 $i$ の S 波輻射エネルギー，$N_j^{\text{S}}(f)$ は観測点 $j$ の直下の S 波振幅増幅特性である．経過時間 $t$ のべきは一次散乱モデルから $-2$ と選び，現象論的なコーダ減衰 ${Q_{\mathrm{c}}}^{-1}$ を導入してある．S コーダ波の励起を特徴づける全散乱係数 $g_0(f)$ が比例係数に現れるが，ある限られた領域内では観測点や震源の位置によらず一定と考えてよい．

### 20.4.1 観測点直下の S 波振幅増幅特性

震源時からの経過時間 $t_{\mathrm{c}}$ を大きく選ぶと，震源域を含むかなり広い領域で地震波のエネルギーが空間的に一様に分布すると考えられるので，この領域内の 2 観測点での S コーダ波の振幅の違いは観測点直下の振幅増幅特性に起因すると解釈できる．式 (20.19) を用いて，同一の地震 $i$ について 2 つの観測点 $j$ と $k$ で S コーダ波振幅の二乗平均平方根の比をとると，観測点直下の振幅増幅特性の相対比を得ることができる．

$$\frac{N_j^{\text{S}}(f)}{N_k^{\text{S}}(f)} = \sqrt{\frac{\left\langle \dot{u}_{ij}^{\text{S-Coda}}(t_{\mathrm{c}};f)^2 \right\rangle_T}{\left\langle \dot{u}_{ik}^{\text{S-Coda}}(t_{\mathrm{c}};f)^2 \right\rangle_T}} \tag{20.20}$$

S コーダ波から求めた振幅増幅特性は，直達 S 波の振幅増幅特性よりもばらつきが小さいという利点をもっており（Tsujiura, 1978），簡便な地盤の振幅増幅特性の測定法として広く用いられている（Phillips and Aki, 1986）．

### 20.4.2 震源からの輻射エネルギー

震源からの輻射エネルギーを直達波振幅から求めることができるが，そのためには非等方的な震源からの輻射や伝播経路の影響，そして観測点での増幅特性を考慮しなければならず，震源を取り囲む多数の観測点が必要である．しかし，コーダ波は震源から輻射された波動が地球のランダムな不均質構造によって散乱されて観測点に到着した波動であり，コーダ波自体が震源からの非等方輻射を平滑化した量となっていると考えられるので，一観測点の観測であっても震源からの輻射エネルギーを安定して推定することが可能である．地震 $i$ の

地震 $k$ に対する相対的な震源輻射エネルギー比は，同一の観測点 $j$ において，それぞれの震源時から十分大きな共通の経過時間 $t_\mathrm{c}$ におけるコーダ波の二乗平均振幅（式 (20.19)）の比，

$$\frac{W_i^\mathrm{S}(f)}{W_k^\mathrm{S}(f)} = \frac{\left\langle \dot{u}_{ij}^\text{S-coda}(t_\mathrm{c}; f)^2 \right\rangle_T}{\left\langle \dot{u}_{kj}^\text{S-coda}(t_\mathrm{c}; f)^2 \right\rangle_T} \tag{20.21}$$

から求められる．

### 20.4.3　S 波の減衰特性

地震 $i$ の観測点 $j$ における周波数 $f$ Hz の直達 S 波の速度振幅の 2 乗は

$$\dot{u}_{ij}^\text{S-Direct}(f)^2 \propto \frac{W_i^\mathrm{S}(f)}{r_{ij}{}^2} N_j^\mathrm{S}(f)^2\, \mathrm{e}^{-Q_\mathrm{S}{}^{-1} 2\pi f r_{ij}/V_0} \tag{20.22}$$

と書ける．ここで $Q_\mathrm{S}{}^{-1}$ は S 波の全減衰（内部減衰と散乱減衰の和）を表す．直達 S 波振幅に震源距離 $r_{ij}$ を掛けて，十分大きな経過時間 $t_\mathrm{c}$ におけるコーダ波振幅の二乗平均平方根との比の対数をとると，共通の地盤増幅特性項と震源項は相殺されて，

$$\ln \frac{r_{ij}\left|\dot{u}_{ij}^\text{S-Direct}(f)\right|}{\sqrt{\left\langle \left|\dot{u}_{ij}^\text{S-Coda}(t_\mathrm{c}; f)\right|^2 \right\rangle_T}} = -\left(\frac{Q_\mathrm{S}{}^{-1}(f)\pi f}{V_0}\right) r_{ij} + \text{const.} \tag{20.23}$$

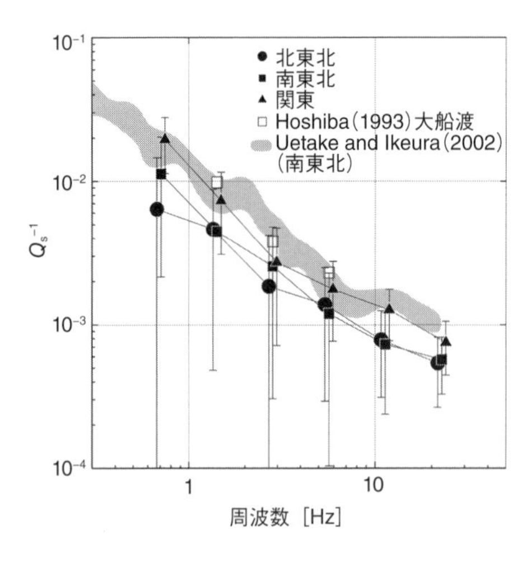


図 20.10　東北地方における S 波の全減衰 $Q_\mathrm{S}{}^{-1}$ の測定値（Takahashi *et al.*, 2005）
黒印はコーダ規格化法による．白四角と灰色は既往の研究

を得る（Aki, 1980）．ランダムな震源メカニズムをもつような多数の地震のデータセットを用いるならば，非等方な輻射パターンの違いは平滑化されると考えてよいであろう．周波数帯ごとにこの式の左辺を震源距離に対してプロットし，最小二乗法を用いて勾配 $Q_S^{-1}(f)\pi f/V_0$ を推定することができる．図 20.10 の黒印は，このようにして求めた東北地方における S 波減衰 $Q_S^{-1}$ の測定結果である．1 Hz 付近では 0.01 程度，それより高い帯域では周波数のべき乗に従って減少していることがわかる．コーダ規格化法は，直達 P 波の減衰の測定へも拡張することができる（Yoshimoto *et al.*, 1993）．

## 20.5　震源断層からの短周期エネルギー輻射のインバージョン解析

長周期帯域では，食違い断層モデル（第 14 章）が有効であり，観測された地震波形のインバージョン解析から断層運動を推定することが可能である．しかし短周期になると固体地球のランダムな不均質構造による散乱が顕著になり，位相は乱れ，伝播距離の増加とともに直達波の波形は崩れ，経過時間の増大に伴ってコーダ波が励起されるため，波形解析に基づく決定論的な断層運動のインバージョン解析は困難になる．だが短周期であっても，地震波形エンベロープは震源断層からの地震波動の輻射の時空間特性を強く反映している．そこで，短周期帯域では輻射伝達理論を用いて断層面からのエネルギー輻射量の時空間分布を求める方法が提案されている．

例として，1994 年の三陸はるか沖地震（$M_W$ 7.7）の震源断層を囲む観測点における速度波形記録を図 20.11 に示す．速度振幅の継続時間が震源断層の西の観測点で短く北や南にある観測点では長いことから，短周期波動の励起が東から西へ伝播したことがわかる．Nakahara *et al.*（1998）は，震源断層を複数の小断層に分割し，破壊フロントが各小断層を通過する時刻に短周期エネルギーを輻射すると考え，等方散乱と減衰を仮定した輻射伝達理論（20.2.2 項参照）を用いてそのエネルギー密度（速度二乗平均振幅）の伝播を理論的に計算した．輻射伝達理論を規定するパラメータである S 波の全散乱係数と内部減衰は，余震波形の解析から求めた．観測された周波数帯ごとの S 波二乗振幅エンベロープについてインバージョン解析を行い，破壊伝播速度 2.7 km/s を得，周波数帯ご

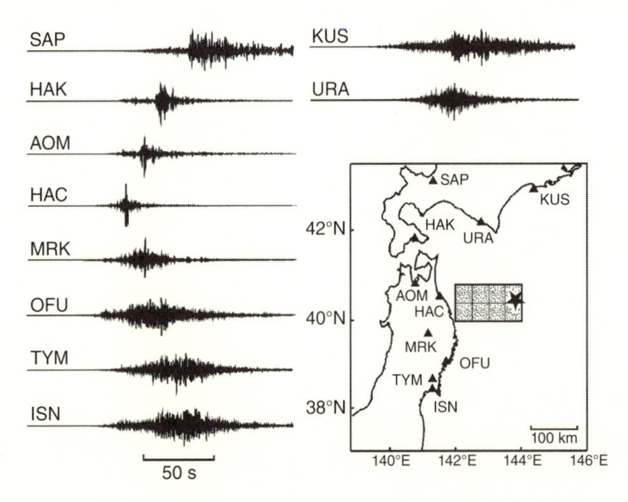


図 20.11　三陸はるか沖地震（1994 年，$M_W$ 7.7）の震源断層（砂目部分は断層面，星印は破壊開始点）と地震速度波形（EW 成分，最大振幅で規格化）（Nakahara *et al.*, 1998）

とのエネルギー輻射量分布を推定した．結果を図 20.12 に示す．図下部に長周期帯の波形解析から求められたすべり量分布を示すが，最大すべり量は震源断層中央に位置する．しかし推定された短周期のネルギー輻射量は断層運動の終端部（西端）からが最も大きいことがわかる．

短周期の震源過程解析として，Kakehi and Irikura (1996) は経験的グリーン関数を用いたエンベロープインバージョン法を提案している．その後，Nakahara (2008) は，短周期エネルギー輻射分布と長周期波形解析から推定されたすべり量分布との関係をいろいろな地震について調べている．

## 20.6 ランダム不均質構造における地震波エンベロープ

本章では，点的な散乱体のランダム一様な分布を考え，数理的な取扱いが簡単な等方散乱の仮定に基づいたモデルを紹介した．実際の固体地球のランダム不均質を表すのにより適した方法は，弾性定数を空間のランダム関数と考え，弾性波動やそのエネルギー密度の伝播を統計数理的に取り扱う方法である．一般に，散乱は非等方的であり，散乱係数は周波数に依存する．近年，ランダム不均

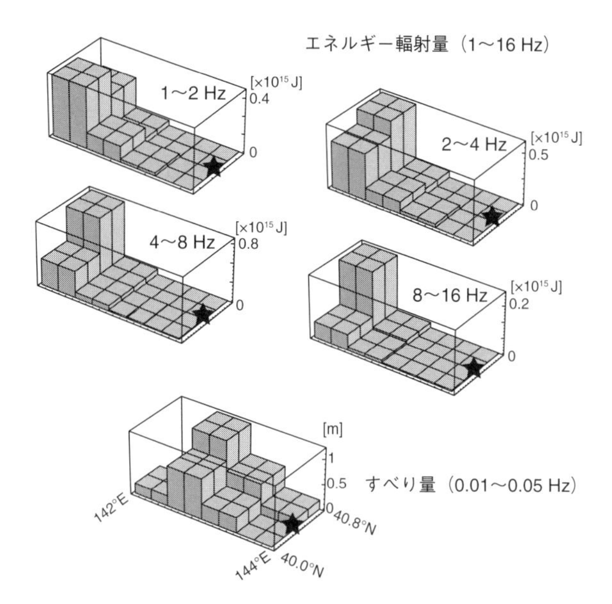


図 20.12　三陸はるか沖地震（1994 年，$M_{\mathrm{W}}$ 7.7）の周波数帯ごとのエネルギー輻射量分布と長周期波形解析から求められたすべり量分布（Nakahara *et al.*, 1998）

質媒質における弾性波動のエンベロープ形成の研究が精力的に進められ，コーダ波の励起はもとより直達波パルスの崩れ方についても定量的な議論が可能となりつつある．より詳しい解説は Sato *et al.*（2012）を参照するとよい．

# 第21章 ランダムノイズの相互相関関数解析に基づくグリーン関数の抽出

常時微動や脈動などの雑微動は一見ランダムに見えるが，固体地球の構造に関する豊富な情報を含んでいる．Aki（1957）は，小規模なアレイによって観測された**常時微動**（ambient noise）の相関解析から表面波の位相速度を測定する方法を提案した．Campillo and Paul（2003）は，常時微動観測の時間窓を十分に長くとれば波長に比べて観測点間距離が大きい場合でも有意な相互相関関数が得られ，これから表面波の伝播速度を測定できることを示した．その後，雑微動の相互相関解析に基づく理論研究が精力的に進められるようになり，世界各地で地震波速度の空間分布や時間変化を求める解析が行われるようになった．本章では，はじめに観測事例を紹介し，次にランダムノイズの相互相関関数とグリーン関数との関係を学ぶことにする．

## 21.1 相互相関関数

異なる2点 $\boldsymbol{x}_{\mathrm{A}}$ と $\boldsymbol{x}_{\mathrm{B}}$ におけるスカラー波 $u$ の**遅延時間**（lag time）$\tau$ の**相互相関関数**（cross correlation function）は，時間窓の長さを $T$ として，

$$C_u(\boldsymbol{x}_{\mathrm{A}}, \boldsymbol{x}_{\mathrm{B}}, \tau) \equiv \frac{1}{T}\int_{-T/2}^{T/2} u(\boldsymbol{x}_{\mathrm{A}}, t-\tau)\, u(\boldsymbol{x}_{\mathrm{B}}, t)\, \mathrm{d}t \tag{21.1}$$

と定義される．波動場が時間的に長く継続する場合には，$T$ を十分に長くとる必要がある．同一地点の場合には**自己相関関数**（auto-correlation function）を与える．

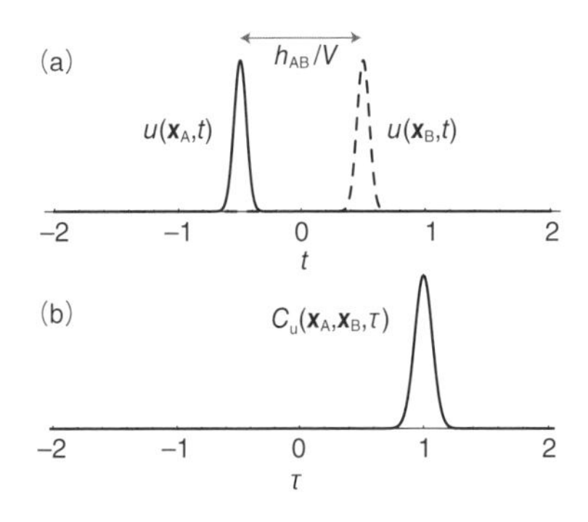


**図 21.1**　2 点でのパルス波形（a）と相互相関関数（b）

2 点間の距離を $h_{\mathrm{AB}}$ として，$\boldsymbol{x}_{\mathrm{A}}$ から $\boldsymbol{x}_{\mathrm{B}}$ に向かう速度 $V$ のパルス型平面波を考えると，図 21.1a に示すように，$\boldsymbol{x}_{\mathrm{B}}$ における着信は $\boldsymbol{x}_{\mathrm{A}}$ における着信よりも $h_{\mathrm{AB}}/V$ だけ遅れる．この相互相関関数 $C_{\mathrm{u}}(\boldsymbol{x}_{\mathrm{A}},\boldsymbol{x}_{\mathrm{B}},\tau)$ は，図 21.1b に示すように遅延時間 $\tau = h_{\mathrm{AB}}/V$ にピークをもつ．

本章では，このような平面波の相互相関関数の特徴を既知として，いろいろな方向から到来するランダムな波動の相互相関関数を考察する．

## 21.2 常時微動の相互相関関数解析に基づく地震波伝播速度の推定

図 21.2 は，東北地方中央部に分布する Hi-net 観測点でとらえられた常時微動の上下動地震記録から作成した相互相関関数で，下から上に観測点間距離が大きくなるように並べてある．この図には，観測点間距離の増加とともに約 3 km/s 程度の伝播速度で両側へ伝播する波群が見える．相互相関関数の解析では 2 点間の距離と伝播相の遅延時間の比が伝播速度を表すので，図に見える波はレイリー波と解釈できる．16〜32 s の周期（図右側）では両方向への伝播が対称に見えるが，2〜4 s の短周期（図左側）では東から西への伝播が強く，東の太平洋側で常時微動の励起が強いことを示唆している．

ここに示したのは比較的容易な表面波の検出例であるが，実体波の検出例も報告されている．相互相関関数に基づく地震波速度測定は連続的な常時微動観測さえ可能ならば自然地震や人工震源を必要としないという利点があり，近年，

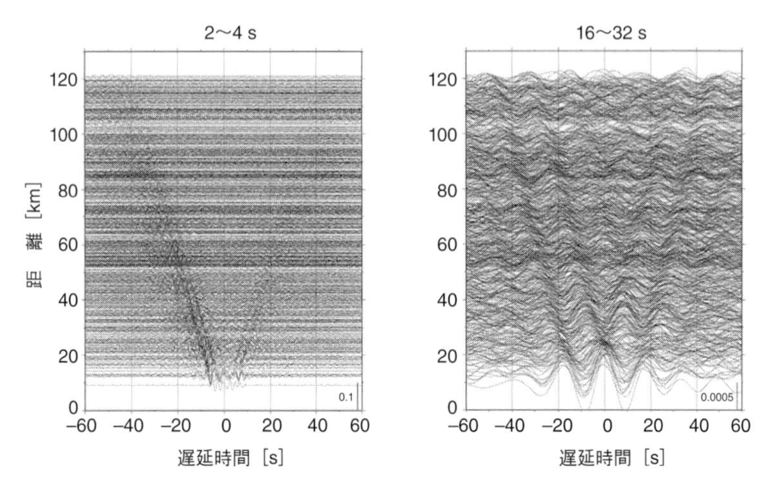


図21.2　東北地方中央部における Hi-net 観測点の対（東西）で記録された常時微動（速度成分・上下動記録）の相互相関関数を観測点間距離ごとにプロットしたもの（高木涼太氏作成）
負の遅延時間は東から西への波動伝播に対応.

世界各地で地震波速度トモグラフィー解析に積極的に用いられるようになった（たとえば Shapiro *et al.*, 2005）.

Brenguier *et al.*（2008）は，カリフォルニア州パークフィールドにおいて断層を挟む2観測点の常時微動記録を解析し，2003年 San Simeon 地震（$M$ 6.5）および2004年パークフィールド地震（$M$ 6.0）の発生後に地震波速度が低下したことを発見した．とくにパークフィールド地震の20日後には地震波速度が0.06% 低下したものの，その後3年をかけて緩やかに回復したことを報告している．GPS 測位による2観測点間の距離の時間変化も，この地震波速度の回復過程と調和的であった．このように，常時微動の相互相関関数および自己相関関数は，大地震の発生や火山活動に関連する地震波速度変化の検出にも積極的に用いられるようになった（たとえば Wegler and Sens-Schönfelder, 2007; Takagi *et al.*, 2012; Anggono *et al.*, 2012）.

## 21.3 一様構造におけるランダムノイズの相互相関関数とグリーン関数の関係

次のような理想的な状況を想定しよう．ノイズ源は時間的にランダムかつ定常なノイズを励起する．ノイズ源は空間にランダムかつ一様に分布するが，異なる場所におけるノイズ源は互いに無相関である．このようなランダムノイズを 2 観測点で測定し，その相互相関関数と 2 点間のグリーン関数との関係を調べる．理論的背景を理解するため，数学的に取扱いが容易な 3 次元スカラー波を用いる．

### 21.3.1 スカラー波のグリーン関数

波動伝播速度 $V$ で特徴づけられる 3 次元一様媒質を考える．ノイズ源 $N(\boldsymbol{x},t)$ によって励起されるスカラー波 $u(\boldsymbol{x},t)$ は，非斉次の波動方程式

$$\Delta u\left(\boldsymbol{x},t\right)-\frac{1}{V^{2}}\partial_{t}{}^{2}u\left(\boldsymbol{x},t\right)=N(\boldsymbol{x},t) \tag{21.2}$$

に従う．ここで $u$ と $N$ は実数とする．非斉次項を時空間のデルタ関数 $\delta(\boldsymbol{x})\delta(t)$ としたときの解がグリーン関数である．震源を $\boldsymbol{x}_B$，$k_0=\omega/V$ として，時間領域と角周波数領域において次の方程式を満たす．

$$\Delta G\left(\boldsymbol{x},\boldsymbol{x}_{\mathrm{B}},t\right)-\frac{1}{V^{2}}\partial_{t}{}^{2}G\left(\boldsymbol{x},\boldsymbol{x}_{\mathrm{B}},t\right)=\delta(\boldsymbol{x}-\boldsymbol{x}_{\mathrm{B}})\delta(t) \tag{21.3a}$$

$$\Delta\widehat{G}\left(\boldsymbol{x},\boldsymbol{x}_{\mathrm{B}},\omega\right)+k_{0}{}^{2}\widehat{G}\left(\boldsymbol{x},\boldsymbol{x}_{\mathrm{B}},\omega\right)=\delta(\boldsymbol{x}-\boldsymbol{x}_{\mathrm{B}}) \tag{21.3b}$$

この解は，すでに式 (11.10) と (11.11) で求められている．観測点 A と震源 B を明示的に表し，2 点の距離を $h_{\mathrm{AB}}=|\boldsymbol{x}_{\mathrm{A}}-\boldsymbol{x}_{\mathrm{B}}|$ とすれば，遅延グリーン関数は，

$$G\left(\boldsymbol{x}_{\mathrm{A}},\boldsymbol{x}_{\mathrm{B}},t\right)=-\frac{1}{4\pi h_{\mathrm{AB}}}\delta\left(t-\frac{h_{\mathrm{AB}}}{V}\right) \tag{21.4a}$$

$$\widehat{G}\left(\boldsymbol{x}_{\mathrm{A}},\boldsymbol{x}_{\mathrm{B}},\omega\right)=-\frac{1}{4\pi h_{\mathrm{AB}}}\,\mathrm{e}^{\mathrm{i}k_{0}h_{\mathrm{AB}}} \tag{21.4b}$$

と書ける．この解は震源と観測点の入れ替えに関して対称で，

$$G\left(\boldsymbol{x}_{\mathrm{A}},\boldsymbol{x}_{\mathrm{B}},t\right)=G\left(\boldsymbol{x}_{\mathrm{B}},\boldsymbol{x}_{\mathrm{A}},t\right) \tag{21.5a}$$

$$\widehat{G}\left(\boldsymbol{x}_{\mathrm{A}},\boldsymbol{x}_{\mathrm{B}},\omega\right)=\widehat{G}\left(\boldsymbol{x}_{\mathrm{B}},\boldsymbol{x}_{\mathrm{A}},\omega\right) \tag{21.5b}$$

を満たす（相反性）.

### 21.3.2 ノイズ源のアンサンブルと相互相関関数

空間のある領域 $D$ にランダムかつ一様に分布するノイズ源のアンサンブル（統計集団）を考える．ノイズ源は時間的にランダムかつ定常であり，異なる場所のノイズ源は互いに無相関で，ノイズ源の相互相関関数 $C_{\mathrm{N}}$ のアンサンブル平均は,

$$\begin{aligned}\left\langle C_{\mathrm{N}}(\boldsymbol{x},\boldsymbol{x}',\tau)\right\rangle &\equiv \lim_{T\to\infty}\frac{1}{T}\int_{-T/2}^{T/2}\mathrm{d}t\left\langle N(\boldsymbol{x},t-\tau)\,N\big(\boldsymbol{x}',t\big)\right\rangle \\ &= \delta\big(\boldsymbol{x}-\boldsymbol{x}'\big)\,S_{\mathrm{N}}(\tau) \end{aligned} \tag{21.6}$$

と書けるとする．記号 $\langle\ \ \rangle$ はアンサンブル平均を表す．$S_{\mathrm{N}}(\tau)$ は自己相関関数であり，3 次元デルタ関数は異なる場所のノイズ源が無相関であることを明示的に表す．角周波数領域でのスペクトルを $\hat{N}(\boldsymbol{x},\omega)=\lim_{T\to\infty}\int_{-T/2}^{T/2}N(\boldsymbol{x},t)\,\mathrm{e}^{\mathrm{i}\omega t}\,\mathrm{d}t$ とすると,

$$\lim_{T\to\infty}\frac{1}{T}\left\langle \hat{N}\left(\boldsymbol{x},\omega\right)^{*}\hat{N}\left(\boldsymbol{x}',\omega\right)\right\rangle = \delta\left(\boldsymbol{x}-\boldsymbol{x}'\right)\widehat{S}_{\mathrm{N}}\left(\omega\right) \tag{21.7}$$

と書くことができて,

$$\widehat{S}_{\mathrm{N}}(\omega) = \lim_{T\to\infty}\int_{-T/2}^{T/2}S_{\mathrm{N}}(t)\,\mathrm{e}^{\mathrm{i}\omega t}\,\mathrm{d}t \tag{21.8}$$

はノイズ源のパワースペクトル密度関数に対応する．関数 $N$ が実数なので $\hat{N}\left(\boldsymbol{x},\omega\right)^{*}=\hat{N}\left(\boldsymbol{x},-\omega\right)$，自己相互関数が対称 $S_{\mathrm{N}}(\tau)=S_{\mathrm{N}}(-\tau)$ かつ実数なのでパワースペクトル密度関数も対称 $\widehat{S}_{\mathrm{N}}(\omega)=\widehat{S}_{\mathrm{N}}(-\omega)^{*}=\widehat{S}_{\mathrm{N}}(-\omega)$ である．式 (21.6) や (21.7) がノイズ源のアンサンブルの特徴を与える.

2 観測点 $\boldsymbol{x}_{\mathrm{A}}$ と $\boldsymbol{x}_{\mathrm{B}}$ における波動（ランダムノイズ）はグリーン関数とノイズ源のたたみ込み積分,

$$\hat{u}\left(\boldsymbol{x}_{\mathrm{A}},\omega\right) = \iiint_{D}\widehat{G}\left(\boldsymbol{x}_{\mathrm{A}},\boldsymbol{x},\omega\right)\hat{N}\left(\boldsymbol{x},\omega\right)\,\mathrm{d}\boldsymbol{x}, \tag{21.9a}$$

$$\hat{u}\left(\boldsymbol{x}_{\mathrm{B}},\omega\right) = \iiint_{D}\widehat{G}\left(\boldsymbol{x}_{\mathrm{B}},\boldsymbol{x},\omega\right)\hat{N}\left(\boldsymbol{x},\omega\right)\,\mathrm{d}\boldsymbol{x} \tag{21.9b}$$

で表すことができる．ランダムノイズ $u$ の 2 点間の相互相関関数は,

$$
\begin{aligned}
C_u(\boldsymbol{x}_\mathrm{A},\boldsymbol{x}_\mathrm{B},\tau) &\equiv \lim_{T\to\infty}\frac{1}{T}\int_{-T/2}^{T/2} u\left(\boldsymbol{x}_\mathrm{A},t-\tau\right)u\left(\boldsymbol{x}_\mathrm{B},t\right)\,\mathrm{d}t \\
&= \lim_{T\to\infty}\frac{1}{T}\int_{-T/2}^{T/2}\frac{1}{2\pi}\int_{-\infty}^{\infty}\mathrm{d}\omega'\ \mathrm{e}^{-\mathrm{i}\omega'(t-\tau)}\hat{u}\left(\boldsymbol{x}_\mathrm{A},\omega'\right)\frac{1}{2\pi}\int_{-\infty}^{\infty}\mathrm{d}\omega\ \mathrm{e}^{-\mathrm{i}\omega t}\hat{u}\left(\boldsymbol{x}_\mathrm{B},\omega\right)\,\mathrm{d}t \\
&= \lim_{T\to\infty}\frac{1}{T}\frac{1}{2\pi}\int_{-\infty}^{\infty}\mathrm{d}\omega'\,\mathrm{e}^{\mathrm{i}\omega'\tau}\hat{u}\left(\boldsymbol{x}_\mathrm{A},\omega'\right)\int_{-\infty}^{\infty}\mathrm{d}\omega\,\hat{u}\left(\boldsymbol{x}_\mathrm{B},\omega\right)\delta\left(\omega'+\omega\right) \\
&= \frac{1}{2\pi}\int_{-\infty}^{\infty}\mathrm{d}\omega\ \mathrm{e}^{-\mathrm{i}\omega\tau}\ \lim_{T\to\infty}\frac{1}{T}\hat{u}\left(\boldsymbol{x}_\mathrm{A},-\omega\right)\hat{u}\left(\boldsymbol{x}_\mathrm{B},\omega\right) \\
&= \frac{1}{2\pi}\int_{-\infty}^{\infty}\mathrm{d}\omega\ \mathrm{e}^{-\mathrm{i}\omega\tau}\ \lim_{T\to\infty}\frac{1}{T}\hat{u}\left(\boldsymbol{x}_\mathrm{A},\omega\right)^{*}\hat{u}\left(\boldsymbol{x}_\mathrm{B},\omega\right)
\end{aligned}
\tag{21.10}
$$

と表される．この式に式 (21.9) を代入してアンサンブル平均をとり，式 (21.7) を用いれば，

$$
\begin{aligned}
\left\langle C_u(\boldsymbol{x}_\mathrm{A},\boldsymbol{x}_\mathrm{B},\tau)\right\rangle &= \frac{1}{2\pi}\int_{-\infty}^{\infty}\mathrm{d}\omega\ \mathrm{e}^{-\mathrm{i}\omega\tau}\iiint_D \widehat{G}\left(\boldsymbol{x}_\mathrm{A},\boldsymbol{x},\omega\right)^{*} \\
&\qquad\times\iiint_D \widehat{G}\left(\boldsymbol{x}_\mathrm{B},\boldsymbol{x}',\omega\right)\delta\left(\boldsymbol{x}-\boldsymbol{x}'\right)\widehat{S}_\mathrm{N}\left(\omega\right)\mathrm{d}\boldsymbol{x}\ \mathrm{d}\boldsymbol{x}' \\
&= \frac{1}{2\pi}\int_{-\infty}^{\infty}\mathrm{d}\omega\ \mathrm{e}^{-\mathrm{i}\omega\tau}I_0(\boldsymbol{x}_\mathrm{A},\boldsymbol{x}_\mathrm{B},\omega)\widehat{S}_\mathrm{N}\left(\omega\right)
\end{aligned}
\tag{21.11}
$$

と書ける．ここで積分

$$
I_0(\boldsymbol{x}_\mathrm{A},\boldsymbol{x}_\mathrm{B},\omega) \equiv \iiint_D \widehat{G}\left(\boldsymbol{x}_\mathrm{A},\boldsymbol{x},\omega\right)^{*}\widehat{G}\left(\boldsymbol{x}_\mathrm{B},\boldsymbol{x},\omega\right)\mathrm{d}\boldsymbol{x}
\tag{21.12}
$$

は，異なる位置のノイズ源から到来する波動（ランダムノイズ）が互いに無相関であり，同じ位置のノイズ源から輻射された波動のみが 2 点間の相互相関関数に寄与することを表している．

### 21.3.3 観測点を取り囲む大きな球殻に分布するノイズ源

ランダムノイズの相互相関関数を計算する準備が整ったので，2 観測点を取り囲む半径の大きな球殻（領域 $D$）にノイズ源が分布する場合を考えよう（Sato, 2009）．図 21.3 に示すように，観測点 $\boldsymbol{x}_\mathrm{A}$ と $\boldsymbol{x}_\mathrm{B}$ を $z$ 軸上に，座標原点をその中央にとる．球殻の半径 $R$ は，観測点間隔より十分大きく（$R \gg h_\mathrm{AB}$），かつノイズ源から到来する波の波長よりも十分長く，球殻の厚さは球面の半径に比べて十分薄いものとする（$\Delta R \ll R$）．

ノイズ源からの距離を $r_\mathrm{A}=|\boldsymbol{x}-\boldsymbol{x}_\mathrm{A}|$ および $r_\mathrm{B}=|\boldsymbol{x}-\boldsymbol{x}_\mathrm{B}|$ とする．式 (21.4b)

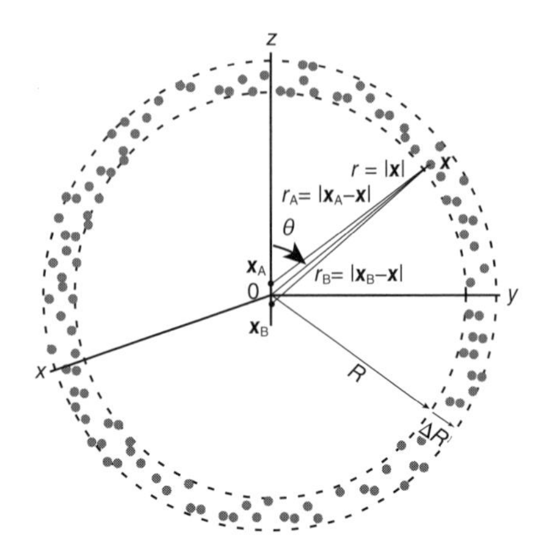


図 21.3　2 つの観測点 $\boldsymbol{x}_\mathrm{A}$ と $\boldsymbol{x}_\mathrm{B}$ が半径の大きな球殻（領域 $D$，半径 $R$，厚さ $\Delta R$）に分布するノイズ源（灰色丸）によって照射される．

を (21.12) に代入し，球座標 $\boldsymbol{x}=(r,\theta,\varphi)$ を用いて積分を実行して，

$$
\begin{aligned}
I_0(\boldsymbol{x}_\mathrm{A},\boldsymbol{x}_\mathrm{B},\omega) &= \int_R^{R+\Delta R} r^2\,\mathrm{d}r \int_0^{\pi} \sin\theta\,\mathrm{d}\theta \int_0^{2\pi} \mathrm{d}\varphi\, \frac{\mathrm{e}^{-\mathrm{i}k_0 r_\mathrm{A}}}{4\pi r_\mathrm{A}} \frac{\mathrm{e}^{\mathrm{i}k_0 r_\mathrm{B}}}{4\pi r_\mathrm{B}} \\
&\approx \frac{\Delta R}{16\pi^2} 2\pi \int_0^{\pi} \sin\theta\,\mathrm{d}\theta\; \mathrm{e}^{\mathrm{i}k_0(r_\mathrm{B}-r_\mathrm{A})} \approx \frac{\Delta R}{16\pi^2} 2\pi \int_0^{\pi} \sin\theta\,\mathrm{d}\theta\; \mathrm{e}^{\mathrm{i}k_0 h_\mathrm{AB}\cos\theta} \\
&= \frac{\Delta R}{8\pi} \frac{\mathrm{e}^{\mathrm{i}k_0 h_\mathrm{AB}} - \mathrm{e}^{-\mathrm{i}k_0 h_\mathrm{AB}}}{\mathrm{i}k_0 h_\mathrm{AB}} = \frac{\Delta R}{4\pi} \frac{\sin k_0 h_\mathrm{AB}}{k_0 h_\mathrm{AB}} \\
&= -\frac{\Delta R}{k_0} \mathrm{Im}\, \frac{-\mathrm{e}^{\mathrm{i}k_0 h_\mathrm{AB}}}{4\pi h_\mathrm{AB}} = -\frac{\Delta R}{k_0} \mathrm{Im}\, \widehat{G}\,(\boldsymbol{x}_\mathrm{A},\boldsymbol{x}_\mathrm{B},\omega) \\
&= \frac{\mathrm{i}\Delta R}{2k_0} [\widehat{G}\,(\boldsymbol{x}_\mathrm{A},\boldsymbol{x}_\mathrm{B},\omega) - \widehat{G}\,(\boldsymbol{x}_\mathrm{A},\boldsymbol{x}_\mathrm{B},\omega)^*]
\end{aligned}
\tag{21.13}
$$

を得る．2 行目では，$\Delta R \ll R$ なので緩やかに変化する幾何減衰項は $r_\mathrm{A} \approx r_\mathrm{B} \approx r$ と近似できる．$R \gg h_\mathrm{AB}$ なので，指数べきは $r_\mathrm{A} \approx R-(h_\mathrm{AB}/2)\cos\theta$ および $r_\mathrm{B} \approx R+(h_\mathrm{AB}/2)\cos\theta$ と近似できる．これは，2 観測点の近傍でノイズ源からの球面波を平面波で近似することを意味する．指数べきは $R$ に依存しないので，$r$ に関する積分は球殻の厚さ $\Delta R$ を乗ずればよい．低周波の場合には波長が長くなるので，球殻の半径 $R$ は十分大きくなければならない．4 行目で，得られた積分結果はグリーン関数の虚部を用いて表すことができる．

これを式 (21.11) に代入し，遅延時間 $\tau$ で微分して，

$$
\begin{aligned}
&\frac{\mathrm{d}}{\mathrm{d}\tau}\left\langle C_u(\boldsymbol{x}_\mathrm{A},\boldsymbol{x}_\mathrm{B},\tau)\right\rangle \\
&= \frac{V\Delta R}{4\pi}\left[\int_{-\infty}^{\infty}\mathrm{d}\omega\,\mathrm{e}^{-\mathrm{i}\omega\tau}\widehat{G}\left(\boldsymbol{x}_\mathrm{A},\boldsymbol{x}_\mathrm{B},\omega\right)\widehat{S}_\mathrm{N}\left(\omega\right)\right.\\
&\qquad\qquad\left.-\int_{-\infty}^{\infty}\mathrm{d}\omega\,\mathrm{e}^{-\mathrm{i}\omega\tau}\widehat{G}\left(\boldsymbol{x}_\mathrm{A},\boldsymbol{x}_\mathrm{B},\omega\right)^{*}\widehat{S}_\mathrm{N}\left(\omega\right)\right]\\
&= \frac{V\Delta R}{4\pi}\left[\int_{-\infty}^{\infty}\mathrm{d}\omega\;\mathrm{e}^{-\mathrm{i}\omega\tau}\widehat{G}\left(\boldsymbol{x}_\mathrm{A},\boldsymbol{x}_\mathrm{B},\omega\right)\widehat{S}_\mathrm{N}\left(\omega\right)\right.\\
&\qquad\qquad\left.-\int_{-\infty}^{\infty}\mathrm{d}\omega\,\mathrm{e}^{-\mathrm{i}\omega\tau}\widehat{G}\left(\boldsymbol{x}_\mathrm{A},\boldsymbol{x}_\mathrm{B},-\omega\right)\widehat{S}_\mathrm{N}\left(\omega\right)\right]\\
&= \frac{V\Delta R}{4\pi}\left[\int_{-\infty}^{\infty}\mathrm{d}\omega\,\mathrm{e}^{-\mathrm{i}\omega\tau}\widehat{G}\left(\boldsymbol{x}_\mathrm{A},\boldsymbol{x}_\mathrm{B},\omega\right)\widehat{S}_\mathrm{N}\left(\omega\right)\right.\\
&\qquad\qquad\left.-\int_{-\infty}^{\infty}\mathrm{d}\omega\,\mathrm{e}^{-\mathrm{i}\omega(-\tau)}\widehat{G}\left(\boldsymbol{x}_\mathrm{A},\boldsymbol{x}_\mathrm{B},\omega\right)\widehat{S}_\mathrm{N}\left(\omega\right)\right]\\
&= \frac{V\Delta R}{2}\int_{-\infty}^{\infty}\left[G\big(\boldsymbol{x}_\mathrm{A},\boldsymbol{x}_\mathrm{B},\tau-\tau'\big)-G\big(\boldsymbol{x}_\mathrm{A},\boldsymbol{x}_\mathrm{B},-\tau-\tau'\big)\right]S_\mathrm{N}\big(\tau'\big)\,\mathrm{d}\tau'
\end{aligned}
\tag{21.14}
$$

を得る（Sato, 2009）．最後の行は，フーリエ積分をたたみ込み積分で表したものである．すなわち，相互相関関数の遅延時間微分のアンサンブル平均は，遅延グリーン関数の反対称和とノイズ源の自己相関関数とのたたみ込みで表される．

2 次元スカラー波の場合でも，ベクトル弾性波動場についても，同様の関係を導くことができる．ノイズ源の空間分布が全空間に一様ランダムに分布する場合には，内部減衰を取り入れることによって，比例係数は異なるが同様の関係を導くことができる．

### 21.3.4 ランダムノイズの相互相関関数とノイズ源の自己相関関数との関係

式 (21.14) に，グリーン関数の具体的な表現（式 (21.4a)）を代入すると，

$$
\begin{aligned}
&\frac{\mathrm{d}}{\mathrm{d}\tau}\left\langle C_\mathrm{u}(\boldsymbol{x}_\mathrm{A},\boldsymbol{x}_\mathrm{B},\tau)\right\rangle \\
&\quad= \frac{V\,\Delta R}{8\pi h_\mathrm{AB}}\int_{-\infty}^{\infty}\left[-\delta(\tau-\tau'-\frac{h_\mathrm{AB}}{V})+\delta(-\tau-\tau'-\frac{h_\mathrm{AB}}{V})\right]S_\mathrm{N}\big(\tau'\big)\;\mathrm{d}\tau'\\
&\quad= \frac{V\,\Delta R}{8\pi h_\mathrm{AB}}\left[-S_\mathrm{N}\left(\tau-\frac{h_\mathrm{AB}}{V}\right)+S_\mathrm{N}\left(\tau+\frac{h_\mathrm{AB}}{V}\right)\right]
\end{aligned}
\tag{21.15}
$$

と書ける．これは，正と負の遅延時間 $\pm h_\mathrm{AB}/V$ に，ノイズ源の自己相関関数と逆符号と同符号の波形をもつことを意味する．

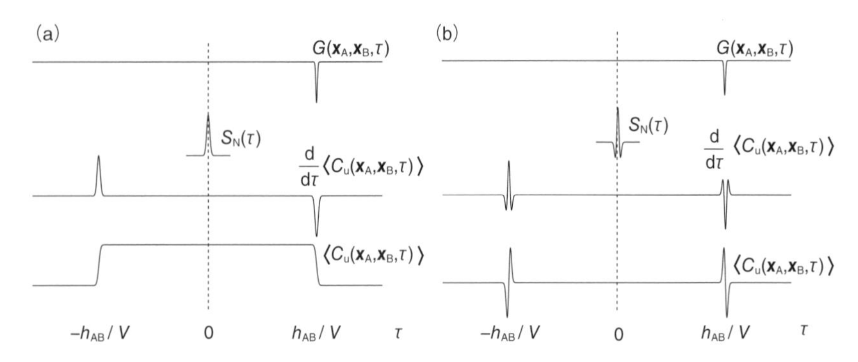


**図 21.4**　上から，グリーン関数，ノイズ源の自己相関関数，相互相関関数の遅延時間微分，相互相関関数の模式図

(a) ノイズ源のパワースペクトル密度が白色の場合，(b) ノイズ源のパワースペクトル密度の低周波数成分がゼロの場合.

パワースペクトル密度が周波数によらず一定のものを白色ノイズという. $\widehat{S}_{\mathrm{N}}(\omega)=\widehat{S}_{\mathrm{N0}}=\mathrm{const.}$ として，式 (21.8) から自己相関関数は $S_{\mathrm{N}}(\tau)=\widehat{S}_{\mathrm{N0}}\delta(\tau)$ とデルタ関数で表されるので，

$$\frac{\mathrm{d}}{\mathrm{d}\tau}\langle C_u(\boldsymbol{x}_{\mathrm{A}},\boldsymbol{x}_{\mathrm{B}},\tau)\rangle=\frac{V\,\Delta R\,\widehat{S}_{\mathrm{N0}}}{8\pi h_{\mathrm{AB}}}\left[-\delta\left(\tau-\frac{h_{\mathrm{AB}}}{V}\right)+\delta\left(\tau+\frac{h_{\mathrm{AB}}}{V}\right)\right] \tag{21.16}$$

と書ける. 上式を $\tau$ で積分して，

$$\langle C_{\mathrm{u}}(\boldsymbol{x}_{\mathrm{A}},\boldsymbol{x}_{\mathrm{B}},\tau)\rangle=\frac{V\,\Delta R\,\widehat{S}_{\mathrm{N0}}}{8\pi h_{\mathrm{AB}}}\left[-H\left(\tau-\frac{h_{\mathrm{AB}}}{V}\right)+H\left(\tau+\frac{h_{\mathrm{AB}}}{V}\right)\right] \tag{21.17}$$

を得る. これは，$-h_{\mathrm{AB}}/V<\tau<h_{\mathrm{AB}}/V$ における箱形関数である. 白色ノイズの場合，とくに長波長（長周期）成分が 2 観測点での同時相関に寄与している. 図 21.4a に，$S_{\mathrm{N}}(\tau)$ の模式図，$\langle C_{\mathrm{u}}\rangle$ および $\frac{\mathrm{d}}{\mathrm{d}\tau}\langle C_{\mathrm{u}}\rangle$ とグリーン関数（遅延解）$G$ を図示する.

ノイズ源のパワースペクトル密度の低周波数成分がゼロ $\widehat{S}_{\mathrm{N}}(\omega=0)=0$ の場合，そのフーリエ変換である自己相関関数 $S(\tau)$ は $\tau=0$ にピークをもつとしても，その時間積分は $\int_{-\infty}^{\infty}S_{\mathrm{N}}(\tau)\,\mathrm{d}\tau=0$ である. 式 (21.15) では，遅延時間 $\pm h_{\mathrm{AB}}/V$ に $\mp S_{\mathrm{N}}$ が現れるが，その積分も遅延時間 $\pm h_{\mathrm{AB}}/V$ の近傍を除いてゼロとなる. $S_{\mathrm{N}}(\tau)$ の模式図と対応する $\frac{\mathrm{d}}{\mathrm{d}\tau}\langle C_{\mathrm{u}}\rangle$，および $\langle C_{\mathrm{u}}\rangle$ を図 21.4b に示す.

ノイズ源の低周波数パワースペクトルが小さいか，または地震計の低周波数感度が低い場合，相互相関関数の微分だけでなく，相互相関関数そのものも，ピーク遅延時間が波動伝播速度の良い推定値を与える．ノイズ源のパワースペクトルを求めるのが難しいためにランダムノイズの相互相関関数の振幅を解析に用いるのは容易でない．

## 21.4 不均質構造におけるノイズ相互相関関数解析

媒質の構造が一様でなく不均質な場合，相互相関関数は直達波相当の遅延時間よりも後に散乱波群（コーダ波）をもつ．常時微動の相互相関関数解析においても，直達波よりも長い遅延時間の散乱波部分の解析から不均質構造のグリーン関数を推定することが可能である．弾性波動の場合でも，不均質部分が一様媒質の中に埋め込まれているような場合を想定すれば，ランダムなベクトル弾性波の相互相関からグリーン関数を抽出することが可能となる（Wapenaar and Fokkema, 2006; Margerin and Sato, 2011; Sato, 2009; 2010）．複数の孔を開けたアルミのブロックをレーザービームで加振した実験からも，相互相関関数から散乱波を含むグリーン関数を導出できることが示されている（Mikesell *et al.*, 2012）．Curtis *et al.*（2006）は，幅広く**地震波干渉法**（seismic interferometry）という名の下にノイズや地震コーダ波の相互相関関数解析を含む多様な利用例を紹介している．

# 第3部

# 地震テクトニクス

# 第22章 プレートテクトニクスと世界の地震活動

地球内部で地震が発生する原因は，基本的にはプレートの運動にある．プレートの相対運動により形成された応力を解放するために，プレート境界あるいはプレート内部で地震が発生する．この章では，プレートテクトニクスとそれにより生じる地震活動について，その概要を記述する．

## 22.1 プレートテクトニクス

地球内部の熱を地表面まで運びそこから宇宙空間に放出するために，地球内部に対流が生じる．そのようにして生じた厚いマントル対流層の表面には，薄い熱境界層ができる．この熱境界層の地表面側の固い部分が，**プレート**（plate）あるいは**リソスフェア**（lithosphere）とよばれるものである．プレートは，地殻とマントル最上部で構成され，球面をおおうので実際は薄い球殻である．地球表面は，それぞれが剛体的に振る舞う十数枚のプレートでおおわれており，それらは地球内部の熱対流運動の一翼を担って，図 22.1 に模式的に示すように**アセノスフェア**（asthenosphere）とよばれる粘性の低い層の上を水平方向に運動している．造山運動，地殻変動，地震活動，火山活動など，地球表面で生じる主要な変動は，プレートが互いに接する境界，すなわち**プレート境界**（plate boundary）での相互作用が原因で起こる．これが**プレートテクトニクス**（plate tectonics）の基本的な考え方である．

プレートどうしは相対的に運動しており，この相対運動には，互いに（1）近

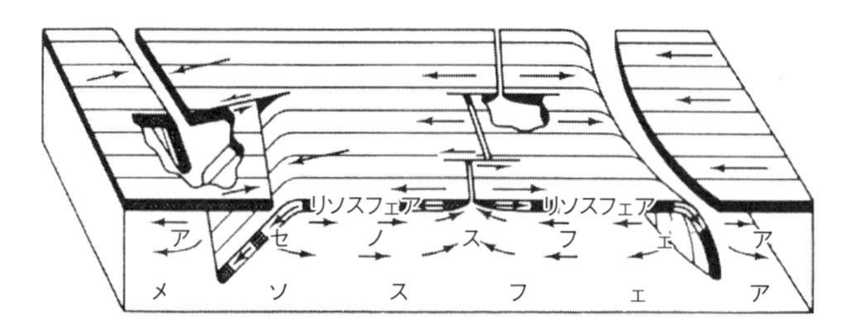


図 22.1 プレートテクトニクスの模式図（Isacks *et al.*, 1968）

づく，(2) 離れる，(3) すれ違う，の 3 種類がある．この 3 種類の相対運動に応じて，プレート境界にも (1) **収束型** (convergent) **境界**，(2) **発散型** (divergent) **境界**，(3) **平行移動型** (translational) **境界**の 3 種類がある．

2 つのプレートが収束する（あるいはぶつかり合う）“収束型境界”では，密度の大きいプレート（海洋プレート）が密度の小さいプレート（大陸プレート）の下に沈み込む．その場所が，日本列島のようなプレートの**沈込み帯** (subduction zone) である．第 1 部図 7.3 で太平洋を取り囲むように顕著な地震帯が分布するが，それらのほとんどがこの収束型境界で形成されたものである．両方とも密度の小さい大陸プレートどうしがぶつかり合うと，どちらもアセノスフェアより密度が小さいので，容易には沈み込むことができない．2 つのプレートは衝突し，相対運動のかなりの部分が衝突される側のプレートの内部変形としてまかなわれる．その結果，プレート内に大規模な褶曲山脈や横ずれ断層が形成される．ヒマラヤ山脈はその一例であり，中東–中央アジア–ヒマラヤに連なる地震帯は，このような衝突型の収束境界，すなわち**衝突帯** (collision zone) である．衝突帯では，衝突される側のプレート内の広い範囲で変形が生じるため，沈込み帯の場合に比較して，より広範囲で地震が発生する．

2 つのプレートが互いに離れる“発散型境界”では，空いた隙間を埋めるため下方からマントル物質が上昇し，それが冷えて新しいプレートがつくられる．その場所が**中央海嶺** (mid-ocean ridge)–**リフト** (rift) **系**である．海洋底に連なる海底山脈を形成する中央海嶺としては，大西洋の中央を南北に分布する大西洋中央海嶺，太平洋の南東部に分布する東太平洋海膨，インド洋に分布するインド洋海嶺などがあげられる．一方，陸上に連なる割れ目を形成する“リフト（あるいは**リフトバレー** (rift valley)）”としては，アフリカ大陸を東西に分け

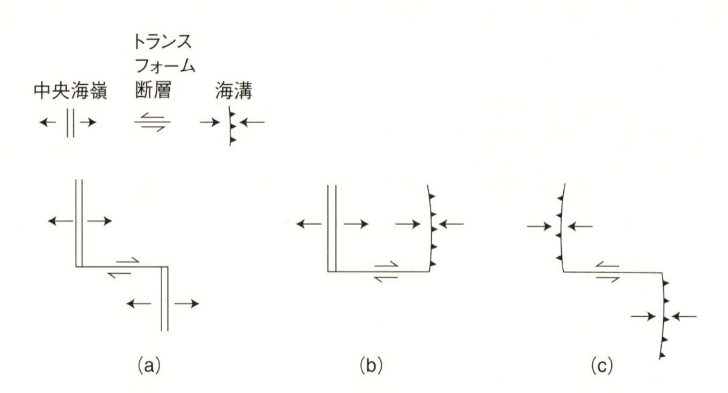


**図 22.2**　トランスフォーム断層のタイプ（瀬野，2001）
（a）中央海嶺と中央海嶺をつなぐ，（b）中央海嶺と海溝をつなぐ，（c）海溝と海溝をつなぐ．

る東アフリカ地溝帯や，アフリカ大陸とアラビア半島を分ける紅海などがある．

2 つのプレートが水平にすれ違う“平行移動型境界”が，**トランスフォーム断層**（transform fault）である．トランスフォーム断層は，プレートの収束境界や発散境界をつないで橋渡しする役割をもつ．すなわち，図 22.2 に見られるように，トランスフォーム断層を介して，発散型境界から発散型境界へ（a），発散型境界から収束型境界へ（b），収束型境界から収束型境界へ（c）と，プレート境界がトランスフォーム（変化）するのである．中央海嶺と中央海嶺をつなぐトランスフォーム断層は大洋下に多数みられるが，アメリカ西海岸に沿って分布するサンアンドレアス断層や，ニュージーランド南島のアルパイン断層もトランスフォーム断層のひとつである．

なお，プレートテクトニクスの詳細については，本シリーズ第 8 巻『測地・津波』の 3.2 節を参照されたい．

## 22.2 マントル対流

### 22.2.1 マントルに沈み込む海洋プレート：マントル下降流

マントルの熱対流運動の地球表面への現れがプレート運動である．では，地球表面でプレートテクトニクスをひき起こしている原因である**マントル対流**（mantle convection）は，実際に見えるものなのだろうか？　近年の地震波トモグラフィの研究の進展により地球内部の3次元構造を写し出すことが可能となり，現在われわれは，おぼろげながらではあるが，マントル対流の一端を目にすることができるようになった．その結果，マントルのダイナミクスや進化の様子が次第に明らかになりつつある．

沈込み帯で海溝から陸のプレートの下のマントル中に沈み込んだ海洋プレート，すなわち**スラブ**（slab）の姿は，地震波トモグラフィで見ることができる．例として，口絵6に，世界の沈込み帯のP波速度の鉛直断面を示す．図は，海溝に直交する鉛直断面にP波速度偏差（各深さにおける平均のP波速度からのずれの割合をパーセントで表したもの）をカラースケール（青が平均より高速度，赤が低速度）で示したもので，マントル中に沈み込むスラブが，傾斜した青色のP波高速度層として明瞭に写し出されている．

沈み込んだスラブの中では地震が発生する．口絵6でも，P波高速度層のスラブ内で深さ約700 km程度まで地震が発生していることがわかる．沈み込んだスラブはマントル内で面状に分布するので，このようにスラブの中で発生する地震（スラブ内地震）も面状の分布をする．そのため**深発地震面**（deep seismic zone，あるいは**和達–ベニオフ帯**（Wadati-Benioff zone））とよばれている．

深発地震面を形成するスラブ内地震は，深さ約660 kmまでの上部マントルでのみ発生し，それ以深の下部マントルでは発生しない．深さ660 kmの上部・下部マントル境界まで達したスラブは，その後どうなるのだろうか？　地震波トモグラフィにより，上部・下部マントル境界に達したスラブが，境界直上のマントル遷移層に横たわる姿がいくつかの沈込み帯で見出された．一方，他のいくつかの沈込み帯では，境界を突き抜け下部マントルに貫入するスラブの姿が写し出された．口絵6でも，日本A・B，伊豆–小笠原，南千島では，上部・下部マントル境界に達してその直上に横たわるスラブ（**滞留スラブ**（stagnant slab））が，地震波高速度層として明瞭にイメージングされている．一方，トンガB，マリアナ，ジャワ，南アメリカA・B，中部アメリカでは，スラブが上部・下部マントル境界を突き抜けて下部マントル中を落下する様子が，これも地震波高速度層として明瞭に写し出されている．

以下に述べるように，海溝から沈み込んだスラブは，通常マントル遷移層の中でいったん横たわり，その後に下部マントルに貫入するようである．いったん横たわるのは，下部マントルに入ると粘性係数が急激に増加するので，スラ

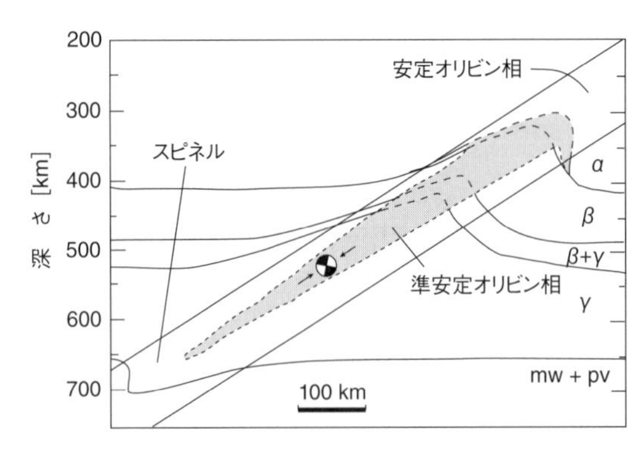


図 22.3　沈み込むスラブおよびその周辺の相境界の位置（Kirby, 1995）
図はスラブの沈込み方向にとった鉛直断面であり，沈み込むスラブを 2 本の傾斜した直線で囲んで示す．かんらん石の $\alpha$ 相 $\rightarrow$ $\beta$ 相 $\rightarrow$ $\beta+\gamma$ 相 $\rightarrow$ $\gamma$ 相 $\rightarrow$ ペロブスカイト（pv）$+$ マグネシオウスタイト（mw）の相境界を，それぞれ実線で示す．灰色で影をつけた領域は，準安定オリビン相（metastable olivine）の範囲．

ブが下部マントルに貫入しようとする際に抵抗を受けることが，その原因のひとつと考えられる．原因としてもうひとつ重要なものは，上部マントルを構成する主要鉱物であるかんらん石（オリビン（olivine））の相分解にある．図 22.3 に示すように，かんらん石（$\alpha$–オリビン）は深くなるにつれて，より高密度の $\beta$–スピネル（ウォズレアイト（wadsleyite）），$\gamma$–スピネル（リングウッダイト（ringwoodite））へと**相転移**（phase transformation）する．$\alpha$ 相 $\rightarrow$ $\beta$ 相の相転移は深さ約 410 km，$\beta$ 相 $\rightarrow$ $\gamma$ 相の相転移は深さ約 550 km で起こる．そして深さ 660 km 付近では，$\gamma$–スピネルはペロブスカイト（perovskite, pv）とマグネシオウスタイト（magnesiowüstite, mw, フェロペリクレース（ferropericlase）ともよばれる）という，より高密度の 2 つの鉱物に分解する（**相分解**（phase decomposition））．とくに，$\alpha$ 相 $\rightarrow$ $\beta$ 相の相転移および $\gamma$ 相 $\rightarrow$pv+mw の相分解で，密度と地震波速度の増加が大きい（410 km 不連続面および 660 km 不連続面，23.2.2 項参照）．なお，かんらん石が 2 つの鉱物に分解するこの深さ（660 km）をもって，マントルは上部マントルと下部マントルに分けられる．また，$\alpha$ 相 $\rightarrow$ $\beta$ 相の相転移が始まる約 410 km から上部・下部マントル境界までを**マントル遷移層**（mantle transition zone）とよぶ．

かんらん石が相転移や相分解を起こす圧力（深さ）は温度に依存する．沈み込む海洋プレートは周囲のマントルに比べて冷たいために相転移や相分解が周囲と多少異なる深さで起こる．$\alpha$ 相 $\rightarrow$ $\beta$ 相の相転移はクラペイロン（Clapeyron）勾配（温度–圧力勾配）が正なので，周囲より浅い深さで起こる．一方，$\gamma$–スピネルの相分解はクラペイロン勾配が負なので，周囲よりも深い場所で生じる．すなわち，沈み込むスラブは，深さ 410 km 付近では周囲に先んじて高密度物質に相転移し，上部・下部マントルの境界では周囲に遅れて高密度の物質に相分解することになる．高密度物質への分解が周囲に遅れれば，周囲のほうが重くなりスラブを浮き上がらせる力がはたらく．このことは，沈み込むスラブが上部・下部マントル境界を突き抜け，下部マントルに貫入するのを抑制するはたらきをする．そのため，スラブは上部マントル底部のマントル遷移層にいったん横たわるのだと考えられている．

マントル遷移層にいったん滞留したスラブは，その後周囲から温められ，遂には $\gamma$–スピネルが相分解を起こす．すると温められたとはいえ，まだ周囲より冷たいスラブは，周囲より重くなるので下部マントルに落下することが期待される．口絵 6 に示すように，中部アメリカなど多くの沈込み帯で，下部マントルに貫入し下部マントル中を落下するスラブの姿も，地震波トモグラフィによりとらえられている．

### 22.2.2　ホットスポットとプルーム：マントル上昇流

沈込み帯で海溝からマントル中に沈み込む海洋プレートが，マントル対流システムのうちの下降流部分を担っている．では上昇流部分はどこにあるのだろうか？　当初は，発散型境界である中央海嶺がその有力な候補と考えられた．しかしながら，後に，沈込み帯に遭遇した中央海嶺が海溝から地球内部に飲み込まれてしまう事例が見出されるに及び，そのような考え方が成り立たないことが明らかになった．つまり，中央海嶺は単なるプレート間の裂け目であり，2 つのプレートが互いに離れることで生じた隙間を埋めるため直下からマントル物質が上昇する場所ではあるが，マントル深部にまで及ぶマントル対流の上昇流部分を担うものではない．

マントル深部に起源をもつ高温マントルの上昇流部分も地震波トモグラフィでとらえられた．口絵 11 は地震波トモグラフィで描きだされたマントルの P 波速度分布である．日本–ハワイ–アフリカ中部を通る大円に沿って地球を切ったときに現れる鉛直断面に，P 波速度偏差をカラースケール（青：高速度，赤：低速度）で示す．マントルの底の P 波速度偏差の分布も核の表面に投影してある．ハワイとアフリカの下に，マントルの底から地表付近まで，マントル全体を貫く赤色の顕著な低速度域が分布する．これらはマントル中の上昇流に対応し，**プルーム**（plume）とよばれている．次節で触れるように，地球上の火山活動としては，(1) 沈込み帯で形成される火山（**沈込み帯型火山**），(2) 中央海嶺で形成される火山（**中央海嶺型火山**）のほかに，(3) プレート境界に属さない火山として，ハワイなどの孤立した**ホットスポット型火山**がある．マントル深部から湧き上がってきた上昇流が地表に達して形成されるのが，このホットスポット火山であり，上記のハワイやアフリカ中部のほかにも，アイスランドや南極エレバス山など多数存在する．口絵 11 に示すハワイやアフリカ中部の下の顕著な P 波低速度域は，地球内部にみられるプルームのなかでも，主要な 2 つの上昇流（**スーパープルーム**）である（23.2.2 項参照）．なお，口絵 11 では，日本海溝から沈み込んだ太平洋プレートが日本海の下のマントル遷移層に横たわる様子も，青色の P 波高速度域としてはっきりとみることができる．

以上のように，地球内部のマントル対流システムのうち，下降流部分を沈み込むスラブが，上昇流部分をプルームが担っていることが，地震波トモグラフィの研究などから明らかになってきた．これが，地球表面でのプレート運動の原動力ともなっている．したがって，プレートテクトニクスを理解するためには，プレート運動をひき起こすマントルのダイナミクスをも同時に理解する必要がある（第 23 章参照）．

## 22.3 プレート境界と地震の発生，火山の生成

地震は，プレート運動が原因で発生する．それを見るため，地球上のプレート境界の分布とプレート運動の方向を図 22.4 に，世界で発生する浅発，やや深発，深発地震の震源の分布を，第 1 部図 7.3a, b に示す．また，図 22.5 には世界の浅発大地震の分布を示す．図 22.4 と図 7.3 および図 22.5 を比べると，世界の地震のほとんどがプレート境界あるいはその近傍で発生していることが見てとれる．それは以下に記すように，プレート境界におけるプレートどうしの相互作用により応力が生じ，それを解放するために，プレート境界やその近傍で

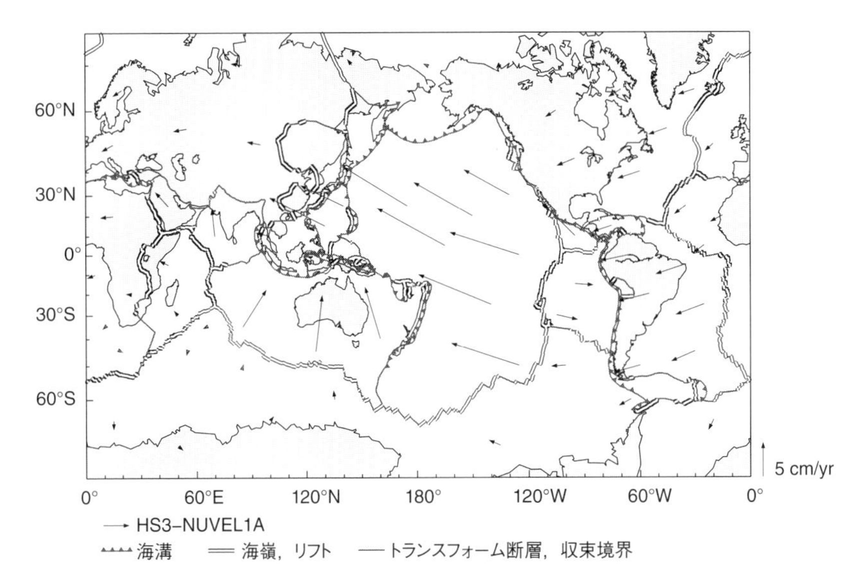


**図 22.4**　プレート境界とプレートの絶対運動（Bird, 2003; Gripp and Gordon, 2002）
図下部に示すように，プレート境界の種類に応じて異なる線分で示す．絶対運動速度を矢印の長さで示す．

地震が発生するからである．

プレートの収束型境界のうち，日本列島のような沈込み帯では，一方のプレート（海洋プレート）が他方のプレート（大陸プレート）の下に沈み込む．沈み込む海洋プレートと上盤側のプレートとの境界面は，図 22.6a に模式的に示すように，摩擦によりその浅部で固着する．それによって生じた応力が次第に上昇し，やがてプレート境界面の強度に達すると，応力を解放するため逆断層型の地震が発生する（図 22.6a で①の地震）．沈込み帯の**プレート境界地震**（interplate earthquake）である．図 22.5 で示した浅発大地震の大部分が，このタイプのプレート境界地震である．プレート境界地震の活動はきわめて活発で，地球全体で解放される地震エネルギーのおよそ 70% にも達する．2011 年東北地方太平洋沖地震（$M_{\mathrm{W}}$ 9.0）を含め，地球上の巨大地震のほとんどがこのタイプの地震である．

海洋プレートは，海溝から沈み込む際に下側に曲げられる．この曲げ変形による応力を解放するために，沈み込む海洋プレート浅部で正断層型の地震が発

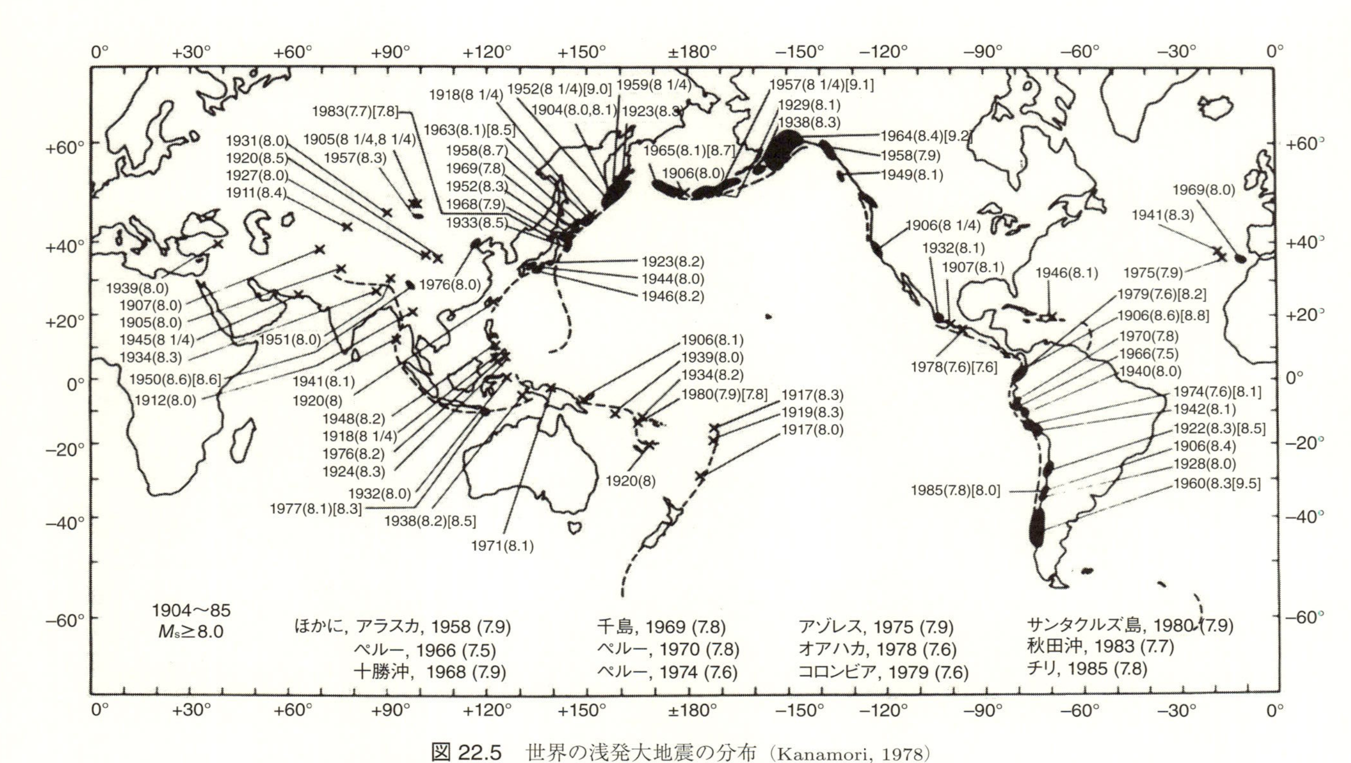


図 22.5　世界の浅発大地震の分布（Kanamori, 1978）

1904~85 年の期間に発生した浅発大地震の震源（域）を，黒の楕円あるいは×印で示す．

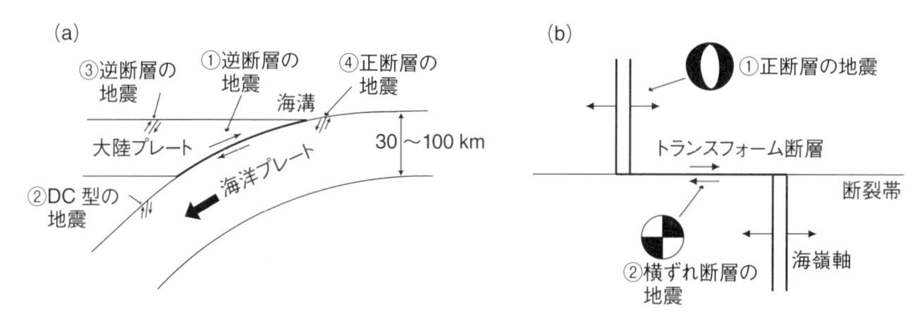


**図 22.6** 沈込み帯（a）および中央海嶺とトランスフォーム断層で発生する地震のメカニズム（b）

（a）は鉛直断面，（b）は平面図で示す．（a）の ② DC 型は，主圧力軸がスラブの傾斜方向に向くダウン・ディップ・コンプレッション型を示す（次節参照）．

生する（図 22.6a で ④ のタイプの地震）．プレートの曲げ変形に伴って形成される海溝外側の地形の高まり，すなわち**アウターライズ**（outer rise）で発生するので，“アウターライズの地震”とよばれる．上記のように，沈み込む際に下側に曲げられた海洋プレートは，沈み込んだのち，今度は上側に曲げ戻される．他の要因によるものも含め，海洋プレートは沈み込んだ後もこのように変形を受ける．変形による応力を解放するため，沈み込んだ海洋プレートの内部でも地震が発生する（図 22.6a で ② のタイプの地震）．沈み込んだ海洋プレートを“スラブ”とよぶので，このタイプの地震は**スラブ内地震**（intraslab earthquake）とよばれる．プレート境界での固着による短縮変形など，海洋プレートの沈込みによって，上盤側プレートも変形を受ける．それにより生じる応力を解放するため，上盤側の大陸プレートの浅部でも地震が発生する（図 22.6a で ③ のタイプの地震）．1995 年兵庫県南部地震（$M$ 7.3）などの“内陸地震”がこのタイプの地震である．

第 1 部図 7.3a で太平洋の周りに顕著な地震の帯がみられるが，これらは上記のようなメカニズムにより沈込み帯で発生した地震である．とくに図 7.3b に示すような深い地震は沈込み帯で発生するスラブ内地震だけである．

プレート収束境界のうち，大陸プレートどうしが収束する“衝突帯”では，2 つのプレートの衝突により，広い範囲にわたって変形が生じ，それによる応力で地震が発生する．インド亜大陸がユーラシア大陸に衝突しているヒマラヤ・チベットでは，顕著な地震活動帯が広範囲に分布しているのが，図 7.3a からみてとれる．

発散型境界の中央海嶺や大陸のリフト系では，両側のプレートどうしが互いに離れるので，プレート境界面のごく浅部で正断層型の発震機構をもつ地震が発生する．（図 22.6b で ① の地震）一方，平行移動型（横ずれ）境界のトランスフォーム断層では，プレート境界面の浅部で横ずれ断層型の地震が発生する（図 22.6b で ② の地震）．図 7.3a に見られるように，中央海嶺あるいは海嶺軸どうしをつなぐトランスフォーム断層に沿って上記のようなメカニズムで発生する地震が，大西洋中央海嶺に沿う活動など，海洋底を帯状に分布する地震帯を形成している．

図 22.7 には，世界の火山の分布を示す．この図には，おもなプレートの名前も記してある．図 22.4 と比較すると，環太平洋やインドネシアの沈込み帯に沿って分布する火山が多いのに気づく．プレートの沈込みに伴って，プレート直上のマントル部分（マントルウェッジとよばれる）に誘起される 2 次対流によるマントル物質の上昇と，沈み込んだプレート（スラブ）から吐き出された

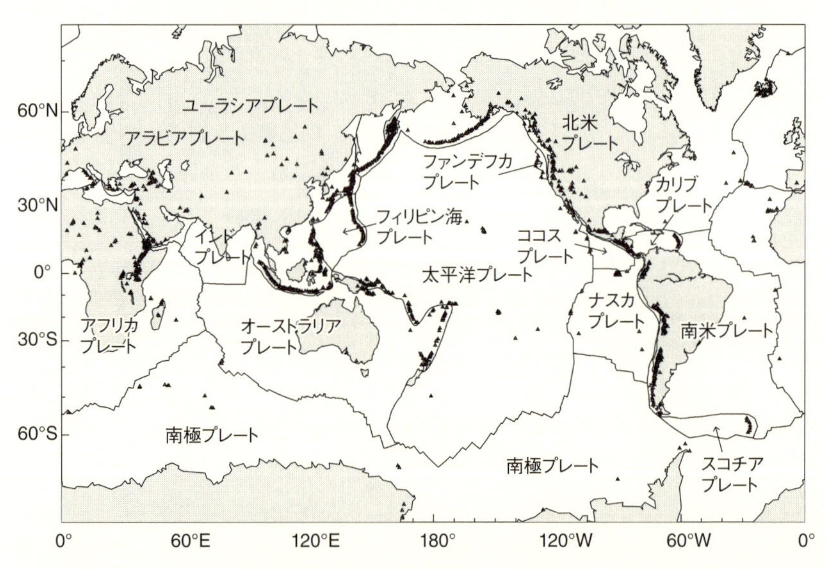


図 22.7　世界の第四紀火山の分布（Smithsonian Institution, Global Volcanism Program 〈http://www.volcano.si.edu/〉 による）
火山を黒丸で，プレート境界を実線で示す．

水の付加によりマグマが形成される．これがこの型の火山，すなわち沈込み帯型火山の原因である．マントル物質の融点は，圧力減少および水の付加により低下するので，上昇流中のマントル物質が部分融解してマグマが形成されると考えられる（減圧融解と加水融解）．また中央海嶺に沿っても火山が分布する．互いに離れるプレートのすき間を埋めるように下からマントル物質が上昇する．この上昇流中のマントル物質の減圧融解によりマグマが形成されるのがこの型の火山，すなわち中央海嶺型火山の原因である．さらに，上記 2 つの型の火山のようにプレート境界に沿って分布せず，プレートの中ほどに孤立した火山がある．22.2.2 項で述べたハワイなどの“ホットスポット型火山”である．これも上昇流中のマントル物質の減圧融解により形成されるマグマが原因である．このように火山には，主として（1）沈込み帯型火山，（2）中央海嶺型火山，（3）ホットスポット型火山の 3 つのタイプがある．

## 22.4 沈込み帯の地震

沈込み帯では，プレートどうしがぶつかり合い，密度の大きいほうのプレート（海洋プレート）が，自重によりもう一方のプレートの下のマントル中に沈み込む．沈み込む海洋プレートと上盤プレートとの接触面のうち浅い部分では，摩擦力がはたらき固着する．そのため，固着域に応力が加わり，それが次第に上昇し，やがて強度の限界に達すると固着域は急激にすべる．“プレート境界地震”である．そしてふたたび固着する．このようにして繰り返しプレート境界地震が発生する．世界で発生する浅発大地震のほとんどが，このようにして起こるプレート境界地震であることは前節で述べた．プレート間の固着は，ある特定の深さ範囲でのみ生じる．この範囲はどうやら第一義的にはプレート境界面の温度で決まっているようである．

Oleskevich *et al.*（1999）は，いくつかの沈込み帯についてプレート境界面の温度分布を推定し，それとプレート境界大地震の震源域の深さの上限・下限と比較した．その結果，（1）プレート境界地震の深さの上限はプレート境界の温度が 100〜150℃ に達する深さ，一方，（2）下限は 350℃ に達する深さとおおよそ一致するとした（図 22.8）．プレート境界面のうち，その最浅部では，そこに分布する堆積物中の粘土鉱物は安定すべりを生じさせて固着を妨げる．深くな

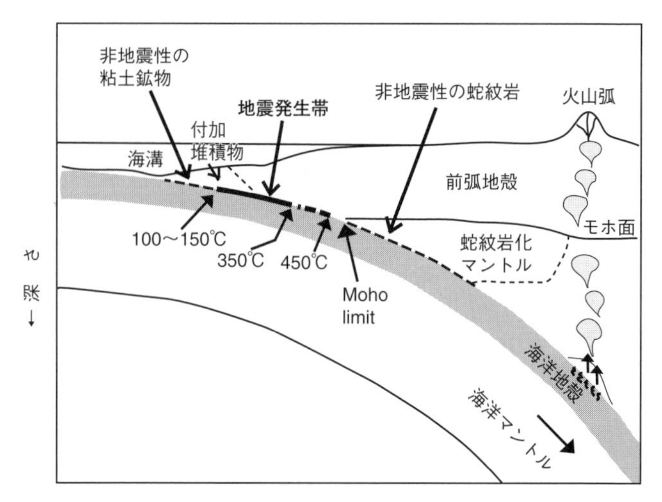


図22.8　プレート境界地震の深さの上限および下限（Oleskevich *et al.*, 1999）
島弧横断鉛直断面に模式的に示す．プレート境界で地震が発生する範囲（地震発生帯（seismogenic zone））は，主として温度で決まると考えられる．

り，温度が100〜150℃に達するとそれは脱水分解してイライト（illite）とクロライト（chlorite）になり，固着が始まると考えられる．その後，さらに深部で350℃を超える深さになると，もはや固着せず安定すべりが卓越するようになる．つまり，これが下限を規定する（より詳しくみると，350〜450℃の深さ範囲では不安定すべり→安定すべりに変化する遷移帯を形成する）．ただし，プレート境界面の温度が350℃に達するのが上盤プレートのモホ面と接する深さより深い場合は，モホ面と接する深さがプレート境界地震の深さの下限になるとした．上盤プレートのマントル部分は，沈み込む海洋プレートの脱水で供給された水によって蛇紋岩化されるので，それと海洋プレートが接する領域では安定すべりが卓越し，もはやプレート境界地震は起きないと考えるからである．

第24章で述べるように，西南日本下に沈み込むフィリピン海プレートの場合，深さの下限は25km程度である（図24.4，24.5b）．Hyndman *et al.*（1995）によれば，この深さは350℃に達する深さとおおよそ一致する．一方，東北日本下に沈み込む太平洋プレートの場合，深さの下限は50km程度であり（図24.4，24.5a），上盤プレートのモホ面と接する深さ（図22.8でMoho limitと記した深さ）を優に超えている．Oleskevich *et al.*（1999）によれば，下限はモホ面に接する深さ（東北日本の場合，およそ25 km程度）までのはずであるが，それは図22.8に示したように上盤プレートのマントルが蛇紋岩化していると考えたからであり，蛇紋岩化が起こらなければ固着域がより深部まで及ぶことを示している．

図24.5に見られるように，フィリピン海スラブと太平洋スラブの接触により温度が局所的に低くなっていると推定される関東下では，プレート境界地震の深さの下限が，太平洋プレートの上部境界面の場合が80 km程度まで，一方，フィリピン海プレートの上部境界面の場合が55 km程度まで及ぶ．下限が50〜55 kmの北海道および東北日本下の太平洋プレートの場合も含め，これらの深さは（地殻物質の不安定すべり-安定すべり遷移の温度350℃と同様に），第一義的には温度で規定されているものと推定される．

なお，第25章で述べるように，2011年東北地方太平洋沖地震では，プレート間の大きなすべりが海底面にまで達した．プレート境界地震の深さの上限が温度100〜150℃に達する深さで規定されるという上記の考え方は，再検討する必要があるかもしれない．

プレート境界では温度が350℃程度を超える深さになるともはや地震は起こらなくなるが，沈み込んだプレートの中ではより深部まで地震が発生する．世界の震源分布図（第1部図7.3b）にみられるように，深さ60 km程度より深い地震は沈込み帯でのみ発生する．これらは，沈み込んだ海洋プレート（スラブ）の中で発生するスラブ内地震であり，マントル中で面状の分布をし，深発地震面（和達-ベニオフ帯）を形成する．世界の地震の深さごとの発生頻度分布（第1部図7.5）を見ると，50〜60 kmの深さまでが発生頻度が最も高く，それ以深で一様に減少したのち，300 km程度の深さを超えると増加に転じ，500〜600 km程度で極大になることがわかる．地震を，発生する深さで分けて，60 km（あるいは70 km）以浅を浅発地震，60（あるいは70）〜300 kmをやや深発地震，300 km以深を深発地震とよぶ．やや深発地震と深発地震はスラブ内で発生するのでスラブ内地震である．ただし，深さ60 km以浅であっても，スラブ内で発生していればスラブ内地震とよばれる．

スラブ内地震の発震機構は，多くの場合，主圧力軸（P軸）がスラブの傾斜方向に向くダウン・ディップ・コンプレッション（DC）型か，あるいはその逆に，主張力軸（T軸）がスラブの傾斜方向を向くダウン・ディップ・エクステンション（DE）型かのどちらかになる．その深さ分布には，沈み込むプレートの年齢に応じて系統的な傾向が認められる（Isacks and Molnar, 1971）．すなわち，図 22.9a に示すように，（1）スラブ内地震が 250 km 程度の深さまでしか発生しない中米のような若いプレートの沈込み帯では DE 型の発震機構解が卓越する．（2）トンガや東北日本のように古いプレートの沈込み帯では，スラブ内地震は深さ 650 km 程度まで連続して分布し，すべての深さで DC 型の発震機構解が卓越する．（3）ケルマディックや千島では（1）と（2）との中間的な性

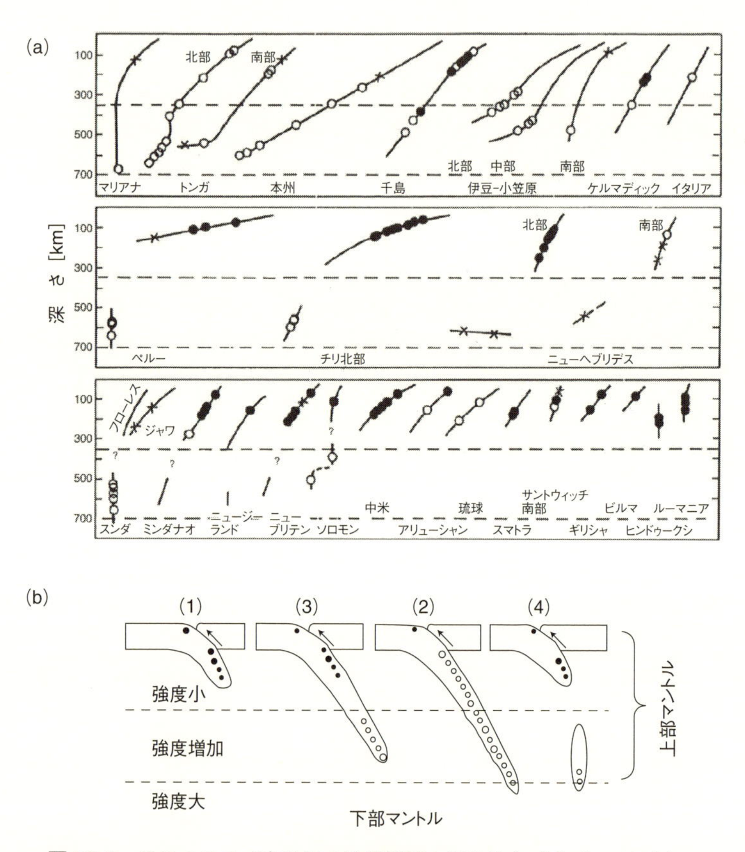


**図 22.9**　世界のスラブ内地震の発震機構の深さ分布（a）とスラブ内の起震応力場形成の原因（b）（Isacks and Molnar, 1971）

スラブの沈込み方向にとった鉛直断面に模式的に示す．白丸は DC 型，黒丸は DE 型の（a）発震機構，（b）起震応力場を示す．水平な 2 本の破線のうち深いほうの破線は，上部マントルと下部マントルの境界．（1）～（4）は本文参照．

質を示し，浅部ではDE型，深部ではDC型の発震機構解が卓越する．(4) チリやニューヘブリデスのように，300〜500 km の深さ範囲でスラブ内地震が発生しない沈込み帯では，その浅部側でDE型，深部側でDC型の発震機構解が卓越する．当時，Isacks and Molnar (1971) は，スラブの年齢に応じてこのように系統的なスラブ内の起震応力場の違いが得られたことから，それは以下のような原因で形成されると考えた．すなわち，図22.9bに模式的に示すように，①スラブの先端が達する深さが (1)〜(3) で異なり，(2) ではスラブ先端が上部・下部マントル境界まで達するが，(3) や (1) ではそこまで達せず，また (4) ではスラブが上部・下部で分離している．②それらが深くなるにつれて抵抗力が増すマントル中に沈み込むことにより，上記のような起震応力場が形成されるとした．

Isacks と Molnar による上記の説明は一見もっともらしくみえるが，口絵6でもみられるように，近年の地震波トモグラフィの研究により，スラブ先端の深さはほとんどの沈込み帯で上部・下部マントル境界まで達していることが明らかにされつつある．したがって，図22.9bに示すような解釈は必ずしも正しくはない．スラブ内の応力分布には，どうやら，22.2.1項で述べたスラブ内の相転移も重要な役割を果たしているようである．

$\alpha$相 $\rightarrow$ $\beta$相の相転移は温度が低いほど低い圧力で起きるので，図22.3に示すように，スラブの中では周囲より浅い深さで生じるはずである．しかし，スラブの年齢が古く沈込み速度が速い場合，スラブ中心部分の温度はかなり低く保たれ，その結果，相転移の反応速度が遅くなり，図22.3に陰影をつけて示すように，$\alpha$相のまま410 km不連続面をはるかに超えた深さまで沈み込んでしまうことが期待される（図22.10a）．この準安定オリビン相は，スラブの年齢が若い場合や，沈込み速度が速くない場合は，それほど深くまで形成されることはない（図22.10b）．また，$\gamma$-スピネルの相分解は，スラブの中では周囲より深い場所で起こる．このように高密度物質への相転位が周囲より遅れると，その部分のスラブは周囲のマントルより軽くなるので，浮力，すなわち，上向きの力がはたらく．図22.10aに示すように，年齢が古く沈込み速度の速いスラブの場合，$\gamma$-スピネルの相分解の遅れと深部まで形成された準安定オリビン相のために，広い深さ範囲にわたって上向きの力がはたらき，結果としてすべての深さ範囲でDC型の応力場になる．これに対して，図22.10bに示すように，年齢

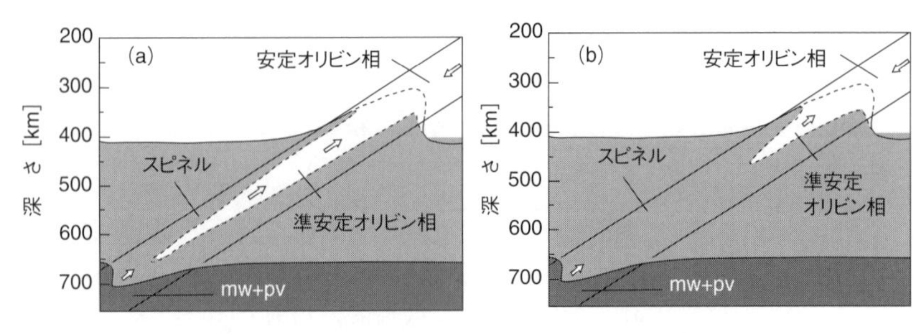


図 22.10　スラブ内の相境界の位置と起震応力場

沈み込むスラブを 2 本の傾斜した直線で囲んで示す．(a) 沈込み速度が速く，かつ古いスラブの沈込み帯．準安定オリビン相が深くまで形成され，その結果，広い深さ範囲にわたって浮力がはたらき，DC 型の応力場になる．(b) 沈込み速度が遅く，かつ新しいスラブの沈込み帯．準安定オリビン相はそれほど深くまで達しないので浮力は弱く，その結果，深部で DC 型，浅部で DE 型となる．

がそれほど古くない場合や，沈込み速度がそれほど速くない場合には，準安定オリビン相は深くまでは形成されず，したがって，それによる浮力，すなわち上向きの力が比較的弱くなり，その結果，深部では DC 型であるものの，浅部で DE 型の応力場が形成されることが期待される．これが，図 22.9a で見られるようなスラブ内の応力場の違いをもたらす要因であろうと考えられる（Chen *et al.*, 2004）．

日本列島下に沈み込むプレート内で発生するスラブ内地震は，図 22.11 に見られるように，その浅部で**二重深発地震面**（double seismic zone）を形成する．すなわち，深さ約 70〜150 km の範囲で互いに平行で約 30 km 離れた上下 2 枚の面状の地震面（二重深発地震面）を形成する．二重深発地震面のうち，上面の地震の発震機構は P 軸がスラブの傾斜方向を向く DC 型，下面は逆に T 軸がスラブ傾斜方向を向く DE 型である（Hasegawa *et al.*, 1978）．東北日本で二重深発地震面が見出されてから，世界の他の地域でも存在するか否かを確かめるため多くの調査が行われ，いくつかの沈込み帯で同様に二重深発地震面が見出された．25.2.2 項で述べるように，現在では多くの沈込み帯で二重深発地震面を形成していることが明らかになった．

東北日本では，深発地震面だけでなく，海溝–アウターライズ直下の海洋プレート内で発生する地震（アウターライズの地震）も，互いに平行な上下 2 枚の面状の分布をするらしい（図 22.12a）．Gamage *et al.* (2009) は，これを二

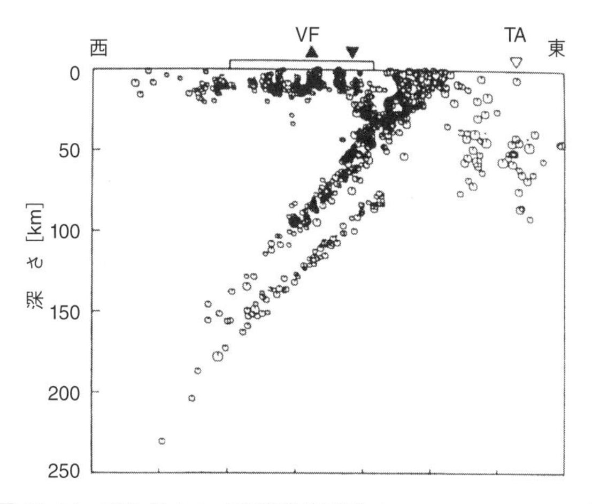


図 22.11 東北日本の二重深発地震面（Hasegawa *et al.*, 1978）
震源を島弧横断鉛直断面に白丸で示す．陸地の範囲を図上部の横線で示す．TA，VF は，それぞれ海溝軸，火山フロント．縦横比 2：1．

重浅発地震面とよんだ．すなわち，海洋プレート浅部の正断層型の地震だけでなく，その深部側でも地震の発生がみられ，上面の地震は正断層型，下面の地震は逆断層型の発震機構を示す．二重深発地震面の上面および下面の地震の場合と，ちょうど逆の向きになっている．二重深発地震面や二重浅発地震面の起震応力場は，以下のように考えれば理解できる（Engdahl and Schloz, 1977）．

海洋プレートは海溝から沈み込もうとして下方に曲げられる（**ベンディング**（bending））ため，脆性的な性質を示すプレート上半部のうち，その上端で引張り応力，下端で圧縮応力がはたらく．すなわち，上端で正断層，下端で逆断層の地震が発生する（図 22.12b）．プレートが沈み込んだ後も，このように曲がった状態のまま保持されると，プレートはちょうど絨毯を丸めた形状になるはずである．しかし，実際はそうはならず，深さ約 650 km 程度までほぼ平面であるのだから（図 24.3a, b および図 24.4 参照），海溝から沈み込んだ後に，元に戻すように上方への曲げ（**アンベンディング**（unbending））の力がはたらいているはずである．そのため，図 22.12b の模式図で示すように，上端で圧縮応力，下端で引張り応力がはたらき，その結果，DC 型の上面，DE 型の下面の地震面が形成される．ただし，この考え方は観測される応力状態を説明できるが，なぜ上下 2 枚の薄い面上に地震が分布するかまでをも説明するものではない．そ

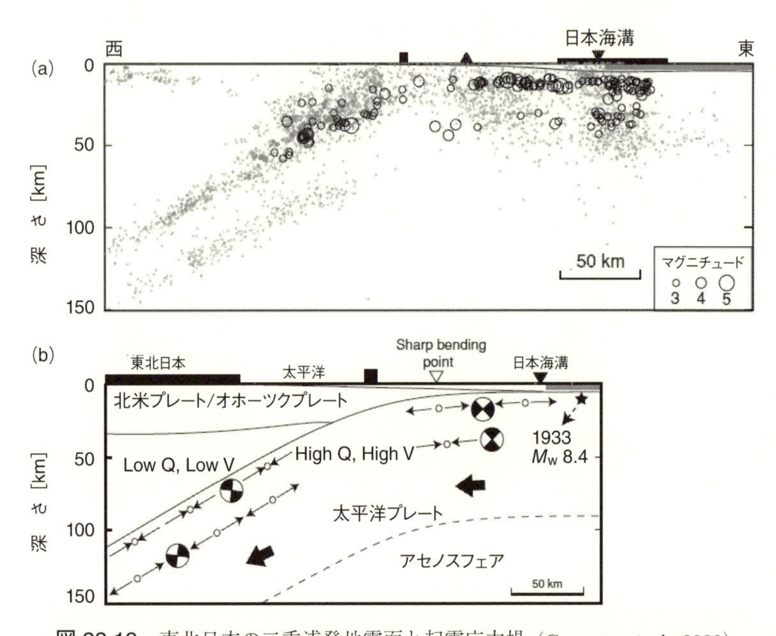


**図 22.12**　東北日本の二重浅発地震面と起震応力場（Gamage *et al.*, 2009）
（a）地震の島弧横断鉛直断面．震源を点で示す．大きい白丸は depth phase を用いて深さが精度よく決められた震源．（b）起震応力場の島弧横断鉛直断面模式図．プレートの沈込み方向を太い矢印で，応力の向きを細い矢印で示す．応力場を表すビーチボール（震源球）は鉛直断面に投影して示してある．

れについては，25.2.2 項で詳しく述べる．

Seno and Yamanaka（1996）によれば，上記のように，海溝–アウターライズでは，（1）プレートのベンディングのため海溝–アウターライズ直下浅部で正断層型の地震が発生するが，それに加えて，いくつかの沈込み帯では，深部で逆断層型の地震も発生する（図 22.13 の CDE）．（2）そのような沈込み帯では，沈み込んだスラブ内でやや深発地震が二重深発地震面を形成している（図 22.13 の DSZ）．すなわち，東北日本にみられる図 22.12 に示したような地震の起こり方は，他の沈込み帯にも共通する一般的な特徴であるらしい．最近の研究によれば，規模の大きいこのような浅部正断層型地震と深部逆断層型地震のペアが比較的近接した期間内に発生した事例が，いくつかの沈込み帯で報告されている（Lay *et al.*, 2013）．たとえば，千島海溝のアウターライズで 2007 年 1 月 13 日に $M_W$ 8.1 の浅い正断層型地震が発生したが，その 2 年後の 2009 年

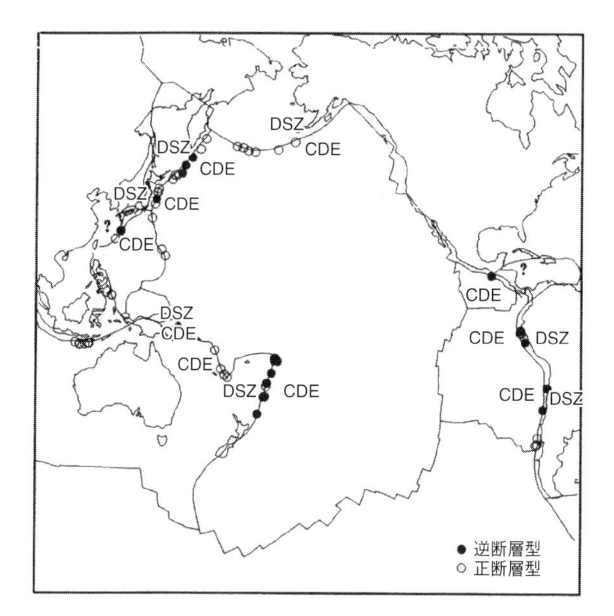


図 22.13　海溝–アウターライズ直下の地震の分布（Seno and Yamanaka, 1996）
DSZ は二重深発地震面があることを示す．CDE は，海溝–アウターライズ直下の浅部の正断層型地震に加えて，深部に逆断層型地震があることを示す．

1 月 15 日にはそのすぐ直下で $M_W$ 7.4 の深い逆断層型地震が発生した．実は，$M_W$ 8.1 の地震の 2 カ月前には，そのすぐ西方のプレート境界で $M_W$ 8.3 の地震が発生している．おそらく，プレート境界の固着が剥がれたことでプレートの沈込みが加速され，それにより加えられた応力によりアウターライズでこれらの地震が発生したのであろう．比較的規模の大きいこのような地震ペアの発生は，その後，ケルマディック海溝やフィリピン海溝のアウターライズでも見られている．

また Seno and Yamanaka（1996）は，これらの海溝–アウターライズ直下および沈み込んだスラブ内の下面の地震の発生は，どちらも，蛇紋岩化したかんらん岩から吐き出された水による脱水脆性化に起因すると考えた（25.2.2 項参照）．

## 22.5　中央海嶺の地震

中央海嶺は，そこで新しい海洋プレートが生成され両側に分かれて拡がっていく場である．そのため，海嶺は**拡大中心**（spreading center）ともよばれる．拡大中心で誕生したばかりのプレートの厚さは非常に薄い．プレートは，海嶺から遠ざかるにつれて次第に冷えていく．冷やされて，ある限界温度以下になり高い粘性を獲得した部分がプレートである．この限界温度を示す等温線が，リソスフェア（プレート）とアセノスフェアの境界を決めると考えられる．したがって，プレートは海嶺から遠ざかるにつれて次第に厚くなる．

中央海嶺では，図 22.6b に示したように，正断層型の地震が発生する．プレートは，引張り応力を受けて両側に離れていく．海嶺ではプレートの厚さは薄いので強度は小さいが，ゼロではないので，この引張り応力により中央海嶺の両側の地殻で正断層の地震が発生する．拡大速度の速い海嶺の場合，プレートの厚さはきわめて薄く地形も広く緩やかである．一方，拡大速度の遅い海嶺では，やや厚くかつ地形もより急峻である．図 22.14a, b に，それぞれ拡大速度の遅い海嶺および速い海嶺について，人工地震探査などで推定された構造の模式図の例を示す．拡大速度の遅い海嶺（図 22.14a）では，アセノスフェアから供給されたメルトが集まり，海嶺直下のリソスフェアの底にマグマ溜まりが形成される（図で点で影を付けた灰色の領域）．そこから，上方に向かってマグマが貫入し，それが固化することにより新しい海洋地殻が生成される．マグマの貫入は常に起こるのではなくときどき間欠的に生じる．一方，拡大速度の速い海嶺（図 22.14b）では，アセノスフェアから供給されたメルトは海嶺直下の浅所（深

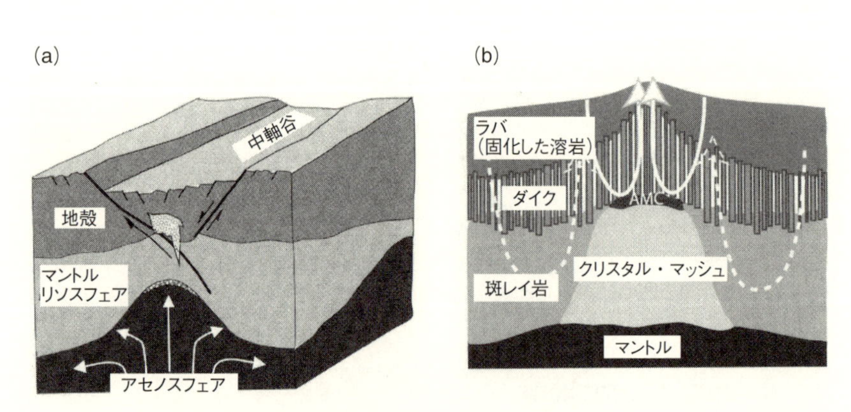


**図 22.14**　中央海嶺の構造の模式図（Cannat *et al.*, 2004）
（a）拡大速度の遅い海嶺．（b）拡大速度の速い海嶺．

さ 1〜2 km）にマグマ溜まり（図に黒で影をつけ AMC（axial magma chamber）と記した領域）を形成する．このマグマ溜まりの下には，ところどころにマグマレンズを含むかゆ状の領域（図でクリスタル・マッシュと記した領域）が拡がっている．それは地震波低速度域として検出される．マグマ溜まりから上方に向かって，マグマの貫入や固化がほぼ定常的に生じ，それにより新しい海洋地殻が形成される．

地震は，地表近くの正断層で発生する．たとえば，拡大速度の遅い海嶺では，図 22.14a で太い実線で示したような場所で発生すると推測される．地震を発生させるプレートの厚さが薄いので，中央海嶺ではあまり大きい地震は起こらない．とくに，拡大速度が速いほどプレートは薄くなるので，拡大速度の速い海嶺で発生する地震の最大マグニチュードは，より小さいことが期待される．事実，拡大速度の速い海嶺では地震の活動度は低く，かつ発生してもそのマグニチュードは小さい．

地球上の中央海嶺に発生した地震のメカニズム解を図 22.15 に示す．図は，ハーバード大学のセントロイド・モーメントテンソル（CMT）解のカタログから，1977〜98 年の期間に中央海嶺に決められた地震を選び出し，それらのメカニズム解を各地震の震央の位置にプロットしたものである．図から，大西洋中央海嶺のように拡大速度の遅い海嶺のほうが，東太平洋海膨のように拡大速度の速い海嶺よりも，地震活動がはるかに活発であることがわかる．なお，図 22.15 で見られるこの顕著な傾向は，第 1 部図 7.3a からもある程度は見てとれる．すなわち，プレートの相対運動速度（海嶺の場合は拡大速度）が大きいほど地震活動が低くなる．直感的には逆のように思われるかもしれないが，上で述べたように，地震を発生させるプレートの厚さの違いを考えれば理解できよう．

このことは，プレート拡大速度のうち，正断層地震による地殻の伸長でまかなわれる割合が，拡大速度が速くなるほど小さくなることを示している．地球上の各発散境界における地震モーメントの解放レートを調べ，拡大速度を横軸にしてプロットしたのが図 22.16 である．上記の予測どおり，拡大速度が速いほど解放レートは小さい．なお，上記の正断層地震による地殻の伸長でまかなわれる割合，言い換えれば，プレート間滑りのうち地震すべりでまかなわれる割合（**サイスミックカップリング**）は，拡大速度の遅い海嶺であってもきわめて小さく，せいぜい 10% 程度である．

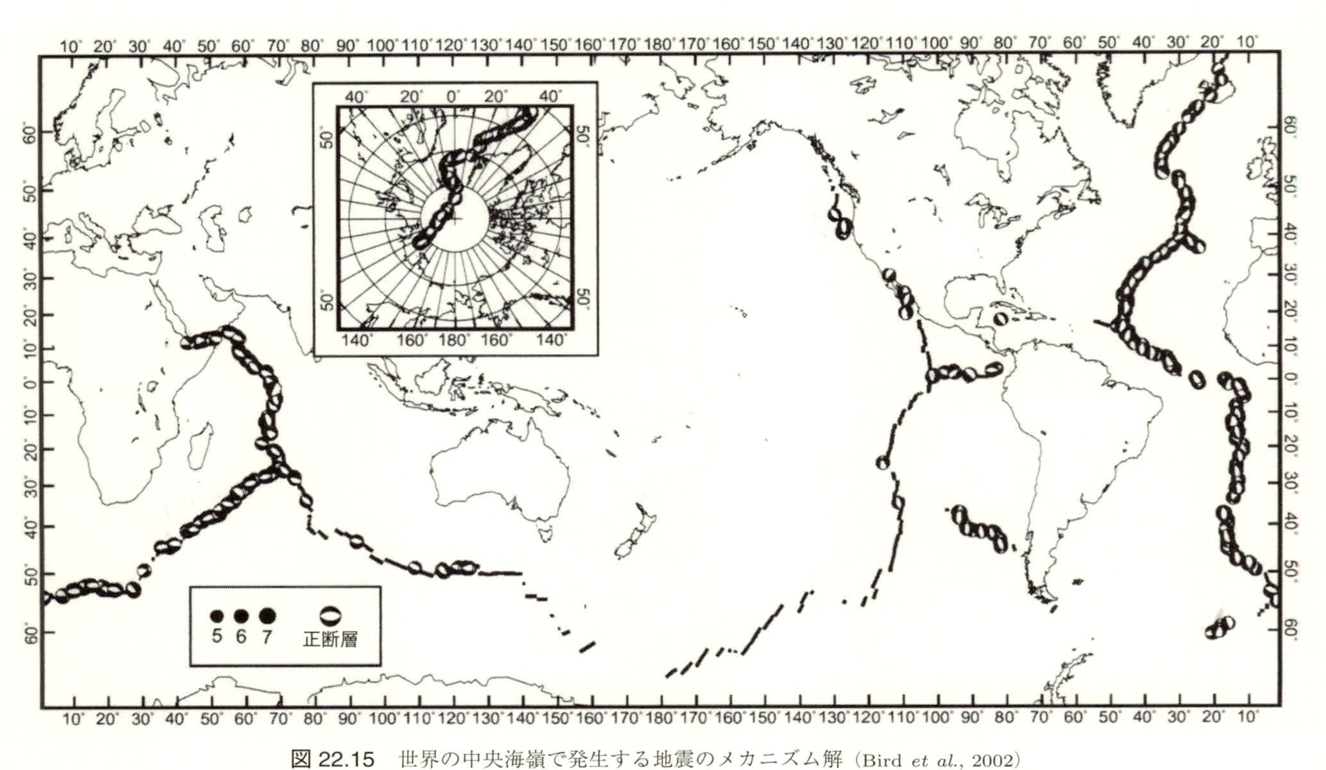


図 22.15　世界の中央海嶺で発生する地震のメカニズム解（Bird *et al.*, 2002）

メカニズム解を震源の位置にビーチボール（震源球）で示す．北極地方の中央海嶺で発生する地震のメカニズム解を挿入図に示す．

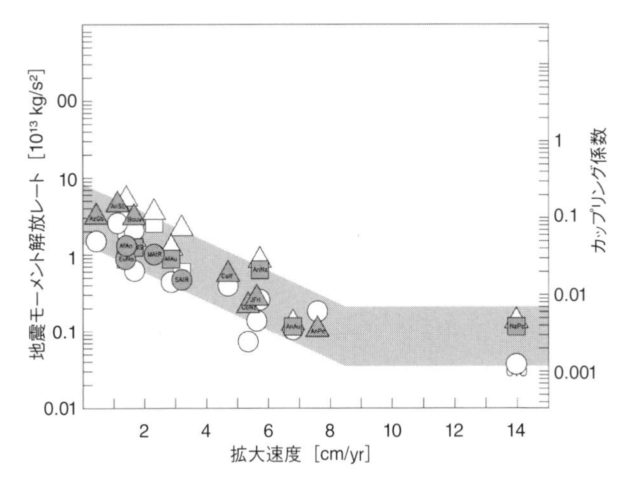


図 22.16　発散境界での地震モーメント解放レートと拡大速度との関係
(Frohlich and Wetzel, 2007)
地震モーメント解放レートはプレート境界の長さおよび拡大速度で規格化してある．縦軸右側は，カップリング係数（プレート間すべりのうち地震すべりでまかなわれる割合）を表す．

## 22.6 トランスフォーム断層の地震

トランスフォーム断層には，(1) 中央海嶺のセグメントをオフセットさせ，その間をつなぐものと，(2) 発散境界と収束境界の種々の組合せをつなぐ，その他のタイプのものとに分けられる．最も頻繁にみられるのは (1) のタイプであり，図 22.6b に示した例も (1) のタイプである．

図 22.4 で中央海嶺をよく見ると，海嶺はそれに直交する無数の構造線で切られ，そこで海嶺の軸がオフセットさせられていることがわかる．ひとつの構造線を取り出し，それを拡大して模式的に示したのが，図 22.6b である．海嶺の軸と軸の間の部分（トランスフォーム断層）では，図に示すように右横ずれ断層運動が起きている．一方，その外側の部分（断裂帯）では，ずれは生じていない．したがって，横ずれ断層の地震は，海嶺の軸と軸の間のトランスフォーム断層でのみ発生する．地球上のトランスフォーム断層で発生した地震のメカニズム解を図 22.17 に示す．図 22.15 と同様に，ハーバード大学の CMT 解のカタログから，1977～98 年の期間の地震を抜き出し，各地震の震央の位置にプ

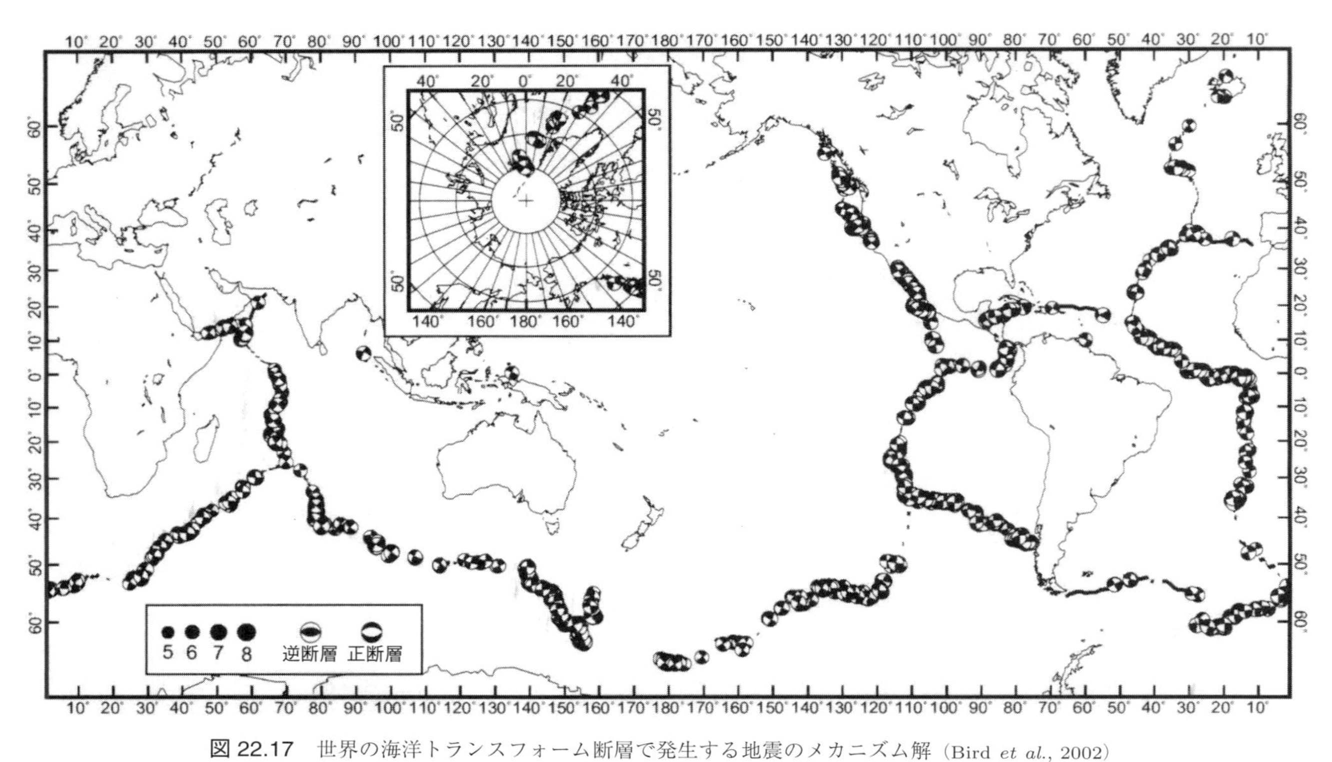


図 22.17　世界の海洋トランスフォーム断層で発生する地震のメカニズム解（Bird *et al.*, 2002）
メカニズム解を震源の位置にビーチボール（震源球）で示す．北極地方のトランスフォーム断層で発生する地震のメカニズム解を挿入図に示す．

ロットしたものである．一般に，中央海嶺よりもトランスフォーム断層のほうが地震の活動度が高く，最大地震のマグニチュードも7程度とやや大きい．そのことは，図22.15と図22.17を見比べてみても，ある程度理解される．

トランスフォーム断層で発生する地震の深さの下限も，温度で規定される．その温度はおよそ600℃である．図22.18bに，米国ワシントン州沖のブランコトランスフォーム断層に沿って発生する地震の深さ分布を示す．図では地震の破壊域を楕円で，推定された温度分布を等温線で示してある．一部例外はあるものの，破壊域はほぼ600℃の等温線より浅い側に分布することがわかる．海洋地殻の厚さは6〜7 km なので，図で地震の下限の深さは，両側のプレートのマントルどうしが接している部分に対応する．22.4節でみたように，あるいは第25章でみるように，沈込み帯のプレート境界地震や内陸地震の深さの下限も温度で規定される．しかしその温度は300〜400℃であり，ここでみられる600℃とは大きく異なる．この違いは，地殻を構成する主要岩石（石英や長石を含む岩石）とマントルを構成する主要岩石（かんらん岩）のレオロジー的性質（あ

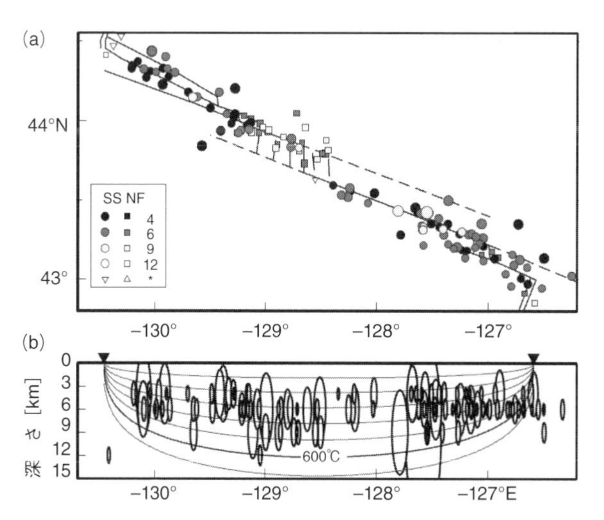


図 22.18　ブランコトランスフォーム断層で発生する地震の震源分布
(Braunmiller and Nabelek, 2008)

(a) 震央分布．凡例のSSとNFはそれぞれ横ずれ断層と正断層を，数字はセントロイドの深さ [km] を表す．(b) 断層に沿う鉛直断面に投影した破壊域の分布．縦横比5：1．温度分布を実線のコンターで示す．

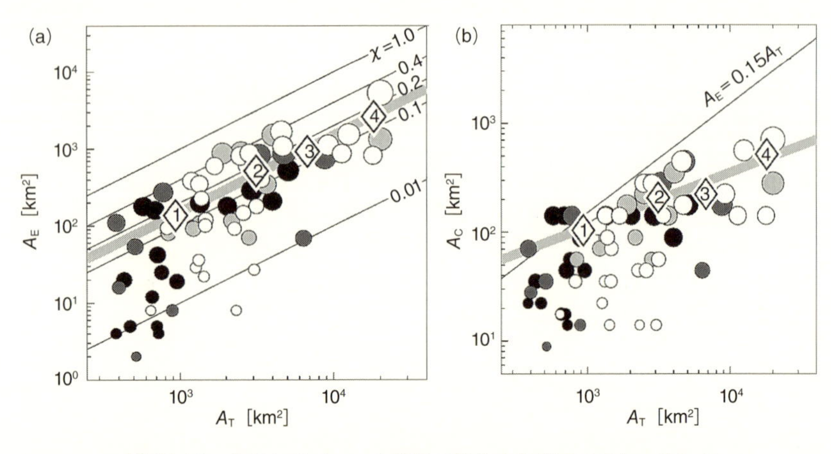


**図 22.19**　トランスフォーム断層で発生する地震のスケーリング
（Boettcher and Jordan （2004））

（a）地震ですべった領域の面積 $A_{\mathrm{E}}$ と地震発生層（600℃より低温側の領域）の全面積 $A_{\mathrm{T}}$ の関係．細線はサイスミックカップリング係数 $\chi=$ 一定の直線．$\chi=0.15$ の直線を太い灰色の線で示す．（b） 最大地震の断層面積 $A_{\mathrm{C}}$ と地震発生層の全面積 $A_{\mathrm{T}}$ の関係．太い灰色の線はスケーリング関係 $A_{\mathrm{C}} \propto A_{\mathrm{T}}{}^{1/2}$ を示す．$A_{\mathrm{T}}$ の大きさに応じて 4 つに分けたグループごとに，個々のデータ（丸印）の最尤推定値を番号付きのダイヤモンドで示す．

るいは摩擦特性）の違いによると考えられる．

トランスフォーム断層で発生する地震の大きさや活動度は，主として断層の長さと拡大速度で決められる．最近の研究により，(1) のタイプのトランスフォーム断層について，そこで発生する最大地震のマグニチュードやそのすべり量，断層面積，繰返し間隔，さらに地震モーメントの解放レートなどの間に明瞭なスケーリング則が成り立つらしいことが明らかにされつつある（Boettcher and Jordan, 2004; Boettcher and McGuire, 2009）．一例として，トランスフォーム断層に沿う地震発生層（600℃より低温側の領域）の全面積 $A_{\mathrm{T}}$ とそのうち地震ですべる領域の面積 $A_{\mathrm{E}}$ の関係を図 22.19a に，最大地震の断層面積 $A_{\mathrm{C}}$ と $A_{\mathrm{T}}$ の関係を図 22.19b に示す．図 22.19a から，プレート間すべりのうち地震すべりでまかなわれる割合（サイスミックカップリング）はトランスフォーム断層の長さや拡大速度によらずほぼ一定であり，およそ 0.15 程度であることがわかる．図 22.19b は，最大地震の断層面積 $A_{\mathrm{C}}$ が $A_{\mathrm{T}}$ の 1/2 乗に比例することを示す．これが本当に成り立つのであれば，最大地震というのは，地震を発生させ

うる全領域 $A_T$ を一度に破壊するような地震ではなく，そのうちの一部（その面積が $A_T$ の 1/2 乗に比例する）だけを破壊する地震であるということになる．なお，最大地震のマグニチュードは断層長さとともに大きくなるが，拡大速度が速くなるとむしろ小さくなる傾向がある．これは，拡大速度が速くなるとプレートの年齢が若くなり，地震発生層の全面積 $A_T$ が小さくなる効果が反映されていることによる．

最大地震はどの程度の規模になるか？　それをあらかじめ知ることは，地震発生予測のうえで非常に重要である．とくに，将来どのような地震が発生するかを想定し，事前にそれへの対策を立てるうえで欠かせない情報である．しかしながら，一般にその解を得るのは簡単ではない．ここで紹介したスケーリング則が本当に成り立つとすると，(1) のタイプのトランスフォーム断層については問題の解が得られたことになる．(1) のタイプのトランスフォーム断層は，複雑な地質学的影響をあまり受けてない若い海洋プレートどうしが接していて構造も単純なので，このようなスケーリング則が成り立つのかもしれない．より複雑な履歴を受け構造もずっと複雑な，沈込み帯や他のタイプのトランスフォーム断層に単純に拡張できるとは考えにくいが，今後，これらについても，研究が進展することが期待される．なお，ここに例を示した (1) のタイプのトランスフォーム断層についても，さらなる検証が必要なことはもちろんである．

## 22.7 大陸プレートどうしが接するプレート境界域とそこで発生する地震

海洋プレートどうしが接するプレート境界では，両側のプレート間の相対変位のほとんどが 1 つの面上に集中するので，プレート境界を狭い範囲で定義できる．これに対して，大陸プレートはその上部に厚くて軽い大陸地殻を乗せている．そのため，大陸プレートどうしが接するプレート境界の場合，一般に，両側のプレート間の相対変位はより広い領域にわたって分散し，プレート境界を狭い範囲で定義できない．大陸地殻は強度が弱く変形がより広い範囲に及ぶからであり，プレート間の相対運動の様子も複雑である．このように大陸プレートどうしが接するプレート境界の場合，複雑なテクトニクスが生じており，一般的な性質をみるのは容易ではない．ここでは，3 種類のプレート境界，すなわち収束境界，発散境界，平行移動境界，それぞれについて，典型的な例をみることにする．

### 22.7.1　収束境界：ヒマラヤ衝突帯

3 種類のプレート境界のうち，収束境界が最も複雑な振舞いをする．大陸地殻を乗せているため全体としても密度の小さい大陸プレートは，海洋プレートのようには沈み込めない．その結果，和達–ベニオフ帯は形成されない．つまり，一般にやや深発地震や深発地震は起こらない．しかし，プレート境界域のテクトニクスは，沈込み帯に比べて，ずっと広い領域にわたって複雑に生じている．典型的な例が，ヒマラヤ–チベット地域である．ここでは，大陸プレートが大陸プレートの下にもぐり込む衝突帯，**ヒマラヤ衝突帯**（Himalayan collision zone）を形成している．すなわち，図 22.20 と図 22.21 に示すように，インド亜大陸がアジア大陸の下にもぐり込んでいる．かつてインド亜大陸の北にテーチス海があり，それを乗せた海洋プレートがアジア大陸の下に沈み込んでいた．やが

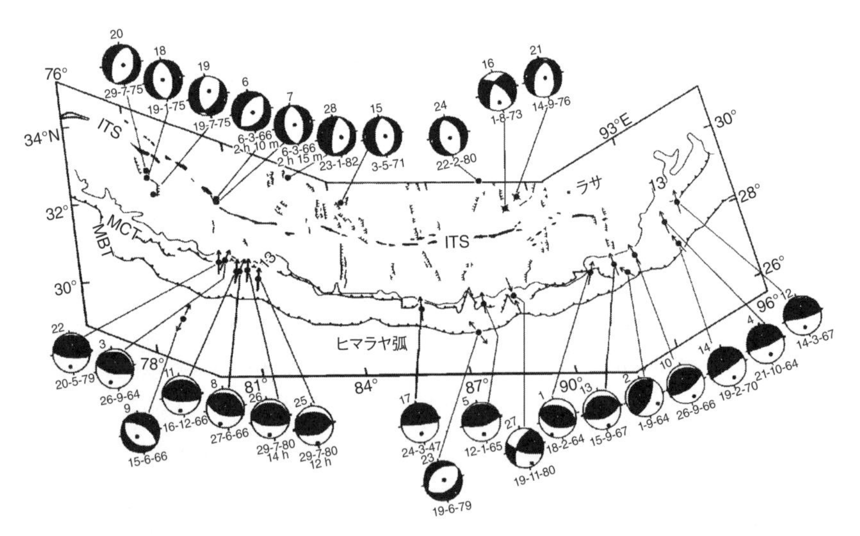


**図 22.20**　ヒマラヤ衝突帯の地震テクトニクスマップ（Ni and Barazangi, 1984）
メカニズム解をビーチボール（震源球）で示す．逆断層解に付けた矢印は低角の節面を断層面としたときのすべり方向，正断層解に付けた矢印は $T$ 軸の方向．MBT：主境界断層，MCT：主中央断層，ITS：インダス–ツァンポ縫合線．⊥⊥⊥は正断層．13,000 フィートの等高線を 13 と記した実線で示す．

て北上するインド大陸が海溝に近づき，遂にはインド大陸がアジア大陸に衝突し始めた．今からおよそ5〜6千万年前のことである．

大陸プレートどうしの衝突の結果，衝突する側のインドプレートの大陸地殻上部は，軽くてもぐり込めないため剥ぎ取られて積み重なり，一方，残りの大陸地殻下部はその下にもぐり込む（図22.21）．それらが重なり合うので地殻の厚さは70〜80 kmにも達する．そのためアイソスタシーで隆起して，高いヒマラヤ山脈が形成される．山脈の北には，かつて収束境界であったインダス–ツァンポ縫合線（Indus-Tsangpo Suture zone: ITS）がある．山脈の南には，プレート間の収束を担う複数の逆断層が発達する．おもなものは，北から主中央断層（MCT: Main Central Thrust），主境界断層（MBT: Main Boundary Thrust），ヒマラヤ前縁断層（HFT: Himalayan Frontal Thrust）である．いずれも低角で北に傾斜した逆断層であり，地下で1つのプレート境界断層に収斂すると考えられている（図22.21；図にはそのうち主中央断層と主境界断層が示されている）．これらの断層の活動時期は南に向かって若くなり，最も北の主中央断層は中新世に活動したが現在は停止している．2つのプレート間の収束量の約半分は，これら主境界断層やヒマラヤ前縁断層でのすべりでまかなわれている．そのため，大地震を含め，多くの地震がこれらの断層に沿って発生する．図22.20

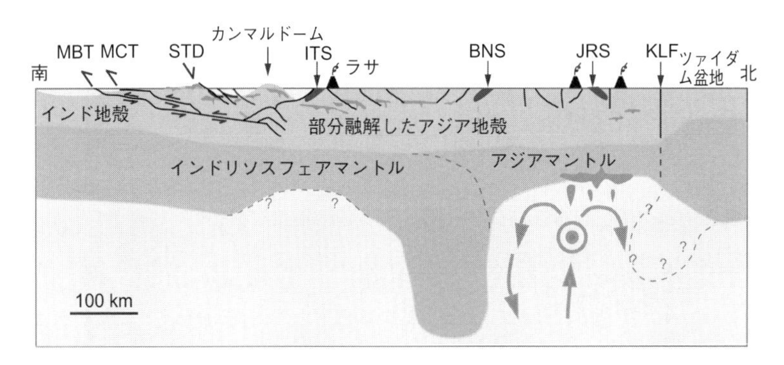


**図22.21** 推定されるヒマラヤ衝突帯の構造（Tilmann *et al.*, 2003）
衝突帯を横断する測線に沿う鉛直断面に模式的に示す．MBT：主境界断層，MCT：主中央断層，ITS：インダス–ツァンポ縫合線．他の略称はそれぞれ，STD：南チベットデタッチメント断層，BNS：バンゴン–ヌジャン縫合線，JRS：デイチュ河縫合線，KLF：クンルン断層．この図には示されてないが，MBTのさらに南，ガンジス平野の北縁にヒマラヤ前縁断層がある．

で低角逆断層型のメカニズム解をもつ地震がそれである．これらの地震は，沈込み帯のプレート境界地震と同様に，プレートのもぐり込みに伴って発生する地震である．ずっと数は少ないが，主境界断層直下あるいはその南側に正断層型の地震も発生する．沈込み帯のアウターライズの正断層型地震と同様に，プレートがもぐり込む際の曲げ応力により発生する地震である．なお，遠地地震を用いた地震波トモグラフィによると，チベット中部の下のマントル中におよそ 400 km の深さまで沈み込むインドプレートの姿が地震波高速度域としてとらえられている．インドプレートのマントル部分の一部は，衝突したのち，地殻から引き剥がされて沈み込んでいるようである（図 22.21）．

衝突される側のユーラシアプレートでは，プレート内変形がプレート境界から北側に相当離れた地域にまで及び，広域のプレート境界域を形成する．図 22.20 にみられるように，チベット高地では，多数の正断層地震が発生する．この発震機構は，南からの衝突により地殻が重なり合い押し上げられて形成された山

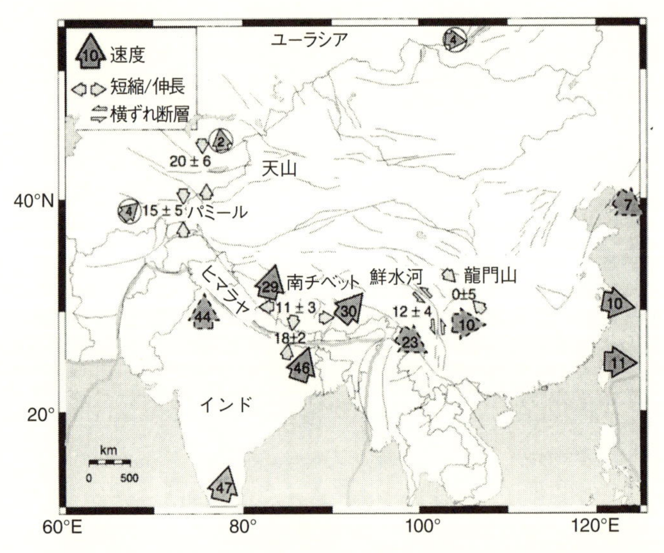


図 22.22　インドプレートとユーラシアプレートの衝突によるアジア地域の変形（Larson *et al.*, 1999）

濃い大きい矢印はユーラシアプレートに対する速度（数字は mm/yr）．速度が 0 より有意に大きくないものを丸で囲んで示す．薄い小さい矢印は短縮/伸長レートあるいは横ずれ断層のすべり速度を示す（数字は mm/yr）．

地が，重力で崩壊する過程を反映している．厚くなり隆起した地殻が自重で東側に向かって押し出されるため，このようにT軸が東西を向いた正断層型の地震が起こると考えられている．プレート内の変形は，チベットだけにとどまらず，さらに北側の領域にまで及ぶ．図22.22にはGPSから推定された各地点の水平変位速度が示されているが，東部では，ユーラシアプレート側の地殻が広域にわたって東側へ押し出されている様子が見てとれる．この変形は，いくつかの主要な断層に沿って横ずれ断層運動として生じている．一方，西部では，プレート境界から1,000〜2,000 kmも北に位置する天山山脈で，大きな南北方向の短縮変形が生じており，それはインドプレートとユーラシアプレートの2つのプレート間の収束量の残りの約半分を担っていると推定される（図22.22）．

ここで例をみたように，大陸プレートがもぐり込む衝突帯では，海洋プレートがもぐり込む沈込み帯の場合よりも，ずっと広い範囲にわたって上盤プレート内に変形が生じるようである．プレートは近似的には剛体として振る舞うが，このように部分的にはプレート内変形が生じるのである．

### 22.7.2 発散境界：東アフリカ地溝帯

大陸プレートどうしが接する発散境界の例としては，ヌビアプレートとソマリアプレートの境界である**東アフリカ地溝帯**（East African rift valley）が挙げられる．ここでは，図22.23aに示すように，リフトに沿ってほぼ帯状に分布する正断層型地震の活動が認められる．プレート拡大に伴って発生すると考えられるこのような正断層型地震の帯状分布，さらに地形や活断層の分布は，ここが現在活動中の発散境界であることを示す．しかし，拡大速度が1 cm/yr以下と非常に遅いためプレート運動モデルをつくるのが難しく，たとえば図22.7では，ここをプレート境界とはせずに，ヌビアプレートとソマリアプレートを1つにしてアフリカプレートとしている．この東アフリカ地溝帯では，プレート拡大の様子が中央海嶺に比べてはるかに複雑であり，変形がより広い領域に及び，それらが全体としてプレート境界域を形成すると考えられてきた．

最近のGPSや地震のすべりベクトルのデータに基づく解析によれば，この地域の複雑なプレート運動の様子をより詳細に見ることができそうである．推定されたプレート運動モデルの一例を図22.24に示すが，それによると，ヌビアプレートとソマリアプレートとの間には，3つのブロック（あるいはマイクロ

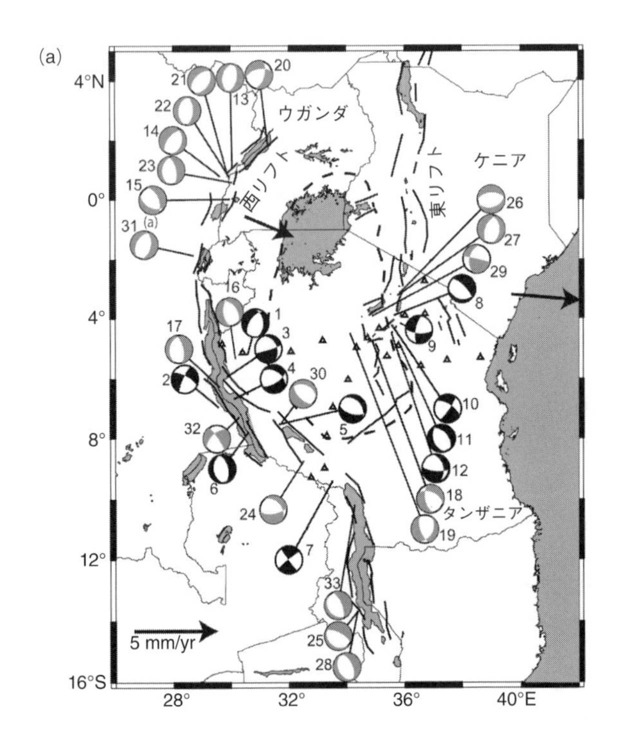


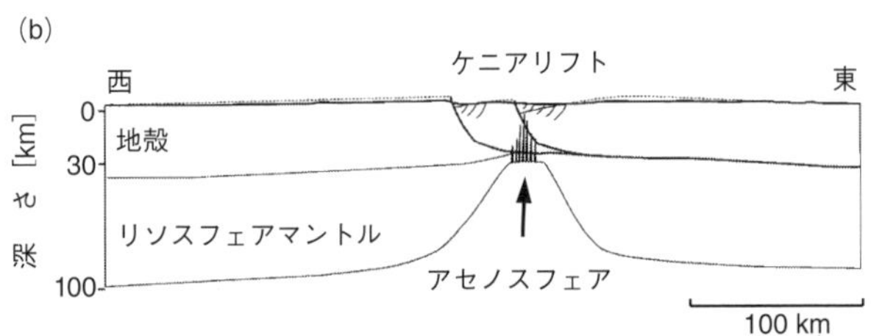


**図 22.23**　東アフリカ地溝帯の地震テクトニクスマップ (a) と
東リフトバレー（ケニアリフト）北部の構造 (b)

(a) 東西 2 つのリフトを太線で示し，タンザニアクラトンを破線で囲んで示す．細線は国境．メカニズム解をビーチボール（震源球）で示す．太い矢印は 2 つの観測点におけるヌビアプレートに対する速度 (Brazier *et al.*, 2005). (b) リフトを横断する鉛直断面に模式的に示す．点線は侵食前の地形，縦の実線はダイクの貫入，斜めの線は正断層を示す (Chorowicz, 2005).

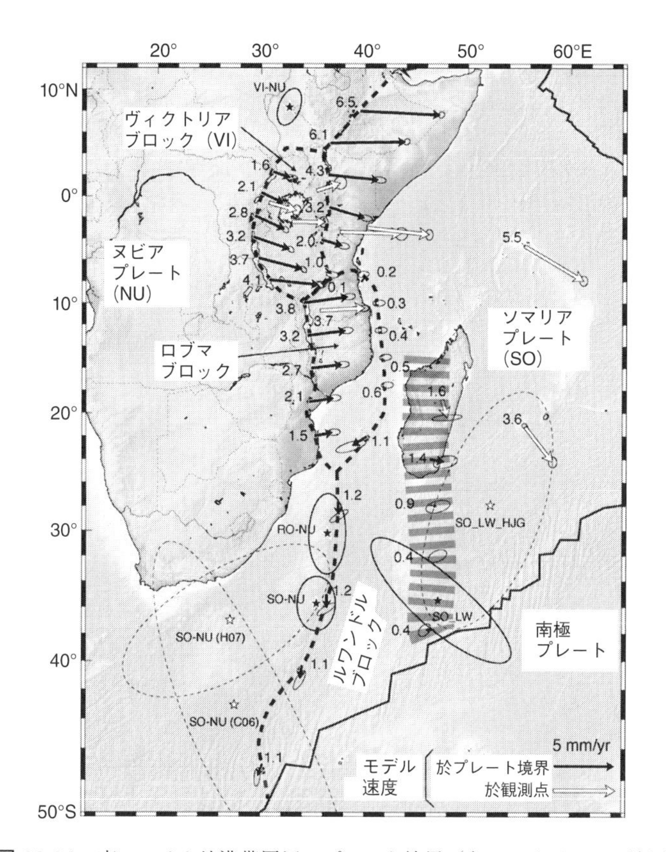


**図 22.24** 東アフリカ地溝帯周辺のプレート境界（あるいはブロック境界）とプレート相対運動（Stamps *et al.*, 2008）

プレート境界（あるいはブロック境界）を太い破線あるいは太線で影をつけて示す．黒矢印はプレート境界における相対運動速度，白矢印は観測点における速度（数字は mm/yr）．相対運動の回転極を星で示す．

プレート）が存在する．そのうち，西リフトバレーと東リフトバレーに挟まれたヴィクトリアブロックはヌビアプレートに対して時計回りに，一方，そのすぐ南側のロブマブロックは反時計回りに回転しているらしい．発散運動に伴うプレート間の相対変位は，広い領域に分散して連続的に分布するというよりは，むしろ，これらのマイクロプレートとその両側のヌビアプレートおよびソマリアプレートとの境界である東西 2 つのリフトバレーに集中する．活発な地震活動も，幅にして 50 km 以下のこの帯状のリフトバレーに集中して分布する．そこでは，局所的にプレートが引き伸ばされ，直下からはマントル物質が上昇し，地殻内では正断層のすべりが生じ，その結果沈降する（図22.23b）．マイクロプレートを回転させる原因については，古いクラトン（安定地塊，p.325参照）を主体としているため厚いリソスフェアをもつこのマイクロプレートの根っこの部分に，アフリカスーパープルーム（口絵11参照）によって駆動された北東向きのマントル上昇流が力を及ぼしているからであるという考えも提唱されている（Calais *et al.*, 2006）が，今のところよくわかっていない．

なお，リフトバレーでは，正断層型の地震が地殻最下部の深さ25〜30 km程度まで発生する．一部の地域では，さらに深くマントル内の50〜60 km程度の深さで発生する地震活動もあるようである．そうであるとすると，地震発生の深さの下限が中央海嶺と比べてはるかに深く，活動的なリフトに想像されるものよりずっと冷たいリソスフェアをもっていることになる．

### 22.7.3　平行移動境界：サンアンドレアス断層

平行移動境界の例としては，米国西海岸のカリフォルニア湾からカリフォルニア州北部沖まで伸びる**サンアンドレアス断層**（San Andreas fault）が挙げられる（図22.25）．この断層は，北米プレートと太平洋プレートとの境界をなすトランスフォーム断層であるが，22.6節で示したような海洋下にみられる通常の（1）のタイプのトランスフォーム断層，すなわち中央海嶺と中央海嶺をつなぐトランスフォーム断層とは大分趣を異にする．それは，このプレート境界が，昔はトランスフォーム断層ではなかったからである．今から3,000万年以前は，太平洋プレートと北米プレートの間にはファラロンプレートという別の海洋プレートが存在し，それが北米プレートの下に沈み込んでいた．つまり，沈込み帯であった．太平洋プレートは，その西側にあってファラロンプレートと海嶺で接していた．その後，海嶺が次第に東に移動し遂には海溝に達すると，ファラロンプレートはマントル中に没し，太平洋プレートと北米プレートとが直接接することとなった．太平洋プレートの運動方向がプレート境界の走向と平行であったため，収束境界は平行移動境界，すなわちトランスフォーム断層になった．また，北米プレート側にあった一部のブロックが太平洋プレート側に移るなどプレート境界の位置が少し東にシフトし，その結果，サンアンドレアス断層のすぐ西側も大陸地殻的性質をもつこととなった．このようにして現在のサ

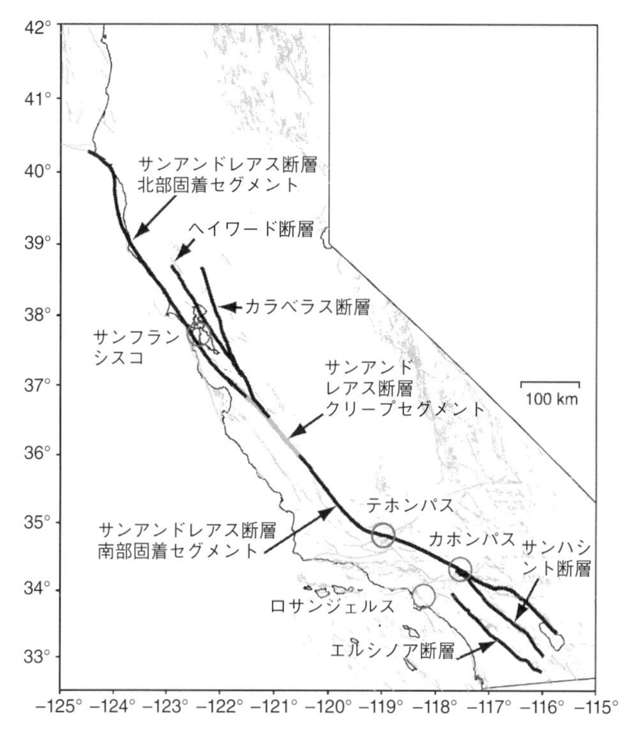


図 22.25　サンアンドレアス断層系（Hardebeck and Michael, 2004）
主要な断層を太線で示し，そのうち固着しているセグメントを黒線，クリープしているセグメントを灰色の線で示す．薄い灰色の線は断層の地表トレース．

ンアンドレアス断層が形成されたと考えられている（Atwater, 1970）．

トランスフォーム断層であるサンアンドレアス断層が通っているので，米国西海岸に沿って活発な浅発地震活動がみられる（第 1 部図 7.3 参照）．ただし，この地震活動は，(1) のタイプの海洋トランスフォーム断層の場合のように，断層に沿ってせいぜい幅 10 km 程度の狭い帯状の領域に限られるわけではなく，幅 200〜300 km 程度という非常に広い領域にわたって生じている．それらの地震の多くは，右横ずれ断層であるサンアンドレアス断層と同じ横ずれ断層のメカニズム解を示すが，逆断層や正断層の地震も発生する．このことは，北米プレートと太平洋プレートとの相対運動が，サンアンドレアス断層に沿うすべりだけでまかなわれているわけではなく，他の断層に沿うすべりや北米プレート内の内部変形もその一部を分担するなど，より幅の広い帯状の領域に分散した内部変形でまかなわれていることを反映している．地震や測地学的データによると，北米プレートと太平洋プレートの相対運動はこの付近で4.8 cm/yrであるが，その1/4は断層の東側の北米プレート内の内部変形でまかなわれていて，サンアンドレアス断層に沿うすべり速度は3.5〜3.7 cm/yr程度と推定されている．

図22.25には，太線で示した主要な断層のうち，固着しているセグメントを黒線，クリープしているセグメントを灰色の線で示してある．サンアンドレアス断層に沿って固着しているセグメントのうち，北のセグメントで1906年 $M$ 7.8 サンフランシスコ地震が，南のセグメントで1857年 $M$ 7.9 フォートテフォン地震が発生した．その間のクリープしているセグメントの南東端，すなわちクリープから固着に変化する遷移域にあたるパークフィールドでは，$M$ 6程度の地震が繰り返し発生してきたことで知られている．Bakun and McEvilly (1979) は，それらの地震の記録などを詳しく調べ，1857年，1881年，1901年，1922年，1934年，1966年に発生した合計6回の地震が，サンアンドレアス断層に沿うほぼ同一のセグメントの破壊により，同程度の規模の地震としてほぼ同程度の間隔で繰り返し発生したと指摘した．この結果などに基づいて，次のパークフィールド地震の発生時期が予測され，米国における地震予知研究のための実験が始まった．パークフィールドおよびその周辺には，高感度地震計，広帯域地震計，強震計，ひずみ計，GPS，クリープメータなどが集中的に設置され，稠密な観測網が構築された．予測されたパークフィールド地震が発生したのは2004年になってからであり，当初の予測時期の1988±7年（Bakun and McEvilly, 1984）よりずっと後になってしまったものの，一部を除いてその後も継続して維持された稠密観測網は，この地域で発生する地震のメカニズムの理解を深めるうえできわめて重要な役割を果たしてきた．

一例として図22.26に，パークフィールド周辺で見出された深部低周波地震の発生位置の分布を示す．図からわかるように，温度で規定される地震発生層の下限が，この地域では十数kmである．稠密地震観測網データの解析により，地震発生層の下限より有意に深い下部地殻で深部低周波微動/地震（deep low-frequency tremor/earthquake）が発生していることが明らかになった（Nadeau and Dolenc, 2005）．これらはサンアンドレアス断層の深部延長に対応する鉛直な面上に分布しており，断層に沿って発生していることを示している．Shelly

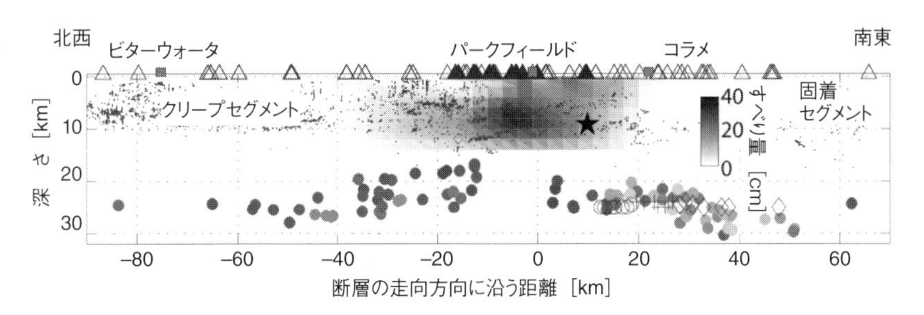


図 22.26 サンアンドレアス断層に沿って発生する深部低周波地震と通常の微小地震の鉛直断面 (Shelly and Hardebeck, 2010)

カリフォルニア州中部パークフィールド周辺について示す．大きい丸が，繰り返し発生する深部低周波地震の各グループの位置．黒点は断層面から 5 km 以内に発生した微小地震．白丸，+，菱形は Shelly (2009) による深部低周波地震のグループの位置．2004 年 $M$ 6.0 パークフィールド地震の震源を星印で，すべり分布 (Murray and Langbein, 2006) を黒白のスケールで示す．上部の三角は観測点の位置．

and Hardebeck (2010) は，同じ位置でかつ同じメカニズムで繰り返し発生する深部低周波地震のグループを多数見出し，それらはプレート境界に沿って繰り返す間欠的なすべりを反映していると推定した．図 22.26 に示したのは，それら深部低周波地震のグループの発生位置である．深部低周波微動/地震は，西南日本の南海トラフ沿いのプレート境界とカナダ太平洋岸のカスカディアのプレート境界で最初に見出されたもので，浅部の地震発生層と深部の安定すべり域との遷移域において，プレート境界に沿って繰り返す間欠的な非地震性のすべり，スロースリップイベントに伴って発生することが知られている (詳しくは 25.1.5 項参照)．パークフィールド地域でも同様の深部低周波微動/地震が断層深部延長の下部地殻で見出されたことから，プレート境界であるサンアンドレアス断層は地震発生層である上部地殻のみでなく下部地殻にまで続いており，そこでは非地震性すべりとして生じているプレート間すべりのなかに，間欠的に繰り返し発生するスロースリップイベントが含まれ，その発生に伴って深部低周波微動/地震も起きていると推定される．このように間欠的な非地震性のプレート間すべりが繰り返し発生し，それは直上の固着域 (図 22.26 で白黒のスケールで影を付けた領域，すなわち地震間に固着しているパークフィールド地震の震源域) に応力を加え，いずれは固着域の動的破壊，すなわち地震発生に至ると考えられる (25.1.5 項参照)．

# 第23章 地球内部構造とダイナミクス

地球内部の熱を外に逃がすため，固体地球内部に対流が生じる．この対流運動の地球表面への現れがプレート運動である．もし地球内部に対流運動が生じているなら，地球内部構造にその痕跡がみえるはずである．現時点のスナップショットであるとはいえ，地球内部構造の情報は，固体地球のダイナミクスおよび進化を理解するうえできわめて重要である．地球内部の構造を探る最も有力な手法が，震源から地球内部を伝播して地表面にまで達した地震波を用いる，地震学的手法である．この章では地震学的に推定される地球内部構造を概説する．

## 23.1 地　殻

### 23.1.1 地殻と上部マントル

固体地球の最も外側の薄い殻の部分が地殻である．地殻は地球全体の平均組成に比べて $SiO_2$ に富み，その密度は 2.5〜3 g/cm$^3$ 程度と地球全体の平均密度 5.5 g/cm$^3$ に比べてはるかに小さい．現在の地殻は，地球が形成された最初からあったものではない．地殻は，地球の進化の過程で分離し地球表面に浮かんできたいわば薄皮のようなものであり，上部マントルの岩石が一部融けてマグマを生じ，それが上昇して地表あるいはその付近で固まってつくられる．地殻とその直下の上部マントルとを分ける境界面は，発見者の名をとって**モホロビチッチ不連続面**（Mohorovičić discontinuity，略して**モホ面**）とよばれる．

地殻は，（1）地震波速度からみると，P 波速度が 7.6 km/s 未満，S 波速度が

4.4 km/s 未満の外側の殻の部分と定義される．一方，上部マントルはP波速度 7.6 km/s 以上，S波速度 4.4 km/s 以上の，地殻の下の層である．(2) 密度からみると，地殻は 3.1 g/cm$^3$ 未満の外側の殻の部分，上部マントルは 3.1 g/cm$^3$ 以上の，地殻の下の層と定義される．(3) 岩石の種類からみると，大陸の地殻では，堆積物（岩），片麻岩，花崗岩類，斑レイ岩，角セン岩，グラニュライトなどからなる．さらには火山岩類が加わる．一方，海洋の地殻は，主として堆積物（岩），玄武岩，斑レイ岩からなる．ときに蛇紋岩が加わる．これに対して，上部マントルは，かんらん石，輝石，ザクロ石を含んだ超塩基性岩からなる（Meissner, 1986; 木村，2002).

地殻の地震学的な構造は，自然地震や人工地震を用いて調べられてきた．とくに近年は，大規模な反射法地震探査や屈折/広角反射法地震探査，稠密観測網による地震波トモグラフィやレシーバ関数解析などにより，地球上の多くの地域で詳細な地殻の構造が得られるようになってきた．それら大量の調査研究結果をコンパイルして，グローバルな地殻モデルもつくられている．図 23.1 はその一例であり，世界の地殻の厚さの空間分布を示している（Laske *et al.*, 2013)．図からわかるように，地殻の厚さは空間的に顕著な変化を示し，陸地の下で厚く，海の下で薄い．さらに，海の下では場所による違いはほとんどみられずほぼ一様な厚さをもつのに対して，陸地の下では場所による変化が著しく，チベット高原，南米アンデス山地など，高地ではきわめて厚いことが見てとれる．すなわち，標高が高いところでは地殻が厚く，低いところでは薄いという系統的な傾向がある．地殻はその下の上部マントルに比べて密度が小さいので，厚い地殻をもつことによって，チベット高原やアンデス山地などの高地を支えているといえよう．海の下の地殻も含め，標高（あるいは水深）と地殻の厚さ（あるいは薄さ）とはおおよそ比例関係にあり，地殻の厚さの変化が，アイソスタシーを成り立たせるうえで主要な役割を果たしている．ただし，海洋プレートの場合，海嶺から離れるにつれて冷却され密度が増加する効果，大陸プレートの場合，楯状地直下の冷たくて重いマントルなど，最上部マントル部分の密度の違いの効果など，その他の効果も含まれている．

陸地の下の厚い地殻と海洋の下の薄い地殻とでは，厚さだけでなく，その密度，年齢，組成も系統的に異なる．それぞれの地殻の形成過程が異なるからである．前者を**大陸地殻**（continental crust)，後者を**海洋地殻**（oceanic crust）と

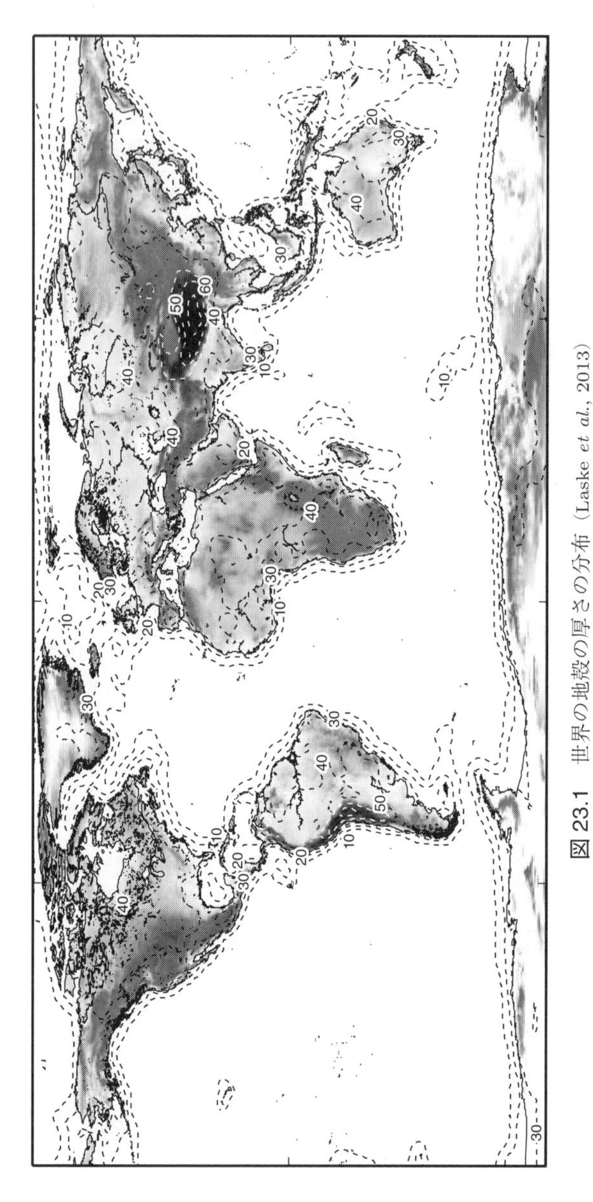

図 23.1　世界の地殻の厚さの分布（Laske *et al.*, 2013）

地殻の厚さを 10 km 間隔の破線のコンターで，また陸地の標高を白黒のスケールで示す．

よぶ．大陸地殻は，平均の厚さ 39 km，密度 2.84 g/cm$^3$，年齢 15 億年であるのに対し，海洋地殻は，平均の厚さ 7 km，密度 3 g/cm$^3$，年齢は最も古いところでも 2 億年未満である．地球の表層が，性質の異なるこの 2 種類の地殻から構成されていることは，地球表面の地形の分布に明瞭に反映されている．地球表面の高度の分布，すなわち，ある高さをもつ場所の面積が地球表面積全体のなかでどの程度の割合を占めるかの分布をみると，2 つの顕著なピークをもつことが知られている．この 2 つのピークは，平均高度数百 m の大陸と平均深度およそ 4,000 m の海洋底とに対応している．金星や火星，月などでは，地球とは異なり，その高度分布は 1 つの高度帯に集中する．このような地球と金星などの他の惑星との違いは，大陸が地球に独特のものであることに起因する．

### 23.1.2 海洋地殻

海洋地殻は，中央海嶺でつくられる．海嶺の両側のプレートが拡大してできる隙間を埋めるため，下から熱いマントル物質が上昇する．その一部が融解してマグマを生じる．それが海底付近に上昇してくると冷やされ，固化して海洋地殻がつくられる（図 22.14 参照）．

海洋地殻の詳細な構造は，海域で行われてきた屈折/広角反射法地震探査から主として得られている．これらの探査では，エアガンやダイナマイトを震源に用い，ハイドロフォンや海底地震計で震源から伝播してきた地震波を記録する．探査の結果，海洋地殻は，その厚さ 6〜8 km と場所によってあまり変わらず，空間的にほぼ一様な構造をもつことが明らかになった．海洋地殻は，表層から順に layer 1，layer 2，layer 3 に分けられる．layer 1 は厚さ約 0.5 km，P 波速度 1.5〜2.0 km/s 程度の堆積層であり，layer 2 は厚さ約 2.1±0.6 km，P 波速度 2.5〜6.6 km/s 程度の層で，玄武岩の枕状溶岩や岩脈からなる．layer 3 は厚さ約 5±0.9 km，P 波速度 6.6〜7.6 km/s 程度の層で，斑レイ岩からなるシート状ダイクの岩体である．その直下，主としてかんらん岩からなるマントル最上部では，P 波速度が 7.9〜8.1 km/s と急激に速くなる．

拡大速度の遅い海嶺と速い海嶺の地殻構造の例として，それぞれ図 23.2a, b に P 波速度の鉛直断面を示す．図 23.2a はマルチチャンネル反射法地震探査から，また図 23.2b は海底地震計と反射法地震探査を組み合わせた探査から得られた P 波速度構造であり，それらを海嶺軸に直交する鉛直断面に示してある．

拡大速度の遅い海嶺（図 23.2a）では，海嶺軸直下の地殻浅部，海底面から 3 km 程度の深さに P 波速度が極端に遅い領域が見られる．リソスフェアの底のマグマ溜まりから貫入したマグマを見ているものと思われる．一方，拡大速度の速い海嶺（図 23.2b）でも，海嶺軸直下，海底面からおよそ 1.5〜2.0 km 程度の深さに P 波速度が極端に遅い領域が写し出されている．アセノスフェアから供給されたメルトが集積し，ここにマグマ溜まりをつくっていると考えられる．さ

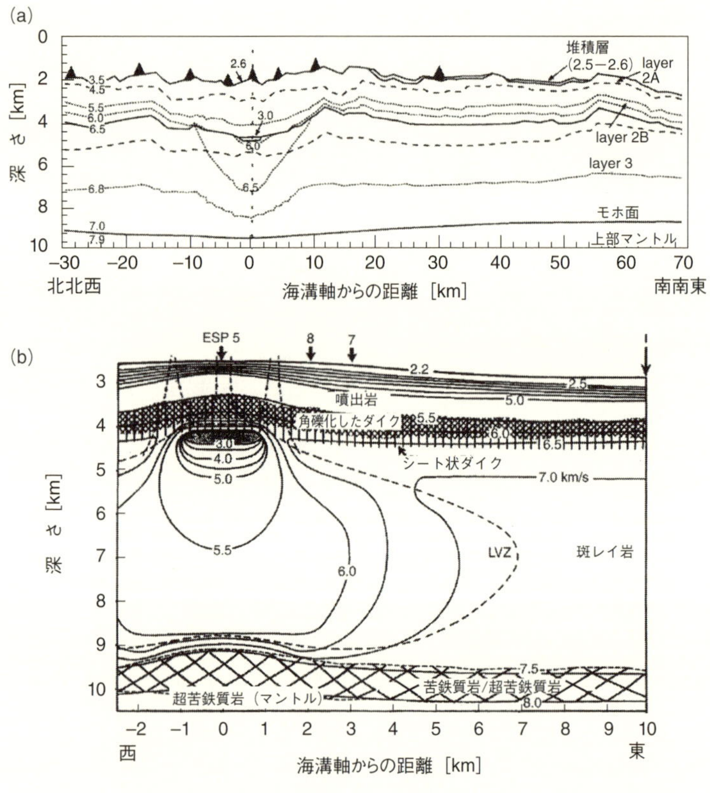


**図 23.2**　拡大速度の遅い中央海嶺（a）と速い海嶺の P 波速度構造（b）の例（Mooney, 2007）

P 波速度を海嶺軸に直交する鉛直断面にコンターで示す．数字は P 波速度（km/s）．（a）レイキャネス海嶺．北緯 57.75° を通り海嶺軸に直交する鉛直断面（もとは Navin *et al.*, 1998；Minshull, 2002）．▲は海底地震計の位置．破線は速度勾配が変化していることを示す．（b）東太平洋海膨．北緯 9° を通り海嶺軸に直交する鉛直断面（もとは Vera *et al.*, 1990）．ESP と記した矢印が拡大軸．LVZ は低速度域．

らに，このマグマ溜まりの下側にも，広域にわたって地震波低速度域が分布している．部分的にマグマレンズを含んだ，“かゆ状”の領域と推定される．このような詳細に求められた地震波速度構造の情報をもとに推定された，拡大速度の遅い中央海嶺と速い中央海嶺の構造の模式図の例が，それぞれ前章で示した図 22.14a および b である．

### 23.1.3 大陸地殻

大陸地殻を有する地域を大きく 2 つに分けると，**安定地塊**（クラトン（craton））（あるいは楯状地）と**造山帯**（orogenic belt あるいは orogen）とになる．安定地塊は非常に古い時代（太古代あるいは原生代）に形成されたもので，もはや造山運動が終わり地形的に平坦化され安定した陸塊である．一方，造山帯は造山運動を受けたか，または現在受けている地域であり，形成された時代が若いほど地形的に高い．この造山運動が起こる場所が，海洋プレートが沈み込む沈込み帯と大陸プレートどうしが衝突する衝突帯である．大陸地殻は沈込み帯でつくられる．一方，衝突帯では，大陸地殻どうしの衝突により，すでに形成された大陸地殻の改変が生じる．

このようにその形成過程の違いを反映して，空間的にほぼ一様な構造をもつ海洋地殻に対して，大陸地殻はその構造が場所により顕著に異なるという対照的な特徴をもつ．すなわち，大陸地殻の構造は，その地域の属する地質区に応じて顕著に変化する．一例として，図 23.3 に，Mooney *et al.*（1998）の分類による 14 の主要な地殻のタイプを模式的に示す．大陸地殻のタイプ別の割合は，面積で表すと，全体のうちその 69% が楯状地やその周囲の卓状地であり，15% が古い造山帯と若い造山帯，9% が伸長された地殻，6% が火山弧，1% がリフト地域である（Christensen and Mooney, 1995）．図 23.3 からわかるように，テクトニクス的に安定な大陸地域では，地殻の平均の厚さは 40 km 程度であり，上部地殻，中部地殻，下部地殻がそれぞれ特徴的な P 波速度を示す．花崗岩質の上部地殻は，5.6〜6.3 km/s の P 波速度をもつ．深さ範囲にして 10〜15 km の中部地殻は，上部地殻と下部地殻の中間的な組成の深成岩や変成岩で構成され，P 波速度が 6.4〜6.7 km/s 程度である．下部地殻は，通常 6.8〜7.3 km/s の P 波速度をもち，斑レイ岩や玄武岩で構成される．地殻直下のマントル最上部を伝播するヘッドウェーブ（head wave）は $\mathbf{P}_n$ **相**とよばれるが，その速度は安

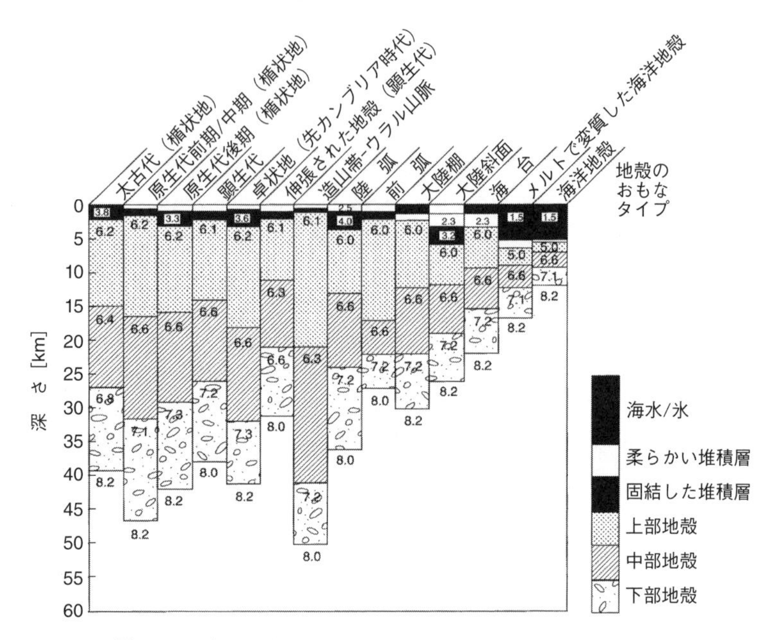


**図 23.3**　大陸地殻のタイプ別模式図（Mooney, 2007，もとは Mooney *et al.*, 1998）

各層の厚さを異なるパターンで示す．各層最上部の P 波速度 [km/s] をそれぞれ数字で示す．各層は多くの場合，0.01〜0.02 km/s 程度の速度勾配をもつ．メルトで変質した海洋地殻とは，ハワイのようにマントルプルームからのマグマの貫入により海洋地殻が変質したもの．比較のため，海洋地殻も右端に示してある．

定大陸では通常 8.1±0.2 km/s である．地球上で最も厚い大陸地殻は，チベット高原と南米アンデス山地直下にみられ，およそ 70 km 程度である（図 23.1）．

日本列島のような沈込み帯では，大陸地殻が現在もつくられ続けている．沈込み帯の地殻構造の例として，東北日本，および西南日本における P 波速度の島弧横断鉛直断面を，口絵 1 と 2 にそれぞれ示す．陸地の下が大陸地殻であり，そこでは地殻は厚く，およそ 25〜35 km 程度である．口絵 1 の陸域部分，すなわち屈折/広角反射法地震探査で得られた東北日本弧の地殻構造に，地震波トモグラフィで得られた 3 次元 S 波速度分布を重ねて示したのが，図 23.4 である．人工地震探査で得られた地殻構造が示すことは，地殻が最も厚くなっている場所が，標高が最も高いことから予測される脊梁山地ではなく，それより少し前弧側の脊梁山地と北上低地との間付近にあることである．一方，地震波トモグ

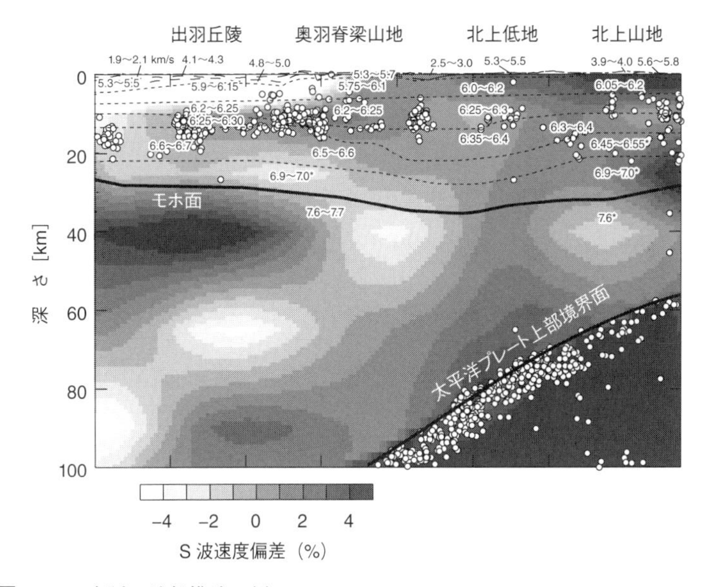


図 23.4　島弧の地殻構造の例（長谷川ほか（2008），Iwasaki *et al.*（2001）による）
東北日本中央部を横断する測線に沿う鉛直断面に，屈折/広角反射法地震探査で推定された地殻構造を，各層に P 波速度を数字で記して示す．その図の上に，地震波トモグラフィで推定された S 波速度偏差を白黒のスケールで示す．白丸は震源．

ラフィは，マントルウェッジ内に傾斜した顕著な S 波低速度域（図で白い領域）を写し出す．この傾斜した S 波低速度域は，次章 24.4.2 項で述べるように，プレート沈込みに伴って，マントルウェッジ内に形成される 2 次対流の上昇流部分を見ていると推定される．図 23.4 を見ると，顕著な低速度域としてイメージングされたこの上昇流がモホ面と出合う位置が，脊梁山地中央部よりやや前弧側にあり，上記の地殻が最も厚くなっている場所とおおよそ一致していることがわかる．マントルウェッジに形成された上昇流内のメルトが島弧地殻へ底付けされ，あるいはその一部が島弧地殻へ貫入し，それが原因で，この地域で地殻が最も厚くなっていることを示唆する．

## 23.2 マントル

地殻と核とに挟まれた領域がマントルであり，地球の全体積のおおよそ 82% を占める．マントルはさらに，深さ約 660 km を境として**上部マントル**（upper mantle）と**下部マントル**（lower mantle）とに分けられる．マントルの上側の境界面，すなわち地殻とマントルの境界面であるモホ面，およびマントルの下側の境界面，すなわち**核–マントル境界**（core-mantle boundary; CMB）とが，地球内部で最もコントラストの強い境界面である．モホ面より深いマントルの構造は，地下核実験による地震動を利用するなどの特別な場合を除いて，通常，自然地震による実体波（P 波，S 波），表面波，地球自由振動を用いて推定される．

### 23.2.1　上部マントルとリソスフェア，アセノスフェア

Gutenberg and Richter（1954）が 100 km 程度の深さに地震波低速度層の存在を見出して以降，地球上の多くの地域で，モホ面より深部のこの程度の深さに低速度層が存在することが，表面波の解析などから明らかにされた．この低速度層より浅い側の地殻とマントルを**リソスフェア**（lithosphere）あるいはプレート，その下の低速度層を含む深い側のマントルを**アセノスフェア**（asthenosphere）とよぶ．リソスフェアとアセノスフェアとの境界が，**リソスフェア–アセノスフェア境界**（lithosphere-asthenosphere boundary）である．あるいは**グーテンベルグ不連続面**（Gutenberg discontinuity）ともよばれる．アセノスフェアでは，地震波が低速度なだけでなく，地震波の減衰も大きい．図 23.5 に，PREM や他のいくつかのモデルによるせん断減衰パラメータ $Q_\mu$ の深さ分布を示す．図は各深さでの全球平均値を示しているが，実際，マントル中では 80〜200 km 程度の深さ範囲で $Q_\mu$ が最も小さいことがわかる．また，アセノスフェアでは電気伝導度が大きいことも知られている．地震波速度が低速度で地震波減衰が大きく，かつ電気伝導度が大きいのは，この深さ範囲で温度が岩石の融け始める温度（ソリダス温度）を超えて部分溶融しているか，あるいはそれに非常に近くなっているからと考えられている．そのため，アセノスフェアは粘性が小さく延性的な性質をもつ．すなわち，低温のため粘性係数がきわめて大きくて硬いリソスフェアのすぐ下に，柔らかく流動変形しやすいアセノスフェアが存在する．すでに述べたように，地殻とマントルの境界は，異なる物質に変わることで地震波速度や密度が変化する物質境界である．それに対して，リソスフェア–アセノスフェア境界は，物質は同じマントルであるが，レオロジー的性質が異なる境界である．

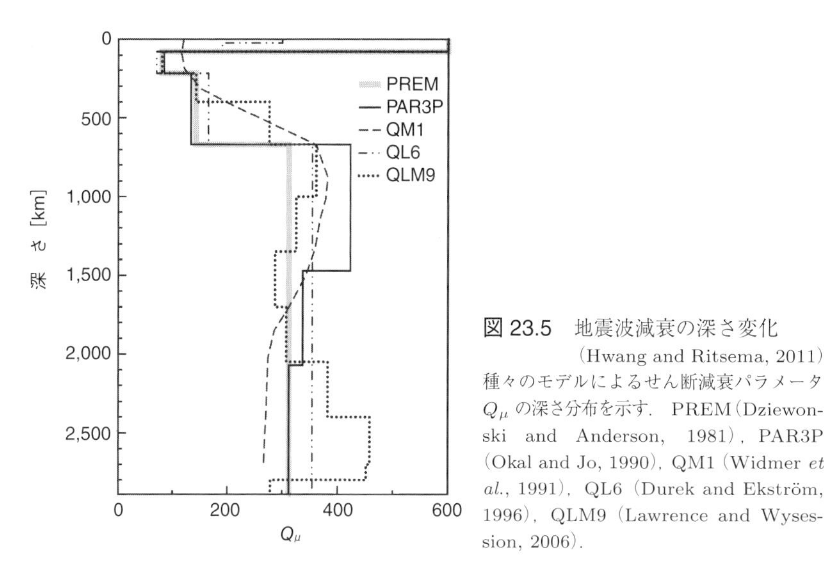


**図 23.5** 地震波減衰の深さ変化

(Hwang and Ritsema, 2011)

種々のモデルによるせん断減衰パラメータ $Q_\mu$ の深さ分布を示す．PREM (Dziewonski and Anderson, 1981)，PAR3P (Okal and Jo, 1990)，QM1 (Widmer *et al.*, 1991)，QL6 (Durek and Ekström, 1996)，QLM9 (Lawrence and Wysession, 2006)．

主として長周期の表面波から観測されてきたことから，リソスフェア-アセノスフェア境界は，鋭い速度急変面というより，地震波速度が深さ方向に徐々に変化する比較的変化の緩い速度遷移帯であろうと考えられてきた．しかし最近では，P 波から S 波に，あるいは S 波から P 波に変換する波を利用するレシーバ関数解析によって，リソスフェア-アセノスフェア境界が検出されている（たとえば，Kawakatsu *et al.*, 2009）．もしそうであるとすると，すなわちリソスフェア-アセノスフェア境界で地震波が変換するのであれば，これまで考えられてきたよりずっと速度変化の鋭い速度境界ということになる．

リソスフェア-アセノスフェア境界の深さ，言い換えればリソスフェアの厚さは，グローバルにみると，平均で 80～100 km である．ただし，リソスフェアの厚さの地域変化は非常に大きく，中央海嶺直下の 6～8 km 程度の値から，安定大陸のクラトン下の 200 km 程度の値まで変化していると考えられている．また，大陸下では，地震波低速度層が海洋下ほど明瞭ではない．

海洋プレートは，中央海嶺で生成されたのち，その厚さが冷却に伴って次第に厚くなると期待される．そのような海洋プレートの厚さの年齢に伴う変化も確かめられている．図 23.6 は，リソスフェア-アセノスフェア境界で S 波から P 波に，あるいは P 波から S 波に変換した波を用いたレシーバ関数解析から推

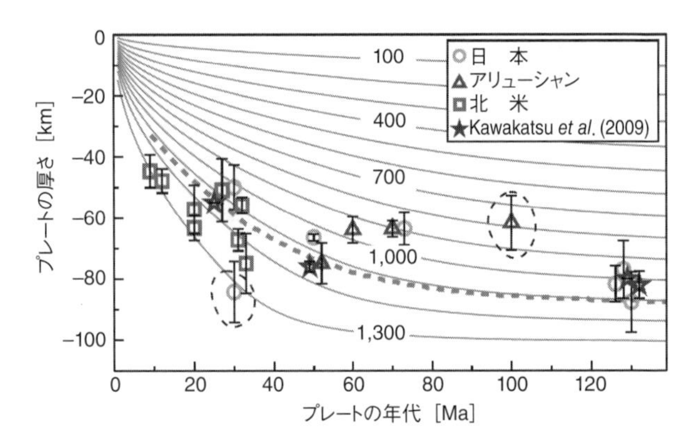


**図 23.6**　海洋プレートの厚さと年代の関係（Kumar and Kawakatsu, 2011）
海洋プレートの冷却モデルから推定される等温線を 100℃間隔の実線で，部分溶融が生じると推測される領域最上部を太い破線で示す．レシーバ関数解析から推定されたプレートの厚さを，領域ごとに異なる記号で示す．推定誤差範囲を縦棒で示す．細い破線で囲んで示したものは，海山があって冷却モデルに基づく通常の厚さと年齢の関係に乗らないと推定されるデータ．Ma：100 万年前.

定された海洋プレートの厚さを，プレートの年代に対してプロットしたものである．図には，海洋プレートの冷却モデルから推定された等温線（実線），および部分溶融が生じると推測される領域の最上部（太破線）も示してあるが，推定されたリソスフェア–アセノスフェア境界は，部分溶融が生じると推測される領域最上部とおおよそ一致することがわかる．すなわち，部分溶融が生じているアセノスフェアの最上部を，リソスフェア–アセノスフェア境界として，レシーバ関数解析により検出したものと解釈することができる．

岩石を構成する鉱物の結晶は，多くの場合，大きな弾性的異方性をもつ．しかし，鉱物の結晶は一般にさまざまな方向を向いており，地震波の波長程度の拡がりでみれば異方性の効果はならされる．そのため，地球内部の多くの領域は，近似的に等方弾性体とみなすことができる．ただし，鉱物の結晶の向きがある方位に揃っていると，鉱物の集合体である岩石全体として，弾性的性質に異方性が生じる．海洋プレート中のマントル最上部もそのような異方性を示す場所のひとつである．マントルを構成するかんらん石は，強い異方性をもつ鉱物として知られている．P 波速度が最も速い方向（結晶軸の $a$ 軸）で 9.8～9.9 km/s，最も遅い方向で 7.6～7.7 km/s であり，速度の最大値と最小値の差を平均速度で割った値で表される異方性の大きさは，24〜25%にも達する．かんらん石の転位クリープはマントル内では $a$ 軸方向にすべる結晶すべり系が支配的となるため，中央海嶺でのプレート拡大に伴うマントルの流れにより，結晶のP波速度最大の向きがプレート拡大方向に揃うことが期待される．この選択的に配向したかんらん石の結晶配列は，海嶺から離れるにつれて冷却し次第に厚くなる海洋プレートの中に取り込まれ，そのまま保存されると推定される．マントルの流れの情報が，いわば海洋プレート中に凍結保存される．一例として，図23.7に，ハワイ島周辺の海域で行われた屈折法地震探査実験から得られた $P_n$ 速度の方位分布を示す．予測どおり，$P_n$ 速度に明瞭な方位異方性があり，かつ $P_n$ 速度最大の方向がプレート拡大方向に一致する．

地震学に地震波トモグラフィの手法が導入されたことにより，地球内部の3次元不均質構造を写し出すことが可能となった．それは，現時点における地球内部のスナップショットであり，地球内部ダイナミクスを理解するうえで，われわれはきわめて有力な手段を手に入れたのである．Woodhouse and Dziewonski (1984) は，世界の広帯域地震観測網で観測された地震波形記録のインバージョンにより上部マントルの3次元構造を推定した．また，Dziewonski (1984) は，ディジタル波形記録ではなく，ISC報告書に掲載されている多数の走時データを用いて下部マントルの3次元構造を推定した．以来，大量のディジタル波形

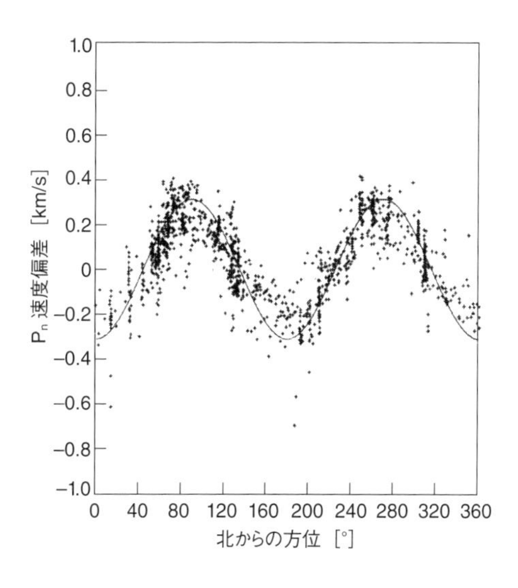


図23.7　$P_n$ 速度の方位異方性
(Morris *et al.*, 1969)
観測された $P_n$ 速度を平均速度8.159 km/sからの偏差で示す．横軸は北からの方位．

記録や走時データを用いて地球内部の 3 次元不均質構造を推定する研究が多数行われてきた.

地震波トモグラフィで得られた地球内部構造の一例として，Panning and Romanowicz（2006）によるそれを口絵 7 に示す．彼らは，世界中に展開した広帯域地震計で記録された多数の地震の表面波と実体波の大量の波形データを用いて，それらをインバージョンすることにより，鉛直方向に異方性をもつ S 波速度構造と震源パラメータを同時に推定した．口絵 7 は，そのようにして得られた S 波速度構造（S 波速度の等方成分）を，深さ 150，300，450，600，1,000，…，2,800 km の 10 の深さにおける速度偏差の分布として示したものである．口絵 7a に見られるように，上部マントル浅部の 150 km 程度の深さでは，口絵 7b～j に示す他の深さに比べて，S 波速度の地域変化が大きい．図 22.4 で示した世界のプレート境界の図と比較すると，海嶺やトランスフォーム断層で S 波速度が非常に遅く，かつ，沈込み帯でも遅い，つまり，プレート境界で S 波速度が遅いことがわかる．一方，安定大陸である楯状地では速いという系統的な傾向が明瞭に認められる．さらに，海洋下では，プレートの年齢が増加するにつれて S 波速度が速くなる．これは，第一義的には，アセノスフェアの S 波速度を見ているか，リソスフェアの S 波速度を見ているかの違いを反映しているともいえる．このように顕著な速度の水平方向の不均質は，口絵 7 で速度偏差の大きさが 300 km 以深で一気に小さくなることに現れているように，その度合いが深さの増加とともに急激に減少する．なお，この深さとともに減少する水平方向の不均質は，23.2.3 項で述べるように，マントル最下部でふたたび大きくなる（口絵 7j）.

### 23.2.2 上部マントルとマントル遷移層

モホ面から 660 km 不連続面までの間が，上部マントルである．そのうち上部マントルの下部，$\alpha$–オリビンから $\beta$–スピネルへの相転移が始まる約 410 km（410 km 不連続面）から上部–下部マントル境界（660 km 不連続面）までの間がマントル遷移層である.

すでに，22.2.1 項で述べたように，地震波トモグラフィによって，マントル中の下降流である沈み込むスラブの姿が，明瞭にイメージングされるようになった．口絵 6 はその一例を示したもので，海溝から陸のプレートの下のマントル中に沈み込む海洋プレート，すなわちスラブの姿が，地震波高速度層として明瞭に写し出されている．沈み込んだスラブは，口絵 6 にみるように，日本，伊豆–小笠原，南千島などでは，マントル遷移層に横たわり，一方，トンガ，マリアナ，ジャワ，南アメリカ，中部アメリカなどでは，上部マントルの底を突き抜けて下部マントル中にまで落下している．マントル遷移層に横たわるスラブは，スタグナントスラブあるいは滞留スラブ（stagnant slab）とよばれる（Fukao *et al.*, 2001）．スラブが下部マントルの直上に横たわるのは，22.2.1 項で述べたように，おそらく，660 km 不連続面を境にしてマントルの粘性係数が増加すること，相分解の遅れによってスラブの密度が下部マントルの密度より小さいことに起因するのであろう．それに加えて，海溝軸の海側への後退なども，滞留スラブの原因として重要な役割を果たしているようである（たとえば，吉岡，2009）．やがて周囲からの加熱が進み，スラブ物質の相分解が起こると密度が大きくなり，下部マントル中に落下するだろうと推定される．

マントル遷移層に横たわるスラブは，口絵 7 にも明瞭に写し出されている．深さ 600 km における S 波速度分布（口絵 7d）をみると，太平洋を囲んでその西側の領域に S 波高速度域が広域に分布していることがわかる．この領域は，太平洋プレートなどが沈み込んでいる沈込み帯に位置しており，S 波が高速度のスラブがマントル遷移層に横たわっているので，このように広い領域にわたって高速度域としてイメージングされるのである．一方，太平洋を囲む東側の沈込み帯では，沈み込んだスラブはマントル遷移層に横たわらず，そのまま下部マントルに落下している．それを反映して，口絵 7d で，太平洋を囲んでその東側の領域には，西側のように S 波高速度域が広域に分布していない．口絵 7e, f から，下部マントルの 1,000 km や 1,400 km の深さで，北米から南米にかけての領域直下に，S 波高速度域が南北にほぼ連続して分布するのが見える．これは，下部マントル中を南北に連なって落下するスラブの姿を写している．

地震波トモグラフィは，マントル中の上昇流であるプルームの姿も明瞭に写し出す．口絵 11 は，その一例であり，ハワイとアフリカの下に，下部マントルの底から地表面付近まで，上部・下部マントル境界を貫いて分布する 2 つのスーパープルームの姿が，地震波低速度域として明瞭にイメージングされている．これら 2 つのスーパープルームの姿は，口絵 7 でも明瞭に認められる．マントルの底，深さ 2,800 km における S 波速度分布（口絵 7j）にみられる，ハワイを含む南太平洋に分布する顕著な低速度域と，アフリカ南部からインド洋南部にかけての地域に分布するそれとが，2 つのスーパープルームである．これら 2 つの低速度域は，下部マントルでは，速度偏差の大きさがマントル最下部ほど大きくはなく，また，分布域の位置や拡がりも深さによって少しずつ変化しながらも，マントルの底からマントル浅部まで連続して分布しているようである（口絵 7b〜i）．

22.2.1 項で述べたように，マントルの主要鉱物であるかんらん石（$\alpha$–オリビン）は，深さ 410 km 付近で $\beta$–スピネルに，550 km 付近で $\gamma$–スピネルに相転移する．さらに深さ 660 km 付近でペロブスカイトとマグネシオウスタイトに相分解する．とくに 410 km と 660 km 付近の相転移と相分解は，密度と地震波速度の増加が大きいので地震波の反射・変換面として明瞭に検出され，それぞれ **410 km 不連続面**（410 km discontinuity），**660 km 不連続面**（660 km discontinuity）とよばれる．相境界の圧力/温度勾配，すなわちクラペイロン勾配は，410 km 不連続面では正で約 3 MPa/K，一方 660 km 不連続面のそれは負で約 –2.8 MPa/K と推定された（Katsura and Ito, 1989; Ito and Takahashi, 1989）．ただし，近年の高圧実験による推定では，これらの値より絶対値が少し小さいようである．いずれにしても，マントル中の下降流である沈み込むスラブの中（あるいはその周辺）では，周囲に比べて温度が局所的に低いので，410 km 不連続面の深さが局所的に浅くなり，一方，660 km 不連続面の深さは深くなることが期待される．それは，スラブの沈込み（沈降）を，それぞれ促進，抑制するはたらきをするはずである．これに対して，マントル中の上昇流であるプルームの中（あるいはその周辺）では，周囲に比べて局所的に高温なので，逆に，410 km 不連続面が深く，660 km 不連続面が浅くなることが期待される．それは，プルームの上昇を，それぞれ促進，抑制するはたらきをするはずである．また，沈み込むスラブおよびその周辺ではマントル遷移相の厚さが局所的に厚く，上昇するプルームおよびその周辺では薄くなることが期待される．

410 km 不連続面と 660 km 不連続面の深さのグローバルな分布は，図 23.8 に模式的に示すように，遠地地震の P 波の後に現れる，観測点直下の不連続面で P 波から S 波に変換した波，*Pds* 波（410 km 不連続面で変換した *P410s* 波と 660 km 不連続面で変換した *P660s* 波），同じく S 波の後に現れる *Sdp* 波，遠地の *SS* 波の前に現れる *SdS* 波（410 km 不連続面で反射した *S410S* 波と 660 km

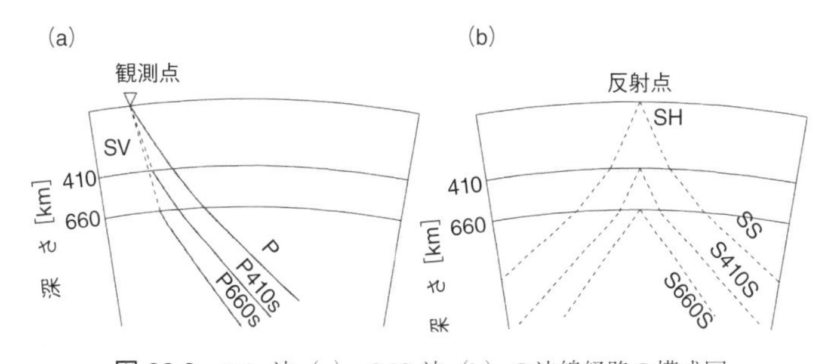


**図 23.8** Pds 波（a），SdS 波（b）の波線経路の模式図
（Lawrence and Shearer, 2006b）
P 波で伝播する波線を実線で，S 波で伝播する波線を破線で鉛直断面に示す．

不連続面で反射した *S660S* 波），同じく遠地の *PP* 波の前に現れる *PdP* 波などを用いて推定されている．

口絵 8 に，*Pds* 波を用いて推定されたマントル遷移層の厚さの分布を示す（Lawrence and Shearer, 2006b）．マントル遷移層の厚さは，410 km 不連続面と 660 km 不連続面という 2 つの面で，反射した波あるいは変換した波の走時の差から推定できる．ここで不連続面の深さの分布ではなく，マントル遷移層の厚さの分布を求めたのは，マントル遷移層付近を除けば，2 つの波の伝播経路がほぼ同じなので，誤差の大きな要因となる構造不均質の影響がほぼ相殺され，さらに震源位置の誤差の影響もほぼ相殺されるからである．いずれにしても，口絵 8 は，上記の予測どおり，環太平洋に分布するプレートの沈込み帯地域ではマントル遷移層の厚さが厚く，2 つの主要なスーパープルームが分布する，南太平洋，および大西洋南部からアフリカ南部を通ってインド洋南部にかけての地域で薄いことを示している．この結果は，他の種類の波，たとえば，*SdS* 波を用いて推定された結果ともよく一致する．

マントル遷移層の厚さではなく，2 つの不連続面の深さの分布を別々に推定した研究も多数ある．それらによると，660 km 不連続面は，口絵 8 に示したマントル遷移層の厚さ分布と同様に，確かに予測どおり，沈込み帯地域で局所的に深く，2 つの主要なスーパープルームの分布する地域で局所的に浅い．しかし，410 km 不連続面は，局所的に浅く求まった沈込み帯もあるものの，そうでない沈込み帯もあるなど，グローバルにみた場合，660 km 不連続面にみられるほど顕著な傾向は認められない．マントル遷移層の厚さ分布（口絵 8）にみられる明瞭な傾向は，どうやら 660 km 不連続面の深さの空間変化が主として寄与しているようである．

地震観測点を稠密に設置してあれば，上に示した例よりはるかに高い空間分解能で，不連続面の深さ分布を推定することができる．マントル中の下降流部分，すなわち沈み込むスラブの一例として，口絵 9 に，日本列島に展開された稠密な観測網のデータを用いて推定された，西日本の下の不連続面の深さ分布を示す．図には P 波速度構造に重ねて示してあるが，この地域では，地震波トモグラフィにより，マントル遷移層に横たわる太平洋スラブが地震波高速度域として明瞭にイメージングされている（Fukao *et al.*, 2001）．不連続面は，日本列島に展開された約 560 点の観測網で観測された近地地震の *sScS* 波の不連続面での反射波 *sScSSdS* 波（*sScSS410S* 波と *sScSS660S* 波）を用いて推定された．推定された 660 km 不連続面は，マントル遷移層に横たわる太平洋スラブ直下で，予測どおり局所的に深くなっている．この例の場合は，410 km 不連続面も，クラペイロン勾配からの予測どおりに沈み込む太平洋スラブの中で局所的に浅くなっているようにみえる．

マントル中の上昇流部分，すなわちプルームの一例として，口絵 10 に，イエローストーンの下の S 波速度構造と不連続面の深さ分布を示す．米国西部に稠密に展開した広帯域地震計アレイ（USArray）で観測されたデータを用いて推定されたもので，地震波トモグラフィにより，下部マントルの深さ 1,000 km 程度からマントル遷移層を貫いて地表のイエローストーンまで伸びる S 波低速度域が，明瞭にイメージングされている．不連続面は，*Pds* 波（*P410s* 波と *P660s* 波）を用いて推定されたもので，このプルーム内では，予測どおりに 660 km 不連続面が局所的に浅くなっている．ただし，410 km 不連続面は局所的に深くはなっておらず，予測とは一致しない．水が含まれているなど，他の要因が影響しているのかもしれない．

ところで，22.4 節で，沈込み速度が速く，かつ年齢の古いスラブの場合，スラブ内部のコアの部分に準安定オリビン相が局所的に深部まで形成されることが期待されると述べた（図 22.10 参照）．すなわち，410 km 不連続面が，スラブのコア部分では，浅くではなく深くなると期待される．スラブの中心部分に形成されると予測されるこの地震波低速度域は，地震波トモグラフィではまだ検出されていない．現在の地震波トモグラフィは，このような深さ範囲でスラブの内部構造まで写し出すような空間分解能はない．一方，レシーバ関数解析は，速度不連続面の検出に有力な手法であり，より高い空間分解能をもつ．実際，Kawakatsu and Yoshioka（2011）は，日本列島下に展開する稠密な地震観測網データを用いて，西南日本下に沈み込む太平洋スラブの中心部に存在すると予測されるウェッジ状の地震波低速度域を，レシーバ関数解析により検出した．

地球内部で実際に起こっているのは，上部マントルと下部マントルが混ざらずにそれぞれで別々に対流する“2 層対流”なのか，あるいは，マントル全体で対流する“全マントル対流”なのか，そのいずれであるかを知ることは，地球内部のダイナミクスを理解するうえで鍵となる問題である．それを知るために，沈込み帯やプルームの深部構造を詳細にイメージングしようと，多くの研究が行われてきた．マントル遷移層は，マントル中の下降流であるスラブと上昇流であるプルームに対して，それらが遷移層を貫通して下部マントルに下降，あるいは上部マントルに上昇しようとする際に相転移を生じさせる．とりわけ 660 km 不連続面は，すでに述べたように，スラブ内では局所的に深くなり，プルーム内では浅くなることから，それぞれスラブの下降およびプルームの上昇を抑制するはたらきをすると考えられる．したがって，上部マントルから下部マントルへ，あるいは逆に下部マントルから上部マントルへのマントルの流れを邪魔して遅らせる役割を果たす．すなわち，マントル遷移層が，マントル中の対流運動をある程度律速していると考えられる．口絵 6 や口絵 11 に見られるように，マントル遷移層に滞留していると推定される横たわるスラブが顕著な地震波高速度域として見出されていることから，地球内部で実際に起こっているのは，2 層対流ではないものの，どうやら単純な全マントル対流でもなさそうである．このことは，マントルのダイナミクスと進化を理解するうえで非常に重要である．

### 23.2.3 下部マントルと D″ 層

下部マントルは，660 km 不連続面から深さ 2,891 km の核–マントル境界までの 2,000 km を超す厚さをもつ層である．下部マントルは，その最下部の 200〜300 km ほどの厚さの領域を別にすれば，深くなるにつれて比較的滑らかに地震波速度が増加し，その速度勾配も直上のマントル遷移層に比べて顕著に小さいという特徴をもつ（図 23.9 参照）．マントルを構成する鉱物であるオリビン，エ

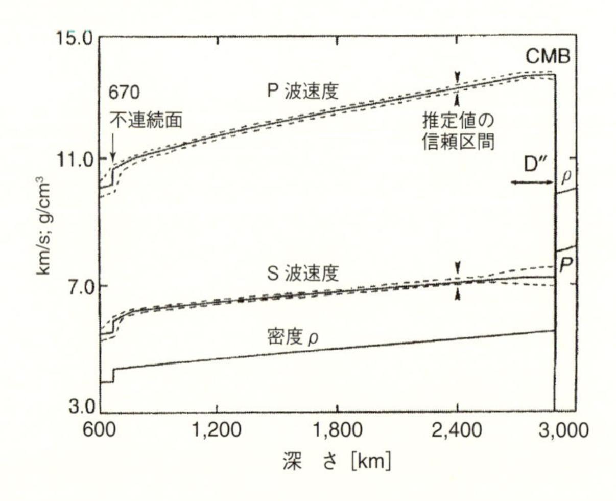


**図 23.9**　下部マントルにおける P 波速度，S 波速度，密度の深さ変化，および水平方向の変化幅（Lay, 2007）

PREM（Dziewonski and Anderson, 1981）による値を実線で示す．P 波速度および S 波速度について，グローバルの走時データに基づき推定された各深さにおける値の信頼区間（水平方向の変化幅）を破線で示す．CMB：核–マントル境界．

ンスタタイト，ザクロ石などのペロブスカイトへの相転移が深さ約 800 km までですべて終了し，それ以深では，核–マントル境界直上の厚さ 200〜300 km 程度の領域（D″ 層）に至るまで広い温度・圧力範囲にわたって安定であり，ほぼ断熱温度勾配と圧力効果のため，密度，剛性率，非圧縮率が深さとともに滑らかに増加することによると推定される．また，地殻や上部マントルに比べて，地震波速度の水平方向の不均質の度合いも顕著に小さい．それは，口絵 7 に示す各深さにおける S 波速度偏差の分布図からも見てとれる．

ただし，前節で述べたように，沈み込むスラブがマントル遷移層を貫いて，下部マントルにまで達している領域がある（口絵 6 参照）．そのような領域では，スラブが地震波の高速度異常域としてイメージングされ，結果として下部マントルにも地震波速度の不均質をつくる．とくにそれが顕著なのは，北米から南米にかけての地域とユーラシアの南部である．それらの領域では，スラブがマントル遷移層を貫通した後に，連なって落下しているかのように，それぞれ南北，および東西に伸びるテーブル状の構造をした地震波高速度域がイメージングされている（たとえば，van der Hilst *et al.*, 1997）．すでに述べたように，口絵 7 に示した S 波速度構造にも，そのうちの前者が，北米から南米にかけて南北に分布する高速度域として，深さ 1,000〜1,400 km の平面図（口絵 7e および f）にイメージングされている．このような地震波速度の水平方向の不均質もせいぜい深さ 1,600 km 程度までであり，それを超えると不均質の度合いはさらに小さくなるようである．

上記の特徴は，下部マントル最下部，核–マントル境界から上方に 200〜300 km 程度の深さ範囲に至ると完全に崩れてしまい，それより浅部と比較するとずっと不均質で複雑な構造となる（口絵 7j）．この領域は，核–マントル境界直上に形成される熱境界層の特徴を示し，水平方向に顕著な熱的および化学的な不均質があると推定される．地震学的に不均質である下部マントル最下部のこの領域は，**D″ 層**（D″ layer）あるいは **D″ 領域**（D″ region）とよばれる．この命名は，Bullen（1949）が下部マントルを D 層と命名したことに基づく．Bullen（1949）は，下部マントルをさらに上層と下層に分けて，D′ 層と D″ 層とよんだ．（ちなみに Bullen（1949）は，地殻を A 層，410 km 不連続面までの上部マントルを B 層，マントル遷移層を C 層，下部マントルを D 層，外核の上部を E 層，下部を F 層，内核を G 層とよんだ．）

すでに述べたように，上部マントルと下部マントル別々の 2 層対流か，あるいは全マントル対流なのかは，地球内部のダイナミクスを理解するうえで鍵となる重要な問題である．同様に，直下の核からかなりの熱が供給されると推定される D″ 層が，マントル対流にどのような役割を果たすかもきわめて重要な問題である．マントル対流システムの下側の熱境界層として振る舞う D″ 層は，また，核の中の対流，さらに，それに起因する地球ダイナモ（地球の主磁場の原因となる地球内部の発電機構）を理解するうえでも，きわめて重要である．そのため D″ 層の構造を求めようと多くの研究が行われてきた．

口絵 7j にもみられるように，マントル最下部に，S 波速度が非常に速い領域が太平洋を囲む地域に分布する．これに対して，S 波速度がきわめて遅い領域が，太平洋中央部から南部にかけての地域，および大西洋南部からアフリカ南部を通ってインド洋南部にかけての地域に分布する．マントル最下部のこれら 2 つの顕著な S 波低速度域は，**大規模 S 波低速度域**（large low shear velocity province: LLSVP）とよばれ，その存在は S 波のトモグラフィによって最初に見出された（Dziewonski *et al.*, 1993）．これらの低速度域は，D″ 層を超えてより浅部，800～1,000 km 程度の深さまで，低速度の度合いをやや小さくしながらも，続いているようである．これら 2 つのスーパープルームのおおよその姿かたちは，口絵 7 からも見ることができる．D″ 層内の S 波高速度域は，過去数億年の期間にスラブの沈込みがあった領域に一致しており，下部マントル中に落下したスラブが，周囲に比して低温であるという性質を保ったままマントルの底まで達したと考えれば理解できる．一方，D″ 層内の S 波低速度域は，地表のホットスポットが密に分布している領域の下に位置しており，これも，D″ 層から生じた上昇流（プルーム）が，マントル遷移層を含むマントル全体を貫いて地表面にまで達したと考えれば理解できる．

D″ 層の上部境界面の深さは場所により異なり，核–マントル境界から上方に 50～350 km の範囲にあるようである．そこでは 0.5～3.0% 程度の地震波速度の変化があり，**D″ 不連続面**（D″ discontinuity）とよばれる（たとえば，Wysession *et al.*, 1998）．図 23.10 に，広帯域地震波形の詳細な解析から推定された，いくつかの地域における下部マントル最下部付近の S 波速度の深度プロファイルを示す（Lay, 2007）．これらの地域では，核–マントル境界から 130～300 km 程度上方の深さに，2.5～3.0% の S 波速度の増加が見られる．これまでの研究によ

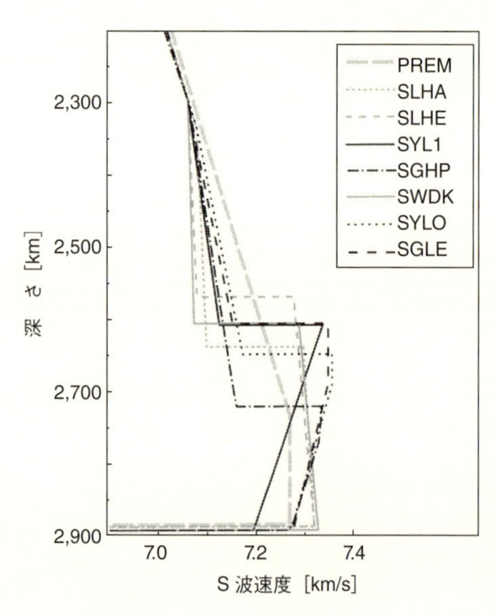


**図 23.10**　マントル最下部における S 波速度の深さ変化
（Lay, 2007）

PREM（Dziewonski and Anderson, 1981）のほかに，いくつかの地域で推定された結果（SLHA, SLHE（Lay and Helmberger, 1983），SYL1（Young and Lay, 1987），SGHP（Ganero *et al.*, 1988），SWDK（Weber and Davis, 1990），SYLO（Young and Lay, 1990），SGLE（Gaherty and Lay, 1992））を重ねて示す．

ると，P 波速度の増加は 0.5〜1.0% と推定され，S 波に比べて系統的に小さい．

その後日本で行われた超高圧実験で，核–マントル境界から上方に 200〜300 km の深さに相当する約 120 GPa の圧力で，ペロブスカイトが**ポストペロブスカイト**（post-perovskite）とよばれる高圧層に相転移することが発見される（Murakami *et al.*, 2004）に及び，D″ 不連続面はこの相転移が原因でつくられると広く認められるようになった．相境界のクラペイロン勾配は，11.5 MPa/K（Hirose *et al.*, 2006）あるいは 7.5 MPa/K（Hirose and Fujita, 2005）程度と大きな値が推定されており，マントル最下部では温度構造に水平方向の強い不均質があることから，周囲に比べて低温のところで浅くなるなど，相境界の深さに大きな地域変化があることが期待される．そのことが，D″ 不連続面の深さが場所により大きく異なる原因であると理解される．ペロブスカイト → ポストペロブスカイトの相転移で，P 波では速度変化が小さいものの，S 波では速度が約 2% 増加する．相転移が，狭い深さ範囲で生じれば，図 23.10 で見られるような S 波の不連続面はうまく説明することができる．ペロブスカイト → ポストペロブスカイト相転移のクラペイロン勾配は正なので相境界面が低温域で浅くなり，そのため，410 km 不連続面の場合と同様に，境界層での深さ方向の流れを促進させる方向にはたらく．しかも，クラペイロン勾配が大きな値なので，その効果は，410 km 不連続面の場合より大きいことが期待される．

図 23.11 には，南米–アフリカ–スマトラ–ニューギニアを通る大円に沿って地球を半分に切った際に現れる鉛直断面に，大西洋南部からアフリカに至る地域直下に分布する LLSVP（African LLSVP）と太平洋中央部から南部にかけての地域下に分布する LLSVP（Pacific LLSVP）とを模式的に示す．LLSVP では S 波速度が遅いが，それは P 波速度の分布と必ずしも対応しない．また，ノーマルモードの解析からは，密度が大きいとの推定もある（Ishii and Tromp, 1999; Trampert *et al.*, 2004）．したがって，D″ 層内の速度変化の原因として，温度の効果だけでなく化学組成の違いが含まれていると推定される．LLSVP は，周囲より高温ではあるものの，鉄に富むため密度が大きい領域かもしれない．いずれにしても，プルームの上昇に関わって，地球ダイナミクスを理解するうえできわめて重要な問題であり，今後の研究の進展が期待される．

D″ 層の最下部，核–マントル境界の直上には，地震波速度がきわめて遅い薄い層が存在する．この薄い低速度層は，核–マントル境界からの反射波やそのご

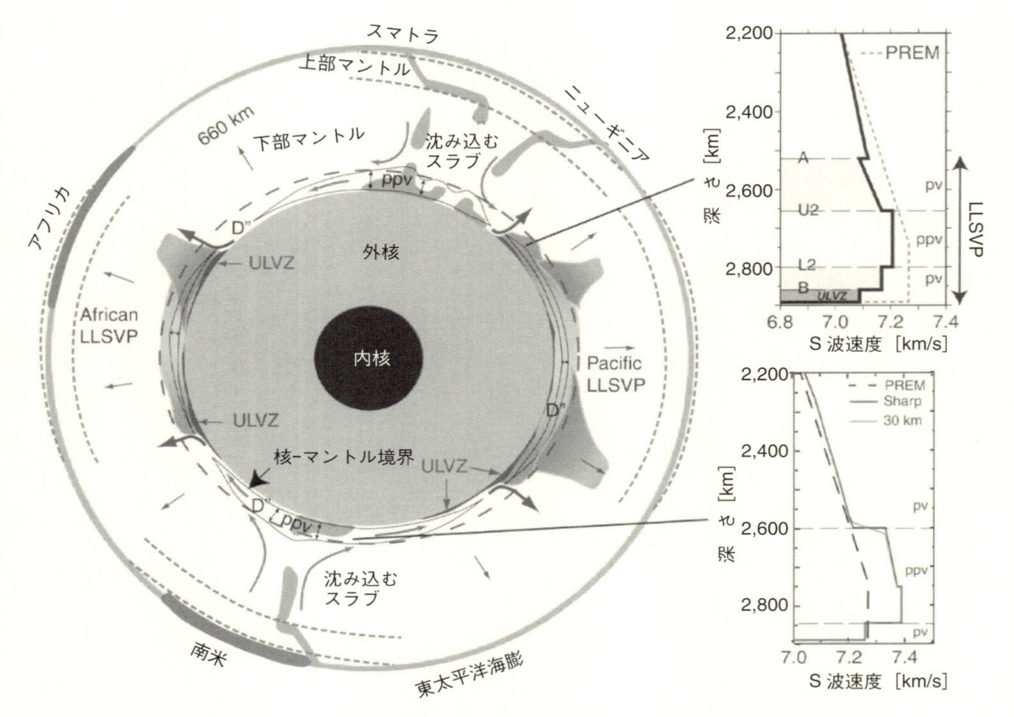


**図 23.11**　D″ 層の特徴を模式的に示す地球の断面図（Lay, 2011）

アフリカと太平洋の下の 2 つの LLSVP（大規模 S 波低速度域）が示されている．比較的温度の高いマントル上昇流は，LLSVP の直上に存在する．比較的温度の低いマントル下降流は，ペロブスカイト（pv）からポストペロブスカイト（ppv）に相変化した D″ 領域の上にある．LLSVP と下降流領域の S 波速度の深さ分布を，それぞれ右上図と右下図に示す．pv→ppv の相変化に伴う速度不連続面が 2,600〜2,650 km の深さ範囲に見られる．どちらの領域とも，急峻な温度勾配のため，ppv が pv へと戻る相変化に対応するかもしれない速度の減少が，2,891 km の核-マントル境界（CMB）の直上にみられる．ULVZ：超低速度層．

く近傍を通過する地震波の解析から検出され，**超低速度層**（ultra-low velocity zone; ULVZ）とよばれる．ULVZ は，核–マントル境界直上のどこでも至るところに存在するわけではなく，限られた場所に局在して分布する．図 23.11 の模式図に示すように，通例 LLSVP の端部に分布する傾向がある．ただし，他のいくつかの地域でも局所的に存在することが確認されている．その厚さは 10～40 km であり，P 波速度で 4～10% 程度，S 波速度で 8～30% 程度遅いと推定されている（Thorne and Garnero, 2004）．

ULVZ の存在は，もしかするとマントルから核への遷移層を表しているかもしれないが，核を取り巻く境界面全域に存在するものの厚さが薄すぎて検知されない場所が広く分布しているのか，あるいはそのような場所には実際に ULVZ がないのか，そのどちらが本当であるかはわかっていない．ULVZ は，その速度低下の度合いおよび $V_P/V_S$ 比が大きいことから，メルトが含まれているか，あるいは化学組成に違いがあると推定される．ある種の見積もりでは，メルト含有率がおおよそ 6～30% と推定されている（Williams and Garnero, 1996; Berryman, 2000）．また，密度がおおよそ 10% 程度大きいことから，より鉄に富むと推定される．おそらく，部分溶融と化学組成の違いの両方が生じていて，その組合せできわめて大きな速度低下がみられるのであろう．もしもマントル最下部にメルトが存在するのであれば，それはマントルとその直下の外核との化学的相互作用を促進してきたであろうことを想像させる．

地震波速度異方性は，マントル中の物質の流れについての情報を与えてくれる．流れがあると，結晶や鉱物粒子および包有物はひとつの方向に配列するようになるからである．冷たいリソスフェアは別にして，アセノスフェア以深で異方性を示すとしたら，それは現在の物質の流れを反映していると考えてよいだろう．マントル内の異方性については，流れの方向や大きさが急激に変化する熱境界層に対応するマントルの最上部と最下部で異方性が大きいことが期待される．実際に観測される地震波速度異方性も，マントル最上部と最下部で大きい．また，マントル遷移層についての異方性の報告例もある．たとえば，実体波の走時とノーマルモードの観測データから推定した Montagner and Kennet（1996）のモデルによると，マントル最上部と最下部で異方性が大きいが，それに加えてマントル遷移層にも顕著な異方性が存在する．別の例として，図 23.12 には， Panning and Romanowicz（2006）が表面波と実体波のインバージョン

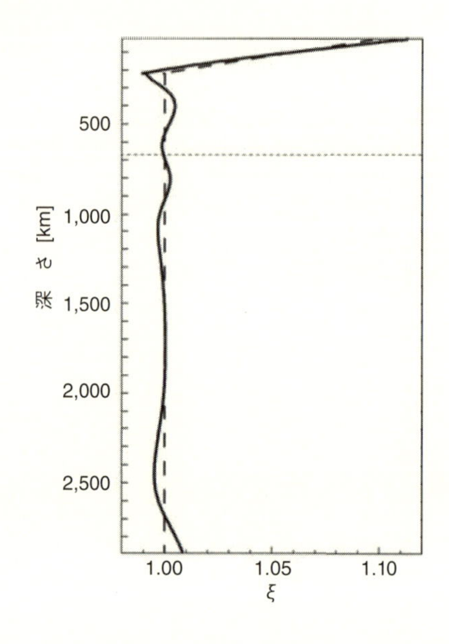


**図 23.12**　S 波鉛直異方性のパラメータ $\xi$ の深さ分布（Panning and Romanowicz, 2006）
$\xi$ の全球平均値を示す．

から推定した，S 波鉛直異方性のパラメータ $\xi$ の深さ分布を示す．ここで $\xi$ は SH 波の速度 $V_{\mathrm{SH}}$，SV 波の速度 $V_{\mathrm{SV}}$ として $\xi=(V_{\mathrm{SH}}/V_{\mathrm{SV}})^2$ で表される．図は $\xi$ の全球平均を横軸に，深さを縦軸にして示してある．マントル最上部のおよそ 80～200 km とマントル最下部のおよそ 300 km の範囲では，全球平均でみても顕著に $V_{\mathrm{SH}}>V_{\mathrm{SV}}$ である．Panning and Romanowicz（2006）は，これがリソスフェアの直下，およびマントルの底で水平方向の流れが卓越することを反映していると推測した．さらに，図には示してないが，拡大速度の速い海嶺直下の深さ約 150～300 km の範囲と，沈込み帯のマントル遷移層，深さ 400～700 km の範囲で，$V_{\mathrm{SH}}<V_{\mathrm{SV}}$ である．彼らによれば，これは，水平流でなく鉛直方向の流れ，すなわち，それぞれマントルの上昇流と下降流を反映しているとのことである．ただし，たとえばマントル最下部で，ペロブスカイトやポストペロブスカイトあるいは (Mg, Fe)O が流れに対してどのような異方性を示すかの検討など，異方性の解釈にはまだ課題が残されており（Yamazaki and Karato, 2007），今後の研究の進展が待たれる．

# 23.3 核

地球の**核**（core）は，体積で地球全体の 16% を，質量で 30% 以上を占める．核は，主として鉄で構成され，固体の**内核**（inner core）と液体の**外核**（outer core）とからなる．外核の半径は約 3,480 km，内核は 1,220 km と推定される．内核は，地球が冷却していく過程で液体の核が冷えて固化した結果，地球中心につくられる固体部分であり，冷却が進むにつれて成長する．また，体積にして地球全体の 1% にも満たない．

ケイ酸塩で固体であるマントルと鉄–ニッケル合金の液体である外核との境界，すなわち，核–マントル境界は，地球表面での大気から地殻への密度増加より大きな，約 4.3 g/cm$^3$ もの密度増加がある，地球内部の最も重要な不連続面である．核–マントル境界の凹凸は，核とマントルとの力学的結合に強い影響を及ぼすので，地球ダイナミクスを理解するうえで重要である．直上にきわめて不均質な D″ 層があるため，きちんと推定するのは難しいが，地震学的にみて，核–マントル境界は 5 km 以下の厚さしかない第一級の不連続面であり，凹凸はあっても 4 km を超えないと考えられている．核–マントル境界は，熱的，力学的，化学的な相互作用あるいは交換の場である．とりわけ，慣性モーメントの交換は，地球の回転に影響を及ぼす．**内核–外核境界**（inner core boundary; ICB）も 5 km 以下の厚さしかない第一級の不連続面であり，凹凸はあっても数百 m を超えない．内核–外核境界では，液体の鉄–ニッケル合金の固化が生じており，化学的相互作用とエネルギー交換の場として重要である．固化の際に潜熱と軽い元素を放出するが，それらは地磁気の原因である外核内の対流のおもな駆動源となる．重力エネルギーを含む内核の成長に伴う熱源は，地球ダイナモを動かすうえで不可欠であり，したがって，地球の熱史のなかで重要な役割を担ってきた．

核の構造を推定する最も有力な方法も，地震波を用いる手法である．核を通ってくる実体波，すなわち**コアフェイズ**（core phase）の波形や地球自由振動を用いて推定されてきた．図 23.13 には，おもなコアフェイズの波線経路を模式的に示す．

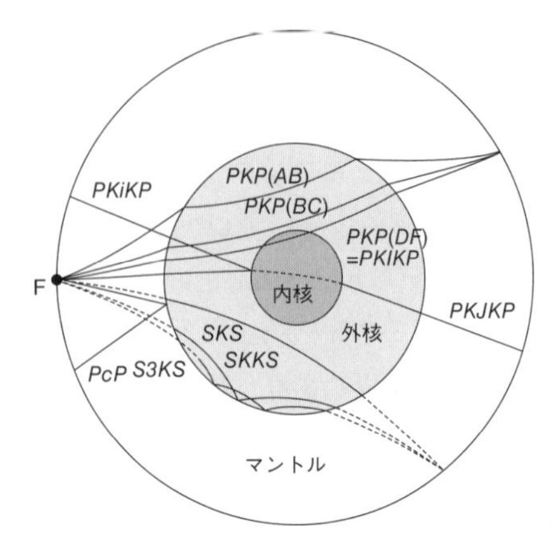


**図 23.13**　おもなコアフェイズの波線経路の模式図（Souriau, 2007）
P 波で伝播する波線を実線で，S 波で伝播する波線を破線で示す．

## 23.3.1 外　核

外核は鉄–ニッケル合金の液体である．液体の外核では，$Q$ はどこもきわめて大きい．したがって，地震学的には透明な層である．外核の密度は，同じ温度・圧力条件の溶けた鉄–ニッケル合金の密度に比べて有意に低い．このことは，おそらく酸素，硫黄，ケイ素，水素などの軽い元素が外核に含まれていることを意味する．その量は，質量にしておよそ 10% 程度である．活発な対流運動が起こっている液体の外核の中で，P 波速度の水平方向の不均質があることは考えにくい．実際，外核は，その最上部と最下部を除いて均質であり，密度の分布はアダムス–ウィリアムソン（Adams-Williamson）式に従う．一方，液体の鉄–ニッケル合金が結晶化する際に内核–外核境界から放出された軽い元素が上昇し外核最上部の核–マントル境界直下に集積したり，あるいは重い合金が外核最下部の内核–外核境界直上に溜まったりして，深さ方向の不均質が形成されることは考えられる．

外核最上部については，軽い元素に富んだ鉄–ニッケル合金に対応しそうな，地震波速度の少し遅い薄い層が核–マントル境界直下にあるという研究結果（たとえば，Lay and Young, 1990）もあるものの，確かなことはまだわかっていない．

外核を通ってくる $PKP(BC)$ 波（図 23.13 参照）を用いて調べた結果では，図 23.14 に見られるように，外核の最下部，内核–外核境界から上方に約 150 km

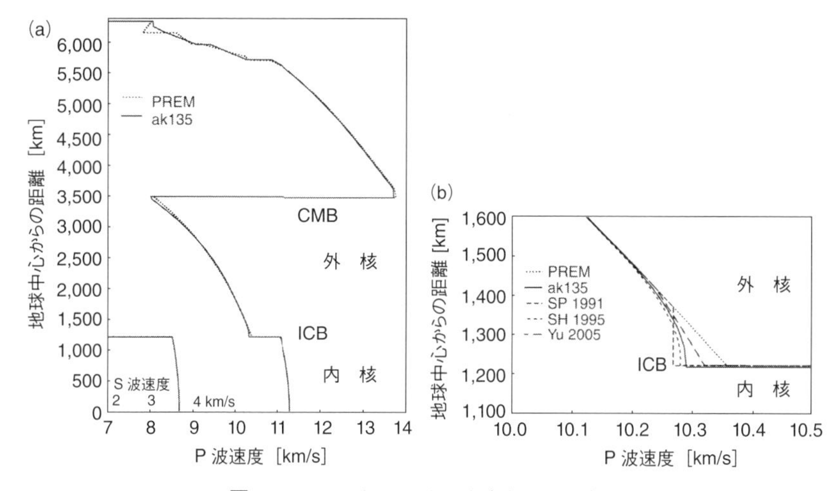


図 23.14 P 波および S 波速度の深さ変化

(a) 2 つのグローバル地球モデル，PREM（Dziewonski and Anderson, 1981）および ak135（Kennett *et al.*, 1995）による P 波速度の深さ変化と内核の S 波速度．内核の S 波速度は異なるスケールで示してあることに注意．(b) 外核最下部における P 波速度の深さ変化．PREM および ak135 に加え，他の 3 つのモデル（SP: Souriau and Poupinet（1991), SH: Song and Helmberger（1995), YU: Yu *et al.*（2005)）も示す．CMB: 核–マントル境界，ICB: 外核–内核境界（Souriau（2007）による)．

の深さ範囲で，P 波速度が PREM（Dziewonski and Anderson, 1981）より有意に遅いようである（Souriau and Poupinet, 1991)．外核最下部 100〜150 km の深さ範囲における，この小さい速度勾配は，短周期波形のモデリングでも確かめられている（Song and Helmberger, 1995)．液体の核が固化して内核が成長する際に吐き出された軽い元素が存在するために，速度勾配が小さいのであろう．

## 23.3.2 内 核

固体の内核は液体の外核が固化することにより形成され，現在も成長し続けている．内核–外核境界では，P 波の速度上昇が約 0.7 km/s，密度増加が約 0.6 g/cm$^3$ であり，内核は外核に比べて軽い元素に枯渇していることを示す．

内核のもつ大きな特徴のひとつが，異方性である．地球回転軸方向に伝播する地震波の速度は，赤道方向に伝播する波より速い．それは，*PKIKP* の走時

や $PKP(DF)$–$PKP(BC)$，$PKP(DF)$–$PKP(AB)$ の走時差の解析から見出された（たとえば Poupinet *et al.*, 1983; Morelli *et al.*, 1986）．内核の異方性は，深さ依存性をもち，内核最上部の内核–外核境界から下方に 50〜100 km までの深さ範囲では 1% 以下，とくに 50 km までの深さ範囲では異方性がないと指摘されている（Shearer, 1994）．異方性をつくるメカニズムについては，内核の成長過程で獲得した $\varepsilon$–鉄結晶の選択配向，あるいは楕円体状の流体包有物の選択配向などがあげられているが，今のところよくわかっていない．

内核の異方性には，内核の最上部 400 km ほどの深さ範囲で，水平方向の変化もある（Tanaka and Hamaguchi, 1997）．東半球（とくに，東経 40〜180° の範囲）では西半球より異方性が小さい．ただし，等方的な速度には違いはなく，東半球と西半球の異方性の違いの原因は，等方的な層の厚さの違いか，あるいは結晶の配列の度合いの違いにあることを示唆する（Souriau, 2007）．

内核では，地震波の減衰も大きい．$PKP(DF)$ を用いて推定されているが，とくに内核最上部で減衰が大きく，最表層の内核–外核境界から下方 200 km の深さ範囲では $Q_\alpha$ の値が 100〜400，それは深さともに増加し内核–外核境界から下方に 400 km の深さで 600 程度の値になる（たとえば Doornbos, 1974; Bolt, 1977; Souriau and Roudil, 1995）．減衰にも異方性があり，P 波の減衰は，地球回転軸方向に伝播する波のほうが，赤道方向に伝播する波より大きいようである．

内核は固体であるが，S 波の速度の分布はあまりよくわかっていない．内核での S 波速度，剛性率については，主としてノーマルモードの観測から推定されてきた．それらの推定によると，たとえば，S 波速度が平均で 3.6 km/s 程度であり（Masters, 1979），深さとともに速度が増加する（Suda and Fukao, 1990）．内核の剛性率を推定するうえで，直接的な観測量としては，内核を S 波で伝播しその外側を P 波で伝播する $PKJKP$ 波を用いることである．しかしながら，この位相はきわめて小さな振幅なので，単独の記録だけから検出することは期待できない．この位相の検出を目指して，S/N 比を上げる工夫が期待される．

なお，地球ダイナモのモデルから，内核がマントルに対して 2〜3°/yr で東向きに回転，つまり内核がマントルより速く回転（**超回転**（super-rotation））しているとの予測がある（たとえば Gubbins, 1981; Aurnou *et al*, 1996）．ただし，内核の不均質はマントルの重力場にロックされており，それはマントルと同じ速度で内核を回転させるようにはたらくので，内核がマントルより速く回転するためには，粘性流動や表面での融解/固化を伴う内核の変形があると推定される（Buffett, 1997）．いずれにしても，本当に回転速度に差があるか否か，さらにはその差を検出できれば，地球ダイナモの問題のみでなく，内核の粘性係数，そして不均質性や異方性がどのようにつくられるのかについて，制約を与えられる可能性がある．

したがって，内核とマントルの回転速度に差があるか否かを，内核内の不均質構造の時間変化を追うなど，種々の方法で確認しようと試みられている．図

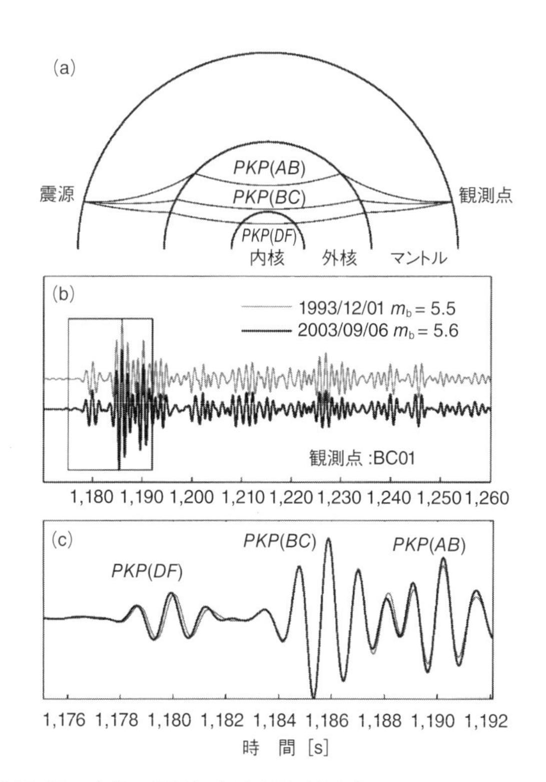


**図 23.15**　内核の超回転を示す観測的証拠（Zhang *et al.*, 2005）

Song（2011）の図に基づく．(a) 内核を通る波 $PKP(DF)$ と外核を通る波 $PKP(AB)$，$PKP(BC)$ の波線経路模式図．(b) 南サンドウィッチ島付近で発生した 2 つの相似地震（1993 年 12 月 1 日 $M$ 5.5 と 2003 年 9 月 6 日 $M$ 5.6）をアラスカの観測点で記録した広帯域地震波形．(c) 図 (b) の四角で囲んだ部分の拡大図．2 つの地震の波形を重ねて示してある．

23.15 に，その一例を示す（Zhang *et al.*, 2005）．南サンドウィッチ島付近で，それぞれ 1993 年と 2003 年に発生した 2 つの相似地震をアラスカの観測点で記録した広帯域地震波形を示してあるが，2 つの地震で，外核を通る波 $PKP(AB)$ と $PKP(BC)$ はほぼ重なるのに対して，内核を通る波 PKP(DF) は完全には重ならない（図 23.15c）．このことは，内核の回転速度がマントルのそれと異なっていれば説明できる．これまでの研究によると，回転速度の差は 0.0〜3°/yr の範囲であり，そのうち推定精度の高い最近の結果では (0.0〜0.3)±0.2°/yr である（Souriau, 2007）．さらに，回転速度の差が，過去 55 年の間に 0.24°/yr から 0.56°/yr に加速したと指摘する研究もある（Lindner *et al.*, 2010）．どうやら，ほんの少しだけ超回転があるかもしれない．さらなる研究の進展が期待される．

以上みてきたように，核はわかっていることが少なく，これからの研究に待つところの多い，いわば地球内部のフロンティアである．

# 第24章 日本列島周辺の地殻・上部マントル構造と地震活動

日本列島およびその周辺では，地震や火山の活動がきわめて活発である．それは，日本列島が4つのプレートがそこで収束するという，地球上でも特異な場所に位置しているからである．実に，地球上の地震の約1/10は日本列島およびその周辺で発生している．本章では，日本列島で収束する4つのプレートの運動の様子，プレートどうしの収束により生じる地震活動と地殻・上部マントルの構造の特徴を概観する．

## 24.1 日本列島周辺のプレート運動

図24.1に東アジアのプレートの分布とその運動方向を示す．この図によれば，日本列島の東半分はオホーツクプレートに，西半分はアムールプレートに乗っていることになる．なお，オホーツクプレートやアムールプレートなどのマイクロプレートは存在しないという考えもある．その場合，日本列島の東半分が北米プレートに，西半分がユーラシアプレートに乗っていることになる．いずれにしてもこの2つのプレート（北米プレートとユーラシアプレート，あるいはオホーツクプレートとアムールプレート）は，北は日本海東縁に沿うプレート境界で，南は陸上の糸魚川–静岡構造線で衝突している．一方，南東側からは2つの海洋プレートが日本列島の下に沈み込んでいる．そのひとつがフィリピン海プレートであり，西日本の下に3～5 cm/yrの速度で北西方向に沈み込む．その沈込み口が東から相模・駿河・南海トラフおよび南西諸島海溝である．そ

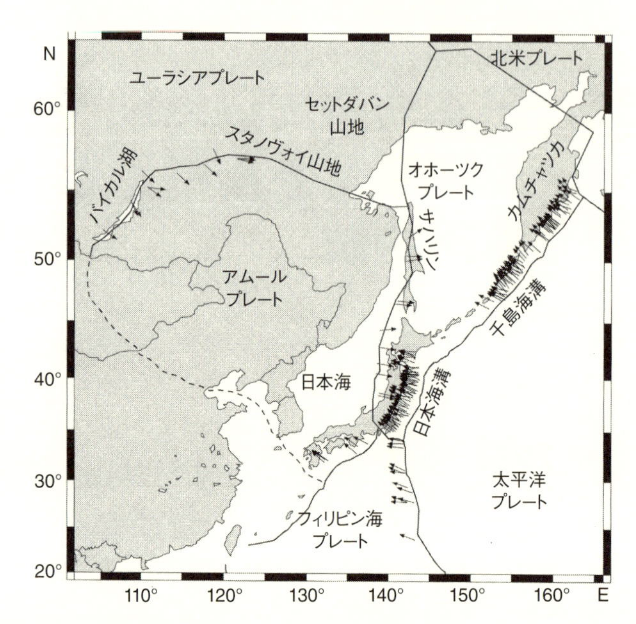


**図 24.1**　日本列島周辺のプレートとその運動方向（Wei and Seno, 1998）
ユーラシアプレートとアムールプレート，アムールプレートとオホーツクプレート，オホーツクプレートと太平洋プレート，フィリピン海プレートと太平洋プレート，フィリピン海プレートとアムールプレートの境界におけるすべりベクトル（slip vector）の方向を矢印で示す．

のさらに下を，すなわち，東日本が乗る北米プレート（あるいはオホーツクプレート）とフィリピン海プレートの下を，太平洋プレートが 8〜9 cm/yr の速度で西北西方向に沈み込む．その沈込み口の海溝が，北から千島海溝，日本海溝，伊豆–マリアナ海溝である．これら 4 つのプレートの相対運動が，日本列島およびその周辺で活発にみられる地震や火山の活動の原因となっている．

## 24.2 日本列島周辺の地震の分布

日本列島およびその周辺に発生した $M$ 4 以上の地震の震央分布が，第 1 部図 7.6 に示してある．図には，震源をその深さで記号を変えて示す．また，日本周辺に発生した浅発大地震の分布を図 24.2 に示す．これらの図からわかるように，日本列島およびその周辺域では地震活動がきわめて活発であり，いわば

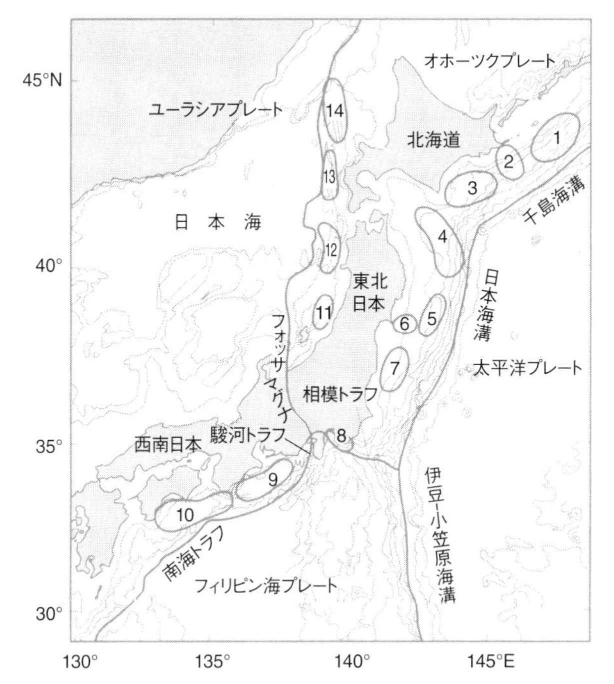


図 24.2 日本列島周辺のプレート境界大地震の分布（瀬野，1993）
1. 1969 年千島地震（$M$ 7.8），2. 1973 年根室半島沖地震（$M$ 7.4），3. 1952 年十勝沖地震（$M$ 8.3），4. 1968 年十勝沖地震（$M$ 8.1），5. 1897 年宮城県沖地震（$M$ 7.9），6. 1978 年宮城県沖地震（$M$ 7.5），7. 1938 年塩屋沖地震（$M$ 7.1〜7.8），8. 1923 年関東地震（$M$ 7.9），9. 1944 年東南海地震（$M$ 8.0），10. 1946 年南海地震（$M$ 8.2），11. 1964 年新潟地震（$M$ 7.5），12. 1983 年日本海中部地震（$M$ 7.7），13. 1993 年北海道南西沖地震（$M$ 7.8），14. 1940 年積丹半島沖地震（$M$ 7.5）.

列島に沿うように顕著な地震帯を形成している．

東日本の下の上部マントル中に沈み込んだ太平洋プレートは，日本列島の下を通り中国の東海岸付近に至り，そこで上部マントルと下部マントルの境界に達する．図 7.6 で西に向かって徐々に深くなる地震活動は，この沈み込む太平洋プレートの中で発生しているスラブ内地震であり，深発地震面（和達–ベニオフ帯）を形成している．図 24.3 に，日本列島を横断する A〜F の測線に沿う地震の鉛直断面を示す．図の A，B，C の 3 つの測線に沿う島弧横断鉛直断面で，太平洋プレートの中で発生する西に傾斜した地震の分布が，和達–ベニオフ帯で

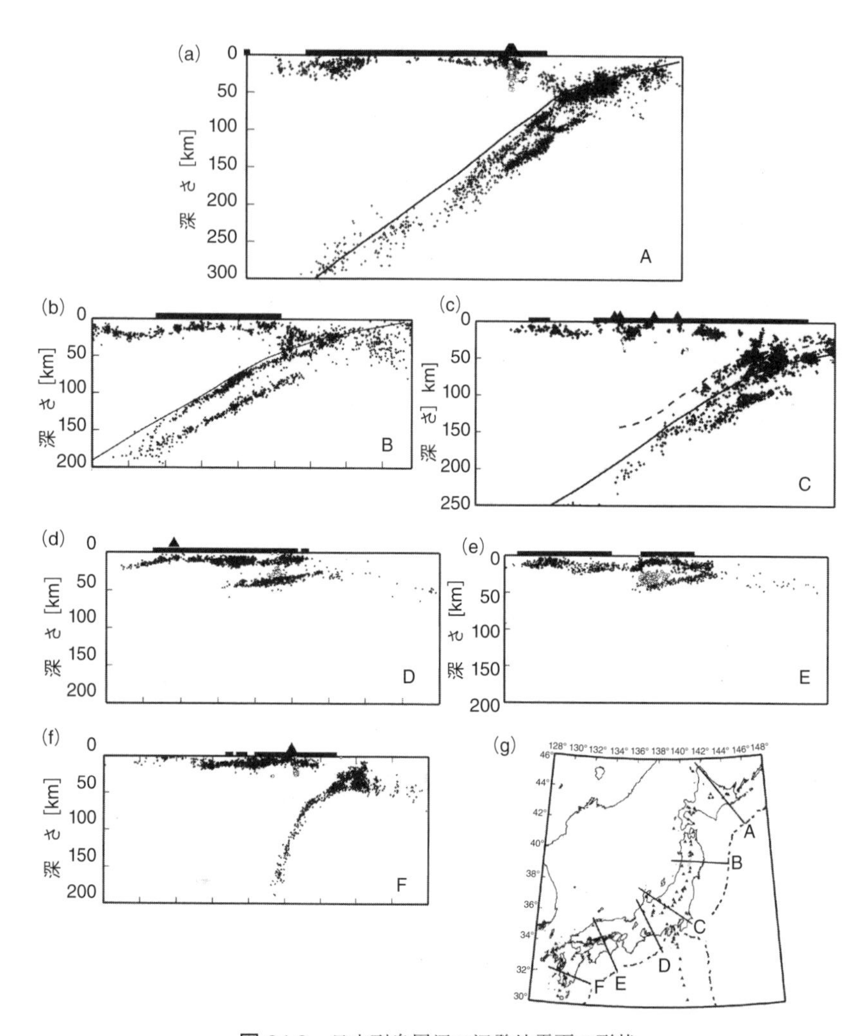


図 24.3　日本列島周辺の深発地震面の形状

気象庁による一元化震源を，挿入地図の実線 A〜F に沿う島弧横断鉛直断面に示す．図 A〜C の実線および破線は，それぞれ太平洋プレート，フィリピン海プレートの上面を示す．

ある．これらの図をみると，およそ 70〜150 km の深さ範囲で，この和達–ベニオフ帯が，互いに平行で約 30 km 離れた 2 枚の面で形成されていることがわかる．すなわち，22.4 節で述べたように，太平洋プレート内のスラブ内地震はこの深さ範囲で二重深発地震面を形成している．

一方，図 7.6 で南西諸島海溝付近から北西に向かって深くなる地震活動は，西日本および南西諸島の下に沈み込むフィリピン海プレートの中で発生するスラブ内地震である．図 24.3 で測線 D, E, F に沿う 3 つの島弧横断鉛直断面で北西に向かって傾斜した地震活動がみられるが，それがフィリピン海プレート内で発生するスラブ内地震である．これらは太平洋プレート内のスラブ内地震とは異なり，明瞭な二重深発地震面は形成しないようである．

沈み込む太平洋プレートおよびフィリピン海プレートと上盤プレートとの境界では，プレート境界地震が発生する．発生する深さは，太平洋プレートの場合およそ 50 km 以浅である．1952 年十勝沖地震（$M$ 8.3），1968 年十勝沖地震（$M$ 8.1），1978 年宮城県沖地震（$M$ 7.5）など，図 24.2 で東日本の太平洋沖にみられる地震がプレート境界で発生する大地震である．2011 年東北地方太平洋沖地震（$M$ 9.0）も，そのようなプレート境界地震である．このプレート境界では，中小の地震の活動が普段から活発である．図 7.6 で日本海溝・千島海溝から太平洋沿岸まで幅 200 km 程度の顕著な帯状の地震活動域がみられるが，それらのほとんどが，このような中小のプレート境界地震である．

一方，フィリピン海プレートの場合，プレート境界地震が発生するのはおよそ 25〜30 km の深さまでであり，図 24.2 にこの地域のプレート境界で起こった大地震である 1944 年東南海地震（$M$ 8.0），1946 年南海地震（$M$ 8.2）の震源域が示されている．西日本の太平洋沖では，通常は中小のプレート境界地震の活動度が低い．図 7.6 で，南海トラフから太平洋沿岸付近までの領域で，地震活動がほとんど見られないことがわかるであろう．この西日本の太平洋沖のプレート境界における定常的な地震活動の低さは，東日本の太平洋沖のプレート境界と比較すると際立っている．東日本に比べて西日本で有感地震が少ないのも同じ理由による．定常的な活動度は低いが，ひとたびプレート間の固着が剥がれると大地震となることに注意しておく必要がある．なお，図 7.6 からも見て取れるように，同じフィリピン海プレートが沈み込んでいる関東および南西諸島の太平洋沖では，西日本の太平洋沖に比べれば，定常的な地震活動度はそれほど低くはない．

北米プレート（あるいはオホーツクプレート）とユーラシアプレート（あるいはアムールプレート）の衝突により，プレート境界およびその近傍でも地震が発生する．図 24.2 に示す 1940 年積丹半島沖地震（$M$ 7.5），1983 年日本海中部地震（$M$ 7.7），1993 年北海道南西沖地震（$M$ 7.8）は，そのような地震である．図 7.6 で，本州北部から北海道南西部の西方沖に位置する日本海東縁部の 2 カ所に地震の集中がみられるが，それらはそれぞれ 1983 年日本海中部地震と 1993 年北海道南西沖地震の余震活動によるものである．ところで，この日本海東縁部であるが，図 24.1 と 24.2 にはプレート境界を 1 本の実線で表示してある．しかし，日本海東縁における北米プレートとユーラシアプレートの収束は，太平洋沖のプレート境界における収束（太平洋プレートの沈込み）のように 1 枚のプレート境界面に沿う相対運動でまかなわれているわけではなく，より広い帯状の領域の短縮変形でまかなわれているようである．日本海東縁の大陸斜面域から東北日本および北海道の陸上まで，南北方向に伸びる幅 150〜200 km の帯状の領域に逆断層が分布しており，この帯状の領域がひずみ集中帯を形成し，それ全体で収束運動を担っていると考えられている（岡村・加藤，2002）．浅発大地震の活動も，このひずみ集中帯に沿うように分布する．

## 24.3 日本列島下に沈み込むプレートの形状

スラブ内地震やプレート境界地震の震源の位置や発震機構，地震波トモグラフィによる 3 次元地震波速度構造，プレート境界で P 波から S 波あるいは S 波から P 波に変換した波のデータなどの情報を用いて，多くの研究者により日本列島下に沈み込むプレート，すなわちスラブの 3 次元形状が推定されてきた．推定された沈み込むスラブの位置と形状の一例を図 24.4 に示す．太平洋プレートは，千島海溝，日本海溝，伊豆–マリアナ海溝から陸の下に向かって沈み込み，その先端は中国大陸にまで達する．図 24.4 には示していないが，太平洋スラブは，中国大陸東岸付近下で上部マントル–下部マントル境界に達し，そこからは上部マントルの底に水平に横たわり（滞留スラブ），中国大陸の中央部まで伸びることが地震波トモグラフィから明らかにされた（口絵 6, 11 参照）．滞留スラブの部分を別にすれば，沈み込む太平洋スラブは，千島弧と東北日本弧との会合部，および東北日本弧と伊豆弧との会合部において海溝の走向が変化しているのに対応して大きく変形しているが，それ以外の領域では大きな変形はみられない．

一方，太平洋プレートに比較して年齢が若く厚さも 30 km 程度と薄いフィリ

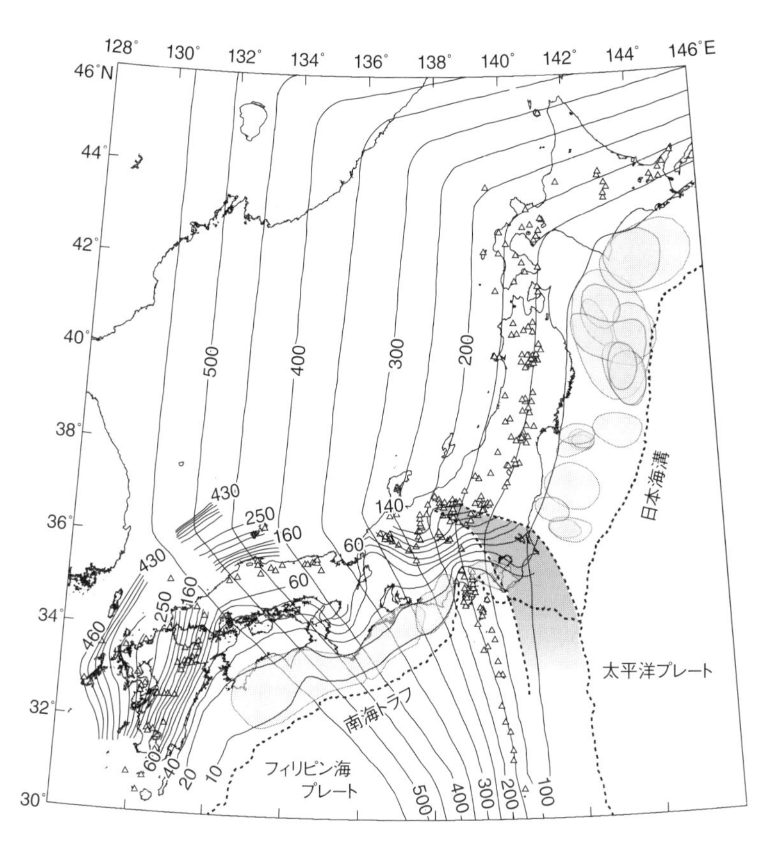


**図 24.4**　日本列島下に沈み込む太平洋プレートおよびフィリピン海プレートの形状（Baba *et al.*, 2002; Nakajima and Hasegawa, 2007; Hirose *et al.*, 2008; Nakajima *et al.*, 2009a; Kita *et al.*, 2010; Huang *et al.*, 2013）

太平洋プレートおよびフィリピン海プレート上面の深さをコンターで示す．太平洋プレートは 50 km 間隔で，フィリピン海プレートは 60 km 深まで 10 km 間隔，160 km 深まで 20 km 間隔，それ以深で 30 km 間隔のコンターで示す．2 本の破線で囲った濃い灰色の領域は太平洋プレートとフィリピン海プレートの接触域．プレート境界大地震の想定震源域あるいは余震域（文科省，http:// www.jishin.go.jp/main/index.html.；Wald and Somervile, 1995; Umino *et al.*, 1990）を薄い実線で囲った灰色の楕円で示す．三角は第四紀火山．

ピン海プレートは，図 24.4 のモデルでは，60 km 程度の深さまで，関東から九州に至る広い領域にわたって，裂けることなく連続して波板のように大きく変形しながら沈み込んでいる．地震波トモグラフィによれば，中国地方から九州にかけての領域下では，沈み込むスラブの姿はさらに深部まで追うことができ，その最深部は，中国地方沖合の日本海から対馬海峡を経て九州西方沖にかけての領域下で，非地震性のスラブとしておよそ430〜460 kmの深さまで達している．ただし，中国地方西部からその沖合の日本海下にかけて，地震波高速度のスラブが検出されず，スラブが東西に裂けている可能性がある（Huang *et al.*, 2013）．また，250 km以深でも，九州北西部から五島列島下にかけて，スラブが大きく変形している様子がみてとれる．図24.4に示すように，フィリピン海スラブは，関東から中部地方にかけては深さ140 km程度まで，近畿地方下では60 km程度まで沈み込んでいるが，それ以深でどうなっているかはよくわかっていない．対岸の韓国に観測点がある中国地方沖合から九州西方沖の地域の場合と違って，スラブがさらに深部まで沈み込んでいるとしても，日本海の下に出てしまい観測点がないために，地震波トモグラフィで検出できないからである．なお，関東下では沈み込むフィリピン海プレートのさらに下を太平洋プレートが沈み込んでいる．この2つのプレートが接触している領域（図24.4で2本の破線で囲み灰色に影を付けた領域）はかなり広く，ちょうど関東平野の拡がり程度に対応する．

図24.4には，第四紀火山も示してあるが，それらは北海道から東北地方，関東を経て伊豆諸島にかけて海溝軸にほぼ平行に並んでいる．これらの火山の分布はその海溝側（東側）の端が比較的明瞭で，それより海溝側には分布しない．これを**火山フロント**（volcanic front）とよんでいるが，図24.4から，火山フロントは太平洋プレートの上面の100 km（より厳密には80〜150 km）の等深線にほぼ沿うように分布していることがわかる．明瞭な火山フロントは九州にも見られ，ここでもフィリピン海プレートの上面の100 kmの等深線にほぼ沿うように分布している．

太平洋プレート上面で発生するプレート境界大地震の震源域は，図24.4から，その下限が50〜55 kmであることがわかる．一方，フィリピン海プレート上面で発生するプレート境界地震の場合，それよりずっと浅く，およそ25 kmである．この深さの違いは2つのプレートの温度の違いを反映している．プレート境界地震の深さの下限は，温度に規定されており，ある一定の温度を超えるともはや地震が起こらなくなる（22.4節参照）．太平洋プレートに比べて年齢の若いフィリピン海プレートの場合，その温度（おおよそ350℃）に達する深さが太平洋プレートよりも浅い（約25 km）ためであると理解される．

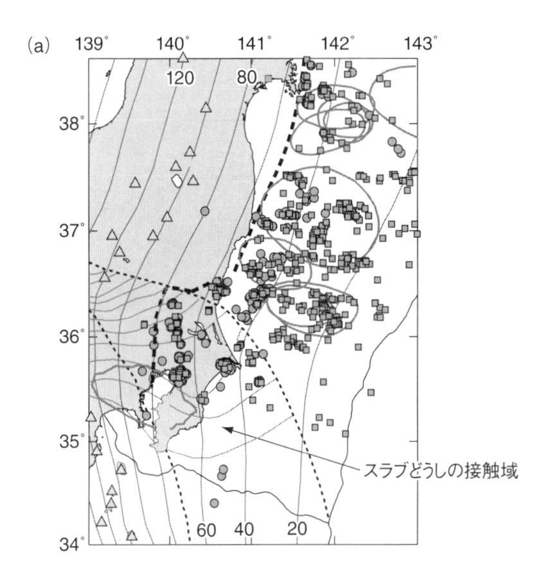


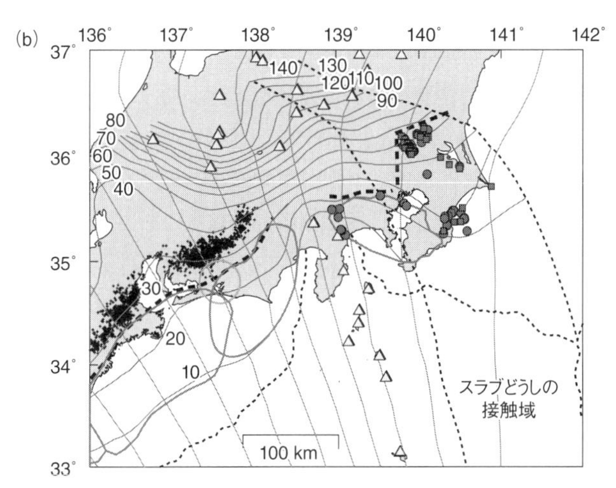


**図 24.5**　太平洋プレート（a）およびフィリピン海プレート上面（b）のプレート境界地震の分布（Nakajima *et al.*, 2009a）

低角逆断層型地震および小繰返し地震（Uchida *et al.*, 2003; 2009）を，それぞれ黒丸および黒四角で示す．プレート境界地震の深さの下限を太破線で示す．図（b）の黒点は深部低周波微動/地震．△は火山．実線で囲んだ楕円はプレート境界大地震の震源域．太平洋プレートおよびフィリピン海プレート上面の深さ［km］をコンターで示す．

関東下では，すでに述べたように太平洋プレートとフィリピン海プレートとが重なって沈み込んでいる．太平洋プレートからみると，直上にあるフィリピン海プレートによって蓋をされているような状況となり，沈み込んでもマントルウェッジから加熱されるのが妨げられる．その結果，同じ太平洋プレートであっても，フィリピン海プレートと重なっている場所では，それより北方の東北地方や北海道に比べて，局所的に温度が低くなる．したがって，太平洋プレート上面に発生するプレート境界地震の深さの下限は，その場所で，局所的に深くなっていることが期待される．事実，深さの下限は，関東下では 80 km 程度にまで及ぶ（図 24.5a）．

なお，フィリピン海プレート上面のプレート境界地震の深さの下限も，関東下では局所的に深くなっており，約 50〜55 km にまで達する（図 24.5b）．フィリピン海プレートは，関東下に達してその下に沈み込む前に南方の海域にあって，そこではその下に太平洋プレートが沈み込んでいた．その結果，上盤側のフィリピン海プレートの前弧部分（東端部）は冷やされ続けてきた．関東下に沈み込んでいるフィリピン海プレートは，そのように局所的に温度が低くなった前弧部分である．また，東海から九州北部に至る地域下に沈み込むフィリピン海プレートは年齢が若いが，関東下に沈み込むフィリピン海プレートはそれほど若くない（Seno and Maruyama, 1984）．2 つのプレートが重なって沈み込んでいることに加え，これらのことが，フィリピン海プレート上面のプレート境界地震の深さの下限が，この地域で局所的に深くなっている原因であると推定される．

## 24.4 島弧地殻，上部マントルおよび沈み込むプレートの構造

すでに述べたように，日本列島は，4 つのプレートが収束するという，きわめて特異な沈込み帯に位置する．そのため地震や火山の活動が非常に活発で，大地震や火山噴火により昔から繰り返し大きな被害を受けてきた．一方で，その原因である地震や火山噴火のメカニズム，そしてそれらが発生する舞台である地殻や上部マントルの構造を知ろうとする研究が盛んに行われてきた．その結果，日本列島は地球上で最も研究の進んだ沈込み帯といえる．

### 24.4.1 制御震源により推定された地震波速度構造

島弧の地殻–上部マントル構造は最も基本的な情報のひとつであり，それを知ることは，島弧地殻の発達・改変過程や地震発生のメカニズムを理解するうえできわめて重要である．このような認識の下，日本では，爆破地震動研究グループが中心となって，人工地震を用いた大規模な屈折法地震探査が実施されてきた．その結果，日本列島を横断するいくつかの測線に沿ってP波速度構造断面が得られた（吉井，1994）．たとえば，東北日本を横断する屈折法地震探査では，東北日本弧はP波速度5.9 km/sの上部地殻と6.6 km/sの下部地殻とで構成され，その下の最上部マントルのP波速度が7.5 km/s程度と，大陸下で通常みられる8 km/sに比べて著しく低速度であることが判明した．また，地殻浅部の顕著な不均質性や，構造線・断層を境にしたP波速度の急変など，日本列島下の地殻構造の複雑さが明らかになった．

最近では，屈折法地震探査と反射法地震探査を組み合わせた構造探査が実施されるようになり，観測点間隔も数十～数百m程度というきわめて稠密な観測点配置で行われるなど，地殻構造推定の空間解像度も格段に向上した．一例として，東北日本弧中央部を横断する海陸統合測線に沿った屈折法/広角反射法地震探査断面を，口絵1に示す．図の右端に，沈み込む太平洋プレートが30 km程度の深さまで写し出されている．地殻の厚さは，陸の下で厚く，最も厚いところでは34 km程度となる．海域下では地殻は薄く，日本海下では大和海盆に向かってさらに薄くなっている．脊梁山地の西側から大和海盆に向かってみられるこの地殻の薄化は，下部地殻ではなく上部地殻の薄化でまかなわれており，今から2,000万～1,500万年前，中新世の日本海拡大時の伸長応力場による地殻の改変過程の痕跡が，この地殻構造に焼き付けられていると考えられている（Iwasaki *et al.*, 2001）．

1946年南海地震（$M$ 8.2）の震源域から四国の室戸半島を通り，西南日本弧を横断して日本海に抜ける，海陸統合測線に沿う屈折法/広角反射法地震探査断面を口絵2に示す．図の右端には，沈み込むフィリピン海プレートがイメージングされており，それは深さ40 km付近まで追うことができる．室戸岬の沖合の土佐ばえの下で，フィリピン海プレートの上端が盛り上がり，フィリピン海プレートの地殻が局所的に厚くなっているが，それは沈み込む海山を写し出したものである．1946 年南海地震時には，プレート境界面のうち，この海山がある場所はすべらずバリアーとしてはたらいた（Kodaira *et al.*, 2002）．一方，この海山より陸側のプレート境界からは，広範囲にわたって非常に強い反射波が観測される（Kurashimo *et al.*, 2003）．それは，スラブの脱水により供給された水がプレート境界面に沿ってトラップされ，薄い低速度層を形成していることによると推定されている（Kodaira *et al.*, 2002）．日本海下では，地殻の厚さが 15 km 程度と陸域下に比べて薄いものの，下部地殻の厚さは陸域下のそれと同程度であり，2,000 万～1,500 万年前の日本海拡大時の地殻の変形が，口絵 1 で見た東北日本の場合と同様に進行した可能性を示している（岩崎・佐藤，2009）．

海域における地殻構造探査では，長大ストリーマーケーブルと大容量エアガンとを組み合わせた反射法地震探査と，海底地震計と大容量エアガンとを組み合わせた屈折法/広角反射法地震探査が行われるようになり，多くの場合，同一の測線で両方の探査が同時に実施される．その結果，地下構造のイメージも，より高解像度で，かつ，より深部まで得られるようになり，沈込み帯で生じているさまざまな現象が，構造探査で得られた地下構造イメージをもとに詳細に議論できるようになった．すでに，口絵 1, 2 の海域下の構造でその例を見た．図 24.6 には，紀伊半島沖の 1944 年東南海地震（$M$ 8.0）の震源域を通る，トラフ軸に直交する測線に沿った反射法地震探査断面を示す．図からわかるように，

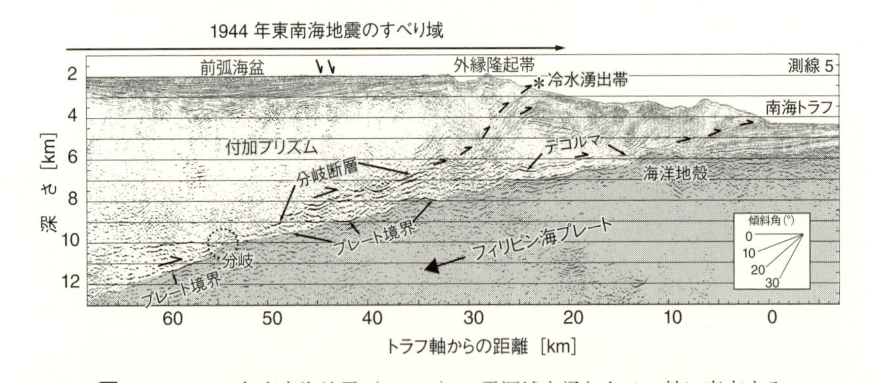


**図 24.6**　1944 年東南海地震（$M$ 8.0）の震源域を通りトラフ軸に直交する測線に沿う反射法地震探査断面（Park *et al.*, 2002）

プレート境界，およびそこから派生する分岐断層が明瞭に見える．フィリピン海プレートを灰色で示す．縦横比は 1：2．傾斜角を右下の挿入図で示す．

沈み込むフィリピン海プレートの上部境界面が明瞭にイメージングされている．さらに，トラフ軸に近い熊野灘外縁部には，プレート境界から派生する分岐断層が顕著に発達している様子が明瞭に見て取れる．図に片矢印で示す，トラフ軸から 50〜55 km ほど陸側でプレート境界の深さ 10 km 付近から分岐して，上盤プレート内を通って海底面まで達する断層がそれであり，東南海地震のすべり域の南東端に対応する．東南海地震の際には，プレート境界から派生したこの分岐断層がすべり面の一部として使われた可能性が指摘されている（Park *et al.*, 2002）．

岩手県沖の海溝軸に直交する測線に沿った反射地震探査断面を第 1 部図 6.3 に示す．図 6.3a は長さ約 270 km あまりの測線全体の反射地震探査断面であるが，日本海溝から陸側のプレートの下に沈み込む太平洋プレートの上部境界面が深さ 15 km 程度まで明瞭にイメージングされている．図 6.3a の四角で囲った範囲を拡大した図 6.3b では，まだ沈み込む前の太平洋プレートが海溝軸外側のアウターライズ領域で受けている変形の様子が詳細に写し出されている．すなわち，沈込みに伴って下方に曲げられること（ベンディング）による引張り応力（22.4 節参照）のため，図に実線で示すように，太平洋プレートの表面近くに，正断層がいくつも形成されている．陸側に傾斜した正断層とその反対の海側に傾斜した正断層とがほぼ交互に形成され，正断層を境にして谷状の低地と堤防状の地形の高まりが交互に並ぶので，アウターライズ領域にみられるこのような特徴的な構造は，**地溝・地塁（ホルスト・グラーベン（horst and graben））構造**とよばれている．断層の両側での落差，すなわち食違いの量は，正断層運動の積算変位量を表すはずであるが，それが海溝軸に近づくにつれて増加していることがわかる．繰り返し生じる正断層運動の積算回数が，海溝軸に近づくにつれて増えるからである．図 6.3b の四角で囲った範囲をさらに拡大した図 6.3c では，断層の両側での食違い量が，海溝軸から沈み込んだ後もさらに増加しているようにみえる．プレートのベンディングによる正断層運動は，沈み込んだ後も継続して生じていることを示している．反射法地震探査では，地震波速度（正確には密度と地震波速度の積，すなわち**音響インピーダンス**（acoustic impedance））が急変する速度境界を検出するので，図 6.3 や図 24.6 に見られるように，空間的に解像度の高い地下構造をイメージングすることができる．

海域構造探査は船を活用した地下構造探査なので，ある意味では，陸域に比べ，より容易に大規模な地殻構造探査が可能となったといえる．口絵 12 は，伊豆–小笠原弧の火山フロントに沿った長さおよそ 1,000 km にもわたる長大測線で行われた地殻構造探査で得られた P 波速度の鉛直断面である (Kodaira *et al.*, 2007)．屈折法地震探査で得られた走時データに，地震波走時トモグラフィの手法を適用して推定された P 波速度構造を示したものである．海洋性島弧の地殻構造の特徴は P 波速度がおよそ 6 km/s の上部地殻が存在することにあり，それは岩石学的には大陸地殻と同様に安山岩質の組成の地殻部分に相当すると考えられている．口絵 12 から，P 波速度が 6 km/s 程度の上部地殻が，火山フロントに沿って 1,000 km 以上の長さにわたって連続して存在することがわかる．さらに，その厚さは火山フロントに沿って空間的に変化しており，主として玄武岩を産する火山島や海底火山の直下で局所的に厚くなっている．つまり，このような火山島や海底火山の下で，大陸的な地殻が生成されていることが明らかになった．大陸地殻を現在まさに生成中の舞台そのものを，地震学的に明瞭に写し出したといえよう．

### 24.4.2　自然地震により推定された地震波速度構造

制御震源を用いた地下構造探査の場合，一般に空間解像度は高いものの，通常直線状の測線に沿って構造を推定するので，2 次元的な構造しか得られない．また，地下核実験などの特別な場合を除いて，震源規模を大きくするのには制約があるので励起される地震波エネルギーも小さく，そのためあまり深くまで探査できない．これに対して，地震観測網で観測された自然地震のデータを用いた地殻・マントル構造の推定は，そのような制約がないため，より広域かつ深部の構造の推定に適している．(ただし，震源を制御できないので，地下構造を推定するためには地震が起きている必要がある．) 最近では，稠密な地震観測網が構築されてきたので，自然地震のデータを用いて広域の地殻・マントル構造の推定が行われるようになってきた．地震波トモグラフィはそのような手法のひとつである．

図 24.7 には，自然地震データを用いて推定した，陸のプレート内の地殻とマントルの境界，すなわちモホ面の深さ分布を示す．これは，水平方向に変化するモホ面の深さ，地殻と最上部マントル内の P 波速度，震源位置と震源時刻とを未知量として，多数の浅発地震の走時データをインバージョン解析して得ら

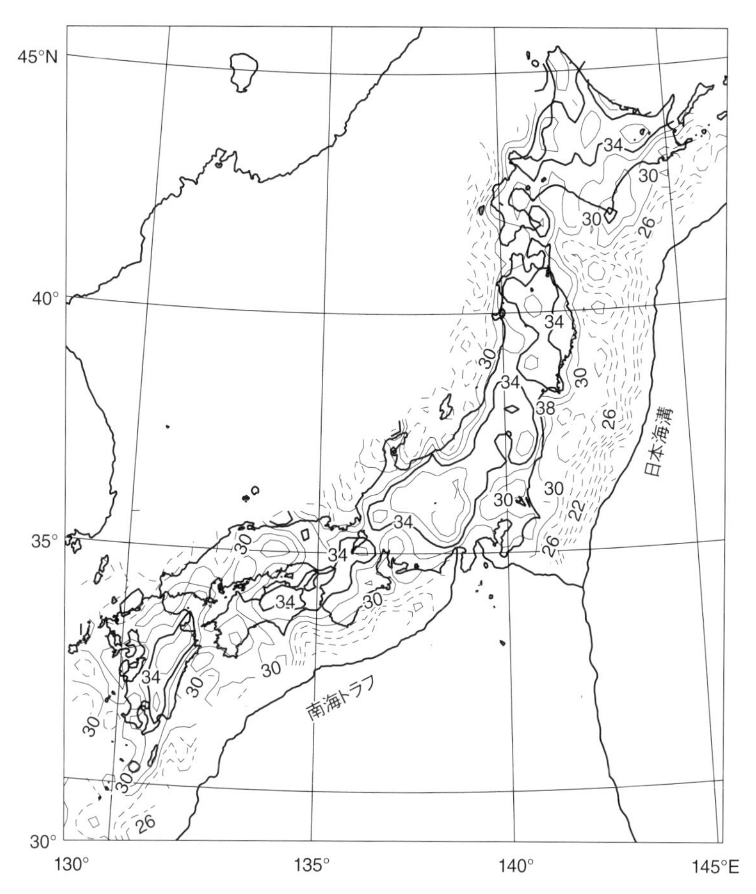


図 24.7 陸のプレート内のモホ面の深さ分布（Katsumata, 2010）
モホ面の深さを実線および破線のコンターで示す．コンター間隔は 2 km．コンターは 30 km 以深が実線，28 km 以浅が破線．34 km のコンターを太い実線で示す．

れた結果である．図から，地殻の厚さは，太平洋や日本海など海の下で薄く，一方，陸の下で厚くなり，およそ 30 km より深いことがわかる．陸の下では，海岸付近から内陸に向かって次第に厚くなり，陸地の中央部で最も厚くなる傾向が認められる．全体的に山地で地殻が厚く，とくに日本列島の中央部，中部山岳地域の下で最も厚く，およそ 40 km 近くにまで達する．このような一般的な傾向は，地形の高い場所では相対的に軽い地殻が厚くなり，一方，低い場所では地殻が薄くなるというアイソスタシーからの要請を反映している．

日本列島の下に沈み込む海洋プレートの姿は，地震波トモグラフィで明瞭にとらえられている．その一例として，口絵 3 に，東北地方中央部を横断する測線に沿う S 波速度の鉛直断面を示す．陸地の下のマントル中に沈み込む太平洋プレートの姿が，傾斜した S 波速度の高速度層として明瞭に写し出されている．その厚さは，およそ 90 km である．さらに，沈み込む太平洋スラブ直上のマントル部分，すなわちマントルウェッジには，傾斜した低速度層が認められる．この傾斜した顕著な低速度層は，後述するように日本列島全域に認められ，沈み込むスラブにほぼ平行にシート状に分布する．このようなシート状の低速度層は，おそらくスラブの沈込みに伴ってマントルウェッジ内に形成される 2 次対流（McKenzie, 1969）の上昇流部分に対応すると推測される．沈み込むスラブは，それと接している直上のマントル物質を深部に引きずり込む．これがスラブ沈込みにより誘発される 2 次対流の下降流部分である．一方，マントル物質が深部に引きずり込まれることにより空いた浅部のすき間を埋めるように，背弧側深部からマントル物質が上昇してくる．これが 2 次対流の上昇流部分である．この上昇流部分が，傾斜したシート状の地震波低速度層として写し出されたものと推測される．

詳細な地震波速度構造は，沈込み帯における水の輸送経路を推定するうえでもきわめて重要な情報を提供する．口絵 3 に示すように，マントルウェッジには沈み込む太平洋プレートにほぼ平行に傾斜した低速度層が分布し，火山フロント直下でモホ面と交わる．すでに述べたように，これは，マントルウェッジ内の 2 次対流のうちの上昇流部分に相当すると推定される．下降流部分も，地震波データの解析からイメージングされている．レシーバ関数解析から得られたもので，口絵 5 に示すように，沈み込む太平洋スラブ直上のマントルウェッジにスラブに張り付くように，およそ 80〜120 km の深さ範囲で顕著な地震波低速度層として検出された（Kawakatsu and Watada, 2007）．このスラブ直上の薄い低速度層は，口絵 15b に示すように，地震波速度トモグラフィでも検出されている（Tsuji *et al.*, 2008）．

これらの地震学的観測事実に基づいて推定された，東北日本沈込み帯における水の輸送経路を，一例として，図 24.8 の島弧横断鉛直断面図に模式的に示す．東北日本のような沈込み帯では，(1) 沈み込んだスラブ内の含水鉱物が，沈込み

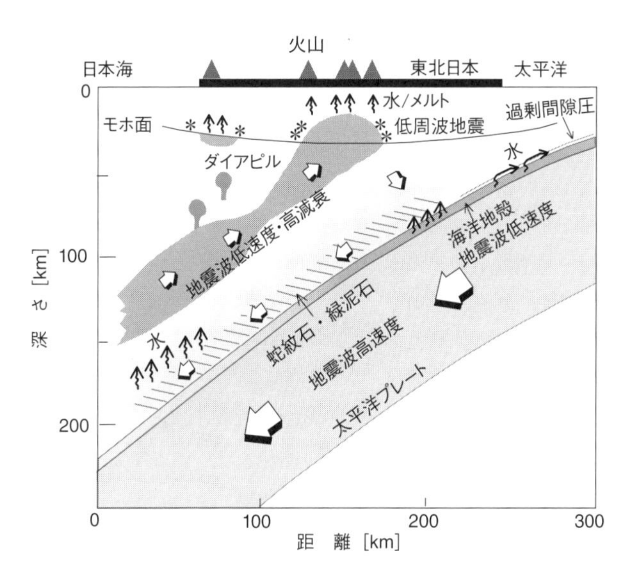


図 24.8　プレート沈込みに伴うマントルウェッジ内の上昇流とスラブから供給された水の輸送経路を示す模式図（Hasegawa and Nakajima, 2004）

に伴う温度と圧力の上昇により脱水分解する．(2) 吐き出された水は直上のマントルウェッジに上昇し，そこのかんらん岩と反応し蛇紋石や緑泥石を含む層を形成する．(3) この層は沈み込むスラブにより深部に引きずり込まれる．(4) ある深さに達するとふたたび脱水分解し，それにより吐き出された水はそこから上方に運ばれる．(5) やがてそれは上記の傾斜した地震波低速度層，すなわち上昇流に出合う．上昇流への水の供給は，ソリダス温度を下げ，マグマを生成すると期待される．事実，上昇流内にマグマが数％含まれることが低速度層内のP波とS波の速度低下率から推定されている（Nakajima *et al.*, 2005）．(6) もともとは脱水分解によりスラブから供給された水は，マントルウェッジに形成される2次対流の上昇流内のマグマ中に取り込まれる．(7) このマグマを含んだ上昇流は，図に見られるように最終的には火山フロント直下でモホ面にぶつかる．

図 24.8 に模式的に示したような水の輸送が実際に起こっているなら，それは，火山フロントの形成，言い換えれば火山の生成が，マントルウェッジ内の

上昇流に起因することを示す．遠地地震と近地地震を同時に用い，より広い領域のイメージングを可能とした最近の地震波走時トモグラフィは，口絵 14 に示すように，日本列島下に沈み込む太平洋プレートとフィリピン海プレートの姿を地震波高速度層として明瞭に写し出す．図で傾斜した青色の層がそれらであり，さらに西南日本の鉛直断面（口絵 14J〜N）では，太平洋プレートが上部マントルの底に水平に横たわっている姿も見て取れる．それだけでなく，口絵 14 では，火山が存在しない一部地域を除いて，北海道から九州まで日本列島全域で，沈み込むプレートとほぼ平行に傾斜した地震波低速度層がマントルウェッジ内に存在し，それらが火山直下のモホ面に達する様子が明瞭に写し出されている．図 24.8 に示すような水の循環と火山フロントの形成は，どうやら，東北日本沈込み帯だけで生じている例外的なものではなく，他の沈込み帯にも共通の現象のように思われる．

## 24.5 内陸地震と活断層・火山の分布

図 24.1 で示すような 4 つのプレートの収束は，プレート境界および沈み込んだプレート（スラブ）の中だけでなく，上盤プレートにも応力を加え，上盤プレート内でひずみが蓄積する．最近の GPS 観測データから，その様子をはっきりと見ることができるようになった．図 24.9 に，日本列島各地点における 2007 年から 2008 年までの 1 年間の水平変位の分布を示す．図から，一部の地域を除いて，日本列島のほぼ全域が年間 1〜2 cm 程度，東西方向に短縮している様子が見て取れる．この短縮ひずみの多くの部分は，プレート境界で大地震が発生すると解消される．実際，2011 年東北地方太平洋沖地震では，東北地方中央部が 4 m ほど東西に伸びた．しかしながら，プレート境界大地震の発生によりすべてが解消されるわけではない．その残りの部分を解消するために，日本列島の内陸浅部で地震が発生する．いわゆる**内陸地震**である．

図 24.10 は，内陸浅部で発生した地震の発震機構の P 軸と T 軸の方位を示した図である．北米プレート（あるいは，オホーツクプレート）に乗る東日本，ユーラシアプレート（あるいはアムールプレート）に乗る西日本のどちらにおいても，P 軸の向きはほぼ東西であり，図 24.9 で見られる陸地の短縮方向とおおよそ一致している．すなわち，日本列島の島弧地殻は，4 つのプレートの収

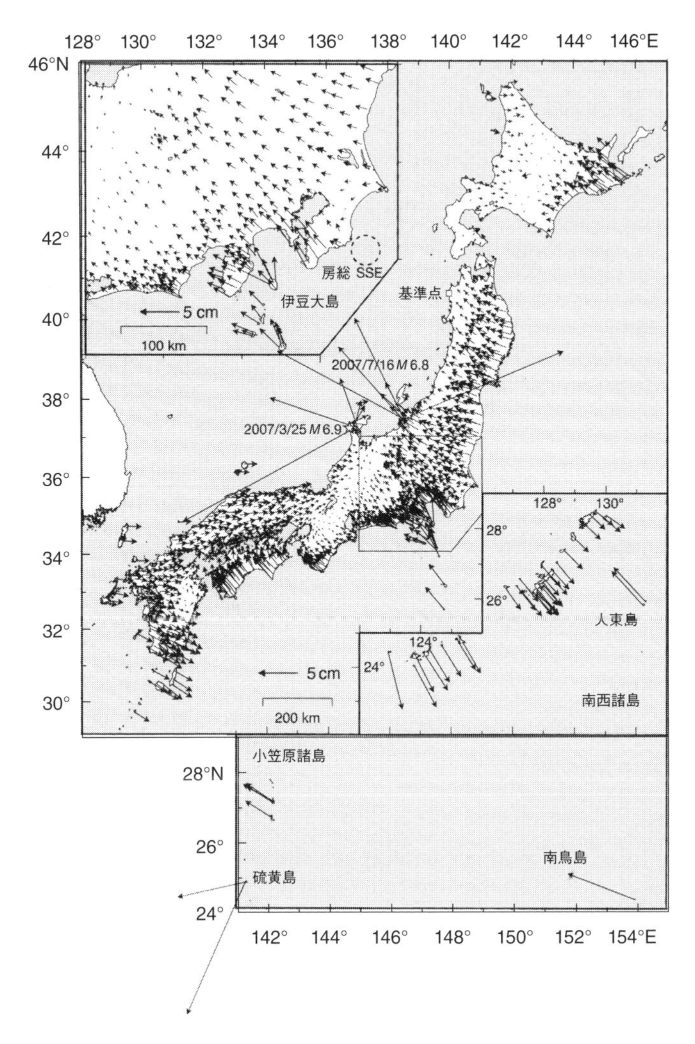


**図 24.9**　GPS による水平変位速度の分布（西村，2009）
2007〜08 年の 1 年間の変位速度ベクトルを矢印で示す．

束運動に起因してほぼ東西方向に圧縮され，それによる応力を解放するため内陸地震が発生していることを示している．

内陸で浅い大きな地震が発生すると，ときどき地表にまで震源断層が現れる

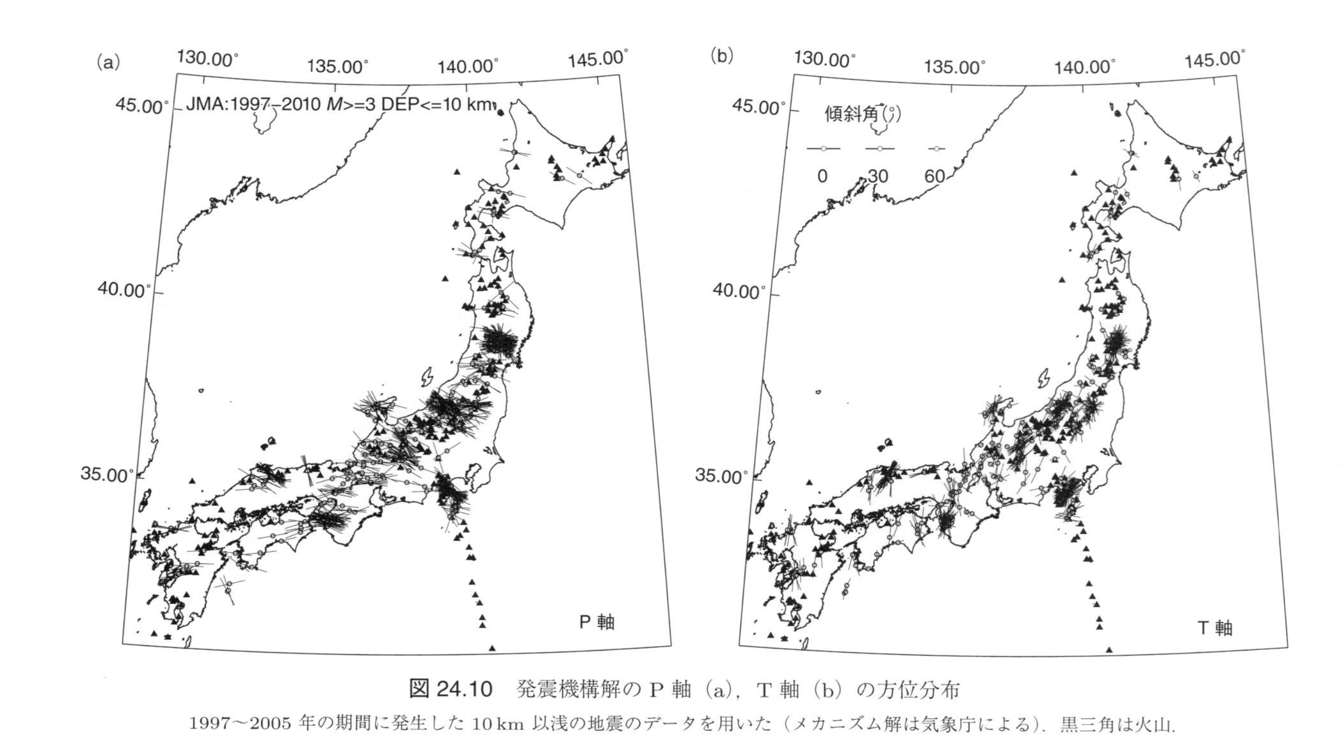


図 24.10　発震機構解の P 軸（a），T 軸（b）の方位分布

1997〜2005 年の期間に発生した 10 km 以浅の地震のデータを用いた（メカニズム解は気象庁による）．黒三角は火山．

ことがある．**地表地震断層**（(surface earthquake fault) あるいは単に**地震断層**(earthquake fault)) である．断層の跡は，浸食や堆積などの地表改変によりいずれは消されてしまう運命にある．ただし，地震は繰り返し発生するので，地震の活動度が高ければ，消されないまま地表に断層運動の痕跡が残される．これが**活断層**（active fault）である．図 24.11 に活断層の分布を示す．糸魚川–静岡構造線（ISTL）を境に東日本と西日本を比べると，西日本のほうが，とりわ

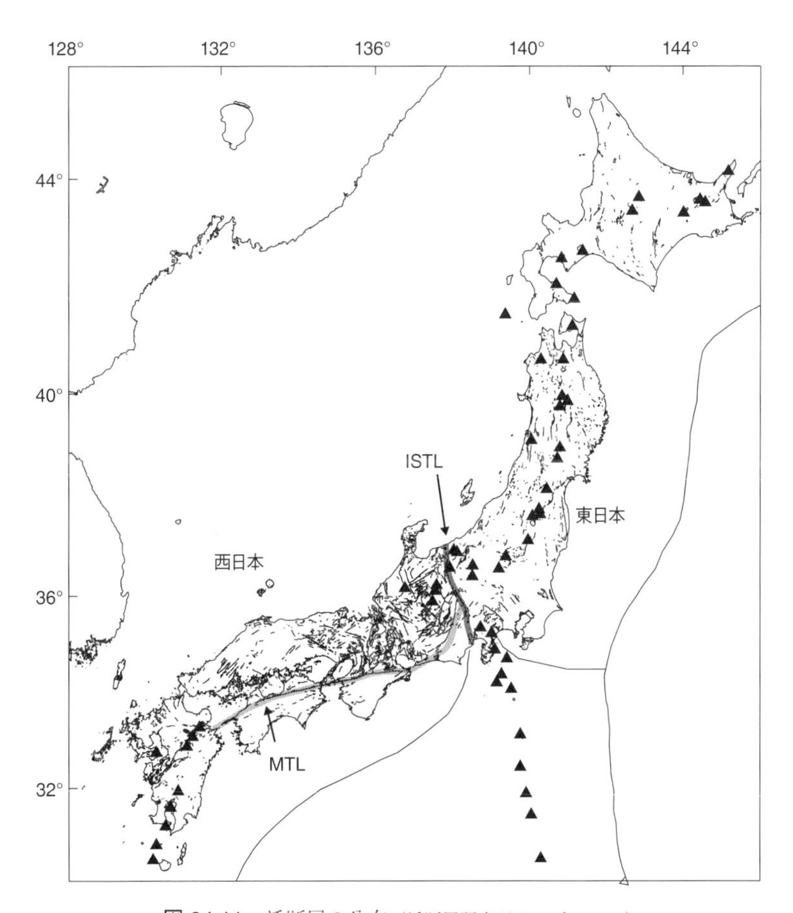


図 24.11　活断層の分布（活断層研究グループ，1991）
活断層の可能性のあるリニアメントも含めて示す．ISTL は糸魚川–静岡構造線，MTL は中央構造線．黒三角は火山．

け中央構造線（MTL）の北側で，活断層の分布密度が高い．また，走向をみると，東日本では南北方向が卓越するのに対し，西日本では，どちらかというと北西–南東あるいは北東–南西方向に向くものが多い．これは東西方向の圧縮応力場のもとで，東日本では逆断層により，西日本では右横ずれ断層あるいは左横ずれ断層により応力を解放していることに対応する．なお，図 24.10 で T 軸方位の分布をみると，西日本では南北方向が卓越しており，一方，東日本ではあまり顕著な傾向はみられない．これも，東日本で逆断層が，西日本で横ずれ断層が卓越することに対応している．

地表に地震断層を出現させるような大地震，すなわち地表にみえる活断層がずれ動くような大地震は，頻繁に発生するわけではない．活断層ごとに異なるが，その発生間隔はおよそ 1 千～数万年である．プレート境界地震の場合，発生間隔は数十～数百年だから，それに比べていかに長いかがわかる．活断層がずれ動くような大地震は，そのようにめったに起こらないが，それより規模の小さい中，小，微小の内陸地震は頻繁に起きている．図 24.12a, b にそれらの地震の震央分布を示す．中・小・微小地震といえども，それらは空間的に偏在して，ある特定の場所に帯状に，あるいは団子状に集中して分布する傾向がある．それらの集中した活動のなかには，明らかに活断層に沿って（あるいはその延長上に）分布するものがある．これらの地震活動は，おそらくその活断層の現在の活動状況を反映しているのであろう．また，活断層には対応しないが，火山の近傍に集中する活動も，かなり多くの地域でみられる．25.3 節で述べるように，内陸地震と活火山の密接な関係を示している．

図 24.11 には活火山の分布も示してある．日本列島の火山のように，プレートの沈込み帯で形成される火山，すなわち沈込み帯型火山（あるいは島弧火山）はその地理的分布に明瞭な規則性がある．図からも見て取れるように，海溝軸にほぼ平行に火山列が並ぶことである．それはすでに述べたように，島弧火山を形成する原因がプレートの沈込みにあるからである．図 24.11 で千島列島から北海道に至り，そこで方向を変えて東北～関東を通り，そこでふたたび方向を変えて伊豆・小笠原諸島へと続く火山列は，太平洋プレートの沈込みに伴うものであり，一方，中国地方の日本海沿岸を通り，そこから方向を変えて九州～南西諸島に続く火山列が，フィリピン海プレートの沈込みによるものである．これらの火山列，すなわち，火山フロント直下には，口絵 14 に見られるように，

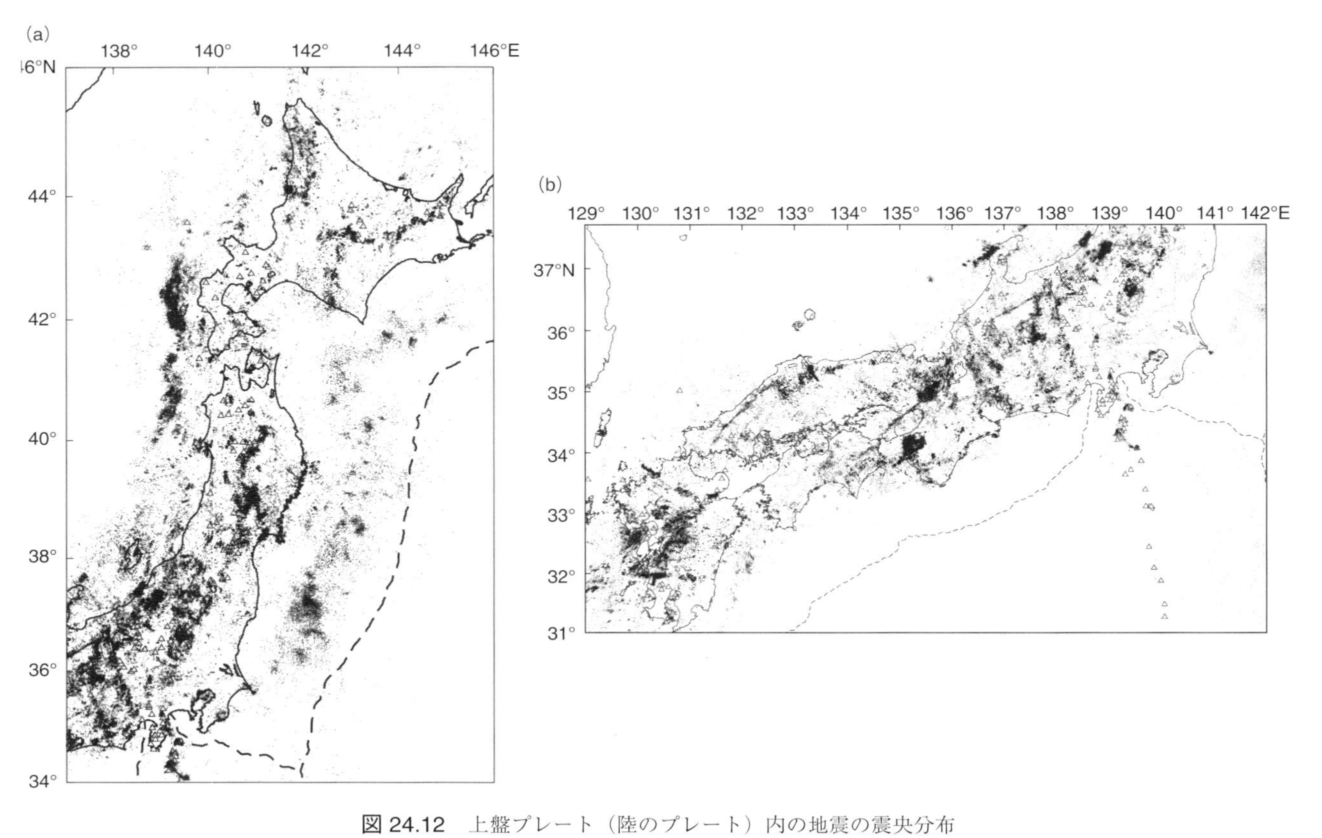


**図 24.12　上盤プレート（陸のプレート）内の地震の震央分布**

（a）東日本，（b）西日本．2001 年〜2010 年に発生した地震の震源（気象庁一元化震源）を黒点で示す．海溝軸（トラフ軸）を破線で，火山を三角で示す．

モホ面まで達する傾斜した低速度層がマントルウェッジ内に分布する．これらの火山列，すなわち，火山フロントの形成が，マントルウェッジ内の上昇流に起因することを示すものであろう．

# 第25章 沈込み帯の地震とその発生機構

沈込み帯で発生する地震には，おもに以下の3つのタイプがある．(1) 沈込み帯では，海洋プレートがもう一方のプレートの下に沈み込む．その結果，2つのプレートの間には接触面ができる．この面上での摩擦すべりにより逆断層型の地震が発生する．プレート境界地震である．(2) 海洋プレートは，周囲との相互作用による変形を受けながらマントル中に沈み込む．この変形による応力を解放するため，沈み込む海洋プレート，すなわちスラブ内で地震が発生する．スラブ内地震である．(3) プレート沈込みに伴って，上盤プレートも変形する．この変形による応力を解放するために，上盤プレートの地殻浅部でも地震が発生する．多くは陸域直下で発生するので内陸地震とよばれる．

ここでは，これら3つのタイプの地震の起こり方と発生機構について，それぞれ記述する．

## 25.1 プレート境界地震

### 25.1.1 アスペリティモデル

22.4節でみたように，プレート境界面における固着域の拡がり，とくに深さの下限は第一義的には温度で決まるようだが，固着の強さには明らかに別の要因も関わっている．

多くの沈込み帯で発生した大地震の震源過程の解析から，地震によるすべりの分布が系統的に調べられ，その結果，すべり量が断層面上で空間的に非一様な分布をすることがわかってきた．**応力降下量**（stress drop）が大きくすべり量が大きい領域（アスペリティ）が，震源域の中で一続きの大きな部分を占める場合や，あるいは複数箇所に分かれてパッチ状に分布する場合など，その分布様式の多様性が明らかになってきた．

プレート間の固着の度合いは，プレート間すべりがどの程度地震でまかなわれているかでもみることができる．この指標を**サイスミックカップリング**（seismic coupling）とよび，プレート境界での全すべり量のうち地震性すべりによるものの割合を示す．すなわち，プレート境界面のうちプレート境界地震を発生させる領域（プレート境界地震の上限と下限の間の領域：図 22.8 の地震発生層と示した領域）において，プレート運動によるすべりのうち，どの程度が地震によるすべりであるか，その割合を示すものである．もしそれが 1 であればすべりはすべて地震性すべり，すなわち動的すべりによることになり，逆に 0 であればすべりはすべて非地震性の安定すべりによるということになる．

地震によるすべりの分布をみると，サイスミックカップリングの値が大きい沈込み帯では，すべり量の大きい領域があまりいくつにも分かれず，かつ震源域の中で多くの領域を占める傾向がある．一方，サイスミックカップリングの小さい沈込み帯では，すべり量の大きい領域は震源域の中の一部分で，かつパッチ状に分布する傾向がある．Lay and Kanamori（1981）は，このような沈込み帯ごとに異なる震源過程とサイスミックカップリングとを統一的に説明するモデルとして，図 25.1 のような**アスペリティモデル**（asperity model）を提唱した．プレート境界面における地震発生帯（seismogenic zone）では強度が一様ではなく，強く固着して強度が大きい領域（アスペリティ）と固着が弱く強度が小さい領域がある．そして，強度の大きいアスペリティの占める割合と大きさの分布が，沈込み帯ごとに異なる．それが，震源過程の多様性とサイスミックカップリングの値の違いを生み出していると考える．

図 25.1 で，アラスカやチリに代表される（1）のタイプは，地震発生域のほぼ全域がアスペリティであり，したがってサイスミックカップリングがほぼ 1 である．地震時には複数のセグメントが同時にすべるので，図 25.1 の左図に示す震源時間関数も継続時間の長い単一の大きいパルスとなる．一方，マリアナに代表される（4）のタイプは，大きいアスペリティが存在せず，プレート間のす

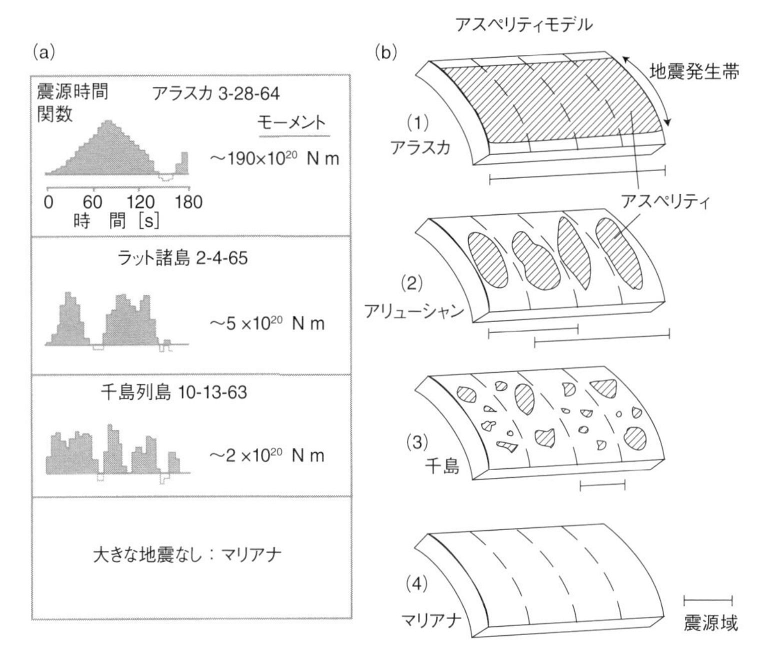


**図 25.1**　プレート境界大地震の震源時間関数（a）とプレート境界面の強度の不均質分布（b）（Lay and Kanamori, 1981）

べりのほとんどが非地震性すべりでまかなわれ，したがってサイスミックカップリングは 0 に近い．(2)，(3) はその中間の場合であり，たとえば千島では，プレート境界面に複数の比較的小さなアスペリティがパッチ状に分布する．同時にすべるアスペリティの組合せで地震の規模（マグニチュード）が決まり，多くのアスペリティがいっしょにすべれば規模が大きくなる．地震で複数のアスペリティが順番にすべっていくと，それに対応して震源時間関数にその順番で複数のピークが現れる．

**アスペリティ**（asperity）という言葉は，もともと物体の表面の粗さやでこぼこした部分を意味し，岩石試料を用いた摩擦すべり実験の分野で 2 つの岩石を 1 つの面で接触させた際に，2 つの岩石がかみ合って真に接触している突起部分をよんでいた（Scholz, 1990）．Lay and Kanamori（1981）や Kanamori（1981）は，このアスペリティの概念を，いわば自然地震の断層面に拡張したのである．

### 25.1.2 断層面の摩擦特性

複雑な地震現象を室内実験で再現しようと，岩石試料を用いた摩擦すべりの研究が精力的に行われてきた．その結果，断層面の摩擦特性の理解が進み，摩擦すべりを支配する法則（摩擦構成則）もある程度わかるようになってきた．室内実験結果を最もよく説明する摩擦構成則のひとつが，ディートリック-ルイナ（Dieterich-Ruina）則あるいは**スローネスロー**（slowness-law）とよばれるもので，第 1 部の式 (8.11) で示したように，摩擦はその瞬間のすべり速度 $V$ と，時間に依存する状態変数 $\theta$ とに依存する（Dieterich, 1979; Ruina, 1983）．状態変数 $\theta$ は，第 1 部の式 (8.12) に従って時間発展する．

Boatwright and Cocco（1996）は，室内実験から得られたすべり速度・状態依存摩擦構成則に基づいて，前項のアスペリティモデルを発展させた．彼らは，地震によるすべり量が断層面上の場所により変化するという観測事実を説明するには，摩擦特性が空間的に非一様である必要があると考え，図 25.2 に模式的に示すようなモデルを提唱した．すなわち，断層面（プレート境界面）上には，摩擦特性の異なる，以下の 4 つの領域が存在する．（1）顕著な地震性すべり領域（strong seismic area: S）（不安定領域）：顕著な**速度弱化**（velocity weakening, すべり速度が増加すると強度が低下する）特性をもつ領域．（2）弱い地震性すべり領域（weak seismic area: W）（条件付き安定領域）：それほど顕著ではないが速度弱化特性をもつ領域．（3）追従領域（compliant area: C）（条件付き安

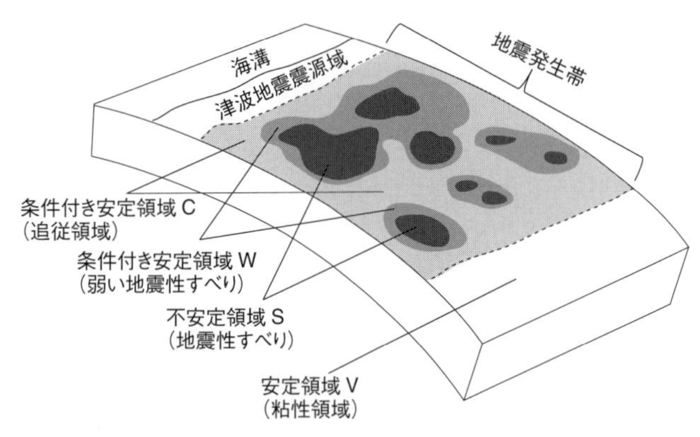


図 25.2　摩擦パラメータの不均質分布とアスペリティモデル

定領域)：それほど顕著ではないが**速度強化**（velocity strengthening，すべり速度が増加すると強度が増加する）特性をもつ領域．(4) **粘性領域**（viscous area: V）(安定領域)：顕著な速度強化特性をもつ領域．

このうち，(1) の顕著な地震性すべり領域 (S) が“アスペリティ”に相当し，本震や余震はこの領域で発生する．(2) の弱い地震性すべり領域 (W) では，ゆっくりすべりが起こる．(1) の領域で本震が高速ですべった際に，(2) の領域が隣接していればいっしょに高速にすべる（つまり地震性すべり）．また，いっしょにはすべらずに，本震による大きな応力変化で本震後に余震として自律的に高速にすべることもできる．(3) の追従領域では非地震性の安定すべりが生じるが，隣が高速ですべればそれに追従して高速ですべる（つまり地震性すべり）こともある．(4) の粘性領域は，常に非地震性の安定すべりが生じる領域である．

Boatwright and Cocco (1996) は，このような摩擦特性の空間変化があれば，断層面（プレート境界面）上にみられる多様なすべりのパターンを説明できるとした．すなわち，プレート運動に起因する応力により，(4) の粘性領域では非地震性の定常すべりが生じる．そのような非地震性のすべりは (3) と (2) の領域でも生じる．一方 (1) のアスペリティ領域は固着したままなので，周囲で定常的なすべりが進行するにつれてアスペリティ領域に応力が集中し，やがて強度の限界に達すると，遂にはアスペリティ領域のある 1 点で急激にすべり始める．本震の発生である．そして本震の高速の（動的な）すべりはアスペリティ領域全体に拡がる．本震前にすでにある程度非地震的にすべっている (2)，(3) および (4) の性質をもつ領域に入ると，すべりは減速しやがて止まる．その後，さらに周囲の安定（すべり）領域に非地震性のゆっくりすべり（余効すべり）が伝播する．この余効すべりに伴って，安定（すべり）領域内にパッチ状に存在する小さなアスペリティ領域や弱い地震性すべり領域で余震が発生する．このように，観測から明らかにされた断層面上での本震とその後の活動の特徴を，このモデルで再現できるとした．

### 25.1.3 アスペリティの繰返し破壊，連動破壊

アスペリティモデルが成り立つとすると，繰り返し発生する地震で，すべり量の大きい場所（すなわちアスペリティ）の位置は変わらないはずである．一

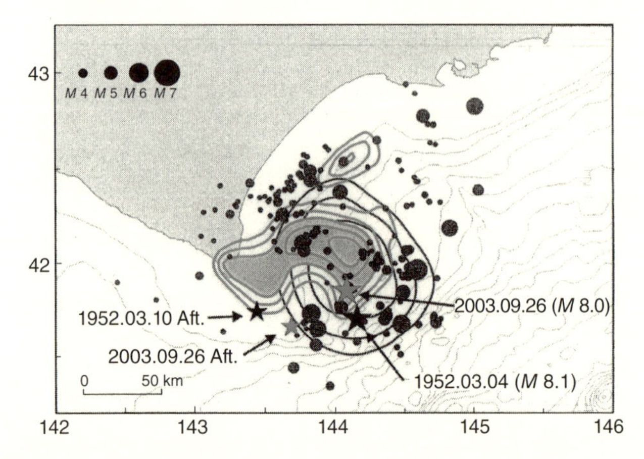


**図 25.3**　1952年十勝沖地震（$M$ 8.1）と2003年十勝沖地震（$M$ 8.0）のすべり量の分布（Yamanaka and Kikuchi, 2003）
すべり量をそれぞれ黒（1952年）と灰色（2003年）のコンターで示す．大きい星は本震．小さい星は最大余震（Aft），黒丸は2003年十勝沖地震の余震．

例を図25.3に示す．北海道南方沖のプレート境界では，1952年十勝沖地震（$M$ 8.1）が発生し，その51年後にほぼ同じ場所で2003年十勝沖地震（$M$ 8.0）が発生した．2つの地震によるすべり分布を図に示してあるが，すべり量の大きい場所がほぼ重なる．すなわち，同じアスペリティがふたたび壊れたことを示している．

同一のアスペリティが繰り返しすべる，ずっと規模の小さい地震の例が，岩手県釜石沖の繰返し地震である（Matsuzawa *et al.*, 2002）．釜石沖のプレート境界面上の深さ約45 kmでは，$M$ 4.8±0.1の地震が，約5年半という比較的規則正しい繰返し間隔で発生する（図25.4a）．高性能の地震計で観測できた最近の3つの地震についてすべり分布を推定すると，すべり量の大きな領域がほぼ重なる（図25.4b）．このようにすべり域がほぼ重なり，かつ発生間隔が規則的になるのは，この地震が，安定すべり域に囲まれて存在する孤立したアスペリティの繰返しすべりであるからと解釈されている．なお，2011年東北地方太平洋沖地震（$M$ 9.0）後，この繰返し地震の震源域周辺でも大きな余効すべりが生じた．それによりアスペリティにかかる応力載荷速度が上昇したことから，それまでとは異なる振舞いをした．すなわち，周囲の余効すべりに追いつくよう

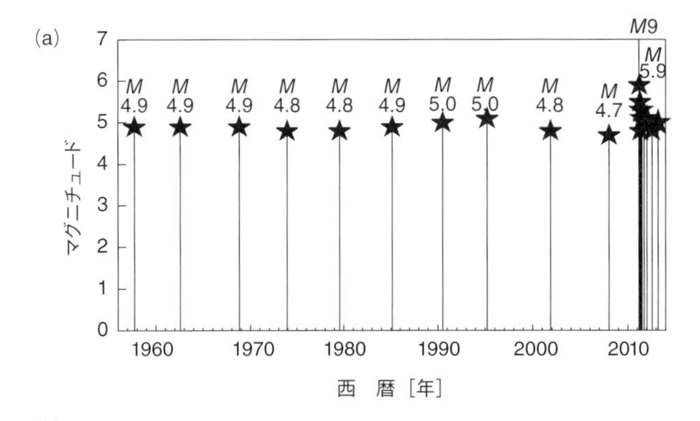


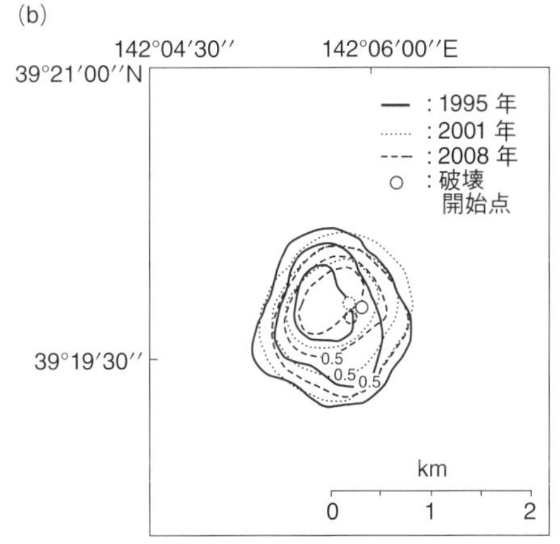


図 25.4　釜石沖の繰返し地震（Okada *et al.* 2003; Shimamura *et al.*, 2011）

(a) マグニチュード-時間分布．2011 年東北地方太平洋沖地震の発生時を $M$ 9 と記した縦棒で示す．(b) 東北沖地震前の最後の 3 つの地震のすべり分布．1995（平成 7）年 3 月，2001（平成 13）年 11 月，2008（平成 20）年 1 月の地震のすべり量をコンターで示す．すべり量は最大すべり量で規格化して示す．

に繰返し地震の発生間隔が短くなる（図 25.4a）だけでなく，それまで非地震的にすべっていた周囲の領域も巻き込んで震源域も大きく拡がり，マグニチュードの大きな地震として繰り返しすべった．

アスペリティモデルに従えば，地震時以外の通常の期間ではアスペリティは固着しているはずである．図 25.5 は陸上の GPS 観測網のデータから推定された，1996 年から 2000 年末までの期間におけるプレート境界面の固着状況を示す．過去 70 年間程度の地震記録から推定された地震時すべり域（アスペリティ）のうち，最近すべっていないアスペリティを実線で囲んで示してあるが，そこでは固着していたことがわかる．なお，そのうちの 1952 年十勝沖地震ですべったアスペリティは，この期間の直後の 2003 年 9 月 26 日に十勝沖地震（$M$ 8.0）

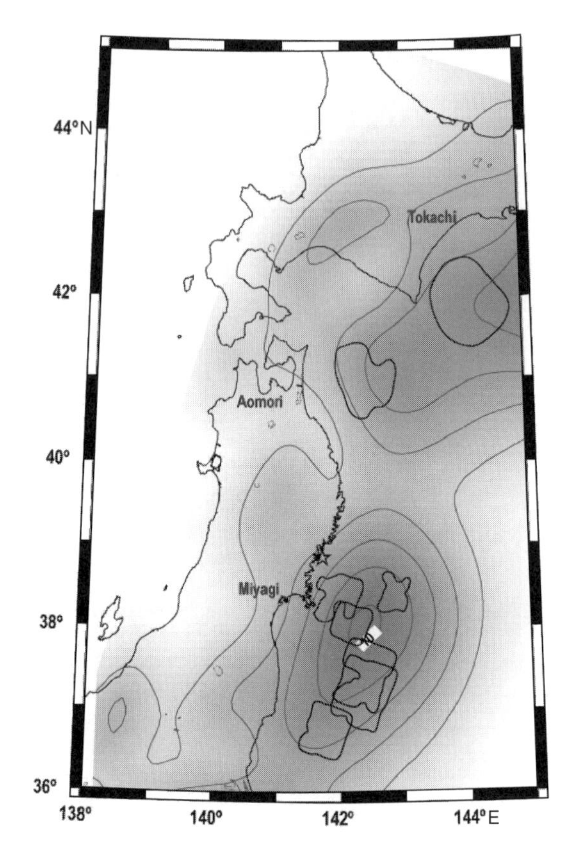


図 25.5　プレート境界の結合度分布とプレート境界大地震の震源域
(Suwa *et al.*, 2006)
プレート境界の結合度（すべり遅れ）を，細い実線のコンターと濃淡で，プレート境界大地震のすべり域（Yamanaka and Kikuchi, 2003; 2004; 室谷ほか，2003）を太い実線で示す．

でふたたびすべった（図 25.3）．

アスペリティのサイズが大きいほど震源域の拡がりも大きくなるので，地震の規模は大きくなる．したがって，アスペリティの位置と大きさがわかれば，“時期”は別として，将来発生する地震の“場所”と“規模”について，ある程度予測できそうにみえる．しかし，実際はそのように単純ではない．釜石沖の繰返し地震のように孤立してアスペリティが存在する場合のほうがむしろまれで，通常は複数のアスペリティが近接して存在し，それらの相互作用により複数のアスペリティが同時にすべることが頻繁に起こるからである．しかも，その組合せは必ずしも毎回同じではなく，その時々で異なる．さらに，複数のアスペリティが同時にすべった場合は，個々のアスペリティが別々にすべった場合のそれぞれの地震の規模（モーメント）を積算した大きさに比べて，ずっと大きな規模（モーメント）の地震となってしまう．また，アスペリティが孤立して存在すると推定される釜石沖地震の場合であってさえも，すでに述べたように，それまで非地震性すべりをしていた周囲の領域が，2011 年東北地方太平洋沖地震後の余効すべりによって応力載荷速度が大きくなると動的にすべり（地震性すべり），結果としてそれまでよりずっと大きな地震となった．周囲の領域が，条件付き安定すべりの性質をもつと推定されているが，いずれにしても応力載荷速度の違いによって異なる挙動を示し，結果として地震の規模を変えてしまうようである．

2004 年にスマトラ沖で発生した $M_{\mathrm{W}}$ 9.1 の地震は巨大な津波をひき起こし，20 万人を超える人々が犠牲となった．図 25.6 に示すように，この地震は，インド・オーストラリアプレートがスマトラ島〜アンダマン諸島の下に北北東方向に沈み込むプレート境界で発生し，その震源域の拡がりはきわめて大きく，南北方向に長さ 1,000 km を超える．この震源域ではおよそ 60〜160 年前に $M_{\mathrm{W}}$ 7.5〜7.9 の 3 つの地震が発生していることが知られており，2004 年の巨大地震は，これらの地震をひき起こした複数のアスペリティの連動破壊とみることもできる．複数のアスペリティが同時にすべったことにより，規模もずっと大きな地震となった．

西南日本の南海トラフ沿いのプレート境界では，東海・東南海・南海地震が 100〜150 年程度の間隔で繰り返し発生してきた（図 25.7）．前回は 1944 年東南海（$M_{\mathrm{W}}$ 8.2），1946 年南海（$M_{\mathrm{W}}$ 8.4）の 2 つの地震として，図に示すプレート境界の A および B の領域が別々に破壊した．その前は 1854 年安政東海（$M_{\mathrm{W}}$ 8.4），安政南海（$M_{\mathrm{W}}$ 8.5）の 2 つの地震として，A の領域および（B+C）の領域が別々に破壊した．ところが，さらにその前の 1707 年には宝永の地震（$M_{\mathrm{W}}$ 8.7）として，A〜C の全領域が同時にすべった．この場合，断層面の長さは 600 km 近くに達する．さらに，A の領域のすぐ西側の領域にも破壊が拡大した場合や，トラフ軸に近いプレート境界浅部だけがすべった場合など，多様な起こり方を

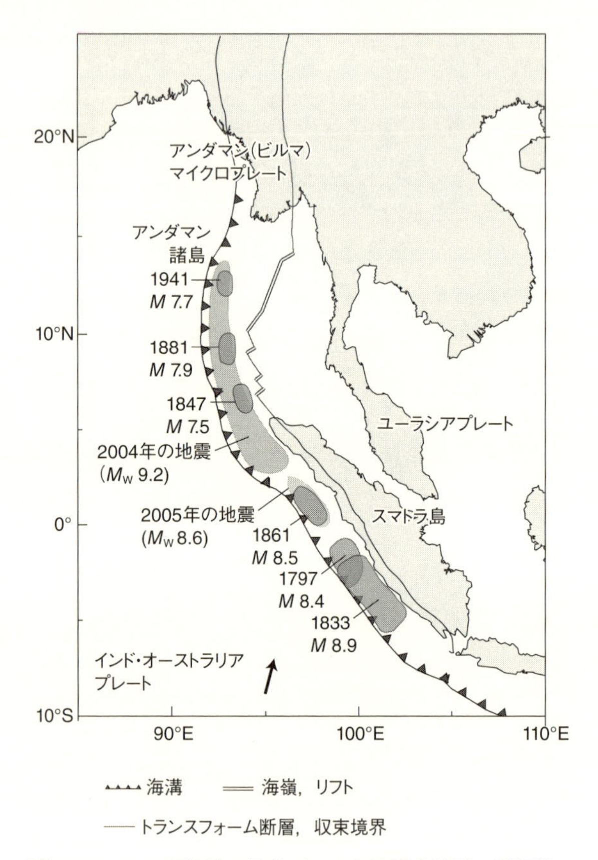


図 25.6　スンダ海溝に沿うプレート境界大地震の震源域の分布（Satake and Atwater, 2007）

していること，繰返し間隔も 100～150 年程度よりはずっとばらついていることもわかってきた．組合せを変えながら，ときに連動してすべり，ときに別々にすべる典型的な事例のひとつである．

このように複数のアスペリティが，あるときは連動破壊（すべり）をし，またあるときはそれぞれが別々にすべるということは，頻繁に生じているようである．津波堆積物調査などの地質学的手法は，長期間にわたる地震発生履歴の情報を与えてくれる．北海道の十勝沖と根室沖で発生する地震も，1952 年，2003 年十勝沖地震，1973 年根室沖地震のように，$M_W$ 8 程度の地震としてそれぞれ

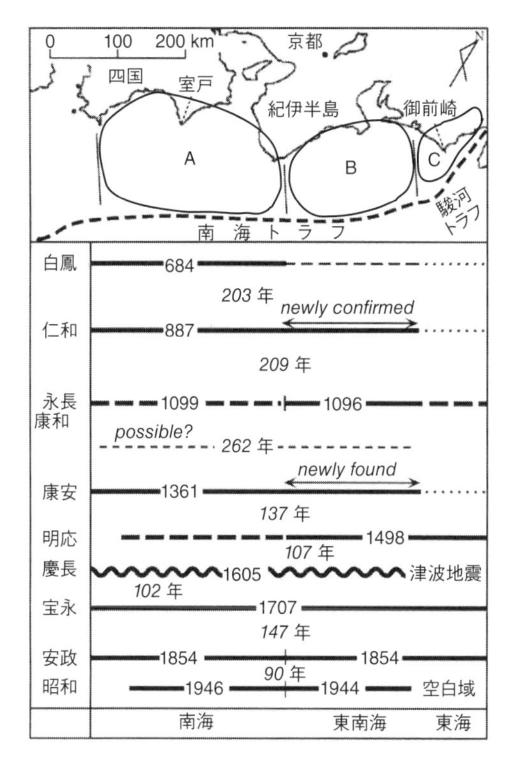


図 25.7　南海トラフに沿うプレート境界大地震の発生時系列（Ishibashi, 2004）

別々にすべる場合に加えて，2つの領域が連動してすべる巨大地震がおよそ500年間隔で起きてきたことが，津波堆積物の調査で明らかにされた（Nanayama *et al.*, 2003）．津波堆積物の調査は，これまでの世界最大の地震である1960年チリ地震（$M_W$ 9.5）の震源域でも，$M_W$ 9.5規模の超巨大地震が発生するのはおよそ300年間隔であり，一方，その間に$M_W$ 9.0程度の一回り規模の小さい地震が発生していることを明らかにした（Satake and Atwater, 2007）．このような事例はコロンビア–エクアドルでもみられ，釜石沖の繰返し地震のようにアスペリティが孤立して存在するような特別な場合を除いて，むしろ普通に生じているようである．すなわち，連動破壊（すべり）の可能性をきちんと評価できないかぎり，将来発生する地震の規模を予測することは難しい．

わが国観測史上最大である2011年東北地方太平洋沖地震は，地震の規模を予測することの難しさを如実に示す地震であった．震源すなわち破壊の開始点だけをみれば，高い確率で発生が予測されていた宮城県沖ではあったものの，破壊はそこだけに止まらず，プレート境界に沿って長さ約 500 km，幅約 200 km にも及ぶ広大な領域を破壊し，結果として予測されていなかった規模の $M_{\mathrm{W}}$ 9.0 という超巨大地震となった．図 25.8a に示すこの地震のすべり分布から，それ以前の 70 年の間に大地震としてすべった複数のアスペリティ（固着域）を含む広い領域を破壊したことがわかる．さらに，宮城県はるか沖の海溝軸に近いプレート境界浅部で，50 m を超えるきわめて大きなすべりが生じた．この大きなすべりが三陸沿岸などにきわめて高い津波波高を生じさせる原因となった．海溝軸付近のプレート境界浅部にこのように大きな固着域があることは，陸域の GPS 観測網から遠すぎて検知できず，予測されていなかった．また，図 25.8a は，普段安定すべりを起こしていると考えられていたアスペリティ以外の領域（非アスペリティ領域）でも，大きな地震すべりが生じたことをも示している．

地震発生後，東北地方太平洋沖地震の発生を再現しようと，すべり速度・状態依存摩擦構成則を用いた数値シミュレーションによる研究が精力的に行われてきた．そして，$M$ 7〜8 程度の地震を発生させる複数のアスペリティがそれぞれ数十年に一度の割合ですべり，一方，500〜1,000 年に一度の割合でそれらのアスペリティが連動してすべり $M$ 9 程度の超巨大地震をひき起こすという，この地域のプレート境界地震の発生履歴の特徴を大まかには再現できるモデルがいくつか提唱されている．たとえば，プレート境界層中に流体が含まれていれば，地震性すべりで生じた摩擦熱で間隙流体圧が上昇し摩擦強度が低下する（この効果はサーマル・プレッシャライゼーション（thermal pressurization）とよばれる）．すべり速度が低速なうちは速度強化の性質を示す非アスペリティ領域であっても，すべり速度があるしきい値を超えると，この効果などにより，極端な速度弱化を起こすことが期待される．東北地方太平洋沖地震では，すべり速度がしきい値を超えたため，複数のアスペリティとそれらの周囲の非アスペリティ領域を巻き込んで，広域にわたって大きな地震すべりを生じ超巨大地震となったと推定されている．

また，2011 年東北地方太平洋沖地震では，普段は固着せず速度強化の性質を示すと考えられていた海溝軸ごく近傍のプレート境界最浅部（図 25.2 で地震発生帯と示した領域より浅い側の領域）でも，大きな地震すべりが生じた．この

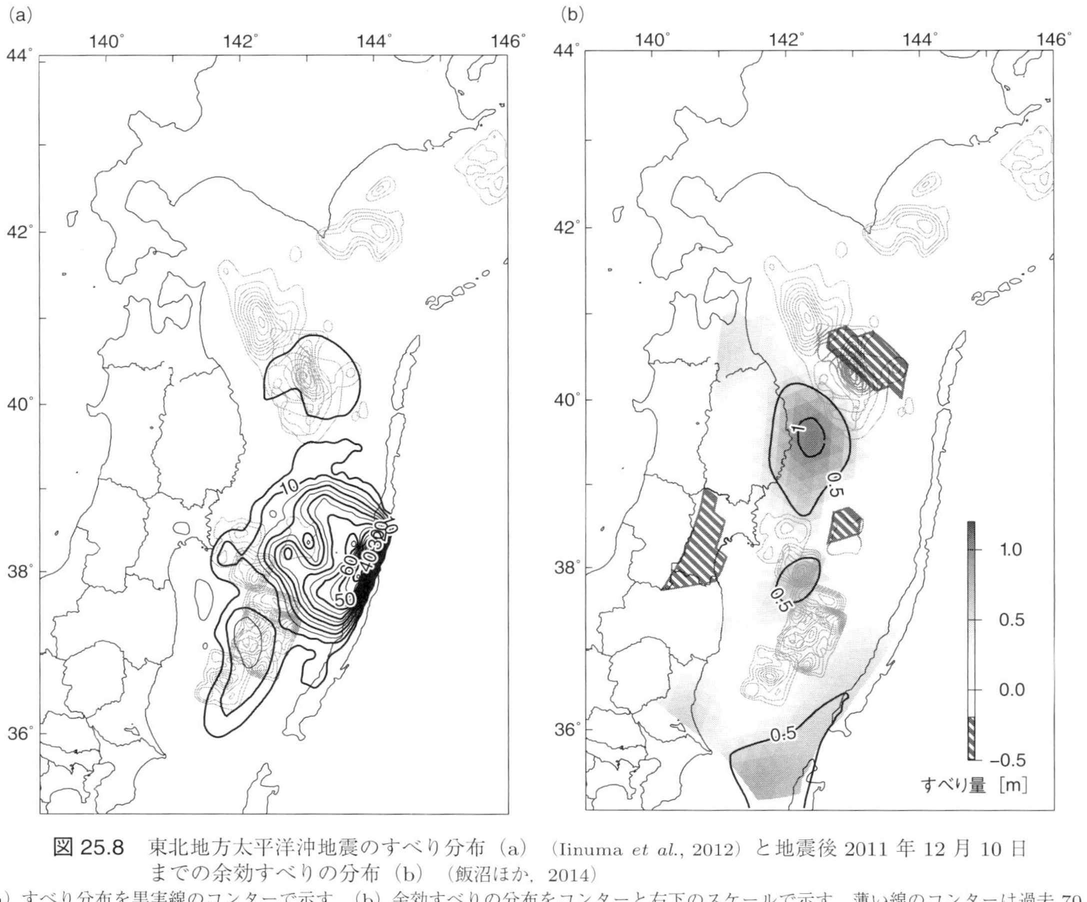


**図 25.8** 東北地方太平洋沖地震のすべり分布（a）（Iinuma *et al.*, 2012）と地震後 2011 年 12 月 10 日までの余効すべりの分布（b）（飯沼ほか，2014）

（a）すべり分布を黒実線のコンターで示す．（b）余効すべりの分布をコンターと右下のスケールで示す．薄い線のコンターは過去 70 年の大地震のすべり分布（Yamanaka and Kikuchi, 2003; 2004; 室谷ほか, 2003）．

部分の上盤側プレートは，**付加プリズム**（accretionary prism）とよばれ，比較的強度の弱い堆積物で構成されており，このようなプレート境界最浅部では固着していないと考えられていた．しかし，隣接する地震発生層で大きなすべりが生じたことで，このようなおそらく弱い速度強化域でも動的すべりがひき起こされ，結果として大きなすべりが海底面にまで達しうることも示された．この領域は，津波地震を発生させる場所でもあり（図 25.2），その振舞いをきちんと理解することが重要である．

いずれにしても，どうやら，この地域では，数十〜百数十年程度の間隔で繰り返す $M$ 7〜8 程度の地震だけでは，プレート境界のすべり遅れをすべて解消することができず，500〜1,000 年程度の間隔で東北沖地震のような超巨大地震が発生することによって，それを解消しているらしい．

### 25.1.4 準静的すべり（非地震性すべり）と小繰返し地震

周囲の非地震性のゆっくりすべり（準静的すべり）の進行によりアスペリティに応力が集中し，応力がアスペリティの強度に達すると急激にすべる，つまり，地震が発生する．したがって，準静的すべりを検出し，その推移をきちんと把握することは，地震発生に至る応力集中過程を理解するうえできわめて重要である．

GPS 観測から得られた地表の変形の時間変化が，プレート境界での準静的すべりの進行だけによるのであれば，時間変化のデータのインバージョンにより，プレート境界における準静的すべりの時間発展の様子を推定できる．一例を図 25.8b に示す．図は，2011 年東北地方太平洋沖地震（$M$ 9.0）後に生じた準静的すべり（余効すべり）の分布であるが，図 25.8a に示す本震の動的すべり（地震すべり）と比較すると，本震の動的すべり域を囲んでその周囲の領域，とくに宮城県はるか沖の大すべり域のすぐ南に隣接する海溝軸近傍の領域，および宮城県沖地震の震源域に隣接してその北側の深い領域を中心に広く分布する．本震後，余効すべりが，海溝軸に沿って南側とプレート境界の深部に伝播した様子がみてとれる．

前項で紹介した釜石沖の繰返し地震は，周囲を安定すべり域に囲まれた 1 km 程度の大きさのアスペリティの繰返しすべりであると考えられる．このように繰り返しすべる小さなアスペリティは，プレート境界面上に多数存在することが，米国カリフォルニアのサンアンドレアス断層や東北地方太平洋沖のプレート境界など，いくつかの地域で見出されている．これらの地震は**小繰返し地震**(small repeating earthquake）とよばれる．また，同じ断層面（アスペリティ）での地震すべりなので，観測点では毎回同じような波形が得られることから，相似地震ともよばれる．

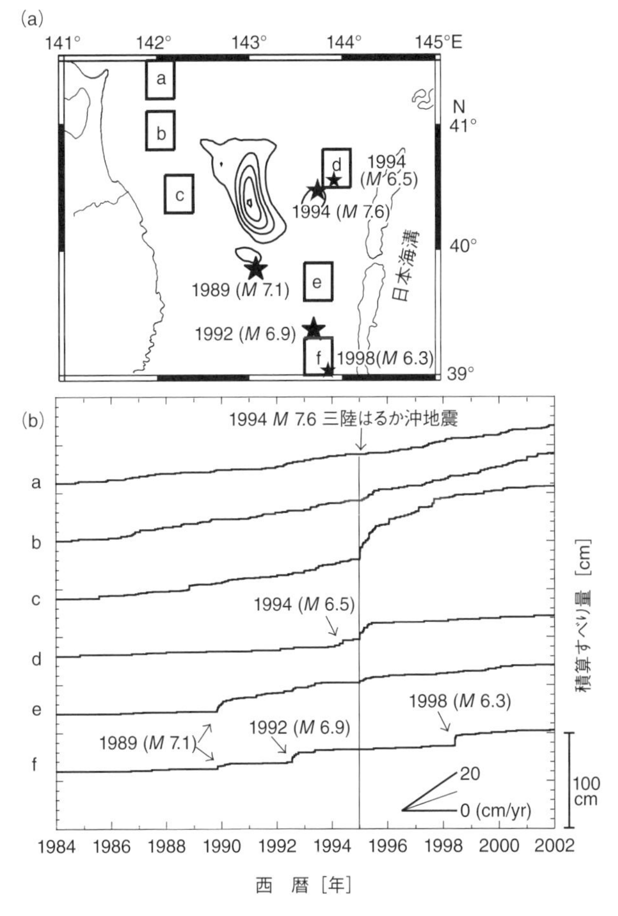


**図 25.9** 繰返し小地震を用いたプレート境界における非地震性すべりの時間発展（Uchida *et al.*, 2004）

図（a）の a〜f の領域における非地震性すべりの時間変化を図（b）に示す．図（a）のコンターは 1994 年三陸はるか沖地震（$M$ 7.6）のすべり分布．星は $M>6$ の地震の震央．

この小繰返し地震を用いて準静的すべりの時間発展を推定することもできる．周囲の安定すべり域での準静的すべりの進行につれて，固着しているアスペリティに応力が集中し，やがて強度の限界に達すると，周囲からのすべり遅れを取り戻すようにアスペリティが動的にすべる．このときのすべり量は，すべり遅れの分，つまり周囲の領域のそれまでの準静的すべりの量に等しくなることが期待される．すなわち，小繰返し地震による積算すべり量の時間変化は，周囲の安定すべり域での準静的すべりの時間発展を表すと考えられる．小繰返し地震によるすべり量は地震波形記録から推定できる．小繰返し地震をひき起こすアスペリティは小さいので繰返し間隔も短く，時間分解能もある程度は確保できる．図 25.9 に一例を示す．1994 年三陸はるか沖地震（$M_{\rm W}$ 7.6）前には，この地震をひき起こしたアスペリティの海溝側で $M$ 6 クラスの地震活動がありそれに伴う準静的すべりが広域に生じたこと，本震後にはアスペリティの陸側（b, c の領域）および海溝側（d, e の領域）の両方の領域で顕著な準静的すべり（余効すべり）が生じたことがわかる．このように，小繰返し地震を，準静的すべりの時間変化の推定のために利用することができる．

### 25.1.5 スロースリップイベントと低周波地震

日本列島全域に設置された稠密地震観測網（基盤地震観測網）は，高品質かつ大量のデータを提供することにより，地震学の発展に大きく貢献しつつある．一例が，**深部低周波微動/地震**（deep low-frequency tremor/earthquake）の発見である．西南日本の南海トラフ沿いのプレート境界において，東南海・南海地震などの巨大地震をひき起こすと推定される固着域に隣接してその深部側の約 30 km の深さに，**スロースリップイベント**（slow slip event，間欠的な非地震性すべり）と深部低周波微動/地震が，同期して 3〜6 カ月間隔で繰り返し発生していることが明らかになった（図 25.10: Obara, 2002; 2009）．この領域は，浅部の地震性すべり域と深部の安定すべり域との遷移領域にあたり，図 25.2 に示した条件付き安定領域に相当すると考えられる．このようなスロースリップイベントおよびそれと同期した深部低周波微動/地震は，カナダ太平洋岸のカスカディアのプレート境界でも見出された（Rogers and Dragert, 2003）．深部低周波微動/地震は，大きくても $M$ 2.5 程度であり，その卓越周波数が約 2 Hz 程度と，この規模の通常の地震に比べてずっと低周波である．それと同期するス

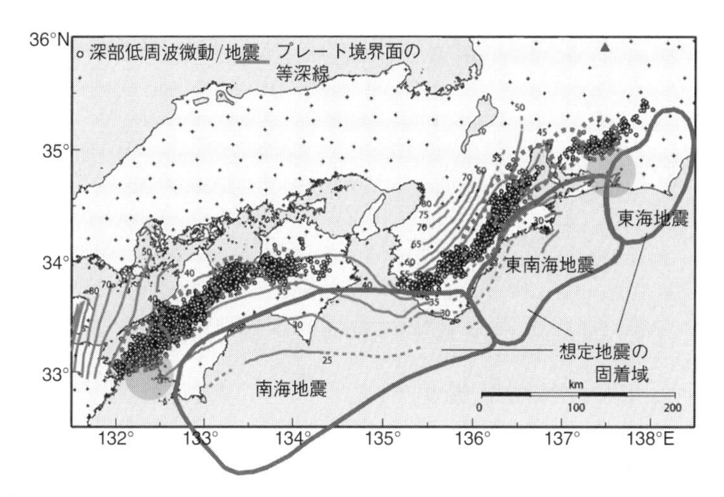


図 25.10　西南日本のプレート境界で発生する低周波微動/地震（Obara, 2009）

ロースリップイベントは約 1〜2 週間程度の継続時間をもち，数年間続くスロースリップイベントと区別するため**短期的スロースリップイベント**（short-term slow slip event）ともよばれる．地震波データの綿密な解析により，深部低周波微動/地震は，プレート境界面上の摩擦強度が非一様なため，そこで短期的スロースリップイベントすなわち非地震性すべりが生じた際，すべりの加速や減速が起き，それが低周波の地震波を励起することによること，さらに低周波地震が連続的に発生するため，微動のような震動が継続することが明らかにされた（Shelly *et al.*, 2006; Ide *et al.*, 2007b）．これに加えて，20 s 程度の卓越周期をもつ**超低周波地震**（very low frequency earthquake）も同期して発生していることもわかってきた（Ito *et al.*, 2007）．

これらの低周波のイベントは，大地震をひき起こす固着域の周囲で，3〜6 カ月間隔で繰り返し発生している．それは隣接する固着域に応力を加える効果があり，このように繰り返したのち，いずれ最終的に動的すべり，すなわち巨大地震の発生に至るであろうことを考えると，一連のスロースリップイベントの活動の推移をきちんと把握し，地震発生に至る過程の理解につなげていくことが重要である．

なお，このようなスロースリップイベントや低周波微動/地震は，その後，世界の多くの沈込み帯やトランスフォーム断層などのプレート境界で見出され（そのうち，サンアンドレアス断層直下で発生している低周波微動/地震の例を 22.7.3 項に示した），断層面での摩擦特性を理解するうえで鍵となる現象として注目されている．今後の研究の進展が期待される．

## 25.2 スラブ内地震

### 25.2.1 やや深発地震と脱水脆性化モデル

スラブ内地震も通常の浅発地震と同様に，急激な断層運動によるものであることが知られている．断層運動を起こすには，断層面の強度より大きなせん断応力が必要である．断層面の強度 $\tau_{\mathrm{f}}$ は，第 1 部の式 (8.9) で表される．ここで，岩石の凝着力 $c$ と内部摩擦係数 $\mu_{\mathrm{i}}$ は岩石の種類にあまりよらず，ほぼ一定の値をもつ（Byerlee, 1978）．式 (8.9) から，スラブ内地震が発生する深さでは，法線応力がきわめて大きくなり，そのため断層面の強度が非常に大きいことがわかる．断層運動を起こすためには，それを超えるせん断応力が必要となるが，スラブ内で実際にそのように大きなせん断応力がはたらくとは考え難い．

したがって，強度を下げる何らかのメカニズムがはたらいているはずである．スラブ内地震のうちやや深発地震については，**脱水脆性化**（dehydration embrittlement）が強度を下げて地震を発生させる有力なメカニズムと考えられている（Raleigh and Paterson, 1965; Raleigh, 1967; Kirby *et al.*, 1996; Seno and Yamanaka, 1996）．沈込みに伴う温度と圧力の上昇によりスラブ内の含水鉱物が脱水分解し，その結果生じた水が有効法線応力を低下させ，脆性破壊を可能とさせると考える．断層面に流体が存在すると，断層面の強度 $\tau_{\mathrm{f}}$ は，第 1 部の式 (8.10) で与えられる．したがって，間隙流体圧が被り圧（その点より上にある岩石の荷重による圧力）に近い値をもてば強度が著しく小さくなる．このようなメカニズムでスラブ内地震が発生するのであれば，スラブ内地震はスラブ内の至るところで起こるわけではなく，スラブの中で含水鉱物が存在する領域，とりわけ含水量の変化する**相境界**（facies boundary）で多く発生することが期待される．以下に見るように，やや深発スラブ内地震は，どうやらそのような場所で起こっているらしいことが次第に明らかになってきた．

### 25.2.2 二重深発地震面

沈み込む海洋プレートには，含水鉱物として少なからずの量の水が含まれている．海嶺でプレートが新しくつくられる際に地殻浅部に含水鉱物が形成されたり，海溝からプレートが沈み込む際に曲げの力でひき起こされる正断層に沿って含水鉱物が形成されたりして，沈み込む前にプレートの内部に水が固定されると考えられている．プレートが沈み込むと温度と圧力が上昇して，プレート内部に固定されていた含水鉱物は分解し，水を吐き出す．

Yamasaki and Seno (2003) は，世界の 6 つの沈込み帯について，蛇紋岩化したスラブのマントルと変成したスラブの地殻が脱水分解するのはスラブ内のどこに位置するかを，実験的に得られた岩石の相平衡図に基づいて求め，それとやや深発スラブ内地震の分布と比較した．東北日本下の太平洋スラブ，チリ北部下のナスカスラブについての結果を図 25.11 に示す．二重深発地震面の上面と下面の位置に，脱水反応境界がほぼ対応している．他の 4 つの沈込み帯についても同様の結果が得られた．これは，やや深発地震の脱水脆性化説を支持するとともに，なぜ上下 2 枚の二重深発地震面が形成されるのか，なぜ下面の地震がスラブのマントルのほぼ真中付近に面状に発生するのかをうまく説明している．

22.4 節で述べたように，東北地方で明瞭な二重深発地震面が見出されて以降，世界の多くの沈込み帯で調査が行われ，その結果，いくつかの沈込み帯では二重深発地震面が確かに存在することが明らかになった．ただし，すべての沈込み帯で見られるわけではない．震源を精度良く決めるための稠密観測網が設置されている沈込み帯がそれほど多くないからである．Brudzinski *et al.* (2007) は，世界地震観測網によるデータに基づいて，二重深発地震面が存在するか否かの検証を試みた．彼らは，depth phase を使うなどして震源の深さの精度の良いものを選び出した地震カタログ（Engdahl *et al.*, 1998）を用いて，スラブ表面からの距離に対するやや深発スラブ内地震の頻度分布を求め，上面および下面に対応する，2 つのピークが出現するか否かによって検証を行った．その結果，すべての沈込み帯で 2 つのピークが出現すること，2 つのピークの間の距離，すなわち上面と下面の間隔は，図 25.12 に示すように，沈込み帯ごとに異なり，プレートの年齢に比例して増大することを明らかにした．さらに，プレート年齢に比例して増大するのは，プレートの温度構造の違いによるもので

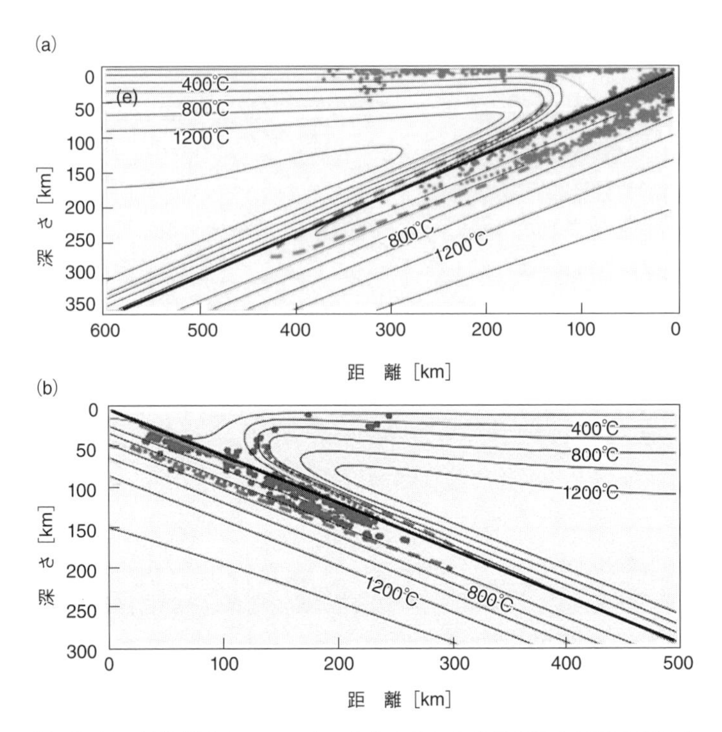


図 25.11　蛇紋岩化したマントルと含水化した地殻が脱水反応を起こす位置とスラブ内地震の分布 (Yamasaki and Seno, 2003)

(a) 東北日本中央部を通る島弧横断鉛直断面. (b) チリ北部を通る島弧横断鉛直断面. 脱水反応境界を, 太い破線, 点線, 実線で示す. 黒点は地震. 細線のコンターは推定された温度分布を示す. 太い実線はプレート上部境界面.

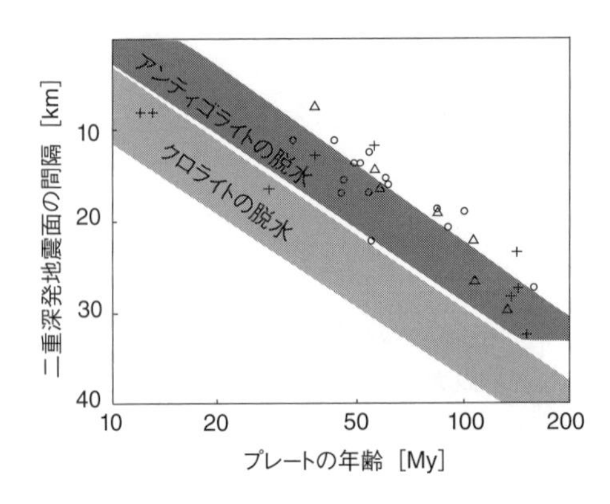


図 25.12　二重深発地震面の間隔とプレートの年齢 (Brudzinski *et al.*, 2007)

アンティゴライト (蛇紋石の一種) およびクロライト (緑泥石) が脱水反応を起こす位置をそれぞれ濃い灰色, 薄い灰色で影をつけて示す. My : 百万年.

あり，下面の地震面が形成される位置は，スラブマントル内で蛇紋石の脱水分解すると期待される位置に対応することを示した（図 25.12）．

これらの研究は，やや深発スラブ内地震の脱水脆性化説を支持する．ただし，下面の地震については，それが発生するような深さまで，すなわちスラブ上部境界面から最大で約 40 km も下方のマントル内にまで含水鉱物が実際に存在するか否か，議論のあるところである．今後さらなる検証を必要としている．

### 25.2.3 スラブ地殻内の帯状の地震集中域

世界の沈込み帯で最も稠密な地震観測網が構築されている日本列島では，きわめて高精度の震源分布や地震波速度構造が得られている．東北日本下の太平洋スラブ内の二重深発地震面のうち，上面の地震は地殻内の脱水反応境界にほぼ対応している（図 25.11a）と前項で述べたが，稠密観測網データに基づく研究は，この上面の地震について，以下にみるように，より詳細な空間分布，およびプレート構造との明瞭な関係を明らかにした．

沈み込んだ太平洋スラブの地殻内の地震の分布を口絵 15c に示すが，図にピンクの帯で示すように，東北地方では，スラブ地殻内の地震がスラブ上面の等深線に平行に深さ 70〜90 km の範囲で顕著な地震帯を形成する．東北地方中央部におけるスラブ内地震の島弧横断鉛直断面図（口絵 15a）で見ると，70〜90 km 程度の深さに，上記の地震帯に対応する地震の集中がみられる．Kita *et al.* (2006) は，それを上面地震帯と名付けた．やや深発スラブ内地震の原因が脱水脆性化であれば，この帯状の地震集中域すなわち上面地震帯は，スラブ地殻内の含水鉱物の存在範囲，とくに脱水反応を伴う相境界付近に生じると期待される．一方，スラブ地殻が相転移すれば地震波速度がそこから深部側では速くなるはずである．地震波トモグラフィにより推定された東北地方中央部における S 波速度の島弧横断鉛直断面を口絵 15b に示すが，期待どおり，スラブの地殻に相当する低速度層が，確かに上面地震帯の深さまで及んでおり，それ以深では速くなっている．

東北地方ではスラブ上面等深線に平行に分布する上面地震帯が，口絵 15c にピンクの帯で示すように，関東ではそれと異なり，等深線に斜交して局所的に深くなる．これは，直上のフィリピン海スラブの遮蔽効果によると推定される．24.3 節で述べたように，関東下では太平洋スラブとフィリピン海スラブが直接接している．口絵 15c から，2 つのスラブの接触域の下端が，等深線に斜交する上面地震帯に平行で，かつその浅い側に隣接していることがわかる．このように明瞭な空間的な対応関係は，関東下の太平洋スラブが，直上のフィリピン海スラブに遮られてマントルウェッジからの加熱による温度上昇が妨げられ，そのためスラブ地殻内の相転移が遅れること，その結果，この地域で等深線に斜交する上面地震帯が形成されることを示している．

太平洋スラブの地殻内の S 波速度の分布を口絵 15d に示すが，東北地方ではスラブ上面等深線の 80 km の深さまで低速度域が及び，それ以深ではもはや低速度ではなくなっているのに対し，関東では低速度域の及ぶ深さが局所的に深くなり，それがフィリピン海スラブとの接触域で生じていることがわかる．このように，局所的に深くなった上面地震帯と低速度域の及ぶ深さが一致しており，関東下で相転移が遅れるという上記の推測は，地震波速度構造からも裏づけられた．

上面地震帯の位置で脱水反応を伴う相転移が実際に生じていることが，スラブ地殻を構成する岩石の相図と温度分布とから確かめられるだろうか？　スラブ内の温度の推定に大きな不確定性があるので，それを確かめるのは難しいが，大ざっぱに見積もった一例を，口絵 15a の鉛直断面に示す．温度分布と MORB（Mid-Ocean Ridge Basalt: 中央海嶺玄武岩）の相図に基づいて得られたスラブ地殻内の相境界を，図に破線 A と破線 B で示してある．上面地震帯を形成する集中した地震活動は，相境界 A 付近，あるいはそれより浅い側にみられ，一方，この相境界より深い側ではスラブ地殻の地震は下部地殻でだけ発生し，それも相境界 B を超えるとみられなくなる．これは脱水脆性化説からの予測と一致する．ただし，温度推定の不確定さを考えると，これらの相境界の位置については，さらなる検証が必要である．

以上みてきたように，やや深発スラブ内地震については脱水脆性化説が有力である．ただし，そのような深さで脆性破壊が本当に生じるのか，異論もある．いずれにしても，脱水反応により供給された水がその発生に重要な役割を果たしているのは確かなようである．今後の研究の進展が期待される．

### 25.2.4 深発地震

第 1 部図 7.5 に見られるように，深さ 300 km を超えると，それまで一様に低下していた地震の発生頻度が，ふたたび増加し始め，500〜600 km の深さでピークをもつ．このことは，300 km 以浅のやや深発地震と 300 km 以深の深発地震とで，その発生機構が必ずしも同じではないことを示唆しているようにもみえる．

深発地震の発生機構については，これまでいくつかの説が提案されているものの，まだよくわかっていない．有力な説は今のところ 3 つある．ひとつは，**塑性変形の熱的不安定**（creep instability）**モデル**である（Griggs and Handin, 1960; Ogawa, 1987）．鉱物が塑性変形すると熱が発生する．塑性変形は高温ほど促進される性質があるので，塑性変形により生じた熱が周囲に拡散するより速いレートで塑性変形が進行すると，塑性変形はより促進されるという正のフィードバックが起こる．このようにして塑性変形がどんどん進行し，最後にはその部分の物質が融け，急激なすべり，すなわち深発地震の発生に至るというものである．なお，このモデルは，深発地震のみでなく，やや深発地震の発生原因としても有力視されている．

もうひとつは，**相転移断層運動**（transformational faulting）**モデル**である（Kirby, 1987; Green and Burnley, 1989）．スラブが沈み込むにつれて，スラブのマントルを構成する主要鉱物であるオリビンはスピネルへと相転移していく．ただし，相転移は一度に起こるのではなく，最初は小さなレンズ状のスピネルの相（スピネルレンズ）が形成される．このスピネルレンズが拡大しながら相転移が進む．オリビンからスピネルへの相転移は体積減少となるので，このスピネルレンズは最大圧縮応力に直交する方向に形成されると期待される．一方，この相転移が進行していると，体積減少によってスピネルレンズの先端に圧縮応力が生じる．この圧縮応力により，相転移はさらに促進される．このように，スピネルレンズはあたかもクラックと同様に拡大する．このようにして形成されたスピネルレンズが，最大圧縮応力方向に鋭角で斜交する面上に並び，最後にはそれらが 1 つにつながって，急激なすべり，すなわち深発地震の発生に至るというものである．

3 つ目の説は，深発地震も，前項までにみてきたやや深発地震と同様に，**脱水脆性化**（dehydration embrittlement）が原因で起こるとするものである（Raleigh and Patterson, 1965; Omori *et al.*, 2004）．スラブマントルの脱水反応を伴う相転移により吐き出された水が有効法線応力を下げ，深発地震が発生するような深部でも断層運動を可能とすると考える説である．深発地震の発生機構として，上の 3 つの説のどれが正しいのか，あるいはまったく異なるメカニズムがはたらいて深発地震を起こしているのか，今後の研究の進展が待たれる．

# 25.3 内陸地震

## 25.3.1 地殻の強度分布と内陸地震の深さの下限

沈込み帯では，上盤プレートも変形し応力が蓄積する．たとえば，日本列島は，第 24 章で述べたように，4 つのプレートの収束運動によって，ほぼ東西方向に圧縮応力を受けている．この応力を解放するため，内陸地殻内の強度の弱い面で急激にずれ動くことにより，内陸地震が発生する．

ところで，地殻の強度は深さに強く依存する．地殻浅部では，摩擦則

$$\tau_\mathrm{f} = c + \mu_\mathrm{s}\sigma_\mathrm{n} \tag{25.1}$$

で表される岩石の摩擦強度 $\tau_\mathrm{f}$ で規定される．ここで $c$：断層面に固有の凝着力，$\mu_\mathrm{s}$：静摩擦係数，$\sigma_\mathrm{n}$：法線応力である．摩擦すべり実験から得られた上式の $\mu_\mathrm{s}$ は，地殻を構成する岩石の種類にあまりよらずに，法線応力 200 MPa 以下では $\mu_\mathrm{s}=0.85$，$c=0$ MPa，200 MPa 以上では $\mu_\mathrm{s}=0.6$，$c=50$ MPa である（Byerlee, 1978）．すなわち，地殻浅部では，せん断強度は温度やひずみ速度にあまり依存せず，圧力（深さ）が大きく（深く）なるにつれて，強度が直線的に増加することが期待される．

一方，地殻深部では温度が高くなり，流動変形が卓越する．流動変形をもたらすせん断応力（流動応力）を $\tau$，絶対温度を $T$ として，ひずみ速度 $\dot{\varepsilon}$ は

$$\dot{\varepsilon} = A\tau^n \exp\left[-\frac{E_\mathrm{a}+pV}{RT}\right] \tag{25.2}$$

と表されることが実験的に確かめられている（たとえば，Karato, 2008）．ここで $A$：物質に固有の定数，$n$：応力指数，$E_\mathrm{a}$：活性化エネルギー，$p$：圧力，$V$：活性化体積，$R$：気体定数である．上式より，温度がある値に達すると，流動応力は急激に減少することがわかる．またひずみ速度が小さくなると流動応力も減少する．

地下の岩石の強度は，上記の摩擦則（式 (25.1)）で表される脆性破壊（すべり）を起こす応力と流動則（式 (25.2)）で表される塑性流動を起こす応力との小

さいほうの値で規定される．したがって，せん断強度の深さ分布としては，浅部で直線的に強度が増加した後に，ある深さに達すると今度は指数関数的に減少する形状を示すはずである．上式を用いて地殻や上部マントルの強度分布を推定するには，そこでの温度や水の分布，ひずみ速度，さらには，どのような岩石で構成されているかを知る必要がある．

一例として，東北日本の島弧地殻について，強度の深さ分布を推定した結果を図 25.13 に示す．この推定では，ひずみ速度をこの地域で現在みられる平均的な値 $10^{-15}$/s とし，上部地殻および下部地殻を構成する岩石をそれぞれ（a）花崗岩（湿潤状態）と輝緑岩（湿潤状態），（b）石英セン緑岩と輝緑岩（湿潤状態），（c）ケイ長質白粒岩と苦鉄質白粒岩の 3 通りの場合を想定している．また，温度分布としては，地殻熱流量の測定値から推定される温度勾配 26.7℃/km，20℃/km の 2 通りについて計算している．20℃/km の場合はモホ面で約 600℃，26.7℃/km の場合は約 800℃となり，それぞれ東北日本の前弧と脊梁山地付近に対応する．図から地殻を構成する岩石によって，また地温勾配によって，強度の深さ分布がかなり異なることがわかる．実際にこの地域の地殻を構成する岩石が何であるかわかっているわけではないので，推定される強度分布にはかなりの幅がある．ただし，いずれにしても，上部地殻は深さに比例して増加する強度分布を示す．一方，下部地殻は場所によりあるいは岩石の種類により異

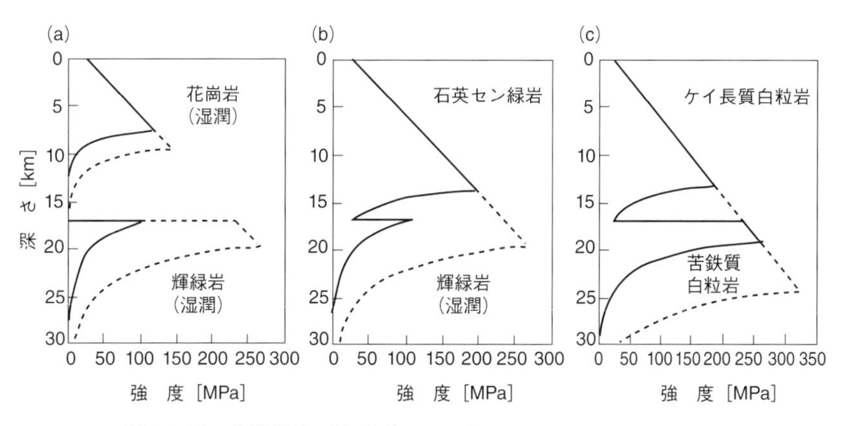


図 25.13　島弧地殻の強度プロファイル（Shibazaki *et al.*, 2008）
地殻構成岩石がそれぞれ（a）〜（c）の場合について示す．実線は地温勾配が 26.7℃/km，破線は 20℃/km の場合．

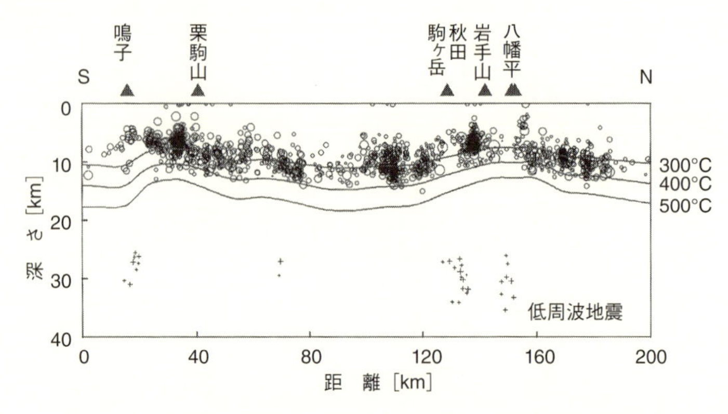


図 25.14　東北日本脊梁山地に沿う震源の鉛直断面と温度分布
(Hasegawa and Yamamoto, 1994)

なり，その上部は脆性的性質を示す場合と塑性的性質を示す場合がある．下部は塑性的性質を示すもののそれなりの大きさの強度をもつ．なお，図には示されていないが，マントルウェッジでは温度が高いため塑性変形が卓越し，強度も小さいと推定されている．

地震は，このような強度分布をする島弧地殻内のどの深さで発生するのだろうか？　図 25.14 は，東北脊梁山地に沿う地震の南北鉛直断面である．地震は，13 km 程度の深さまで分布し，それ以深では発生しないことがわかる．より詳細に見ると，地震の深さの下限（**地震発生層**（seismogenic layer）の下限）が，火山地域の下で局所的に浅くなっている．地震波トモグラフィで得られた地震波速度の変化から推定した地殻内の温度分布と比較すると，地震発生層の下限は地域変化をするが，それは 350～400℃の等温線にほぼ沿うように分布していることがわかる．

地震発生層の下限は，式 (25.1) で表される脆性破壊（すべり）から式 (25.2) で表される塑性変形への遷移（**脆性–延性遷移**（brittle-ductile transition））に対応するという考え方がある．図 25.13b の場合，それは約 13 km になっており，図 25.14 の深さとおおよそ一致する．なお，22.4 節で，プレート境界地震の深さの下限は，**不安定すべり–安定すべり遷移**（unstable-stable sliding transition）に対応すると述べた．プレート境界地震では，深さの下限の温度は約 350℃程度であったが，上記の約 350～400℃はおおよそそれと一致する．

### 25.3.2 過剰間隙圧と地震発生

内陸地震は，島弧地殻の中で局所的に強度の弱い場所があれば，選択的にそこで発生するはずである．地震として繰り返しすべった断層，すなわち活断層は，何の傷もない地殻に比べて強度が弱いはずであり，その意味で，活断層で発生することが期待される．ただし，地震としてすべる断層は上部地殻内に限られるので，強度の弱いのは上部地殻においてだけである．一方，図 25.13 に示したように，下部地殻の強度は地温勾配の高い一部の地域を除けば，上部地殻よりむしろ大きいと推定される．そうであるとすると，プレート収束に起因する圧縮応力を支えているのは地殻全体であり，上部地殻内のある場所が局所的に強度が弱くても，それだけでそこがすべりやすくなるというわけではない．その直下の下部地殻も，周囲の領域の下部地殻に比べて強度が局所的に小さくなければ，上部地殻内の既存の断層，すなわち活断層に沿うすべりは起きないということになる．内陸地震の発生する場所は，上記のような条件を満たしているのだろうか．現時点ではそれがわかっているわけではないが，ひとつの可能性を示すものとして以下に記す観測事実がある．

東北日本では，図 24.8 に模式的に示したように，マグマを含んだ上昇流が，最終的には火山フロント直下でモホ面にぶつかる．このようにして，火山フロントに沿ってモホ面直下にマグマが継続的に供給される．マグマには，スラブから吐き出された水が含まれているので，結局もともとスラブ起源の水が，島弧地殻にまで運ばれる．水は周囲の地殻物質を軟化させるので，プレート収束による圧縮応力場のもとで，火山フロント，あるいは脊梁山地に沿って局所的な短縮変形が生じると期待される．実際，脊梁山地に沿って短縮変形が生じている（図 25.15）．東北脊梁山地ひずみ集中帯であり，図 25.15 からわかるように，そこでは浅発微小地震活動も活発である．脊梁山地では，マントルウェッジからのマグマの貫入により温度が周囲より高く，そのため地震発生層の下限が局所的に浅い．観測される地殻熱流量も，脊梁山地で局所的に高い値をもつ．地温勾配が周囲に比べて高い脊梁山地では，その効果だけでも強度は周囲より局所的に低くなるが，それに水やマグマによる効果が加わる．すなわち，その東縁と西縁に活断層が分布する脊梁山地では，その直下の下部地殻も周囲に比べて強度が局所的に小さいと期待される．

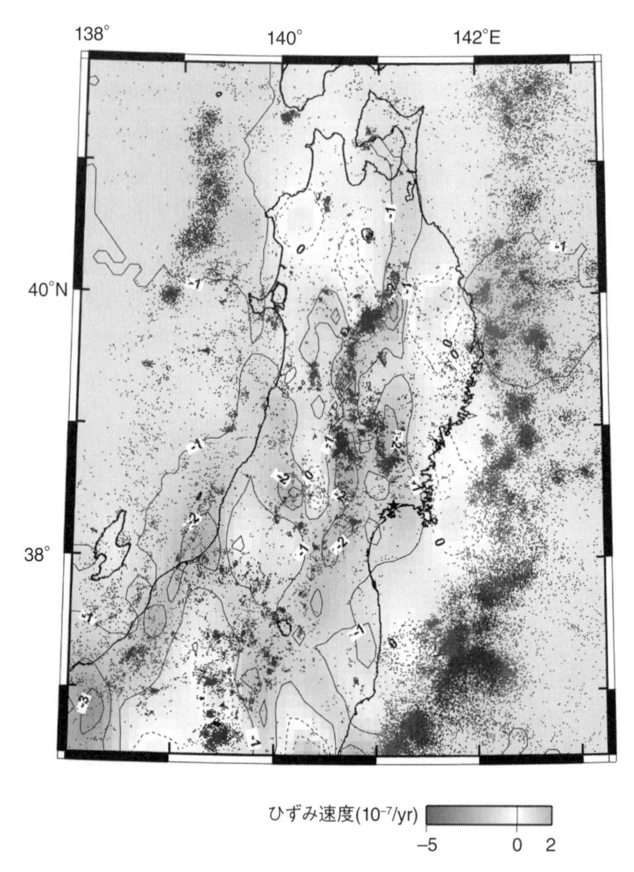


図 25.15　東西方向の歪速度分布（Miura *et al.*, 2004）

水平ひずみ速度の東西成分をコンターと下に示す白黒のスケールで示す．コンターは水平ひずみ速度 $\leqq 0$ を実線で，水平ひずみ速度 $>0$ を破線で示す．黒点は東北大学地震観測網で決定された微小地震の震源．

内陸地震の発生に流体が関与している可能性は，西南日本の地震についても指摘されている．GPS データにより，新潟から神戸に至る幅 50〜200 km ほどの帯状の領域に東西方向の短縮変形がとくに集中していることが指摘された．この帯状の領域は，新潟–神戸ひずみ集中帯とよばれ，短縮ひずみの量は $10^{-7}$/yr を優に超え，周囲に比べて 1 桁程度大きい（Sagiya and Miyazaki, 2000）．また，それに沿って過去に大地震が頻繁に起きている．最近でも，2004 年新潟県中越地震（$M$ 6.8），2007 年新潟県中越沖地震（$M$ 6.8）が発生した．このひずみ集中帯に沿ってヘリウム（He）の同位体比 $^3$He/$^4$He が高く，下部地殻の電気比抵抗が低い傾向があるという観測事実に基づいて，マントルウェッジから上昇してきたフィリピン海スラブ起源の流体が下部地殻に貫入し下部地殻の強度を下げることにより，このひずみ集中帯が形成されたという説が提唱されている（Iio *et al.*, 2002）．下部地殻の局所的な短縮変形により，直上の上部地殻に応力が集中し，遂には内陸地震の発生に至ると考える．

深部からの流体が内陸地震の発生に重要な役割を果たしているらしいことは，上記の東北脊梁山地ひずみ集中帯や新潟–神戸ひずみ集中帯だけではなく，最近日本列島で発生した内陸地震でもそのように見える．大地震が発生すると余震観測のため稠密な地震観測網が構築されるので，震源断層周辺の地震波速度構造を詳細にイメージングすることができる．口絵 16 は，そのような内陸地震の震源断層を通る S 波速度の鉛直断面である．図から，どの地震の場合も，震源断層直下の下部地殻に顕著な低速度域が存在することがわかる．このように局所的な低速度域をつくる原因は，速度低下量も合わせて考えると，流体の存在によると考えざるをえない．すなわち，マントルウェッジから上昇してきて下部地殻に存在する流体により周囲の岩石が軟化し，そのため直上の上部地殻（地震発生層）に応力が集中し，遂にはこれらの大地震の発生に至ったものと推定される．

同様の観測事実は，日本列島だけでなく世界の他の地域でも得られている．ニュージーランド南島北部のマールボロ断層系では，北東–南西方向に互いにほぼ平行な数本の断層が走っている（口絵 13）．この数本の断層直下の中部地殻や下部地殻には，図に示すように顕著な低電気比抵抗域があることがわかった．これらの低比抵抗域は，その直下に沈み込む太平洋スラブからの脱水により供給された水流体の存在を示すものと解釈されている（Wannamaker *et al.*, 2009）．そのほかにも，米国西海岸沿いのサンアンドレアス断層やトルコの北アナトリア断層など，いくつかの地域で，同様に断層直下の下部地殻に地震波低速度域あるいは低電気比抵抗域が見出されている．

深部から供給され下部地殻に達した流体は，下部地殻の強度を下げるとともに，一部は既存断層に沿って上部地殻に上昇するであろう．上昇する流体に含まれる鉱物成分の再結晶などで目詰まりを起こせば，次第に間隙流体圧が高まり断層の強度は低下する．一方，外部から加えられる応力は徐々に上昇するので，遂には低下する強度と同じ値となり地震が発生すると期待される（Sibson, 1990）．実際に，このようにして内陸地震が起こっているか否かは，今後の検証にかかっているが，いずれにしても，内陸地震の発生に流体の関わりが強く疑われる．

# 第26章 地震の予知・予測

地震が予知できれば地震で受ける被害を軽減できる．とくに直前の予知ができれば，安全な場所に避難することにより，多くの人命を救うことができる．したがって，昔から地震予知は地震学者の大きな研究目標のひとつであった．この章では，地震予知研究を組織的に進めた地震予知研究計画の経緯を記述したうえで，地震発生予測について，研究の現状を概説する．

## 26.1 地震予知研究計画

地震予知研究を国家的事業として組織的かつ系統的に進める計画を開始したのは，日本が最初であった．1965年に5カ年計画としてスタートした「地震予知研究計画」が，それである．1962年に当時の地震学者の有志のグループが，それまでの研究成果に基づき地震予知の可能性を検討し，地震予知研究の計画的な推進を提言した（「地震予知—現状とその推進計画」：通称「地震予知のブループリント」（地震予知計画研究グループ，1962））．この提言を受けて立案されたのが「地震予知研究計画」である．これは世界に先駆けて進められた画期的な計画であり，その後米国などで同様の計画が推進されることになるが，その手本にもなった．当初は，地震予知が可能であるか否かを明らかにするために，地震観測や地殻変動観測，測地測量などの調査観測および研究を組織的に推進するというものであった．しかし，5カ年計画の途上の1968年5月16日に十勝沖地震（$M$ 7.9）が発生すると，計画は見直され，1969年から始まった第 2 次 5 カ年計画では，「研究」の 2 文字がとれて「地震予知計画」として地震予知の実用化を目指すことになった．

ここでいう**地震予知**（earthquake prediction）とは，将来発生する地震の（1）場所，（2）規模，（3）時期を，ある程度正確に予測することである．（3）の“時期”については，時間の長さに応じて，（A）長期予知，（B）中期予知，（C）短期（直前）予知に分けられる．「地震予知計画」は，地震と地殻変動の観測や過去の地震活動の履歴の調査から，将来発生する地震の“場所”と“規模”を予測する長期予知と，長期予知により絞り込まれた地震発生の可能性の高い地域において，地震直前に出現すると期待される種々の前兆現象を捕捉して地震発生の“時期”を予測しようとする短期予知とを研究の柱として，業務として地震警報を出すことができるような“地震予知の実用化”を目指して推進されてきた．

その後，研究が進展するにつれて，地震発生過程の複雑さが明らかになり，報告される多くの前兆現象にも系統性が認められず，前兆現象に依拠した地震予知の困難さが次第に明らかになってきた．そして，第 7 次 5 カ年計画の途上の 1995 年 1 月に発生した兵庫県南部地震（$M$ 7.3）による阪神淡路大震災を契機に，計画の全面的な見直しが行われた．1997 年 6 月には，計画推進を主導してきた測地学審議会（現在の科学技術学術審議会測地学分科会）地震火山部会は，「それまでの研究により地震発生に至る過程の複雑性が明らかになり，計画開始から 30 年以上経過した現段階でも目標とした地震予知の実用化への目途は立っていない」というレビュー報告をまとめた．これを受けて，1999 年から，前兆現象の捕捉に重点をおいたそれまでの「地震予知計画」を改め，地震発生機構の理解とそれに基づく地震発生予測のシミュレーションモデルの開発を目指す「新しい地震予知研究計画」がスタートした．

1995 年阪神淡路大震災は，わが国における地震の総合的な調査研究体制の整備を進める契機にもなった．1995 年 7 月に，“地震調査研究推進本部”が当時の総理府（現在は文部科学省）に設置され，地震被害の軽減を目指した組織的な地震調査研究は，そこを中心として推進されることになった．法律に基づき，地震調査研究推進本部が行うのは，（1）総合的かつ基本的な施策の推進，（2）関係行政機関の予算などの事務の調整，（3）総合的な調査観測計画の策定，（4）関係行政機関，大学などの調査結果の収集，整理，分析および評価，（5）上記評価を踏まえた広報，である．この体制整備により，地震被害軽減のための組織的，総合的な地震調査研究は地震調査研究推進本部のもとに行われるようになり，「新しい地震予知研究計画」もそのなかで推進が図られることになった．さらに，2009 年から始まった 5 カ年計画では，「火山噴火予知計画」と合体し，「地震・火山噴火予知研究計画」として推進されてきた．

そしてこの 5 カ年計画の途上の 2011 年 3 月 11 日に，東北地方太平洋沖地震が発生した．測地学分科会は，この地域でマグニチュードが 9 を超える超巨大地震が発生する可能性を事前に指摘できなかったことを反省し，2012 年に計画の見直しを行った．さらに，2014 年から始まった 5 カ年計画では，「災害の軽減に貢献するための地震火山観測研究計画」と名称を変え，地震や火山噴火の発生予測だけでなく，地震動，津波，降灰，溶岩噴出などの災害の直接的な原因（災害誘因）の発生と推移をも予測し，防災および減災に貢献する計画に改めた．

なお，米国では 1977 年より地震災害軽減計画（National Earthquake Hazards Reduction Program, 略称 NEHRP, http://www.nehrp.gov/index.htm）が実施され，地震予知研究はそのなかの一部として推進されてきた．この計画で進められた地震予知研究も，当初は，日本と同様に，長期予知で絞り込んだ場所に観測機器を集中的に設置して，地震前に出現するであろう前兆現象を捕捉して短期的な予知を目指すという研究方針であった．しかし，その後，過去の地震発生履歴データから次の発生時期が 1988 年 ±7 年と予測され（Bakun and McEvilly, 1984），観測強化地域として集中的な観測体制が敷かれていたパークフィールド地震が，予測された期間を過ぎてもなかなか発生しなかったことなどから，計画の見直しが行われ，上記の研究方針も改められた．現在では，地震現象とそれが及ぼす影響を理解することに重点をおいた計画となっている．（なお，22.7 節ですでに述べたように，パークフィールド地震は予測より大分遅れたものの，2004 年 10 月に予測された場所および規模で発生した．）

上記のように，わが国で地震予知研究計画が実施され組織的な研究が始まってから 50 年が経過しようとしている．地震予知研究計画の推進により，第 25 章で記したように，地震発生機構の理解は着実に進展してきた．しかし，業務として地震警報を出すような地震予知はできなかった．最近の地震学の進展には目を見張るものがあり，たとえば，ひとたび大きな地震が発生すると，世界中の地震観測点の記録を用いて即時に解析が行われ，地震発生後短時間のうちに，その地震がどこでどのようにして起こったのか，その地震の断層運動の様子を詳しく知ることができるようになった．このように地震学は著しく進展してきたものの，次節で述べるように，地震発生を予測するのはきわめて難しく，それを可能とするためには，地震発生機構の理解がまだまだ不足しているといわざるをえない．

## 26.2 地震発生予測

この節では，地震予知（地震発生予測）の現状を概観する．なお，このような方法で予測するのであれば，“予知”ではなく“予測”という言葉のほうがより適切である．以下では“予知”ではなく“予測”を用いることとする．

地震の発生予測をするためには，まずは（1）その地震がどういう原因でそこに発生し，どのようなプロセスを経て地震発生に至るのか，すなわち，地震発生のメカニズムをきちんと理解する必要がある．（2）その理解に基づいて，地震発生に至る一連の過程をモデル化する．すなわち地震発生の物理モデルを構築する．（3）それを，地震発生とそれに至る一連の過程を定量的に予測する数値モデルに計算機上で展開する．そして，地震や地殻変動などの時々刻々の観測データから震源断層を含む地殻やマントルの現在の状態と活動を詳細に把握し，その情報（データ）をこの数値モデルに逐次取り込むことにより，将来の地震を予測する．地震発生予測は，このような段階を経て実現していくと期待される．

1965 年から実施されてきた「地震予知研究計画」は，日本列島に地震や地殻変動の観測網を構築し，それに基づいて地震発生のメカニズムを理解するという点で大きな成果を上げてきた．さらに，1995 年に設置された地震調査研究推進本部による基盤的稠密地震・GPS 観測網の構築により，第 25 章で記述したように，プレート境界地震，内陸地震，スラブ内地震それぞれについて，その発生メカニズムの理解が格段に進展した．

プレート境界地震については，すべり速度・状態依存摩擦構成則に基づく地震発生モデルを構築し，計算機の中で大地震の発生サイクルの大まかな特徴をある程度再現することが可能となった．一方，内陸地震については，水やマグマなどの地殻流体が，上部地殻内の震源断層への応力集中や震源断層の強度低下に果たす役割が明らかになってきた．スラブ内地震（やや深発地震）も，沈み込む前のスラブに固定されていた流体が断層の強度低下に果たす役割が見えてきた．

このように，その発生メカニズムの理解の度合いが，プレート境界地震，内陸地震，スラブ内地震（やや深発地震）で異なってはいる．ただし，いずれの場合も上記の（1）の段階，すなわち，地震発生のメカニズムをきちんと理解するための研究が進められている段階にある．したがって，現在の地震学の実力では，物理モデルに基づいて地震発生を予測することはできない．すなわち，地震の中期・短期予測は，現時点では不可能である．

一方で，地震発生の長期的な予測は，過去の地震発生履歴の情報を用いることにより，ある程度可能であるという考えがある．応力が上昇し断層の強度の限界に達すると，応力を解放するために地震が発生する．応力を上昇させる原因は変わらず存在するので，地震後，また応力が上昇する．このようにして地震は繰り返し発生する．地震の繰返し間隔および断層面の拡がりとすべり量（したがって地震の規模）にはかなりの揺らぎがあるものの，おおまかにみれば，同じ断層でほぼ同じ規模の地震がほぼ同程度の間隔で繰り返し発生すると考える（固有地震モデル）．そうであれば次に発生する地震の時期，規模，場所をある程度予測できることになる．“長期予測”は，このような考え方に基づき，その場所で過去に発生した地震の履歴のデータを用いて，将来の地震発生の可能性を予測するものである．繰り返し発生してきた地震の地表にみえる痕跡である活断層の調査が，日本や米国をはじめ世界中の多くの地域で行われてきたが，それらによる活断層の活動履歴のデータは，大まかには上記の考えを支持するようにもみえる．

ある断層の平均再来間隔がわかり，かつ前回の地震の時期がわかれば，次の地震の発生時期をある程度予想できる．再来間隔にはばらつきがあるので，次の地震の発生時期の予測は，確率を使って表現する．個々の地震の再来間隔 $T$ を平均再来間隔 $\bar{T}$ で正規化した再来間隔 $T/\bar{T}$ の分布は，1 付近にピークをもつ山形の分布をする．山の険しさ（あるいはなだらかさ）が再来間隔のばらつきの度合いを示し，実際の地震では，おおよそ全体の約 60〜70% が再来間隔の 4/5 倍〜5/4 倍程度の範囲にある（地震調査研究推進本部 http://www.jishin.go.jp/main/index.html）．

再来間隔の分布がわかると，$t$ を時間として $t_1 \leq t \leq t_1+\Delta t$ の期間内に，次の地震が発生する確率 $P$ は

$$P(t_1 \leq t \leq t_1+\Delta t) = \int_{t_1}^{t_1+\Delta t} f(t)\,\mathrm{d}t \tag{26.1}$$

で求めることができる．ここで $f(t)$ は関数のかたちで定義された再来間隔の分布で，通常対数正規分布や Weibull 分布あるいは BPT（Brownian passage time）分布などが用いられる．前回の地震の発生から時間 $t_1$ だけ経過した時点で，その後 $t_1+\Delta t$ までの期間内に次の地震が発生する確率は，条件付き確率のかたちで，

$$P(t_1 \leq t \leq t_1+\Delta t \,|\, t > t_1) = \int_{t_1}^{t_1+\Delta t} f(t)\,\mathrm{d}t \Big/ \int_{t_1}^{\infty} f(t)\,\mathrm{d}t \tag{26.2}$$

と表される．

それぞれの断層ごとに，そこで発生した過去の地震の履歴の情報が詳細にあれば，上式を用いて次の地震の発生確率を求めることができる．

わが国では，大まかにいえばこのような考え方に基づき，地震調査研究推進本部が日本列島全域の地震について長期予測を行ってきた．地震の再来間隔はプレート境界地震では数十年から百数十年（場合によると数百年）であり，過去の活動履歴については，地震計による記録や歴史記録などで，ある程度は把握できる．しかし，活断層で発生する内陸地震は，その再来間隔は 1,000 年から数万年と非常に長く，古文書などの歴史記録を調べても，1 回あるいは 2 回以上の地震サイクルの情報がある場合はまれである．そこで，情報の不足を埋めるため，地震による断層運動の地表での痕跡である活断層について，その位置や長さ，ずれの量，地層に残された過去の活動の履歴などの調査が系統的に行われてきた．

ただし，このようにして行われる長期予測には，自ずと限界があることに注意する必要がある．第一に，長期予測の前提となる地震の繰返し性の問題がある．地震の発生過程は複雑であり，第 25 章で紹介した岩手県釜石沖の繰返し小地震（図 25.4 参照）のような特別な場合を除き，どうやら地震の繰返しはそれほど規則的ではなさそうである．すなわち，ほぼ同じ領域でほぼ同じ規模・間隔で地震が繰り返し発生するという固有地震モデルは，一般的に成り立つわけではない．そうであるとすると，上記のような方法に基づく長期予測自体がそ

もそも適切ではないことになる．第二に，仮にある程度規則的な繰返し性のある断層であったとしても，過去の地震発生履歴のデータは，多くの場合，きわめて不十分である．

2011年3月11日東北地方太平洋沖地震（$M$ 9.0）の発生は，そのことを如実に示すものとなった．長期予測に用いた地震発生履歴のデータが，推定される東北沖地震の繰返し間隔より短い期間のそれであったため，この地域のプレート境界に $M$ 9.0 の地震の発生を予測していなかった．地震調査研究推進本部では，東北地方太平洋沖地震後，この地震から得られた教訓を生かすべく，長期予測の手法の見直しを行った．固有地震モデルのみに依拠せずに，震源域の拡がりや地震規模が地震のたびに異なるという多様な地震発生様式をも考慮した長期評価を試みるなど，現在も長期予測手法の改良を目指して検討を重ねている．

なお，長期予測の情報は，震源断層で励起される地震波が地中を伝播し地表で増幅され，最終的に各地点でどのような強震動が生成されるかを予測する，**地震動予測地図**を作成するうえで基となるものである．各地点の地震動が予測できれば，将来その地点でどのような被害が生じるかをある程度予想（被害想定）できる．したがって，地震動予測地図は，地震被害を軽減するための対策を立てるうえで基本的かつ必須の情報であり，土地利用や施設・構造物の耐震設計のための基礎資料，重要施設の立地や地震保険などのリスク評価のための基礎資料としての活用が期待される（コラム5参照）．

一方で，避難命令を出したり，工場の操業を一時的にストップしたり，新幹線の走行を止めたりするためには，より短期的な予測が必要である．しかしながら，すでに述べたように，それは不可能であり，現在は，地震の発生メカニズムをきちんと理解するための研究が進められている段階にある．なお短期予測ではないが，地震学の成果を生かし地震被害軽減に役立てようと，地震動早期検知・伝達システム（**早期地震警報システム**）が開発されてきた．地震発生直後に，震源域近傍で観測されたデータに基づき，まだ地震波が到達しない地点にその地震の情報を伝達するシステムで，わが国では，地震調査研究推進本部が中心となって開発が進められ，現在では，気象庁から「**緊急地震速報**」（コラム6参照）として一般への情報伝達が行われている．このような早期地震警報システムは，日本のほかに台湾やメキシコでも稼働しており，米国，トルコ，ルーマニアなどでも計画されている．家庭や職場などでの安全確保，高速列車

## コラム 5　強震動予測

ある地点における地震による揺れの強さは，一義的には地震の規模（マグニチュード）と震源断層からの距離に依存する．ただし，揺れの強さは，それだけで決まるわけではなく，その他の要因にも依存する．ひとつは，その地点直下の地盤の構造であり，たとえば柔らかい地盤だと地震動は何倍にも増幅されて大きな揺れとなる．また，震源断層から伝播してくる地震波が通過する途中の構造にも影響される．たとえば，減衰を受けにくい海洋プレートの中を伝播してきて地表に到達した場合，短周期の揺れが大きくなる．震源断層上では，すべり（破壊）はある一点から始まり，その

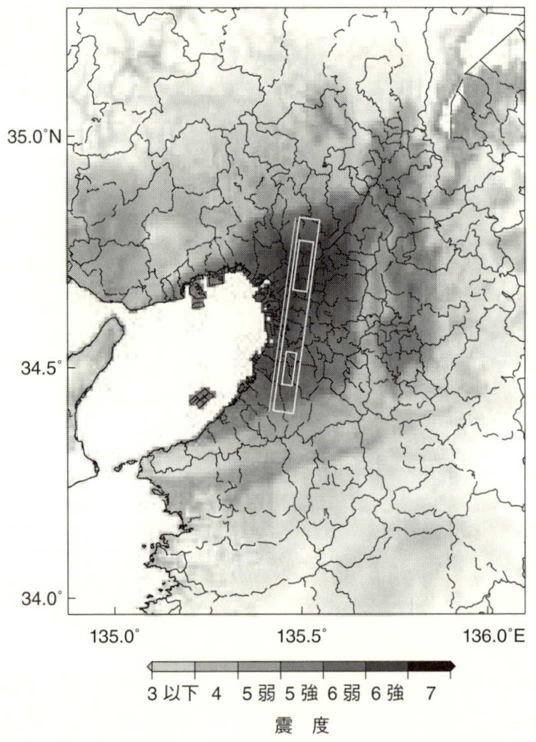


**図 26.1**　震源断層を特定した地震動予測地図（地震調査研究推進本部 http://www.jishin.go.jp/main/index.html）

上町断層帯が活動した場合に予測される地震動を，各地点における震度分布として白黒のスケールで示す．仮定した震源断層を地表に投影して長方形の四角で示す．線分は震源断層を地表に伸ばしたときの交線．長方形の中の 2 つの小四角は仮定したアスペリティの位置を示す．

後，面状に拡大していく．このすべりの拡大する速度，すべり量やすべり速度は震源断層上のどこでも同じではなく，そのためすべりにより生成される地震波の振幅も震源断層上で一様とはならない．各地点での揺れの強さは，このような震源での破壊の様子（破壊過程）にも左右される．

国の地震調査研究推進本部は，長期予測されたプレート境界地震や活断層で発生する内陸地震について，それらの地震が実際に発生した場合，各地点でどのような強震動が生じるかを「震源断層を特定した地震動予測地図」として公表している（http://www.jishin.go.jp/main/index.html）．将来発生が想定される各地震について，震源断層の 3 次元的な形状とそれに沿う地震の破壊過程，各地点の地盤構造，震源断層から各地点までの地殻・マントル構造を推定し，それらを用いて各地点の地震動の時刻歴を予測したものである．地震の破壊過程については予測ができないので，過去に発生した地震の破壊過程を調べ，その結果を参考にするなど，種々の工夫をして推定する．

図 26.1 は，そのようにしてつくられた強震動予測地図である．大阪平野を南北に伸びる長さ約 42 km の活断層帯である上町（うえまち）断層帯で地震が発生した場合に，予測される震度を黒白のスケールで示してある．上町断層帯でひとたび地震が起こると，震度 6 強から震度 7 というきわめて強い揺れが，大阪市の広い範囲で生じると予測されている．なお，上町断層帯は，平均活動間隔が 8,000 年程度であり，最後に活動した時期は今から約 28,000～9,000 年前と推定されている．

このような地震動予測地図があれば，どの地域が強い揺れに見舞われる可能性があるかがわかる．予測精度をさらに向上させることにより，土地利用や施設，構造物の耐震設計のための基礎資料，重要施設の立地や地震保険などのリスク評価のための基礎資料として有効に活用されることが期待される．

の運転制御，高速道路で運転中の車両への情報伝達や交通規制，エレベーターなどの制御，工場で稼働中のシステムの制御，通信回線の制御，電力・上下水道・都市ガスの制御など，多岐にわたる活用が期待される．

2011 年東北地方太平洋沖地震では，2 万人を超える犠牲者のほとんどが津波によるものであった．**津波警報**が出たらいち早く避難することを促し，二度とふたたび東北地方太平洋沖地震のような多数の犠牲者を出すことがないようにするための対応策のひとつとして，信頼できる高精度の津波警報を迅速に発信し伝達することがきわめて重要である．その理解のもとに，わが国では，東北地方太平洋沖地震を教訓として，地震後，ケーブル式海底地震・津波観測システムの設置が進められるとともに，そのデータを活用した次世代の津波警報システム（コラム 7 参照）の開発が始められた．格段に精度の向上した次世代津波警報システムの開発が待たれる．

## コラム 6　緊急地震速報

地震が発生すると断層面上で地震波（P 波と S 波）が生成され，それはそこから四方八方に伝わっていく．P 波は 6～8 km/s，S 波は 3.5～4.5 km/s で伝わるので，各地点には P 波が先に到達する．各地点での大きな揺れ（主要動）の原因となるのは，後から到達する S 波である．この性質を利用すれば，震源付近の地震計で地震を検知し，それにより推定した情報を，まだ主要動の到達していない遠くの地点に伝えることができる．

このような地震動早期検知システムの開発が気象庁と防災科学技術研究所を中心として行われ，現在「緊急地震速報」として気象庁から一般に情報提供されている．震源に近い複数の観測点で得られた P 波の波形データを使って，震源位置や地震の規模，各地点での P 波と S 波の到達時刻や震度を即時に推定し，まだ主要動の到達していない地点に推定した情報を知らせる，というものである．たとえば，交通機関やエレベーターなどの緊急停止による危険回避，工場における生産設備の緊急停止による被害軽減などの利用が考えられる．

地震動早期検知・伝達システムは，わが国だけでなく，米国やトルコなど，諸外国でも開発されてきた．そのなかでわが国の「緊急地震速報」は精度が高い．そうであっても，緊急地震速報には，震源に近い地点では情報を受けてから主要動が到達するまでの余裕時間がほとんどなく，とくに陸域の浅い地震の場合，震源の真上では緊急地震速報が間に合わず主要動が先にきてしまうなど，その原理からくる乗り越えられない制約がある．そのような制約を理解したうえで，地震被害軽減のために有効に活用されることが期待される．

## コラム7 津波警報システム

地震は，地下の断層面に沿ってその両側が急激にずれ動くこと（断層運動）により起こる．地震の震源が浅く規模が大きいと，断層運動による変形が地表に現れる．陸の下で繰り返し起こった地震による，このような地表変形の跡を，“活断層”として認識することができる．海底下で規模の大きな浅い地震が発生すると，同様に海底面に隆起や沈降などの変形が生じる．それにより，海面も同じ量だけ隆起あるいは沈降する．海底面は変形したままの形状でとどまるが，海水は元の水平な形に戻ろうとして動き，それが波として伝播していく．地震に伴う**津波**（tsunami）である．

津波の伝播する速さは水深に依存する．水深 5,000 m で時速約 800 km とジェット機並み，水深 500 m で時速約 250 km と新幹線並みの速さである．これに対して，地震波の伝播する速さはそれより何 10 倍も速く，P 波で秒速 6〜8 km，S 波で秒速 3.5〜4.5 km である．したがって，各地点には地震波のほうがはるかに早く到達する．この時間差を利用すれば，地震計で得られたデータから津波の来襲を予測して，津波が沿岸に到達するよりはるか前に警報を発することができる．津波被害を繰り返し受けてきたわが国では，気象庁がこのような津波警報システムを開発しその運用を担っている．海底下で浅い大きな地震が発生すると，各地点の地震計で観測されたデータから，震源断層の位置と大きさを推定し，それによる沿岸各地点での津波の高さと到達時刻を予測し，発表している．

気象庁では，地震観測網の整備などにより，津波の予測精度の向上を図ってきた．その結果，ある程度精度の高い予測が可能となった．ただし，上記のように，主として陸上に展開された地震計網によるデータだけを用いているので，津波予測に重要な震源断層の深さの推定精度を向上させるうえで限界があった．加えて，長周期地震計によるデータではないため，マグニチュードがおよそ 8 を超えると頭打ちとなり，それ以上大きな地震の規模を正確に推定できないという問題があった．

この限界を突破し予測精度を格段に向上させるためには，沖合に観測計器を設置して津波が沿岸に到達する前にとらえ，そのデータも加えて予測を行う警報システムとする必要がある．すなわち，緊急地震速報の原理と同様に，津波の波源域に近い沖合で津波を観測し，そのデータに基づいて津波の高さや到達時刻を推定し，それをまだ津波が到達していない沿岸の各地点に伝達するシステムである．残念ながら 2011 年東北地方太平洋沖地震の発生後になってしまったが，現在，東日本と西日本の太平洋下の海底に稠密なケーブル式海底地震・津波計網が設置されつつある．これらから送られてくる時々刻々のデータを用いた津波警報システムの開発が，現在進められている．格段に精度の向上した次世代津波警報システムが開発されるはずである．

# 付録 A　弾性波動論の基礎

地震波は固体地球を伝わる弾性波であり，その数理的記述には弾性波動論が用いられる（竹内, 2011a; ランダウ・リフシッツ, 1990; 安芸・リチャーズ, 2004）. 以下に要約を記す.

## A.1　ひずみテンソル

力を受けて連続体がひずみ，ある点 $\boldsymbol{x}$ が $\boldsymbol{x}'$ に移動したとき，この変形は変位ベクトル $\boldsymbol{u}=\boldsymbol{x}'-\boldsymbol{x}$ によって表すことができる．これが位置の関数 $\boldsymbol{u}(\boldsymbol{x})$ として与えられるとき，連続体の変形は完全に決定される．変形前に近接していた 2 点間の差ベクトル $\mathrm{d}\boldsymbol{x}$ は，変形後には $\mathrm{d}\boldsymbol{x}'=\mathrm{d}\boldsymbol{x}+\mathrm{d}\boldsymbol{u}$ となる．変位成分 $u_i$ の $x_j$ 成分に関する微分を記号 $u_{i,j}=\partial_j u_i=\frac{\partial u_i}{\partial x_j}$ で記すと，微小ひずみ $\mathrm{d}u_i$ はその対称和と反対称和とで表すことができて，

$$
\begin{aligned}
\mathrm{d}u_i = u_{i,j}\,\mathrm{d}x_j &= \frac{1}{2}\left(u_{i,j}+u_{j,i}\right)\mathrm{d}x_j + \frac{1}{2}\left(u_{i,j}-u_{j,i}\right)\mathrm{d}x_j \\
&= \frac{1}{2}\left(u_{i,j}+u_{j,i}\right)\mathrm{d}x_j + \left.\left[\frac{1}{2}(\nabla\times\boldsymbol{u})\times\mathrm{d}\boldsymbol{x}\right]\right|_i
\end{aligned}
\tag{A.1}
$$

と書ける．同じ添字が 2 回現れた場合はその添字について 1 から 3 までの和をとると約束しよう．この表記法はアインシュタインの規約とよばれる．

式 (A.1) の 2 行目の第 2 項に現れるベクトルの外積は，交代記号 $\epsilon_{ijk}$ を用いることで容易に計算できる．交代記号 $\epsilon_{ijk}$ は，添え字 $(ijk)$ が (123) の偶数回の入れ替えであれば +1，奇数回の入れ替えであれば −1，それ以外の場合にはゼロと定義され，たとえば $\boldsymbol{A}\times\boldsymbol{B}|_i=\epsilon_{ijk}A_jB_k$ と書ける．2 行目の第 2 項のベクトル表現は，

$$(\nabla \times \boldsymbol{u}) \times \mathrm{d}\boldsymbol{x}\big|_i = \epsilon_{ijk}\,(\nabla \times \boldsymbol{u})\big|_j\,\mathrm{d}x_k = \epsilon_{ijk}\epsilon_{jlm}\partial_l u_m\,\mathrm{d}x_k = \epsilon_{jki}\epsilon_{jlm}\partial_l u_m\,\mathrm{d}x_k$$
$$= (\delta_{kl}\delta_{im} - \delta_{km}\delta_{il})\,\partial_l u_m\,\mathrm{d}x_k = (u_{i,k} - u_{k,i})\,\mathrm{d}x_k$$

と 1 行目の第 2 項に一致する．$\delta_{ik}$ はクロネッカー（Kronecker）のデルタで，$i{=}k$ のときには 1，それ以外では 0 を表す．ここで，関係式

$$\epsilon_{jki}\epsilon_{jlm} = \delta_{kl}\delta_{im} - \delta_{km}\delta_{il} \tag{A.2}$$

を用いた．式 (A.1) の第 2 項は，真の変形を伴わない回転角 $\frac{1}{2}(\nabla \times \boldsymbol{u})$ の剛体回転を表す．真のひずみは対称和の第 1 項のみであるので，**ひずみテンソル**（strain tensor）を

$$e_{ij} = e_{ji} = \frac{1}{2}\,(u_{i,j} + u_{j,i}) \tag{A.3}$$

と定義する．

変形する前の微小距離 $\mathrm{d}l = \sqrt{\mathrm{d}x_1{}^2 + \mathrm{d}x_2{}^2 + \mathrm{d}x_3{}^2}$ は，変形した後には $\mathrm{d}l' = \sqrt{\mathrm{d}x_1{}'^2 + \mathrm{d}x_2{}'^2 + \mathrm{d}x_3{}'^2}$ となる．2 次の微少量を無視して，

$$\mathrm{d}l'^2 - \mathrm{d}l^2 = 2e_{ik}\,\mathrm{d}x_i\,\mathrm{d}x_k \tag{A.4}$$

と書ける．体積 $\mathrm{d}V = \mathrm{d}x_1\,\mathrm{d}x_2\,\mathrm{d}x_3$ は変形することにより $\mathrm{d}V' = \mathrm{d}x_1{}'\,\mathrm{d}x_2{}'\,\mathrm{d}x_3{}'$ $= \mathrm{d}V(1 + \nabla\boldsymbol{u})$ となる．すなわち，ひずみテンソルの対角和 $e_{ii} = \nabla\boldsymbol{u}$ は体積ひずみ $(\mathrm{d}V' - \mathrm{d}V)/\mathrm{d}V$ を表す．

## A.2　運動方程式と応力テンソル

**応力テンソル**（stress tensor）$\tau_{ik}$ を，$k$ 方向に垂直な平面の正の部分が負の部分に対してはたらく単位面積あたりの力（応力）の $i$ 成分と定義する．弾性体の中に面を考えたとき，この面を横切ってはたらく単位面積あたりの接触力を**トラクション**（traction）とよぶ．トラクションベクトルの $i$ 成分は，面の法線ベクトル $\boldsymbol{n}$ と応力テンソルを用いて $\tau_{ik}n_k$ と書ける．

弾性体内部の任意の小領域 $V$ に，応力 $\tau_{ik}$ と体積力（外部からはたらく単位体積あたりの非接触力）$\boldsymbol{f}$ がはたらいているとしよう．ある領域 $V$ の運動量変化は応力の領域表面 $\partial V$ の上の面積積分と体積力の和で与えられるので，質量

密度を $\rho$，面積素を $\mathrm{d}S$，外向きの単位法線ベクトルを $\boldsymbol{n}$，体積素を $\mathrm{d}\boldsymbol{x}$ として，

$$\int_V \rho {\partial_t}^2 u_i \,\mathrm{d}\boldsymbol{x} = \oint_{\partial V} \tau_{ik} n_k \,\mathrm{d}S + \int_V f_i \,\mathrm{d}\boldsymbol{x}$$

と表すことができる．右辺第 1 項をガウスの発散定理を用いて体積積分として表せば，

$$\int_V \rho {\partial_t}^2 u_i \,\mathrm{d}\boldsymbol{x} = \int_V \left[\frac{\partial \tau_{ik}}{\partial x_k} + f_i\right] \mathrm{d}\boldsymbol{x}$$

と書ける．よって，単位体積の運動方程式，

$$\rho {\partial_t}^2 u_i = \tau_{ik,k} + f_i \tag{A.5}$$

を得る．

領域 $V$ における力 $\boldsymbol{F}$ のモーメントは $\boldsymbol{M} = \int \boldsymbol{x} \times \boldsymbol{F} \,\mathrm{d}\boldsymbol{x}$ で与えられ，この $i$ 成分は，交代記号 $\epsilon_{ijk}$ を用いて $M_i = \int_V \epsilon_{ijk} x_j F_k \,\mathrm{d}\boldsymbol{x}$ と書ける．応力 $\tau_{kl}$ による力のモーメントは，部分積分とガウスの発散定理を用いて，

$$\begin{aligned} M_i &= \int_V \epsilon_{ijk} x_j \tau_{kl,l} \,\mathrm{d}\boldsymbol{x} = \int_V \epsilon_{ijk} \frac{\partial x_j \tau_{kl}}{\partial x_l} \,\mathrm{d}\boldsymbol{x} - \int_V \epsilon_{ijk} \frac{\partial x_j}{\partial x_l} \tau_{kl} \,\mathrm{d}\boldsymbol{x} \\ &= \oint_{\partial V} \epsilon_{ijk} x_j \tau_{kl} n_l \,\mathrm{d}S - \int_V \epsilon_{ijk} \tau_{kj} \,\mathrm{d}\boldsymbol{x} \end{aligned}$$

と書ける．近接作用のみを考えた場合，力のモーメントは第 1 項の領域の表面積分のみで表されるはずで，第 2 項の体積積分はゼロでなければならない．すなわち，$\epsilon_{ijk}\tau_{kj}=0$ から $\tau_{kj}=\tau_{jk}$ であり，応力テンソルは対称である．

## A.3　フックの法則

ひずみが十分小さいとき，このひずみを生じた外力を取り除くとひずみは解消する．このようなひずみを弾性ひずみとよぶ．単位体積あたりのひずみエネルギーはスカラー量であり，弾性媒質が一様な場合，微小ひずみの 2 次項まで考慮して，ひずみテンソルの正値 2 次形式

$$W = \frac{1}{2} c_{ij,kl} e_{ij} e_{kl} \tag{A.6}$$

で表され，$c_{ij,kl}=c_{kl,ij}$ という対称性をもつ．このとき，応力テンソルは，

$$\tau_{ij} = \frac{\partial W}{\partial e_{ij}} = c_{ij,kl} e_{kl} \tag{A.7}$$

と，ひずみテンソルの 1 次式で表される．これをフックの法則とよぶ．

弾性係数 $c_{ij,kl}$ は $9 \times 9 = 81$ 成分であるが，ひずみテンソルの対称性から後ろの添え字 $(kl)$ が対称となり，応力テンソルの対称性から前の添え字 $(ij)$ が対称となるため，独立な成分数は $6 \times 6 = 36$ に減ずる．さらに $c_{ij,kl} = c_{kl,ij}$ という対称性によって，独立な成分数は 21 となる．これらの対称性をまとめると，

$$c_{ij,kl} = c_{ij,lk} = c_{ji,kl} = c_{kl,ij} \tag{A.8}$$

と書ける．対称性から，式 (A.7) は

$$\tau_{ij} = c_{ij,kl} u_{k,l} = c_{ij,kl} u_{l,k} \tag{A.9}$$

と書くことができる．

等方的な弾性媒質の場合，ひずみエネルギーは，対称テンソル成分 $e_{ij}$ からつくることのできる 2 次不変量の和で，

$$W = \frac{\lambda}{2} {e_{ii}}^2 + \mu {e_{ij}}^2$$

と書ける．$\lambda$ と $\mu$ を**ラメ定数**（Lamé's constant）とよぶ．応力テンソルは

$$\tau_{ij} = \frac{\partial W}{\partial e_{ij}} = \lambda e_{ll} \delta_{ij} + 2\mu e_{ij} = \lambda u_{l,l} \delta_{ij} + \mu \left( u_{i,j} + u_{j,i} \right) \tag{A.10}$$

弾性定数は

$$c_{ij,kl} = \lambda \delta_{ij} \delta_{kl} + \mu \left( \delta_{ik} \delta_{jl} + \delta_{il} \delta_{jk} \right) \tag{A.11}$$

と表される．これを，

$$\tau_{ij} = \left( \lambda + \frac{2}{3}\mu \right) e_{ll} \delta_{ij} + 2\mu \left( e_{ij} - \frac{1}{3} \delta_{ij} e_{ll} \right) \tag{A.12}$$

と表せば，第 2 項は体積変形がゼロの**せん断ひずみ**（shear strain）による応力を，係数 $\mu$ は**剛性率**（rigidity）を表す．第 1 項は体積変形による応力を表し，その係数 $K = \lambda + \frac{2}{3}\mu$ は**体積弾性率**（bulk modulus）を表す．

流体の場合，せん断応力はゼロで応力テンソルは対角要素しかもたない．一様な**圧力**（pressure） $p$ を受けている場合，

$$\tau_{ij} = -p \delta_{ij} \tag{A.13}$$

と書ける．ここで，$e_{ll} = \nabla \boldsymbol{u}$ であるから，式 (A.12) は，

$$p = -K\nabla \boldsymbol{u} \tag{A.14}$$

である．

以下，各種の弾性係数の間の関係をまとめておく．

**P 波速度**（P-wave velocity）　$\alpha = \sqrt{\dfrac{\lambda + 2\mu}{\rho}}$ (A.15a)

**S 波速度**（S-wave velocity）　$\beta = \sqrt{\dfrac{\mu}{\rho}}$ (A.15b)

**ヤング率**（Young's modulus）　$E = \dfrac{3\lambda + 2\mu}{\lambda + \mu}\mu$ (A.15c)

**ポアソン比**（Poisson's ratio）　$\sigma = \dfrac{1}{2}\dfrac{\lambda}{\lambda + \mu}$ (A.15d)

である．とくに $\lambda=\mu$ の場合，$\sigma=1/4$, $\alpha=\sqrt{3}\beta$ である．

## A.4　運動方程式

一般的な異方性弾性媒質の場合，式 (A.5) に (A.9) を代入して，運動方程式は，

$$\rho\partial_t{}^2 u_i = c_{ij,kl}u_{k,lj} + f_i \tag{A.16}$$

と書かれる．

等方弾性媒質の場合には，式 (A.11) を用いて，

$$\rho\partial_t{}^2 u_i = \lambda u_{j,ji} + \mu\left(u_{i,jj} + u_{j,ji}\right) + f_i \tag{A.17}$$

ベクトル表記では，

$$\rho\partial_t{}^2 \boldsymbol{u} = (\lambda + \mu)\nabla(\nabla\boldsymbol{u}) + \mu\Delta\boldsymbol{u} + \boldsymbol{f} \tag{A.18}$$

と書ける．

P 波速度 $\alpha$ と S 波速度 $\beta$ を用いれば，

$$\rho\left[\partial_t{}^2\boldsymbol{u} - \beta^2\Delta\boldsymbol{u} - \left(\alpha^2 - \beta^2\right)\nabla(\nabla\boldsymbol{u})\right] = \boldsymbol{f} \tag{A.19}$$

と書ける．

非斉次項を $\boldsymbol{f}=0$ としてこの発散をとると

$$\Delta(\nabla\boldsymbol{u}) - \frac{1}{\alpha^2}\partial_t{}^2\nabla\boldsymbol{u} = 0 \tag{A.20}$$

を，この回転をとると

$$\Delta(\nabla\times\boldsymbol{u}) - \frac{1}{\beta^2}\partial_t{}^2(\nabla\times\boldsymbol{u}) = 0 \tag{A.21}$$

を得る．すなわち，$\alpha$ は粗密波 $\nabla\boldsymbol{u}$ の伝播，P 波速度を表し，$\beta$ は回転 $\nabla\times\boldsymbol{u}$ の伝播，S 波速度を表す．

流体の場合は $\mu=0$ で $K=\lambda=\rho\alpha^2$ である．圧力 $p$ が式 (A.14) で表されることから，式 (A.20) は，

$$\Delta p - \frac{1}{\alpha^2}\partial_t{}^2 p = 0 \tag{A.22}$$

と書ける．

このような時間 2 階，空間 2 階の双曲型線形微分方程式を波動方程式とよぶ．

## A.5 直交曲線座標系におけるひずみテンソルと応力テンソル

円空孔（cavity）や割れ目（クラック（crack））などの変形を考える際には，直交曲線座標系におけるひずみの表現や応力とひずみの関係式が有用である[1]．直交曲線座標系 $(\xi_1,\xi_2,\xi_3)$ では，座標増分 $\mathrm{d}\xi_i$ に関する線素 $\mathrm{d}l^2$ は対角化され，$\mathrm{d}l^2 = h_{\xi_1}{}^2\mathrm{d}\xi_1{}^2 + h_{\xi_2}{}^2\mathrm{d}\xi_2{}^2 + h_{\xi_3}{}^2\mathrm{d}\xi_3{}^2$ と表される．たとえば，円筒座標系 $(x=r\cos\phi,\ y=r\cos\phi,\ z=z)$ では $\mathrm{d}l^2=\mathrm{d}r^2+r^2\,\mathrm{d}\phi^2+\mathrm{d}z^2$ である．ここで，座標増分 $\mathrm{d}\xi_i$ に対応する長さ（ユークリッド空間における距離）は，スケール因子 $h_{\xi_i}$ を用いて，$h_{\xi_i}\mathrm{d}\xi_i$ と書ける．

図 A.1 に示すように，変形によって点 $\mathrm{P}(\xi_1,\xi_2,\xi_3)$ が移動し，その変位を $(u_{\xi_1},u_{\xi_2},u_{\xi_3})$ とすると，移動後の点 $\mathrm{P}'$ の $\xi_i$ 座標は $(\xi_1{+}u_{\xi_1}/h_{\xi_1},\xi_2{+}u_{\xi_2}/h_{\xi_2},\xi_1{+}u_{\xi_3}/h_{\xi_3})$ となる．同様にして，点 $\mathrm{P}(\xi_1,\xi_2,\xi_3)$ からわずかに $\mathrm{d}\xi_i$ 離れた点 $\mathrm{Q}(\xi_1{+}\mathrm{d}\xi_1,\xi_2{+}\mathrm{d}\xi_2,\xi_3{+}\mathrm{d}\xi_3)$ は点 $\mathrm{Q}'(\xi_1+\mathrm{d}\xi_1+u_{\xi_1}/h_{\xi_1}+\sum_{j=1}^{3}\frac{\mathrm{d}}{\mathrm{d}\xi_j}\left(\frac{u_{\xi_1}}{h_{\xi_1}}\right)\mathrm{d}\xi_j,\xi_2+$

[1] 本節は竹内（2011a）を参考にした．

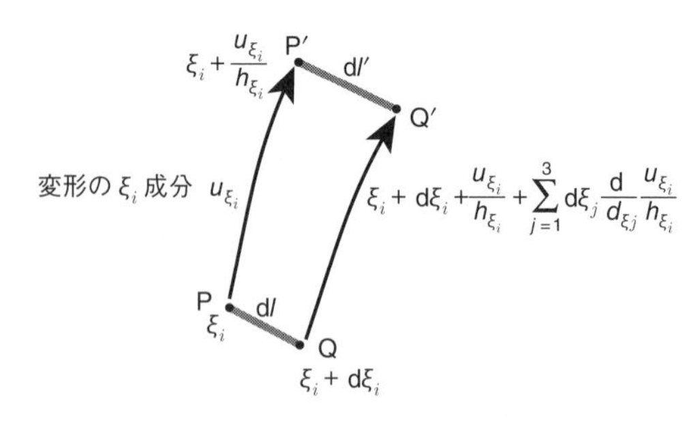


**図 A.1**　変形によって点 P が P′ へ，Q が Q′ へ移動すると，線素は $dl$ から $dl'$ へと変化する

$\mathrm{d}\xi_2 + u_{\xi_2}/h_{\xi_2} + \sum_{j=1}^{3} \frac{\mathrm{d}}{\mathrm{d}\xi_j}\left(\frac{u_{\xi_2}}{h_{\xi_2}}\right)\mathrm{d}\xi_j, \xi_3 + \mathrm{d}\xi_3 + u_{\xi_3}/h_{\xi_3} + \sum_{j=1}^{3} \frac{\mathrm{d}}{\mathrm{d}\xi_j}\left(\frac{u_{\xi_3}}{h_{\xi_3}}\right)\mathrm{d}\xi_j)$ へと移動する．以下，座標成分に関する和を明示的に書くことにする．

PQ 間の距離の 2 乗は $\mathrm{d}l^2 = h_{\xi_1}{}^2 \mathrm{d}\xi_1{}^2 + h_{\xi_2}{}^2 \mathrm{d}\xi_2{}^2 + h_{\xi_3}{}^2 \mathrm{d}\xi_3{}^2$ であったが，変形により点 P′ と点 Q′ の座標の差が $\mathrm{d}\xi_i{}' = \mathrm{d}\xi_i + \sum_{j=1}^{3} \frac{\mathrm{d}}{\mathrm{d}\xi_j}\left(\frac{u_{\xi_i}}{h_{\xi_i}}\right)\mathrm{d}\xi_j$ となったため，P′Q′ 間の距離の 2 乗は，点 P′ におけるスケール因子 $h_{\xi_j}{}'$ を用いて，$\mathrm{d}l'^2 = h_{\xi_1}{}'^2 \mathrm{d}\xi_1{}'^2 + h_{\xi_2}{}'^2 \mathrm{d}\xi_2{}'^2 + h_{\xi_3}{}'^2 \mathrm{d}\xi_3{}'^2$ となる．点 P における $h_{\xi_j}$ と $\xi_j$ 座標の増分 $u_{\xi_j}/h_{\xi_j}$ を用いれば，$h_{\xi_i}{}' = h_{\xi_i} + \sum_{j=1}^{3} \frac{u_{\xi_j}}{h_{\xi_j}} \frac{\mathrm{d}h_{\xi_i}}{\mathrm{d}\xi_j}$ と書ける．

$\mathrm{d}\xi_i$ と $u_{\xi_i}$ を 1 次の微少量と考え，2 次以上を無視すれば，座標 $\xi_i$ に関して，$h_{\xi_i}{}'\mathrm{d}\xi_i{}' = h_{\xi_i}\mathrm{d}\xi_i + \sum_{j=1}^{3} \frac{u_{\xi_j}}{h_{\xi_j}} \frac{\mathrm{d}h_{\xi_i}}{\mathrm{d}\xi_j}\mathrm{d}\xi_i + h_{\xi_i} \sum_{j=1}^{3} \frac{\mathrm{d}}{\mathrm{d}\xi_j}\left(\frac{u_{\xi_i}}{h_{\xi_i}}\right)\mathrm{d}\xi_j$ と表され，たとえば $i=1$ の場合，

$$
\begin{aligned}
h_{\xi_1}{}'\mathrm{d}\xi_1{}' &= \left[h_{\xi_1} + \frac{u_{\xi_1}}{h_{\xi_1}}\frac{\mathrm{d}h_{\xi_1}}{\mathrm{d}\xi_1} + \frac{u_{\xi_2}}{h_{\xi_2}}\frac{\mathrm{d}h_{\xi_1}}{\mathrm{d}\xi_2} + \frac{u_{\xi_3}}{h_{\xi_3}}\frac{\mathrm{d}h_{\xi_1}}{\mathrm{d}\xi_3} + h_{\xi_1}\frac{\mathrm{d}}{\mathrm{d}\xi_1}\left(\frac{u_{\xi_1}}{h_{\xi_1}}\right)\right]\mathrm{d}\xi_1 \\
&\quad + h_{\xi_1}\frac{\mathrm{d}}{\mathrm{d}\xi_2}\left(\frac{u_{\xi_1}}{h_{\xi_1}}\right)\mathrm{d}\xi_2 + h_{\xi_1}\frac{\mathrm{d}}{\mathrm{d}\xi_3}\left(\frac{u_{\xi_1}}{h_{\xi_1}}\right)\mathrm{d}\xi_3 \\
&\approx h_{\xi_1}\mathrm{d}\xi_1 + \left[\frac{\mathrm{d}u_{\xi_1}}{\mathrm{d}\xi_1} + \frac{u_{\xi_2}}{h_{\xi_2}}\frac{\mathrm{d}h_{\xi_1}}{\mathrm{d}\xi_2} + \frac{u_{\xi_3}}{h_{\xi_3}}\frac{\mathrm{d}h_{\xi_1}}{\mathrm{d}\xi_3}\right]\mathrm{d}\xi_1 \\
&\quad + h_{\xi_1}\frac{\mathrm{d}}{\mathrm{d}\xi_2}\left(\frac{u_{\xi_1}}{h_{\xi_1}}\right)\mathrm{d}\xi_2 + h_{\xi_1}\frac{\mathrm{d}}{\mathrm{d}\xi_3}\left(\frac{u_{\xi_1}}{h_{\xi_1}}\right)\mathrm{d}\xi_3 \qquad \text{(A.23)}
\end{aligned}
$$

と書ける．変形後の P′Q′ 間の距離と変形前の PQ 間の距離の 2 乗の差を，式 (A.4) にならってひずみテンソルで書き表す．

$$\mathrm{d}l'^2 - \mathrm{d}l^2 = \sum_{i=1}^{3} h_{\xi_i}{}'^2 \, \mathrm{d}\xi_i{}'^2 - \sum_{i=1}^{3} h_{\xi_i}{}^2 \mathrm{d}\xi_i{}^2 = \sum_{i,j=1}^{3} 2e_{\xi_i\xi_k} h_{\xi_i} h_{\xi_k} \mathrm{d}\xi_i \, \mathrm{d}\xi_k \tag{A.24}$$

たとえば，対角要素 $(\xi_1, \xi_1)$ は，

$$e_{\xi_1\xi_1} = \frac{1}{h_{\xi_1}} \left[ \frac{\partial u_{\xi_1}}{\partial \xi_1} + \frac{u_{\xi_2}}{h_{\xi_2}} \frac{\partial h_{\xi_1}}{\partial \xi_2} + \frac{u_{\xi_3}}{h_{\xi_3}} \frac{\partial h_{\xi_1}}{\partial \xi_3} \right] \tag{A.25a}$$

同様に非対角要素 $(\xi_1, \xi_2)$ は

$$e_{\xi_1\xi_2} = \frac{1}{2} \left[ \frac{h_{\xi_1}}{h_{\xi_2}} \frac{\partial}{\partial \xi_2} \left( \frac{u_{\xi_1}}{h_{\xi_1}} \right) + \frac{h_{\xi_2}}{h_{\xi_1}} \frac{\partial}{\partial \xi_1} \left( \frac{u_{\xi_2}}{h_{\xi_2}} \right) \right] \tag{A.25b}$$

よって，直交曲線座標系における 2 階ひずみテンソルの一般表現は，

$$\begin{aligned} e_{\xi_i\xi_j} &= \frac{1}{2} \left[ \frac{h_{\xi_i}}{h_{\xi_j}} \frac{\partial}{\partial \xi_j} \left( \frac{u_{\xi_i}}{h_{\xi_i}} \right) + \frac{h_{\xi_j}}{h_{\xi_i}} \frac{\partial}{\partial \xi_i} \left( \frac{u_{\xi_j}}{h_{\xi_j}} \right) \right] \\ &\quad + \frac{\delta_{\xi_i\xi_j}}{h_{\xi_j}} \left[ \frac{u_{\xi_1}}{h_{\xi_1}} \frac{\partial h_{\xi_i}}{\partial \xi_1} + \frac{u_{\xi_2}}{h_{\xi_2}} \frac{\partial h_{\xi_i}}{\partial \xi_2} + \frac{u_{\xi_3}}{h_{\xi_3}} \frac{\partial h_{\xi_i}}{\partial \xi_3} \right] \end{aligned} \tag{A.26}$$

と与えられる．

等方弾性媒質の場合，成分の和記号を省略して，応力テンソルとひずみテンソルの一般表現は，式 (A.10) と同様に，

$$\tau_{\xi_i\xi_k} = \lambda \delta_{\xi_i\xi_k} e_{\xi_l\xi_l} + 2\mu e_{\xi_i\xi_k} \tag{A.27}$$

で与えられる．

# フーリエ変換と階段関数

波動伝播の問題を取り扱う場合，フーリエ変換が有効である．以下に，フーリエ積分表示と平面波展開，階段関数やデルタ関数，傾斜関数，ならびにたたみ込み積分について要約する．複素関数論やグリーン関数についての詳細は，次の書籍が参考になろう（寺澤, 1960a; 今村, 1978; 1980; 蓬田, 2007）.

## B.1　フーリエ変換

波動 $\phi$ が時間 $t$ の関数の場合，

$$\phi(t) = \frac{1}{2\pi}\int_{-\infty}^{\infty} \hat{\phi}(\omega)\, \mathrm{e}^{-\mathrm{i}\omega t}\ \mathrm{d}\omega \tag{B.1a}$$

とフーリエ積分で表すことができる．以下，係数因子は $1/(2\pi)$ と選ぶ．この積分表現は，角振動数 $\omega$ の振動解 $\mathrm{e}^{-\mathrm{i}\omega t}$ を重み $\hat{\phi}(\omega)$ で重ね合わせたものと解釈できる．関数

$$\hat{\phi}(\omega) = \int_{-\infty}^{\infty} \phi(t)\ \mathrm{e}^{\mathrm{i}\omega t}\ \mathrm{d}t \tag{B.1b}$$

は $\phi(t)$ の時間に関するフーリエ変換である．波動 $\phi$ が 3 次元空間座標 $\boldsymbol{x}$ の関数の場合，

$$\phi(\boldsymbol{x}) = \frac{1}{(2\pi)^3}\iiint_{-\infty}^{\infty} \tilde{\phi}(\boldsymbol{k})\, \mathrm{e}^{\mathrm{i}\boldsymbol{k}\boldsymbol{x}}\ \mathrm{d}\boldsymbol{k} \tag{B.2a}$$

は，波数ベクトル $\boldsymbol{k}$ の振動解 $\mathrm{e}^{\mathrm{i}\boldsymbol{k}\boldsymbol{x}}$ を重み $\tilde{\phi}(\boldsymbol{k})$ で重ね合わせたと解釈できる．ここで

$$\tilde{\phi}(\boldsymbol{k}) = \iiint_{-\infty}^{\infty} \phi(\boldsymbol{x})\ \mathrm{e}^{-\mathrm{i}\boldsymbol{k}\boldsymbol{x}}\ \mathrm{d}\boldsymbol{x} \tag{B.2b}$$

は，空間におけるフーリエ変換である．

フーリエ積分表示で指数を $\boldsymbol{k}\boldsymbol{x}-\omega t$ のように時間と空間の符号を逆にとれば，解釈が容易になる．時間と 3 次元空間におけるフーリエ積分表示は

$$\phi(\boldsymbol{x},t)=\frac{1}{(2\pi)^4}\int_{-\infty}^{\infty}\mathrm{d}\omega\iiint_{-\infty}^{\infty}\mathrm{d}\boldsymbol{k}\,\hat{\hat{\phi}}(\boldsymbol{k},\omega)\,\mathrm{e}^{\mathrm{i}(\boldsymbol{k}\boldsymbol{x}-\omega t)} \tag{B.3a}$$

と書ける．これは，波数ベクトル $\boldsymbol{k}$ と角振動数 $\omega$ で伝播する平面波 $\mathrm{e}^{\mathrm{i}(\boldsymbol{k}\boldsymbol{x}-\omega t)}$ を重ね合わせたもので，$\hat{\hat{\phi}}(\boldsymbol{k},\omega)$ は複素振幅を意味する．この逆変換は

$$\hat{\hat{\phi}}(\boldsymbol{k},\omega)=\int_{-\infty}^{\infty}\mathrm{d}t\iiint_{-\infty}^{\infty}\mathrm{d}\boldsymbol{x}\,\phi(\boldsymbol{x},t)\,\mathrm{e}^{-\mathrm{i}(\boldsymbol{k}\boldsymbol{x}-\omega t)} \tag{B.3b}$$

で与えられる．波動 $\phi(\boldsymbol{x},t)$ が実数の場合，$\hat{\hat{\phi}}(\boldsymbol{k},\omega)=\hat{\hat{\phi}}(-\boldsymbol{k},-\omega)^*$ である．

式 (B.3a) を波動方程式へ代入すると，$\omega$ と $k$ の関係（分散関係）が得られる．

## B.2 デルタ関数，階段関数，傾斜関数

時間 $t$ の**デルタ関数**（delta function）$\delta(t)$ は，原点以外では 0 の値をとるが，その積分は

$$\int_{-\infty}^{\infty}\delta(t)\ \mathrm{d}t=1 \tag{B.4a}$$

であり，任意の関数 $f(t)$ との積の積分が

$$\int_{-\infty}^{\infty}f(t)\delta(t)\ \mathrm{d}t=f(0) \tag{B.4b}$$

であるような関数（超関数）である．

ここで，$t$ が正の領域でのみ値 1 をとるヘビサイド（Heaviside）の**階段関数**（step function）を

$$H(t)=\begin{cases}1 & t>0\ \text{のとき},\\ 0 & t<0\ \text{のとき}\end{cases} \tag{B.5}$$

と定義し，$t$ が正の領域でのみ線形増加する**傾斜関数**（ramp function）を

$$R(t)=tH(t)=\begin{cases}t & t>0\ \text{のとき},\\ 0 & t<0\ \text{のとき}\end{cases} \tag{B.6}$$

と定義しよう．これらは互いに $\frac{d}{dt}H(t)=\delta(t)$ および $\frac{d}{dt}R(t)=H(t)$ という関係

がある．

なお，ある時間 $T$ の経過後に一定値をとるものも，広い意味で傾斜関数とよぶ．

$$U(t) = \begin{cases} 0 & t < 0 \text{ のとき}, \\ \dfrac{t}{T} & 0 < t < T \text{ のとき}, \\ 1 & t > T \text{ のとき} \end{cases} \tag{B.7}$$

この微分 $\dot{U}(t)$ は，幅 $T$，高さ $1/T$，面積 1 の箱形関数である．

形式的に式 (B.4b) を用いれば，デルタ関数のフーリエ変換は

$$\hat{\delta}(\omega) = 1 \tag{B.8a}$$

となる．すなわち，デルタ関数のフーリエ積分表示は，

$$\delta(t) = \frac{1}{2\pi}\int_{-\infty}^{\infty} \mathrm{e}^{-\mathrm{i}\omega t}\,\mathrm{d}\omega \tag{B.8b}$$

と書ける．

階段関数のフーリエ変換は厳密な意味では収斂しない．しかし，これに小さな指数関数的減衰 ($\varepsilon > 0$) を乗ずれば，そのフーリエ変換は収斂し，

$$\hat{H}(\omega) = \int_{-\infty}^{\infty} H(t)\,\mathrm{e}^{-\varepsilon t}\,\mathrm{e}^{\mathrm{i}\omega t}\,\mathrm{d}t = \int_{0}^{\infty} \mathrm{e}^{(\mathrm{i}\omega - \varepsilon)t}\,\mathrm{d}t = \frac{-1}{\mathrm{i}\omega - \varepsilon} = \frac{\mathrm{i}}{\omega + \mathrm{i}\varepsilon} \tag{B.9}$$

となり，複素 $\omega$ 平面の下半面に極 $-\mathrm{i}\varepsilon$ をもつ．逆に $\hat{H}(\omega)$ から $H(t)$ を求めるには，実軸上の積分を複素積分で評価する（図 B.1 参照）．

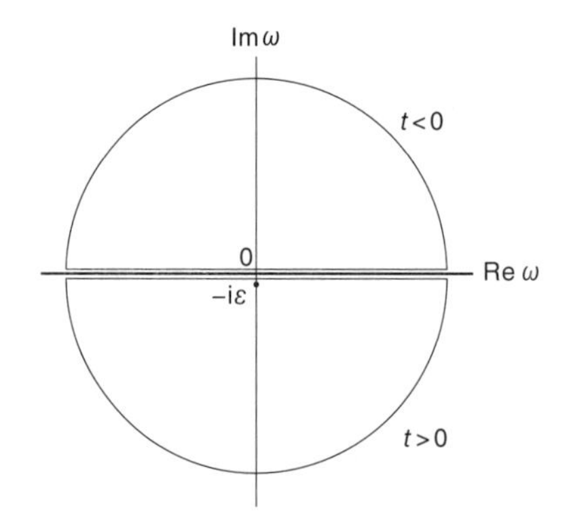


**図 B.1**　複素 $\omega$ 空間において，$t$ の正/負に従い，実軸に下/上半面の半円を加えて積分路を閉じる

$-\mathrm{i}\varepsilon$ は階段関数 $\hat{H}(\omega)$ の極．

$$
H(t) = \frac{1}{2\pi}\int_{-\infty}^{\infty} \hat{H}(\omega)\,\mathrm{e}^{-\mathrm{i}\omega t}\,\mathrm{d}\omega = \frac{1}{2\pi}\int_{-\infty}^{\infty} \frac{\mathrm{i}}{\omega+\mathrm{i}\varepsilon}\,\mathrm{e}^{-\mathrm{i}\omega t}\,\mathrm{d}\omega
$$

$$
= \begin{cases} \dfrac{1}{2\pi}\displaystyle\int_{\circlearrowleft} \dfrac{\mathrm{i}}{\omega+\mathrm{i}\varepsilon}\,\mathrm{e}^{-\mathrm{i}\omega t}\,\mathrm{d}\omega = \mathrm{e}^{-\varepsilon t} \xrightarrow[\varepsilon\to 0]{} 1 & t>0\,\text{のとき}, \\ \dfrac{1}{2\pi}\displaystyle\int_{\circlearrowright} \dfrac{\mathrm{i}}{\omega+\mathrm{i}\varepsilon}\,\mathrm{e}^{-\mathrm{i}\omega t}\,\mathrm{d}\omega = 0 & t<0\,\text{のとき} \end{cases} \tag{B.10}
$$

$t<0$ の場合，$\omega$ を虚軸に沿って大きくしていくと指数項 $\mathrm{e}^{-\mathrm{i}\omega t}$ はゼロに収斂するので，複素 $\omega$ 平面の上半面に大きな半円を加えて積分路を閉じる．

一般に，半径 $R$ の半円上で定義される連続関数 $f(\omega)$ が，$R\to\infty$ の極限で $\mathrm{Max}|f(R\,\mathrm{e}^{\mathrm{i}\theta})|\to 0$ の場合，十分大きな半円に沿った**径路積分**（contour integral）は $\int_{\frown} f(\omega)\,\mathrm{e}^{-\mathrm{i}\omega t}\,\mathrm{d}\omega\to 0$ となる．これを**ジョルダンの補題**（Jordan's lemma）という．重要な結論として，実軸上の積分 $\int_{-\infty}^{\infty} f(\omega)\,\mathrm{e}^{-\mathrm{i}\omega t}$ は実軸に上半面の大きな半円を加えて閉じた径路の積分 $\int_{\circlearrowright} f(\omega)\,\mathrm{e}^{-\mathrm{i}\omega t}\,\mathrm{d}\omega$ に等しいことが導かれる．

式 (B.9) の場合には $|\omega|\to\infty$ で $1/(\omega+\mathrm{i}\varepsilon)\to 0$ であり，閉曲線の中に極が存在しないので，径路積分はゼロとなる．$t>0$ の場合には，複素 $\omega$ 平面の下半面に大きな半円を加えて積分路を閉じる．閉曲線に沿う径路積分は下半面にある $\hat{H}(\omega)$ の 1 位の極 $-\mathrm{i}\varepsilon$ の寄与を考えればよい．留数計算の際には，積分路を反時計方向に回ることに注意する．極限 $\varepsilon\to 0$ をとって，階段関数 $H(t)$ が得られる．式 (B.10) を $t$ で微分し，$\varepsilon\to 0$ の極限をとれば，式 (B.8b) が得られる．

傾斜関数に小さな減衰 $(\varepsilon>0)$ を乗ずれば，そのフーリエ変換は収斂し，

$$
\hat{R}(\omega) = \int_{-\infty}^{\infty} R(t)\,\mathrm{e}^{-\varepsilon t}\,\mathrm{e}^{\mathrm{i}\omega t}\,\mathrm{d}t = \int_{0}^{\infty} t\,\mathrm{e}^{(\mathrm{i}\omega-\varepsilon)t}\,\mathrm{d}t = -i\partial_\omega \int_{0}^{\infty} \mathrm{e}^{(\mathrm{i}\omega-\varepsilon)t}\,\mathrm{d}t
$$

$$
= -\mathrm{i}\partial_\omega \frac{\mathrm{i}}{\omega+\mathrm{i}\varepsilon} = -\frac{1}{(\omega+\mathrm{i}\varepsilon)^2} \tag{B.11}
$$

となり，複素 $\omega$ 平面で 2 位の極 $-\mathrm{i}\varepsilon$ をもつ．

無限小の減衰 $\varepsilon>0$ の導入が複素 $\omega$ 平面の実軸上の極を下にわずかにずらす操作であると理解すれば，これを省略して，形式的に

$$
\hat{H}(\omega) = \frac{\mathrm{i}}{\omega} \tag{B.12a}
$$

$$
\hat{R}(\omega) = -\frac{1}{\omega^2} \tag{B.12b}
$$

と書いても良い．厳密な議論は今村（1978; 1980）や蓬田（2007）が詳しい．

とくに時間と 3 次元空間におけるデルタ関数は，平面波の重ね合わせとして，

$$\delta(\boldsymbol{x})\,\delta(t) = \frac{1}{(2\pi)^4}\int_{-\infty}^{\infty} \mathrm{d}\omega \iiint_{-\infty}^{\infty} \mathrm{d}\boldsymbol{k}\,\mathrm{e}^{\mathrm{i}(\boldsymbol{k}\boldsymbol{x}-\omega t)} \tag{B.13}$$

と書ける．

## B.3　たたみ込み積分

波動場の生成や伝播を扱う際には，**たたみ込み積分**（convolution integral），

$$h(t) = \int_{-\infty}^{\infty} f\left(t-t'\right) g\left(t'\right)\ \mathrm{d}t' \tag{B.14}$$

が現れることが多い．これを，$(f*g)(t)$ や，$f(t)*g(t)$ といった表現で表す場合もある．

右辺の被積分関数をフーリエ積分で表し，デルタ関数の積分表示（式 (B.8b)）を用いると，

$$\begin{aligned}
h(t) &= \frac{1}{(2\pi)^2}\int_{-\infty}^{\infty}\mathrm{d}t'\int_{-\infty}^{\infty}\mathrm{d}\omega'\hat{f}\left(\omega'\right)\mathrm{e}^{-\mathrm{i}\omega'\left(t-t'\right)}\int_{-\infty}^{\infty}\mathrm{d}\omega''\hat{g}\left(\omega''\right)\mathrm{e}^{-\mathrm{i}\omega''t'} \\
&= \frac{1}{2\pi}\int_{-\infty}^{\infty}\mathrm{e}^{-\mathrm{i}\omega't}\,\mathrm{d}\omega'\int_{-\infty}^{\infty}\mathrm{d}\omega''\hat{f}\left(\omega'\right)\hat{g}\left(\omega''\right)\frac{1}{2\pi}\int_{-\infty}^{\infty}\mathrm{d}t'\,\mathrm{e}^{-\mathrm{i}\left(-\omega'+\omega''\right)t'} \\
&= \frac{1}{2\pi}\int_{-\infty}^{\infty}\mathrm{e}^{-\mathrm{i}\omega't}\,\mathrm{d}\omega'\int_{-\infty}^{\infty}\mathrm{d}\omega''\hat{f}\left(\omega'\right)\hat{g}\left(\omega''\right)\delta\left(-\omega'+\omega''\right) \\
&= \frac{1}{2\pi}\int_{-\infty}^{\infty}\hat{f}\left(\omega'\right)\ \hat{g}\left(\omega'\right)\mathrm{e}^{-\mathrm{i}\omega't}\ \mathrm{d}\omega' \\
&= \frac{1}{2\pi}\int_{-\infty}^{\infty}\hat{h}(\omega')\,\mathrm{e}^{-\mathrm{i}\omega't}\ \mathrm{d}\omega'
\end{aligned} \tag{B.15}$$

と書ける．すなわち，たたみ込み積分のフーリエ変換は，それぞれのフーリエ変換の積として表すことができる．

$$\hat{h}(\omega) = \hat{f}(\omega)\,\hat{g}(\omega) \tag{B.16}$$

時空間のたたみ込み積分についても，同様に，

$$\iiint_{-\infty}^{\infty} \mathrm{d}\boldsymbol{x}' \int_{-\infty}^{\infty} \mathrm{d}t' f\left(\boldsymbol{x}-\boldsymbol{x}', t-t'\right) g\left(\boldsymbol{x}', t'\right)$$
$$= \frac{1}{(2\pi)^4} \iiint_{-\infty}^{\infty} \mathrm{d}\boldsymbol{k} \int_{-\infty}^{\infty} \mathrm{d}\omega\, \hat{\hat{f}}\left(\boldsymbol{k}, \omega\right) \hat{\hat{g}}\left(\boldsymbol{k}, \omega\right) \mathrm{e}^{\mathrm{i}(\boldsymbol{kx}-\omega t)} \tag{B.17}$$

と書くことができる.

# 付録C 最尤法と最小二乗法の基礎

最小二乗法は，最尤法のひとつで，観測値と計算値の差の二乗和を最小にするモデルパラメータを求める方法である．最尤法は，「測定値の周りに真の値はどのように分布しているか」と考えて最も尤もらしい値を推定する方法である．ある測定に対しひとつの測定値 $y$ が得られると，測定値の分布する確率は真の値 $d^0$ を定数として $P(d;d^0)$ の確率分布関数で表現される．これとは逆に，ある測定値 $d$ が得られたとき，$d$ を定数として，推定値 $\hat{d}$ とした尤度関数 $L(\hat{d})=L(\hat{d}|d)=P(d;\hat{d})$ を考える．たとえば，測定値 $d_1$ が得られたとき，その値付近に真の値がある可能性が高い（図 C.1）．複数の測定値がある場合には，それぞれの測定値に対する尤度関数（図 C.1 中の細線）の積をとり，推定値 $\hat{d}$ の尤度関数（図中太線）とする．この尤度関数が最大となる位置を，真の値に最も近い推定値としてモデルパラメータを求める方法が最尤法である．

尤度関数にはいろいろな確率分布関数を考えることができるが，正規確率分布に対応したものが最小二乗法になる．いま，$i$ 番目の測定値を $d_i$ で表し，測定数を $N$ とすると，尤度は

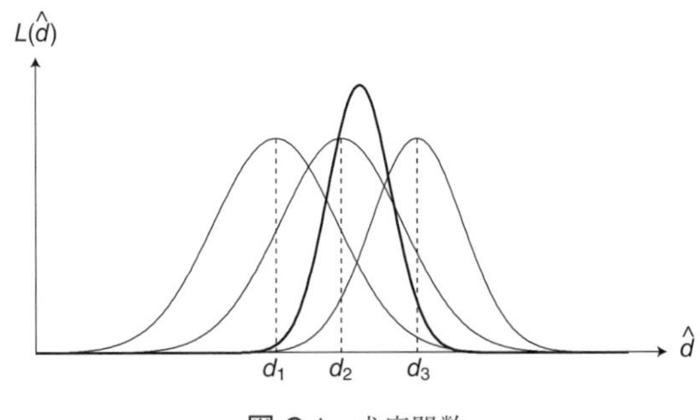


図 C.1　尤度関数

$$L(\hat{\boldsymbol{d}}) = \prod_{i}^{N} L(\hat{d}_i|d_i) = \frac{1}{(2\pi)^{-N/2}} \prod_{i}^{N} {\sigma_i}^2 \exp\left[-\frac{1}{2}\sum_{i}^{N}\frac{(d_i - \hat{d}_i)^2}{{\sigma_i}^2}\right] \quad \text{(C.1)}$$

となる．上式の推定値 $\hat{d}_i$ をモデルパラメータの推定値 $\boldsymbol{m} = (m_1, m_2, \cdots, m_M)$ を用いて $\hat{d}_i = g_i(\boldsymbol{m})$ で表せば，結局，

$$S(\boldsymbol{m}) = \sum_{i=1}^{N} \frac{(d_i - g_i(\boldsymbol{m}))^2}{\sigma^2} = \text{minimum} \quad \text{(C.2)}$$

のとき，最も尤もらしい推定値 $\hat{\boldsymbol{x}}$ が得られる．これは最小二乗条件にほかならない．

計算式 $g_i(\boldsymbol{m})$ が $\boldsymbol{m}$ に関する 1 次式で表される線形モデルのとき，つまり $g(m_1, m_2, \cdots, m_M) = G_{i1}m_1 + G_{i2}m_2 + \cdots + G_{iM}x_M$ の場合，$S(\boldsymbol{m})$ は各モデルパラメータの 2 次式になっているので，それぞれのモデルパラメータの微分がゼロになれば残差二乗和は最小になる．したがって，

$$\frac{\partial S(\boldsymbol{m})}{\partial m_j} = -2\sum_{i=1}^{N}\left[d_i - \sum_{k=1}^{N} G_{ij}m_k\right]\frac{G_{ij}}{{\sigma_i}^2} \quad \text{(C.3)}$$

ここで，$j = 1, \cdots, M$ である．これをモデルパラメータに関して整理すると，

$$\begin{cases} B_{11}m_1 + B_{12}m_2 + \cdots + B_{1M}m_M = b_1 \\ B_{21}m_1 + B_{22}m_2 + \cdots + B_{2M}m_M = b_2 \\ \qquad\qquad\qquad\qquad\qquad\qquad \vdots \\ B_{m1}m_1 + B_{m2}m_2 + \cdots + B_{MM}m_M = b_M \end{cases} \quad \text{(C.4)}$$

ここで，

$$B_{ik} = \sum_{i=1}^{M} \frac{G_{ik}G_{ij}}{{\sigma_i}^2} \quad \text{(C.5a)}$$

$$b_j = \sum_{i=1}^{M} \frac{G_{ij}}{{\sigma_i}^2} d_i \quad \text{(C.5b)}$$

であり，既知の値から計算できる量である．したがって，最適のモデルパラメータ $\hat{\boldsymbol{m}}$ は，式 (C.4) の $M$ 元一次方程式を解くことにより得られる．

上記の式をベクトルを用いて表そう．観測量を $\boldsymbol{d} = (d_1, d_2, \cdots, d_N)^{\mathrm{T}}$，モデルパラメータを $\boldsymbol{m} = (m_1, m_2, \cdots, m_M)$，モデルの計算式を $\boldsymbol{g}(\boldsymbol{m})$ と書けば，最

小二乗問題は

$$\boldsymbol{d} \cong \boldsymbol{g}(\boldsymbol{m}) \tag{C.6}$$

と表すことができる．これは観測方程式とよばれ，$\cong$ は誤差を含む方程式であることを意味する．

モデル計算式 $g_i(\boldsymbol{m})$ の $\boldsymbol{m}_j$ に対する偏微分係数 $\partial g_i(\boldsymbol{m})/\partial m_j(i=1,\cdots,N; j=1,\cdots,M)$ からなる行列を $\boldsymbol{G}$ とすると，線形モデルの観測方程式は

$$\boldsymbol{d} \cong \boldsymbol{G}\boldsymbol{m} \tag{C.7}$$

で表現できる．式 (C) は，

$$(\boldsymbol{G}^{\mathrm{T}}\boldsymbol{W}\boldsymbol{G})\boldsymbol{d} = \boldsymbol{G}^{\mathrm{T}}\boldsymbol{W}\boldsymbol{m} \tag{C.8}$$

の正規方程式で表される．ここで $\boldsymbol{W}$ は対角要素が ${\sigma_i}^{-2}$ からなる重み行列である．したがって，最小二乗解は

$$\hat{\boldsymbol{m}} = (\boldsymbol{G}^{\mathrm{T}}\boldsymbol{W}\boldsymbol{G})^{-1}\boldsymbol{G}^{\mathrm{T}}\boldsymbol{W}\boldsymbol{d} \tag{C.9}$$

となる．

この最小二乗解は，誤差が含まれている測定値から推定されたものであるから，パラメータの真値そのものではなく，最適値である．誤差のない測定値を $\boldsymbol{d}^0$，誤差を $\boldsymbol{\epsilon}$ とすると，測定値は $\boldsymbol{d}=\boldsymbol{d}^0+\boldsymbol{\epsilon}$ と表される．式 (C.9) からわかるように最小二乗解は測定値 $\boldsymbol{d}$ と線形で結合しており，最適値も誤差を含む．測定誤差の分散・共分散からなる誤差行列を $\boldsymbol{\Sigma}=\langle\boldsymbol{\epsilon}\hat{\boldsymbol{\epsilon}}\rangle$ とすると，最適値 $\hat{\boldsymbol{m}}$ の誤差の分散・共分散からなる誤差行列 $\boldsymbol{\Sigma}_{\boldsymbol{m}}$ は

$$\boldsymbol{\Sigma}_{\boldsymbol{m}} = (\boldsymbol{G}^{\mathrm{T}}\boldsymbol{\Sigma}^{-1}\boldsymbol{G})^{-1} \tag{C.10}$$

で表され，測定誤差が最適値の誤差に伝播することがわかる．

計算式 $g_i(\boldsymbol{m})$ がモデルパラメータに対して線形ではなく，非線形となっていることがある．このような場合，適当な初期値 $\boldsymbol{m}^0$ を出発点として反復改良により解を求めることが一般的である．計算式を $\boldsymbol{m}^0$ の周りでテイラー展開し，1 次の項までとると，観測方程式は，

$$\boldsymbol{d} \cong \boldsymbol{g}(\boldsymbol{m}^0) + \left(\frac{\partial \boldsymbol{g}(\boldsymbol{m})}{\partial \boldsymbol{m}}\right)_{\boldsymbol{m}=\boldsymbol{m}^0}(\boldsymbol{m}-\boldsymbol{m}^0) \tag{C.11}$$

となる．右辺第 1 項を左辺に移項すれば，

$$\Delta \boldsymbol{d} \cong \boldsymbol{G}^0 \Delta \boldsymbol{m} \tag{C.12}$$

ここで

$$\Delta \boldsymbol{d} = \boldsymbol{d} - \boldsymbol{g}(\boldsymbol{m}^0) \tag{C.13}$$

$$\Delta \boldsymbol{m} = \boldsymbol{m} - \boldsymbol{m}^0 \tag{C.14}$$

$$G^0_{ij} = \left(\frac{\partial g_i(\boldsymbol{m})}{\partial m_j}\right)_{\boldsymbol{m}=\boldsymbol{m}^0} \tag{C.15}$$

$i=1 \sim N, j=1 \sim M$ である．これは式（C.7）と同じかたちをしており，最小二乗解 $\Delta \boldsymbol{m}$ は

$$\Delta \boldsymbol{x} = (\boldsymbol{G}^{0,\mathrm{T}} \boldsymbol{W} \boldsymbol{G}^0)^{-1} \boldsymbol{G}^{0,\mathrm{T}} \boldsymbol{W} \Delta \boldsymbol{d} \tag{C.16}$$

と表せる．したがって，パラメータ推定値は

$$\boldsymbol{m} = \boldsymbol{m}^0 + \Delta \boldsymbol{m} \tag{C.17}$$

と求められる．この解は，線形近似がよければ初期値よりも小さな残差二乗和をもつので，$\boldsymbol{m}$ を新たな初期値 $\boldsymbol{m}^{\mathbf{0}}$ として反復改良を繰り返し，$\Delta \boldsymbol{m}$ が十分小さくなる，あるいは，残差二乗和が十分小さくなったときに収束とみなし，最適解とする．

# 付録D 参考図書

本書で触れることのできなかった部分を補い，また本書の内容の理解を深めるために役立つであろう書籍を，以下に掲げる．

幅広く地震学を学ぶには，

- 金森博雄 編（1991）『岩波地球科学選書―地震の物理』，岩波書店．
- 宇津徳治（2001）『地震学』，共立出版．
- 宇津徳治ほか 編（2001）『地震の辞典（第二版）』，朝倉書店．
- Shearer, P.（2009）“Introduction to Seismology”, Cambridge University Press.
- Stein, S. and M. Wysession（2003）“An Introduction to Seismology, Earthquakes, and Earth Structure”, Blackwell Publishing.
- Lay, T. and T. Wallace（1995）“Modern Global Seismology” Academic Press.
- Kanamori, H.（volume editor）（2009）“Earthquake Seismology”, Treatise on Geophysics, Vol. 4, Elsevier.

振動論や弾性論の基礎を学ぶには，

- 戸田盛和（1968）『振動論』，培風館．
- ランダウ，L. D.・E. M. リフシッツ（1990）『弾性理論（増補新版，原著第4版）』，（佐藤常三・石橋義弘 訳），東京図書．
- 竹内 均（2011）『大学演習 弾性論』，裳華房．
- Love, A. E. H.（1952）“A Treatise on the Mathematical Theory of Elasticity”, Dover Publications.
- 中島淳一・三浦 哲（2014）『弾性体力学』，須藤彰三・岡 真 監，フロー式 物理演習シリーズ 16 巻，共立出版．

複素関数論やグリーン関数の数理については，

- 寺澤貫一（1960）『自然科学者のための数学概論（増訂版）』，岩波書店．

- 寺澤貫一（1960）『自然科学者のための数学概論（応用編）』，岩波書店.
- 今村 勤（1978）『物理とグリーン関数』，岩波書店.
- 今村 勤（1980）『物理と関数論』，岩波書店.
- 蓬田 清（2007）『演習形式で学ぶ特殊関数・積分変換入門』，共立出版.
- Snieider, R. and K. V. Wijk（2015）“A Guided Tour of Mathematical Methods for the Physical Sciences, Third Edition”, Cambridge University Press.


時系列解析については，


- 日野幹雄（1977）『スペクトル解析』，朝倉書店.
- Scherbaum, F.（2016）“Of Poles and Zeros: Fundamentals of Digital Seismology”, Modern Approaches in Geophysics, Springer.


震源断層からの地震波動の励起や波動論の数理を学ぶには，


- 安芸敬一・P. G. リチャーズ（2004）『地震学―定量的アプローチ（第 2 版）』，（上西幸司・亀 伸樹・青地秀雄 訳），古今書院.
- 竹内 均（2011）『地球科学における諸問題』，裳華房.
- 斎藤正徳（2009）『地震波動論』，東京大学出版会.
- 佐藤泰夫（1977）『弾性波動論』，岩波書店.
- 理論地震動研究会 編（1994）『地震動―その合成と波形処理』，鹿島出版会.
- 松浦充宏ほか（1996）『地球連続体力学』，地球惑星科学講座 6 巻，岩波書店.
- Pujol, J.（2003）“Elastic Wave Propagation and Generation in Seismology”, Cambridge University Press.
- Kennet, B.（2011）“Seismic Wave Propagation in Stratified Media”, ANU Press.


不均質構造における短周期地震波伝播とその数理的モデル化については，


- Sato, H., M. C. Fehler, and T. Maeda（2012）“Seismic Wave Propagation and Scattering in the Heterogeneous Earth: Second Edition”, Springer Verlag.


断層の力学や，破壊や摩擦について学ぶには，


- ショルツ，C. H.（2010）『地震と断層の力学（第二版）』，（柳谷 俊・中谷正生 訳），古今書院.
- 大中康誉・松浦充宏（2010）『地震発生の物理学』，東京大学出版会.
- 松川 宏（2012）『摩擦の物理』，岩波書店.

- 蕪木英雄・寺倉清之（2007）『破壊・フラクチャーの物理』，岩波書店．


地震活動に関しては，


- 宇津徳治（1999）『地震活動総説』，東京大学出版会．


日本の地震断層パラメータの詳細は，


- 佐藤良輔・岡田義光・鈴木保典・阿部勝征・島崎邦彦（1989）『日本の地震断層パラメター・ハンドブック』，鹿島出版会．


プレートテクトニクスについては，


- 上田誠也（1989）『プレートテクトニクス』，岩波書店．
- 瀬野徹三（1995）『プレートテクトニクスの基礎』，朝倉書店．
- 瀬野徹三（2001）『続プレートテクトニクスの基礎』，朝倉書店．


地球物質のレオロジーについては，


- 唐戸俊一郎（2001）『レオロジーと地球科学』，東京大学出版会．
- 唐戸俊一郎（2011）『地球物質のレオロジーとダイナミクス』，現代地球科学入門シリーズ第 14 巻，共立出版．


沈込み帯のテクトニクスについては，


- 木村 学（1999）『プレート収束帯のテクトニクス学』，東京大学出版会．


マントルのダイナミクスについては，


- 川勝 均 編（2002）『地球ダイナミクスとトモグラフィー』，地球科学の新展開①，朝倉書店．


スラブ内地震については，


- Frohlich, C.（2006）“Deep Earthquakes”, Cambridge University Press.


火山性地震については，


- 西村太志・井口正人（2006）『日本の火山性地震と微動』，京都大学出版会．


近年の地震学の研究動向については，


- 日本地震学会（2009）『日本の地震学：現状と 21 世紀への萌芽』（地震，**61**, S1-S601）．

# 参考文献


[1] Abe, K. (1975) Reliable estimation of the seismic moment of large earthquakes. *J. Phys. Earth*, **23**, 381-390.

[2] Abercrombie, R. E. (1995) Earthquake source scaling relationships from -1 to 5 $M_L$ using seismograms recorded at 2.5 km depth. *J. Geophys. Res.*, **100**(B12), 24015–24036.

[3] Aki, K. (1957) Space and time spectra of stationary stochastic waves, with special reference to microtremors. *Bull. Earthq. Res. Inst. Univ. Tokyo*, **35**, 415-456.

[4] Aki, K. (1966) Generation and propagation of G waves from the Niigata earthquake of June 14, 1964. Part 2. Estimation of earthquake moment, released energy and stress-strain drop from G wave spectrum. *Bull. Earthq. Res. Inst. Univ. Tokyo*, **44**, 73-88.

[5] Aki, K. (1967) Scaling law of seismic spectrum. *J. Geophys. Res.*, **72**(4), 1217-1231.

[6] Aki, K. (1980) Attenuation of shear-waves in the lithosphere for frequencies from 0.05 to 25 Hz. *Phys. Earth Planet. Inter.*, **21**, 50-60, doi:http://dx.doi.org/10.1016/0031-9201(80)90019-9.

[7] Aki, K., Chouet, B. (1975) Origin of coda waves: Source, attenuation and scattering effects. *J. Geophys. Res.*, **80**, 3322-3342.

[8] 安芸敬一・P. G. リチャーズ (2004)『地震学—定量的アプローチ—』第 2 版,(上西幸司・亀伸樹・青地秀雄 訳), 909pp., 古今書院.

[9] Anggono, T., Nishimura, T. *et al.* (2012) Spatio-temporal changes in seismic velocity associated with the 2000 activity of Miyakejima volcano as inferred from cross-correlation analyses of ambient noise. *J. Volca. Geotherm. Res.*, **247**, 93-107.

[10] Atwater, T. (1970) Implications of plate tectonics for the Cenozoic tectonic evolution of western North America. *Geolog. Soc. Am. Bull.*, **81**, 3513-3536.

[11] Aurnou, J., Brito, D. *et al.* (1996) Mechanisms of inner core super-rotation. *Geophys. Res. Lett.*, **23**, 3401-3404.

[12] Baba, T., Tanioka, Y. *et al.* (2002) The slip distribution of the 1946 Nankai earthquake estimated from tsunami inversion using a new plate model. *Phys. Earth Planet. Int.*, **132**, 59-73.

[13] Bakun, W. H., McEvilly, T. V. (1979) Are foreshocks distinctive? Evidence from

the 1966 Parkfield and the 1975 Oroville, California sequences, *Bull. Seismol. Soc. Am.*, **69**, 1027-1038.

[14] Bakun, W. H., McEvilly, T. V. (1984) Recurrence models and Parkfield, California, earthquakes, *J. Geophys. Res.*, **89**, 3051-3058.

[15] Berckhemer, H. (1962) Die Ausdehnung der Bruchfläche im Erdbebenherd und ihr Einuss auf das seismische Wellenspektrum. *Gerlands Beitr. Geophys*, **71**, 5-26.

[16] Berryman, J. G. (2000) Seismic velocity decrement ratios for regions of partial melt in the lower mantle. *Geophys. Res. Lett.*, **27**, 421-424.

[17] Bird, P. (2003) An updated digital model of plate boundaries. *Geochem. Geophys. Geosys.*, **4**, 1027, doi:10.1029/2001GC000252.

[18] Bird, P., Kagan, Y. *et al.* (2002) Plate tectonics and earthquake potential of spreading ridges and oceanic transform faults. *in*: "Plate Boundary Zones, Geodynamic Series" Vol. 30 (Stein, S., Freymuller, J. T., eds.), pp. 203-218, American Geophysical Union.

[19] Boatwright, J., Cocco, M. (1996) Frictional constraints on crustal faulting. *J. Geophys. Res.*, **101**, 13895-13909.

[20] Boettcher, M. S., Jordan, T. H. (2004) Earthquake scaling relations for mid-ocean ridge transform faults. *J. Geophys. Res.*, **109**, doi:10.1029/2004JB003110.

[21] Boettcher, M. S., McGuire, J. J. (2009) Scaling relations for seismic cycles on mid-ocean ridge transform faults. *Geophys. Res. Lett.*, **36**, doi:10.1029/2009GL040115.

[22] Bolt, B. A. (1977) The detection of PKIIKP and damping in the inner core. *Annali de Geofisica*, **30**, 507-520.

[23] Braunmiller, J., Nabelek, J. (2008) Segmentation of the Blanco transform fault zone from earthquake analysis: Complex tectonics of an oceanic transform fault, *J. Geophys. Res.*, **113**, B07108, doi:10.1029/2007JB005213.

[24] Brazier, R. A., Nyblade, A. A. *et al.* (2005) Focal mechanisms and the stress regime in NE and SW Tanzania, East Africa. *Geophys. Res. Lett.*, **32**, L14315, doi:10.1029/2005GL023156.

[25] Brenguier, F., Campillo, M. *et al.* (2008) Postseismic relaxation along the San Andreas Fault at Parkfield from continuous seismological observations. *Science*, **321** (5895), 1478, doi:http://dx.doi.org/10.1126/science.1160943.

[26] Brudzinski, M. R., Thurber, C. H. *et al.* (2007) Global prevalence of double Benioff zones. *Science*, **316**, 1472-1474.

[27] Brune, J. N. (1970) Tectonic stress and the spectra of seismic shear waves from earthquakes. *J. Geophys. Res.*, **75** (26), 4997-5009.

[28] Brune, J. N. (1971) Correction to Brune (1970). *J. Geophys. Res.*, **76**, 5002.

[29] Buffett, B. A. (1997) Geodynamic estimates of the viscosity of the Earth's inner core. *Nature*, **338**, 571-573.

[30] Bullen, K. E. (1949) Compressibility-pressure hypothesis and the Earth's interior. *Monthly Notes of the Royal Astronomical Society, Geophysical Supplement*, **5**, 355-368.

[31] Burridge, R., Knopoff, L. (1964) Body force equivalents for seismic dislocations. *Bull. Seismol. Soc. Am.*, **54**(6A), 1875-1888.

[32] Byerlee, J. D. (1978) Friction of rocks. *Pure Appl. Geophys.*, **116**, 615-626.

[33] Calais, E., Ebinger, C. *et al.* (2006) Kinematics of the East African rift from GPS and earthquake slip vector data. *in*: "The Afar Volcanic Province Within the East African Rift System" (Yirgu, G., Ebinger, C. J. *et al.* eds.), *Geol. Soc. Spec. Publ.*, **259**, 9-22.

[34] Campillo, M., Paul, A. (2003) Long-range correlations in the diffuse seismic coda. *Science*, **299**(5606), 547-549, doi:http://dx.doi.org/10. 1126/science.1078551.

[35] Cannat, M., Cann, J. *et al.* (2004) Some hard rock constraints on the supply of heat to mid-ocean ridges. *in*: "Mid-Ocean Ridges : Hydrothermal Interactions between the Lithosphere and Oceans" (German, R. C., Lin, J., Parson, L. M, eds.), pp. 111-149, American Geophysical Union.

[36] Carcolé, E., Sato, H. (2010) Spatial distribution of scattering loss and intrinsic absorption of short-period S waves in the lithosphere of Japan on the basis of the Multiple Lapse Time Window Analysis of Hi-net data. *Geophys. J. Int.*, **180**, 268-290, doi:http://dx.doi.org/10.1111/j.1365-246X.2009.04394.x.

[37] Chen, P-F., Bina, C. R. *et al.* (2004) A global survey of stress orientations in subducting slabs as revealed by intermediate-depth earthquakes, *Geophy. J. Int.*, **159**, 721-733.

[38] Chinnery, M. A. (1961) The deformation of the ground around surface faults. *Bull. Seismol. Soc. Am.*, **51**(3), 355-372.

[39] Chorowicz, J. (2005) The East African rift system. *J. African Earth Sci.* **43**, 379-410.

[40] Christensen, N. I., Mooney, W. D. (1995) Seismicity velocity structure and the composition of the continental crust: A global view. *J. Geophys. Res.*, **100**, 9761-9788.

[41] Curtis, A., Gerstoft, P. *et al.* (2006) Seismic interferometry—Turning noise into signal. *The Leading Edge*, **25**(9), 1082-1092.

[42] Dieterich, J. H. (1979) Modeling of rock friction: 1. Experimental results and constitutive equations. *J. Geophys. Res.*, **84**, 2161-2168.

[43] Doornbos, D. J. (1974) The anelasticity of the inner core. *Geophys. J. Roy. astr. Soc.*, **38**, 397-415.

[44] Durek, J. J., Ekström, G. (1996) A radial model of anelasticity consistent with long-period surface wave attenuation. *Bull. Seismol. Soc. Am.*, **86**, 144-158.

[45] Dziewonski, A. M. (1984) Mapping the lower mantle: Determination of lateral heterogeneity in P-velocity up to degree and order 6. *J. Geophys. Res.*, **89**, 5929-5952.

[46] Dziewonski, A. M., Anderson, D. L. (1981) Preliminary reference Earth model. *Phys. Earth Planet. Int.*, **25**, 297-356.

[47] Dziewonski, A. M., Forte, A. M. *et al.* (1993) Seismic tomography and geodynamics. *in* : "Relating Geophysical Structures and Processes: The Jeffreys Volume" (Aki, K., Dmowska, R. eds.), Geophysical Monograph 76, IUGG, Vol.16, pp.67-105, American Geophysical Union.

[48] Dziewonski, A. M., Romanowicz, B. A. (2007) Overview. *in*: "Treatise on Geophysics, 1, Seismology and Structure of the Earth" (Romanowicz, B., Dziewonski, A. M. eds.) , pp. 1-29, Elsevier.

[49] Engdahl, E. R., Scholz, C. H. (1977) A double Benioff zone beneath the central Aleutians: An unbending of the lithosphere. *Geophys. Res. Lett.*, **4**, 473-476.

[50] Engdahl, E. R., van der Hilst, R. *et al.* (1998) Global teleseismic earthquake relocation with improved travel times and procedures for depth determination. *Bull. Seismol. Soc. Am.*, **88**, 722-743.

[51] Eshelby, J. D. (1957) The determination of the elastic field of an ellipsoidal inclusion, and related problems. *Proceedings of the Royal Society of London. Series A. Mathematical and Physical Sciences*, **241**(1226), 376-396.

[52] Fehler, M., Hoshiba, M. *et al.* (1992) Separation of scattering and intrinsic attenuation for the Kanto-Tokai region, Japan, using measurements of S-wave energy versus hypocentral distance. *Geophys. J. Int.*, **108**, 787-800, doi:http://dx.doi.org/10.1111/j.1365-246X.1992.tb03470.x.

[53] Flanagan, M. P., Shearer, P. M. (1998) Global mapping of topography on transition zone velocity discontinuities by stacking SS precursors. *J. Geophys. Res.*, **103**, 2673-2692.

[54] Frohlich, C., Wetzel, L. R. (2007) Comparison of seismic moment release rates along different types of plate boundaries, *Gophys. J. Int.*, **171**, 909-920.

[55] 深尾良夫 (2002) "マントルはめぐる，地球ダイナミクスとトモグラフィ" (川勝 均 編)，朝倉書店.

[56] Fukao, Y., Widiyantoro, S. *et al.* (2001) Stagnant slabs in the upper and lower

mantle transition region. *Rev. Geophys.*, **39**, 291-323.

[57] Furumoto, M., Nakanishi, I.（1983）Source times and scaling relations of large earthquakes. *J. Geophys. Res.: Solid Earth*（1978-2012）, **88**(B3), 2191-2198.

[58] Furumura, T., Kennett, B. L. N.（2005）Subduction zone guided waves and the heterogeneity structure of the subducted plate: Intensity anomalies in northern Japan. *J. Geophys. Res.*, **110**, doi:http://dx.doi.org/10. 1029/2004JB003486.

[59] Gaherty, J. B., Lay, T.（1992）Investigation of laterally heterogeneous shear velocity structure in D$''$ beneath Eurasia. *J. Geophys. Res.*, **97**, 417-435.

[60] Gamage, S. N. S., Umino, N. *et al.*（2009）Offshore double-planed shallow seismic zone in the NE Japan forearc region revealed by sP depth phases recorded by regional networks. *Gophys. J. Int.*, **178**, 195-214, doi:10.1111/j.1365-246X.2009.04048.x.

[61] Garnero, E. J., Helmberger, D. V. *et al.*（1988）Lateral variation near the core-mantle boundary. *Geophys. Res. Lett.*, **20**, 1843-1846.

[62] Geller, R. J.（1976）Scaling relations for earthquake source parameters and magnitudes. *Bull. Seismol. Soc. Am.*, **66**(5), 1501-1523.

[63] Gephart, J. W., Forthys, D. W.（1984）An improved method for determining the regional stress tensor using earthquake focal mechanism data: Application to the San Fernando Earthquake Sequence. *J. Geophys. Res.*, **89**, 9305-9320, doi:http://dx.doi.org/10.1029/JB089iB11p09305.

[64] Green, H. W., II., Burnley, P. C.（1989）A new self-organizing mechanism for deep-focus earthquakes, *Nature*, **341**, 733-737.

[65] Griggs, D. T., Handin, J.（1960）Observations on fracture and a hypothesis of earthquakes. *in*: “Rock Deformation”（Griggs, D. T., Handin, J. eds.), *Geol. Soc. Am. Memoir*, **79**, 347-373.

[66] Gripp, A. E., Gordon, R. G.（2002）Young tracks of hotspots and current plate velocities. *Geophys. J. Int.*, **150**, 321-361, doi:10.1046/j.1365-246X. 2002.01627.x.

[67] Gubbins, D.（1981）Rotation of the inner core. *J. Geophys. Res.*, **86**, 11695-11699.

[68] Gutenberg, B., Richter, C. F.（1949, 1954）Seismicity of the Earth and Associated Phenomena, 310pp. Hafner Publishers, New York.

[69] Gutenberg, B., Richter, C. F.（1956）Earthquake magnitude, intensity, energy, and acceleration（Second paper）, *Bull. Seism. Soc. Am.*, **46**, 105-145.

[70] Hardebeck, J. L., Michael, A. J.（2004）Stress orientations at intermediate angles to the San Andreas Fault, California. *J. Geophys. Res.*, **109**, doi:10.1029/2004JB003239.

[71] Hasegawa, A., Nakajima, J.（2004）Geophysical constraints on slab subduction

and arc magmatism. *in*: “State of the Planet: Frontiers and Challenges in Geophysics”. AGU Geophysical Monograph 150, IUGG, vol. 19（Sparks, R. S. J., Hawkesworth, C. J., eds.）, pp. 81-94.

[72] 長谷川昭・中島淳一ほか（2008）地震波でみた東北日本沈み込み帯の水の循環—スラブから島弧地殻への水の供給—. 地学雑誌, **117**（1）, 59-75.

[73] Hasegawa, A., Umino, N. *et al.*（1978）Double-planed structure of the deep seismic zone in the northeastern Japan arc. *Tectonophysics*, **47**, 43-58.

[74] Hasegawa, A., Yamamoto, A.（1994）Deep, low-frequency microearthquakes in or around seismic low-velocity zones beneath active volcanoes in northeastern Japan. *Tectonophysics*, **233**, 233-252.

[75] Haskell, N. A.（1964）Total energy and energy spectral density of elastic wave radiation from propagating faults. *Bull. Seism. Soc. Am.*, **54**（6A）, 1811-1841.

[76] Hiramatsu, Y., Yamanaka, H. *et al.*（2002）Scaling law between corner frequency and seismic moment of microearthquakes: Is the breakdown of the cube law a nature of earthquakes. *Geophys. Res. Lett.*, **29**（8）, 1211.

[77] Hirose, F., Nakajima, J. *et al.*（2008）Three-dimensional seismic velocity structure and configuration of the Philippine Sea slab in southwestern Japan estimated by double-difference tomography. *J. Geophys. Res.*, **113**, B09315, doi:10.1029/2007JB00 5274.

[78] Hirose, K., Fujita, Y.（2005）Clapeyron slope of the post-perovskite phase transition in $CaIrO_3$. *Geophys. Res. Lett.*, **32**, L13313, doi:10.1029/2005GL023219.

[79] Hirose, K., Sinmyo, R. *et al.*（2006）Determination of post-perovskite phase transition boundary in $MgSiO_3$ using Au and MgO pressure standards. *Geophys. Res. Lett.*, **33**, L01310, doi:10.1029/2005GL024468.

[80] Hoshiba, M.（1993）Separation of scattering attenuation and intrinsic absorption in Japan using the multiple lapse time window analysis of full seismogram envelope. *J. Geophys. Res.*, **98**, 15809-15824, doi:http://dx.doi.org/10.1029/ 93JB00347.

[81] Huang, Z., Zhao, D. *et al.*（2013）Aseismic deep subduction of the Philippine Sea plate and slab window. *J. Asian Earth Sci.*, **75**, 82-94.

[82] Hwang, Y. K., Ritsema, J.（2011）Radial $Q\mu$ structure of the lower mantle from teleseismic body-wave spectra. *Earth Planet. Sci. Lett.*, **303**, 369-375.

[83] Hyndman, R. D., Wang, K. *et al.*（1995）Thermal constraints on the seismogenic portion of the southwestern Japan subduction thrust. *J. Geophys. Res.*, **100**, 15373-15392.

[84] 井出 哲（2009）地震発生過程のスケーリング依存性. 地震, **61**, S329-S338.

[85] Ide, S., Beroza, G. C.（2001）Does apparent stress vary with earthquake size?

*Geophys. Res. Lett.*, **28**(17), 3349-3352.

[86] Ide, S., Beroza, G. C. *et al.* (2007a) A scaling law for slow earthquakes. *Nature*, **447**(7140), 76-79.

[87] Ide, S., Shelly, D. *et al.* (2007b) Mechanism of deep low frequency earthquakes: Further evidence that deep non-volcanic tremor is generated by shear slip on the plate interface. *Geophys. Res. Lett.*, **34**, L03308, doi:10.1029/2006GL028890.

[88] Iinuma, T., Hino, R. *et al.* (2012) Coseismic slip distribution of the 2011 off the Pacific Coast of Tohoku Earthquake (M9.0) refined by means of seafloor geodetic data. *J. Geophys. Res.*, **117**, B07409, doi:10.1029/2012JB009186.

[89] 飯沼卓史・日野亮太ほか (2014) 2011 年東北地方太平洋沖地震の地震時すべりと余効すべりの空間的相補性, 日本地震学会 2014 年度秋季大会, A31-09.

[90] Iio, Y. (1986) Scaling relation between earthquake size and duration of faulting for shallow earthquakes in seismic moment between $10^{10}$ and $10^{25}$ dyne-cm. *J. Phys. Earth*, **34**, 127-169.

[91] Iio, Y., Sagiya, T. *et al.* (2002) Water weakened lower crust and its role in the concentrated deformation in the Japanese Islands. *Earth Planet. Sci. Lett.*, **203**, 245-253.

[92] 今村 勤 (1978)『物理とグリーン関数』, 264pp., 岩波書店.

[93] 今村 勤 (1980)『物理と関数論』, 221pp., 岩波書店.

[94] Isacks, B. L., Molnar, P. (1971) Distribution of stresses in the descending lithosphere from a global survey of focal mechanism solutions of mantle earthquakes. *Rev. Geophys. Space Phys.*, **9**, 103-174.

[95] Isacks, B., Oliver, J. *et al.* (1968) Seismology and the new global tectonics. *J. Geophys. Res.*, **73**, 5855-5899.

[96] Ishibashi, K. (2004) Status of historical seismology in Japan. *Annali di Geofisica*, **47**, 339-368.

[97] Ishii, M., Tromp, J. (1999) Normal-mode and free-air gravity constraints on lateral variations in velocity and density of Earth's mantle. *Science*, **285**, 1231-1236.

[98] Ito, T., Kojima, Y. *et al.* (2009) Crustal structure of southwest Japan, revealed by the integrated experiment Southwest Japan, 2002. *Tectonophysics*, **472**, 124-134.

[99] Ito, Y., Obara, K. *et al.* (2007) Slow earthquakes coincident with episodic tremors and slow slip events. *Science*, **315**, 503-506.

[100] Ito, E., Takahashi, E. (1989) Postspinel transformations in the system $Mg_2SiO_4$-$Fe_2SiO_4$ and some geophysical implications. *J. Geophys. Res.*, **91**, 10637-10646.

[101] Iwasaki, T., Kato, W. *et al.* (2001) Extensional structure on northern Honshu Arc as inferred from seismic refraction/wide-angle reflection profiling. *Geophys.*

*Res. Lett.*, **28**, 2329-2332.

[102] 岩崎貴哉・佐藤比呂志（2009）陸域制御震源地震探査から明らかになりつつある島弧地殻・上部マントル構造．地震 2，**61**，S165-S176.

[103] Jin, A., Aki, K.（1988）Spatial and temporal correlation between coda Q and seismicity in China. *Bull. Seism. Soc. Am.*, **78**, 741-769.

[104] 地震予知計画研究グループ（世話人 坪井忠二・和達清夫・萩原尊礼）（1962）「地震予知―現状とその推進計画―」．この文献は，たとえば，次の図書に収録されている．力武常次（2001）『地震予知―発展と展望―』，日本専門図書出版.

[105] 蕪木英雄・寺倉清之（2007）『破壊・フラクチャーの物理』，147pp.，岩波書店.

[106] Kakehi, Y., Irikura, K.（1996）Estimation of high-frequency wave radiation areas on the fault plane by the envelope inversion of acceleration seismograms. *Geophys. J. Int.*, **125**(3), 892-900.

[107] Kanamori, H.（1977）The energy release in great earthquakes, *J. Geophys. Res.*, **82**, 2981-2987.

[108] Kanamori, H.（1978）Quantification of earthquakes. *Nature*, **271**, 411-414.

[109] Kanamori, H.（1981）The nature of seismicity patterns before large earthquakes. *in*: "Earthquake Prediction: An International Review". Maurice Ewing Ser., vol. 4（Simpson, D., Richards, P. G. eds.）, pp. 1-19, American Geophysical Union.

[110] Kanamori, H., Anderson, D. L.（1975）Theoretical basis of some empirical relations in seismology. *Bull. Seism. Soc. Am.*, **65**(5), 1073-1095.

[111] Kanamori, H., Brodsky, E. E.（2004）The physics of earthquakes. *Rep. Prog. Phys.*, **67**(8), 1429-1496.

[112] Karato, S.（2008）"Deformation of Earth Materials: An Introduction to the Rheology of Solid Earth", 474pp., Cambridge University Press, New York.

[113] Kasahara, K.（1957）The Nature of Seismic Origins as Inferred from Seismological and Geodetic Observations（1）. *Bull. Earthq. Res. Inst.*, **35**(3), 473-532.

[114] 笠谷直矢・筧 楽麿（2014）スペクトルインバージョンに基づく宮城県沖のスラブ内地震とプレート境界地震の震源特性. 地震，**67**，57-79.

[115] 活断層研究会（1991）『新編日本の活断層』，437pp.，東京大学出版会.

[116] Katsumata, A.（2010）Depth of Moho discontinuity beneath the Japanese islands estimated by traveltime analysis. *J. Geophys. Res.*, **115**, B04303, doi:10.1029/2008JB005864.

[117] Katsura, T., Ito, E.（1989）The system $Mg_2SiO_4$-$Fe_2SiO_4$ at high pressures and temperatures : Precise determination of stabilities of olivine, modified spinel and spinel. *J. Geophys. Res.*, **94**, 15663-15670.

[118] Kausel, E.（2006）"Fundamental Solutions in Elastodynamics", 251pp., Cam-

bridge University Press, Cambridge.

[119] Kawakatsu, H., Kumar, P. *et al.* (2009) Seismic evidence for sharp lithosphere-asthenosphere boundaries of oceanic plates. *Science*, **324**, 499-502.

[120] Kawakatsu, H., Watada, S. (2007) Seismic evidence for deep water transportation in the mantle. *Science*, **316**, 1468-1471.

[121] Kawakatsu, H., Yoshioka, S. (2011) Metastable olivine wedge and deep dry cold slab beneath southwest Japan. *Earth Planet. Sci. Lett.*, **303**, 1-10.

[122] 河角 広 (1943) 震度と震度階. 地震第 1 輯, **15**, 6-12.

[123] Kennet, B. L. N., Engdahl, E. R. (1991) Traveltimes for global earthquake location and phase identification. *Geophys. J. Int.*, **105**(2), 429-465.

[124] Kennett, B. L. N., Engdahl, E. R. *et al.* (1995) Constraints on seismic velocities in the Earth from travel times. *Geophys. J. Int.*, **122**, 108-124.

[125] Kikuchi, M., Ishida, M. (1993) Source retrieval for deep local earthquakes with broadband records. *Bull. Seism. Soc. Am.*, **83**(6), 1855-1870.

[126] 木村 学 (2002)『プレート収束帯のテクトニクス学』, 271pp., 東京大学出版会.

[127] Kind, R., Li, X. (2007) Deep Earth structure—Transition zone and mantle discontinuities. *in*: “Treatise on Geophysics, 1, Seismology and Structure of the Earth” (Romanowicz, B., Dziewonski, A. M. eds.), pp. 591-618, Elsevier.

[128] Kirby, S. H. (1987) Localized polymorphic phase transformations in high-pressure faults and applications to the physical mechanism of deep earthquakes. *J. Geophys. Res.*, **92**, 13789-13800.

[129] Kirby, S. H. (1995) Interslab earthquakes and phase changes in subducting lithosphere. Rev. Geophys. Supplement, U.S. National report to IUGG 1991-1994, 287-297.

[130] Kirby, S. H., Engdahl, E. R. *et al.* (1996) Intermediate-depth intraslab earthquakes and arc volcanism as physical expressions of crustal and uppermost mantle metamorphism in subducting slabs. *in*: “Subduction: Top to Bottom”, Geophysical Monograph 96 (Bebout, G. E. *et al.* ed.), pp. 347-355, American Geophysical Union.

[131] Kita, S., Okada, T. *et al.* (2006) Existence of a seismic belt in the upper plane of the double seismic zone extending in the along-arc direction at depths of 70-100 km beneath NE Japan. *Geophys. Res. Lett.*, **33**, doi:10.1029/2006GL028239.

[132] Kita, S., Okada, T. *et al.* (2010) Anomalous deepening of a seismic belt in the upper-plane of the double seismic zone in the Pacific slab beneath the Hokkaido corner: Possible evidence for thermal shielding caused by subducted forearc crust materials. *Earth Planet. Sci. Lett.*, **290**, 415-426.

[133] Knopoff, L. (1958) Energy Release in Earthquakes. *Geophys. J. Int.*, **1**(1), 44-52.

[134] Kodaira S., Kurashimo, E. *et al.* (2002) Structural factors controlling the rupture process of as megathrust earthquake at the Nankai trough seismogenic zone. *Geophys. J. Int.*, **149**, 815-835.

[135] Kodaira, S., Sato, T. *et al.* (2007) New seismological constraints on growth of continental crust in the Izu-Bonin intra-oceanic arc. *Geology*, **35**, 1031-1034, doi:10.1130G23901A.

[136] Koto, B. (1893) On the cause of the great earthquake in central Japan. *J. Coll. Sci. Imp. Univ. Tokyo*, **5**, 295-353.

[137] Kumar, P., Kawakatsu, H. (2011) Imaging the seismic lithosphere—asthenosphere boundary of the oceanic plate. *Geochem. Geophys. Geosyst.*, **12**, Q01006, doi:10.1029/2010GC003358.

[138] Kurashimo, E., Hirata, N. *et al.* (2003) Physical properties of the top of the subducting Philippine sea plate beneath the SW Japan arc by AVO analysis, Abstract 10th International Symposyum, "Deep Seismic Profiling of the Continents and Their Margins", p. 83.

[139] Kurashimo, E., Iwasaki, T. *et al.* (2004) Deep seismic structure beneath the southwestern Japan arc, revealed by seismic refraction/wide-angle reflection profiling, Abstract 11th International Symposium, "Deep Seismic Profiling of the Continents and Their Margins", p. 67.

[140] ランダウ, L. D.・リフシッツ, E. M. (1967)『量子力学 1』(原著第 2 版, 佐々木 健・吉村滋洋 訳), 330pp., 東京図書.

[141] ランダウ, L. D.・リフシッツ, E. M. (1990)『弾性理論』(増補新版, 原著第 4 版, 佐藤常三・石橋義弘 訳), 275pp., 東京図書.

[142] Larson, E. W. F., Ekström, G. (2001) Global models of surface wave group velocity. *Pure Appl. Geophys.*, **158**(8), 1377-1400.

[143] Larson, K., Burgmann, R. *et al.* (1999) Kinematics of the India-Eurasia collision zone from GPS measurements. *J. Geophys. Res.*, **104**, 1077-1093.

[144] Laske, G., Masters., G. *et al.* (2013) Update on CRUST1.0 - A 1-degree global model of Earth's Crust. *Geophys. Res. Abst.*, **15**, EGU2013-2658.

[145] Lawrence, J. F., Shearer, P. M. (2006a) Constraining seismic velocity and density for the mantle transition zone with reflected and transmitted waveforms. *Geochem. Geophys. Geosyst.*, **7**, Q10012, doi:10.1029/2006GC001339.

[146] Lawrence, J. F., Shearer, P. M. (2006b) A global study of transition zone thickness using receiver functions. *J. Geophys. Res.*, **111**, B06307, doi:10.1029/2005JB003973.

[147] Lawrence, J. F., Wysession, M. E. (2006) QLM9: A new radial quality factor (Qu) model for the lower mantle. *Earth Planet. Sci. Lett.*, **241**, 962-971.

[148] Lay, T. (2007) Deep structure - Lower mantle and D″. *in*: "Treatise on Geophysics, 1, Seismology and Structure of the Earth" (Romanowicz, B., Dziewonski, A. M. eds.), pp. 619-654, Elsevier.

[149] Lay, T. (2011) Mantle D″ layer. *in*: "Encyclopedia of Solid Earth Geophysics, vol.2" (Gupta, H. K. ed.), pp. 851-857, Springer.

[150] Lay, T., Duputel, Z. *et al.* (2013) The December 7, 2012 Japan Trench intraplate doublet (Mw 7.2, 7.1) and interactions between near-trench intraplate thrust and normal faulting. *Phys. Earth Planet. Int.*, **220**, 73-78.

[151] Lay, T., Helmberger, D. V. (1983) A lower mantle S-wave triplication and the velocity structure of D″. *Geophys. J. Roy. astr. Soc.*, **75**, 799-837.

[152] Lay, T., Kanamori, H. (1981) "Earthquake Prediction: An International Review", Maurice Ewing Series, Vol. 4. (Ewing, M., Simpson, D. W., Richards, P. G. eds.) pp.579-592, American Geophysical Union.

[153] Lay, T., Kanamori, H. *et al.* (1982) The asperity model and the nature of large subduction zone earthquakes. *Earthquake Prediction Research*, 1. Terrapub, pp. 3-71.

[154] Lay, T., Young, C. J. (1990) The stably stratified outermost core revisited. *Geophys. Res. Lett.*, **17**, 2001-2004.

[155] Lee, W. S., Sato, H. *et al.* (2003) Estimation of S-wave scattering coefficient in the mantle from envelope characteristics before and after the ScS arrival. *Geophys. Res. Lett.*, **30**(24), doi:http://dx.doi.org/10.1029/2003GL018413.

[156] Lindner, D., Song, X. *et al.* (2010) Inner core rotation and its variability from nonparametric modeling. *J. Geophys. Res.*, **115**, B04307, doi:10.1029/2009JB006294.

[157] Love, A. E. H. (1952) "A Treatise on the Mathematical Theory of Elasticity", Dover Publications, New York.

[158] Margerin, L., Sato, H. (2011) Generalized optical theorems for the reconstruction of Green's function of an inhomogeneous elastic medium. *J. Acoust. Soc. Am.*, **130**, 3674-3690, doi:http://dx.doi.org/10.1121/1.3652856.

[159] Maruyama, T. (1963) On the force equivalents of dynamical elastic dislocations with reference to the earthquake mechanism. *Bull. Earthq. Res. Inst., Tokyo Univ.*, **41**, 467-486.

[160] Masters, G. (1979) Observational constraints on the chemical and thermal structure of the Earth's deep interior. *Geophys. J. Roy. astr. Soc.*, **57**, 507-534.

[161] 松川 宏 (2012)『摩擦の物理』, 116pp., 岩波書店.

[162] Matsuzawa, T., Igarashi, T. *et al.* (2002) Characteristic small-earthquake sequence off Sanriku, northeastern Honshu, Japan. *Geophys. Res. Lett.*, **29**(11), doi:10.1029/2001GL014632.

[163] McKenzie, D. P. (1969) Speculations on the consequences and causes of plate motions. *Geophys. J. Roy. astr. Soc.*, **18**, 1-32.

[164] Meissner, R. (1986) "The continental crust, A geophysical approach", 426pp., Academic Press, Orland.

[165] Mikesell, T. D., van Wijk, K. *et al.* (2012) Analyzing the coda from correlating scattered surface waves. *J. Acoust. Soc. Am.*, **131**, EL275-281, doi:http://dx.doi.org/10.1121/1.3687427,2012.

[166] Minshull, T. A. (2002) Seismic structure of the oceanic crust and rifted continental margins. *in*: "International Handbook of Earthquake and Engineering Seismology" International Geophysics Series 81A (Lee, W. H. K, Kanamori, H. *et al.* eds.) , pp. 911-924, Academic Press.

[167] Miura, S., Sato, T. *et al.* (2004) Strain concentration zone along the volcanic front derived by GPS observations in NE Japan arc. *Earth Planets Space*, **56**, 1347-1355.

[168] Mogi, K. (1962) Study of elastic shocks caused by the fracture of heterogeneous materials and their relation to earthquake phenomena. *Bull. Earthq. Res. Inst.*, **40**, 125-173.

[169] Montagner, J. P., Kennett, B. L. N. (1996) How to reconcile body-wave and normal-mode reference Earth model? *Geophys. J. Int.*, **125**, 229-248.

[170] Mooney, W. D. (2007) Crust and lithospheric structure—Global crustal structure. *in*: "Treatise on Geophysics, 1, Seismology and Structure of the Earth" (Romanowicz, B., Dziewonski, A. M. eds.), pp. 361-417, Elsevier.

[171] Mooney, W. D., Laske, G. *et al.* (1998) Crust 5.1: A global crust model at 5°×5°, *J. Geophys. Res.*, **103**, 727-747.

[172] Morelli, A., Dziewonski, A. M. *et al.* (1986) Anisotropy of the inner core inferred from PKIKP travel times. *Geophys. Res. Lett.*, **13**, 1545-1548.

[173] 森口繁一・宇田川銈久ほか (1987a)『数学公式 I』, 318pp., 岩波書店.

[174] 森口繁一・宇田川銈久ほか (1987b)『数学公式 II』, 340pp., 岩波書店.

[175] 森口繁一・宇田川銈久ほか (1987c)『数学公式 III』, 310pp., 岩波書店.

[176] Morris, G. B., Raitt, R. W. *et al.* (1969) Velocity anisotropy and delay-time maps of the mantle near Hawaii. *J. Geophys. Res.*, **74**, 4300-4316.

[177] Murakami, M., Hirose, K. *et al.* (2004) Post-perovskite phase transition in $MgSiO_3$. *Science*, **304**, 855-858.

[178] 室谷智子・菊地正幸ほか（2003）1938 年に起きた複数の福島県東方沖地震の破壊過程，地球惑星科学関連学会 2003 年合同大会，S052-0003.

[179] Murray, J., Langbein, J.（2006）Slip on the San Andreas Fault at Parkfield, California, over two earthquake cycles, and the implications for seismic hazard. *Bull. Seismol. Soc. Am.*, **96**, S283-S303, doi:10.1785/0120050820.

[180] Nadeau, R. M., Dolenc, D.（2005）Nonvolcanic tremors deep beneath the San Andreas Fault. *Science*, **307**, 389, doi:10.1126/science.1107142.

[181] Nadeau. R. M., Guilhem, A.（2009）Nonvolcanic tremor evolution and the San Simeon and Parkfield, California, earthquakes. *Science*, **325**, 191-193.

[182] Nakahara, H.（2008）Seismogram envelope inversion for high-frequency seismic energy radiation from moderate-to-large earthquakes. *in*: "Earth Heterogeneity and Scattering Effects on Seismic Waves"（Sato, H., Fehler, M. C. eds.）, Vol. 50 of Advances in Geophysics（Series Ed. R. Dmowska）, Chap. 15, pp. 402-426, Academic Press.

[183] Nakahara, H., Nishimura, T. *et al.*（1998）Seismogram envelope inversion for the spatial distribution of high-frequency energy radiation from the earthquake fault: Application to the 1994 far east off Sanriku earthquake, Japan. *J. Geophys. Res.*, **103**, 855-867.

[184] Nakajima, J., Hasegawa, A.（2003）Tomographic imaging of seismic velocity structure in and around the Onikobe volcanic area, northeastern Japan: Implications for fluid distribution. *J. Volcanol. Geotherm. Res.*, **127**, 1-18.

[185] Nakajima, J., Hasegawa, A.（2007）Subduction of the Philippine Sea plate beneath southwestern Japan: Slab geometry and its relationship to arc magmatism. *J. Geophys. Res.* **112**, B08306, doi:10.1029/2006JB004770.

[186] Nakajima, J., Hasegawa, A.（2008）Existence of low-velocity zones under the source areas of the 2004 Niigara-Chuetsu and 2007 Niigarta-Chuetsu-Oki earthquakes inferredfrom travel-time tomography. *Earth Planets Space*, **60**, 1127-1130.

[187] Nakajima, J., Hirose, F. *et al.*（2009a）Seismotectonics beneath the Tokyo metropolitan area: Effect of slab-slab contact and overlap on seismicity. *J. Geophys. Res.*, **114**, B08309, doi:10.1029/2008JB006101.

[188] Nakajima, J., Matsuzawa, T. *et al.*（2001）Three-dimensional structure of Vp, Vs, and Vp/Vs beneath northeastern Japan: Implications for arc magmatism and fluids. *J. Geophys. Res.*, **106**, 21843-21857.

[189] Nakajima, J., Takei, Y. *et al.*（2005）Quantitative analysis of the inclined low-velocity zone in the mantle wedge of northeastern Japan: A systematic change of melt-filled pore shapes with depth and its implications for melt migration. *Earth*

*Planet. Sci. Lett.*, **234**, 59-70.

[190] Nakajima, J., Tsuji, Y. *et al.* (2009b) Seismic evidence for thermally-controlled dehydration reaction in subducting oceanic crust. *Geophys. Res. Lett.*, **36**, L03303, doi:10.1029/2008GL036865.

[191] 中田 高・今泉俊文 編 (2002)『活断層詳細デジタルマップ』, 68pp., 東京大学出版会.

[192] 中谷正生・永田広平 (2009) 速度・状態依存摩擦とその物理. 地震 2, **61**, S519-S526.

[193] Nanayama, F., Satake, K. *et al.* (2003) Unusually large earthquakes inferred from tsunami deposits along the Kuril trench. *Nature*, **424**, 660-663, doi:http://dx.doi:10.1038/nature01864.

[194] Nanjo, K. Z., Hirata, N. *et al.* (2012) Decade-scale decrease in b-value prior to the M9-class 2011 Tohoku and 2004 Sumatra quakes. *Geophys. Res. Lett.*, **39**, doi:http://dx.doi.org/10.1029/2012GL052997.

[195] Navin, D. Peirce, C. *et al.* (1998) The RAMESSES experiment- II. Evidence for accumulated melt beneath a slow spreading ridge from wide-angle refraction and multichannel reflection seismic profiles. *Geophys. J. Int.*, **135**, 746-772.

[196] Ni, J., Barazangi, M. (1984) Seismotectonics of the Himalayan Collision Zone: Geometry of the underthrusting Indian plate beneath the Himalaya. *J. Geophys. Res.*, **89**, 1147-1163.

[197] 西村卓也 (2009) 陸域地殻変動観測の現状. 地震 2, **61**, S35-S43.

[198] 西坂弘正・篠原雅尚ほか (2001) 海底地震計と制御震源を用いた北部大和海盆, 秋田沖日本海東縁部海陸境界域の地震波速度構造. 地震 2, **54**, 365-380.

[199] Obara, K. (2002) Nonvolcanic deep tremor associated with subduction in southwest Japan. *Science*, **296**, 1679-1681, doi:10.1126/science.1070378.

[200] Obara, K. (2009) Discovery of slow earthquake families associated with the subduction of the Philippine Sea plate in southwest Japan. *J. Seismol. Soc. Jpn.*, **61**, S315-327.

[201] Ogata, Y. (1988) Statistical models for earthquake occurrences and residual analysis for point processes. *J. Am. Stat. Assoc.*, **83**, 9-27.

[202] Ogata, Y. (1992) Detection of precursory relative quiescence before great earthquakes through a statistical model. *J. Geophys. Res.*, **97**, 19845-19871.

[203] Ogawa, M. (1987) Shear instability in a viscoelastic material as the cause of deep focus earthquakes, *J. Geophys. Res.*, **92**, 13801-13810.

[204] 大中康誉・松浦充宏 (2002)『地震発生の物理学』, 378pp., 東京大学出版会.

[205] Ohtake, M., Matumoto T. *et al.* (1977) Seismicity gap near Oaxaca, southern Mexico as a probable precursor to a large earthquake. *Pure Appl. Geophys.*, **115**, 375-385.

[206] Okada, T., Hasegawa, A. *et al.* (2007) Imaging the source area of the 1995 southern Hyogo (Kobe) earthquake (M7.3) using double-difference tomography. *Earth Planet. Sci. Lett.*, **253**, 143-150.

[207] Okada, T., Hasegawa, A. *et al.* (2007) Imaging the heterogeneous source area of the 2003 M6.4 northern Miyagi earthquake, NE Japan, by double-difference tomography. *Tectonophysics*, **430**, 67-81.

[208] Okada, T., Matsuzawa, T. *et al.* (2003) Comparison of source areas of M 4.8±0.1 earthquakes off Kamaishi, NE Japan—Are asperities persistent feature? *Earth Planet. Sci. Lett.*, **213**, 361-374.

[209] Okada, T., Umino, N. *et al.* (2012) Hypocenter distribution and heterogeneous seismic velocity structure in and around the focal Area of the 2008 Iwate-Miyagi Nairiku earthquake, NE Japan—Possible seismological evidence for a fluid driven compressional inversion earthquake. *Earth Planets Space*, **64**, 717-728.

[210] Okada, Y. (1985) Surface deformation due to shear and tensile faults in a half-space. *Bull. Seism. Soc. Am.*, **75**(4), 1135-1154.

[211] Okada, Y. (1992) Internal deformation due to shear and tensile faults in a half-space. *Bull. Seism. Soc. Am.*, **82**(2), 1018-1040.

[212] Okal, E. A., Jo, B. G. (1990) Q measurements for phase X overtones. *Pure Appl. Geophys.*, **132**, 331-362.

[213] 岡村行信・加藤幸弘 (2002) 海域の変動地形および活断層. 『日本海東縁の活断層と地震テクトニクス』(大竹 正和・平 朝彦・太田陽子 編), pp. 47-69, 東京大学出版会.

[214] Oleskevich, D. A., Hyndman, R. D. *et al.* (1999) The updip and downdip limits to great subduction earthquakes: thermal and structural models of Cascadia, south Alaska, SW Japan, and Chile. *J. Geophys. Res.*, **104**, 14965-14991.

[215] Omori, S., Komabayashi, T. *et al.* (2004) Dehydration and earthquakes in the subducting slab: Empirical link in intermediate and deep seismic zones. *Phys. Earth Planet. Int.*, **146**, 297-311.

[216] Paasschens, J. C. J. (1997) Solution of the time-dependent Boltzmann equation. *Phys. Rev. E*, **56**(1), 1135-1141, doi:http://dx.doi.org/10.1103/PhysRevE.56.1135.

[217] Panning, M., Romanowicz, B. (2006) A three-dimensional radially anisotropic model of shear velocity in the whole mantle. *Geophys. J. Int.*, **167**, 361-379.

[218] Park, J., Song, T. R. A. *et al.* (2005) Earth's free oscillations excited by the 26 December 2004 Sumatra-Andaman earthquake. *Science*, **308**(5725), 1139-1144.

[219] Park, J.-O., Tsuru, T. *et al.* (2002) Splay fault branching along the Nankai subduction zone. *Science*, **297**, 1157-1160.

[220] Phillips, W. S., Aki, K. (1986) Site amplification of coda waves from local earth-

quakes in central California. *Bull. Seism. Soc. Am.*, **76**, 627-648.

[221] Poupinet, G., Pillet, R. *et al.* (1983) Possible heterogeneity in the Earth's core deduced from PKIKP travel times. *Nature*, **305**, 204-206.

[222] Raleigh, C. B. (1967) Tectonic implications of serpentinite weakening, *Geophys. J. Roy. astr. Soc.* **14**, 113-118.

[223] Raleigh, C. B., Paterson, M. S. (1965) Experimental deformation of serpentinite and its tectonic implications. *J. Geophys. Res.*, **70**, 3965-3985.

[224] Reid, H. F. (1910) The mechanics of the earthquake, v. 2 of The California Earthquake of April 18, 1906: Report of the State Earthquake Investigation Commission: Carnegie Institution of Washington Publication 87, C192 p.2 vols.

[225] Richter, C. F. (1935) Am instrumental magnitude scale. *Bull. Seism. Soc. Am.*, **25**, 1-32.

[226] 力武常次・佐藤良輔ほか（1980）『物理数学 II—地球科学を主体として（応用編）』, 261pp., 学会誌刊行センター.

[227] Rogers, G., Dragert, H. (2003) Episodic tremor and slip on the Cascadia subduction zone: The chatter of silent slip. *Science*, **300**, 1942-1943.

[228] Romanowicz, B. (1992) Strike-slip earthquakes on quasi-vertical transcurrent faults: Inferences for general scaling relations. *Geophys. Res. Lett.*, **19**(5), 481-484.

[229] Ruina, A. (1983) Slip instability and state variable friction laws, *J. Geophys. Res.*, **88**, 10359-10370.

[230] Sagiya, T., Miyazaki, S. (2000) Continuous GPS array and present day crustal deformation of Japan. *Pure Appl. Geophys.*, **157**, 2303-2322.

[231] 斎藤正徳（2009）『地震波動論』, 539pp., 東京大学出版会.

[232] Satake, K., Atwater, B. F. (2007) Long-Term Perspectives on Giant Earthquakes and Tsunamis at Subduction Zones. *Annu. Rev. Earth Planet. Sci.*, **35**, 349-374.

[233] Sato, H. (1977) Energy propagation including scattering effects: Single isotropic scattering approximation. *J. Phys. Earth*, **25**, 27-41.

[234] Sato, H. (2009) Retrieval of Green's function having coda from the cross-correlation function in a scattering medium illuminated by surrounding noise sources on the basis of the first order Born approximation. *Geophys. J. Int.*, **179** (1), 408-412, doi: http://dx.doi.org/10.1111/j.1365-246X.2009.04296.x.

[235] Sato, H. (2010) Retrieval of Green's function having coda waves from the cross-correlation function in a scattering medium illuminated by a randomly homogeneous distribution of noise sources on the basis of the first order Born approximation. *Geophys. J. Int.*, **180**, 759-764, doi: http://dx.doi.org/10. 1111/j.1365-

246X.2009.04432.x.

[236] Sato, H., Fehler, M. C. *et al.*（2012）“Seismic wave propagation and scattering in the heterogeneous earth” 2nd ed., 494pp., Springer.

[237] 佐藤春夫・高橋 博ほか（1980）孔井用傾斜計による地殻傾斜観測方式の開発. 地震, **33**(3), 343-368.

[238] 佐藤良輔・岡田義光ほか（1989）『日本の地震断層パラメター・ハンドブック』, 390pp., 鹿島出版会.

[239] Sato, T., Hirasawa, T.（1973）Body wave spectra from propagating shear cracks. *J. Phys. Earth*, **21**(4), 415-431.

[240] 佐藤泰夫（1977）『弾性波動論』, 454pp., 岩波書店.

[241] Sato, T., Miura, S. *et al.*（2004）Deep seismic structure in the margin of the southwestern Yamato Basin, Japan Sea by ocean bottom seismographic experiment, Abstract 11th International Symposium. “Deep Seismic Profiling of the Continents and Their Margins”, p. 97.

[242] Schmandt, B., Dueker, K. *et al.*（2012）Hot mantle upwelling across the 660 beneath Yellowstone. *Earth Planet Sci. Lett.*, **331-332**, 224-236.

[243] Scholz, C. H.（1968）Microfracturing and the inelastic deformation of rock in compression. *J. Geophys. Res.*, **73**(4), 1417-1432.

[244] Scholz, C. H.（1990）“The Mechanics of Earthquakes and Faulting”, 439pp., Cambridge University Press.

[245] Scholz, C. H.（1994）Reply to comments on “A reappraisal of large earthquake scaling” by C. Scholz. *Bull. Seism. Soc. Am.*, **84**(5), 1677-1678.

[246] ショルツ, C. H.（2010）『地震と断層の力学（第二版）』,（柳谷 俊・中谷正生 訳）, 448pp., 古今書院.

[247] 瀬野徹三（1993）日本付近のプレート運動と地震, 科学, **63**, 711-719.

[248] 瀬野徹三（2001）プレートテクトニクス.『地震の事典』(宇津徳治・嶋 悦三・吉井敏尅・山科健一郎 編), pp. 135-145, 朝倉書店.

[249] Seno, T., Maruyama, S.（1984）Paleogeographic reconstruction and origin of the Philippine Sea. *Tectonophysics*, **102**, 53-84.

[250] Seno, T., Yamanaka, Y.（1996）Double seismic zones, compressional deep trench–outer rise events and superplumes. *in*: “Subduction: Top to Bottom”. Geophysical Monograph Ser., vol. 96（Bebout, G. E., *et al.* eds.）., pp. 347-355, American Geophysical Union.

[251] Shapiro, N. M., Campillo, M. *et al.*（2005）High-resolution surface-wave tomography from ambient seismic noise. *Science*, **307**(11), 1615-1618, doi:http://dx.doi.org/10.1126/science.1108339.

[252] Shearer, P.（1994）Constraints on inner core anisotropy from PKP（DF）travel times. *J. Geophys. Res.*, **99**, 19647-19659.

[253] Shelly, D. R.（2009）Possible deep fault slip preceding the 2004 Parkfield earthquake, inferred from detailed observations of tectonic tremor. *Geophys. Res. Lett.*, **36**, doi:10.1029/2009GL039589.

[254] Shelly, D. R., Beroza, G. C. *et al.*（2006）Low-frequency earthquakes in Shikoku, Japan, and their relationship to episodic tremor and slip. *Nature*, **442**, 188-191, doi:10.1038/nature04931.

[255] Shelly, D. R., Hardebeck, J. L.（2010）Precise tremor source locations and amplitude variations along the lower-crustal central San Andreas Fault. *Geophys. Res. Lett.*, **37**, L14301, doi:10.1029/2010GL043672.

[256] Shibazaki, B., Garatani, K. *et al.*（2008）Faulting processes controlled by the non-uniform thermal structure of the crust and uppermostmantle beneath the northeastern Japanese island arc. *J. Geophys. Res.*, **113**, B08415, doi:10.1029/2007JB005361.

[257] Shimamura, K., Matsuzawa, T. *et al.*（2011）Similarities and Differences in the Rupture Process of the M 4.8 Repeating-Earthquake Sequence off Kamaishi, Northeast Japan: Comparison between the 2001 and 2008 Events. *Bull. Seismol. Soc. Am.*, **101**, 2355-2368.

[258] Shimazaki, K.（1986）Small and large earthquakes: The effects of the thickness of seismogenic layer and the free surface. "Earthquake Source Mechanics", Geophysical Monograph Series, Vol. 37, pp. 209-216, American Geophysical Union.

[259] Sibson, R. H.（1990）Rupture nucleation on unfavorably oriented faults. *Bull. Seism. Soc. Am.*, **80**, 1580-1604.

[260] Singh, S., Herrmann, R. B.（1983）Regionalization of crustal coda Q in the continental United States. *J. Geophys. Res.*, **88**, 527-538, doi:http://dx.doi.org/10.1029/JB088iB01p00527.

[261] Song, X.（2011）Differential rotation of the earth's inner core. *in*: "Encyclopedia of Solid Earth Geophysics, vol. 1"（Gupta, H. K. ed.）, pp. 118-121, Springer.

[262] Song, X., Helmberger, D. V.（1995）AP wave velocity model of the Earth's core. *J. Geophys. Res.*, **100**, 9817-9830.

[263] Souriau, A.（2007）Deep Earth structure—Te Earth's cores. *in*: "Treatise on Geophysics, 1, Seismology and Structure of the Earth"（Romanowicz, B., Dziewonski, A. M. eds.）, pp. 655-693, Elsevier.

[264] Souriau, A., Poupinet, G.（1991）The velocity profile at the base of the liquid core from PKP（BC+Cdiff）data. An argument in favor of radial inhomogeneity.

*Geophys. Res. Lett.*, **18**, 2023-2026.

[265] Souriau, A., Roudil, P.（1995）Attenuation in the uppermost inner core from broad-band GEOSCOPE PKP data. *Geophys. J. Int.*, **123**, 572-587.

[266] Stamps, D. S., Calais, E. *et al.*（2008）A kinematic model for the East African Rift. *Geophys. Res. Lett.*, **35**, L05304, doi:10.1029/2007GL032781.

[267] Stein, S., Wysession, M.（2003）"An Introduction to Seismology, Earthquakes, and Earth Structure", 498pp., Blackwell Publishing.

[268] Steketee, J. A.（1958）On Volterra's dislocations in a semi-infinite elastic medium. *Can. J. Phys.*, **36**（2）, 192-205.

[269] Suda, N., Fukao, Y.（1990）Structure of the inner core inferred from observations of seismic core modes. *Geophys. J. Int.*, **103**, 403-413.

[270] Suwa, Y., Miura, S. *et al.*（2006）Interplate coupling beneath NE Japan inferred from three dimensional displacement field. *J. Geophys. Res.*, **111**, doi:10.1029/2004JB003203.

[271] 多田 尭（1982）山を削ると地殻は隆起する. 地震, **35**（3）, 427-433.

[272] Takagi, R., Okada, T. *et al.*（2012）Coseismic velocity change in and around the focal region of the 2008 Iwate-Miyagi Nairiku earthquake. *J. Geophys. Res.: Solid Earth*（1978-2012）, **117**（B6）, doi:10.1029/2012JB009252.

[273] Takahashi, N., Kodaira, S. *et al.*（2004）Seismic structure and seismogenesis off Sanriku region, northeastern Japan. *Geophys. J. Int.*, **159**, 129-145.

[274] Takahashi, T., Sato, H. *et al.*（2005）Scale dependence of apparent stress for earthquakes along the subducting pacific plate in north-eastern Honshu, Japan. *Bull. Seism. Soc. Am.*, **95**（4）, 1334, doi:http://dx.doi.org/10.1785/0120040075.

[275] 竹内 均（2011a）『大学演習弾性論』, 210pp., 裳華房.

[276] 竹内 均（2011b）『地球科学における諸問題』, 373pp., 裳華房.

[277] Tanaka, S., Hamaguchi, H.（1997）Degree one heterogeneity and hemispherical variation of anisotropy in the inner core from PKP（BC）- PKP（DF）times. *J. Geophys. Res.*, **102**, 2925-2938.

[278] Tanaka, S., Ohtake, M. *et al.*（2002）Evidence for tidal triggering of earthquakes as revealed from statistical analysis of global data. *J. Geophys. Res.*, **10**, doi: http://dx.doi.org/10.1029/2001JB001577.

[279] 寺澤貫一（1960a）『自然科学者のための数学概論（応用編）』, 714pp., 岩波書店.

[280] Thorne, M. S., Garnero, E. J.（2004）Inferences on ultralow-velocity zone structure from a global analysis of SPdKS waves. *J. Geophys. Res.*, **109**, B08301, doi:10.1029/2004JB003010.

[281] Tilmann, F., Ni, J. *et al.*（2003）Seismic Imaging of the downwelling Indian

lithosphere beneath central Tibet. *Science*, **300**, 1424-1427.

[282] Tono, Y., Kunugi, T. *et al.* (2005) Mapping of the 410- and 660- km discontinuities beneath the Japanese islands. *J. Geophys. Res.*, **110**, B03307, doi:10.1029/2004JB003266.

[283] Trampert, J., Deschamps, F. *et al.* (2004) Probabilistic tomography maps chemical heterogeneities throughout the lower mantle. *Science*, **306**, 858-856.

[284] Tsuboi, C. (1932) Investigation on the deformation of the earth's crust found by precise geodetic means. *Japanese J. Astro. Geophys.*, **10**, 93-238.

[285] 坪井忠二（1954）地震動の最大振幅から地震の規模を定めることについて. 地震 2, **7**, 185-193.

[286] Tsuboi, C. (1956) Earthquake energy, earthquake volume, aftershock area, and strength of the earth's crust. *J. Phys. Earth*, **4**(2), 63-66.

[287] Tsuji, Y., Nakajima, J. *et al.* (2008) Tomographic evidence for hydrated oceanic crust of the Pacific slab beneath northeastern Japan: Implications for water transportation in subduction zones. *Geophys. Res. Lett.*, **35**, L14308, doi:10.1029/2008GL034461.

[288] Tsujiura, M. (1978) Spectral analysis of the coda waves from local earthquakes. *Bull. Earthq. Res. Inst. Univ. Tokyo*, **53**, 1-48.

[289] Tsumura, K. (1967) Determination of Earthquake Magnitude from Total Duration of Oscillation. *Bull. Earthq. Res. Inst.*, **45**, 7-18.

[290] Tsuru, T., Park, J.-O. *et al.* (2000) Tectonic features of the Japan trench convergent margin off Sanriku, northeastern Japan, revealed by multichannel seismic reflection data. *J. Geophys. Res.*, **105**, 16403-16413.

[291] Uchida, N., Hasegawa, A. *et al.* (2004) Pre- and post-seismic slip on the plate boundary off Sanriku, NE Japan associated with three interplate earthquakes as estimated from small repeating earthquake data. *Tectonophysics*, **385**, 1-15.

[292] Uchida, N., Hasegawa, A. *et al.* (2009) What controls interplate coupling?: Evidence for abrupt change in coupling across a border between two overlying plates in the NE Japan subduction zone. *Earth Planet. Sci. Lett.*, **283**, 111-121, doi:http://dx.doi.org/10.1016/j.epsl.2009. 04.003.

[293] Uchida, N., Matsuzawa, T. *et al.* (2003) Interplate quasistatic slip off Sanriku, NE Japan, estimated from repeating earthquakes. *Geophys. Res. Lett.*, **30**, doi:http://dx.doi.org/10.1029/2003 GL017452.

[294] Umino, N., Hasegawa, A. *et al.* (1990) The relationship between seismicity patterns and fracture zones beneath northeastern Japan. *Tohoku Geophys. J.*, **33**, 149-162.

[295] 宇津徳治（1957）地震のマグニチュードと余震の起こりかた. 地震 2, **10**, 35-45.

[296] Utsu, T.（1966）Regional differences in absroption of seismic waves in the upper mantle as inferred from abnormal distributions of seismic intensities. *J. Fac. Sci., Hokkaido Univ., Jpn., Ser. VII*, **2**, 359-374.

[297] 宇津徳治・関 彰（1955）余震区域の面積と本震のエネルギーの関係. 地震 2, **7**, 233-240.

[298] 宇津徳治・嶋 悦三ほか 編（2001）『地震の辞典（第二版）』, 657pp., 朝倉書店.

[299] van der Hilst, R. D., Widiyantoro, S. *et al.*（1997）Evidence for deep mantle circulation from global tomography. *Nature*, **386**, 578-584.

[300] Vera, E. E., Mutter, J. C. *et al.*（1990）The structure of 0- to 0.2-m.y.-old oceanic crust at 9° N on the East Pacific Rise from expanded spread profiles. *J. Geophys. Res.*, **95**, 15529-15556.

[301] Wald, D. J., Somerville, P. G.（1995）Variable-slip rupture model of the great 1923 Kanto, Japan Earthquake: Geodetic and body-waveform analysis. *Bull. Seismol. Soc. Am.*, **85**, 159-177.

[302] Waldhauser, F., Ellsworth, W. L.（2000）A double-difference earthquake location algorithm: Method and application to the northern Hayward fault. *Bull. Seismol. Soc. Am.*, **90**, 1353-1368.

[303] Wannamaker, P. E., Caldwell, T. G. *et al.*（2009）Fluid and deformation regime of an advancing subduction system at Marlborough, New Zealand. *Nature*, **460**, 733-737.

[304] Wapenaar, K., Fokkema, J.（2006）Green's function representations for seismic interferometry. *Geophysics*, **71**, SI33-SI46, doi:http://dx.doi.org/10.1190/1.2213955.

[305] Weber, M., Davis, J. P.（1990）Evidence of a laterally variable lower mantle structure from P and S-waves. *Geophys. J. Int.*, **102**, 231-255.

[306] Wegler, U., Sens-Schönfelder, C.（2007）Fault zone monitoring with passive image interferometry. *Geophys. J. Int.*, **168**(3), 1029-1033, doi:http://dx.doi.org/10.1111/j.1365-246X.2006.03284.x.

[307] Wei, D., Seno, T.（1998）Determination of the Amurian plate motion. *in*: "Mantle Dynamics and Plate Interactions in East Asia". (Flower, M. F. *et al.* eds.), Geodynamic Series. Vol. 27, pp. 337-346, Wiley.

[308] Wells, D. L., Coppersmith, K. J.（1994）New empirical relationships among magnitude, rupture length, rupture width, rupture area, and surface displacement. *Bull. Seismol. Soc. Am.*, **84**(4), 974-1002.

[309] Widmer, R., Masters, G. *et al.*（1991）Spherically symmetrical attenuation within

the earth from normal mode data. *Geophys. J. Int.*, **104**, 541-553.

[310] Williams, Q., Garnero, E. J.（1996）Seismic evidence for partial melt at the base of of the Earth's mantle. *Science*, **273**, 1528-1530.

[311] Woodhouse, J. H., Dziewonski, A. M.（1984）Mapping the upper mantle: Three dimensional modeling of earth structure by inversion of seismic waveforms. *J. Geophys. Res.*, **89**, 5953-5986.

[312] Wysession, M., Lay, T. *et al.*（1998）The D″ discontinuity and its implications. *in*: "The Core-Mantle Boundary Region"（Gurnis, M., Wysession, M. E. *et al.* eds.）, pp.273-298, American Geophysical Union.

[313] Yamamoto, M., Sato, H.（2010）Multiple scattering and mode conversion revealed by an active seismic experiment at Asama volcano, Japan. *J. Geophys. Res.*, **115**, doi: http://dx.doi.org/10.1029/2009JB007109.

[314] Yamanaka, Y., Kikuchi, M.（2003）Source process of the recurrent Tokachi-oki earthquake on September 26, 2003, inferred from teleseismic body waves. *Earth Planets Space*, **55**, e21-e24.

[315] Yamanaka, Y., Kikuchi, M.（2004）Asperity map along the subduction zones in northeastern Japan inferred from regional seismic data. *J. Geophys. Res.*, **109**, B07307, doi:10.1029/2003JB002683.

[316] Yamasaki, T., Seno, T.（2003）Double seismic zone and dehydration embrittlement of the subducting slab. *J. Geophys. Res.*, **108**, doi:10.1029/2002JB001918.

[317] Yamazaki, D., Karato, S.（2007）Lattice-preferred orientation of lower mantle materials and seismic anisotropy in the D″ layer. *in*: "Post-Perovskite: The Last Mantle Phase Transition", pp. 69-78, American Geophysical Union.

[318] 簗田高広・趙 大鵬ほか（2010）遠地地震トモグラフィーによる日本列島下のマントル構造．日本地震学会 2010 年秋季大会講演予稿集，175.

[319] 蓬田 清（2007）『演習形式で学ぶ特殊関数・積分変換入門』，294pp., 共立出版.

[320] Yoshida, Y., Ueno, H. *et al.*（2011）Source process of the 2011 off the Pacific coast of Tohoku earthquake with the combination of teleseismic and strong motion data. *Earth, Planets and Space*, **63**(7), 565-569.

[321] 吉井敏尅（1994）人工地震による日本列島の地殻構造．地震 2, **46**, 479-491.

[322] Yoshimoto, K., Sato, H. *et al.*（1993）Frequency-dependent attenuation of P and S waves in the Kanto area, Japan, based on the coda-normalization method. *Geophys. J. Int.*, **114**, 165-174, doi: http://dx.doi.org/10. 1111/j.1365-246X.1993.tb01476.x.

[323] 吉岡祥一（2009）滞留スラブの数値シミュレーション研究の現状と今後の展望．地震，**61** 特集号，S265-271.

[324] Young, C. J., Lay, T. (1987) Evidence for a shear velocity discontinuity in the lower mantle beneath India and the Indian Ocean. *Phys. Earth Planet. Int.*, **49**, 37-53.

[325] Young, C. J., Lay, T. (1990) Multiple phase analysis of the shear velocity structure in the D$''$ region beneath Alaska, *J. Geophys. Res.*, **95**, 17385-17402.

[326] Yu, W., Wen, L. *et al.* (2005) Seismic velocity structure in the Earth's outer core. *J. Geophys. Res.*, **110**, doi:10.1029/2003JB002928.

[327] Zhang, J., Song, X. *et al.* (2005) Inner core differential motion confirmed by earthquake waveform doublets. *Science*, **309**, 1357-1360.

[328] Zhao, D. (2004) Global tomographic images of mantle plumes and subducting slabs: Insight into deep Earth dynamics. *Phys. Earth Planet. Int.*, **146**, 3-34.

[329] Zhao, D., Kanamori, H. *et al.* (1996) Tomography of the source area of the 1995 Kobe earthquake: evidence for fluids at the hypocenter? *Science*, **274**, 1891-1894.

[330] Zhao, D., Tani, H. *et al.* (2004) Crustal heterogeneity of the 2000 western Tottori earthquake region: Effect of fluids from slab dehydration. *Phys. Earth Planet. Int.*, **145**, 161-177.

# 索　引

## 数　字



## あ　行

## た　行

## な　行



## は　行

## ま　行



## や　行



## ら　行

## わ　行

# 欧文索引

## O



## P



## Q



## R



## S

## 著者紹介


### 長谷川　昭（はせがわ　あきら）

略　歴　1969 年 東北大学大学院理学研究科地球物理学専攻修士課程修了．東北大学理学部助手，助教授，教授，米国カーネギー研究所客員研究員，京都大学防災研究所客員教授などを経て，2008 年より現職．

現　在　東北大学名誉教授，理学博士（東北大学 1977 年）

専　攻　地震学

### 佐藤　春夫（さとう　はるお）

略　歴　1973 年 東京教育大学大学院理学研究科物理学専攻修士課程修了．科学技術庁国立防災科学技術センター地殻変動研究室室長，東北大学大学院理学研究科教授などを経て，2012 年より現職．

現　在　東北大学名誉教授，理学博士（東京大学 1984 年）

専　攻　地震学

### 西村　太志（にしむら　たけし）

略　歴　1992 年東北大学大学院理学研究科地球物理学専攻博士課程修了．東北大学大学院理学研究科助手，准教授，米国ロスアラモス国立研究所客員研究員などを経て，2012 年より現職．

現　在　東北大学大学院理学研究科地球物理学専攻・教授，博士（理学）（東北大学 1992 年）

専　攻　地震学・火山物理学



現代地球科学入門シリーズ 6

地震学

*Introduction to Modern Earth Science Series Vol.6*

*Seismology*

2015 年 8 月 25 日　初版 1 刷発行
2023 年 4 月 25 日　初版 4 刷発行





NDC 453, 453.11, 453.12, 453.3, 450.12

ISBN 978–4–320–04714–3

著　者　長谷川昭 佐藤春夫 西村太志 © 2015

発行者　南條光章

発行所　**共立出版株式会社**
〒 112–0006
東京都文京区小日向 4 丁目 6 番地 19 号
電話 03–3947–2511（代表）
振替口座 00110–2–57035
URL www.kyoritsu-pub.co.jp

印　刷
製　本　藤原印刷

一般社団法人
自然科学書協会
会員

Printed in Japan